MATHEMATISCHE LEHRBÜCHER UND MONOGRAPHIEN

HERAUSGEGEBEN VON DER
AKADEMIE DER WISSENSCHAFTEN DER DDR
ZENTRALINSTITUT FÜR MATHEMATIK UND MECHANIK

I. ABTEILUNG
MATHEMATISCHE LEHRBÜCHER
BAND XVIII

NUMERISCHE METHODEN DER WIRTSCHAFTSMATHEMATIK II

VON

WERNER DÜCK

AKADEMIE-VERLAG · BERLIN
1973

WERNER DÜCK

NUMERISCHE METHODEN
DER WIRTSCHAFTSMATHEMATIK II

NUMERISCHE METHODEN DER WIRTSCHAFTSMATHEMATIK II

VON

PROF. DR. WERNER DÜCK

ordentlicher Professor an der Hochschule für Ökonomie Berlin

Mit 108 Abbildungen

AKADEMIE-VERLAG · BERLIN

1973

Erschienen im Akademie-Verlag GmbH, 108 Berlin, Leipziger Straße 3–4

Lizenznummer: 202 · 100/403/73
Gesamtherstellung: VEB Druckhaus „Maxim Gorki", 74 Altenburg
Bestellnummer: 761 533 6 (5728/II) · ES 19 B 4, 5 B 5
Printed in German Democratic Republic

VORWORT

Die freundliche Aufnahme, die der erste Band dieses zweiteiligen Werkes über numerische Methoden der Wirtschaftsmathematik bei den Lesern gefunden hat, gab mir die Kraft, intensiv an der Fertigstellung des nun vorliegenden zweiten Bandes zu arbeiten. Mit seinem Erscheinen verbinde ich die Hoffnung, daß auch er dazu beitragen wird, mathematische Methoden in der Ökonomie im stärkeren Umfange anzuwenden.

Der zweite Band ist den Problemen der linearen Optimierung gewidmet, denen wir mit Recht eine zentrale Stellung in der Wirtschaftsmathematik einräumen müssen. Er richtet sich, wie das Gesamtwerk, an Nichtmathematiker, die an der Anwendung mathematischer Methoden interessiert sind. Neben einem gewissen Verständnis für die mathematische Denk- und Arbeitsweise werden nur elementare Kenntnisse der Matrizenrechnung vorausgesetzt. Daher können die Darlegungen auch von Lesern verfolgt werden, die sich bisher noch nicht mit den im ersten Band entwickelten Methoden der Differentialrechnung oder der Funktionalanalysis beschäftigt haben. Das veranlaßte mich dazu, die Methoden der linearen Optimierung so zu beschreiben, daß ihr Verständnis ohne Kenntnis des ersten Bandes weitgehend möglich ist. Wünschenswert wären lediglich gewisse Grundvorstellungen über den Lösungsweg numerischer Methoden der linearen Algebra. Diese Konzeption ermöglicht es, mit dem zweiten Band einen noch größeren Leserkreis anzusprechen, da der Anwendung von Methoden der linearen Optimierung häufig ein größeres Gewicht beigemessen wird.

Die Darstellungen dieses Buches gehen weit über eine Einführung in die Probleme der linearen Optimierung hinaus. Zwar habe ich versucht, bei der Problemstellung, bei der Erklärung neuer Begriffe, bei der Erläuterung der Grundgedanken der Lösungsverfahren eine große Sorgfalt walten zu lassen und auch eine gewisse Breite nicht gescheut. Das ermöglicht dem Leser, den Ausführungen bei einer geschickten Auswahl auch einführende Abschnitte zu entnehmen. Ansonsten spiegelt das Buch die Weite der heute vorhandenen Lösungsmöglichkeiten wider. Daher werden sicher ebenfalls viele an solchen Problemstellungen interessierte Mathematiker angesprochen.

Im Mittelpunkt unserer Betrachtungen stehen auch in diesem Band die numerischen Algorithmen. Wieder wurde versucht, die mathematischen Algorithmen so zu beschreiben, daß ihre praktische Anwendung ohne umfassendes Verständnis für die mathematischen Grundlagen in gewissen Grenzen möglich ist. Die Entwicklung mathematisch-ökonomischer Modelle der linearen Optimierung gehört nicht zu den Zielstellungen dieses Buches. Wenn wir gelegentlich auf mathematisch-ökonomische Modelle Bezug nehmen, erfolgt das ausschließlich, um das Vorgehen numerischer Verfahren zu begründen. Ansonsten besteht das Anliegen dieses Bandes, wie das des Gesamtwerkes, darin, Verständnis für die Probleme der numerischen Datenverarbeitung zu vermitteln.

Die beiden ersten Kapitel sind den mathematischen Grundlagen und der Theorie der linearen Optimierung gewidmet. Dabei erschien es mir ratsam, elementare Ergebnisse der analytischen Geometrie und einige grundlegende Erkenntnisse der Theorie der linearen Algebra den Betrachtungen voranzustellen. Außerdem wird bereits einleitend der Gegenstand der linearen Optimierung erläutert und die graphische Lösung linearer Optimierungsaufgaben beschrieben, damit man sich bei der Entwicklung der mathematischen Grundlagen von diesen Vorstellungen leiten lassen kann. Nicht jedes numerische Verfahren erfordert die Beherrschung all der Begriffsbildungen, die vornehmlich im ersten Kapitel behandelt werden. Aber immer wieder wird bei der Darlegung von Problemen der linearen Optimierung von Hyperebenen, Kanten, Eckpunkten, Halbräumen usw. gesprochen, so daß ich es für notwendig hielt, eine mathematisch sorgfältige Begründung derartiger Begriffe in einem einleitenden Kapitel zu geben. Die in den beiden ersten Kapiteln entwickelten Grundlagen liefern eine gesicherte Basis für die Beschreibung von numerischen Methoden der linearen Optimierung.

Einen weiten Raum nehmen die Grundalgorithmen der linearen Optimierung ein, die in den Kapiteln III und IV zur Darstellung kommen. Neben den gewöhnlichen und dualen Simplexmethoden und den verschiedenen revidierten Simplextechniken werden eine Reihe von Varianten dieser Grundalgorithmen besprochen und Hinweise auf weitere Lösungsverfahren gegeben. Besonders ausführlich ist die Beschreibung der gewöhnlichen Simplexmethode in Kapitel III, das in stärkerem Maße einführenden Charakter trägt und durch eine Vielzahl ergänzender Hinweise besonders dazu geeignet ist, sich in die numerischen Probleme der linearen Optimierung einzuarbeiten.

Ein grundlegendes Anliegen auch des zweiten Bandes ist die Berücksichtigung zusätzlicher Informationen beim Lösungsprozeß. Dieser Aufgabe sind die Kapitel V bis VIII gewidmet. Dabei kommt in der linearen Optimierung den strukturellen Eigenschaften des Problems eine besondere Bedeutung zu, die den Gegenstand der Untersuchungen in den Kapiteln V bis VII bilden. Im achten Kapitel steht vornehmlich die Problematik der nachträglichen Datenänderung zur Diskussion. In enger Beziehung dazu liegen die Ausführungen in Kapitel IX, die sich mit der parametrischen Optimierung beschäftigen.

Die Aufgabenstellung der linearen Optimierung wird im letzten Kapitel, das die ganzzahlige Optimierung behandelt, überschritten. Trotzdem schien es mir wegen der großen praktischen Bedeutung und wegen des engen Zusammenhanges mit den numerischen Lösungsmethoden der linearen Optimierung geraten, Probleme der ganzzahligen Optimierung in dieses Buch aufzunehmen.

Jeder Autor eines Lehrbuches der linearen Optimierung verwendet eine ihm für sein Anliegen geeignet erscheinende Beschreibungsweise, auf der mehr oder weniger die weiteren Betrachtungen aufbauen. In dieser Hinsicht kommt dem dritten Kapitel eine weitere große Bedeutung zu, in dem die grundlegende Art der Darstellung numerischer Verfahren entwickelt wird. Daher kann einem Leser, der sich eigentlich nicht für die gewöhnliche Simplexmethode, sondern für andere Verfahren oder Probleme interessiert, nur dringend geraten werden, sich zunächst in Kapitel III einzulesen.

Die Rechenschemata sind in diesem Band von außerordentlicher Wichtigkeit. Sie können dem Leser eine Fülle wertvoller Informationen geben sowie die theoretischen Ausführungen vertiefen und veranschaulichen. Ein mit Zahlen ausgefülltes Rechenschema spiegelt jedoch nicht den Prozeß des Rechenablaufes wider. Zwar wird stets versucht, die Dynamik des Rechenprozesses durch ausführliche Erläuterung des Lösungsweges zu verdeutlichen. Der Leser ist aber sehr gut beraten, wenn er sich bei der Durcharbeitung der Beispiele ein Rechenschema selbst anlegt, in das er schrittweise die Zahlen einträgt, die sich im Laufe des Lösungsprozesses ergeben. Die im Buch angeführten Rechenschemata dienen dann lediglich zur Kontrolle und zur Bestätigung der Überlegungen. Auf diese Weise erlebt der Leser besser den Ablauf des Rechnungsganges, und vieles wird für ihn leichter verständlich. Nur auf diese Art kann er sicher erkennen, welche Zahlen im Rechenschema noch nicht ermittelt sind und wie ihr Berechnungsweg erfolgt.

Das Literaturverzeichnis ist unter den im Vorwort des ersten Bandes angeführten Gesichtspunkten aufgestellt.

Wieder ist es mir ein Bedürfnis, meiner lieben Frau für die aktive Mitwirkung bei der Gestaltung des Manuskriptes und für das fortwährende, aufopfernde Verständnis herzlichst zu danken, ohne das es mir nicht gelungen wäre, den Abschluß dieses zweiten Bandes möglich zu machen. Mein Dank gebührt auch dem Akademie-Verlag für das nicht nachlassende Interesse an dieser Publikation und für die sorgfältige Ausgestaltung. Fräulein HELLE habe ich zu danken für die ausgezeichnete verlagstechnische Betreuung des Buches.

W. DÜCK

Berlin, im Oktober 1971

INHALTSVERZEICHNIS

KAPITEL I

Mathematische Grundlagen der linearen Optimierung

§ 1. Gegenstand der linearen Optimierung 1
1.1. Die allgemeine Aufgabe der linearen Optimierung 2
1.2. Beispiel eines linearen Optimierungsproblems 4

§ 2. Grundbegriffe der analytischen Geometrie 5
2.1. Begriffsbildungen der analytischen Geometrie der Ebene und des Raumes 5
2.2 Verallgemeinerung der Begriffsbildungen 13

§ 3. Graphische Lösung linearer Optimierungsaufgaben 15
3.1. Beschreibung des graphischen Lösungsverfahrens 15
3.2. Weitere Beispiele zum graphischen Lösungsverfahren 19

§ 4. Lineare Mannigfaltigkeiten 25
4.1. Linearkombination, lineare Abhängigkeit und Unabhängigkeit 25
4.2. Vektorbasis 29
4.3. Lineare Mannigfaltigkeiten 33
4.4. Lineare Gleichungssysteme und lineare Mannigfaltigkeiten 36

§ 5. Konvexe Mengen 38
5.1. Abgeschlossene und beschränkte Mengen 39
5.2. Konvexe Linearkombinationen 40
5.3. Konvexe Mengen 41
5.4. Dimension konvexer Mengen 45
5.5. Stützende Hyperebene 45

§ 6. Konvexe mehrkantige Mengen 46
6.1. Eckpunkt 46
6.2. Konvexe Hülle 47
6.3. Konvexe mehrkantige Mengen 51
6.4. Kante 54
6.5. Struktur konvexer mehrkantiger Mengen 56

KAPITEL II

Theorie der linearen Optimierung

§ 1. Normalformen linearer Optimierungsaufgaben 60
1.1. Vorbereitende Bemerkungen 60
1.2. Erste Normalform 62
1.3. Matrizenschreibweise linearer Optimierungsaufgaben 66
1.4. Weitere Normalformen 67
1.5. Einführung künstlicher Variablen 69

§ 2. Zulässige Basislösungen und Eckpunkte . . . 77
2.1. Begriff der zulässigen Basislösung . . . 77
2.2. Basis einer zulässigen Basislösung . . . 81
2.3. Zulässige Basislösungen und Eckpunkte . . . 82
2.4. Ausgeartete zulässige Basislösungen . . . 85
2.5. Kanten und benachbarte zulässige Basislösungen . . . 87

§ 3. Grundlegende Sätze über die Lösbarkeit linearer Optimierungsaufgaben . . . 89
3.1. Satz von der Existenz einer optimalen zulässigen Basislösung . . . 90
3.2. Lösungsmannigfaltigkeit . . . 92
3.3. Lösbarkeit linearer Optimierungsaufgaben . . . 97

§ 4. Dualitätstheorie . . . 98
4.1. Erklärung des dualen Problems . . . 98
4.2. Dualitätssätze . . . 100
4.3. Symmetrische Dualprobleme . . . 103
4.4. Geometrische Interpretation der Dualität . . . 105

KAPITEL III

Theorie und Lösungsalgorithmus der Simplexmethode

§ 1. Vorbereitende Betrachtungen . . . 115
1.1. Der Grundgedanke der Simplexmethode . . . 115
1.2. Beschreibung des Lösungsprozesses der Simplexmethode für ein Beispiel . . . 117

§ 2. Theorie der Simplexmethode . . . 123
2.1. Vorbereitender Schritt . . . 123
2.2. Optimalitätskriterium . . . 127
2.3. Kriterium für die Unlösbarkeit . . . 130
2.4. Konstruktion einer neuen zulässigen Basislösung . . . 132
2.5. Simplextransformation . . . 135

§ 3. Lösungsalgorithmus der Simplexmethode . . . 138
3.1. Struktur des Rechenschemas . . . 138
3.2. Beschreibung des Lösungsalgorithmus . . . 139
3.3. Erläuterung des Lösungsalgorithmus . . . 141
3.4. Beispiele . . . 145
3.5. Rechenkontrollen . . . 150
3.6. Rechenaufwand und Speicherkapazität . . . 154
3.7. Das verkürzte Simplextableau . . . 156
3.8. Ausartung . . . 161
3.9. Mehrdeutige Optimallösungen . . . 165
3.10. Lösung der dualen Aufgabe . . . 168
3.11. Beziehungen zum Austauschverfahren . . . 176
3.12. Der Informationsverlust bei der Simplexmethode . . . 178

§ 4. Methoden zur Bestimmung einer ersten zulässigen Basislösung . . . 182
4.1. Die M-Methode . . . 182
4.2. Erläuterung des Vorgehens der Zweiphasenmethode . . . 188
4.3. Der numerische Algorithmus der Zweiphasenmethode . . . 194
4.4. Die Mehrphasenmethode . . . 200

KAPITEL IV

Weitere Simplextechniken

§ 1. Eine Variante des gewöhnlichen Simplexalgorithmus mit veränderter Auswahl der Eingangsvariablen . . . 207

§ 2. Austausch mehrerer Basisvektoren bei einem Schritt der gewöhnlichen Simplexmethode . . . 210
2.1. Formulierung des Konstruktionsprozesses einer neuen zulässigen Basislösung als Optimierungsaufgabe . . . 210
2.2. Beschreibung des Lösungsalgorithmus . . . 212
2.3. Ein numerisches Beispiel . . . 216
2.4. Beurteilung des Lösungsalgorithmus . . . 220

§ 3. Die duale Simplexmethode . . . 222
3.1. Orientierende Vorbemerkungen . . . 222
3.2. Begriff der Basislösung . . . 226
3.3. Theorie der dualen Simplexmethode . . . 227
3.4. Der Lösungsalgorithmus der dualen Simplexmethode . . . 230
3.5. Ergänzende Betrachtungen . . . 234
3.6. Die Methode der Kombination des primalen und dualen Verfahrens . . . 236
3.7. Berechnung eines geeigneten Ausgangstableaus durch Kombination des primalen und dualen Verfahrens . . . 238
3.8. Bestimmung eines dualen Ausgangstableaus . . . 240

§ 4. Die revidierte Simplexmethode . . . 245
4.1. Das Vorgehen der revidierten Simplexmethode . . . 245
4.2. Simplextransformation . . . 250
4.3. Struktur des Rechenschemas . . . 254
4.4. Beschreibung des Lösungsalgorithmus . . . 255
4.5. Ein numerisches Beispiel . . . 259
4.6. Die Produktform der revidierten Simplexmethode . . . 262
4.7. Der numerische Algorithmus der Produktform . . . 265
4.8. Ergänzende Bemerkungen . . . 269
4.9. Vergleich der gewöhnlichen und revidierten Simplexmethode . . . 271
4.10. Bestimmung einer ersten zulässigen Basislösung . . . 273

§ 5. Die revidierte duale Simplexmethode . . . 281
5.1. Beschreibung des numerischen Algorithmus . . . 281
5.2. Ein numerisches Beispiel . . . 284

§ 6. Die symmetrische revidierte Simplexmethode . . . 285
6.1. Matrizenschreibweise der gewöhnlichen Simplextransformation . . . 287
6.2. Das Vorgehen der symmetrischen revidierten Simplexmethode . . . 288
6.3. Struktur des Rechenschemas . . . 290
6.4. Beschreibung des Lösungsalgorithmus . . . 291
6.5. Ein numerisches Beispiel . . . 295
6.6. Ergänzende Bemerkungen . . . 299
6.7. Die Produktform der dualen Simplexmethode . . . 300

§ 7. Weitere Lösungsmethoden der linearen Optimierung . . . 302

KAPITEL V

Aufgaben der linearen Optimierung mit zusätzlichen Einschränkungen für die Variablen

§ 1. Problemstellung 310

§ 2. Lösung von Aufgaben mit unteren Schranken für die Variablen 316

§ 3. Lösung von Aufgaben mit oberen Schranken für die Variablen 318
3.1. Grundgedanke des Lösungsweges 319
3.2. Theorie des modifizierten Simplexalgorithmus 323
3.3. Lösungsalgorithmus der modifizierten Simplexmethode 327
3.4. Beispiel 329
3.5. Ergänzende Bemerkungen 334

KAPITEL VI

Aufgaben der linearen Optimierung mit Blockstruktur

§ 1. Erläuterung spezieller Blockstrukturen 336
1.1. Problemstellung 336
1.2. Probleme mit blockangularer Struktur 337
1.3. Das Dekompositionsprinzip 341
1.4. Probleme mit Treppenstruktur 342
1.5. Klassifikation der Lösungsmethoden 346

§ 2. Das Dekompositionsverfahren von Dantzig und Wolfe 348
2.1. Die transformierte Ausgangsaufgabe 348
2.2. Theorie des Dekompositionsverfahrens 350
2.3. Beschreibung des Lösungsalgorithmus 353
2.4. Ein numerisches Beispiel 355
2.5. Ergänzende Bemerkungen 360

§ 3. Weitere Dekompositionsverfahren 362

§ 4. Das direkte Verfahren von Müller-Merbach 372
4.1. Theorie des Verfahrens 372
4.2. Der Lösungsalgorithmus 374

§ 5. Weitere Lösungsverfahren 382

KAPITEL VII

Lineare Optimierungsaufgaben des Transporttyps

§ 1. Problemstellung der Transportoptimierung 386

§ 2. Eigenschaften des Transportproblems 390

§ 3. Zulässige Basislösungen des Transportproblems 392
3.1. Grundlegende Begriffe und Sätze 392

3.2. Entwicklung nach den Basisvektoren . . . 395
3.3. Ergänzungen . . . 397

§ 4. Methoden zur Bestimmung einer zulässigen Basislösung . . . 398
4.1. Das Streichungsverfahren . . . 398
4.2. Die Nordwest-Eckenregel . . . 402
4.3. Die aufsteigende Indexmethode . . . 403
4.4. Die VOGELsche Approximationsmethode . . . 404

§ 5. Die modifizierte Distributionsmethode . . . 406
5.1. Optimalitätsprüfung . . . 407
5.2. Verbesserung einer zulässigen Basislösung . . . 411

§ 6. Ergänzungen . . . 416
6.1. Reduktion der Kostenmatrix . . . 416
6.2. Genauigkeit des Lösungsprozesses . . . 417
6.3. Dekomposition . . . 418

§ 7. Weitere Transportmodelle . . . 419
7.1. Offene Transportprobleme . . . 419
7.2. Transportprobleme mit verbotenen Wegen . . . 423
7.3. Transportprobleme mit Kapazitätsbeschränkungen . . . 424
7.4. Mehrstufige und verallgemeinerte Transportprobleme . . . 424

KAPITEL VIII

Änderung linearer Optimierungsmodelle

§ 1. Nachträgliche Änderung der Daten . . . 427
1.1. Problemstellung . . . 427
1.2. Änderung der Zielfunktion . . . 428
1.3. Änderung des Beschränkungsvektors . . . 430
1.4. Änderung von Nichtbasisspalten der erweiterten Matrix der Nebenbedingungen . 432
1.5. Änderung von Basisspalten der erweiterten Matrix der Nebenbedingungen . . . 434
1.6. Änderung von Nebenbedingungen . . . 438

§ 2. Änderungen beim Transportproblem . . . 438
2.1. Änderung der Versand- und Bedarfsmengen . . . 438
2.2. Änderung der Zielfunktion . . . 440
2.3. Modelländerungen . . . 440

§ 3. Modellerweiterungen und Modellreduktionen . . . 443
3.1. Nachträgliche Hinzufügung einer Variablen . . . 443
3.2. Nachträgliche Streichung einer Variablen . . . 444
3.3. Nachträgliche Hinzufügung einer Nebenbedingung . . . 446
3.4. Nachträgliche Streichung einer Nebenbedingung . . . 448

§ 4. Stabilitätsprobleme . . . 449
4.1. Variation eines Koeffizienten der Zielfunktion . . . 449
4.2. Variation einer Komponente des Beschränkungsvektors . . . 455

KAPITEL IX

Parametrische Optimierung

§ 1. Lineare Abhängigkeit der Zielfunktion von einem Parameter 459
1.1. Problemstellung 459
1.2. Grundlegende Aussagen 460
1.3. Bestimmung einer Ausgangslösung 462
1.4. Ausartung 463
1.5. Beschreibung des Lösungsalgorithmus 465
1.6. Beispiel 466
1.7. Ergänzungen 471

§ 2. Lineare Abhängigkeit des Beschränkungsvektors von einem Parameter 472
2.1. Problemstellung 472
2.2. Grundlegende Aussagen 473
2.3. Beschreibung des Lösungsalgorithmus 474
2.4. Beispiel 474

§ 3. Das allgemeine Problem der einparametrischen linearen Optimierung 479

§ 4. Ausblick auf weitere Problemstellungen der parametrischen Optimierung 483

KAPITEL X

Ganzzahlige Optimierung

§ 1. Aufgabenstellung und Problematik der ganzzahligen Optimierung 486
1.1. Orientierung an einem Beispiel 486
1.2. Klassifikation von linearen Optimierungsproblemen mit Ganzzahligkeitsforderung . 487
1.3. Klassifikation der Lösungsverfahren 489
1.4. Die numerische Problematik der ganzzahligen Optimierung 491

§ 2. Schnittebenenverfahren 494
2.1. Beschreibung des Verfahrens von Gomory 494
2.2. Beispiel 498
2.3. Ergänzungen 502

§ 3. Entscheidungsbaumverfahren 503
3.1. Beschreibung des Lösungsgedankens 503
3.2. Beispiel 505
3.3. Ergänzungen 517

Literaturverzeichnis 519

Namen- und Sachverzeichnis 523

MATHEMATISCHE GRUNDLAGEN DER LINEAREN OPTIMIERUNG

Die numerischen Verfahren zur Lösung linearer Optimierungsaufgaben nehmen mit Recht einen hervorragenden Platz in der Wirtschaftsmathematik ein. Lassen sich doch eine Vielzahl ökonomischer, aber auch technischer, militärischer und anderer Probleme durch lineare Optimierungsaufgaben beschreiben. Neben dieser praktischen Bedeutung waren auch die vornehmlich numerischen Schwierigkeiten, die mit der Lösung solcher Optimierungsaufgaben verbunden sind, Anlaß für eine große Zahl von Publikationen. Die Theorie der linearen Optimierung basiert auf einer Reihe mathematischer Grundlagen, die wir in diesem Kapitel zusammenstellen wollen. Einleitend wird in § 1 der Gegenstand der linearen Optimierung erklärt. § 2 behandelt Grundbegriffe der analytischen Geometrie. Dabei werden die bekannten Begriffsbildungen der analytischen Geometrie der Ebene und des Raumes sinnvoll auf den n-dimensionalen Raum übertragen. Die Einräumung eines eigenen Paragraphen für diese Probleme zeigt schon, daß der geometrischen Interpretation der in diesem Kapitel entwickelten Grundlagen große Beachtung geschenkt wird. Um die Vorstellung von Problemstellungen der linearen Optimierung zu vertiefen, wird in § 3 die graphische Lösung von Aufgaben mit zwei Variablen beschrieben. Auf die hierbei gewonnenen Erkenntnisse werden wir später häufig zurückgreifen, wenn wir den Sinn neuer Begriffsbildungen zu erläutern oder erhaltene Ergebnisse zu interpretieren haben. Der § 4 behandelt zunächst einige Probleme der linearen Algebra, wie Linearkombination, lineare Abhängigkeit, Vektorbasis usw. Obwohl die lineare Algebra eigentlich für dieses Buch als bekannt vorausgesetzt wird, erschien die Beschäftigung mit solchen Fragen im Rahmen dieses Kapitels sinnvoll, da wir zu häufig in der linearen Optimierung ihre gesicherte Kenntnis voraussetzen müssen. Weiterhin wird in § 4 der Begriff der linearen Mannigfaltigkeit und seine Beziehung zur Theorie linearer Gleichungssysteme erläutert. In § 5 werden dann vornehmlich konvexe Mengen und in § 6 die für die lineare Optimierung besonders bedeutungsvollen konvexen mehrkantigen Mengen untersucht.

§ 1. Gegenstand der linearen Optimierung

Um die Entwicklung der mathematischen Grundlagen mit dem Verständnis für die Probleme der linearen Optimierung verbinden zu können, wollen wir uns in diesem Paragraph kurz mit dem Gegenstand der linearen Optimierung vertraut machen. Außerdem werden einige einfache, aber grundlegende Definitionen und Bezeichnungen eingeführt.

1.1. Die allgemeine Aufgabe der linearen Optimierung. Bei einer Aufgabe der linearen Optimierung sind die Extrema einer linearen Funktion zu bestimmen, deren Variablen linearen Beschränkungen genügen müssen. Die lineare Funktion stellt das Kriterium dar, durch welches eine Beurteilung der möglichen Varianten erfolgen kann. Die Beschränkungen werden in Form linearer Gleichungen oder Ungleichungen formuliert. Die vorausgesetzte Linearität des Kriteriums und der Beschränkungen ist bei vielen praktischen Problemen gegeben.

Die allgemeine Aufgabe der linearen Optimierung kann ausführlich folgendermaßen erklärt werden:

Es ist das Maximum (oder Minimum) einer linearen Funktion

$$Z = c_1 x_1 + c_2 x_2 + \cdots + c_n x_n \tag{1}$$

zu bestimmen, deren Variablen $x_1, x_2, \ldots, x_n$ *den Nebenbedingungen*

$$\left.\begin{array}{lllll} a_{11}x_1 & + a_{12}x_2 & + \cdots & + a_{1n}x_n & = b_1 \\ \multicolumn{5}{c}{\cdots\cdots\cdots\cdots\cdots\cdots\cdots\cdots} \\ a_{m_1 1}x_1 & + a_{m_1 2}x_2 & + \cdots & + a_{m_1 n}x_n & = b_{m_1} \end{array}\right\} \tag{2}$$

$$\left.\begin{array}{lllll} a_{m_1+1,1}x_1 & + a_{m_1+1,2}x_2 & + \cdots & + a_{m_1+1,n}x_n & \leqq b_{m_1+1} \\ \multicolumn{5}{c}{\cdots\cdots\cdots\cdots\cdots\cdots\cdots\cdots} \\ a_{m1}x_1 & + a_{m2}x_2 & + \cdots & + a_{mn}x_n & \leqq b_m \end{array}\right\} \tag{3}$$

und den Nichtnegativitätsbedingungen

$$x_i \geqq 0, \; i = 1, 2, \ldots, n_1 \leqq n \tag{4}$$

genügen.

Für $m_1 = 0$ haben wir es mit einer linearen Optimierungsaufgabe zu tun, deren sämtliche *Nebenbedingungen* die Gestalt von Ungleichungen besitzen. Ist $m_1 = m$, so bestehen die Nebenbedingungen nur aus Gleichungen. Treten unter den Nebenbedingungen einer linearen Optimierungsaufgabe sowohl Gleichungen als auch Ungleichungen auf, spricht man von *Aufgaben mit gemischten Nebenbedingungen.* Die Ungleichungen (4) heißen *Nichtnegativitätsbedingungen* und besagen, daß ein Teil der Variablen nichtnegativ sein muß.

Definition: *Jeder Vektor*

$$x = \begin{pmatrix} x_1 \\ x_2 \\ \vdots \\ x_n \end{pmatrix}, \tag{5}$$

der sämtlichen Nebenbedingungen (2), (3) *und den Nichtnegativitätsbedingungen* (4) *genügt, heißt eine zulässige Lösung der betrachteten Optimierungsaufgabe.*

Eine *zulässige Lösung* genügt damit sämtlichen Beschränkungen, die dem Problem auferlegt worden sind. Unter der Gesamtheit aller zulässigen Lösungen sind diejenigen zu bestimmen, die der linearen Funktion (1) einen optimalen Wert erteilen.

Definition: *Eine zulässige Lösung, für welche die lineare Funktion* (1) *den größten (bzw. kleinsten) Wert annimmt, heißt optimale Lösung der linearen Optimierungsaufgabe.*

Die Definition besagt, daß eine zulässige Lösung $\tilde{x} = (\tilde{x}_i)$ eine *optimale Lösung* ist, wenn für jede zulässige Lösung x der Aufgabe die Ungleichung

$$Z(\tilde{x}) \geqq Z(x)$$

besteht. Ebenso muß bei einer Minimumsaufgabe

$$Z(\tilde{x}) \leqq Z(x)$$

gelten.

In (5) wurden die Variablen im Gegensatz zu Bd. 1 mit heruntergesetzten Indizes gekennzeichnet. Wir passen uns damit einer in der linearen Optimierung meist verwendeten Bezeichnungsweise an.

Die lineare Funktion (1) heißt *Zielfunktion* der Aufgabe. Die Menge aller Vektoren x, welche sämtlichen Beschränkungen (2) bis (4) genügen, wird *Definitionsbereich der Zielfunktion* oder *Bereich der zulässigen Lösungen* genannt. Die Matrix

$$A = \begin{pmatrix} a_{11} & a_{12} & \cdots & a_{1n} \\ a_{21} & a_{22} & \cdots & a_{2n} \\ \dots & \dots & \dots & \dots \\ a_{m1} & a_{m2} & \cdots & a_{mn} \end{pmatrix},$$

deren Elemente die Koeffizienten der Nebenbedingungen (2), (3) sind, bezeichnet man als *Matrix der Nebenbedingungen*. Die Spalten dieser Matrix bestimmen die sogenannten *Vektoren der Nebenbedingungen*. Der j-te Vektor der Nebenbedingungen ist durch

$$a_j = \begin{pmatrix} a_{1j} \\ a_{2j} \\ \vdots \\ a_{mj} \end{pmatrix}$$

gegeben, so daß die Matrix A sich auch in der Form

$$A = (a_1\, a_2 \cdots a_n)$$

darstellen läßt. Unter dem *Beschränkungsvektor* verstehen wir

$$b = \begin{pmatrix} b_1 \\ b_2 \\ \vdots \\ b_m \end{pmatrix}.$$

Besitzt eine lineare Optimierungsaufgabe wenigstens eine optimale Lösung, so wird sie *lösbar* genannt.

Die Aufgaben der linearen Optimierung scheinen auf den ersten Blick eine mathematisch einfache Problematik zu beschreiben. Sind doch nur die Extrema einer linearen Funktion zu bestimmen, deren Definitionsbereich lediglich durch ein System linearer Gleichungen oder Ungleichungen beschränkt wird. Und schon in der klassischen Differentialrechnung werden Extrema von Funktionen mit Nebenbedingungen behandelt (in Bd. 1 sind wir darauf jedoch nicht eingegangen). Eine nähere Untersuchung zeigt, daß die Anwendung des Vorgehens der Differentialrechnung zu einer endlichen Zahl zulässiger Lösungen führt, unter denen mit Sicherheit auch die optimalen Lösungen (falls es überhaupt welche gibt) enthalten sind. Für jede dieser zulässigen Lösungen ist der Wert der Zielfunktion zu berechnen, um dadurch die optimalen Lösungen herausfinden zu können. Aber selbst bei der Verwendung der modernsten Rechenautomaten kann bei praktisch keineswegs besonders großen Aufgaben wegen der unwahrscheinlich großen Zahl der in Frage kommenden zulässigen Lösungen die Rechenzeit mehrere Jahre betragen. Daher ist die Aufgabenstellung der linearen Optimierung vorwiegend numerischer Natur. Es müssen Verfahren zur Lösung linearer Optimierungsaufgaben gesucht werden, welche die Lösung solcher Aufgaben mit einem vertretbaren Rechenaufwand gestatten.

1.2. Beispiel eines linearen Optimierungsproblems. Wir wollen wenigstens ein praktisches lineares Optimierungsproblem kennenlernen, das uns zugleich als Demonstrationsbeispiel bei vielen folgenden Betrachtungen dienen wird.

Ein Betrieb hat die Möglichkeit, über seinen Plan hinaus zwei Erzeugnisse E_1 und E_2 zu produzieren. Dazu benötigt er drei Einsatzgrößen (Rohstoffe, Maschinenkapazitäten usw.), die nur in beschränkten Mengen zur Verfügung stehen. In welchem Umfang muß der Betrieb die beiden Erzeugnisse produzieren, wenn er einen maximalen Gewinn erzielen will?

In der folgenden Tabelle ist angegeben:

1. Die Menge der Einsatzgrößen, die zur Produktion einer Einheit des jeweiligen Erzeugnisses erforderlich ist.
2. Die zur Verfügung stehende Kapazität für die einzelnen Einsatzgrößen.
3. Der Gewinn, der sich aus einer Einheit des jeweiligen Erzeugnisses ergibt.

Tabelle 1:

		Erzeugnis E_1	Erzeugnis E_2	Kapazität
Einsatzgröße	1	1	1	7
	2	3	2	18
	3	1	3	15
Gewinn		4	3	

Für dieses einfache Problem ist das mathematische Modell leicht aufgestellt. Werden x_1 Einheiten von E_1 und x_2 Einheiten von E_2 produziert, ergibt sich dadurch ein Gewinn

$$Z = 4x_1 + 3x_2 .$$

Die Zielfunktion ist durch den Gewinn gegeben, so daß die Beurteilung der Produktion durch den Gewinn erfolgt.

Die Beschränkungen im Vorrat an den Einsatzgrößen führen zu den folgenden Bedingungen:

Einsatzgröße 1: $x_1 + x_2 \leqq 7,$

Einsatzgröße 2: $3x_1 + 2x_2 \leqq 18,$

Einsatzgröße 3: $x_1 + 3x_2 \leqq 15.$

Wir sind damit zu einer Aufgabe der linearen Optimierung gelangt:

$$Z = 4x_1 + 3x_2 \max. \tag{6}$$

$$\left.\begin{aligned} x_1 + x_2 &\leqq 7 \\ 3x_1 + 2x_2 &\leqq 18 \\ x_1 + 3x_2 &\leqq 15 \end{aligned}\right\} \tag{7}$$

$$x_1 \geqq 0,\ x_2 \geqq 0. \tag{8}$$

Die Nichtnegativitätsbedingungen wurden hinzugefügt, da sie für das betrachtete Problem vorausgesetzt werden müssen.

Wir haben eine lineare Optimierungsaufgabe erhalten, deren sämtliche Nebenbedingungen Ungleichungen sind. Die Matrix der Nebenbedingungen ist durch

$$A = \begin{pmatrix} 1 & 1 \\ 3 & 2 \\ 1 & 3 \end{pmatrix}$$

gegeben. Der Beschränkungsvektor bestimmt die vorhandene Kapazität der Einsatzgrößen. Der Vektor

$$x = \begin{pmatrix} 1 \\ 2 \end{pmatrix}$$

stellt eine zulässige Lösung der Aufgabe dar; denn die Ungleichungen (7), (8) sind für $x_1 = 1, x_2 = 2$ erfüllt.

§ 2. Grundbegriffe der analytischen Geometrie

In § 1 sahen wir, daß die Nebenbedingungen einer linearen Optimierungsaufgabe durch lineare Gleichungen und lineare Ungleichungen beschrieben werden. Lineare Gleichungen treten aber auch in der analytischen Geometrie als analytische Ausdrücke für Geraden und Ebenen auf. Wir wollen daher einige von der analytischen Geometrie bereitgestellte Ergebnisse anführen, um sie für die Probleme der linearen Optimierung nutzbar machen zu können.

2.1. Begriffsbildungen der analytischen Geometrie der Ebene und des Raumes. Im zweidimensionalen Raum mit den Koordinaten x_1, x_2 ist eine *Gerade* durch die Gleichung

$$a_1 x_1 + a_2 x_2 = b \tag{9}$$

gegeben. Dabei sollen a_1 und a_2 nicht gleichzeitig Null sein $(a_1^2 + a_2^2 \neq 0)$. Für $a_1 = 0,\ a_2 \neq 0$ stellt

$$x_2 = \frac{b}{a_2}$$

eine Gerade dar, die im Abstand $\frac{b}{a_2}$ parallel zur x_1-Achse verläuft (Abb. 1).

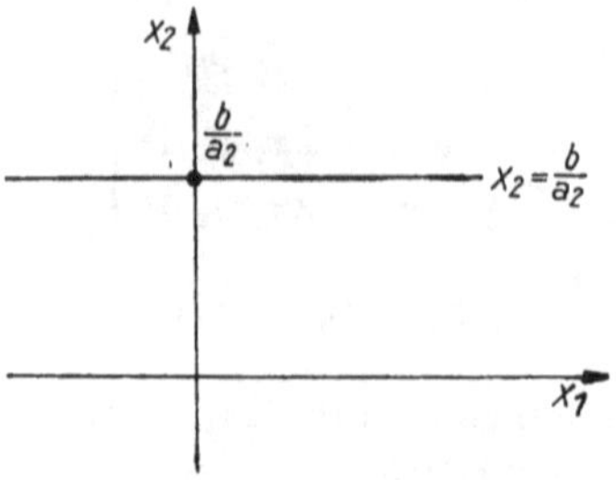

Abb. 1

$a_2 = 0, a_1 \neq 0$ führt zu der Geraden

$$x_1 = \frac{b}{a_1},$$

die im Abstand $\frac{b}{a_1}$ parallel zur x_2-Achse ist.

Unter der Voraussetzung $a_2 \neq 0$ kann die allgemeine Geradengleichung (9) auf die *kartesische Normalform*

$$x_2 = A x_1 + B \tag{10}$$

überführt werden. Der *Richtungsfaktor* A ist durch

$$A = -\frac{a_1}{a_2}$$

und der *Achsenabschnitt* B durch

$$B = -\frac{b}{a_2}$$

gegeben. Der Richtungsfaktor ist durch den Tangens des Winkels α

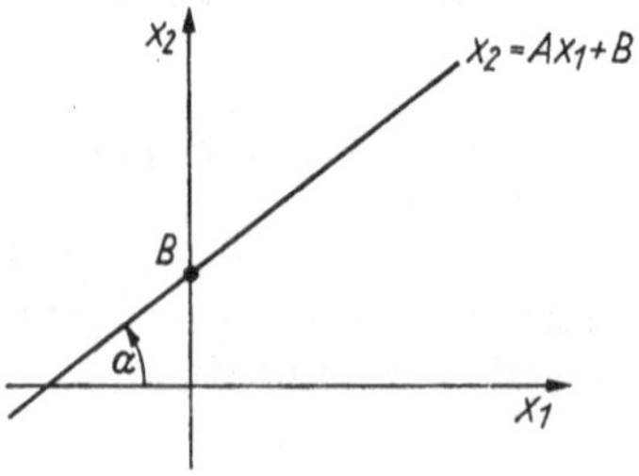

Abb. 2

bestimmt, der durch die x_1-Achse und die Gerade gebildet wird (Abb. 2)

$$A = \tan \alpha .$$

Der Achsenabschnitt bestimmt den Abstand des Schnittpunktes der Geraden mit der x_2-Achse vom Koordinatenursprung. Für $B = 0$ geht die Gerade durch den Koordinatenursprung. Zwei Geraden mit dem gleichen Richtungsfaktor sind parallel.

Eine Gerade, die nicht durch den Koordinatenursprung geht und zu keiner der beiden Koordinatenachsen parallel ist, kann durch die *Achsenabschnittsgleichung*

$$\frac{x_1}{c} + \frac{x_2}{d} = 1$$

festgelegt werden. Die geometrische Bedeutung der Zahlen c und d kann aus Abb. 3 entnommen werden.

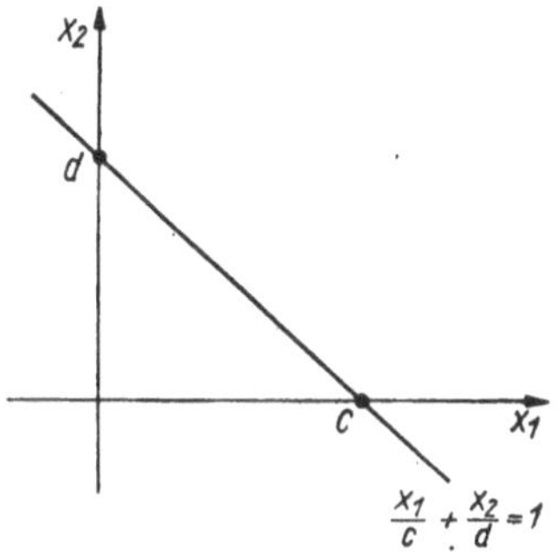

Abb. 3

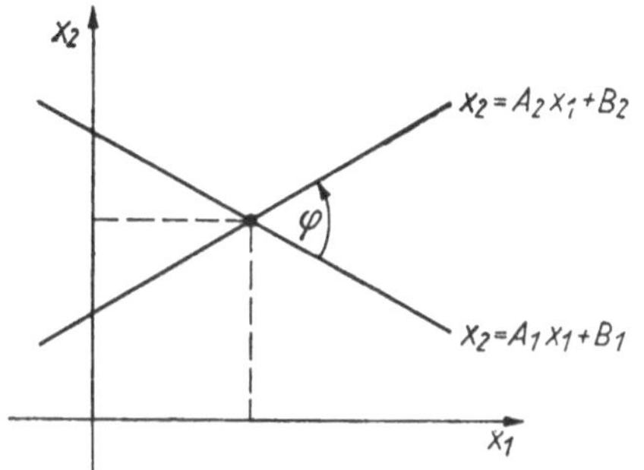

Abb. 4

Zwei in kartesischer Normalform gegebene Geraden

$$x_2 = A_1 x_1 + B_1,$$
$$x_2 = A_2 x_1 + B_2$$

schneiden sich in einem Punkt, wenn die beiden Richtungsfaktoren A_1, A_2 nicht gleich sind. Der Schnittwinkel ist durch

$$\tan \varphi = \frac{A_2 - A_1}{1 + A_2 A_1}$$

bestimmt (Abb. 4). Stehen die beiden Geraden senkrecht aufeinander, muß

$$1 + A_2 A_1 = 0$$

oder

$$A_2 = -\frac{1}{A_1} \tag{11}$$

gelten. (11) heißt *Orthogonalitätsbedingung.*

Einer durch (9) definierten Geraden ordnen wir einen *Normalenvektor*

$$r = \begin{pmatrix} a_1 \\ a_2 \end{pmatrix}$$

zu. Dieser Normalenvektor steht senkrecht auf der Geraden. Um das einzusehen, legen wir durch den Vektor r eine Gerade (Abb. 5), die durch die Gleichung

$$a_1 x_2 - a_2 x_1 = 0 \tag{12}$$

bestimmt ist. (9) besitzt den Richtungsfaktor

$$A_1 = -\frac{a_1}{a_2},$$

während der Richtungsfaktor von (12) durch

$$A_2 = \frac{a_2}{a_1}$$

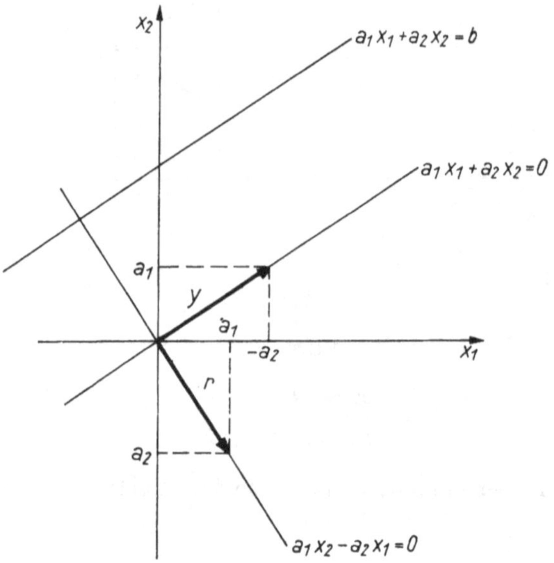

Abb. 5

gegeben ist. Die Orthogonalitätsbedingung (11) ist also erfüllt. Dieses Ergebnis veranlaßt uns zu sagen, daß die Vektoren r und

$$y = \begin{pmatrix} -a_2 \\ a_1 \end{pmatrix}$$

senkrecht aufeinanderstehen. Der Vektor y (er heißt auch *Richtungsvektor*) liegt in der Geraden

$$a_1 x_1 + a_2 x_2 = 0,$$

die zu (9) parallel ist, aber durch den Koordinatenursprung geht (Abb. 5).

Allgemein kann man die Orthogonalität von zwei Vektoren mit Hilfe des *Skalarproduktes* definieren. Bereits in Bd. 1 haben wir den Begriff des Skalarproduktes im Zusammenhang mit den numerischen Verfahren verwendet. Im zweidimensionalen Raum ist das Skalarprodukt $u'v$ von zwei Vektoren

$$u = \begin{pmatrix} u_1 \\ u_2 \end{pmatrix}, \qquad v = \begin{pmatrix} v_1 \\ v_2 \end{pmatrix}$$

durch

$$u'v = (u_1\ u_2) \begin{pmatrix} v_1 \\ v_2 \end{pmatrix} = u_1 v_1 + u_2 v_2$$

erklärt. Die Vektoren u und v werden *orthogonal* genannt, falls

$$u'v = 0$$

gilt. Man sieht, daß die oben definierten Vektoren r, y dieser Bedingung genügen.

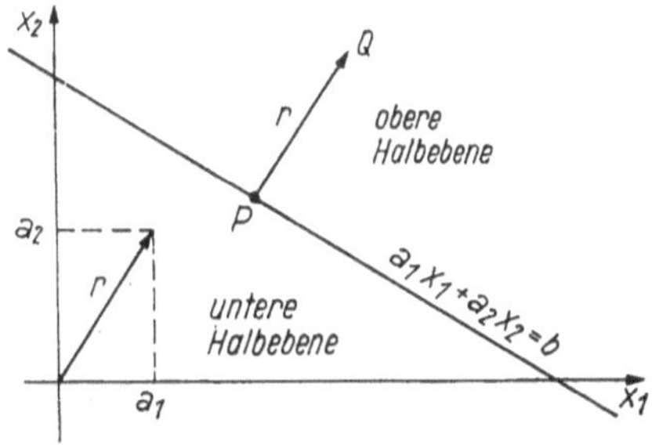

Abb. 6

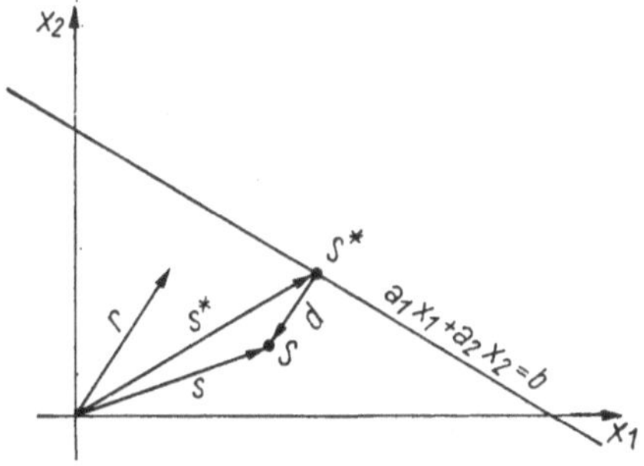

Abb. 7

Neben Gleichungen können in den Nebenbedingungen einer linearen Optimierungsaufgabe auch Ungleichungen auftreten. Welche geometrische Interpretation läßt aber eine lineare Ungleichung ($a_1^2 + a_2^2 \neq 0$)

$$a_1 x_1 + a_2 x_2 \leqq b \tag{13}$$

im zweidimensionalen Raum zu? Dazu betrachten wir zunächst die Gerade

$$a_1 x_1 + a_2 x_2 = b,$$

durch die die Ebene in zwei *Halbebenen* aufgeteilt wird. Um die beiden Halbebenen voneinander zu unterscheiden, ziehen wir den Normalenvektor der Geraden heran. Wird der Normalenvektor r aus dem Koordinatenursprung in einen beliebigen Punkt P der Geraden parallel verschoben, endet er in einem Punkt Q (Abb. 6). Zur „oberen" Halbebene gehören dann alle die Punkte, die mit Q auf der gleichen Seite der Geraden liegen. Die „untere" Halbebene besteht aus den Punkten, die auf der Q nicht enthaltenden Seite der Geraden liegen. Dabei wird mit Rücksicht auf die Probleme der linearen Optimierung vereinbart, daß die Punkte der Geraden selbst sowohl zur unteren als auch zur oberen Halbebene gehören sollen.

Die untere Halbebene kann analytisch durch die Ungleichung (13) dargestellt werden. Dazu betrachten wir einen beliebigen Punkt S im Inneren der unteren Halbebene (Abb. 7). Von S fällen wir das Lot auf die Gerade (9), das (9) im Punkt S^* schneiden möge. Den Punkten S und S^* sollen die Vektoren s bzw. s^* entsprechen. Der Vektor d soll von S^* nach S weisen und ist nach der geometrischen Interpretation der Vektoroperationen von Bd. 1, Kap. IV, durch

$$d = s - s^*$$

bestimmt. Der Vektor d ist offenbar zum Normalenvektor r parallel und ihm entgegengerichtet, so daß

$$d = -\alpha r \quad \text{mit} \quad \alpha > 0$$

gelten muß. Soll der Punkt S der Ungleichung (13) genügen, muß, zusammen mit der Definition des Skalarproduktes,

$$r's \leqq b$$

erfüllt sein. Nun ist aber

$$r's = r'(d + s^*) = r'd + r's^* = -\alpha r'r + r's^*.$$

Da der Punkt S^* auf der Gerade (9) liegt, muß

$$r's^* = b$$

gelten. Weiter ist $r'r > 0$ und $\alpha > 0$, so daß

$$r's = -\alpha r'r + b < b$$

gefolgert werden kann. Die Koordinaten des Punktes S erfüllen damit die Ungleichung (13). Entsprechend kann gezeigt werden, daß jeder Punkt der oberen Halbebene der Ungleichung

$$a_1x_1 + a_2x_2 \geqq b$$

genügt.

Im dreidimensionalen Raum ist durch die Gleichung

$$a_1x_1 + a_2x_2 + a_3x_3 = b \tag{14}$$

eine *Ebene* erklärt, wenn nicht sämtliche Zahlen a_1, a_2, a_3 gleich Null sind. Der Vektor

$$r = \begin{pmatrix} a_1 \\ a_2 \\ a_3 \end{pmatrix}$$

wird *Normalenvektor* der Ebene genannt.

Erklären wir im Raum das Skalarprodukt von zwei Vektoren

$$u = \begin{pmatrix} u_1 \\ u_2 \\ u_3 \end{pmatrix}, \qquad v = \begin{pmatrix} v_1 \\ v_2 \\ v_3 \end{pmatrix}$$

durch

$$u'v = (u_1\ u_2\ u_3)\begin{pmatrix} v_1 \\ v_2 \\ v_3 \end{pmatrix} = u_1v_1 + u_2v_2 + u_3v_3,$$

heißen die Vektoren u, v *orthogonal*, wenn $u'v = 0$ gilt. Dann ist leicht zu zeigen, daß der Normalenvektor auf der Ebene senkrecht steht. Dazu betrachten wir einen beliebigen in der Ebene gelegenen Vektor d, der vom Ebenenpunkt P nach

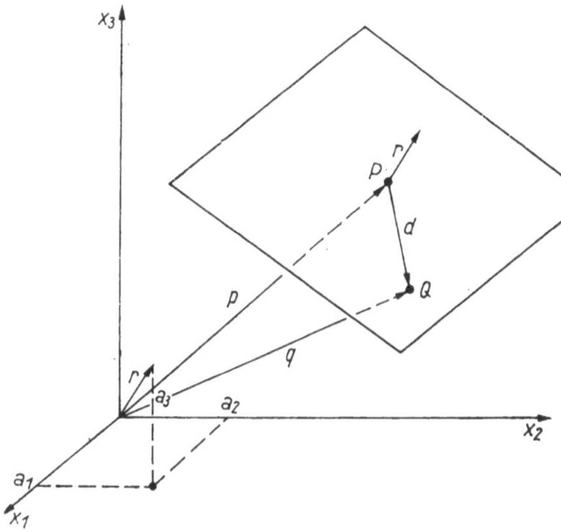

Abb. 8

Q weist (Abb. 8). Den Punkten P und Q mögen die Vektoren p bzw. q entsprechen. Den Normalenvektor r übertragen wir parallel in den Punkt P und haben

$$r'd = 0 \tag{15}$$

zu zeigen. Da beide Punkte P und Q in der Ebene liegen, müssen ihre Koordinaten der Gleichung (14) genügen, so daß

$$r'p = b$$

$$r'q = b$$

gelten muß. Daraus folgt

$$r'(p - q) = 0. \tag{16}$$

Aus Abb. 8 entnehmen wir im Sinne der geometrischen Interpretation der Vektoroperationen von Bd. 1 die Gleichung

$$p + d = q,$$

die zusammen mit (16) zu der Behauptung (15) führt.

Jede Ebene (14) teilt den Raum in zwei *Halbräume*, denen die Ungleichungen

$$a_1x_1 + a_2x_2 + a_3x_3 \leqq b$$

bzw.

$$a_1x_1 + a_2x_2 + a_3x_3 \geqq b$$

entsprechen (wir übergehen eine ausführliche Begründung dieser Behauptung).

Um einen analytischen Ausdruck für eine *Gerade* im Raum zu finden, denken wir uns die Gerade durch einen Geradenpunkt P und einen in der Geraden gelegenen Vektor v gegeben (Abb. 9). X sei ein beliebiger Punkt der Geraden. Den Punkten

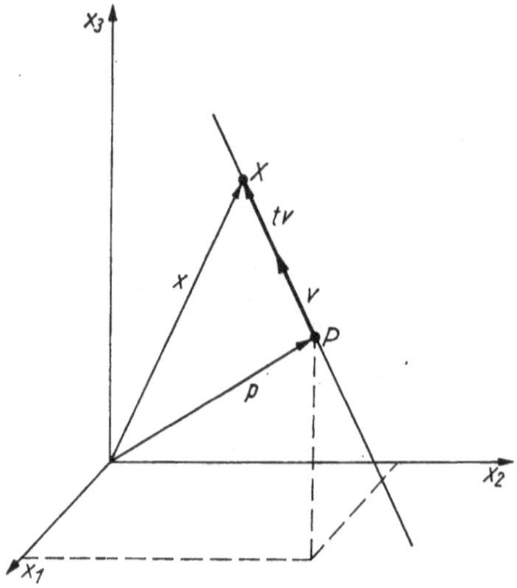

Abb. 9

P, X mögen die Vektoren p bzw. x entsprechen. Durch Multiplikation des Vektors v mit einem geeigneten Zahlenfaktor t kann v so „gestreckt" werden, daß tv im Punkt X endet (siehe dazu die geometrische Interpretation der Vektoroperationen in Kap. IV von Bd. 1). Dann gilt

$$x = p + tv. \tag{17}$$

Für jede Zahl t erhält man einen Vektor x, der vom Koordinatenursprung zu einem Punkt der Geraden zeigt. Durchläuft t alle Zahlen des Intervalles

$$-\infty < t < +\infty,$$

sind durch (17) alle Punkte der Geraden bestimmt. t wird *Parameter* genannt, und (17) heißt die *Parameterdarstellung der Geraden.*

Darf der Parameter t in (17) nur das Intervall

$$0 \leqq t < +\infty$$

durchlaufen, spricht man von einem *Strahl* mit dem Anfangspunkt P. Ist das

Parameterintervall endlich, d. h.

$$t_1 \leqq t \leqq t_2,$$

bestimmt (17) einen *Abschnitt*, dessen Endpunkte sich für $t = t_1$ bzw. $t = t_2$ ergeben.

2.2. Verallgemeinerung der Begriffsbildungen. Die durchgeführten Überlegungen legen es nahe, die Begriffsbildungen für den n-dimensionalen Raum zu verallgemeinern. Wir betrachten dazu die Gesamtheit aller n-dimensionalen Vektoren. Jedem Vektor

$$x = \begin{pmatrix} x_1 \\ x_2 \\ \vdots \\ x_n \end{pmatrix}$$

ist ein Punkt X mit den Koordinaten $x_1, x_2, \ldots, x_n$ zugeordnet und umgekehrt. Die Operation der Addition von Vektoren und der Multiplikation eines Vektors mit einer reellen Zahl ist in gewohnter Weise erklärt (siehe dazu auch Kap. IV von Bd. 1). Außerdem sei für zwei Vektoren x, y dieser Gesamtheit das *Skalarprodukt* $x'y$ durch die Gleichung

$$x'y = x_1y_1 + x_2y_2 + \cdots + x_ny_n$$

definiert. Wir erinnern daran, daß das Skalarprodukt folgenden Bedingungen genügt:

1. $x'x \geqq 0$ und $x'x = 0$ dann und nur dann, wenn x gleich dem Nullvektor ist.
2. $x'y = y'x$.
3. $(x + y)'z = x'z + y'z$.
4. $(\alpha x)'z = \alpha x'z$ für jede Zahl α.

Es sei bemerkt, daß diese Überlegungen auch eine funktionalanalytische Verallgemeinerung zulassen. Da wir daraus aber für unsere Probleme keinen großen Gewinn ziehen könnten, gehen wir nicht näher darauf ein. Um jedoch den Anschluß an die Betrachtungen in Bd. 1 anzudeuten, erwähnen wir, daß durch die Gleichung

$$\|x\| = \sqrt{x'x}$$

in der untersuchten Gesamtheit eine *Norm* erklärt werden kann.

Den n-dimensionalen Vektorraum, in dem ein Skalarprodukt im beschriebenen Sinne definiert ist, nennt man *euklidischen Raum* und bezeichnet ihn mit E_n.

Das Skalarprodukt gestattet, die *Orthogonalität* von Vektoren im euklidischen Raum zu erklären.

Definition: *Zwei Vektoren x und y des euklidischen Raumes heißen orthogonal, wenn die Gleichung*

$$x'y = 0$$

besteht.

Im dreidimensionalen Raum wurde durch eine lineare Gleichung eine Ebene erklärt. Das veranlaßt uns zur Definition der *Hyperebene* im E_n.

Definition: *Die Menge aller Punkte des euklidischen Raumes, die einer linearen Gleichung*

$$a_1 x_1 + a_2 x_2 + \cdots + a_n x_n = b \tag{18}$$

genügen, bildet eine Hyperebene. Dabei muß der Vektor

$$r = \begin{pmatrix} a_1 \\ a_2 \\ \vdots \\ a_n \end{pmatrix}$$

vom Nullvektor verschieden sein. (18) *heißt Gleichung der Hyperebene, und r wird Normalenvektor der Hyperebene genannt.*

Definition: *Jede Hyperebene* (18) *erklärt zwei Punktmengen*

$$a_1 x_1 + a_2 x_2 + \cdots + a_n x_n \leqq b$$

und

$$a_1 x_1 + a_2 x_2 + \cdots + a_n x_n \geqq b$$

des euklidischen Raumes, die Halbräume genannt werden.
gleichung

Definition: *Die Menge aller Vektoren x des euklidischen Raumes E_n, die der Vektorgleichung*

$$x = p + tv, \quad -\infty < t < +\infty \tag{19}$$

genügen, bildet eine Gerade. Dabei sind p und v gegebene Vektoren des E_n. Der Vektor v heißt auch Richtungsvektor der Geraden.
Ist der Parameter t nach oben oder unten durch eine endliche Zahl begrenzt, wird die durch (19) *erklärte Menge ein Strahl oder eine Halbgerade genannt.*
Darf der Parameter t nur in einem endlichen abgeschlossenen Intervall variieren, bestimmt die erklärte Menge des E_n einen Abschnitt. (19) *heißt dann auch Abschnittsgleichung.*

Diese Definition gestatten uns, in Anlehnung an die allgemeine Erklärung einer linearen Optimierungsaufgabe von 1.1, den folgenden Satz auszusprechen. Dabei müssen wir aber voraussetzen, daß unter den Nebenbedingungen einer linearen Optimierungsaufgabe keine Gleichungen bzw. Ungleichungen der Form

$$0 \cdot x_1 + 0 \cdot x_2 + \cdots + 0 \cdot x_n = b,$$
$$0 \cdot x_1 + 0 \cdot x_2 + \cdots + 0 \cdot x_n \leqq b$$

auftreten. Diese Forderung können wir grundsätzlich an die Nebenbedingungen einer linearen Optimierungsaufgabe stellen, da solche Nebenbedingungen einer zulässigen Lösung keine Beschränkungen auferlegen (die Gleichung besagt nur $b = 0$ und die Ungleichung $0 \leqq b$).

Satz 1: *Die Nebenbedingungen und die Nichtnegativitätsbedingungen einer linearen Optimierungsaufgabe sind durch ein System von Hyperebenen und Halbräumen bestimmt.*

Hyperebenen und Halbräume stellen Punktmengen im euklidischen Raum dar. In Kapitel I von Bd. 1 haben wir die mengentheoretische Operation des Durchschnitts eingeführt. Beachten wir, daß zum Bereich der zulässigen Lösungen nur solche Vektoren gehören, die sämtlichen Nebenbedingungen und Nichtnegativitätsbedingungen genügen (sämtlichen Hyperebenen und Halbräumen angehören), können wir sagen:

Satz 2: *Der Bereich der zulässigen Lösungen ist der mengentheoretische Durchschnitt sämtlicher Hyperebenen und Halbräume einer linearen Optimierungsaufgabe.*

§ 3. Graphische Lösung linearer Optimierungsaufgaben

Lineare Optimierungsaufgaben mit zwei Variablen lassen sich graphisch lösen. Da uns solche Aufgaben auch als Orientierung bei allgemeinen Problemstellungen dienen können, soll ihre graphische Lösung im folgenden untersucht werden.

3.1. Beschreibung des graphischen Lösungsverfahrens. Wir beschreiben das Vorgehen bei der graphischen Lösung linearer Optimierungsaufgaben mit zwei Variablen an Hand des Beispiels von 1.2. Vorgelegt ist dann die lineare Optimierungsaufgabe

$$Z = 4x_1 + 3x_2 \quad \text{max.}$$

$$x_1 + x_2 \leqq 7$$

$$3x_1 + 2x_2 \leqq 18$$

$$x_1 + 3\,x_2 \leqq 15$$

$$x_1 \leqq 0, x_2 \geqq 0.$$

Die Nichtnegativitätsbedingungen sind berücksichtigt, wenn wir uns auf den ersten Quadranten beschränken. Die übrigen drei Halbebenen werden durch Geraden erzeugt, die in Abb. 10 eingezeichnet sind. Die Ungleichheitszeichen dieser Nebenbedingungen besagen, daß wir stets die untere Halbebene zu betrachten haben, zu deren Festlegung die Normalenvektoren der drei Geraden in Abb. 10 eingezeichnet sind. Der Bereich der zulässigen Lösungen ist in Abb. 10 schraffiert worden. Dabei überzeugt man sich leicht, daß nur die Koordinaten eines Punktes des schraffierten Bereiches sämtlichen Nebenbedingungen genügen. Jeder zulässigen Lösung entspricht eine realisierbare Produktionsmöglichkeit, die nicht den Beschränkungen der Einsatzgrößen widerspricht. Unter diesen sämtlichen möglichen Produktionsvarianten sind diejenigen zu ermitteln, die einen optimalen Gewinn sichern.

Die Zielfunktion bestimmt für jeden Wert von Z eine Gerade. In Abb. 10 ist die sich für $Z = 12$ ergebende Gerade

$$4x_1 + 3x_2 = 12$$

fett eingezeichnet. Jede zulässige Lösung, die auf dieser Geraden liegt, führt zu demselben Gewinn $Z = 12$. Für jeden anderen Wert von Z ergibt sich eine Gerade, die denselben Normalenvektor besitzt. Daher sind alle diese Geraden parallel. Verschieben wir die in Abb. 10 eingezeichnete Gerade $Z = 12$ parallel im Sinne wachsender Werte (bei Maximumsaufgaben) von Z (d. h. in Richtung des Normalenvektors), gelangen wir schließlich zu einem Punkt P, in dem die Gerade den Bereich der zulässigen Lösungen verläßt. Eine weitere Parallelverschiebung dieser

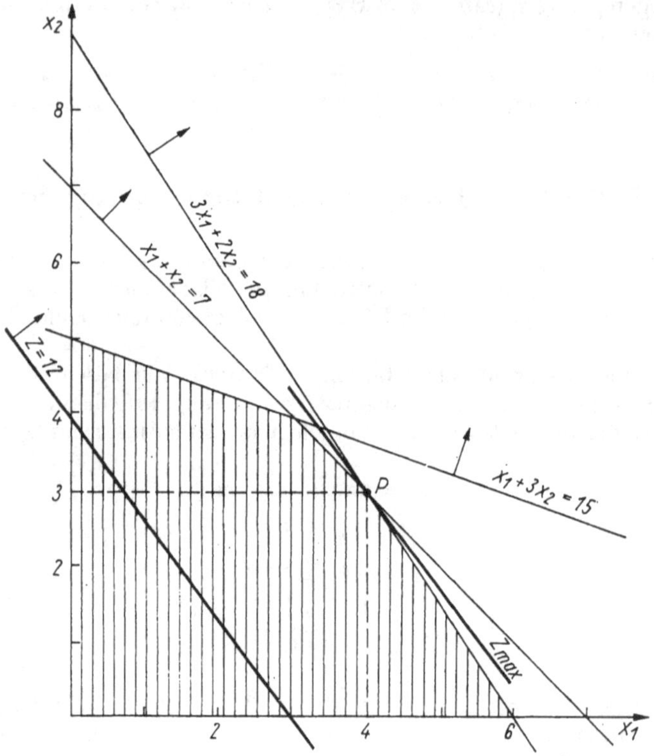

Abb. 10

Geraden ist sinnlos, da es dann keinen Punkt der Geraden gibt, der zum Bereich der zulässigen Lösungen gehört. Dem Punkt P entspricht daher die optimale Lösung, und der zugehörige maximale Wert der Zielfunktion ist durch die Zahl Z bestimmt, die zu der durch P gehenden Geraden gehört. Aus Abb. 10 entnehmen wir für P die Koordinaten

$$x_1 = 4, \; x_2 = 3.$$

Der zugehörige maximale Wert der Zielfunktion ergibt sich durch Einsetzen der optimalen Lösung in die Zielfunktion

$$Z_{\max} = 4 \cdot 4 + 3 \cdot 3 = 25.$$

Wir haben damit das folgende Ergebnis erhalten: Zur Sicherung eines maximalen Gewinns von 25 Einheiten ist die Produktion so zu organisieren, daß 4 Einheiten vom Erzeugnis E_1 und 3 Einheiten von E_2 hergestellt werden. Bei dieser Produktion werden die zur Verfügung stehenden Kapazitäten der ersten und zweiten Einsatzgröße voll ausgeschöpft. (Der Punkt P liegt auf den Begrenzungsgeraden der durch die Beschränkung der ersten und zweiten Einsatzgröße definierten Halbebenen. Man kann natürlich auch durch Einsetzen der Koordinaten von P in die beiden Nebenbedingungen zeigen, daß $4 + 3 = 7$, $3 \cdot 4 + 2 \cdot 3 = 18$ ist, so daß ein Rest an diesen Einsatzgrößen nicht verbleibt.) Für die dritte Einsatzgröße ergibt sich ein Rest von 2 Einheiten ($4 + 3 \cdot 3 = 13$, es stehen aber 15 Einheiten zur Verfügung), der nicht ausgeschöpft wird und vom Betrieb zur Lösung anderer Aufgaben verwendet werden kann.

Wir haben die Lösung einer linearen Optimierungsaufgabe mit zwei Variablen für ein Beispiel erläutert. Aus diesen Betrachtungen dürfte aber auch der allgemeine Lösungsweg hervorleuchten. Der Bereich der zulässigen Lösungen besteht aus Geradenstücken (wenn eine Nebenbedingung eine Gleichung ist) oder wird durch Geraden begrenzt. Dann zeichnet man für einen geeigneten Wert von Z die Gerade der Zielfunktion und verschiebt diese Gerade in Richtung des Normalenvektors so lange parallel, bis sie den Bereich der zulässigen Lösungen verläßt. (Dabei wird natürlich indirekt vorausgesetzt, daß es überhaupt eine zulässige Lösung gibt und der Bereich der zulässigen Lösungen endlich ist. Solche Sonderfälle werden in 3.2. betrachtet.) Durch diese Grenzlage der Geraden sind die optimalen Lösungen bestimmt; denn jeder Punkt dieser Geraden, der zugleich dem Bereich der zulässigen Lösungen angehört, entspricht einer optimalen Lösung der Aufgabe.

Durch solche Überlegungen können wir uns auch verdeutlichen, warum wir in den Ungleichungen (3) der allgemeinen linearen Optimierungsaufgabe grundsätzlich das Gleichheitszeichen mit eingeschlossen haben. Mathematisch besagt diese Art der Definition einer linearen Optimierungsaufgabe nämlich, daß der Bereich der zulässigen Lösungen *abgeschlossen* ist (zu diesem Begriff sei auf Kap. I, Bd. 1. verwiesen). Dann gehören sämtliche Randpunkte der betrachteten Menge an. Würden wir z. B. an Stelle der untersuchten Aufgabe das Problem

$$\begin{aligned} Z &= 4x_1 + 3x_2 \quad \max. \\ x_1 &+ \ x_2 < 7 \\ 3x_1 &+ 2x_2 < 18 \\ x_1 &+ 3x_2 \leqq 15 \\ x_1 &\geqq 0, x_2 \geqq 0 \end{aligned}$$

behandeln, könnte kein Punkt der beiden Geraden

$$\begin{aligned} x_1 + \ x_2 &= 7, \\ 3x_1 + 2x_2 &= 18 \end{aligned}$$

einer zulässigen Lösung entsprechen. Insbesondere würde auch nicht der Punkt P in Abb. 10 zum Bereich der zulässigen Lösungen gehören. Das bedeutet aber, daß die Aufgabe keine optimale Lösung besitzt. Um dieses Ergebnis zu begründen, heben wir in Abb. 11 einen Ausschnitt von Abb. 10 hervor. Als optimale Lösung kommt wohl nur ein Punkt in Frage, der in einer hinreichend kleinen Umgebung von P liegt und zugleich Element des Bereiches der zulässigen Lösungen ist. In Abb. 11 ist eine ε-Umgebung (siehe dazu Kap. I von Bd. 1) eingezeichnet, die bei hinreichend kleinem ε neben Punkten, die nicht zum Bereich der zulässigen Lösungen gehören, nur innere Punkte dieses Bereiches enthält. Ist P' ein beliebiger Punkt dieser ε-Umgebung, der im Bereich der zulässigen Lösungen enthalten ist, so muß er als innerer Punkt eine ϱ-Umgebung besitzen, der nur innere Punkte angehören. Folglich kann P' nicht eine optimale Lösung bestimmen, da eine durch P' gehende Gerade $Z = \text{const}$ weiter in Richtung wachsender Werte der Zielfunktion verschoben werden kann. Damit führt der Verzicht auf die Betrachtung

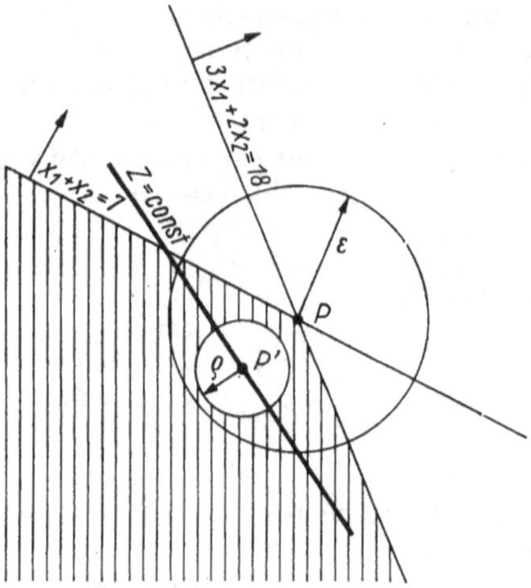

Abb. 11

eines abgeschlossenen Bereiches der zulässigen Lösungen zur Unlösbarkeit der Aufgabe. Das heißt natürlich nicht, daß eine Aufgabe mit nicht abgeschlossenem Definitionsbereich der Zielfunktion grundsätzlich unlösbar ist. So würde z. B. das Problem

$$\begin{aligned} Z &= 4x_1 + 3x_2 \max. \\ x_1 + x_2 &\leqq 7 \\ 3x_1 + 2x_2 &\leqq 18 \\ x_1 + 3x_2 &< 15 \\ x_1 \geqq 0, x_2 &\geqq 0 \end{aligned}$$

die Abb. 10 zu entnehmende optimale Lösung haben. Allerdings könnte eine Aufgabe mit offenem Bereich der zulässigen Lösungen keine optimale Lösung besitzen. Wir heben aber nochmals nachdrücklich hervor, daß die in diesem Zusammenhang betrachteten Aufgaben keine linearen Optimierungsprobleme im Sinne der allgemeinen Definition von 1.1 sind.

3.2. Weitere Beispiele zum graphischen Lösungsverfahren. Das in 3.1 gelöste Optimierungsproblem entspricht dem Normalfall bei Aufgaben mit zwei Variablen. In diesem Abschnitt soll die graphische Lösung von linearen Optimierungsaufgaben mit zwei Variablen behandelt werden, die gegenüber dem Normalfall einige Besonderheiten besitzen.

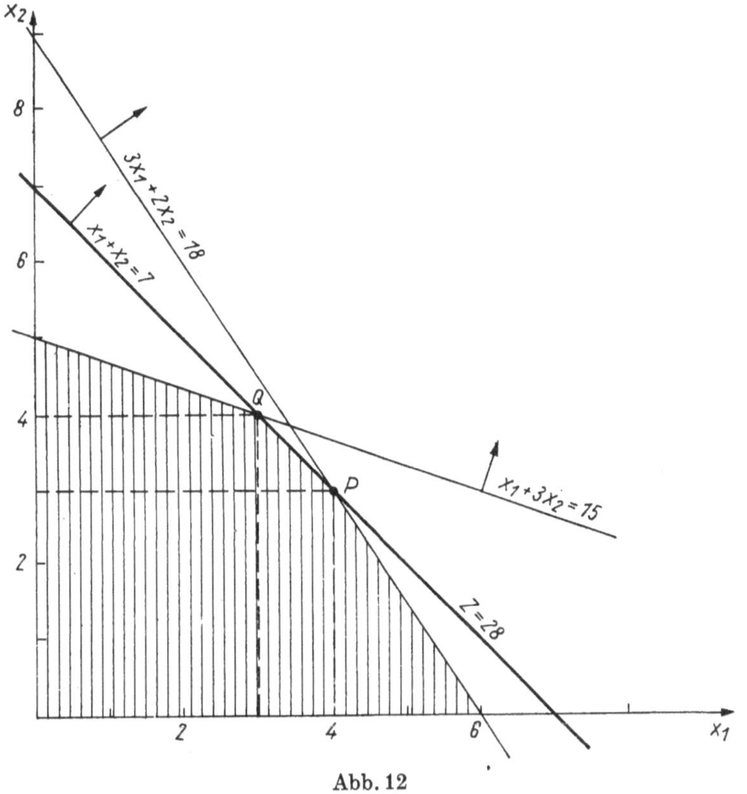

Abb. 12

Vorgelegt sei die lineare Optimierungsaufgabe

$$\begin{aligned} Z &= 4x_1 + 4x_2 \ \max. \\ x_1 + x_2 &\leqq 7 \\ 3x_1 + 2x_2 &\leqq 18 \\ x_1 + 3x_2 &\leqq 15 \\ x_1 \geqq 0, x_2 &\geqq 0, \end{aligned}$$

die sich von der in 3.1 betrachteten Aufgabe nur durch die Zielfunktion unterscheidet. Daher ist auch der Bereich der zulässigen Lösungen gleich (vergleiche Abb. 12 mit Abb. 10). Wir erkennen aber sofort, daß die Geraden der Zielfunktion zur Begrenzungsgeraden

$$x_1 + x_2 = 7 \tag{19}$$

parallel sind. Für $Z = 28$ fällt die Gerade der Zielfunktion mit (19) zusammen. $Z = 28$ bestimmt gleichzeitig die gesuchte Grenzlage. Allen Punkten dieser Geraden, die zugleich dem Bereich der zulässigen Lösungen angehören, entsprechen optimale Lösungen der Aufgabe. Damit liefert jeder Punkt des Abschnittes zwischen P und Q (Abb. 12), einschließlich der Punkte P, Q selbst, eine optimale Lösung der Aufgabe. Für alle diese Lösungen ist der Wert der Zielfunktion $Z = 28$. Die lineare Optimierungsaufgabe besitzt *unendlich viele optimale Lösungen*. Aus der Sicht des Modelles kann in diesem Falle nicht entschieden werden, welche optimale Lösung der Produktionsorganisation zugrunde gelegt werden sollte. Dazu knüpfen wir an das Modell in 1.2 an. Wählen wir die durch Q bestimmte optimale Lösung

$$x_1 = 3, x_2 = 4,$$

wird der Vorrat an der ersten und dritten Einsatzgröße ausgeschöpft. Die dem Punkt P entsprechende optimale Lösung

$$x_1 = 4, \; x_2 = 3$$

verbraucht die Kapazität der ersten und dritten Einsatzgröße. Wählen wir einen Punkt zwischen P und Q, so wird nur der Vorrat der ersten Einsatzgröße völlig ausgeschöpft, während von den beiden anderen Einsatzgrößen Reste übrigbleiben. Meist wird es in der Praxis nicht schwierig sein, zu entscheiden, welche Einsatzgröße man lieber nicht so stark belastet. Man kann aber auch eine neue Optimierungsaufgabe erklären, die unter den ermittelten Lösungen eine aus einer erweiterten Sicht optimale Lösung auswählt.

Bei den bisher betrachteten Aufgaben der linearen Optimierung haben wir es stets mit einem zweidimensionalen Bereich der zulässigen Lösungen zu tun gehabt. Treten aber unter den Nebenbedingungen Gleichungen auf, kann der Bereich der zulässigen Lösungen nicht mehr zweidimensional sein. Wir betrachten dazu die Aufgabe

$$\begin{aligned} Z = 4x_1 + 3x_2 \quad & \max. \\ x_1 + x_2 &= 7 \\ 3x_1 + 2x_2 &\leqq 18 \\ x_1 + 3x_2 &\leqq 15 \\ x_1 \geqq 0, \; x_2 &\geqq 0. \end{aligned}$$

Der Bereich der zulässigen Lösungen ist in Abb. 13 durch den *Abschnitt* zwischen den Punkten P, Q bestimmt. Als optimale Lösung ergibt sich analog zu 3.1

$$x_1 = 4, \; x_2 = 3$$

mit dem maximalen Wert $Z = 25$. Würden wir diese Aufgabe mit der Zielfunktion

$$Z = 4x_1 + 4x_2 \quad \max.$$

betrachten, wären wieder die Geraden der Zielfunktion zu (19) parallel, so daß sämtlichen Punkten des Abschnittes PQ optimale Lösungen entsprechen. In diesem Falle sind sämtliche zulässigen Lösungen zugleich optimale Lösungen.

Nicht immer muß eine lineare Optimierungsaufgabe eine optimale Lösung besitzen. So kann es z. B. vorkommen, daß die Aufgabe überhaupt *keine zulässige*

Lösung hat. Der Bereich der zulässigen Lösungen ist dann eine leere Menge. Bei der linearen Optimierungsaufgabe

$$Z = 4x_1 + 3x_2 \max.$$

$$x_1 + x_2 \leqq 7$$

$$2x_1 + 3x_2 \geqq 21$$

$$x_1 + 3x_2 \leqq 15$$

$$x_1 \geqq 0, \; x_2 \geqq 0$$

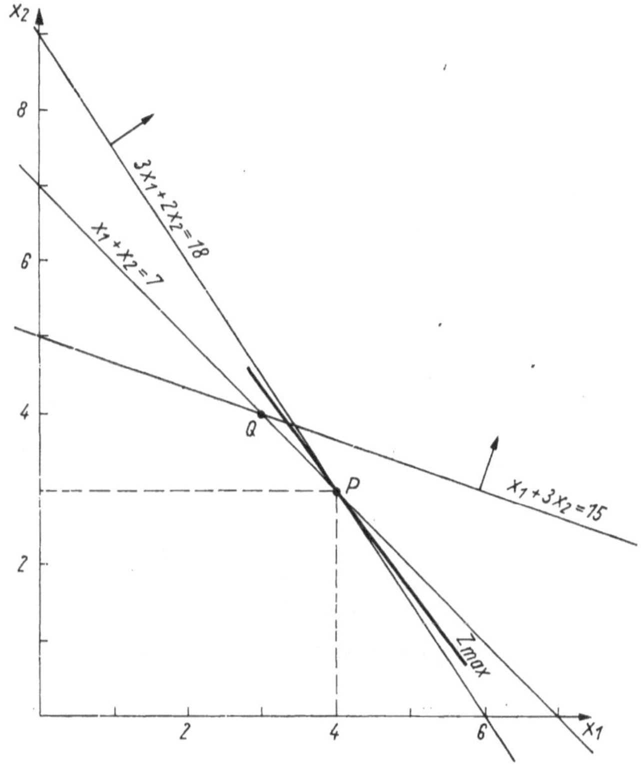

Abb. 13

entspricht der zweiten Ungleichung die obere Halbebene der erzeugenden Geraden (die Seite der Geraden $2x_1 + 3x_2 = 21$, in der der eingezeichnete Normalenvektor liegt). Aus Abb. 14 ist zu erkennen, daß es keinen Punkt des ersten Quadranten gibt, der sämtlichen Nebenbedingungen genügt. Um das zu verdeutlichen, sind der Durchschnitt der unteren Halbebenen

$$x_1 + x_2 \leqq 7,$$

$$x_1 + 3x_2 \leqq 15$$

und die obere Halbebene

$$2x_1 + 3x_2 \geqq 21$$

schraffiert worden. Praktisch bedeutet dieser Fall, daß an das Optimierungsmodell zu scharfe Forderungen gestellt wurden, die nicht realisiert werden können. Daher kann nur durch eine vertretbare Abschwächung der Bedingungen eine lösbare Optimierungsaufgabe gefunden werden. Denn ein praktisches Problem kann nicht mit hinreichender Genauigkeit durch eine unlösbare Optimierungsaufgabe modelliert werden.

Man erkennt leicht einen weiteren Grund, der zur Unlösbarkeit von Aufgaben der linearen Optimierung führt. So kann es vorkommen, daß infolge eines *unbeschränkten Bereiches der zulässigen Lösungen* die Zielfunktion beliebig großer Werte (bei Maximumsaufgaben) fähig ist. Dann führt die Parallelverschiebung

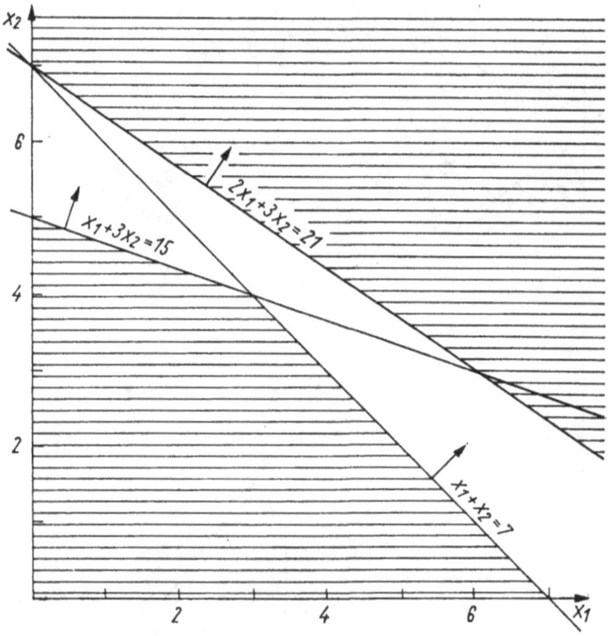

Abb. 14

der Geraden der Zielfunktion nicht aus dem Bereich der zulässigen Lösungen heraus. Wir geben auch dafür ein Beispiel an:

$$Z = 4x_1 + 3x_2 \quad \max.$$
$$-2x_1 + 3x_2 \leqq 6$$
$$-x_1 + 3x_2 \leqq 9$$
$$x_1 \geqq 0, x_2 \geqq 0.$$

Der Bereich der zulässigen Lösungen ist in Abb. 15 dargestellt, und die Gerade der Zielfunktion mit $Z = 12$ ist eingezeichnet. Den Fall der Unlösbarkeit infolge eines unbeschränkten Bereiches der zulässigen Lösungen haben wir bei praktischen Optimierungsaufgaben mit der Vorstellung zu verbinden, daß im Modell zu wenig Bedingungen erfaßt wurden, so daß wenigstens eine Variable beliebig stark wachsen kann. Man darf aber keineswegs erwarten, daß uns unlösbare Aufgaben der linearen Optimierung in der Anwendung nicht entgegentreten. Dazu ist der Prozeß der Modellierung viel zu kompliziert. Bei einem größeren praktischen Problem wird man die Auswirkung einer für wesentlich gehaltenen Bedingung meist nicht vollständig überschauen können. Daher wird häufig erst die Analyse einer optimalen Lösung oder die festgestellte Unlösbarkeit der Aufgabe zu einer Korrektur des Modelles Anlaß geben.

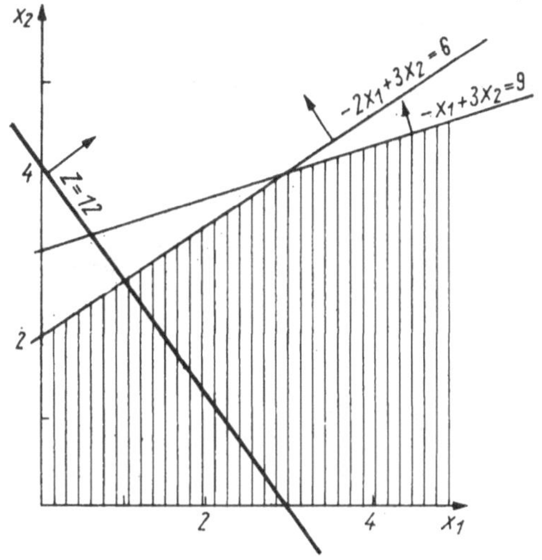

Abb. 15

Lineare Optimierungsaufgaben mit unbeschränktem Bereich der zulässigen Lösungen können aber auch optimale Lösungen haben. So besitzt die Aufgabe

$$Z = -3x_1 + 9x_2 \quad \max.$$
$$-2x_1 + 3x_2 \leqq 6$$
$$-x_1 + 3x_2 \leqq 9$$
$$x_1 \geqq 0,\ x_2 \geqq 0$$

denselben Bereich der zulässigen Lösungen wie die in Abb. 15 veranschaulichte Aufgabe. Trotzdem gibt es optimale Lösungen. Die Gerade der Zielfunktion mit $Z = 27$ fällt nämlich mit der Begrenzungsgeraden

$$-x_1 + 3x_2 = 9$$

zusammen (Abb. 16). Jeder Punkt des von P ausgehenden Strahles entspricht einer optimalen Lösung. Wir haben damit gleichzeitig ein Beispiel für eine Aufgabe gefunden, bei der die optimalen Lösungen auf einem *Strahl* liegen. Würden wir die gleiche Aufgabe mit der Zielfunktion

$$Z = -3x_1 + 6x_2 \quad \max.$$

untersuchen, gäbe es nur eine optimale Lösung, der der Punkt P von Abb. 16 entspricht.

Die Betrachtung dieser einfachen Aufgaben mit zwei Variablen hat uns gezeigt, daß drei grundlegende Fälle bei der Lösung linearer Optimierungsprobleme auftreten können:

1. Die Aufgabe ist lösbar.
2. Die Aufgabe ist unlösbar, da die Nebenbedingungen einander widersprechen. Dann gibt es überhaupt keine zulässige Lösung.
3. Die Aufgabe ist unlösbar, da der Bereich der zulässigen Lösungen unbeschränkt und zusätzlich auch die Zielfunktion beliebig großer Werte (bei Maximumsaufgaben) fähig ist.

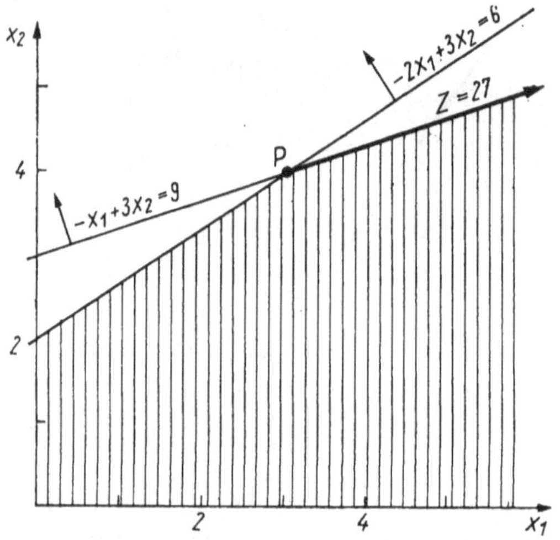

Abb. 16

Wir werden später sehen, daß es keine weiteren Gründe für die Unlösbarkeit einer linearen Optimierungsaufgabe gibt. Daher werden uns diese drei Fälle immer wieder im Zusammenhang mit der Lösungstheorie solcher Aufgaben begegnen.

Außerdem haben wir folgende Erkenntnisse bei lösbaren Aufgaben mit zwei Variablen gewonnen:

1. Es kann genau eine optimale Lösung existieren.
2. Es können unendlich viele optimale Lösungen existieren, die bei einem beschränkten Bereich der zulässigen Lösungen auf einem Abschnitt, bei einem unbeschränkten Bereich zusätzlich auch auf einem Strahl liegen können. Dabei entspricht dann immer jedem Punkt des Abschnittes bzw. Strahles eine optimale Lösung.

3. Ein nicht leerer Bereich der zulässigen Lösungen kann zweidimensional oder eindimensional sein und auch in einem Punkt entarten (für den letzten Fall wurde kein Beispiel angegeben; der Leser macht sich das aber leicht selbst klar).
4. Sämtliche zulässigen Lösungen können zugleich optimale Lösungen sein.
5. Unter den optimalen Lösungen gab es stets eine optimale Lösung, die zugleich Eckpunkt (Schnittpunkt von wenigstens zwei Geraden) des Bereiches der zulässigen Lösungen war.

Es ist Aufgabe der mathematischen Theorie der linearen Optimierung zu untersuchen, inwieweit diese Erkenntnisse Allgemeingültigkeit besitzen oder verallgemeinerungsfähig sind. Wir haben die fünf Punkte hier nur als Ergebnisse aneinandergereiht, die sich durch die Untersuchung einiger einfacher Aufgaben erzielen ließen, ohne daß wir sie bereits bewerten können. Aber trotzdem hat uns die Lösung dieser einfachen Optimierungsaufgaben bereits einen großen Einblick in die Probleme der linearen Optimierung gegeben.

§ 4. Lineare Mannigfaltigkeiten

Für die lineare Optimierung sind Begriffsbildungen wie lineare Unabhängigkeit, Linearkombination, Basis eines Vektorsystems usw. von fundamentaler Bedeutung. Obwohl solche Probleme zum Gegenstand der linearen Algebra gehören und daher eigentlich als bekannt vorausgesetzt werden, wollen wir zur Sicherung eines guten Fundamentes darauf näher eingehen.

4.1. Linearkombination, lineare Abhängigkeit und Unabhängigkeit. Wir betrachten ein beliebiges System von Vektoren

$$a_1, a_2, \ldots, a_s$$

des n-dimensionalen euklidischen Raumes E_n.

Definition: *Ein Vektor b des E_n heißt eine Linearkombination der Vektoren a_1, $a_2, \ldots, a_s$ aus E_n, wenn es Zahlen $\alpha_1, \alpha_2, \ldots, \alpha_s$ gibt, so daß die Gleichung*

$$b = \alpha_1 a_1 + \alpha_2 a_2 + \cdots + \alpha_s a_s \tag{20}$$

besteht. Die Zahlen α_i werden Koeffizienten der Linearkombination genannt.

Definition: *Die Vektoren $a_1, a_2, \ldots, a_s$ des E_n sind linear unabhängig, wenn die Vektorgleichung*

$$\alpha_1 a_1 + \alpha_2 a_2 + \cdots + \alpha_s a_s = 0 \tag{21}$$

nur für

$$\alpha_1 = \alpha_2 = \cdots = \alpha_s = 0 \tag{22}$$

gelten kann. Läßt sich dagegen die Gleichung (21) *mit Zahlen $\alpha_1, \alpha_2, \ldots, \alpha_s$ erfüllen, unter denen wenigstens eine Zahl α_i von Null verschieden ist, heißen die Vektoren linear abhängig.*

Definition: *Sind die Vektoren $a_1, a_2, \ldots, a_s$ eines Vektorsystems linear abhängig bzw. unabhängig, so heißt das System linear abhängig bzw. unabhängig.*

Zur Untermauerung dieser Begriffsbildungen betrachten wir einige Beispiele:

1. Um zu untersuchen, ob die Vektoren

$$a_1 = \begin{pmatrix} 4 \\ -1 \\ 2 \end{pmatrix}, \quad a_2 = \begin{pmatrix} 1 \\ 0 \\ 0 \end{pmatrix}, \quad a_3 = \begin{pmatrix} 0 \\ 1 \\ 0 \end{pmatrix}$$

linear unabhängig sind, gehen wir von der Vektorgleichung

$$\alpha_1 a_1 + \alpha_2 a_2 + \alpha_3 a_3 = 0$$

aus, bei der auf der rechten Seite der Nullvektor steht. Wir finden

$$\alpha_1 \begin{pmatrix} 4 \\ -1 \\ 2 \end{pmatrix} + \alpha_2 \begin{pmatrix} 1 \\ 0 \\ 0 \end{pmatrix} + \alpha_3 \begin{pmatrix} 0 \\ 1 \\ 0 \end{pmatrix} = \begin{pmatrix} 0 \\ 0 \\ 0 \end{pmatrix},$$

$$\left.\begin{aligned} 4\alpha_1 + \alpha_2 &= 0 \\ -\alpha_1 + \alpha_3 &= 0 \\ 2\alpha_1 \quad\quad &= 0. \end{aligned}\right\} \tag{23}$$

(23) ist ein lineares homogenes Gleichungssystem für die Unbekannten α_1, α_2, α_3. Die Lösung lautet:

$$\alpha_1 = \alpha_2 = \alpha_3 = 0.$$

Die Vektorgleichung kann also nur bestehen, wenn sämtliche Koeffizienten gleich Null sind. Die drei Vektoren sind linear unabhängig.

2. Es soll festgestellt werden, ob der Vektor

$$b = \begin{pmatrix} -1 \\ -4 \\ 5 \end{pmatrix}$$

eine Linearkombination der Vektoren

$$a_1 = \begin{pmatrix} 1 \\ 0 \\ 2 \end{pmatrix}, \quad a_2 = \begin{pmatrix} 3 \\ 4 \\ -1 \end{pmatrix}$$

ist. Dazu haben wir wegen (20) das Gleichungssystem

$$\begin{pmatrix} -1 \\ -4 \\ 5 \end{pmatrix} = \alpha_1 \begin{pmatrix} 1 \\ 0 \\ 2 \end{pmatrix} + \alpha_2 \begin{pmatrix} 3 \\ 4 \\ -1 \end{pmatrix},$$

$$\begin{aligned} \alpha_1 + 3\alpha_2 &= -1 \\ 4\alpha_2 &= -4 \\ 2\alpha_1 - \alpha_2 &= 5 \end{aligned}$$

zu betrachten. Als Lösung ergibt sich

$$\alpha_1 = 2, \alpha_2 = -1.$$

Der Vektor b ist eine Linearkombination von a_1 und a_2:

$$b = 2a_1 - a_2.$$

3. Das Vektorsystem

$$a_1 = \begin{pmatrix} 1 \\ 0 \\ 2 \end{pmatrix}, \quad a_2 = \begin{pmatrix} 3 \\ 4 \\ 0 \end{pmatrix}, \quad a_3 = \begin{pmatrix} 1 \\ 4 \\ -4 \end{pmatrix}$$

ist linear abhängig. Es gilt nämlich

$$\alpha_1 a_1 + \alpha_2 a_2 + \alpha_3 a_3 = 0, \tag{24}$$

$$\alpha_1 \begin{pmatrix} 1 \\ 0 \\ 2 \end{pmatrix} + \alpha_2 \begin{pmatrix} 3 \\ 4 \\ 0 \end{pmatrix} + \alpha_3 \begin{pmatrix} 1 \\ 4 \\ -4 \end{pmatrix} = \begin{pmatrix} 0 \\ 0 \\ 0 \end{pmatrix},$$

$$\begin{aligned} \alpha_1 + 3\alpha_2 + \alpha_3 &= 0 \\ 4\alpha_2 + 4\alpha_3 &= 0 \\ 2\alpha_1 \qquad - 4\alpha_3 &= 0. \end{aligned}$$

Aus den beiden letzten Gleichungen folgt

$$\alpha_2 = -\alpha_3, \alpha_1 = 2\alpha_3.$$

Dann ist aber auch die erste Gleichung bei beliebiger Wahl von α_3 erfüllt. Wir können die Vektorgleichung (24) mit nicht sämtlich verschwindenden Zahlen $\alpha_1, \alpha_2, \alpha_3$ befriedigen. Für $\alpha_3 = 1$ gilt z. B. $\alpha_1 = 2, \alpha_2 = -1$

$$2a_1 - a_2 + a_3 = 0.$$

Schreiben wir allgemein für die Vektoren der Gleichung (21)

$$a_i = \begin{pmatrix} a_{1i} \\ a_{2i} \\ \vdots \\ a_{ni} \end{pmatrix}, \quad i = 1, 2, \ldots, s,$$

haben wir zur Prüfung der linearen Abhängigkeit oder Unabhängigkeit das lineare Gleichungssystem

$$\left.\begin{aligned} a_{11}\alpha_1 + a_{12}\alpha_2 + \cdots + a_{1s}\alpha_s &= 0 \\ a_{21}\alpha_1 + a_{22}\alpha_2 + \cdots + a_{2s}\alpha_s &= 0 \\ \cdots\cdots\cdots\cdots\cdots\cdots\cdots\cdots \\ a_{n1}\alpha_1 + a_{n2}\alpha_2 + \cdots + a_{ns}\alpha_s &= 0 \end{aligned}\right\} \tag{25}$$

zu lösen. Das ist ein homogenes System von n Gleichungen für die s Unbekannten $\alpha_1, \alpha_2, \ldots, \alpha_s$. Diese Beziehung zur Theorie linearer Gleichungssysteme ermöglicht es uns, die folgenden Sätze auszusprechen.

Satz 3: *Im n-dimensionalen euklidischen Raum E_n kann es nicht mehr als n linear unabhängige Vektoren geben.*

Satz 4: *Das Vektorsystem $a_1, a_2, \ldots, a_s$ des E_n ist dann und nur dann linear unabhängig, wenn die Koeffizientenmatrix des durch die Vektoren bestimmten homogenen Gleichungssystems* (25) *den Rang s besitzt.*
Insbesondere ist für $s = n$ das Vektorsystem linear unabhängig, falls die Koeffizientendeterminante von (25) *von Null verschieden ist.*

Die Existenz von n linear unabhängigen Vektoren im E_n ist gesichert, da z. B. die Einheitsvektoren ein linear unabhängiges System bilden.

Wir beweisen noch einige einfache Sätze über linear abhängige und unabhängige Vektoren.

Satz 5: *Die Vektoren $a_1, a_2, \ldots, a_s$ des E_n sind dann und nur dann linear abhängig, wenn wenigstens ein Vektor eine Linearkombination der übrigen Vektoren ist.*

Beweis: Ist a_i eine Linearkombination der übrigen Vektoren

$$a_i = \alpha_1 a_1 + \alpha_2 a_2 + \cdots + \alpha_{i-1} a_{i-1} + \alpha_{i+1} a_{i+1} + \cdots + \alpha_s a_s,$$

folgt

$$\alpha_1 a_1 + \alpha_2 a_2 + \cdots + \alpha_{i-1} a_{i-1} - a_i + \alpha_{i+1} a_{i+1} + \cdots + \alpha_s a_s = 0,$$

so daß wenigstens der Koeffizient von a_i ungleich Null ist. Das Vektorsystem muß damit linear abhängig sein.

Sind umgekehrt die Vektoren $a_1, a_2, \ldots, a_s$ linear abhängig, gilt

$$\alpha_1 a_1 + \alpha_2 a_2 + \cdots + \alpha_s a_s = 0,$$

wobei wenigstens ein Koeffizient α_i von Null verschieden ist. Dann ergibt sich wegen

$$a_i = -\frac{1}{\alpha_i} \{\alpha_1 a_1 + \cdots + \alpha_{i-1} a_{i-1} + \alpha_{i+1} a_{i+1} + \cdots + \alpha_s a_s\}$$

der Vektor a_i als Linearkombination der übrigen Vektoren.

Satz 6: *Jede Untermenge eines linear unabhängigen Vektorsystems $a_1, a_2, \ldots, a_s$ ist linear unabhängig.*

Beweis: Im Sinne eines indirekten Beweises (s. dazu Bd. 1, Kap. I) nehmen wir an, daß es im gegebenen Vektorsystem r linear abhängige Vektoren gibt. Ohne Beschränkung der Allgemeinheit kann angenommen werden, daß die r ersten Vektoren $a_1, a_2, \ldots, a_r$ linear abhängig sind. Dann gilt die Gleichung

$$\alpha_1 a_1 + \alpha_2 a_2 + \cdots + \alpha_r a_r = 0, \tag{26}$$

wobei wenigstens eine der Zahlen $\alpha_1, \alpha_2, \ldots, \alpha_r$ ungleich Null ist. Mit

$$\alpha_{r+1} = \cdots = \alpha_s = 0 \tag{27}$$

können wir dafür

$$\alpha_1 a_1 + \alpha_2 a_2 + \cdots + \alpha_r a_r + \alpha_{r+1} a_{r+1} + \cdots + \alpha_s a_s = 0 \tag{28}$$

schreiben. In dieser Gleichung ist wenigstens unter den $\alpha_1, \alpha_2, \ldots, \alpha_r$ eine Zahl $\alpha_i \neq 0$, so daß die Vektoren $a_1, a_2, \ldots, a_s$ linear abhängig sein müßten, was unseren Voraussetzungen widerspricht.

Satz 7: *Ist eine Untermenge des Vektorsystems $a_1, a_2, \ldots, a_s$ aus E_n linear abhängig, so ist auch das Vektorsystem selbst linear abhängig.*

Beweis: Wir nehmen wieder an, daß die Vektoren $a_1, a_2, \ldots, a_r (r \leqq s)$ linear abhängig sind. Dann gilt, wie beim Beweis von Satz 6, die Gleichung (26) mit wenigstens einem $\alpha_i \neq 0$. (27) führt zur Gleichung (28), die wegen $\alpha_i \neq 0$ die lineare Abhängigkeit des Gesamtsystems beinhaltet.

Satz 8: *Jedes Vektorsystem, das den Nullvektor enthält, ist linear abhängig.*

Beweis: Ist in (21) a_1 gleich dem Nullvektor, können wir die Gleichung (21) durch

$$\alpha_1 \neq 0, \ \alpha_2 = \alpha_2 = \cdots = \alpha_s = 0$$

befriedigen. Damit ist das System linear abhängig.

Definition: *Die maximale Zahl der in einem Vektorsystem vorhandenen linear unabhängigen Vektoren heißt Rang des Vektorsystems.*

Satz 9: *Ist der Rang des Vektorsystems $a_1, a_2, \ldots, a_s$ gleich r, läßt sich jeder Vektor des Systems als Linearkombination der r linear unabhängigen Vektoren darstellen.*

Beweis: Wir können annehmen, daß die Vektoren $a_1, a_2, \ldots, a_r$ des Vektorsystems $a_1, a_2, \ldots, a_s$ linear unabhängig sind. Für jeden der linear unabhängigen Vektoren $(i = 1, 2, \ldots, r)$ gilt die triviale Darstellung

$$a_i = 0 \cdot a_1 + 0 \cdot a_2 + \cdots + 0 \cdot a_{i-1} + a_i + 0 \cdot a_{i+1} + \cdots + 0 \cdot a_r.$$

Da der Rang des Vektorsystems gleich r ist, muß das System

$$a_1, a_2, \ldots, a_r, a_j, \ j > r$$

linear abhängig sein. Daher gilt

$$\alpha_1 a_1 + \alpha_2 a_2 + \cdots + \alpha_r a_r + \alpha_j a_j = 0,$$

wobei wenigstens eine der Zahlen $\alpha_1, \alpha_2, \ldots, \alpha_r, \alpha_j$ von Null verschieden ist. Wegen der linearen Unabhängigkeit der Vektoren $a_1, a_2, \ldots, a_r$ kann aber nicht $\alpha_j = 0$ sein, so daß sich

$$a_j = -\frac{1}{\alpha_j}\{\alpha_1 a_1 + \alpha_2 a_2 + \cdots + \alpha_r a_r\}$$

für jedes $j = r + 1, \ldots, s$ ergibt.

4.2. Vektorbasis. Zur Darstellung von Vektoren im euklidischen Raum E_n wird in der linearen Optimierung immer wieder der Begriff der Basis verwendet. Wir wollen daher eine Reihe von Definitionen und Sätzen zusammenstellen, auf die wir häufig zurückgreifen müssen.

Definition: *Eine Menge linear unabhängiger Vektoren eines Vektorsystems, deren Zahl gleich dem Rang ist, heißt Basis des Systems.*

Definition: *Ein linear unabhängiges Vektorsystem des n-dimensionalen euklidischen Raumes E_n wird Basis des E_n genannt, wenn sich jeder Vektor $b \in E_n$ als Linearkombination der Vektoren aus der Basis (Basisvektoren) darstellen läßt.*

Die Existenz einer Basis im E_n ist durch die Einheitsvektoren e_i gesichert, die ein linear unabhängiges Vektorsystem bilden. Dann muß sich jeder Vektor

$$b = \begin{pmatrix} b_1 \\ b_2 \\ \vdots \\ b_n \end{pmatrix}$$

in der Form

$$b = \alpha_1 e_1 + \alpha_2 e_2 + \cdots + \alpha_n e_n$$

darstellen lassen. Wählen wir $\alpha_i = b_i$, gilt

$$b = b_1 \begin{pmatrix} 1 \\ 0 \\ \vdots \\ 0 \end{pmatrix} + b_2 \begin{pmatrix} 0 \\ 1 \\ \vdots \\ 0 \end{pmatrix} + \cdots + b_n \begin{pmatrix} 0 \\ \vdots \\ 0 \\ 1 \end{pmatrix}.$$

Daraus erkennen wir, daß jeder Vektor b die Darstellung

$$b = b_1 e_1 + b_2 e_2 + \cdots + b_n e_n$$

gestattet, so daß die Vektoren e_i im Sinne der Definition eine Basis im E_n bilden.

Satz 10: *Die Darstellung eines Vektors des E_n als Linearkombination der Basisvektoren ist eindeutig.*

Beweis: b sei ein beliebiger Vektor des E_n und $a_1, a_2, \ldots, a_s$ die betrachtete Basis. Im Sinne eines indirekten Beweises nehmen wir an, daß es zwei verschiedene Darstellungen

$$b = \alpha_1 a_1 + \alpha_2 a_2 + \cdots + \alpha_s a_s,$$
$$b = \beta_1 a_1 + \beta_2 a_2 + \cdots + \beta_s a_s$$

gibt. Durch Subtraktion beider Gleichungen folgt

$$(\alpha_1 - \beta_1) a_1 + (\alpha_2 - \beta_2) a_2 + \cdots + (\alpha_s - \beta_s) a_s = 0.$$

Da die Basisvektoren linear unabhängig sind, kann diese Gleichung nur für

$$\alpha_i - \beta_i = 0, \quad i = 1, 2, \ldots, s$$

gelten. Das widerspricht aber unserer Annahme, daß die beiden Darstellungen des Vektors b verschieden sind.

Satz 11: *Ist $a_1, a_2, \ldots, a_s$ ein linear unabhängiges Vektorsystem und gilt*

$$b = \alpha_1 a_1 + \cdots + \alpha_r a_r + \cdots + \alpha_s a_s, \quad \alpha_r \neq 0,$$

muß auch das Vektorsystem

$$a_1, \ldots, a_{r-1}, b, a_{r+1}, \ldots, a_s \tag{29}$$

linear unabhängig sein.

Beweis: Wir nehmen an, daß das System (29) linear abhängig ist. Dann muß die Gleichung

$$\beta_1 a_1 + \cdots + \beta_{r-1} a_{r-1} + \beta_r b + \beta_{r+1} a_{r+1} + \cdots + \beta_s a_s = 0$$

mit nicht sämtlich verschwindenden β_i gelten. Daraus finden wir zusammen mit der Darstellung des Vektors b

$$\sum_{\substack{i=1 \\ i \neq r}}^{s} (\beta_i + \beta_r \alpha_i)\, a_i + \beta_r \alpha_r a_r = 0.$$

Die Vektoren $a_1, a_2, \ldots, a_s$ sind linear unabhängig, so daß sich

$$\beta_i + \beta_r \alpha_i = 0, \quad i = 1, 2, \ldots, s, i \neq r,$$
$$\beta_r \alpha_r = 0$$

ergibt. Wegen $\alpha_r \neq 0$ folgt aus der letzten Gleichung

$$\beta_r = 0$$

und damit

$$\beta_i = 0, \; i = 1, 2, \ldots, s.$$

Es sind sämtliche Zahlen β_i gleich Null, was der vorausgesetzten linearen Abhängigkeit widerspricht.

Satz 12: *Das Vektorsystem $a_1, a_2, \ldots, a_r$ möge eine Basis im E_n bilden, und es sei*

$$b = \alpha_1 a_1 + \cdots + \alpha_r a_r + \cdots + \alpha_s a_s, \quad \alpha_r \neq 0. \tag{30}$$

Dann stellt auch das System

$$a_1, \ldots, a_{r-1}, b, a_{r+1}, \ldots, a_s$$

eine Basis im E_n dar.

Beweis: Nach Satz 11 ist das Vektorsystem (29) linear unabhängig. Wir haben daher nur noch zu zeigen, daß sich jeder Vektor $x \in E_n$ als Linearkombination der Vektoren (29) darstellen läßt. Da die Vektoren $a_1, a_2, \ldots, a_s$ eine Basis bilden, gilt

$$x = \gamma_1 a_1 + \cdots + \gamma_r a_r + \cdots + \gamma_s a_s.$$

Aus der Darstellung des Vektors b ergibt sich mit $\alpha_r \neq 0$

$$a_r = -\frac{1}{\alpha_r}\{\alpha_1 a_1 + \cdots + \alpha_{r-1} a_{r-1} - b + \alpha_{r+1} a_{r+1} + \cdots + \alpha_s a_s\}.$$

Damit finden wir für den Vektor x

$$x = \sum_{\substack{i=1\\ i\neq r}}^{s} \left(\gamma_i - \frac{\alpha_i}{\alpha_r}\gamma_r\right) a_i + \frac{\gamma_r}{\alpha_r} b.$$

Diese Gleichung besagt, daß jeder Vektor $x \in E_n$ eine Linearkombination der Vektoren (29) ist. (29) bildet also ebenfalls eine Basis im E_n.

Der Ersatz eines Basisvektors durch einen anderen Vektor ist eine Grundlage für verschiedene Lösungsmethoden der linearen Optimierung. Dabei ist es wesentlich, daß in der Gleichung (30) der Koeffizient α_r ungleich Null ist. Für $\alpha_r = 0$ folgt nämlich aus (30)

$$\alpha_1 a_1 + \cdots + \alpha_{r-1} a_{r-1} - b + \alpha_{r+1} a_{r+1} + \cdots + \alpha_s a_s = 0.$$

Diese Gleichung besagt, daß das System (29) linear abhängig ist und somit keine Basis bestimmen kann, weil wenigstens der Koeffizient des Vektors b von Null verschieden ist.

Satz 13: *Jedes System aus n linear unabhängigen Vektoren bildet eine Basis im n-dimensionalen euklidischen Raum E_n.*

Beweis: $a_1, a_2, \ldots, a_n$ sei eine Basis im E_n. Die Existenz einer Basis aus n Vektoren ist durch das System der Einheitsvektoren gesichert. $b_1, b_2, \ldots, b_n$ möge ein linear unabhängiges Vektorsystem bezeichnen. Für den Vektor b_1 gilt eine Darstellung

$$b_1 = \alpha_1 a_1 + \alpha_2 a_2 + \cdots + \alpha_n a_n,$$

in der nicht sämtliche Koeffizienten α_i gleich Null sein können (für $\alpha_i = 0$, $i = 1, 2, \ldots, n$ wäre b_1 gleich dem Nullvektor, was wegen Satz 8 der linearen Unabhängigkeit des Vektorsystems widerspricht). Wir können ohne Beschränkung der Allgemeinheit $\alpha_1 \neq 0$ annehmen. Dann bildet nach Satz 12 das Vektorsystem $b_1, a_2, \ldots, a_n$ eine Basis. Stellen wir den Vektor b_2 durch die neue Basis dar

$$b_2 = \beta_1 b_1 + \beta_2 a_2 + \cdots + \beta_n a_n,$$

kann nicht $\beta_2 = \cdots = \beta_n = 0$ gelten, da sonst b_2 und b_1 linear abhängig wären. Wir können wieder $\beta_2 \neq 0$ voraussetzen und erhalten so das Ergebnis, daß b_1, $b_2, a_3, \ldots, a_n$ eine Basis ist. Durch Fortsetzung dieser Schlußweise ergibt sich die Behauptung des Satzes.

Satz 14: *Jede Basis des n-dimensionalen euklidischen Raumes besteht aus genau n-Vektoren.*

Beweis: Nach Satz 3 gibt es im E_n höchstens n linear unabhängige Vektoren. Daher kann auch eine Basis aus höchstens n Vektoren bestehen. Wir wollen zeigen, daß keine Basis existiert, die $s < n$ Vektoren enthält. Dazu nehmen wir im Sinne eines indirekten Beweises an, daß $a_1, a_2, \ldots, a_s$ eine Basis im E_n ist. $b_1, b_2, \ldots, b_n$ sei eine Basis aus n Vektoren. Wie beim Beweis von Satz 13 können wir schrittweise die Vektoren a_i gegen die b_i austauschen. Nach s Schritten erhalten wir das Ergebnis, daß bereits $b_1, b_2, \ldots, b_s$ eine Basis bildet. Folglich muß sich b_{s+1} als Linearkombination der $b_1, b_2, \ldots, b_s$ darstellen lassen, was der linearen Unabhängigkeit des Vektorsystems $b_1, b_2, \ldots, b_n$ widerspricht.

4.3. Lineare Mannigfaltigkeiten. Im Mittelpunkt der folgenden Betrachtungen stehen Teilgesamtheiten des n-dimensionalen euklidischen Raumes, die selbst die Eigenschaften eines linearen Raumes besitzen.

Definition: *Eine nicht leere Menge M von n-dimensionalen Vektoren heißt Unterraum des n-dimensionalen euklidischen Raumes, wenn mit zwei beliebigen Elementen a, b aus M auch die Summe $a + b$ sowie das Produkt αa eines beliebigen Vektors $a \in M$ mit einer Zahl α zur Menge M gehören.*

Definition: *Die größte Zahl linear unabhängiger Vektoren eines Unterraumes heißt Dimension des Unterraumes.*

Satz 15: *Jeder Unterraum enthält den Nullvektor.*

Das ergibt sich sofort aus der Tatsache, daß mit $a \in M$ auch $0 \cdot a \in M$ gilt. $0 \cdot a$ ist aber gleich dem Nullvektor.

Satz 16. *$a_1, a_2, \ldots, a_r$ sei ein linear unabhängiges Vektorsystem des E_n. Die Gesamtheit aller möglichen Linearkombinationen der Vektoren dieses Systems bildet einen r-dimensionalen Unterraum.*

Beweis: Wir betrachten zwei Elemente a und b der Gesamtheit. Für sie gilt die Darstellung

$$a = \alpha_1 a_1 + \alpha_2 a_2 + \cdots + \alpha_r a_r,$$

$$b = \beta_1 a_1 + \beta_2 a_2 + \cdots + \beta_r a_r.$$

Dann ergibt sich

$$a + b = (\alpha_1 + \beta_1) a_1 + (\alpha_2 + \beta_2) a_2 + \cdots + (\alpha_r + \beta_r) a_r,$$

$$\alpha a = \alpha\alpha_1 a_1 + \alpha\alpha_2 a_2 + \cdots + \alpha\alpha_r a_r,$$

so daß auch $a + b$ und αa der Gesamtheit angehören. Die Gesamtheit aller Linearkombinationen bildet also einen Unterraum, dessen Dimension offenbar gleich r ist.

Satz 17: *Jeder r-dimensionale Unterraum ist die Gesamtheit aller Linearkombinationen von r linear unabhängigen Vektoren des Unterraumes.*

Beweis: Im r-dimensionalen Unterraum gibt es r linear unabhängige Vektoren $a_1, a_2, \ldots, a_r$. Die Gesamtheit ihrer Linearkombinationen muß dem Unterraum angehören. Andererseits kann es keinen Vektor b des Unterraumes geben, der sich nicht als Linearkombination von $a_1, a_2, \ldots, a_r$ darstellen läßt, da sonst die Vektoren $b, a_1, a_2, \ldots, a_r$ linear unabhängig wären, was der Dimension r widerspricht.

Auf Grund der Sätze 16 und 17 kann man einen r-dimensionalen Unterraum als Gesamtheit aller Linearkombinationen eines Systems von r linear unabhängigen Vektoren definieren.

Wir wollen verabreden, daß für $r = 0$ der Unterraum nur aus dem Nullvektor besteht.

Für $r = n$ fällt der Unterraum mit dem gesamten Vektorraum E_n zusammen.

Zur geometrischen Veranschaulichung des Unterraumes betrachten wir einen zweidimensionalen Raum ($n = 2$). Ein eindimensionaler Unterraum ($r = 1$) ist dann eine *Gerade*, die durch den Koordinatenursprung geht. Für $r = 1$ kann es nämlich nur einen linear unabhängigen Vektor a geben, und die Gesamtheit aller Vektoren des Unterraumes läßt sich in der Form αa darstellen. Jedem Vektor αa entspricht ein Punkt der durch a erklärten Geraden und umgekehrt (beachte auch die geometrische Interpretation der Vektoroperationen in Bd. 1, Kap. IV). Die Gerade geht durch den Koordinatenursprung, da der Nullvektor dem Unterraum angehört (Abb. 17).

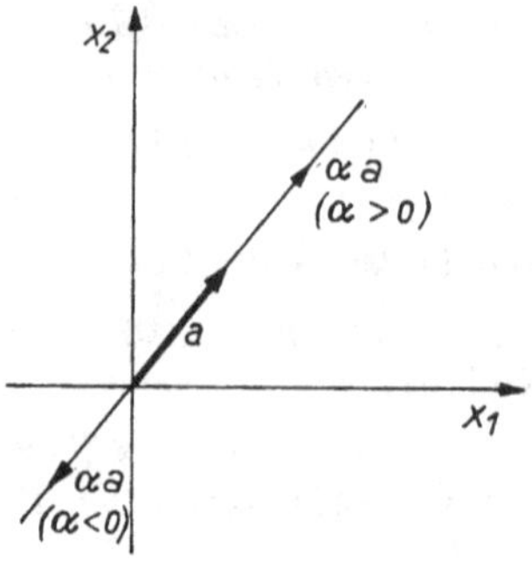

Abb. 17

Im dreidimensionalen Raum ($n = 3$) ist natürlich ein eindimensionaler Unterraum ($r = 1$) wieder eine *Gerade*, die durch den Koordinatenursprung geht. Einem zweidimensionalen Unterraum ($r = 2$) entspricht eine *Ebene*, die den Koordinatenursprung enthält (Abb. 18). Denn im zweidimensionalen Unterraum gibt es zwei linear unabhängige Vektoren a_1, a_2, die zusammen mit dem Koordinatenursprung eine Ebene bestimmen. Jeder Linearkombination $\alpha_1 a_1 + \alpha_2 a_2$ entspricht ein Punkt dieser Ebene und umgekehrt.

Definition: *Bezeichnet a einen fixierten Vektor des n-dimensionalen euklidischen Raumes und ist x ein beliebiges Element eines r-dimensionalen Unterraumes, heißt die Menge aller Vektoren*

$$a + x$$

eine r-dimensionale lineare Mannigfaltigkeit.

Eine r-dimensionale lineare Mannigfaltigkeit kann man als Verschiebung eines r-dimensionalen Unterraumes auffassen. Ist der *Verschiebungsvektor a* gleich dem Nullvektor, geht die lineare Mannigfaltigkeit in den Unterraum über. Abb. 19 veranschaulicht die Verschiebung eines eindimensionalen Unterraumes ($r = 1$) im zweidimensionalen Raum ($n = 2$). Der linearen Mannigfaltigkeit entspricht wieder eine Gerade, die zur Geraden des Unterraumes parallel ist.

Im dreidimensionalen Raum läßt sich eine eindimensionale lineare Mannigfaltigkeit als Gerade und eine zweidimensionale als Ebene darstellen.

Man kann zeigen, daß im n-dimensionalen Raum eine eindimensionale lineare Mannigfaltigkeit eine *Gerade* und eine $(n-1)$-dimensionale lineare Mannigfaltigkeit eine *Hyperebene* bestimmt (siehe dazu 4.4).

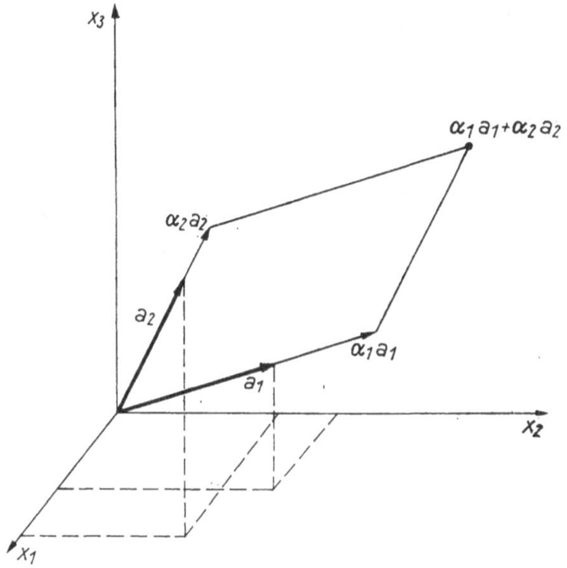

Abb. 18

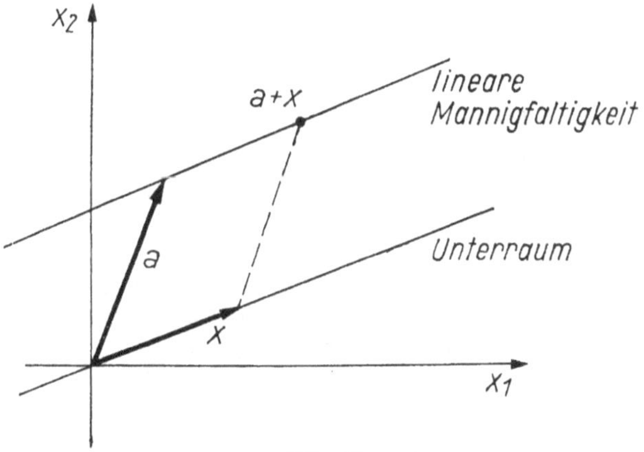

Abb. 19

Zusammen mit den Ergebnissen über r-dimensionale Unterräume ergibt sich der folgende

Satz 18: *Eine r-dimensionale lineare Mannigfaltigkeit ist die Gesamtheit aller Vektoren, die sich in der Form*

$$a + \alpha_1 a_1 + \alpha_2 a_2 + \cdots + \alpha_r a_r$$

darstellen lassen. Dabei bezeichnet a einen fixierten Vektor des E_n und $a_1, a_2, \ldots, a_r$ ein linear unabhängiges Vektorsystem des E_n. Die $\alpha_1, \alpha_2, \ldots, \alpha_r$ sind beliebige Zahlen.

4.4. Lineare Gleichungssysteme und lineare Mannigfaltigkeiten. Es ist naheliegend, daß zwischen der Theorie linearer Gleichungssysteme und den erklärten linearen Mannigfaltigkeiten ein enger Zusammenhang besteht. So ist z. B. im dreidimensionalen Raum eine Gerade das Schnittgebilde von zwei zueinander nicht parallelen Ebenen und damit durch ein System von zwei (linear unabhängigen) linearen Gleichungen bestimmt. Der 0-dimensionalen linearen Mannigfaltigkeit entspricht ein Punkt, der durch den Schnitt von drei Ebenen (von denen auch nicht zwei zueinander parallel sein dürfen) erzeugt und damit durch die Lösung eines linear unabhängigen Systems von drei linearen Gleichungen ermittelt werden kann. Die Ebene (zweidimensionale lineare Mannigfaltigkeit) ist durch die Gesamtheit aller Punkte definiert, die einer linearen Gleichung genügen. Es kann nicht unsere Aufgabe sein, die Theorie der linearen Gleichungssysteme zu entwickeln und ihren Zusammenhang mit den linearen Mannigfaltigkeiten in allen Einzelheiten zu untersuchen. Vielmehr wollen wir uns auf die Schilderung der wesentlichsten Gedankengänge beschränken.

Wir betrachten das lineare Gleichungssystem

$$\left.\begin{array}{l} a_{11}x_1 + a_{12}x_2 + \cdots + a_{1n}x_n = b_1 \\ a_{21}x_1 + a_{22}x_2 + \cdots + a_{2n}x_n = b_2 \\ \cdots\cdots\cdots\cdots\cdots\cdots\cdots\cdots \\ a_{m1}x_1 + a_{m2}x_2 + \cdots + a_{mn}x_n = b_m \end{array}\right\} \quad (31)$$

und das zugehörige homogene Gleichungssystem

$$\left.\begin{array}{l} a_{11}x_1 + a_{12}x_2 + \cdots + a_{1n}x_n = 0 \\ a_{21}x_1 + a_{22}x_2 + \cdots + a_{2n}x_n = 0 \\ \cdots\cdots\cdots\cdots\cdots\cdots\cdots\cdots \\ a_{m1}x_1 + a_{m2}x_2 + \cdots + a_{mn}x_n = 0. \end{array}\right\} \quad (32)$$

Mit r bezeichnen wir den Rang der Koeffizientenmatrix. Dann existieren $n - r$ linear unabhängige Vektoren $X_1, X_2, \ldots, X_{n-r}$, die Lösungen des homogenen Gleichungssystems (32) sind, und die allgemeine Lösung von (32) besteht aus der Gesamtheit aller möglichen Linearkombinationen der Vektoren $X_1, X_2, \ldots, X_{n-r}$. Daher können wir zusammen mit Satz 16 sagen:

Satz 19: *Die Gesamtheit aller Lösungen (allgemeine Lösung) eines homogenen linearen Gleichungssystems* (32), *dessen Koeffizientenmatrix den Rang r besitzt, bildet einen $(n - r)$-dimensionalen Unterraum, der auch Unterraum der Lösungen heißt.*

Im dreidimensionalen Raum $(n = 3)$ ergibt sich z. B. für $r = 2$ als eindimensionaler Unterraum eine Gerade.

Der Nullvektor gehört als triviale Lösung von (32) stets der allgemeinen Lösung an und ist nach Satz 15 auch in jedem Unterraum enthalten.

Die allgemeine Lösung eines lösbaren inhomogenen Gleichungssystems (31) finden wir in folgender Weise: x sei eine spezielle Lösung des inhomogenen Systems (31) und X die allgemeine Lösung des zugehörigen homogenen Systems (32). Dann ist die Gesamtheit aller Lösungen von (31) die Summe

$$x + X.$$

Beachten wir die Definition einer linearen Mannigfaltigkeit und Satz 19, werden wir zu dem nachstehenden Ergebnis geführt:

Satz 20: *Die Gesamtheit aller Lösungen eines lösbaren inhomogenen linearen Gleichungssystems* (31), *dessen Koeffizientenmatrix den Rang r besitzt, bildet eine* $(n - r)$*-dimensionale lineare Mannigfaltigkeit. Diese lineare Mannigfaltigkeit wird durch eine Verschiebung des Unterraumes der Lösungen des zugehörigen homogenen Systems* (32) *erzeugt. Der Verschiebungsvektor ist eine spezielle Lösung des inhomogenen Gleichungssystems* (31).

Es ist zu erwarten, daß der Satz 20 eine Umkehrung gestattet. Wir gehen auf die Begründung nicht ein, sondern beschränken uns darauf, den Satz zu formulieren.

Satz 21: *Jeder r-dimensionalen linearen Mannigfaltigkeit entspricht die Gesamtheit aller Lösungen eines linearen Gleichungssystems mit n Unbekannten, dessen Koeffizientenmatrix den Rang $n - r$ besitzt.*

Diese Ergebnisse veranlassen uns, einige Bemerkungen über *Hyperebenen* anzuschließen. In 2.2 haben wir eine Hyperebene als Gesamtheit aller Punkte (Vektoren) definiert, die einer linearen Gleichung

$$a_1 x_1 + a_2 x_2 + \cdots + a_n x_n = b \tag{33}$$

genügen. Dabei muß der Normalenvektor vom Nullvektor verschieden sein. Nach Satz 20 ist die Gesamtheit aller Lösungen für $r = 1$ eine $(n - 1)$-dimensionale lineare Mannigfaltigkeit. Andererseits ist nach Satz 21 jede $(n - 1)$-dimensionale lineare Mannigfaltigkeit Lösung einer Gleichung vom Typ (33). Das berechtigt uns, wie bereits in 4.3 erfolgt, eine $(n - 1)$-dimensionale lineare Mannigfaltigkeit als Hyperebene zu bezeichnen.

Auf Grund der durchgeführten Betrachtungen können wir für die Hyperebene noch eine andere Interpretation geben, die auch die *Orthogonalität* zwischen Hyperebene und Normalenvektor erklärt. Für (33) schreiben wir mittels des Skalarproduktes

$$r'x = b. \tag{34}$$

r' bezeichnet den transponierten Normalenvektor, und der Vektor x möge die Komponenten $x_1, x_2, \ldots, x_n$ besitzen. Die zugehörige homogene Gleichung lautet

$$r'x = 0. \tag{35}$$

Dann ist nach den Überlegungen zu Satz 20 eine Hyperebene die Gesamtheit aller Punkte, die sich in der Form

$$x + X$$

darstellen lassen. Dabei ist x ein fester Punkt der Hyperebene (34) und X ein beliebiger Punkt der zugehörigen Hyperebene (35). Die Hyperebene ist also eine Verschiebung der Vektoren X um einen Vektor x, wobei alle Vektoren X der Gleichung

$$r'X = 0$$

genügen und folglich orthogonal zum Normalenvektor r sind. Das Ergebnis ist in völliger Analogie zu Abb. 19 für den zweidimensionalen Raum in Abb. 20 veranschaulicht. Diese Betrachtungen legen auch die folgende Definition nahe:

Definition: *Ein System von Hyperebenen heißt linear unabhängig, wenn ihre Normalenvektoren ein linear unabhängiges System bilden.*

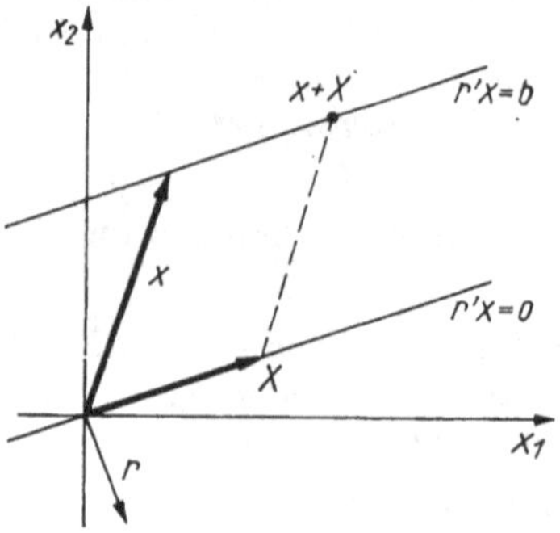

Abb. 20

Setzen wir voraus, daß ein lineares System (31) keine Gleichung enthält, deren sämtliche Koeffizienten gleich Null sind, können wir sagen:

Satz 22: *Ein lineares Gleichungssystem ist durch ein System von Hyperebenen bestimmt. Die allgemeine Lösung eines linearen Gleichungssystems ist der mengentheoretische Durchschnitt sämtlicher Hyperebenen des Gleichungssystems.*

Dieser Satz steht zu den Sätzen 1 und 2 für lineare Optimierungsaufgaben in Analogie.

Die Sätze 21 und 22 gestatten die Formulierung des folgenden Satzes:

Satz 23: *Jede r-dimensionale lineare Mannigfaltigkeit ist der nichtleere mengentheoretische Durchschnitt von $n - r$ linear unabhängigen Hyperebenen.*

§ 5. Konvexe Mengen

Bei unseren bisherigen Betrachtungen haben wir einige sehr wichtige Untermengen des n-dimensionalen euklidischen Raumes E_n kennengelernt. So haben wir z. B. Geraden, Hyperebenen, r-dimensionale lineare Mannigfaltigkeiten, Halbräume usw. betrachtet. Diese Untermengen besitzen Eigenschaften, die sich auf den Bereich der zulässigen Lösungen einer linearen Optimierungsaufgabe übertragen. Die für die lineare Optimierung bedeutungsvollste Eigenschaft ist die Konvexität der Mengen.

5.1. Abgeschlossene und beschränkte Mengen. Bereits in Kap. I von Bd. 1 haben wir den Begriff der abgeschlossenen Menge eingeführt. Dabei wurde eine Menge abgeschlossen genannt, wenn ihre sämtlichen Randpunkte zur Menge gehören. In 3.1 haben wir gesehen, welche Bedeutung die Abgeschlossenheit für die lineare Optimierung besitzt. Anschaulich einleuchtend ist der folgende Satz, dessen Beweis wir jedoch übergehen.

Satz 24: *Eine lineare Mannigfaltigkeit (also auch eine Hyperebene und eine Gerade), ein Halbraum, ein Strahl und ein Abschnitt sind abgeschlossene Mengen.*

Ebenfalls ohne Beweis teilen wir einen grundlegenden Satz der Mengenlehre mit:

Satz 25: *Der Durchschnitt einer beliebigen Zahl abgeschlossener Mengen ist eine abgeschlossene Menge.*

Wir wollen uns den Inhalt dieses Satzes wenigstens an einigen einfachen Beispielen veranschaulichen. Der Durchschnitt von zwei nichtparallelen Ebenen ist im dreidimensionalen Raum eine Gerade, die nach Satz 24 abgeschlossen ist. Der Durchschnitt von zwei zueinander nichtparallelen Geraden im zweidimensionalen Raum ist ein Punkt, der natürlich Randpunkt sein muß; die aus diesem Punkt bestehende Durchschnittsmenge ist folglich abgeschlossen.

Nach Satz 2 ist der Bereich der zulässigen Lösungen einer linearen Optimierungsaufgabe der Durchschnitt einer endlichen Zahl von Hyperebenen und Halbräumen. Zusammen mit den Sätzen 24 und 25 folgt damit

Satz 26: *Der Bereich der zulässigen Lösungen einer linearen Optimierungsaufgabe ist abgeschlossen, falls es zulässige Lösungen gibt.*

In Kap. I von Bd. 1 haben wir die Definition des Randpunktes und der beschränkten Menge nur für Punktmengen im zwei- oder dreidimensionalen Raum gegeben. Dabei knüpften diese Definitionen an den Begriff des Abstandes von zwei Punkten X und Y an. Die Verallgemeinerung dieses *Abstandsbegriffes* hat uns in Bd. 1 zur Norm geführt. Entsprechen den Punkten X, Y die Vektoren x, y, ist der Abstand durch

$$\|x - y\|$$

bestimmt. Dabei verwenden wir die in 2.2 erklärte Norm. Erweitern wir noch den *Umgebungsbegriff*, läßt sich die Definition des Randpunktes (und damit eigentlich auch erst die Definition der abgeschlossenen Menge) aus Bd. 1 übernehmen.

Unter einer Umgebung eines Punktes $A \in E_n$, dem der Vektor a zugeordnet ist, verstehen wir die Gesamtheit aller Punkte X (Vektoren x), die der Ungleichung

$$\|a - x\| < \varrho$$

genügen. Dabei kann ϱ eine beliebige positive Zahl bezeichnen.

Zur Erklärung beschränkter Punktmengen betrachteten wir in Bd. 1 den Abstand der Punkte X der Menge vom Koordinatenursprung. Da dem Koordinatenursprung der Nullvektor 0 entspricht und $0 - x = x$ gilt, können wir sagen: Eine Punktmenge $M \subset E_n$ ist *beschränkt*, wenn eine Zahl $K > 0$ existiert, so daß die Ungleichung

$$\|x\| \leqq K \text{ für alle } X \in M$$

besteht.

Die Beispiele in 3.2 zeigen, daß der Bereich der zulässigen Lösungen beschränkt, aber auch unbeschränkt sein kann.

5.2. Konvexe Linearkombinationen. In 2.2 haben wir einen Abschnitt durch die Gleichung

$$x = p + tv, \quad t_1 \leqq t \leqq t_2$$

definiert. Die Endpunkte A, B (ihnen entsprechen die Vektoren a, b) des Abschnittes sind durch

$$a = p + t_1 v, \quad b = p + t_2 v$$

gegeben. Wir wollen zeigen, daß sich jeder Punkt des Abschnittes durch eine Linearkombination der Endpunkte darstellen läßt. Es gilt nämlich

$$x = \alpha_1 a + \alpha_2 b,$$

$$p + tv = \alpha_1 (p + t_1 v) + \alpha_2 (p + t_2 v),$$

wenn

$$\alpha_1 = \frac{t_2 - t}{t_2 - t_1}, \quad \alpha_2 = \frac{t - t_1}{t_2 - t_1}$$

gesetzt wird. Diese Linearkombination besitzt die Eigenschaft, daß ihre Koeffizienten die Bedingungen

$$\alpha_1 + \alpha_2 = 1, \; \alpha_1 \geqq 0, \alpha_2 \geqq 0$$

erfüllen. Man spricht dann von einer konvexen Linearkombination.

Definition: *Eine Linearkombination*

$$b = \alpha_1 a_1 + \alpha_2 a_2 + \cdots + \alpha_s a_s$$

heißt konvexe Linearkombination der Vektoren $a_1, a_2, \ldots, a_s$, wenn die Koeffizienten den Bedingungen

$$\left.\begin{array}{l} 0 \leqq \alpha_i \leqq 1, \; i = 1, 2, \ldots, s, \\ \alpha_1 + \alpha_2 + \cdots + \alpha_s = 1 \end{array}\right\} \tag{36}$$

genügen.

Eine konvexe Linearkombination von zwei Vektoren (Punkten)

$$b = \alpha_1 a_1 + \alpha_2 a_2,$$

$$0 \leqq \alpha_i \leqq 1, \; \alpha_1 + \alpha_2 = 1$$

kann in der Form

$$b = \alpha a_1 + (1 - \alpha) a_2,$$

$$0 \leqq \alpha \leqq 1$$

geschrieben werden $(\alpha_1 = \alpha, \alpha_2 = 1 - \alpha_1 = 1 - \alpha)$.

Dann können wir das für den Abschnitt erhaltene Ergebnis folgendermaßen formulieren:

Satz 27: *Jeder Punkt eines Abschnittes ist eine konvexe Linearkombination der Endpunkte.*

Wir wollen dieses Ergebnis veranschaulichen. Es gilt

$$x = \alpha a + (1 - \alpha)b, \; 0 \leqq \alpha \leqq 1. \tag{37}$$

Dafür können wir auch

$$x = b + \alpha(a - b) \tag{38}$$

schreiben. Der Vektor $a - b$ ist zu dem Abschnitt parallel (Abb. 21; beachte aber auch die geometrische Interpretation der Vektoroperationen in Kap. IV von Bd. 1). $\alpha(a - b)$ bedeutet eine „Stauchung" des Vektors $a - b$. Die Beziehung (38) ist in Abb. 21 dargestellt. Andererseits erkennt man sofort, daß auch umgekehrt jedem Vektor (37) ein Punkt des Abschnittes entspricht.

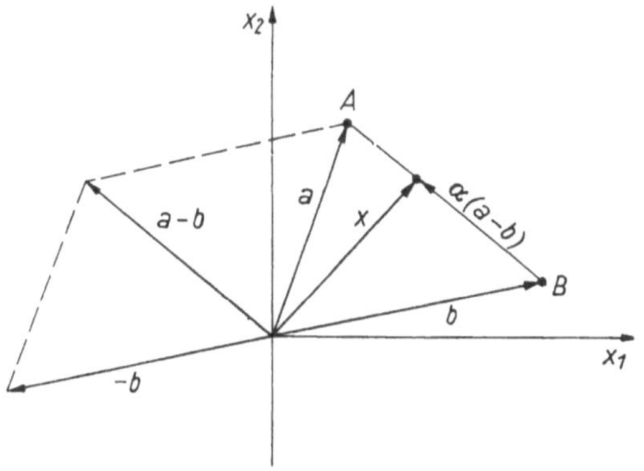

Abb. 21

In 3.2 haben wir eine lineare Optimierungsaufgabe betrachtet, deren optimale Lösungen auf einem Abschnitt lagen. Die Endpunkte des Abschnittes waren durch

$$a = \begin{pmatrix} 3 \\ 4 \end{pmatrix}, \quad b = \begin{pmatrix} 4 \\ 3 \end{pmatrix}$$

gegeben. Dann stellt jeder Vektor

$$x = \begin{pmatrix} x_1 \\ x_2 \end{pmatrix} = \alpha \begin{pmatrix} 3 \\ 4 \end{pmatrix} + (1 - \alpha) \begin{pmatrix} 4 \\ 3 \end{pmatrix},$$

$$x_1 = 3\alpha + 4(1 - \alpha) = 4 - \alpha,$$

$$x_2 = 4\alpha + 3(1 - \alpha) = 3 + \alpha$$

eine optimale Lösung dieser Optimierungsaufgabe dar.

5.3. Konvexe Mengen. Die Definition konvexer Mengen baut auf den Begriff der konvexen Linearkombination auf.

Definition: *Eine Menge $M \subset E_n$ heißt konvex, wenn mit zwei beliebigen ihrer Punkte auch jede konvexe Linearkombination der beiden Punkte zu M gehört.*

Beachten wir, daß nach 5.2 die Gesamtheit aller konvexen Linearkombinationen zweier Punkte einen Abschnitt bestimmt, gelangen wir zu

Satz 28: *Eine Menge $M \subset E_n$ ist konvex, wenn mit zwei beliebigen Punkten A, $B \in M$ auch sämtliche Punkte des durch A, B bestimmten Abschnittes zu M gehören.*

In Abb. 22 sind drei konvexe Mengen veranschaulicht, ein Vieleck, ein Kreis und eine Gerade. Abb. 23 zeigt eine nicht konvexe Menge; der eingezeichnete Abschnitt gehört nicht vollständig der Menge an.

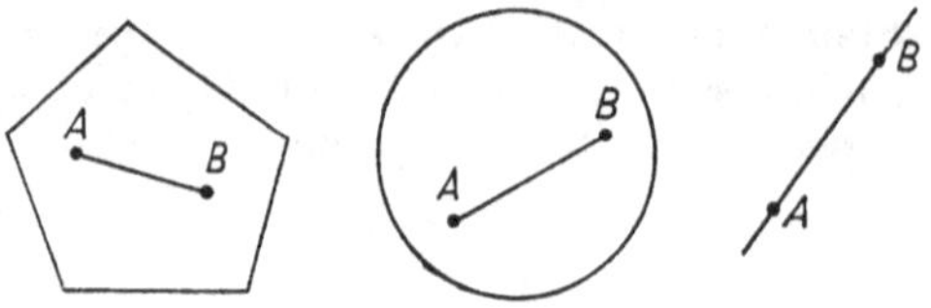

Abb. 22

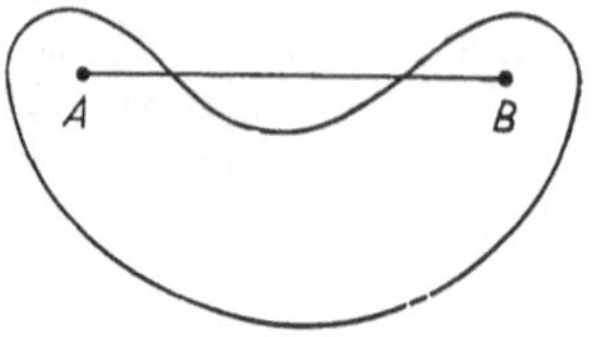

Abb. 23

Satz 29: *Eine lineare Mannigfaltigkeit (also auch eine Hyperebene und eine Gerade), ein Halbraum, ein Strahl und ein Abschnitt sind konvexe Mengen.*

Wir beschränken uns darauf, den Beweis für einen Halbraum zu führen. Der Halbraum sei im Sinne von 2.2 durch die Ungleichung

$$\alpha_1 x_1 + \alpha_2 x_2 + \cdots + \alpha_n x_n \leqq \beta$$

erklärt. Sind $A \sim (a_1, a_2, \ldots, a_n)$, $B \sim (b_1, b_2, \ldots, b_n)$ zwei beliebige Punkte des Halbraumes, gilt

$$\alpha_1 a_1 + \alpha_2 a_2 + \cdots + \alpha_n a_n \leqq \beta,$$

$$\alpha_1 b_1 + \alpha_2 b_2 + \cdots + \alpha_n b_n \leqq \beta.$$

Daraus folgt

$$\alpha(\alpha_1 a_1 + \alpha_2 a_2 + \cdots + \alpha_n a_n) \leqq \alpha\beta \quad \text{für} \quad 0 \leqq \alpha \leqq 1,$$

$$(1 - \alpha)(\alpha_1 b_1 + \alpha_2 b_2 + \cdots + \alpha_n b_n) \leqq (1 - \alpha)\beta \quad \text{wegen} \quad 0 \leqq 1 - \alpha \leqq 1.$$

Die Addition beider Ungleichungen liefert

$$\alpha_1\{\alpha a_1 + (1 - \alpha) b_1\} + \alpha_2\{\alpha a_2 + (1 - \alpha) b_2\} + \cdots + \alpha_n\{\alpha a_n + (1 - \alpha) b_n\} \leqq \beta.$$

Mit $P \sim (p_1, p_2, \ldots, p_n)$, $p_i = \alpha a_i + (1 - \alpha) b_i$, $i = 1, 2, \ldots, n$ finden wir

$$\alpha_1 p_1 + \alpha_2 p_2 + \cdots + \alpha_n p_n \leqq \beta.$$

Damit gehört auch jeder Punkt P des Abschnittes mit den Endpunkten A, B dem Halbraum an.

Satz 30: *Der Durchschnitt einer beliebigen Zahl konvexer Mengen ist wieder eine konvexe Menge.*

Wir führen den Beweis nur für zwei konvexe Mengen M und M'. Zwei beliebige Punkte A, B des Durchschnittes gehören sowohl der Menge M als auch M' an

Da beide Mengen konvex sind, muß der durch A und B bestimmte Abschnitt in M und M' enthalten sein (Abb. 24). Folglich gehört der Abschnitt auch dem Durchschnitt an, der damit konvex ist.

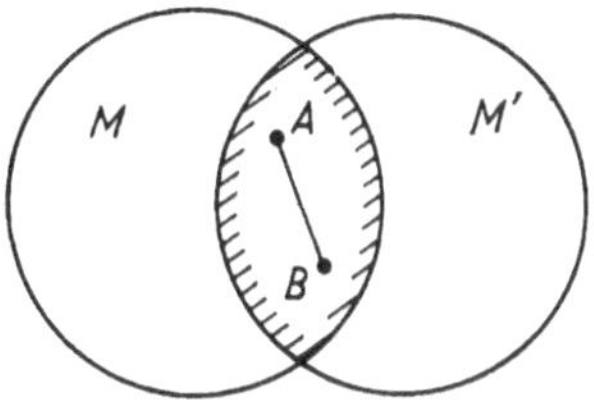

Abb. 24

Satz 2 führt uns in Verbindung mit den Sätzen 29 und 30 zu dem Ergebnis:

Satz 31: *Der Bereich der zulässigen Lösungen einer linearen Optimierungsaufgabe ist konvex, falls er nichtleer ist.*

Ein weiteres für die lineare Optimierung sehr wichtiges Beispiel einer konvexen Menge ist der *konvexe Kegel.*

Definition: *Eine abgeschlossene konvexe Menge K heißt konvexer Kegel mit der Spitze im Punkt $P_0 \in K$, wenn für jeden Punkt $P \in K$ und beliebiges $\alpha \geqq 0$ die Beziehung*

$$p_0 + \alpha(p - p_0) \in K$$

besteht. p und p_0 sind die den Punkten P und P_0 entsprechenden Vektoren.

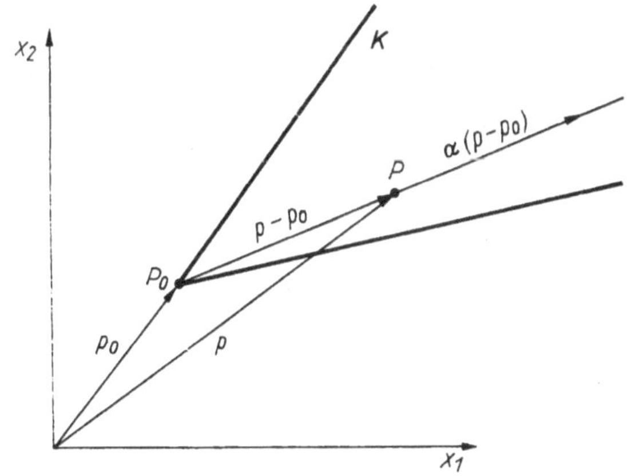

Abb. 25

Die Definition des konvexen Kegels besagt, daß mit jedem Punkt $P \in K$ auch der gesamte Strahl, der in P_0 beginnt und durch P geht, zur Menge K gehört. In Abb. 25 ist die Definition des konvexen Kegels veranschaulicht.

Jede lineare Mannigfaltigkeit ist ein konvexer Kegel, als dessen Spitze ein beliebiger Punkt der Mannigfaltigkeit angesehen werden kann.

Ein weiteres Beispiel für einen konvexen Kegel ist in Abb. 26 dargestellt. Wir betrachten einen Abschnitt und einen außerhalb des Abschnittes gelegenen Punkt P_0. Die Gesamtheit aller Strahlen, die von P_0 ausgehen und den Abschnitt schneiden, bildet einen konvexen Kegel.

Nach der Definition konvexer Mengen muß jede konvexe Linearkombination von zwei Vektoren der Menge angehören. Wir zeigen, daß dieses auch für jede konvexe Linearkombination einer beliebigen endlichen Zahl von Vektoren gilt.

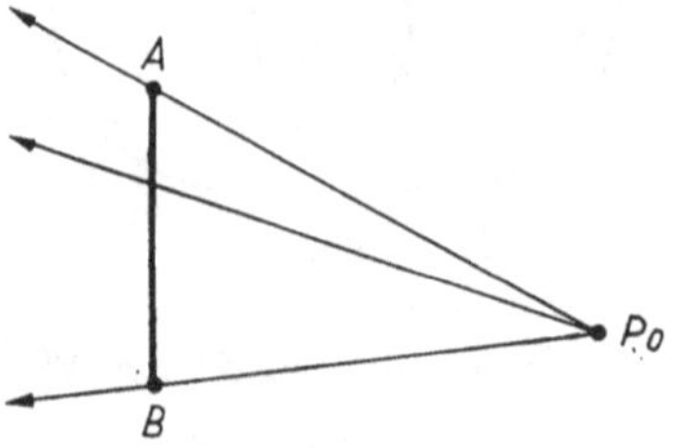

Abb. 26

Satz 32: *Jede konvexe Linearkombination einer beliebigen endlichen Zahl von Punkten einer konvexen Menge $M \subset E_n$ gehört der Menge M an.*

Beweis: Wir betrachten r Vektoren (Punkte) $a_1, a_2, \ldots, a_r$ der Menge M und eine beliebige konvexe Linearkombination

$$b = \alpha_1 a_1 + \alpha_2 a_2 + \cdots + \alpha_r a_r\,,$$

$$\sum_{i=1}^{r} \alpha_i = 1, \quad \alpha_i \geqq 0, \quad i = 1, 2, \ldots, r$$

dieser Vektoren. Es ist zu zeigen, daß b in der Menge M enthalten sein muß. Dazu verwenden wir das Beweisprinzip der vollständigen Induktion (siehe Kap. I von Bd. 1). Für die konvexe Linearkombination von zwei Punkten ist die Behauptung auf Grund der Definition konvexer Mengen gesichert. Wir nehmen an, daß die Aussage des Satzes für s Vektoren richtig ist

$$b_s = \alpha_1 a_1 + \alpha_2 a_2 + \cdots + \alpha_s a_s \in M$$

$$\sum_{i=1}^{s} \alpha_i = 1, \quad \alpha_i \geqq 0, \quad i = 1, 2, \ldots, s$$

und weisen nach, daß dann

$$b_{s+1} = \alpha_1 a_1 + \alpha_2 a_2 + \cdots + \alpha_s a_s + \alpha_{s+1} a_{s+1} \in M$$

gefolgert werden kann, falls die Beziehungen

$$\sum_{i=1}^{s+1} \alpha_i = 1, \quad \alpha_i \geqq 0, \quad i = 1, 2, \ldots, s + 1$$

bestehen. Dazu setzen wir

$$\alpha_i' = \frac{\alpha_i}{\alpha_1 + \alpha_2 + \cdots + \alpha_s}, \quad i = 1, 2, \ldots, s.$$

Es gilt

$$0 \leqq \alpha_i' \leqq 1,$$

$$\sum_{i=1}^{s} \alpha_i' = \frac{1}{\sum_{i=1}^{s} \alpha_i} (\alpha_1 + \alpha_2 + \cdots + \alpha_s) = 1,$$

$$b_s' = \alpha_1' a_1 + \alpha_2' a_2 + \cdots + \alpha_s' a_s \in M.$$

Für den Vektor b_{s+1} schreiben wir

$$b_{s+1} = \sum_{i=1}^{s} \alpha_i \{\alpha_1' a_1 + \alpha_2' a_2 + \cdots + \alpha_s' a_s\} + \alpha_{s+1} a_{s+1} = \sum_{i=1}^{s} \alpha_i \cdot b_s' + \alpha_{s+1} a_{s+1}.$$

Wegen $b_s' \in M$, $a_{s+1} \in M$ ist nach der Definition konvexer Mengen jede konvexe Linearkombination dieser Vektoren in M enthalten.

5.4. Dimension konvexer Mengen. Im zwei- und dreidimensionalen Raum ist uns klar, was wir unter der Dimension einer konvexen Menge zu verstehen haben. Eine zweidimensionale konvexe Menge liegt in einer Ebene, es gibt aber keine Gerade, die diese Menge enthält. Eine eindimensionale konvexe Menge (sie möge nicht in einen Punkt entarten) liegt auf einer Gerade. Der Begriff der linearen Mannigfaltigkeit gestattet uns, die Dimension konvexer Mengen allgemein einzuführen.

Definition: *Ist eine konvexe Menge des E_n in einer r-dimensionalen linearen Mannigfaltigkeit enthalten, aber in keiner linearen Mannigfaltigkeit kleinerer Dimension, wird r die Dimension der konvexen Menge genannt.*

Eine konvexe Menge der Dimension Null ist ein Punkt.

Von der Dimension einer Menge sprechen wir auch dann, wenn die Menge nicht konvex ist. Allerdings ist die gegebene Definition auf konvexe Mengen beschränkt. So würden wir z. B. eine Kreislinie (sie ist nicht konvex) als eindimensionale Menge bezeichnen. Die Anwendung der Definition auf diese Menge würde zu einer zweidimensionalen Menge führen.

Zusammen mit Satz 18 können wir den folgenden Satz aussprechen:

Satz 33: *Die Dimension einer konvexen Menge $M \subset E_n$ ist gleich der kleinsten Zahl r linear unabhängiger Vektoren $a_1, a_2, \ldots, a_r$ des E_n mit der Eigenschaft, daß die Menge aller Vektoren*

$$a + \alpha_1 a_1 + \alpha_2 a_2 + \cdots + \alpha_r a_r$$

($a \in M$, $\alpha_1, \alpha_2, \ldots, \alpha_r$ beliebige Zahlen) die Menge M enthält.

5.5. Stützende Hyperebene. Wir haben in den Beispielen von § 3 gesehen, daß die zum optimalen Wert der Zielfunktion gehörige Gerade (Hyperebene) der Zielfunktion zwei Eigenschaften besitzt:

1. Es gibt wenigstens einen Punkt P_0 des Bereiches der zulässigen Lösungen, der auf dieser Gerade liegt.
2. Alle Punkte des Bereiches der zulässigen Lösungen liegen in einer durch die Gerade erklärten Halbebene.

Das veranlaßt uns zu einer Verallgemeinerung, die zum Begriff der stützenden Hyperebene führt.

Definition: *Eine Hyperebene*

$$a_1x_1 + a_2x_2 + \cdots + a_nx_n = b$$

heißt stützende Hyperebene einer Menge $M \subset E_n$ *im Punkt* $P_0 \in M$, *wenn*

1. P_0 *in der Hyperebene liegt,*
2. *alle Punkte* $P \in M$ *in einem der durch die Hyperebene gebildeten Halbräume liegen.*

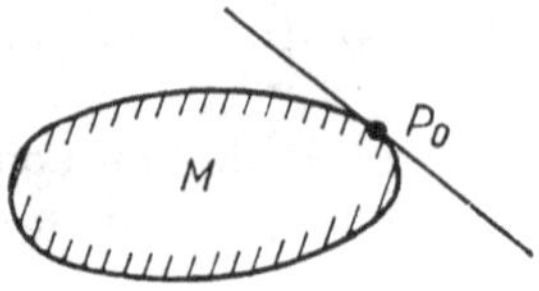

Abb. 27

Abb. 27 veranschaulicht die Definition der stützenden Hyperebene. Die Hyperebene ist eine Gerade, die mit der Menge M wenigstens einen Punkt gemeinsam hat. Die gesamte Menge M liegt in einem der beiden Halbräume.

Satz 34: *Ist* P_0 *Randpunkt einer konvexen abgeschlossenen Menge, so existiert in* P_0 *eine stützende Hyperebene.*

Zum Beweis des Satzes sei etwa auf [39] verwiesen.

§ 6. Konvexe mehrkantige Mengen

Die bisher untersuchten Mengen des n-dimensionalen euklidischen Raumes sind noch viel allgemeiner als die Mengen, die uns im Zusammenhang mit linearen Optimierungsaufgaben entgegentreten. Wir wollen uns daher auf solche Mengen beschränken, die durch Hyperebenen und Halbräume erzeugt werden. Vorbereitend führen wir den Begriff des Eckpunktes und der konvexen Hülle ein.

6.1. Eckpunkt. Die Betrachtung linearer Optimierungsaufgaben in § 3 hat uns gezeigt, welche Bedeutung die Eckpunkte des Bereiches der zulässigen Lösungen besitzen. Eine für unsere Zwecke geeignete Verallgemeinerung führt uns zu der folgenden

Definition: *Ein Punkt P (Vektor p) einer konvexen Menge M heißt Eckpunkt von M, wenn es in der Menge M keine Punkte* P_1 *und* P_2 $(P_1 \neq P_2)$ *gibt (denen die Vektoren* p_1 *und* p_2 *entsprechen), so daß die Gleichung*

$$p = \alpha p_1 + (1 - \alpha)p_2 \tag{39}$$

mit

$$0 < \alpha < 1$$

besteht.

Eine konvexe Linearkombination (39) von zwei Vektoren p_1, p_2 heißt *echte konvexe Linearkombination*, wenn die Bedingung $0 < \alpha < 1$ gilt. Dann kann der Vektor p weder mit p_1 noch mit p_2 zusammenfallen. Der zugehörige Punkt P liegt damit im Inneren des durch P_1, P_2 bestimmten Abschnittes.

Folglich besagt die Definition des Eckpunktes, daß es keine Punkte P_1 und P_2 geben darf, die im Inneren ihres Abschnittes den Eckpunkt enthalten. Gehört der Eckpunkt einem in der konvexen Menge M enthaltenen Abschnitt an, so muß er ein Endpunkt dieses Abschnittes sein (Abb. 28).

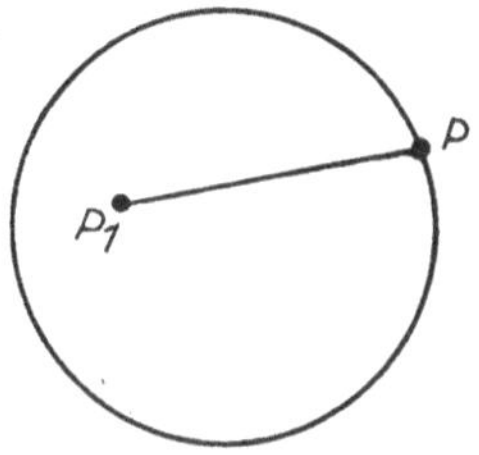

Abb. 28

Beispiele für Eckpunkte sind:

1. Die Endpunkte eines Abschnittes;
2. Die Ecken eines Vielecks;
3. Die Punkte der Kreislinie, wenn die Menge aus dem Kreisinneren und der Kreislinie besteht (Abb. 28).

Die Zahl der Eckpunkte einer konvexen Menge kann endlich oder unendlich sein. Es ist aber auch möglich, daß eine konvexe Menge keine Eckpunkte besitzt. Die Gerade ist konvex, kann aber offenbar keinen Eckpunkt haben. Man kann zeigen, daß dann die konvexe Menge entweder nicht beschränkt oder nicht abgeschlossen sein muß. Es gilt nämlich der

Satz 35: *Jede nichtleere konvexe abgeschlossene und beschränkte Menge besitzt wenigstens einen Eckpunkt.*

Zum Beweis des Satzes sei auf [39] verwiesen.

6.2. Konvexe Hülle. Zur Definition der konvexen Hülle $\overline{M}$ betrachten wir eine beliebige Menge M. Die Erklärung der konvexen Hülle erfolgt so, daß $\overline{M}$ die kleinste konvexe Menge ist, die M enthält.

Definition: *$\overline{M}$ heißt konvexe Hülle einer Menge M, wenn $\overline{M}$ aus allen Punkten (Vektoren)*

$$\sum_{i=1}^{r} \alpha_i p_i$$

mit

$$\sum_{i=1}^{r} \alpha_i = 1, \quad \alpha_i \geqq 0, \; i = 1, 2, \ldots, r$$

besteht, wobei die Punkte P_i (Vektoren p_i) zur Menge M gehören.

Die Definition besagt, daß jede konvexe Linearkombination einer endlichen Anzahl von Punkten aus M der konvexen Hülle angehört. Daraus erkennt man leicht, daß die konvexe Hülle eine konvexe Menge ist. Weiterhin muß jede konvexe Menge, die M enthält, auch die konvexe Hülle $\overline{M}$ enthalten. Daher können wir die konvexe Hülle als kleinste die Menge M enthaltende konvexe Menge bezeichnen. Ist die Menge M selbst konvex, gilt $M = \overline{M}$.

Zur Veranschaulichung des Begriffes der konvexen Hülle betrachten wir einige Beispiele. In Abb. 29 ist ein Fünfeck (Menge M) dargestellt, zu dem aber der Abschnitt AB nicht gehört. Folglich ist M nicht konvex. Die konvexe Hülle $\overline{M}$ besteht aus dem Fünfeck einschließlich dieses Abschnittes AB.

Abb. 30 demonstriert ein nicht konvexes Vieleck $ABCDE$. Die konvexe Hülle besteht aus dem Vieleck $ABCD$. Sie enthält also neben den Punkten der Menge M auch noch die Punkte des Dreiecks AED.

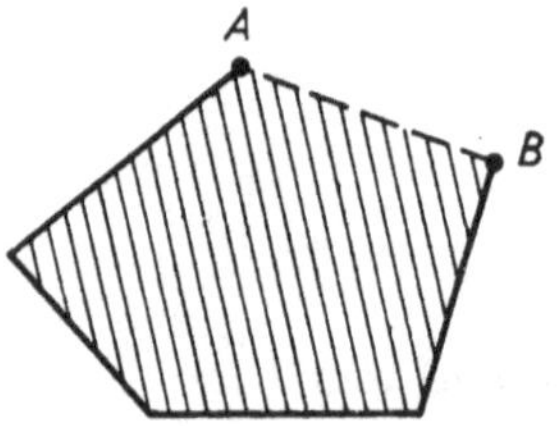

Abb. 29

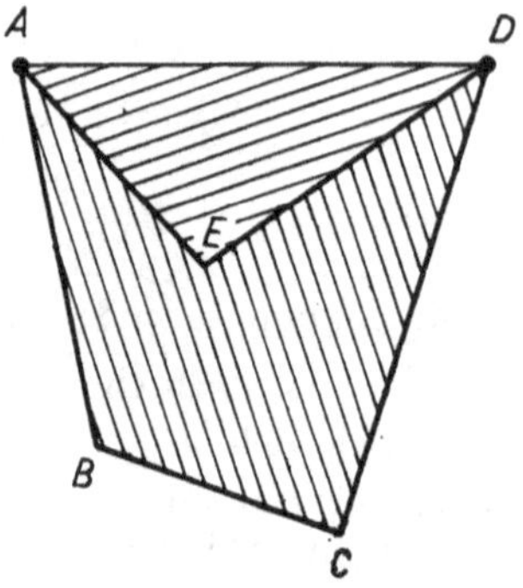

Abb. 30

Als weiteres Beispiel für konvexe Hüllen erklären wir das *Simplex*.

Definition: *Die konvexe Hülle von* $n+1$ *Punkten des* E_n *in allgemeiner Lage heißt ein n-dimensionales Simplex.*
Dabei sind $n+1$ *Punkte*

$$P_i \sim (p_{1i}, p_{2i}, \ldots, p_{ni}), \qquad i = 1, 2, \ldots, n+1$$

in allgemeiner Lage, wenn

$$\begin{vmatrix} 1 & 1 & \cdots & 1 \\ p_{11} & p_{12} & \cdots & p_{1,n+1} \\ \vdots & \vdots & & \vdots \\ p_{n1} & p_{n2} & \cdots & p_{n,n+1} \end{vmatrix} \neq 0 \tag{40}$$

gilt.

Unter einem 0-dimensionalen Simplex verstehen wir einen Punkt.

Wir betrachten zunächst das eindimensionale Simplex ($n = 1$). Dann sind zwei Punkte $P_1 \sim (p_{11})$, $P_2 \sim (p_{12})$ gegeben. Die Lagebedingung (40) besagt

$$\begin{vmatrix} 1 & 1 \\ p_{11} & p_{12} \end{vmatrix} = p_{12} - p_{11} \neq 0, \qquad p_{12} \neq p_{11}.$$

Die beiden Punkte müssen also voneinander verschieden sein. Die konvexe Hülle der beiden Punkte ist der durch P_1, P_2 bestimmte Abschnitt (denn jeder konvexen Linearkombination von P_1, P_2 entspricht nach 5.2 ein Punkt des Abschnittes $P_1 P_2$ und umgekehrt). Ein eindimensionales Simplex stellt also einen Abschnitt dar.

Beim zweidimensionalen Simplex ($n = 2$) haben wir drei Punkte

$$P_1 \sim (p_{11}, p_{21}),\ P_2 \sim (p_{12}, p_{22}),\ P_3 \sim (p_{13}, p_{23})$$

zu betrachten. Die Determinante

$$\begin{vmatrix} 1 & 1 & 1 \\ p_{11} & p_{12} & p_{13} \\ p_{21} & p_{22} & p_{23} \end{vmatrix}$$

gibt den Flächeninhalt des durch P_1, P_2, P_3 bestimmten Dreiecks an. Die Lagebedingung (40) verlangt also, daß dieser Flächeninhalt nicht gleich Null sein darf. Das ist mit der Voraussetzung gleichbedeutend, daß die drei Punkte nicht auf einer Gerade liegen.

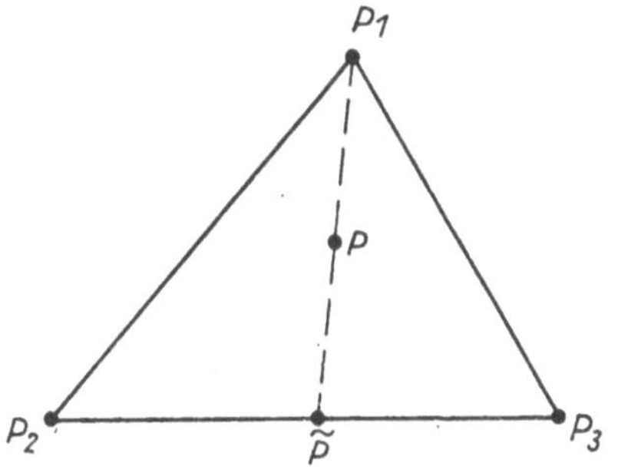

Abb. 31

Wir wollen zeigen, daß dem zweidimensionalen Simplex das durch die Punkte P_1, P_2, P_3 bestimmte Dreieck einschließlich seines Inneren entspricht. Zunächst ist offensichtlich, daß jeder Punkt $\tilde{P}$ einer Dreiecksseite der konvexen Hülle angehören muß (Abb. 31). Betrachten wir nun einen Punkt P im Inneren des Dreiecks! Durch P und P_1 können wir eine Gerade legen, welche die Dreiecksseite $P_2 P_3$ im Punkt $\tilde{P}$ schneidet. Der Punkt $\tilde{P}$ (Vektor $\tilde{p}$) läßt sich als konvexe Linearkombination der Punkte P_2, P_3 (Vektoren p_2, p_3) darstellen

$$\tilde{p} = \alpha p_2 + (1 - \alpha)\, p_3,\quad 0 \leqq \alpha \leqq 1. \tag{41}$$

Der Punkt P liegt auf dem Abschnitt $P_1 \tilde{P}$ und ist folglich durch eine konvexe Linearkombination der Punkte P_1, $\tilde{P}$ bestimmt

$$p = \beta p_1 + (1 - \beta)\tilde{p},\quad 0 \leqq \beta \leqq 1.$$

Zusammen mit (41) finden wir dafür

$$p = \beta p_1 + \alpha(1 - \beta)\, p_2 + (1 - \alpha)\,(1 - \beta) p_3. \tag{42}$$

Der Vektor p ist somit eine Linearkombination von p_1, p_2, p_3. Für die Summe der Koeffizienten der Linearkombination gilt

$$\beta + \alpha(1 - \beta) + (1 - \alpha)(1 - \beta) = 1.$$

Weiterhin ist wegen $0 \leqq \alpha \leqq 1, 0 \leqq \beta \leqq 1$

$$\beta \geqq 0,$$
$$\alpha(1 - \beta) \geqq 0,$$
$$(1 - \alpha)(1 - \beta) \geqq 0.$$

(42) stellt also eine konvexe Linearkombination von p_1, p_2, p_3 dar. Andererseits kann kein Punkt außerhalb des betrachteten Dreiecks zur konvexen Hülle von P_1, P_2, P_3 gehören, da die konvexe Hülle die kleinste P_1, P_2, P_3 enthaltende konvexe Menge ist.

Durch entsprechende Überlegungen kann man zeigen, daß dem dreidimensionalen Simplex ein Tetraeder einschließlich seines Inneren entspricht.

Einen tiefen Einblick in die Struktur konvexer abgeschlossener und beschränkter Mengen gibt der folgende Satz, dessen Beweis wir jedoch übergehen.

Satz 36: *M sei eine konvexe abgeschlossene und beschränkte Menge und M^* die Menge der Eckpunkte von M. Dann ist M die konvexe Hülle der Menge M^*.*

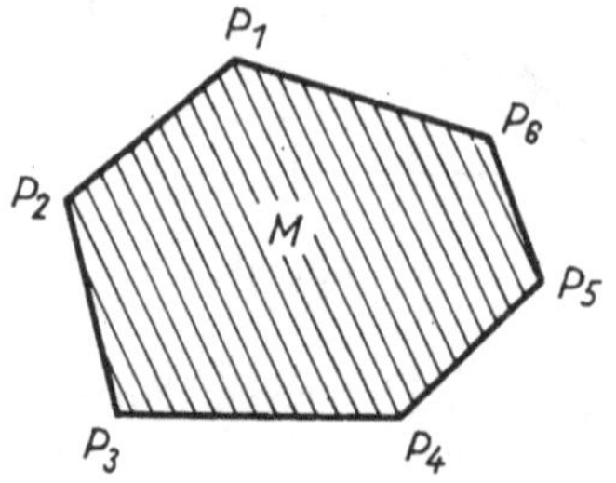

Abb. 32

Zur Erläuterung von Satz 36 betrachten wir als Beispiel ein konvexes Vieleck mit sechs Eckpunkten P_i, $i = 1, 2, \ldots, 6$ (Abb. 32). Die Menge M^* besteht dann aus diesen sechs Punkten. Das Vieleck (einschließlich seines Inneren) ist die konvexe Hülle dieser sechs Eckpunkte.

Bereits bei der Betrachtung des zweidimensionalen Simplex haben wir gezeigt, daß ein Dreieck die konvexe Hülle seiner drei Eckpunkte ist.

Besteht die Menge M aus einer Kreislinie und ihrem Inneren, sind nach 6.1 sämtliche Punkte der Kreislinie Eckpunkte. M^* enthält also sämtliche Punkte der Kreislinie. Die Menge M ist nach Satz 36 die konvexe Hülle von M^*.

Auf Grund von Satz 36 können wir sagen, daß sich jeder Punkt einer konvexen abgeschlossenen beschränkten Menge M als konvexe Linearkombination einer endlichen Zahl von Eckpunkten der Menge M darstellen läßt.

6.3. Konvexe mehrkantige Mengen. Wir beschäftigen uns jetzt mit der Menge der zulässigen Lösungen einer linearen Optimierungsaufgabe. Diese Menge ist durch das System der Nebenbedingungen (siehe 1.1)

$$a_{i1}x_1 + a_{i2}x_2 + \cdots + a_{in}x_n = b_i, \quad i = 1, 2, \ldots, m_1, \tag{43}$$

$$a_{j1}x_1 + a_{j2}x_2 + \cdots + a_{jn}x_n \leqq b_j, \quad j = m_1 + 1, \ldots, m, \ldots, m + n_1 \tag{44}$$

bestimmt. Dabei haben wir die Nichtnegativitätsbedingungen (4) von 1.1 in das Ungleichungssystem (44) aufgenommen. Für die Untersuchungen zu konvexen mehrkantigen Mengen wollen wir die Nichtnegativitätsbedingungen nicht als eine eigene Gruppe von Bedingungen betrachten.

Nach 2.2 erklärt (43) ein System von Hyperebenen und (44) ein System von Halbräumen. Die Menge M der zulässigen Lösungen setzen wir als nichtleer voraus. Dann ist M nach Satz 26 abgeschlossen und nach Satz 31 konvex. Dabei ist M der Durchschnitt von m_1 Hyperebenen und $m + n_1 - m_1$ Halbräumen.

Definition: *Eine Menge, die der Durchschnitt einer endlichen Zahl von Hyperebenen und Halbräumen ist, heißt, falls sie nichtleer ist, eine konvexe mehrkantige Menge.*

Ist die Menge der zulässigen Lösungen einer linearen Optimierungsaufgabe nicht leer, stellt sie eine konvexe mehrkantige Menge dar. Wir sprechen daher im Zusammenhang mit dem Problem der linearen Optimierung auch von der *konvexen mehrkantigen Menge der Nebenbedingungen.* Die Untersuchung konvexer mehrkantiger Mengen ist für die lineare Optimierung von grundsätzlicher Bedeutung.

In § 3 haben wir gesehen, daß die Menge M der zulässigen Lösungen beschränkt oder unbeschränkt sein kann. Ist M beschränkt und nichtleer, sprechen wir von einem *konvexen Polyeder.*

Definition: *Eine beschränkte konvexe mehrkantige Menge heißt ein konvexes Polyeder.*

Das System der Nebenbedingungen (43), (44) können wir in zwei Teilsysteme aufteilen, die nur *strenge* bzw. *schwache Nebenbedingungen* enthalten.

Definition: *Eine Nebenbedingung mit der Nummer k des Systems* (43), (44) *heißt strenge Nebenbedingung der Menge M der zulässigen Lösungen, wenn*

$$a_{k1}x_1 + a_{k2}x_2 + \cdots + a_{kn}x_n = b_k \text{ für jedes } x \in M$$

gilt. Wir sprechen von einer schwachen Nebenbedingung, falls es ein $x \in M$ gibt, für das die Ungleichung

$$a_{k1}x_1 + a_{k2}x_2 + \cdots + a_{kn}x_n < b_k$$

besteht.

Zunächst erkennen wir, daß alle Nebenbedingungen (43) streng sind. Als schwache Nebenbedingungen kommen nur Ungleichungen in Frage. Aber auch eine Nebenbedingung (44) kann streng sein. Betrachten wir z. B. eine konvexe mehrkantige Menge M, deren System der Nebenbedingungen die Ungleichungen

$$\begin{aligned} 3x_1 - 2x_2 &\leqq 1 \\ -3x_1 + 2x_2 &\leqq -1 \end{aligned}$$

enthält. Dann entspricht dem Durchschnitt dieser beiden Halbebenen die Gerade

$$3x_1 - 2x_2 = 1.$$

Jeder Punkt der Menge M muß auf dieser Gerade liegen, so daß beide Nebenbedingungen streng sind.

Als weiteres Beispiel untersuchen wir die durch das System der Nebenbedingungen

$$\left.\begin{aligned} x_1 + x_2 &\leqq 3 \\ x_2 &\leqq 1 \\ -x_1 - 2x_2 &\leqq -4 \\ x_3 &\leqq 1 \end{aligned}\right\} \tag{45}$$

erklärte Menge M. Addieren wir die beiden ersten Ungleichungen, folgt

$$x_1 + 2x_2 \leqq 4.$$

Zusammen mit der dritten Ungleichung, für die wir auch $x_1 + 2x_2 \geqq 4$ schreiben können, ergibt sich

$$x_1 + 2x_2 = 4.$$

Jeder Punkt der Menge M genügt dieser Gleichung, so daß die dritte Nebenbedingung streng ist.

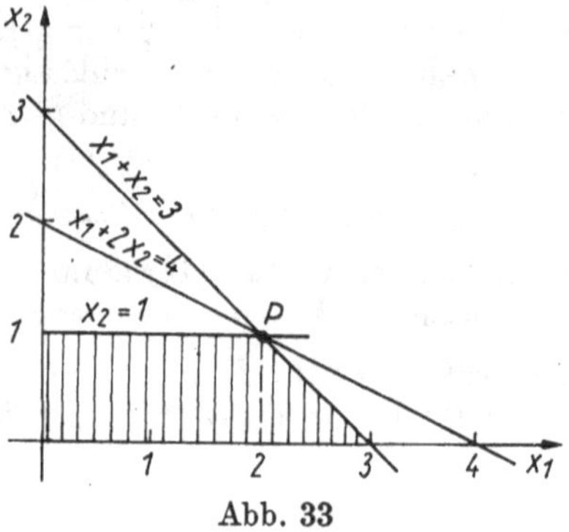

Abb. 33

Man kann aber auch leicht zeigen, daß die beiden ersten Ungleichungen streng sind. Da die drei ersten Ungleichungen nur von den Variablen x_1, x_2 abhängen, können wir uns den Sachverhalt in der x_1, x_2-Ebene veranschaulichen (Abb. 33). Der Durchschnitt der den beiden ersten Ungleichungen entsprechenden Halbebenen ist in Abb. 33 schraffiert worden. Dieser Durchschnitt hat mit der Geraden $x_1 + 2x_2 = 4$ nur den Punkt P gemeinsam. Da P die Koordinaten

$$x_1 = 2,\ x_2 = 1 \tag{46}$$

besitzt, muß für die beiden ersten Koordinaten eines jeden Punktes von M (46) gelten. Folglich sind die beiden ersten Ungleichungen des betrachteten Systems streng.

Die letzte Ungleichung des Systems (45) ist schwach, da der Punkt mit den Koordinaten $x_1 = 2,\ x_2 = 1,\ x_3 = 0$ offenbar der Menge M angehört und $x_3 = 0 < 1$ gilt. (45) enthält damit drei strenge und eine schwache Nebenbedingung.

Theoretisch ist es jetzt möglich, jedem System von Nebenbedingungen ein äquivalentes System zuzuordnen, das dieselbe Menge der zulässigen Lösungen erklärt, jedoch jede Ungleichung eine schwache Nebenbedingung bestimmt und alle Gleichungen linear unabhängig sind. Dazu wird bei jeder strengen Nebenbedingung, die die Form einer Ungleichung hat, das Ungleichheitszeichen durch ein Gleichheitszeichen ersetzt, und im erhaltenen Gleichungssystem werden die linear abhängigen Gleichungen weggelassen. So könnte man z. B. dem System (45) das äquivalente System

$$\begin{aligned} x_1 + x_2 &= 3 \\ x_2 &= 1 \\ x_3 &\leqq 1 \end{aligned}$$

zuordnen.

Die Definition der schwachen und starken Nebenbedingungen läßt eine einleuchtende geometrische Interpretation zu. Jeder Ungleichung

$$a_{j1}x_1 + a_{j2}x_2 + \cdots + a_{jn}x_n \leqq b_j \tag{47}$$

entspricht nach 2.2 ein Halbraum H_j mit der begrenzenden Hyperebene h_j, die durch die Gleichung

$$a_{j1}x_1 + a_{j2}x_2 + \cdots + a_{jn}x_n = b_j$$

bestimmt ist. Die Menge M der zulässigen Lösungen ist in jedem Falle im Halbraum H_j enthalten

$$M \subset H_j .$$

Ist die Nebenbedingung (47) streng, gilt sogar

$$M \subset h_j .$$

Bei einer schwachen Nebenbedingung (47) ist dagegen M nicht in h_j enthalten. Es gibt also innere Punkte des Halbraumes H_j, die zu M gehören.

Ohne Beweis teilen wir noch zwei Sätze über konvexe mehrkantige Mengen mit.

Satz 37: *In jeder konvexen mehrkantigen Menge gibt es einen Punkt, der sämtliche schwachen Nebenbedingungen in Form einer strengen Ungleichung erfüllt.*

Satz 38: *Die Dimension r einer konvexen mehrkantigen Menge M des E_n ist durch $r = n - \varrho$ bestimmt. Dabei bezeichnet ϱ den Rang des Systems der strengen Nebenbedingungen.*

Das System der Nebenbedingungen (45) besitzt nach unseren bisherigen Ergebnissen drei strenge Nebenbedingungen, die offenbar den Rang $\varrho = 2$ haben. Folglich ist nach Satz 38 die Dimension der Menge M

$$r = 3 - 2 = 1 .$$

Die Menge M stellt einen Abschnitt mit den Endpunkten (2, 1, 0) und (2, 1, 1) dar. Der Abschnitt steht auf der x_1, x_2-Ebene im Punkt $x_1 = 2$, $x_2 = 1$ senkrecht.

6.4. Kante. Neben den Eckpunkten sind die Kanten für die Struktur einer konvexen mehrkantigen Menge von grundlegender Bedeutung.

Definition: *Eine Teilmenge K einer konvexen mehrkantigen Menge M heißt eine r-dimensionale Kante der Menge M, wenn*

1. *K eine r-dimensionale konvexe mehrkantige Menge ist,*
2. *die Punkte von K den strengen Nebenbedingungen der Menge M genügen und einige schwache Nebenbedingungen in Form einer Gleichheit erfüllen.*

Um den Begriff der 0-dimensionalen Kante zu klären, führen wir den folgenden Satz an:

Satz 39: *Ein Punkt P einer konvexen mehrkantigen Menge M ist dann und nur dann Eckpunkt von M, wenn n linear unabhängige Nebenbedingungen von M durch diesen Punkt in Gleichungsform befriedigt werden.*

Nach Satz 38 muß der Rang des Systems der strengen Nebenbedingungen einer r-dimensionalen Kante gleich $n - r$ sein. Der Rang des Systems der strengen Nebenbedingungen einer 0-dimensionalen Kante ist damit gleich n. Zusammen mit Satz 39 folgt

Satz 40: *Jede 0-dimensionale Kante einer konvexen mehrkantigen Menge M ist ein Eckpunkt von M und umgekehrt.*

Auf Grund der gegebenen Definition ist jede Kante eindeutig durch ein System strenger Nebenbedingungen (ein System von Nebenbedingungen, die bezüglich der betrachteten Kante streng sind) bestimmt. Daher muß die Zahl der Kanten einer konvexen mehrkantigen Menge endlich sein.

Zur Erläuterung des Begriffs der Kante gehen wir von den Nebenbedingungen

$$\begin{aligned} x_1 + x_2 &\leqq 7 \\ 3x_1 + 2x_2 &\leqq 18 \\ x_1 + 3x_2 &\leqq 15 \\ x_1 &\geqq 0 \\ x_2 &\geqq 0 \end{aligned}$$

der in 3.1 untersuchten linearen Optimierungsaufgabe aus. Die Betrachtungen in 3.1 zeigen, daß alle Nebenbedingungen schwach sind, da es stets Punkte aus M gibt, welche die Nebenbedingungen in Form einer strengen Ungleichung erfüllen. Die 0-dimensionalen Kanten sind die Eckpunkte A, B, C, D, E des Bereiches M (vergleiche auch Abb. 10 mit Abb. 34). So ist z. B. der Punkt C durch die strengen Ungleichungen

$$\begin{aligned} x_1 + x_2 &= 7 \\ 3x_1 + 2x_2 &= 18 \end{aligned}$$

der 0-dimensionalen Kante bestimmt (C erfüllt die beiden ersten schwachen Nebenbedingungen der Menge M in Form einer Gleichheit). Die eindimensionalen Kanten sind die Abschnitte AB, BC, CD, DE, EA. Die eindimensionale Kante CD ist z. B. die Teilmenge von M, deren Punkte auf der Gerade

$$x_1 + x_2 = 7$$

liegen.

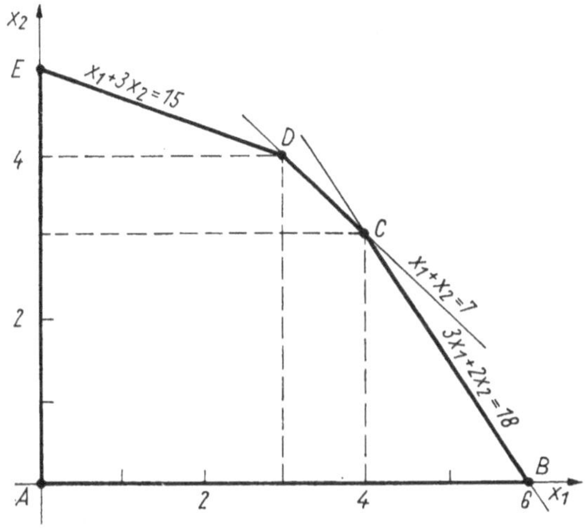

Abb. 34

In 3.2 haben wir einen unbeschränkten Bereich der zulässigen Lösungen betrachtet, der durch das System der Nebenbedingungen

$$\begin{aligned} -2x_1 + 3x_2 &\leqq 6 \\ -x_1 + 3x_2 &\leqq 9 \\ x_1 &\geqq 0 \\ x_2 &\geqq 0 \end{aligned}$$

gegeben war (vergleiche Abb. 15 mit Abb. 35). 0-dimensionale Kanten sind wieder die Eckpunkte A, B, C. Als eindimensionale Kanten treten zwei Abschnitte AB und BC sowie zwei Strahlen auf. Der eine Strahl beginnt im Eckpunkt C und liegt auf der Geraden $-x_1 + 3x_2 = 9$. Der zweite Strahl beginnt in A und fällt mit der positiven x_1-Achse zusammen.

Diese Beispiele unterstreichen nochmals, daß die Kenntnis der Eckpunkte und Kanten für die Beschreibung einer konvexen mehrkantigen Menge bedeutungsvoll ist. Die in den Beispielen hergeleiteten Ergebnisse über eindimensionale Kanten werden durch den folgenden Satz verallgemeinert.

Satz 41: *Eine eindimensionale Kante einer konvexen mehrkantigen Menge M ist entweder ein Abschnitt, der zwei Eckpunkte von M verbindet, oder ein Strahl, der von einem Eckpunkt der Menge M ausgeht, oder eine Gerade.*

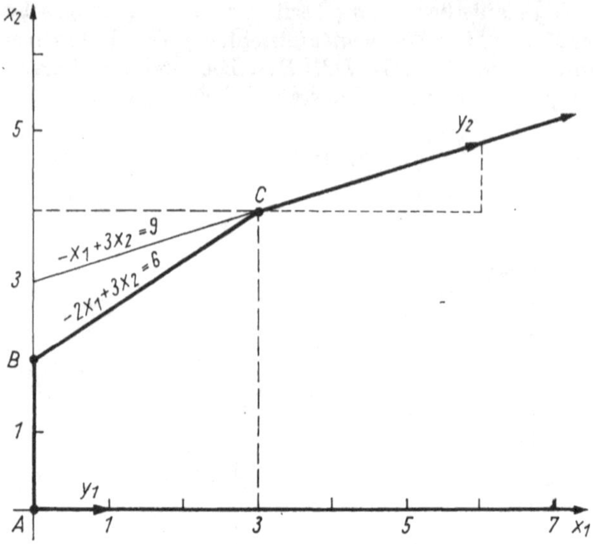

Abb. 35

6.5. Struktur konvexer mehrkantiger Mengen. Auf Grund von Satz **36** läßt sich jeder Punkt einer konvexen abgeschlossenen und beschränkten Menge M als konvexe Linearkombination einer endlichen Zahl von Eckpunkten der Menge M darstellen. Durch dieses Ergebnis ist die Struktur einer beschränkten konvexen mehrkantigen Menge (konvexes Polyeder) bereits festgelegt. Berücksichtigen wir noch, daß die Zahl der Eckpunkte eines konvexen Polyeders endlich ist, können wir sagen:

Satz 42: *Die Menge der Punkte eines konvexen Polyeders M fällt mit der Gesamtheit aller konvexen Linearkombinationen der endlich vielen Eckpunkte von M zusammen.*

Entsprechen den Eckpunkten des konvexen Polyeders M die Vektoren p_i, $i = 1, 2, \ldots, N$, läßt sich nach Satz 42 jeder Punkt P (Vektor p) von M durch die konvexe Linearkombination

$$p = \sum_{i=1}^{N} \alpha_i p_i, \quad \sum_{i=1}^{N} \alpha_i = 1, \alpha_i \geqq 0 \quad \text{für} \quad i = 1, 2, \ldots, N \tag{48}$$

darstellen. Umgekehrt entspricht auch jeder konvexen Linearkombination (48) ein Punkt des konvexen Polyeders.

Ein konvexes Polyeder ist damit durch die Vorgabe der Eckpunkte vollständig bestimmt. Der Satz 42 hat uns einen tiefen Einblick in die Struktur konvexer Polyeder gegeben und gleichzeitig die besondere Rolle der Eckpunkte unterstrichen.

Das in Abb. 34 veranschaulichte konvexe Polyeder besitzt die Eckpunkte

$$p_1 = \begin{pmatrix} 0 \\ 0 \end{pmatrix}, \quad p_2 = \begin{pmatrix} 6 \\ 0 \end{pmatrix}, \quad p_3 = \begin{pmatrix} 4 \\ 3 \end{pmatrix}, \quad p_4 = \begin{pmatrix} 3 \\ 4 \end{pmatrix}, \quad p_5 = \begin{pmatrix} 0 \\ 5 \end{pmatrix}.$$

Jeder Punkt P (Vektor p) aus M läßt sich also in der Form

$$p = \alpha_1 \begin{pmatrix} 0 \\ 0 \end{pmatrix} + \alpha_2 \begin{pmatrix} 6 \\ 0 \end{pmatrix} + \alpha_3 \begin{pmatrix} 4 \\ 3 \end{pmatrix} + \alpha_4 \begin{pmatrix} 3 \\ 4 \end{pmatrix} + \alpha_5 \begin{pmatrix} 0 \\ 5 \end{pmatrix}$$

$$= \begin{pmatrix} 6\alpha_2 + 4\alpha_3 + 3\alpha_4 \\ 3\alpha_3 + 4\alpha_4 + 5\alpha_5 \end{pmatrix}, \alpha_2 + \alpha_3 + \alpha_4 + \alpha_5 \leqq 1, \alpha_i \geqq 0, i = 2, 3, 4, 5$$

darstellen.

Wir haben uns jetzt nur noch mit der Struktur unbeschränkter konvexer mehrkantiger Mengen zu beschäftigen. Dabei wollen wir voraussetzen, daß der Rang des Systems der Nebenbedingungen gleich n ist. (Diese Voraussetzung besagt, daß das System der erzeugenden Hyperebenen (43) und der (44) begrenzenden Hyperebenen n linear unabhängige Hyperebenen enthält.) Die Annahme über den Rang des Systems der Nebenbedingungen ist begründet, da wir in Kap. II zeigen werden, daß jede lineare Optimierungsaufgabe in eine äquivalente Aufgabe überführt werden kann, deren konvexe mehrkantige Menge der Nebenbedingungen diese Eigenschaft besitzt.

Satz 43: *Ist der Rang des Systems der Nebenbedingungen* (43), (44) *gleich n, fällt die konvexe mehrkantige Menge M der Nebenbedingungen mit der Gesamtheit aller Punkte*

$$p = \sum_{i=1}^{N} \alpha_i p_i + \sum_{j=1}^{N'} \beta_j y_j, \tag{49}$$

$$\sum_{i=1}^{N} \alpha_i = 1,$$

$$\alpha_i \geqq 0, \ i = 1, 2, \ldots, N,$$

$$\beta_j \geqq 0, \ j = 1, 2, \ldots, N'$$

zusammen. Dabei bezeichnen p_i die Eckpunkte von M und y_j die Richtungsvektoren der unbegrenzten eindimensionalen Kanten von M.

Wegen Satz 43 läßt sich jeder Punkt einer konvexen mehrkantigen Menge M als Summe einer konvexen Linearkombination der endlich vielen Eckpunkte und einer nichtnegativen Linearkombination der Richtungsvektoren der endlich vielen unbegrenzten eindimensionalen Kanten von M darstellen. Eine konvexe mehrkantige Menge ist damit durch die Vorgabe der Eckpunkte und der unbegrenzten eindimensionalen Kanten vollständig bestimmt. Als unbegrenzte eindimensionale Kante kann nur ein Strahl auftreten, der von einem Eckpunkt ausgeht, da im Falle einer Geraden der Rang des Systems der Nebenbedingungen kleiner als n sein müßte.

Die in Abb. 35 veranschaulichte konvexe mehrkantige Menge besitzt drei Eckpunkte

$$p_1 = \begin{pmatrix} 0 \\ 0 \end{pmatrix}, \quad p_2 = \begin{pmatrix} 0 \\ 2 \end{pmatrix}, \quad p_3 = \begin{pmatrix} 3 \\ 4 \end{pmatrix}.$$

Die Richtungsvektoren der beiden unbegrenzten eindimensionalen Kanten sind nach 2.1 durch

$$y_1 = \begin{pmatrix} 1 \\ 0 \end{pmatrix}, \quad y_2 = \begin{pmatrix} 3 \\ 1 \end{pmatrix}$$

gegeben. Daß der Rang des Systems der Nebenbedingungen gleich zwei ist, läßt sich sofort erkennen. Denn offensichtlich sind die Hyperebenen $x_1 = 0$ und $x_2 = 0$ linear unabhängig. Jeder Punkt P (Vektor p) der konvexen mehrkantigen Menge kann in der Form

$$p = \alpha_1 \begin{pmatrix} 0 \\ 0 \end{pmatrix} + \alpha_2 \begin{pmatrix} 0 \\ 2 \end{pmatrix} + \alpha_3 \begin{pmatrix} 3 \\ 4 \end{pmatrix} + \beta_1 \begin{pmatrix} 1 \\ 0 \end{pmatrix} + \beta_2 \begin{pmatrix} 3 \\ 1 \end{pmatrix}$$

$$= \begin{pmatrix} 3\alpha_3 + \beta_1 + 3\beta_2 \\ 2\alpha_2 + 4\alpha_3 + \beta_2 \end{pmatrix}, \alpha_2 + \alpha_3 \leqq 1, \alpha_2, \alpha_3, \beta_1 \beta_2 \geqq 0$$

dargestellt werden.

Als unmittelbare Folgerung aus der Struktur konvexer mehrkantiger Mengen ergibt sich, daß unter den Voraussetzungen von Satz 43 (Satz 42 ist mit $N' = 0$ in Satz 43 enthalten) jede konvexe mehrkantige Menge wenigstens einen Eckpunkt besitzen muß. Denn gäbe es eine konvexe mehrkantige Menge M ohne Eckpunkt (und damit auch ohne eine von einem Eckpunkt ausgehende unbegrenzte eindimensionale Kante), wäre die Darstellung eines $p \in M$ durch (49) unmöglich. Wegen der Bedeutung dieses Ergebnisses für die Theorie der linearen Optimierung stellen wir es in einem Satz heraus.

Satz 44: *Ist der Rang des Systems der Nebenbedingungen* (43), (44) *gleich n, besitzt die konvexe mehrkantige Menge M der Nebenbedingungen wenigstens einen Eckpunkt.*

Mit diesem Satz wollen wir die Behandlung mathematischer Grundlagen der linearen Optimierung abschließen. Wir sind tief in Problemstellungen eingedrungen, die für die lineare Optimierung von unmittelbarer Bedeutung sind. Zugleich haben wir uns die Basis für die Theorie der linearen Optimierung geschaffen, mit der wir uns im nächsten Kapitel beschäftigen werden.

KAPITEL II

THEORIE DER LINEAREN OPTIMIERUNG

Neben den im ersten Kapitel dargelegten allgemeinen mathematischen Grundlagen ist die Kenntnis von Ergebnissen der Theorie der linearen Optimierung für die Entwicklung numerischer Verfahren erforderlich. Bevor wir uns daher mit den numerischen Verfahren zur Lösung linearer Optimierungsaufgaben beschäftigen können, müssen wir das theoretische Fundament kennenlernen.

Zum Gegenstand der linearen Algebra gehört die Untersuchung linearer Gleichungssysteme. Im vorigen Kapitel haben wir aus der Kenntnis der Problemstellungen der linearen Optimierung die Aufgabe hergeleitet, die Theorie linearer Gleichungs- und Ungleichungssysteme zu betrachten und somit die klassischen Fragestellungen der linearen Algebra zu erweitern. Wir haben z. B. gesehen, daß die Eckpunkte eines konvexen Polyeders ein System spezieller Lösungen bestimmen, aus dem die Gesamtheit aller Lösungen des linearen Gleichungs- und Ungleichungssystems (die Gesamtheit aller Punkte des konvexen Polyeders) durch konvexe Linearkombination ermittelt werden kann. Die Theorie der linearen Optimierung wird diese fundamentale Rolle der Eckpunkte weiter unterstreichen. Während sich die Betrachtungen des ersten Kapitels aber auf die Nebenbedingungen (und Nichtnegativitätsbedingungen) einer linearen Optimierungsaufgabe beschränkten, müssen wir jetzt die Frage beantworten, welche der Lösungen des linearen Gleichungs- und Ungleichungssystems der Zielfunktion einen optimalen Wert erteilen. Diese Bemerkungen zeigen den engen Zusammenhang zwischen den Betrachtungen im ersten und zweiten Kapitel.

Bereits in I. 1.1 haben wir die Aufgabe der linearen Optimierung allgemein formuliert und einige grundlegende Definitionen und Bezeichnungen eingeführt. Ziel der Betrachtungen in § 1 dieses Kapitels ist es, Normalformen für lineare Optimierungsaufgaben anzugeben, die den Ausgangspunkt sowohl für theoretische Untersuchungen als auch für die Entwicklung numerischer Verfahren bilden. Als grundlegende Begriffsbildung der linearen Optimierung wird in § 2 die zulässige Basislösung definiert und gleichzeitig die Beziehung zwischen zulässiger Basislösung und Eckpunkt der konvexen mehrkantigen Menge geklärt. Das Kernstück der Theorie der linearen Optimierung bilden die in § 3 formulierten Sätze, die uns Auskunft über die Existenz optimaler Lösungen, die Gesamtheit der optimalen Lösungen und über die Gründe für die Unlösbarkeit linearer Optimierungsaufgaben geben. Gegenstand der Betrachtungen des vierten und letzten Paragraphen dieses Kapitels ist die Entwicklung einer Dualitätstheorie. Dazu wird jeder linearen Optimierungsaufgabe eine duale Aufgabe zugeordnet. Die angeführten Dualitätssätze begründen einen sehr engen Zusammenhang zwischen diesen beiden

Aufgaben. Außerdem enthält dieser Paragraph eine neue geometrische Interpretation von linearen Optimierungsaufgaben, die auf den Begriff des konvexen mehrkantigen Kegels aufbaut.

§ 1. Normalformen linearer Optimierungsaufgaben

Die sich bei der Modellierung ökonomischer Probleme ergebenden linearen Optimierungsaufgaben weisen recht unterschiedliche Schreibweisen für die Zielfunktion und die Nebenbedingungen auf. So können Aufgaben mit gemischten Nebenbedingungen auftreten, oder die Nebenbedingungen bestehen nur aus Gleichungen oder nur aus Ungleichungen. Nicht immer sind sämtliche Variablen vorzeichenbeschränkt. Bei der Zielfunktion kann nach dem maximalen oder minimalen Wert gefragt sein. Diese Unterschiede in der Schreibweise linearer Optimierungsaufgaben erschweren die Entwicklung einer geschlossenen Theorie und komplizieren besonders die Angabe einheitlicher Lösungsverfahren. Daher werden die linearen Optimierungsaufgaben in geeignete Normalformen überführt, die den Ausgangspunkt der weiteren Betrachtungen bilden. Welche Normalform dabei besonders bequem und günstig erscheint, hängt von den jeweiligen Untersuchungen ab.

1.1. Vorbereitende Bemerkungen. In I.1.1 wurde das allgemeine Problem der linearen Optimierung durch die Aufgabe erklärt, einer linearen Zielfunktion

$$Z = c_1 x_1 + c_2 x_2 + \cdots + c_n x_n \tag{1}$$

einen maximalen oder minimalen Wert zu erteilen, wobei die Variablen $x_1, x_2, \ldots, x_n$ den Nebenbedingungen

$$\left.\begin{array}{l} a_{11}x_1 + a_{12}x_2 + \cdots + a_{1n}x_n = b_1 \\ \cdots\cdots\cdots\cdots\cdots\cdots\cdots\cdots\cdots \\ a_{m_1 1}x_1 + a_{m_1 2}x_2 + \cdots + a_{m_1 n}x_n = b_{m_1} \end{array}\right\} \tag{2}$$

$$\left.\begin{array}{l} a_{m_1+1,1}x_1 + a_{m_1+1,2}x_2 + \cdots + a_{m_1+1,n}x_n \leqq b_{m_1+1} \\ \cdots\cdots\cdots\cdots\cdots\cdots\cdots\cdots\cdots \\ a_{m1}x_1 + a_{m2}x_2 + \cdots + a_{mn}x_n \leqq b_m \end{array}\right\} \tag{3}$$

und den Nichtnegativitätsbedingungen

$$x_i \geqq 0, \ i = 1, 2, \ldots, n_1 \leqq n \tag{4}$$

genügen müssen. Die $x_1, x_2, \ldots, x_n$ bezeichnen wir auch als *Modellvariablen* oder *ökonomische Variablen*, da sie im Prozeß der Modellierung eingeführt werden. Neben den Modellvariablen können in den Normalformen noch andere Variablengruppen auftreten.

Aber bereits die Schreibweise (1)–(4) für lineare Optimierungsaufgaben enthält gewisse Vereinfachungen. So entspricht es durchaus unseren Vorstellungen von einem linearen Optimierungsproblem, wenn unter den Nebenbedingungen auch Ungleichungen der Form

$$a_{i1}x_1 + a_{i2}x_2 + \cdots + a_{in}x_n \geqq b_i \tag{5}$$

auftreten. Wir haben davon sogar gelegentlich im ersten Kapitel Gebrauch gemacht. Wenn wir Nebenbedingungen der Gestalt (5) nicht in die allgemeine mathematische Formulierung einer linearen Optimierungsaufgabe aufgenommen haben, so liegt das an dem Wunsch, eine möglichst einfache Schreibweise anzugeben, und an der Gültigkeit des folgenden von selbst verständlichen Satzes.

Satz 1: *Jede lineare Ungleichung der Gestalt*

$$a_{i1}x_1 + a_{i2}x_2 + \cdots + a_{in}x_n \geqq b_i$$

kann in die Form

$$-a_{i1}x_1 - a_{i2}x_2 - \cdots - a_{in}x_n \leqq -b_i$$

überführt werden.

Bei der Betrachtung einer linearen Funktion als Zielfunktion einer linearen Optimierungsaufgabe hätten wir in (1) eigentlich noch eine additive Konstante zu berücksichtigen gehabt. Das Weglassen des konstanten Gliedes begründet sich durch den nachfolgenden Satz.

Satz 2: *Tritt in der Zielfunktion ein konstantes Glied auf,*

$$Z = c_1x_1 + c_2x_2 + \cdots + c_nx_n + c_0, \tag{6}$$

kann es weggelassen werden. Die lineare Optimierungsaufgabe mit der Zielfunktion

$$Z' = c_1x_1 + c_2x_2 + \cdots + c_nx_n \tag{7}$$

und denselben Nebenbedingungen und Nichtnegativitätsbedingungen besitzt dieselben optimalen Lösungen. Lediglich für die optimalen Werte der Zielfunktionen gilt

$$Z_{\text{opt}} = Z'_{\text{opt}} + c_0. \tag{8}$$

Die geometrische Interpretation des Satzes ist sehr einleuchtend. Dazu knüpfen wir an die bei der graphischen Lösung in I.3 entwickelten Vorstellungen an, bedienen uns jedoch einer allgemeineren Sprechweise. Die Normalenvektoren der Hyperebenen (6) und (7) sind für jeden Wert von Z bzw. Z' gleich, so daß sämtliche Hyperebenen parallel sind. Bei der graphischen Lösung von Aufgaben mit zwei Variablen haben wir eine Gerade der Zielfunktion (die sich für einen speziellen Wert von Z ergibt) so lange parallel verschoben, bis wir zu einer Grenzlage kamen, durch welche die optimalen Lösungen bestimmt waren. Da die beiden betrachteten Aufgaben denselben Bereich der zulässigen Lösungen besitzen (die Nebenbedingungen und die Nichtnegativitätsbedingungen sind gleich), kann sich infolge der Parallelität der Geraden der Zielfunktion (6) und (7) ($n = 2$) an der Grenzlage nichts ändern, so daß wir in jedem Falle zu denselben optimalen Lösungen gelangen müssen. Unterstellen wir die Allgemeingültigkeit dieses Vorgehens, muß auch im allgemeinen Falle in der Schar der Hyperebenen der Zielfunktion eine stützende Hyperebene (siehe I.5.5) existieren, welche die optimalen Lösungen enthält. Die Parallelität der Hyperebenen (6) und (7) führt dann zwangsläufig zur Übereinstimmung der optimalen Lösungen beider Aufgaben.

Der analytische Beweis von Satz 2 ist denkbar einfach. Ist $\bar{x}$ eine optimale Lösung der linearen Optimierungsaufgabe mit der Zielfunktion (6) und der Menge der zulässigen Lösungen M (wir beschränken uns auf Maximumsaufgaben), gilt nach I.1.1

$$Z(\bar{x}) \geqq Z(x) \quad \text{für jedes} \quad x \in M. \tag{9}$$

Wegen der Übereinstimmung der Menge der zulässigen Lösungen bei beiden Aufgaben und (6), (7) können wir für (9)

$$Z'(\bar{x}) + c_0 \geqq Z'(x) + c_0 \quad \text{für jedes} \quad x \in M$$

und folglich

$$Z'(\bar{x}) \geqq Z'(x) \quad \text{für jedes} \quad x \in M \tag{10}$$

schreiben, womit die Optimalität von $\bar{x}$ bezüglich der Zielfunktion (7) bewiesen ist. Ebenso kann aus (10) die Beziehung (9) gefolgert werden. Die Gleichung (8) ergibt sich aus (6), (7).

Die Sätze 1 und 2 geben uns damit erst die Berechtigung, bei den folgenden Betrachtungen von der Form (1)–(4) für lineare Optimierungsaufgaben auszugehen.

Eine Normalform für lineare Optimierungsaufgaben haben wir in gewisser Hinsicht bereits bei unseren Betrachtungen zu konvexen mehrkantigen Mengen in I.6 verwendet. Dort sind wir von dem System der Nebenbedingungen

$$a_{i1}x_1 + a_{i2}x_2 + \cdots + a_{in}x_n = b_i, \quad i = 1, 2, \ldots, m_1 \tag{11}$$

$$a_{j1}x_1 + a_{j2}x_2 + \cdots + a_{jn}x_n \leqq b_j, \quad j = m_1 + 1, \ldots, m, \ldots, m + n_1 \tag{12}$$

ausgegangen, bei dem die Nichtnegativitätsbedingungen (4) in das System der Nebenbedingungen einbezogen wurden. Würden wir diese Schreibweise der Nebenbedingungen mit einer entsprechenden Darstellung für die Zielfunktion verbinden, könnten wir von einer Normalform linearer Optimierungsaufgaben sprechen. Wir werden darauf später nochmals eingehen.

1.2. Erste Normalform. Die Überführung einer linearen Optimierungsaufgabe in die erste Normalform basiert auf drei Sätzen, die wir zunächst angeben wollen.

Satz 3: *Die Bestimmung des Minimums der Zielfunktion*

$$Z = c_1x_1 + c_2x_2 + \cdots + c_nx_n$$

unter den Einschränkungen (2)–(4) *ist der Ermittlung des Maximums der Zielfunktion*

$$Z' = -c_1x_1 - c_2x_2 - \cdots - c_nx_n$$

mit den gleichen Nebenbedingungen und Nichtnegativitätsbedingungen äquivalent. Beide Aufgaben besitzen dieselben optimalen Lösungen. Lediglich für die optimalen Werte der Zielfunktionen gilt

$$Z_{\text{opt}} = -Z'_{\text{opt}}. \tag{13}$$

Beweis: Ist $\bar{x}$ eine optimale Lösung der Minimumsaufgabe, besteht die Ungleichung (M bezeichnet wieder die Menge der zulässigen Lösungen)

$$Z(\bar{x}) \leqq Z(x) \quad \text{für jedes} \quad x \in M.$$

Wegen $Z(x) = -Z'(x)$ für $x \in M$ und der Übereinstimmung der Menge M bei beiden Aufgaben ist

$$Z'(\bar{x}) = -Z(\bar{x}) \geqq -Z(x) = Z'(x) \quad \text{für jedes} \quad x \in M,$$

so daß die Optimalität von $\bar{x}$ bezüglich der Maximumsaufgabe bewiesen ist. Es gilt auch die Umkehrung, womit beide Aufgaben hinsichtlich der optimalen Lösungen äquivalent sind. Die Beziehung (13) ist offensichtlich.

Satz 4: *Jede lineare Ungleichung*

$$a_{j1}x_1 + a_{j2}x_2 + \cdots + a_{jn}x_n \leqq b_j$$

kann durch Einführung einer Schlupfvariablen x_{n+j} durch die äquivalenten Bedingungen

$$a_{j1}x_1 + a_{j2}x_2 + \cdots + a_{jn}x_n + x_{n+j} = b_j,$$
$$x_{n+j} \geqq 0$$

ersetzt werden.

Die Aussage des Satzes bedarf keines Beweises. Der Wert der *Schlupfvariablen* ist gleich Null, wenn eine zulässige Lösung die Ungleichung in Gleichungsform erfüllt. Falls das nicht der Fall ist, bestimmt die Schlupfvariable die Differenz zwischen dem Wert der linken Seite der Ungleichung und b_j. Ökonomisch haben die Schlupfvariablen die Bedeutung von *Restkapazitäten*. Für eine gewählte zulässige Lösung gibt die Schlupfvariable an, welcher Rest von der zur Verfügung stehenden Kapazität b_j verbleibt.

Auf Grund von Satz 4 können wir jede Ungleichung in den Nebenbedingungen einer linearen Optimierungsaufgabe durch Einführung einer Schlupfvariablen in eine Gleichung umformen. Die Schlupfvariable muß dabei auch der Nichtnegativitätsbedingung genügen.

Satz 5: *Ist für eine Variable x_i einer linearen Optimierungsaufgabe die Nichtnegativitätsbedingung nicht gefordert, kann mittels der Substitution*

$$x_i = x_i' - x_i'' \tag{14}$$

mit

$$x_i' \geqq 0, \; x_i'' \geqq 0$$

die Variable x_i durch die Differenz zweier Variablen x_i', x_i'' ersetzt werden, die beide der Nichtnegativitätsbedingung genügen müssen.

Die Möglichkeit der Substitution (14) mit nichtnegativen Variablen x_i', x_i'' ist trivial und bedarf keines Beweises. Wir können aber jetzt die Nichtnegativitätsbedingungen für alle Variablen einer linearen Optimierungsaufgabe fordern.

Satz 6: *Jede lineare Optimierungsaufgabe kann in die erste Normalform überführt werden, bei der das Maximum der Zielfunktion*

$$Z = c_1x_1 + c_2x_2 + \cdots + c_Nx_N \tag{15}$$

unter den Nebenbedingungen

$$\left.\begin{array}{l} a_{11}x_1 + a_{12}x_2 + \cdots + a_{1N}x_N = b_1 \\ \cdots\cdots\cdots\cdots\cdots\cdots\cdots\cdots\cdots\cdots \\ a_{m1}x_1 + a_{m2}x_2 + \cdots + a_{mN}x_N = b_m \end{array}\right\} \quad (16)$$

und den Nichtnegativitätsbedingungen

$$x_i \geqq 0, \quad i = 1, 2, \ldots, N \quad (17)$$

zu bestimmen ist.

Beweis: Die Überführung einer Minimumsaufgabe in eine Maximumsaufgabe ist durch Satz 3 vollständig geklärt. Die nicht vorzeichenbeschränkten Variablen x_i, $i = n_1 + 1, \ldots, n$ der linearen Optimierungsaufgabe (1)–(4) werden durch die Substitution (14) beseitigt. Führen wir diese Substitution in (1)–(3) aus, erhalten wir eine lineare Optimierungsaufgabe mit $n' \geqq n$ Variablen. Insbesondere gilt

$$x_i \geqq 0, \quad i = 1, 2, \ldots, n'.$$

Setzen wir noch $(n' \leqq N)$

$$c_{n'+1} = c_{n'+2} = \cdots = c_N = 0,$$

geht (1) in (15) über. Die Nebenbedingungen (2) werden keiner Umformung unterzogen. Daher muß in (16)

$$a_{i,n'+1} = a_{i,n'+2} = \cdots = a_{iN} = 0, \quad i = 1, 2, \ldots, m_1$$

gelten. Für (3) schreiben wir durch Einführung von Schlupfvariablen

$$\begin{array}{l} a_{m_1+1,1}x_1 + a_{m_1+1,2}x_2 + \cdots + a_{m_1+1,n'}x_{n'} + x_{n'+1} \qquad = b_{m_1+1} \\ \cdots\cdots\cdots\cdots\cdots\cdots\cdots\cdots\cdots\cdots\cdots\cdots \\ a_{m1}x_1 \quad + a_{m2}x_2 \quad + \cdots + a_{mn'}x_{n'} \qquad + x_{n'+m-m_1} = b_m. \end{array}$$

Außerdem kommen die Nichtnegativitätsbedingungen für die Schlupfvariablen hinzu. Damit ist die Möglichkeit der Überführung einer linearen Optimierungsaufgabe in die Normalform (15)–(17) bewiesen.

Die erste Normalform ist insbesondere dadurch gekennzeichnet, daß sämtliche Nebenbedingungen in Gleichungsform erscheinen. Eine Maximumsaufgabe (1) bis (4) mit $m_1 = m$ und $n_1 = n$ liegt bereits in der ersten Normalform vor.

Um den Anschluß an die Sätze in I.6.5 zu erhalten, teilen wir noch den folgenden Satz mit:

Satz 7: *Der Rang des Systems der Nebenbedingungen* (16), (17) *einer linearen Optimierungsaufgabe in der ersten Normalform ist gleich N.*

Zum Beweis haben wir uns nur daran zu erinnern, daß bei der Betrachtung der konvexen mehrkantigen Menge der Nebenbedingungen die Nichtnegativitätsbedingungen in das System der Nebenbedingungen einbezogen wurden. Die begrenzenden Hyperebenen von (17), also die Hyperebenen

$$x_i = 0, \quad i = 1, 2, \ldots, N$$

sind offenbar linear unabhängig. Damit ist der Satz bewiesen.

Die praktische Überführung einer linearen Optimierungsaufgabe in die erste Normalform ist denkbar einfach. Dabei wird im wesentlichen das beim Beweis von Satz 6 beschriebene Vorgehen verwendet.

Beispiel: Die lineare Optimierungsaufgabe

$$\left.\begin{aligned} Z = 4x_1 + 3x_2 \quad & \max. \\ x_1 + x_2 & \leqq 7 \\ 3x_1 + 2x_2 & \leqq 18 \\ x_1 + 3x_2 & \leqq 15 \\ x_1 \geqq 0, x_2 & \geqq 0 \end{aligned}\right\} \tag{18}$$

von I.1.2 geht durch Einführung von drei Schlupfvariablen x_3, x_4, x_5 in die erste Normalform

$$\begin{aligned} Z = 4x_1 + 3x_2 \quad & \max. \\ x_1 + x_2 + x_3 \qquad\qquad & = 7 \\ 3x_1 + 2x_2 \qquad + x_4 \qquad & = 18 \\ x_1 + 3x_2 \qquad\qquad + x_5 & = 15 \\ x_i \geqq 0, \; i = 1, 2, \ldots, 5 & \end{aligned}$$

über.

Beispiel: Vorgelegt sei die lineare Optimierungsaufgabe

$$\left.\begin{aligned} Z = 2x_1 - x_2 + 3x_3 \; & \min. \\ x_1 + 2x_2 + x_3 & \leqq 3 \\ 2x_1 - x_2 + 4x_3 & = 6 \\ x_2 + x_3 & \geqq 5 \\ x_1 & \geqq 0. \end{aligned}\right\} \tag{19}$$

Zunächst kann im Sinne von Satz 3 die Zielfunktion in die Gestalt

$$Z = -2x_1 + x_2 - 3x_3 \quad \max.$$

überführt werden. Da nur x_1 vorzeichenbeschränkt ist, setzen wir

$$\begin{aligned} x_2 &= x_2' - x_2'', \; x_2' \geqq 0, \; x_2'' \geqq 0, \\ x_3 &= x_3' - x_3'', \; x_3' \geqq 0, \; x_3'' \geqq 0 \end{aligned}$$

und erhalten

$$\begin{aligned} Z = -2x_1 + x_2' - x_2'' - 3x_3' + 3x_3'' \quad & \max. \\ x_1 + 2x_2' - 2x_2'' + x_3' - x_3'' & \leqq 3 \\ 2x_1 - x_2' + x_2'' + 4x_3' - 4x_3'' & = 6 \\ x_2' - x_2'' + x_3' - x_3'' & \geqq 5 \\ x_1 \geqq 0, \; x_2' \geqq 0, \; x_2'' \geqq 0, x_3' \geqq 0, x_3'' & \geqq 0. \end{aligned}$$

Numerieren wir die in dieser Aufgabe auftretenden fünf Variablen von 1 bis 5 durch, lautet die lineare Optimierungsaufgabe

$$\begin{aligned} Z = -2x_1 + x_2 - x_3 - 3x_4 + 3x_5 \quad \max. \\ x_1 + 2x_2 - 2x_3 + x_4 - x_5 \leqq 3 \\ 2x_1 - x_2 + x_3 + 4x_4 - 4x_5 = 6 \\ x_2 - x_3 + x_4 - x_5 \geqq 5 \\ x_i \geqq 0, \ i = 1, 2, \ldots, 5. \end{aligned}$$

Man beachte aber, daß jetzt x_2 und x_3 gegenüber der ursprünglichen Formulierung der linearen Optimierungsaufgabe eine andere Bedeutung haben. Für die dritte Nebenbedingung können wir wegen Satz 1

$$-x_2 + x_3 - x_4 + x_5 \leqq -5$$

schreiben. Durch Einführung von zwei Schlupfvariablen x_6, x_7 werden die Ungleichungen in Gleichungsform überführt. Die vorgelegte lineare Optimierungsaufgabe besitzt damit die erste Normalform

$$\begin{aligned} Z = -2x_1 + x_2 - x_3 - 3x_4 + 3x_5 \quad \max. \\ 2x_1 - x_2 + x_3 + 4x_4 - 4x_5 = 6 \\ x_1 + 2x_2 - 3x_3 + x_4 - x_5 + x_6 = 3 \\ - x_2 + x_3 - x_4 + x_5 + x_7 = -5 \\ x_i \geqq 0, \ i = 1, 2, \ldots, 7. \end{aligned}$$

Diese Beispiele demonstrieren den einfachen Überführungsweg von Aufgaben der linearen Optimierung in die erste Normalform. Bei praktischen Aufgaben wird die Nichtnegativitätsbedingung für alle Variablen meist bereits gegeben sein. Dadurch vereinfacht sich der Prozeß der Überführung in die erste Normalform.

1.3. Matrizenschreibweise linearer Optimierungsaufgaben. Die erste Normalform einer linearen Optimierungsaufgabe kann übersichtlich in Matrizenschreibweise ausgedrückt werden. Mit den Bezeichnungen

$$x = \begin{pmatrix} x_1 \\ x_2 \\ \vdots \\ x_N \end{pmatrix}, \quad c = \begin{pmatrix} c_1 \\ c_2 \\ \vdots \\ c_N \end{pmatrix}, \quad A = \begin{pmatrix} a_{11} & a_{12} & \cdots & a_{1N} \\ a_{21} & a_{22} & \cdots & a_{2N} \\ \cdots & \cdots & \cdots & \cdots \\ a_{m1} & a_{m2} & \cdots & a_{mN} \end{pmatrix}, \quad b = \begin{pmatrix} b_1 \\ b_2 \\ \vdots \\ b_m \end{pmatrix}$$

geht (15)–(17) in

$$\left. \begin{aligned} Z = c'x \quad \max. \\ Ax = b \\ x \geqq 0 \end{aligned} \right\} \qquad (20)$$

über. (20) ist die Matrizenschreibweise der ersten Normalform. Entsprechend I.1.1 heißt A die *Matrix der Nebenbedingungen* (der Normalform) und b der *Beschränkungsvektor*.

An Stelle von (20) wird auch die noch kürzere Schreibweise

$$\max \{c'x \mid Ax = b, x \geqq 0\}$$

verwendet. Für die Menge M der zulässigen Lösungen ist die Symbolik

$$M = \{x : Ax = b, x \geqq 0\}$$

gebräuchlich.

Vielfach ist eine vektorielle Schreibweise der Nebenbedingungen (16) zweckmäßig. Mit den *Vektoren der Nebenbedingungen* (der Normalform)

$$a_j = \begin{pmatrix} a_{1j} \\ a_{2j} \\ \vdots \\ a_{mj} \end{pmatrix}, j = 1, 2, \ldots, N$$

erhalten wir für (16)

$$x_1 a_1 + x_2 a_2 + \cdots + x_N a_N = b. \tag{21}$$

Es sei bereits an dieser Stelle bemerkt, daß wir später die Zahl N der Variablen einer linearen Optimierungsaufgabe in der ersten Normalform im allgemeinen wieder mit n bezeichnen werden, falls dadurch keine Verwechslungen zu befürchten sind.

1.4. Weitere Normalformen. Der wesentlichste Gedanke bei der Überführung in die erste Normalform war, lineare Ungleichungen durch lineare Gleichungen zu ersetzen. Es besteht aber auch die Möglichkeit, die linearen Gleichungen durch lineare Ungleichungen auszudrücken. Das führt uns zur *zweiten Normalform* einer linearen Optimierungsaufgabe.

Satz 8: *Jede lineare Gleichung*

$$a_{i1}x_1 + a_{i2}x_2 + \cdots + a_{in}x_n = b_i \tag{22}$$

kann durch die beiden Ungleichungen

$$a_{i1}x_1 + a_{i2}x_2 + \cdots + a_{in}x_n \leqq b_i, \tag{23}$$

$$-a_{i1}x_1 - a_{i2}x_2 - \cdots - a_{in}x_n \leqq -b_i \tag{24}$$

ersetzt werden.

Beweis: Schreiben wir für (24)

$$a_{i1}x_1 + a_{i2}x_2 + \cdots + a_{in}x_n \geqq b_i,$$

erkennen wir, daß (23), (24) die beiden durch die Hyperebenen (22) erklärten Halbräume bestimmen. Der Durchschnitt von (23), (24) ist daher gerade die Hyperebene (22).

Satz 9: *Jede lineare Optimierungsaufgabe kann in die zweite Normalform überführt werden, bei der das Maximum der Zielfunktion*

$$Z = c_1 x_1 + c_2 x_2 + \cdots + c_N x_N \tag{25}$$

unter den Nebenbedingungen

$$\left.\begin{array}{l} a_{11} x_1 + a_{12} x_2 + \cdots + a_{1N} x_N \leqq b_1 \\ \dots\dots\dots\dots\dots\dots\dots\dots \\ a_{M1} x_1 + a_{M2} x_2 + \cdots + a_{MN} x_N \leqq b_M \end{array}\right\} \tag{26}$$

und den Nichtnegativitätsbedingungen

$$x_i \geqq 0, \; i = 1, 2, \ldots, N \tag{27}$$

zu bestimmen ist.

Beweis: Die Überführung einer Minimumsaufgabe in eine Maximumsaufgabe und die Einführung der Nichtnegativitätsbedingungen für alle Variablen erfolgt auf der Basis der Sätze 3 und 5 wie beim Beweis von Satz 6. Während jedoch die Nebenbedingungen (3) der linearen Optimierungsaufgabe (1)–(4) keiner Umformung unterzogen werden, müssen die Gleichungen des Systems (2) entsprechend Satz 8 in Ungleichungen überführt werden. Dabei ist $M = m + m_1$. Die Möglichkeit der Überführung in die zweite Normalform ist damit begründet.

Eine Maximumsaufgabe (1)–(4) mit $m_1 = 0$ und $n_1 = n$ liegt bereits in der zweiten Normalform vor. Es sei bemerkt, daß auch Satz 7 für die zweite Normalform gültig ist. Später werden wir für M und N wieder vielfach m und n schreiben, falls dadurch keine Verwechslungen zu befürchten sind.

In Matrizenschreibweise läßt sich die zweite Normalform (25)–(27) durch

$$\left.\begin{array}{r} Z = c'x \quad \max. \\ Ax \leqq b \\ x \geqq 0 \end{array}\right\} \tag{28}$$

oder kürzer durch

$$\max \{c'x \mid Ax \leqq b, x \geqq 0\}$$

ausdrücken.

Beispiel: Die lineare Optimierungsaufgabe (18) von 1.2 ist schon in der zweiten Normalform gegeben.

Besipiel: Für die lineare Optimierungsaufgabe (19) führen wir zunächst die in 1.2 vorgenommenen Umformungen durch, die uns das Problem

$$\begin{array}{r} Z = -2x_1 + x_2 - x_3 - 3x_4 + 3x_5 \quad \max. \\ x_1 + 2x_2 - 2x_3 + x_4 - x_5 \leqq 3 \\ 2x_1 - x_2 + x_3 + 4x_4 - 4x_5 = 6 \\ - x_2 + x_3 - x_4 + x_5 \leqq -5 \\ x_i \geqq 0, \; i = 1, 2, \ldots, 5 \end{array}$$

liefern. Die Anwendung von Satz 8 auf die zweite Nebenbedingung führt zu der zweiten Normalform

$$\begin{aligned} Z = -2x_1 + x_2 - x_3 - 3x_4 + 3x_5 \quad \text{max.} \\ x_1 + 2x_2 - 2x_3 + x_4 - x_5 \leqq 3 \\ 2x_1 - x_2 + x_3 + 4x_4 - 4x_5 \leqq 6 \\ -2x_1 + x_2 - x_3 - 4x_4 + 4x_5 \leqq -6 \\ - x_2 + x_3 - x_4 + x_5 \leqq -5 \\ x_i \geqq 0,\ i = 1, 2, \ldots, 5. \end{aligned}$$

Bei der Betrachtung konvexer mehrkantiger Mengen in I.6 haben wir die Nichtnegativitätsbedingungen in das System der Nebenbedingungen einbezogen (beachte auch die Gleichungen (11), (12) von 1.1). Durch Anwendung der Sätze 3 und 8 gelangen wir zu einer linearen Optimierungsaufgabe der Gestalt

$$Z = c'x \quad \text{max.}$$
$$Ax \leqq b.$$

Dafür können wir auch

$$\max \{c'x \mid Ax \leqq b\}$$

und für die Menge der zulässigen Lösungen

$$M = \{x : Ax \leqq b\}$$

schreiben. Es bedarf wohl keines Hinweises, daß sich die Matrizen und Vektoren A, x, c, b im allgemeinen sogar vom Typ her von denen in (20) oder (28) unterscheiden. Wir haben damit eine Schreibweise von linearen Optimierungsaufgaben erhalten, die wir wieder als eine Normalform bezeichnen können.

Beispiel: Für die lineare Optimierungsaufgabe (19) von 1.2 finden wir

$$\begin{aligned} Z = -2x_1 + x_2 - 3x_3 \quad \text{max.} \\ x_1 + 2x_2 + x_3 \leqq 3 \\ 2x_1 - x_2 + 4x_3 \leqq 6 \\ -2x_1 + x_2 - 4x_3 \leqq -6 \\ - x_2 - x_3 \leqq -5 \\ -x_1 \qquad \leqq 0. \end{aligned}$$

1.5. Einführung künstlicher Variablen. Bei vielen praktischen Anwendungen treten lineare Optimierungsaufgaben der Gestalt

$$\begin{aligned} Z = c_1x_1 + c_2x_2 + \cdots + c_nx_n \quad \text{max.} \\ a_{11}x_1 + a_{12}x_2 + \cdots + a_{1n}x_n \leqq b_1 \\ \cdots\cdots\cdots\cdots\cdots\cdots \\ a_{m1}x_1 + a_{m2}x_2 + \cdots + a_{mn}x_n \leqq b_m \\ x_i \geqq 0,\ i = 1, 2, \ldots, n \end{aligned}$$

auf, die damit bereits in der zweiten Normalform vorliegen und für die zusätzlich

$$b_i \geqq 0, \; i = 1, 2, \ldots, m$$

gilt. Die erste Normalform für solche Aufgaben ist durch

$$Z = c_1 x_1 + c_2 x_2 + \cdots + c_n x_n \quad \max.$$

$$\begin{array}{llllllll}
a_{11} x_1 & + a_{12} x_2 & + \cdots & + a_{1n} x_n & + x_{n+1} & & & = b_1 \\
a_{21} x_1 & + a_{22} x_2 & + \cdots & + a_{2n} x_n & & + x_{n+2} & & = b_2 \\
\cdots & \cdots & \cdots & \cdots & & & \ddots & \vdots \\
a_{m1} x_1 & + a_{m2} x_2 & + \cdots & + a_{mn} x_n & & & + x_{n+m} & = b_m
\end{array}$$

$$x_i \geqq 0, \; i = 1, 2, \ldots, n + m$$

gegeben. Schreiben wir für das Ausgangsproblem kurz

$$\max \{c'x \,|\, Ax \leqq b, x \geqq 0, \; b \geqq 0\}, \tag{29}$$

können wir mittels der Vektoren

$$x = \begin{pmatrix} x_1 \\ x_2 \\ \vdots \\ x_n \end{pmatrix}, \quad \bar{x} = \begin{pmatrix} x_{n+1} \\ x_{n+2} \\ \vdots \\ x_{n+m} \end{pmatrix}$$

die erste Normalform durch

$$\max \{c'x \mid Ax + \bar{x} = b, x \geqq 0, \; \bar{x} \geqq 0, \; b \geqq 0\} \tag{30}$$

darstellen. Dabei stimmen die Matrizen und Vektoren A, b, c, x in (29) und (30) überein. In diesem Zusammenhang heißt x der *Vektor der Modellvariablen* und $\bar{x}$ der *Vektor der Schlupfvariablen.*

Aufgaben der Gestalt (30) erweisen sich bei vielen numerischen Untersuchungen als besonders einfach und zweckmäßig. In den Nebenbedingungen

$$Ax + \bar{x} = b,$$

für die wir auch

$$Ax + E\bar{x} = b$$

schreiben können (E bezeichnet die Einheitsmatrix der Ordnung m), treten als Vektoren der Nebenbedingungen, die zu den Schlupfvariablen gehören, Einheitsvektoren auf. Daher bilden die zu den Schlupfvariablen gehörigen Vektoren der Nebenbedingungen eine Basis im m-dimensionalen Raum.

Um die bis jetzt für uns noch nicht erkennbaren Vorteile solcher Aufgaben allgemein für eine lineare Optimierungsaufgabe ausnutzen zu können, erklären wir eine erweiterte Aufgabe, die M-Aufgabe genannt wird.

Wir wollen zunächst die Überführung einer linearen Optimierungsaufgabe in ihre M-Aufgabe beschreiben. Dazu gehen wir von der linearen Optimierungsaufgabe (1)–(4) aus. Die Angabe der M-Aufgabe erfolgt in mehreren Schritten, die zum Teil mit dem bisher entwickelten Vorgehen übereinstimmen.

1. Schritt: Überführung einer Minimumsaufgabe in eine Maximumsaufgabe.
Beim 1. Schritt handelt es sich um die Anwendung von Satz 3.

2. Schritt: Einführung von Nichtnegativitätsbedingungen für alle Variablen.
Das Vorgehen ist durch Satz 5 vollständig geregelt.

3. Schritt: Einführung von nichtnegativen b_i.
Treten in einer Gleichung

$$a_{i1}x_1 + a_{i2}x_2 + \cdots + a_{in}x_n = b_i$$

oder Ungleichung

$$a_{i1}x_1 + a_{i2}x_2 + \cdots + a_{in}x_n \leqq b_i$$

negative b_i auf, wird die Gleichung in

$$-a_{i1}x_1 - a_{i2}x_2 - \cdots - a_{in}x_n = -b_i$$

und die Ungleichung in

$$-a_{i1}x_1 - a_{i2}x_2 - \cdots - a_{in}x_n \geqq -b_i$$

umgeschrieben.

Man beachte, daß nach Ausführung des dritten Schrittes die lineare Optimierungsaufgabe neben Gleichungen und Ungleichungen der Form (3) auch entgegengerichtete Ungleichungen

$$a_{j1}x_1 + a_{j2}x_2 + \cdots + a_{jn}x_n \geqq b_j$$

enthalten kann. Daher ist es praktisch wenig sinnvoll, Ungleichungen dieser Gestalt im Sinne von Satz 1 umzuwandeln, um auf die Ausgangsform (1)–(4) zu kommen. Die Richtung der Ungleichung ist vielmehr durch das Vorzeichen der b_i bestimmt.

4. Schritt: Einführung von Schlupfvariablen.
Jede Ungleichung

$$a_{j1}x_1 + a_{j2}x_2 + \cdots + a_{jn}x_n \leqq b_j \tag{31}$$

wird durch die äquivalenten Bedingungen

$$a_{j1}x_1 + a_{j2}x_2 + \cdots + a_{jn}x_n + x_{n+j} = b_j,$$
$$x_{n+j} \geqq 0$$

und jede Ungleichung

$$a_{j1}x_1 + a_{j2}x_2 + \cdots + a_{jn}x_n \geqq b_j \tag{32}$$

durch

$$a_{j1}x_1 + a_{j2}x_2 + \cdots + a_{jn}x_n - x_{n+j} = b_j,$$
$$x_{n+j} \geqq 0$$

ersetzt.

Das Vorgehen des 4. Schrittes ist im wesentlichen durch Satz 4 bestimmt. Zu berücksichtigen ist lediglich, daß auch Ungleichungen der Form (32) auftreten können, bei denen die Schlupfvariablen mit negativen Vorzeichen eingehen müssen.

Im Ergebnis der ersten vier Schritte sind wir zu einer linearen Optimierungsaufgabe vom Typ

$$Z = c_1 x_1 + c_2 x_2 + \cdots + c_{n'} x_{n'} \quad \max.$$

$$a_{i1} x_1 + a_{i2} x_2 + \cdots + a_{in'} x_{n'} = b_i, \; i = 1, 2, \ldots, m_1 \tag{33}$$

$$a_{j1} x_1 + a_{j2} x_2 + \cdots + a_{jn'} x_{n'} - x_{n'+j-m_1} = b_j, \; j = m_1 + 1, \ldots, m_2 \tag{34}$$

$$a_{k1} x_1 + a_{k2} x_2 + \cdots + a_{kn'} x_{n'} + x_{n'+k-m_1} = b_k, \; k = m_2 + 1, \ldots, m \tag{35}$$

$$x_i \geqq 0, \; i = 1, 2, \ldots, n' + m - m_1$$

$$b_i \geqq 0, \; i = 1, 2, \ldots, m$$

gelangt. n' gibt die Zahl der Variablen an, die im Ergebnis des zweiten Schrittes vorliegen. (33) entsprechen die ursprünglich in Gleichungsform gegebenen Nebenbedingungen. (34) geht aus den Ungleichungen (32) und (35) aus (31) hervor.

Die erhaltene lineare Optimierungsaufgabe schreiben wir bei geeigneter Umstellung der Nebenbedingungen in der Form ($N = n' + m_2 - m_1$)

$$Z = c_1 x_1 + c_2 x_2 + \cdots + c_N x_N \quad \max. \tag{36}$$

$$a_{i1} x_1 + a_{i2} x_2 + \cdots + a_{iN} x_N + x_{N+i} = b_i, \; i = 1, 2, \ldots, m - m_2 \tag{37}$$

$$a_{j1} x_1 + a_{j2} x_2 + \cdots + a_{jN} x_N = b_j, \; j = m - m_2 + 1, \ldots, m \tag{38}$$

$$x_i \geqq 0, \; i = 1, 2, \ldots, N + m - m_2 \tag{39}$$

$$b_i \geqq 0, \; i = 1, 2, \ldots, m.$$

Dabei haben wir die Nebenbedingungen (35) an die erste Stelle gesetzt und (33), (34) vereinigt.

5. Schritt: Einführung von künstlichen Variablen.

Bei den Nebenbedingungen (38) werden künstliche Variablen $x_{N+m-m_2+1}, \ldots, x_{N+m}$ additiv hinzugefügt

$$a_{j1} x_1 + a_{j2} x_2 + \cdots + a_{jn} x_N + x_{N+j} = b_j, \; j = m - m_2 + 1, \ldots, m.$$

Diese künstlichen Variablen sollen auch den Nichtnegativitätsbedingungen genügen. Das bedeutet, daß bei allen ursprünglich in Gleichungsform gegebenen Nebenbedingungen und den Nebenbedingungen, deren Schlupfvariablen negative Koeffizienten haben (Ungleichungen der Gestalt (32)), künstliche Variablen auftreten. Diese künstlichen Variablen haben keine ökonomische Bedeutung und sind nichts anderes als mathematische Hilfsvariablen. In der optimalen Lösung (falls eine solche existiert) müssen sie den Wert Null haben. Um das zu sichern, werden die künstlichen Variablen auch in die Zielfunktion eingeführt. Dazu versehen wir die künstlichen Variablen mit dem negativen Koeffizient $-M$ ($M > 0$) und fassen im Lösungsprozeß M als ein allgemeines Symbol auf, das größer als alle in der Rechnung auftretenden Zahlen ist:

$$Z = \sum_{i=1}^{N} c_i x_i - M \sum_{j=N+m-m_2+1}^{N+m} x_j \quad \max.$$

6. Schritt: Unnumerierung der Variablen.

Durch geeignete Umnumerierung der Variablen wird erreicht, daß die Nebenbedingungen in der Gestalt

$$\begin{array}{lllllll} a_{11}x_1 & + a_{12}x_2 & + \cdots + a_{1N}x_N & + x_{N+1} & & & = b_1 \\ a_{21}x_1 & + a_{22}x_2 & + \cdots + a_{2N}x_N & & + x_{N+2} & & = b_2 \\ \cdots\cdots & \cdots\cdots & \cdots\cdots & & & \ddots & \vdots \\ a_{m1}x_1 & + a_{m2}x_2 & + \cdots + a_{mN}x_N & & & + x_{N+m} & = b_m \end{array}$$

erscheinen. Bei der allgemeinen Beschreibung des Vorgehens haben wir durch laufende Umstellung der Nebenbedingungen diese Gestalt bereits nach dem fünften Schritt gewonnen.

Bevor wir die M-Aufgabe weiter diskutieren, wollen wir den formalen Prozeß der Überprüfung zunächst an einem Beispiel demonstrieren, damit nicht der Leser eventuell den Eindruck gewinnt, daß es sich um ein äußerst kompliziertes Vorgehen handelt.

Beispiel: Wir betrachtenwieder die lineare Optimierungsaufgabe (19) von 1.2. Der erste und zweite Schritt führt uns, wie in 1.2, zu der linearen Optimierungsaufgabe

$$\begin{aligned} Z = -2x_1 + x_2 - x_3 - 3x_4 + 3x_5 \quad & \max. \\ x_1 + 2x_2 - 2x_3 + x_4 - x_5 & \leqq 3 \\ 2x_1 - x_2 + x_3 + 4x_4 - 4x_5 & = 6 \\ x_2 - x_3 + x_4 - x_5 & \geqq 5 \\ x_i \geqq 0,\ i = 1, 2, \ldots, 5. & \end{aligned}$$

Der dritte Schritt kann entfallen, da alle b_i positiv sind. Im Ergebnis des vierten Schrittes erhalten wir (x_6, x_7 Schlupfvariable)

$$\begin{aligned} Z = -2x_1 + x_2 - x_3 - 3x_4 + 3x_5 \quad & \max. \\ x_1 + 2x_2 - 2x_3 + x_4 - x_5 + x_6 \quad & = 3 \\ 2x_1 - x_2 + x_3 + 4x_4 - 4x_5 \quad & = 6 \\ x_2 - x_3 + x_4 - x_5 \quad - x_7 & = 5 \\ x_i \geqq 0,\ i = 1, 2, \ldots, 7. & \end{aligned}$$

Schließlich liefert uns der fünfte Schritt (x_8, x_9 künstliche Variable):

$$\begin{aligned} Z = -2x_1 + x_2 + x_3 - 3x_4 + 3x_5 - Mx_8 - Mx_9 \quad & \max. \\ x_1 + 2x_2 - 2x_3 + x_4 - x_5 + x_6 \quad & = 3 \\ 2x_1 - x_2 + x_3 + 4x_4 - 4x_5 \quad + x_8 \quad & = 6 \\ x_2 - x_3 + x_4 - x_5 \quad - x_7 \quad + x_9 & = 5 \\ x_i \geqq 0,\ i = 1, 2, \ldots, 9. & \end{aligned}$$

Im sechsten Schritt vertauschen wir noch die Variablen x_6 und x_7, um die bei der M-Aufgabe vorgeschriebene Gestalt zu sichern:

$$\begin{aligned}
Z = -2x_1 + x_2 - x_3 - 3x_4 + 3x_5 - Mx_8 - Mx_9 \quad \max. \\
x_1 + 2x_2 - 2x_3 + x_4 - x_5 + x_7 = 3 \\
2x_1 - x_2 + x_3 + 4x_4 - 4x_5 + x_8 = 6 \\
x_2 - x_3 + x_4 - x_5 - x_6 + x_9 = 5 \\
x_i \geqq 0, i = 1, 2, \ldots, 9.
\end{aligned}$$

Die M-Aufgabe jeder linearen Optimierungsaufgabe ist von der Gestalt

$$\max \{c'x - \bar{c}'\bar{x} \mid Ax + \bar{x} = b, x \geqq 0, \bar{x} \geqq 0, b \geqq 0\}.$$

Im allgemeinen Falle wird der Vektor $\bar{x}$ Schlupfvariablen und künstliche Variablen enthalten. In x können neben Modellvariablen auch Schlupfvariablen auftreten. Der Vektor $\bar{c}$ enthält Nullkomponenten, falls ihnen eine Schlupfvariable entspricht. Anderenfalls sind die Komponenten von $\bar{c}$ gleich M.

Für die lineare Optimierungsaufgabe (29) ist die M-Aufgabe durch (30) gegeben. Die drei ersten Schritte können offensichtlich entfallen. Im vierten Schritt werden lediglich mit positiven Komponenten versehene Schlupfvariablen eingeführt, so daß die Einführung künstlicher Variablen entfällt.

Die Äquivalenz zwischen den optimalen Lösungen einer linearen Optimierungsaufgabe und ihren Normalformen ist durch die in diesem Paragraph bewiesenen Sätze gesichert. Dasselbe gilt für die im Ergebnis des vierten Schrittes erhaltene Aufgabe (36)–(39). Es bleibt noch zu klären, was wir mit der Angabe der M-Aufgabe erreicht haben. Wir wollen den Beweis des folgenden Satzes nicht führen.

Satz 20: *Besitzt die lineare Optimierungsaufgabe* (36)–(39) *eine optimale Lösung, so hat auch die zugehörige M-Aufgabe eine optimale Lösung, bei der sämtliche künstlichen Variablen den Wert Null haben.*
Einer optimalen Lösung ($N' = N + m - m_2$)

$$\bar{x} = (x_1, x_2, \ldots, x_{N'}, 0, \ldots, 0)$$

der M-Aufgabe ($x_{N'+1}, \ldots, x_{N'+m}$ künstliche Variable) entspricht die optimale Lösung

$$x = (x_1, x_2, \ldots, x_{N'})$$

der Aufgabe (36)–(39).

Die M-Aufgabe wird bei der Lösung linearer Optimierungsaufgaben nach der M-Methode verwendet. Dabei werden wir später für N' wieder n schreiben.

Durch die Einführung künstlicher Variablen kann sich die Zahl der Variablen bei der M-Aufgabe erheblich vergrößern. Es versteht sich von selbst, daß sich dadurch der Lösungsprozeß kompliziert. Man wird folglich danach trachten, so wenig wie möglich künstliche Variablen einzuführen. Das ist auch bei vielen praktischen Aufgaben möglich. Wir wollen das Vorgehen an Hand der häufig in der Anwendung auftretenden Aufgabenklasse

$$\begin{aligned} Z = c_1 x_1 + c_2 x_2 + \cdots + c_n x_n \quad \min. \\ a_{11} x_1 + a_{12} x_2 + \cdots + a_{1n} x_n \geqq b_1 \\ a_{21} x_1 + a_{22} x_2 + \cdots + a_{2n} x_n \geqq b_2 \\ \cdots\cdots\cdots\cdots\cdots\cdots\cdots\cdots \\ a_{m1} x_1 + a_{m2} x_2 + \cdots + a_{mn} x_n \geqq b_m \\ x_i \geqq 0,\ i = 1, 2, \ldots, n \\ b_i \geqq 0,\ i = 1, 2, \ldots, m \end{aligned}$$

erläutern. Der zweite und dritte Schritt entfällt. Der erste und vierte Schritt führen uns zu

$$\begin{array}{lcccr} & Z = -c_1 x_1 - c_2 x_2 - \cdots - c_n x_n \quad \max. & & & \\ a_{11} x_1 + a_{12} x_2 + \cdots + a_{1n} x_n & - x_{n+1} & & & = b_1 \\ a_{21} x_1 + a_{22} x_2 + \cdots + a_{2n} x_n & & - x_{n+2} & & = b_2 \\ \cdots\cdots\cdots\cdots\cdots & & & \ddots & \vdots \\ a_{m1} x_1 + a_{m2} x_2 + \cdots + a_{mn} x_n & & & - x_{n+m} & = b_m \\ & x_i \geqq 0,\ i = 1, 2, \ldots, n + m & & & \\ & b_i \geqq 0,\ i = 1, 2, \ldots, m. & & & \end{array}$$

Im fünften Schritt hätten wir nach dem bisherigen Vorgehen in jeder Nebenbedingung zusätzlich eine künstliche Variable einzuführen. Wir nehmen jedoch eine Vorbehandlung vor. Unter den sämtlichen b_i, $i = 1, 2, \ldots, m$ suchen wir den größten Wert (oder einen davon), den wir mit $b_{\max}$ bezeichnen. Steht $b_{\max}$ in der k-ten Gleichung, subtrahieren wir alle übrigen Gleichungen von der k-ten Gleichung. Dadurch erhalten wir ein System der Gestalt

$$\begin{array}{lcccl} \bar{a}_{11} x_1 + \bar{a}_{12} x_2 + \cdots + \bar{a}_{1n} x_n - x_{n+k} & + x_{n+1} & & & = b_{\max} - b_1 \\ \bar{a}_{21} x_1 + \bar{a}_{22} x_2 + \cdots + \bar{a}_{2n} x_n - x_{n+k} & & + x_{n+2} & & = b_{\max} - b_2 \\ \cdots\cdots\cdots\cdots\cdots\cdots\cdots\cdots\cdots\cdots & & & & \\ a_{k1} x_1 + a_{k2} x_2 + \cdots + a_{kn} x_n - x_{n+k} & & & & = b_{\max} \\ \cdots\cdots\cdots\cdots\cdots\cdots\cdots\cdots\cdots\cdots & & & & \\ \bar{a}_{m1} x_1 + \bar{a}_{m2} x_2 + \cdots + \bar{a}_{mn} x_n - x_{n+k} & & & + x_{n+m} & = b_{\max} - b_m. \end{array}$$

Diese Umformung sichert, daß die Zahlen der rechten Seite des Gleichungssystems weiterhin nichtnegativ sind. Jetzt brauchen wir nur noch in der k-ten Nebenbedingung eine künstliche Variable x_{n+m+1} einzuführen und im letzten Schritt eine geeignete Umnumerierung der Variablen vorzunehmen. Wir kommen dann mit einer einzigen künstlichen Variablen aus. Der Gedanke einer solchen Vorbehandlung kann auch bei anderen Aufgabentypen Anwendung finden.

Beispiel: Vorgelegt sei die lineare Optimierungsaufgabe

$$\begin{aligned} Z = 2x_1 + 3x_2 - x_3 \quad \text{min.} \\ x_1 + 2x_2 + x_3 \geqq 1 \\ 2x_1 + x_2 + 3x_3 \geqq 2 \\ x_1 + x_2 + x_3 \geqq 5 \\ x_1 + 3x_2 + 2x_3 \geqq 3 \\ x_i \geqq 0,\ i = 1, 2, 3. \end{aligned}$$

Die ersten vier Schritte führen zu dem Problem

$$\begin{aligned} Z = -2x_1 - 3x_2 + x_3 \quad \text{max.} \\ x_1 + 2x_2 + x_3 - x_4 = 1 \\ 2x_1 + x_2 + 3x_3 - x_5 = 2 \\ x_1 + x_2 + x_3 - x_6 = 5 \\ x_1 + 3x_2 + 2x_3 - x_7 = 3 \\ x_i \geqq 0,\ i = 1, 2, \ldots, 7. \end{aligned}$$

$b_{\max} = 5$ steht in der dritten Gleichung. Also werden alle übrigen Gleichungen von ihr subtrahiert:

$$\begin{aligned} Z = -2x_1 - 3x_2 + x_3 \quad \text{max.} \\ -x_2 + x_4 - x_6 = 4 \\ -x_1 - 2x_3 + x_5 - x_6 = 3 \\ x_1 + x_2 + x_3 - x_6 = 5 \\ -2x_2 - x_3 - x_6 + x_7 = 2 \\ x_i \geqq 0,\ i = 1, 2, \ldots, 7. \end{aligned}$$

Im fünften Schritt ist eine künstliche Variable in die dritte Gleichung (und in die Zielfunktion) einzuführen

$$\begin{aligned} Z = -2x_1 - 3x_2 + x_3 - Mx_8 \quad \text{max.} \\ -x_2 + x_4 - x_6 = 4 \\ -x_1 - 2x_3 + x_5 - x_6 = 3 \\ x_1 + x_2 + x_3 - x_6 + x_8 = 5 \\ -2x_2 - x_3 - x_6 + x_7 = 2 \\ x_i \geqq 0,\ i = 1, 2, \ldots, 8. \end{aligned}$$

Numerieren wir die Variablen um ($x_4 \Rightarrow x_5, x_5 \Rightarrow x_6, x_6 \Rightarrow x_4, x_7 \Rightarrow x_8, x_8 \Rightarrow x_7$), erhalten wir die M-Aufgabe

$$\begin{aligned} Z = -2x_1 - 3x_2 + x_3 - Mx_7 \quad \text{max.} \\ -x_2 - x_4 + x_5 = 4 \\ -x_1 - 2x_3 - x_4 + x_6 = 3 \\ x_1 + x_2 + x_3 - x_4 + x_7 = 5 \\ -2x_2 - x_3 - x_4 + x_8 = 2 \\ x_i \geqq 0,\ i = 1, 2, \ldots, 8. \end{aligned}$$

§ 2. Zulässige Basislösungen und Eckpunkte

Der Begriff der zulässigen Basislösung ist für die meisten numerischen Methoden zur Lösung linearer Optimierungsaufgaben von entscheidender Bedeutung. Die Definition der zulässigen Basislösung werden wir auf die erste Normalform linearer Optimierungsaufgaben

$$\max \{c'x \mid Ax = b, x \geqq 0\} \tag{40}$$

beziehen. Die Zahl der Nebenbedingungen sei m und n die Anzahl der Variablen der Aufgabe (40). Weiterhin setzen wir im folgenden grundsätzlich

$$n > m \tag{41}$$

voraus. Auf Grund der Theorie linearer Gleichungssysteme muß nämlich im Falle $n \leqq m$ eine der drei folgenden Möglichkeiten eintreten:

1. Die Lösung x des Gleichungssystems $Ax = b$ ist eindeutig bestimmt. Gilt zusätzlich $x \geqq 0$, stellt x auch die Lösung der linearen Optimierungsaufgabe dar. Anderenfalls hat (40) keine Lösung.
2. Die Gleichungen $Ax = b$ sind unverträglich. Folglich besitzt die lineare Optimierungsaufgabe keine Lösung.
3. Einige Gleichungen sind linear abhängig und können weggelassen werden. Danach ergibt sich entweder $n > m$, oder es treten die Fälle 1 bzw. 2 auf.

Praktisch kann man die Voraussetzung (41) im allgemeinen als gesichert ansehen. $n \leqq m$ kann sich nur ergeben, wenn die Zahl der Gleichungen im ursprünglichen linearen Optimierungsproblem größer als die Zahl der Variablen ist. Denn bei der Überführung auf die erste Normalform erhöht sich die Zahl der Variablen mindestens um die Zahl der Ungleichungsnebenbedingungen. Es gehört aber schon recht viel Unverständnis dazu, wenn man trotz der Kenntnisse über die Theorie linearer Gleichungssysteme ein lineares Optimierungsmodell (ursprüngliche Aufgabe) aufstellt, dessen Nebenbedingungen mehr Gleichungen als Unbekannte enthalten. Ohne daß wir später die Voraussetzung (41) immer wieder betonen, werden wir stillschweigend ihre Gültigkeit voraussetzen.

Die Erklärung zulässiger Basislösungen wird zunächst unabhängig von dem bereits in Kap. I eingeführten Begriff des Eckpunktes konvexer mehrkantiger Mengen erfolgen. Erst später werden wir zeigen, daß die beiden Begriffe äquivalent sind.

2.1. Begriff der zulässigen Basislösung. Wir bereits bemerkt, knüpft die Definition zulässiger Basislösungen an die erste Normalform linearer Optimierungsaufgaben an.

Definition: *Eine zulässige Lösung x der linearen Optimierungsaufgabe* (40) *ist eine zulässige Basislösung, wenn die zu den positiven Komponenten von x gehörenden Vektoren der Nebenbedingungen linear unabhängig sind.*

Zunächst wollen wir die erklärte Begriffsbildung durch Betrachtung einiger Beispiele festigen.

Beispiel: Vorgelegt sei die lineare Optimierungsaufgabe (18), deren erste Normalform nach 1.2

$$\left.\begin{array}{l} Z = 4x_1 + 3x_2 \quad \max. \\ x_1 + x_2 + x_3 = 7 \\ 3x_1 + 2x_2 + x_4 = 18 \\ x_1 + 3x_2 + x_5 = 15 \\ x_i \geqq 0,\ i = 1, 2, \ldots, 5 \end{array}\right\} \tag{42}$$

lautet. Stellt der Vektor

$$x' = (6, 0, 7, 0, 9) \tag{43}$$

eine zulässige Basislösung dar? Es ist sofort zu erkennen, daß x den Nebenbedingungen und Nichtnegativitätsbedingungen genügt und folglich eine zulässige Lösung ist. x besitzt drei positive Komponenten, und zwar

$$x_1 = 6, x_3 = 7, x_5 = 9,$$

zu denen die Vektoren der Nebenbedingungen

$$a_1 = \begin{pmatrix} 1 \\ 3 \\ 1 \end{pmatrix}, \quad a_3 = \begin{pmatrix} 1 \\ 0 \\ 0 \end{pmatrix}, \quad a_5 = \begin{pmatrix} 0 \\ 0 \\ 1 \end{pmatrix}$$

gehören. Um zu prüfen, ob diese Vektoren linear unabhängig sind, haben wir nach I.4.1 die Vektorgleichung

$$\alpha_1 a_1 + \alpha_2 a_3 + \alpha_3 a_5 = 0$$

zu betrachten, für die wir ausführlich

$$\alpha_1 \begin{pmatrix} 1 \\ 3 \\ 1 \end{pmatrix} + \alpha_2 \begin{pmatrix} 1 \\ 0 \\ 0 \end{pmatrix} + \alpha_3 \begin{pmatrix} 0 \\ 0 \\ 1 \end{pmatrix} = \begin{pmatrix} 0 \\ 0 \\ 0 \end{pmatrix}$$

oder

$$\begin{aligned} \alpha_1 + \alpha_2 &= 0 \\ 3\alpha_1 \quad &= 0 \\ \alpha_1 + \alpha_3 &= 0 \end{aligned}$$

schreiben können. Das erhaltene Gleichungssystem besitzt nur die triviale Lösung

$$\alpha_1 = \alpha_2 = \alpha_3 = 0,$$

woraus die lineare Unabhängigkeit der drei Vektoren folgt. Der vorgelegte Vektor stellt also eine zulässige Basislösung der betrachteten linearen Optimierungsaufgabe dar.

Beispiel: Die lineare Optimierungsaufgabe

$$\left.\begin{aligned} Z = 2x_1 + 2x_2 \ \max. \\ x_1 + x_2 \leqq 5 \\ -x_1 + x_2 \leqq 3 \\ x_2 \leqq 4 \\ 2x_1 + x_2 \leqq 8 \\ x_1 \geqq 0, x_2 \geqq 0 \end{aligned}\right\} \tag{44}$$

besitzt die erste Normalform

$$\left.\begin{aligned} Z = 2x_1 + 2x_2 \quad \max. \\ x_1 + x_2 + x_3 \qquad\qquad\qquad = 5 \\ -x_1 + x_2 \qquad + x_4 \qquad\qquad = 3 \\ x_2 \qquad\qquad + x_5 \qquad = 4 \\ 2x_1 + x_2 \qquad\qquad\qquad + x_6 = 8 \\ x_i \geqq 0, \quad i = 1, 2, \ldots, 6. \end{aligned}\right\} \tag{45}$$

Es ist zu untersuchen, ob der Vektor

$$x' = (1, 4, 0, 0, 0, 2) \tag{46}$$

eine zulässige Basislösung ist. Wir übergehen den Nachweis, daß es sich um eine zulässige Lösung handelt. Die den positiven Komponenten entsprechenden Vektoren der Nebenbedingungen sind

$$a_1 = \begin{pmatrix} 1 \\ -1 \\ 0 \\ 2 \end{pmatrix}, \quad a_2 = \begin{pmatrix} 1 \\ 1 \\ 1 \\ 1 \end{pmatrix}, \quad a_6 = \begin{pmatrix} 0 \\ 0 \\ 0 \\ 1 \end{pmatrix}.$$

Wir untersuchen die Vektorgleichung

$$\alpha_1 a_1 + \alpha_2 a_2 + \alpha_3 a_6 = 0,$$

die uns zu dem Gleichungssystem

$$\begin{aligned} \alpha_1 + \alpha_2 \qquad &= 0 \\ -\alpha_1 + \alpha_2 \qquad &= 0 \\ \alpha_2 \qquad &= 0 \\ 2\alpha_1 + \alpha_2 + \alpha_3 &= 0 \end{aligned}$$

führt, das nur die Lösung

$$\alpha_1 = \alpha_2 = \alpha_3 = 0$$

besitzt. (46) stellt also eine zulässige Basislösung dar.

Beispiel: Für die lineare Optimierungsaufgabe

$$Z = x_1 + 2x_2 + 4x_3 \ \max.$$

$$\begin{aligned} x_1 + 2x_2 + x_3 &= 5 \\ 3x_1 + 6x_2 - x_3 + x_4 &= 15 \\ 4x_1 + 8x_2 + 2x_3 + x_5 &= 22 \end{aligned}$$

$$x_i \geqq 0, \ i = 1, 2, \ldots, 5$$

ist offensichtlich

$$x' = (1, 2, 0, 0, 2)$$

eine zulässige Lösung. Die zu den positiven Komponenten gehörigen Vektoren der Nebenbedingungen sind

$$a_1 = \begin{pmatrix} 1 \\ 3 \\ 4 \end{pmatrix}, \quad a_2 = \begin{pmatrix} 2 \\ 6 \\ 8 \end{pmatrix}, \quad a_5 = \begin{pmatrix} 0 \\ 0 \\ 1 \end{pmatrix}.$$

Die Gleichung

$$\alpha_1 a_1 + \alpha_2 a_2 + \alpha_3 a_5 = 0$$

liefert das homogene Gleichungssystem

$$\begin{aligned} \alpha_1 + 2\alpha_2 &= 0 \\ 3\alpha_1 + 6\alpha_2 &= 0 \\ 4\alpha_1 + 8\alpha_2 + \alpha_3 &= 0, \end{aligned}$$

dessen Lösung

$$\alpha_1 = -2\alpha_2, \alpha_3 = 0$$

ist. Wählen wir also $\alpha_2 \neq 0$, haben wir eine Linearkombination mit nicht sämtlich verschwindenden Koeffizienten gefunden. Die Vektoren der Nebenbedingungen sind linear abhängig, und der vorgelegte Vektor ist keine zulässige Basislösung.

Natürlich erkennt man die lineare Abhängigkeit der Vektoren der Nebenbedingungen a_1, a_2, a_5 unmittelbar aus der Tatsache, daß $a_2 = 2a_1$ gilt.

Es sei bemerkt, daß der Begriff der zulässigen Basislösung nur vom System der Nebenbedingungen und Nichtnegativitätsbedingungen, nicht aber von der Zielfunktion abhängt.

Die Vektoren der Nebenbedingungen a_i, $i = 1, 2, \ldots, n$ der Aufgabe (40) gehören dem m-dimensionalen Vektorraum E_m an. Nach Satz 3 von I.4.1 gibt es im E_m nicht mehr als m linear unabhängige Vektoren. Damit kann auch (40) nicht mehr als m linear unabhängige Vektoren der Nebenbedingungen besitzen. Wenn aber bei einer zulässigen Basislösung die zu den positiven Komponenten gehörigen Vektoren der Nebenbedingungen linear unabhängig sein sollen, so kann es nicht mehr als m positive Komponenten geben. Wir halten dieses Ergebnis in einem Satz fest.

Satz 11: *Eine zulässige Basislösung kann höchstens m positive Komponenten besitzen.*

2.2. Basis einer zulässigen Basislösung. In I.4.2 haben wir im E_n eine Basis durch n linear unabhängige Vektoren des E_n eingeführt. Ausgehend von unseren bisherigen Betrachtungen über zulässige Basislösungen wollen wir den Begriff der Basis einer zulässigen Basislösung erklären. Eine Basis einer zulässigen Basislösung wird aus Vektoren der Nebenbedingungen gebildet. Da die Vektoren der Nebenbedingungen m Komponenten besitzen, haben wir unsere Untersuchungen im E_m zu führen.

Definition: *Ein System von m linear unabhängigen Vektoren der Nebenbedingungen, das alle Vektoren der Nebenbedingungen a_j enthält, denen positive Komponenten x_j der betrachteten zulässigen Basislösung entsprechen, heißt Basis der zulässigen Basislösung.*

Beispiel: Die zulässige Basislösung (43) der linearen Optimierungsaufgabe (42) besitzt drei positive Komponenten x_1, x_3, x_5, zu denen die Vektoren der Nebenbedingungen a_1, a_3, a_5 gehören. Da $m = 3$ gilt, besteht die Basis der zulässigen Basislösung aus den Vektoren a_1, a_3, a_5.

Nach Satz 11 kann eine zulässige Basislösung höchstens m positive Komponenten besitzen. Liegen, wie im obigen Beispiel, genau m positive Komponenten vor, ist die Basis einer zulässigen Basislösung eindeutig bestimmt. Denn die Basis muß alle Vektoren der Nebenbedingungen enthalten, denen positive Komponenten der zulässigen Basislösung entsprechen. Diese m Vektoren der Nebenbedingungen sind nach der Definition einer zulässigen Basislösung linear unabhängig. Da die Basis aber aus m Vektoren besteht, ist sie eindeutig festgelegt. Das erhaltene Ergebnis formulieren wir als Satz.

Satz 12: *Besitzt eine zulässige Basislösung genau m positive Komponenten, ist ihre Basis eindeutig bestimmt. Die Basis der zulässigen Basislösung besteht dann aus den m Vektoren der Nebenbedingungen, denen positive Komponenten entsprechen.*

Hat die zulässige Basislösung weniger als m positive Komponenten, ist die Basis der zulässigen Basislösung nicht eindeutig bestimmt. Wir betrachten dazu die lineare Optimierungsaufgabe (45) und die zulässige Basislösung (46). Es gilt $m = 4$, und (46) hat nur drei positive Komponenten x_1, x_2, x_6. Also muß die Basis die Vektoren der Nebenbedingungen a_1, a_2, a_6 enthalten, deren lineare Unabhängigkeit gesichert ist, da (46) eine zulässige Basislösung darstellt. Eine Basis von (46) besteht aber aus vier linear unabhängigen Vektoren der Nebenbedingungen. Daher kann das Vektorsystem a_1, a_2, a_6 durch einen weiteren Vektor der Nebenbedingungen a_3, a_4 oder a_5 ergänzt werden. Das führt zu den Vektorsystemen

$$\left.\begin{array}{l} a_1, a_2, a_6, a_3 \\ a_1, a_2, a_6, a_4 \\ a_1, a_2, a_6, a_5. \end{array}\right\} \qquad (47)$$

Sind die Vektoren dieser Vektorsysteme linear unabhängig (der Nachweis kann leicht geführt werden), stellt jedes Vektorsystem eine Basis der zulässigen Basislösung dar. Damit ist jedes der drei Vektorsysteme (47) eine Basis der zulässigen Basislösung (46).

Die durchgeführten Betrachtungen legen es nahe, die Komponenten einer zulässigen Basislösung in zwei Klassen einzuteilen.

Definition: *Die den Basisvektoren entsprechenden Komponenten einer zulässigen Basislösung heißen Basisvariablen, die übrigen Komponenten Nichtbasisvariablen.*

Wir betonen, daß die Begriffe *Basisvariable* und *Nichtbasisvariable* von der betrachteten Basis der zulässigen Basislösung abhängig sind. Da jede Basis einer zulässigen Basislösung m Vektoren enthält, gibt es stets m Basisvariablen und $n - m$ Nichtbasisvariablen. Besitzt eine zulässige Basislösung genau m positive Komponenten (die Basis ist dann eindeutig bestimmt), entsprechen ihnen die Basisvariablen und den Nullkomponenten die Nichtbasisvariablen. So sind x_1, x_3, x_5 die Basisvariablen der zulässigen Basislösung (43) und x_2, x_4 die Nichtbasisvariablen. Gibt es weniger als m positive Komponenten, ist nur sicher, daß die ihnen entsprechenden Variablen Basisvariablen sind. Aber die Gesamtheit aller Basisvariablen und Nichtbasisvariablen ist erst durch Fixierung der Basis festgelegt. Für die zulässige Basislösung (46) der linearen Optimierungsaufgabe (45) sind z. B. x_1, x_2, x_4, x_6 die Basisvariablen und x_3, x_5 die Nichtbasisvariablen, wenn unter den möglichen Vektorsystemen (47) als Basis a_1, a_2, a_6, a_4 gewählt wird. Entsprechend ergeben sich die Basis- und Nichtbasisvariablen für die beiden anderen Systeme von (47).

2.3. Zulässige Basislösungen und Eckpunkte. Wir haben bereits einleitend zu diesem Paragraphen bemerkt, daß die Begriffe zulässige Basislösung und Eckpunkt äquivalent sind. Trotzdem erschien es uns mit Rücksicht auf spätere Betrachtungen ratsam, die zulässigen Basislösungen unabhängig vom Begriff des Eckpunktes zu erklären und erst jetzt die Äquivalenz beider Begriffsbildungen nachzuweisen.

Satz 13: *Jeder Eckpunkt der Menge der zulässigen Lösungen*

$$M = \{x : Ax = b, x \geqq 0\}$$

stellt eine zulässige Basislösung dar und umgekehrt.

Beweis: Wir nehmen zunächst an, daß x ein Eckpunkt von M ist und zeigen, daß dann auch x eine zulässige Basislösung sein muß. Wegen $x \in M$ kann x nur nichtnegative Komponenten besitzen. Bezeichnen wir mit r die Zahl der positiven Komponenten von x, können wir ohne Beschränkung der Allgemeinheit annehmen, daß die ersten r Komponenten $x_1, x_2, \ldots, x_r$ positiv sind:

$$\left.\begin{aligned} x_i &> 0 \text{ für } i = 1, 2, \ldots, r \\ x_j &= 0 \text{ für } j = r+1, r+2, \ldots, n. \end{aligned}\right\} \tag{48}$$

Bei linearer Unabhängigkeit der zu den positiven Komponenten gehörigen Vektoren der Nebenbedingungen $a_1, a_2, \ldots, a_r$ ist nach der Definition zulässiger Basislösungen in 2.1 der Vektor x eine zulässige Basislösung. Um diese lineare Unabhängigkeit zu beweisen, betrachten wir zunächst den Fall $r = 0$. Dann besitzt x keine positiven Komponenten, so daß die Behauptung erfüllt ist.

Für $r > 0$ setzen wir x in die Nebenbedingungen $Ax = b$ ein und erhalten wegen (21) (wir haben für N wieder n geschrieben) und (48)

$$x_1 a_1 + x_2 a_2 + \cdots + x_r a_r = b. \tag{49}$$

Nehmen wir im Sinne eines indirekten Beweises an, daß die Vektoren $a_1, a_2, \ldots, a_r$ linear abhängig sind, gibt es nicht sämtlich verschwindende Zahlen $\alpha_1, \alpha_2, \ldots, \alpha_r$ so daß die Gleichung

$$\alpha_1 a_1 + \alpha_2 a_2 + \cdots + \alpha_r a_r = 0 \tag{50}$$

besteht. Wegen $x_i > 0$, $i = 1, 2, \ldots, r$ ist bei hinreichend kleiner Wahl von $\delta > 0$ auch

$$\left.\begin{aligned} x_i + \delta\alpha_i > 0 \\ x_i - \delta\alpha_i > 0 \end{aligned}\right\} \quad i = 1, 2, \ldots, r.$$

Aus (49), (50) folgt

$$(x_1 + \delta\alpha_1)a_1 + (x_2 + \delta\alpha_2)a_2 + \cdots + (x_r + \delta\alpha_r)a_r = b,$$

$$(x_1 - \delta\alpha_1)a_1 + (x_2 - \delta\alpha_2)a_2 + \cdots + (x_r - \delta\alpha_r)a_r = b.$$

Damit genügen die Vektoren

$$x' = \begin{pmatrix} x_1 + \delta\alpha_1 \\ \vdots \\ x_r + \delta\alpha_r \\ 0 \\ \vdots \\ 0 \end{pmatrix}, \quad x'' = \begin{pmatrix} x_r - \delta\alpha_1 \\ \vdots \\ x_r - \delta\alpha_r \\ 0 \\ \vdots \\ 0 \end{pmatrix}$$

(die letzten $n - r$ Komponenten sind Null) den Nebenbedingungen und Nichtnegativitätsbedingungen und gehören folglich der Menge M an. Offensichtlich gilt aber

$$x = \frac{1}{2}(x' + x''),$$

so daß sich der Eckpunkt x als echte konvexe Linearkombination der Vektoren x', x'' darstellen läßt. Wegen der Definition des Eckpunktes in I.6.1 hat uns die Beweisannahme zu einem Widerspruch geführt. Jeder Eckpunkt ist also auch eine zulässige Basislösung.

Wir setzen jetzt voraus, daß x eine zulässige Basislösung ist. Hat x keine positiven Komponenten, genügt x den n linear unabhängigen Bedingungen $x \geqq 0$ in Gleichungsform und ist folglich nach Satz 39 von Kap. I ein Eckpunkt. Wir können daher wieder annehmen, daß x die $r > 0$ positiven Komponenten $x_1, x_2, \ldots, x_r$ besitzt. Dann sind nach der Definition einer zulässigen Basislösung die Vektoren der Nebenbedingungen $a_1, a_2, \ldots, a_r$ linear unabhängig. Wir haben zu zeigen, daß x Eckpunkt der Menge M ist. Im Sinne eines indirekten Beweises machen wir die Beweisannahme, daß x kein Eckpunkt ist und sich folglich als echte konvexe Linearkombination von zwei verschiedenen Punkten x', x'' aus M darstellen läßt

$$x = \alpha x' + (1 - \alpha)x'', \; 0 < \alpha < 1, \; x' \neq x''.$$

Wir schreiben $x' = (x_i')$, $x'' = (x_i'')$. Die letzten $n - r$ Komponenten von x

sind gleich Null. Folglich liefert (50) das Gleichungssystem

$$\alpha x_i' + (1 - \alpha)\, x_i'' = 0, \quad i = r + 1, r + 2, \ldots, n,$$

das wegen $\alpha > 0, 1 - \alpha > 0$ nur die Lösung

$$x_i' = x_i'' = 0, \; i = r + 1, r + 2, \ldots, n \tag{51}$$

besitzen kann. Also müssen auch die letzten $n - r$ Komponenten der Vektoren x', x'' gleich Null sein. x' und x'' müssen als Elemente von M den Nebenbedingungen genügen. Das führt uns zusammen mit (50) zu den Gleichungen

$$x_1' a_1 + x_2' a_2 + \cdots + x_r' a_r = b,$$
$$x_1'' a_1 + x_2'' a_2 + \cdots + x_r'' a_r = b.$$

Daraus finden wir

$$(x_1' - x_1'')\, a_1 + (x_2' - x_2'')\, a_2 + \cdots + (x_r' - x_r'')\, a_r = 0$$

und wegen der linearen Unabhängigkeit der Vektoren $a_1, a_2, \ldots, a_r$

$$x_i' = x_i'', \quad i = 1, 2, \ldots, r.$$

Zusammen mit (51) folgt die Gleichung $x' = x''$, die im Widerspruch zu unserer Annahme $x' \neq x''$ steht. Also ist x ein Eckpunkt der Menge M und der Beweis von Satz 13 abgeschlossen.

Wir bemerken, daß der Begriff der zulässigen Basislösung von uns nur für Aufgaben in der ersten Normalform erklärt wurde. Daher haben wir auch in Satz 13 die Eckpunkte der Menge der zulässigen Lösungen in Normalform zu betrachten. Die Definition des Eckpunktes in Kap. I setzt nicht das Vorliegen der ersten Normalform voraus.

Beispiel: Zur Vertiefung der geometrischen Veranschaulichung des Begriffes der zulässigen Basislösung betrachten wir die lineare Optimierungsaufgabe (44), deren Menge der zulässigen Lösungen in Abb. 1 veranschaulicht ist. Die Eckpunkte sind

$$A \sim (0, 0), B \sim (4, 0), C \sim (3, 2), D \sim (1, 4), E \sim (0, 3). \tag{52}$$

Diesen Eckpunkten entsprechen die Punkte

$$\left.\begin{array}{c} (0, 0, 5, 3, 4, 8), \;\; (4, 0, 1, 7, 4, 0), \\ (3, 2, 0, 4, 2, 0), \;\; (1, 4, 0, 0, 0, 2), \\ (0, 3, 2, 0, 1, 5) \end{array}\right\} \tag{53}$$

der linearen Optimierungsaufgabe (45) in Normalform. Dabei ergeben sich die vier letzten Komponenten der Vektoren (53) aus (52), indem die jeweiligen Komponenten x_1, x_2 von (52) in die Nebenbedingungen der Aufgabe (45) eingesetzt werden. Wir übergehen den Nachweis der fast selbstverständlichen Behauptung, daß durch (53) die Eckpunkte der Menge der zulässigen Lösungen der Aufgabe (45) in Normalform gegeben sind. Dann stellt (53) auch die Gesamtheit aller zulässigen

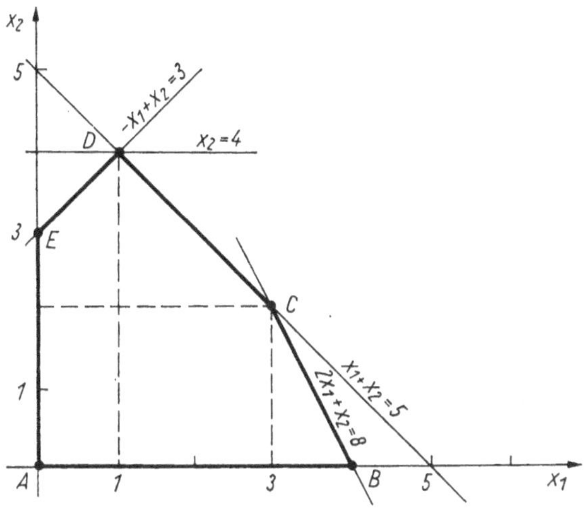

Abb. 1

Basislösungen der linearen Optimierungsaufgabe (45) dar. Insbesondere ist in dieser Gesamtheit auch der Vektor (46) enthalten, für den wir bereits in 2.1 nachgewiesen haben, daß er eine zulässige Basislösung der betrachteten Aufgabe ist.

Die bewiesene Äquivalenz zwischen zulässiger Basislösung und Eckpunkt der Menge der zulässigen Lösungen läßt auf Grund der Ergebnisse in I.6 folgende Aussagen zu:

Satz 14: *Jede lineare Optimierungsaufgabe besitzt höchstens endlich viele zulässige Basislösungen.*

Satz 15: *Ist die Menge der zulässigen Lösungen nichtleer, enthält sie mindestens eine zulässige Basislösung.*

Satz 16: *Ist die Menge der zulässigen Lösungen nichtleer und beschränkt, läßt sich jede zulässige Lösung als konvexe Linearkombination der zulässigen Basislösungen darstellen.*

Der Satz 15 heißt auch *Satz von der Existenz einer zulässigen Basislösung.* Er stellt eine Folgerung aus Satz 44 von Kap. I dar (der Rang des Systems der Nebenbedingungen bei Aufgaben in erster Normalform ist gleich n und eine konvexe mehrkantige Menge nichtleer). Ebenso ist Satz 16 im wesentlichen eine Folgerung aus Satz 42 von Kap. I.

2.4. Ausgeartete zulässige Basislösungen. Wir haben gesehen, daß eine zulässige Basislösung entweder genau m oder weniger als m positive Komponenten besitzt. Für die Beschreibung von numerischen Lösungsverfahren ist die Unterscheidung dieser beiden Fälle bedeutungsvoll. Das veranlaßt uns zu der folgenden Definition.

Definition: *Hat eine zulässige Basislösung genau m positive Komponenten, wird sie nichtausgeartet, anderenfalls ausgeartet genannt.*

Sind sämtliche zulässigen Basislösungen einer linearen Optimierungsaufgabe nichtausgeartet, wird die Aufgabe nicht ausgeartet, anderenfalls ausgeartet genannt.

Die zulässige Basislösung (43) von Beispiel (42) ist nichtausgeartet. Dagegen stellt (46) eine ausgeartete zulässige Basislösung der linearen Optimierungsaufgabe (45) dar. Folglich muß auch die Aufgabe (45) selbst ausgeartet sein.

Zusammen mit Satz 12 können wir sagen, daß eine nichtausgeartete zulässige Basislösung eine eindeutig bestimmte Basis besitzt. Dagegen kann es für eine ausgeartete zulässige Basislösung mehrere Basen geben.

Den geometrischen Inhalt der Ausartung einer zulässigen Basislösung veranschaulichen wir an Hand der linearen Optimierungsaufgabe (44). Den Punkten A, B, C und E von Abb. 1 entsprechen nichtausgeartete zulässige Basislösungen. Jeder dieser Punkt ist Schnittpunkt von zwei ($n = 2$) den Bereich der zulässigen Lösungen begrenzenden Geraden. Dem Punkt D entspricht jedoch eine ausgeartete zulässige Basislösung. Durch diesen Punkt gehen mehr als zwei (drei) begrenzende Geraden, nämlich die Geraden

$$\begin{aligned} -x_1 + x_2 &= 3, \\ x_2 &= 4, \\ x_1 + x_2 &= 5. \end{aligned}$$

Theoretisch könnte man die Ausartung der Aufgabe beseitigen, indem man die überflüssige Nebenbedingung $x_2 \leqq 4$ wegläßt. Diese Nebenbedingung schränkt nämlich den Bereich der zulässigen Lösungen nicht weiter ein. Bei praktischen Aufgaben wird man jedoch meist nicht entscheiden können, ob es überflüssige Bedingungen gibt, so daß mit dem Auftreten ausgearteter Aufgaben gerechnet werden muß.

Allgemein besagt die Nichtausartung einer zulässigen Basislösung, daß durch die ihr entsprechende Ecke des Bereiches der zulässigen Lösungen genau n begrenzende oder erzeugende Hyperebenen gehen. Für die konvexe mehrkantige Menge der zulässigen Lösungen

$$M = \{x : Ax = b, x \geqq 0\}$$

mögen die Vektoren der Nebenbedingungen a_j, $j \in I$ (I Indexmenge der Basisvariablen) eine Basis der zulässigen Basislösung x bilden.
Dann gilt

$$x_j = 0 \text{ für } j \notin I.$$

Die zulässige Basislösung x genügt n linear unabhängigen Bedingungen in Gleichungsform, und zwar den m Nebenbedingungen

$$a_{i1}x_1 + a_{i2}x_2 + \cdots + a_{in}x_n = b_i,\ i = 1, 2, \ldots, m$$

sowie den $n - m$ Bedingungen

$$x_j = 0 \text{ für } j \notin I.$$

Die Nichtausartung der zulässigen Basislösung verlangt, daß die übrigen Bedingungen

$$x_j \geqq 0 \text{ für } j \in I$$

von x in Form einer strengen Ungleichung erfüllt werden. Das bedeutet: x ist dann und nur dann eine nichtausgeartete zulässige Basislösung, falls

$$x_j > 0 \text{ für } j \in I$$

gilt. Dieses Ergebnis entspricht natürlich völlig der gegebenen Definition einer nichtausgearteten zulässigen Basislösung.

2.5. Kanten und benachbarte zulässige Basislösungen. Wir haben bereits im ersten Kapitel gesehen, daß neben den Eckpunkten auch die eindimensionalen Kanten *(Kantengeraden)* der konvexen Menge der Nebenbedingungen grundsätzliche Bedeutung besitzen. Diese Betrachtungen können wir für die konvexe mehrkantige Menge

$$M = \{x : Ax = b, x \geqq 0\} \tag{54}$$

von Aufgaben in der ersten Normalform präzisieren. Da der Rang des Systems der Nebenbedingungen nach Satz 7 gleich n ist, gilt der

Satz 17: *Eine Kantengerade der konvexen mehrkantigen Menge* (54) *ist entweder ein Abschnitt oder ein Strahl.*

Außerdem berechtigen uns die bisherigen Ergebnisse zur Formulierung des folgenden Satzes.

Satz 18: *Die Endpunkte einer Kantengerade der konvexen mehrkantigen Menge* (54) *sind Eckpunkte (zulässige Basislösungen) dieser Menge.*

Nach I.2.2 ist die Gleichung einer Kantengerade durch

$$x = x_0 + t y_0 \tag{55}$$

gegeben. x_0 bezeichnet eine zulässige Basislösung und y_0 den Richtungsvektor der Kantengerade. Ist die Wahl des Parameters t auf ein endliches Intervall beschränkt

$$0 \leqq t \leqq t_0 < \infty,$$

bestimmt (55) einen Abschnitt. Für

$$0 \leqq t < \infty$$

erklärt (55) einen Strahl.

Definition: *Ist eine von einer zulässigen Basislösung x_0 der konvexen mehrkantigen Menge* (54) *ausgehende Kantengerade ein Abschnitt, heißen die Endpunkte des Abschnittes benachbarte Ecken oder benachbarte zulässige Basislösungen.*

Beispiel: Wir wollen die aufgeworfene Problematik an Hand der in Abb. 1 veranschaulichten linearen Optimierungsaufgabe (44) verdeutlichen, deren erste Normalform durch

$$Z = 2x_1 + 2x_2 \max.$$

$$\begin{aligned}
x_1 + x_2 + x_3 \qquad\qquad\qquad &= 5\\
-x_1 + x_2 \qquad + x_4 \qquad\qquad &= 3\\
x_2 \qquad\qquad + x_5 \qquad &= 4\\
2x_1 + x_2 \qquad\qquad\qquad + x_6 &= 8
\end{aligned}$$

$$x_i \geqq 0,\ i = 1, 2, \ldots, 6$$

gegeben ist. Dem Punkt C von Abb. 1 entspricht die zulässige Basislösung

$$x_0' = (3, 2, 0, 4, 2, 0), \tag{56}$$

die sich als Durchschnitt der $n = 6$ linear unabhängigen Hyperebenen

$$\begin{aligned} x_1 + x_2 + x_3 &= 5 \\ -x_1 + x_2 + x_4 &= 3 \\ x_2 + x_5 &= 4 \\ 2x_1 + x_2 + x_6 &= 8 \\ x_3 &= 0 \\ x_6 &= 0 \end{aligned}$$

ergibt. (C ist Schnittpunkt der Geraden $x_1 + x_2 = 5$ und $2x_1 + x_2 = 8$; die zugehörigen Schlupfvariablen x_3, x_6 müssen also gleich Null sein.) Der Kantengerade CD von Abb. 1 entspricht eine Kantengerade der konvexen mehrkantigen Menge in Normalform, die Durchschnitt der $n - 1 = 5$ linear unabhängigen Hyperebenen

$$\left.\begin{aligned} x_1 + x_2 + x_3 &= 5 \\ -x_1 + x_2 + x_4 &= 3 \\ x_2 + x_5 &= 4 \\ 2x_1 + x_2 + x_6 &= 8 \\ x_3 &= 0 \end{aligned}\right\} \tag{57}$$

ist. (Jeder Punkt des Abschnittes CD liegt auf der Gerade $x_1 = x_2 = 5$; die zugehörige Schlupfvariable x_3 ist folglich gleich Null.) In diesem Durchschnitt der $n - 1$ linear unabhängigen Hyperebenen liegen auch die benachbarten zulässigen Basislösungen (ihnen entsprechen die Punkte C und D von Abb. 1)

$$\begin{aligned} x_0' &= (3, 2, 0, 4, 2, 0), \\ x_1' &= (1, 4, 0, 0, 0, 2). \end{aligned} \tag{58}$$

Zur Erzeugung der zulässigen Basislösung (56) wird neben den Hyperebenen (57) nur noch die Hyperebene

$$x_6 = 0$$

benötigt. Die zulässige Basislösung (58) liegt im Durchschnitt der sieben Hyperebenen

$$\begin{aligned} x_1 + x_2 + x_3 &= 5 \\ -x_1 + x_2 + x_4 &= 3 \\ x_2 + x_5 &= 4 \\ 2x_1 + x_2 + x_6 &= 8 \\ x_3 &= 0 \\ x_4 &= 0 \\ x_5 &= 0. \end{aligned}$$

(Der Punkt D in Abb. 1 liegt auf den Geraden $x_1 + x_2 = 5$, $-x_1 + x_2 = 3$, $x_2 = 4$; die zugehörigen Schlupfvariablen x_3, x_4, x_5 müssen folglich Null sein.) Natürlich können von diesen sieben Hyperebenen nur sechs linear unabhängig sein. (Das Auftreten von sieben Hyperebenen ist durch die Ausartung der zulässigen Basislösung bedingt.) Daher können wir z. B. die Hyperebene

$$x_4 = 0$$

fallen lassen. Zur Erzeugung der zulässigen Basislösung (58) wird also neben (57) noch die Hyperebene

$$x_5 = 0$$

benötigt.

Allgemein erkennen wir: Jeder Eckpunkt der konvexen mehrkantigen Menge M wird durch ein System von n linear unabhängigen Hyperebenen erzeugt. Bei zwei benachbarten Eckpunkten stimmen diese Systeme in $n - 1$ Hyperebenen überein (gegebenenfalls sind bei Ausartung linear abhängige Hyperebenen geeignet wegzulassen). Die durch die benachbarten Eckpunkte erklärte Kantengerade ist das Schnittgebilde dieser $n - 1$ gemeinsamen Hyperebenen.

Auf diesen Betrachtungen basiert ein anderes Ergebnis, das wir hier nicht begründen wollen. Bei zwei benachbarten zulässigen Basislösungen stimmen $m - 1$ Basisvariablen überein. Man kann daher auch davon sprechen, daß beim Übergang von einer zulässigen Basislösung zu einer benachbarten zulässigen Basislösung eine Basisvariable durch eine andere ersetzt wird. So besitzt z. B. (56) die Basisvariablen x_1, x_2, x_4, x_5. Dagegen hat (58) die Basisvariablen x_1, x_2, x_4, x_6 (diese Aussage ist infolge der Ausartung nicht eindeutig; wir haben angenommen, daß die Hyperebene $x_4 = 0$ weggelassen wurde). Zwangsläufig muß dann auch das System der Nichtbasisvariablen von zwei benachbarten zulässigen Basislösungen in $n - m - 1$ Nichtbasisvariablen übereinstimmen. So hat (56) die Nichtbasisvariablen x_3, x_6 und (58) die Nichtbasisvariablen x_3, x_5. Folglich können wir auch sagen, daß beim Übergang von einer zulässigen Basislösung zu einer benachbarten zulässigen Basislösung eine Basisvariable gegen eine Nichtbasisvariable ausgetauscht wird. Beim Übergang von (56) zu (58) wird die Basisvariable x_5 gegen die Nichtbasisvariable x_6 ausgetauscht. In der benachbarten zulässigen Basislösung (58) ist dann x_6 Basisvariable und x_5 Nichtbasisvariable. Alle übrigen Basis- und Nichtbasisvariablen behalten diese Eigenschaft bei. Bei der Simplexmethode zur Lösung linearer Optimierungsaufgaben werden wir in jedem Schritt von einer zulässigen Basislösung zu einer benachbarten zulässigen Basislösung übergehen. Dort werden wir den hier geschilderten Gedankengängen erneut begegnen.

§ 3. Grundlegende Sätze über die Lösbarkeit linearer Optimierungsaufgaben

Bei unseren bisherigen Betrachtungen haben wir uns vornehmlich mit der Menge der zulässigen Lösungen beschäftigt. Jedoch fehlen uns Aussagen über die Lösbarkeit linearer Optimierungsaufgaben, die Lösungsmannigfaltigkeit usw. Einen ersten Einblick in die Lösungstheorie linearer Optimierungsaufgaben haben wir bereits durch das graphische Verfahren in I.3 gewonnen. Wir werden erkennen, daß viele der dort für Aufgaben mit zwei Variablen gesammelten Erkenntnisse durch die im folgenden darzulegende Theorie allgemein bestätigt werden.

3.1. Satz von der Existenz einer optimalen zulässigen Basislösung. Bevor wir uns mit der Formulierung und dem Beweis dieses grundlegenden Satzes beschäftigen, wollen wir zunächst den Begriff einer optimalen zulässigen Basislösung einführen.

Definition: *Ist eine zulässige Basislösung einer linearen Optimierungsaufgabe zugleich eine optimale Lösung, heißt sie optimale zulässige Basislösung.*

Wegen der Äquivalenz der Begriffe „zulässige Basislösung" und „Eckpunkt" spricht man auch vielfach von einem *optimalen Eckpunkt.*

Satz 19: *Besitzt die lineare Optimierungsaufgabe*

$$\max \{c'x \mid Ax = b, x \geqq 0\}$$

eine optimale Lösung, dann hat sie auch mindestens eine optimale zulässige Basislösung.

Beweis: Wir nehmen an, daß die lineare Optimierungsaufgabe eine optimale Lösung $\tilde{x}$ besitzt. Mit x_i, $i = 1, 2, \ldots, N$ bezeichnen wir die Gesamtheit aller zulässigen Basislösungen der Aufgabe und mit y_j, $j = 1, 2, \ldots, N'$ die Richtungsvektoren der unbegrenzten Kantengeraden der konvexen mehrkantigen Menge der Nebenbedingungen.

Wir zeigen zunächst, daß

$$c'y_j \leqq 0 \text{ für } j = 1, 2, \ldots, N' \tag{59}$$

gelten muß. Wäre nämlich für ein j

$$c'y_j = \delta > 0,$$

betrachten wir den Strahl, der den Richtungsvektor y_j besitzt. Die Punkte des Strahles (ihnen entsprechen zugleich zulässige Lösungen der Aufgabe) lassen sich nach 2.5 durch

$$x = x_k + t y_j$$

darstellen. x_k bezeichnet eine zulässige Basislösung, von welcher der Strahl ausgeht. Dann gilt nach den Gesetzen für Skalarprodukte von I.2.2

$$\begin{aligned} c'x &= c'(x_k + t y_j) \\ &= c'x_k + t c'y_j. \end{aligned}$$

Unter Verwendung des Grenzwertbegriffes von Bd. 1 folgt

$$\lim_{t \to \infty} c'x = c'x_k + c'y_j \lim_{t \to \infty} t = \infty.$$

Die Zielfunktion nimmt für die auf dem Strahl gelegenen zulässigen Lösungen mit wachsendem t beliebig große Werte an. Daher ist die Zielfunktion auf der Menge der zulässigen Lösungen nicht beschränkt und die Aufgabe unlösbar. Wir haben aber in Satz 19 die Lösbarkeit der linearen Optimierungsaufgabe vorausgesetzt, so daß wir von der Gültigkeit der Ungleichung (59) ausgehen können.

Nach Satz 43 von Kap. I läßt sich die optimale Lösung $\bar{x}$ (wie jede zulässige Lösung) durch

$$\bar{x} = \sum_{i=1}^{N} \alpha_i x_i + \sum_{j=1}^{N'} \beta_j y_j, \tag{60}$$

$$\sum_{i=1}^{N} \alpha_i = 1, \tag{61}$$

$$\alpha_i \geqq 0, i = 1, 2, \ldots, N, \tag{62}$$

$$\beta_j \geqq 0, j = 1, 2, \ldots, N' \tag{63}$$

darstellen. Wegen (61) muß es unter den α_i eine positive Zahl geben, die wir mit α_k bezeichnen ($\alpha_k > 0$). Dann folgt aus (60)

$$x_k = \frac{1}{\alpha_k} \left\{ \bar{x} - \sum_{\substack{i=1 \\ i \neq k}}^{N} \alpha_i x_i - \sum_{j=1}^{N'} \beta_j y_j \right\}.$$

Nach den Gesetzen für Skalarprodukte ergibt sich

$$c' x_k = \frac{1}{\alpha_k} \left\{ c' \bar{x} - \sum_{\substack{i=1 \\ i \neq k}}^{N} \alpha_i c' x_i - \sum_{j=1}^{N'} \beta_j c' y_j \right\}.$$

Da $\bar{x}$ eine optimale Lösung ist, gilt

$$c' \bar{x} \geqq c' x_i,$$

so daß wir unter Berücksichtigung von (62) weiter

$$c' x_k \geqq \frac{1}{\alpha_k} \left\{ c' \bar{x} - \sum_{\substack{i=1 \\ i \neq k}}^{N} \alpha_i c' \bar{x} - \sum_{j=1}^{N'} \beta_j c' y_j \right\}$$

folgern können. Mit (59) und (63) finden wir

$$c' x_k \geqq \frac{1}{\alpha_k} \left\{ c' \bar{x} - c' \bar{x} \sum_{\substack{i=1 \\ i \neq k}}^{N} \alpha_i \right\} = \frac{1}{\alpha_k} c' \bar{x} \left\{ 1 - \sum_{\substack{i=1 \\ i \neq k}}^{N} \alpha_i \right\}.$$

Auf Grund der Gleichung (61) ist

$$\alpha_k = 1 - \sum_{\substack{i=1 \\ i \neq k}}^{N} \alpha_i,$$

und wir erhalten die Aussage

$$c' x_k \geqq c' \bar{x}.$$

Da aber $\bar{x}$ eine optimale Lösung ist, muß

$$c' \bar{x} \geqq c' x_k$$

gelten, so daß sich aus den beiden letzten Ungleichungen

$$c'x_k = c'\bar{x}$$

ergibt. Die zulässige Basislösung x_k ist eine optimale Lösung, womit die Existenz einer optimalen zulässigen Basislösung bewiesen ist. Der Beweis von Satz 19 ist abgeschlossen.

Der Satz von der Existenz einer optimalen zulässigen Basislösung eröffnet einen reizvollen Weg zur Lösung linearer Optimierungsaufgaben. Nach diesem Satz muß unter den zulässigen Basislösungen bei lösbaren Optimierungsaufgaben auch eine optimale Lösung zu finden sein. Man braucht also „lediglich" alle zulässigen Basislösungen der Aufgabe zu berechnen und für jede zulässige Basislösung den Wert der Zielfunktion zu ermitteln. Die zulässigen Basislösungen, für welche die Zielfunktion den größten Wert annimmt, sind nach Satz 19 zugleich optimale Lösungen. Da die Anzahl der zulässigen Basislösungen endlich und jede zulässige Basislösung Lösung eines Systems von n linear unabhängigen Gleichungen ist, handelt es sich um einen endlichen Rechenprozeß. Jedoch ist dieser Weg nur bei ausgesprochen einfachen Aufgaben gangbar. Schon bei kleineren praktischen Aufgaben kann die Zahl der zulässigen Basislösungen so groß werden, daß auch ein moderner Rechenautomat einige Jahre benötigen könnte, wenn er eine lineare Optimierungsaufgabe auf diesem Wege lösen wollte (vergleiche zu dieser Problematik auch [39]). Die Endlichkeit eines Rechenprozesses allein garantiert eben noch keinen brauchbaren Lösungsweg.

Trotz dieser Bemerkungen basieren alle endlichen Methoden der linearen Optimierung in irgendeiner Weise auf dem Gedanken, die Eckpunkte einer konvexen mehrkantigen Menge zu überprüfen. Jedoch wird nur ein geringer Teil der Eckpunkte einer Überprüfung unterzogen. Dazu werden an einen numerischen Lösungsprozeß zwei grundsätzliche Forderungen gestellt:

1. Es muß ein Ordnungsprinzip bei der Überprüfung gegeben sein, so daß man nicht von einer „besseren" Ecke zu einer „schlechteren" Ecke gelangen kann (die Begriffe „besser" und „schlechter" werden durch die Methode definiert).
2. Es muß ein Kriterium vorliegen, das ohne Überprüfung aller Ecken festzustellen gestattet, ob die optimale Ecke erreicht ist.

Wir werden uns später mit diesen Gedanken bei der Beschreibung numerischer Lösungsverfahren ausführlicher beschäftigen.

3.2. Lösungsmannigfaltigkeit. Besitzt eine lineare Optimierungsaufgabe genau eine optimale Lösung, so stellt diese nach Satz 19 eine optimale zulässige Basislösung dar (das Optimum der Zielfunktion wird dann nur in einem Eckpunkt der konvexen mehrkantigen Menge der Nebenbedingungen angenommen). Wir haben uns jetzt mit dem Fall zu beschäftigen, daß die untersuchte Aufgabe mehr als eine optimale Lösung besitzt.

Bezeichnet $\bar{x}$ eine optimale Lösung, gilt die Darstellung (60) – (63). Beim Beweis von Satz 19 haben wir gezeigt, daß für $\alpha_k > 0$ die zugehörige zulässige Basislösung x_k eine optimale zulässige Basislösung ist. Wir beweisen: Ist $\beta_k > 0$, so besteht die Gleichung

$$c'y_k = 0.$$

Analog zum Beweis von Satz 19 finden wir aus (60)

$$y_k = \frac{1}{\beta_k}\left\{\tilde{x} - \sum_{i=1}^{N} \alpha_i x_i - \sum_{\substack{j=1\\ j\neq k}}^{N'} \beta_j y_j\right\},$$

$$c' y_k = \frac{1}{\beta_k}\left\{c'\tilde{x} - \sum_{i=1}^{N} \alpha_i c' x_i - \sum_{\substack{j=1\\ j\neq k}}^{N'} \beta_j c' y_j\right\},$$

$$\geqq \frac{1}{\beta_k}\left\{c'\tilde{x} - \sum_{i=1}^{N} \alpha_i c' \tilde{x} - \sum_{\substack{j=1\\ j\neq k}}^{N'} \beta_j c' y_j\right\}.$$

Berücksichtigen wir wieder die Beziehungen (59), (61) und (63), folgt

$$c' y_k \geqq \frac{1}{\beta_k} c'\tilde{x}\left\{1 - \sum_{i=1}^{N} \alpha_i\right\} = 0.$$

Andererseits ist wegen (59)

$$c' y_k \leqq 0,$$

so daß sich aus den beiden letzten Ungleichungen die Behauptung ergibt. Damit haben wir den folgenden Satz bewiesen.

Satz 20: *Jede optimale Lösung $\tilde{x}$, einer linearen Optimierungsaufgabe*

$$\max\{c'x \mid Ax = b, x \geqq 0\}$$

läßt sich in der Form

$$\tilde{x} = \sum_{i \in \tilde{J}} \alpha_i x_i + \sum_{j \in \tilde{J}'} \beta_j y_j, \tag{64}$$

$$\alpha_i > 0,\ i \in \tilde{J};\quad \beta_j > 0, j \in \tilde{J}', \tag{65}$$

$$\sum_{i \in \tilde{J}} \alpha_i = 1 \tag{66}$$

darstellen. $\tilde{J}$ ist eine Teilmenge der Indexmenge $\{1, 2, \ldots, N\}$ *von* (60) *und $\tilde{J}'$ eine Teilmenge von* $\{1, 2, \ldots, N'\}$. *Die x_i, $i \in \tilde{J}$ sind optimale zulässige Basislösungen und die y_j, $j \in \tilde{J}'$ Richtungsvektoren, für die*

$$c' y_j = 0, \tag{67}$$

gilt.

Wir zeigen, daß auch jeder Vektor, der sich als konvexe Linearkombination der optimalen zulässigen Basislösungen und als nichtnegative Linearkombination der Richtungsvektoren derjenigen unbegrenzten Kantengeraden, die (67) genügen, darstellen läßt, eine optimale Lösung der Aufgabe ist.

Satz 21: *Die Gesamtheit der optimalen Lösungen einer lösbaren linearen Optimierungsaufgabe ist eine konvexe mehrkantige Menge, die durch die optimalen* *zulässigen Basislösungen und durch die Richtungsvektoren y_j derjenigen unbegrenzten Kantengeraden, die der Gleichung*

$$c'y_j = 0$$

genügen, erzeugt wird.

Beweis: Wir bezeichnen jetzt mit $x_i, i \in \tilde{I}$ die Gesamtheit aller optimalen zulässigen Basislösungen und mit $y_j, j \in \tilde{I}'$ die Gesamtheit aller Richtungsvektoren der unbegrenzten Kantengeraden, die (67) erfüllen. $\tilde{M}$ sei die konvexe mehrkantige Menge, die durch die $x_i, i \in \tilde{I}$ und $y_j, j \in \tilde{I}'$ erzeugt wird. Dann läßt sich jeder Vektor $x \in \tilde{M}$ in der Form

$$x = \sum_{i \in \tilde{I}} \alpha_i x_i + \sum_{j \in \tilde{I}'} \beta_j y_j,$$

$$\alpha_i \geqq 0, \; i \in \tilde{I}; \;\; \beta_j \geqq 0, j \in \tilde{I}',$$

$$\sum_{i \in \tilde{I}} \alpha_i = 1$$

darstellen. Aus Satz 20 folgt, daß jede optimale Lösung $\tilde{x}$ in $\tilde{M}$ enthalten ist. Andererseits besteht für jeden Vektor $x \in \tilde{M}$ die Gleichung

$$c'x = \sum_{i \in \tilde{I}} \alpha_i c' x_i + \sum_{j \in \tilde{I}'} \beta_j c' y_j.$$

Da die x_i optimale Lösungen sind, gilt

$$c'x_i = Z_{\max}.$$

Zusammen mit (67) folgt damit

$$c'x = Z_{\max} \sum_{i \in \tilde{I}} \alpha_i = Z_{\max}.$$

Also ist jeder Vektor $x \in \tilde{M}$ eine optimale Lösung und der Beweis von Satz 21 abgeschlossen.

Als unmittelbare Folgerung unserer bisherigen Betrachtungen ergibt sich:

Satz 22: *Eine lineare Optimierungsaufgabe besitzt entweder eine eindeutig bestimmte optimale Lösung oder unendlich viele optimale Lösungen.*

Gibt es unendlich viele optimale Lösungen, kann die konvexe mehrkantige Menge der optimalen Lösungen im Sinne des Struktursatzes 43 von Kap. I durch die endlich vielen Vektoren $x_i, i \in \tilde{I}$ und $y_j, j \in \tilde{I}'$ erzeugt werden.

Bestimmen die Nebenbedingungen der linearen Optimierungsaufgabe ein konvexes Polyeder, muß nach Satz 21 auch die Gesamtheit der optimalen Lösungen einer lösbaren linearen Optimierungsaufgabe ein konvexes Polyeder darstellen. Wir heben diesen Spezialfall wegen seiner besonderen Bedeutung in einem Satz hervor.

Satz 23: *Ist der Bereich der zulässigen Lösungen einer lösbaren linearen Optimierungsaufgabe beschränkt, bestimmt die Gesamtheit der optimalen Lösungen ein konvexes Polyeder, das durch die optimalen zulässigen Basislösungen erzeugt wird.*

Beispiel: Vorgelegt sei die lineare Optimierungsaufgabe

$$\begin{aligned} Z = 4x_1 + 4x_2 \quad \max. \\ x_1 + x_2 \leqq 7 \\ 3x_1 + 2x_2 \leqq 18 \\ x_1 + 3x_2 \leqq 15 \\ x_1 \geqq 0,\ x_2 \geqq 0, \end{aligned}$$

deren Bereich der zulässigen Lösungen in Abb. 12 von Kap. I dargestellt ist. In I.3.2 haben wir gezeigt (auf den Übergang zur Normalform können wir ersichtlich verzichten), daß den Vektoren (Eckpunkten)

$$x_1 = \begin{pmatrix} 4 \\ 3 \end{pmatrix}, \quad x_2 = \begin{pmatrix} 3 \\ 4 \end{pmatrix}$$

optimale Lösungen entsprechen. Nach Satz 23 findet man die Gesamtheit aller optimalen Lösungen aus der konvexen Linearkombination dieser Vektoren:

$$\bar{x} = \alpha x_1 + (1 - \alpha)\, x_2, \quad 0 \leqq \alpha \leqq 1.$$

Schreiben wir

$$\bar{x} = \begin{pmatrix} \bar{x}_1 \\ \bar{x}_2 \end{pmatrix},$$

ergibt sich

$$\begin{aligned} \bar{x}_1 &= 4\alpha + 3(1 - \alpha) = 3 + \alpha, \\ \bar{x}_2 &= 3\alpha + 4(1 - \alpha) = 4 - \alpha, \end{aligned} \qquad 0 \leqq \alpha \leqq 1.$$

Beispiel: Die lineare Optimierungsaufgabe

$$\begin{aligned} Z = -3x_1 + 9x_2 \quad \max. \\ -2x_1 + 3x_2 \leqq 6 \\ -x_1 + 3x_2 \leqq 9 \\ x_1 \geqq 0,\ x_2 \geqq 0 \end{aligned}$$

besitzt einen unbeschränkten Bereich der zulässigen Lösungen, der in Abb. 16 von Kap. I veranschaulicht ist. Die zu betrachtende konvexe mehrkantige Menge hat die Eckpunkte

$$x_1 = \begin{pmatrix} 0 \\ 0 \end{pmatrix}, \quad x_2 = \begin{pmatrix} 0 \\ 2 \end{pmatrix}, \quad x_3 = \begin{pmatrix} 3 \\ 4 \end{pmatrix}$$

und die Richtungsvektoren der unbegrenzten Kantengeraden (beachte auch I.6.5)

$$y_1 = \begin{pmatrix} 1 \\ 0 \end{pmatrix}, \quad y_2 = \begin{pmatrix} 3 \\ 1 \end{pmatrix}.$$

In den Eckpunkten hat die Zielfunktion die Werte

$$Z = 0,\ Z = 18,\ Z = 27.$$

Setzen wir die Lösbarkeit der Aufgabe als gegeben voraus, entspricht x_3 nach 3.1 der einzige optimale Eckpunkt (dieses Ergebnis ist natürlich schon aus I.3.2 bekannt). Weiterhin gilt

$$c'y_1 = (-3, 9)\begin{pmatrix}1\\0\end{pmatrix} = -3 < 0,$$

$$c'y_2 = (-3, 9)\begin{pmatrix}3\\1\end{pmatrix} = 0.$$

Also ist y_2 der einzige Richtungsvektor, der zur Erzeugung der konvexen mehrkantigen Menge der optimalen Lösungen benötigt wird (auch dieses Ergebnis folgt aus den Betrachtungen in I.3.2). Nach Satz 21 läßt sich damit die Gesamtheit aller optimalen Lösungen $\bar{x}$ durch

$$\bar{x} = x_3 + \beta y_2, \qquad \beta > 0$$

darstellen. Dafür können wir auch

$$\begin{aligned} \bar{x}_1 &= 3 + 3\beta, \\ \bar{x}_2 &= 4 + \beta, \end{aligned} \qquad \beta > 0$$

schreiben, womit wir den analytischen Ausdruck für einen Strahl gefunden haben, der von x_3 ausgeht und den Richtungsvektor y_2 besitzt.

Beispiel: Wir betrachten die lineare Optimierungsaufgabe

$$\begin{gathered} Z = -x_1 + 2x_2 \ \max. \\ -2x_1 + 3x_2 \leqq 6 \\ -x_1 + 3x_2 \leqq 9 \\ x_1 \geqq 0, \ x_2 \geqq 0. \end{gathered}$$

Der Bereich der zulässigen Lösungen stimmt mit dem des vorigen Beispiels überein. Daher haben wir es mit denselben Eckpunkten und Richtungsvektoren zu tun. Für den Wert der Zielfunktion in den Eckpunkten ergibt sich

$$Z = 0, \ Z = 4, \ Z = 5.$$

Unter der Voraussetzung der Lösbarkeit der Aufgabe entspricht x_3 dem einzigen optimalen Eckpunkt. Es gilt aber

$$c'y_1 = (-1, 2)\begin{pmatrix}1\\0\end{pmatrix} = -1 < 0,$$

$$c'y_2 = (-1, 2)\begin{pmatrix}3\\1\end{pmatrix} = -1 < 0,$$

so daß keiner der beiden Richtungsvektoren zur Erzeugung der konvexen mehrkantigen Menge der optimalen Lösungen benötigt wird. Also hat die lineare Optimierungsaufgabe die einzige optimale Lösung x_3.

3.3. Lösbarkeit linearer Optimierungsaufgaben. In diesem Paragraph haben wir bisher immer die Lösbarkeit einer linearen Optimierungsaufgabe vorausgesetzt. Es fehlen uns aber noch Aussagen, die Auskunft über die Lösbarkeit linearer Optimierungsaufgaben geben. Diese Lücke wird durch den folgenden Satz geschlossen, der daher auch *Satz von der Lösbarkeit linearer Optimierungsaufgaben* heißt.

Satz 24: *Ist die Menge der zulässigen Lösungen einer linearen Optimierungsaufgabe nichtleer und die Zielfunktion auf dieser Menge nach oben beschränkt, so existiert wenigstens eine optimale Lösung.*

Beweis: Da die Menge der zulässigen Lösungen nach Voraussetzung nichtleer ist, stellt sie eine konvexe mehrkantige Menge dar, die durch die zulässigen Basislösungen x_i, $i = 1, 2, \ldots, N$ und die Richtungsvektoren y_j, $j = 1, 2, \ldots, N'$ der unbegrenzten Kantengeraden erzeugt wird. Schreiben wir

$$x^{\mathrm{I}} = \sum_{i=1}^{N} \alpha_i x_i, \quad \alpha_i \geqq 0, \quad \sum_{i=1}^{N} \alpha_i = 1,$$

$$x^{\mathrm{II}} = \sum_{j=1}^{N'} \beta_j y_j, \quad \beta_j \geqq 0,$$

gilt für jede zulässige Lösung x auf Grund von Satz 43 aus Kap. I

$$x = x^{\mathrm{I}} + x^{\mathrm{II}}.$$

Daraus folgt

$$c'x = c'x^{\mathrm{I}} + c'x^{\mathrm{II}}.$$

Die Zielfunktion soll auf der Menge der zulässigen Lösungen beschränkt sein, so daß wir dem Beweis von Satz 19 die Beziehung

$$c'y_j \leqq 0, \quad j = 1, 2, \ldots, N'$$

entnehmen können, aus der zusammen mit $\beta_j \geqq 0$

$$c'x^{\mathrm{II}} = \sum_{j=1}^{N'} \beta_j c' y_j \leqq 0$$

folgt. Also muß

$$c'x \leqq c'x^{\mathrm{I}} \tag{68}$$

sein. Bezeichnen wir mit x_k eine zulässige Basislösung, für die

$$c'x_k = \max_{1 \leqq i \leqq N} c'x_i$$

gilt, ergibt sich mit

$$\alpha_i \geqq 0, \quad \sum_{i=1}^{N} \alpha_i = 1$$

die Beziehung

$$c'x^{\mathrm{I}} = \sum_{i=1}^{N} \alpha_i c'x_i \leqq c'x_k \sum_{i=1}^{N} \alpha_i = c'x_k.$$

Damit können wir für (68)

$$c'x \leqq c'x_k$$

schreiben. Diese Ungleichung besteht für eine beliebige zulässige Lösung x. Folglich ist x_k eine optimale Lösung der Aufgabe und der Beweis des Satzes abgeschlossen.

Wegen Satz 24 kann es nur zwei Gründe für die Unlösbarkeit einer linearen Optimierungsaufgabe geben:

1. Die Menge der zulässigen Lösungen ist leer.
2. Die Zielfunktion ist auf der Menge der zulässigen Lösungen nach oben nicht beschränkt.

Diese Gründe haben wir bereits in I.3.2 für die Unlösbarkeit einer linearen Optimierungsaufgabe erkannt.

Wir bemerken, daß die Voraussetzung der Beschränktheit der Zielfunktion nach oben das Vorliegen einer Maximumsaufgabe fordert, wie das für Aufgaben in Normalform gegeben ist. Ansonsten erkennt man sofort, daß die in diesem Paragraphen bewiesenen Sätze nicht unbedingt das Vorliegen der ersten Normalform voraussetzen, da sie auf der in Kap. I hergeleiteten Struktur konvexer mehrkantiger Mengen aufbauen. Gesichert muß nur sein, daß der Rang des Systems der Nebenbedingungen gleich n ist. Außerdem hätte man dann den Begriff der zulässigen Basislösung (er wurde von uns nur für Aufgaben in erster Normalform definiert) durch den Begriff des Eckpunktes zu ersetzen.

§ 4. Dualitätstheorie

Eine zentrale Problemstellung der Theorie der linearen Optimierung ist die Untersuchung der Dualität. Dabei wird jeder linearen Optimierungsaufgabe eine sogenannte duale Aufgabe zugeordnet. In der Dualitätstheorie werden die Beziehungen zwischen diesen beiden Aufgaben untersucht. Die Ergebnisse der Dualitätstheorie werden in den folgenden Kapiteln zur Gestaltung numerischer Algorithmen und zur Lösung weiterführender Aufgabenstellungen der linearen Optimierung herangezogen.

4.1. Erklärung des dualen Problems. Vorgelegt sei eine lineare Optimierungsaufgabe in der ersten Normalform

$$\left.\begin{aligned} Z = c_1x_1 + c_2x_2 + \cdots + c_nx_n \ \max.\\ a_{11}x_1 + a_{12}x_2 + \cdots + a_{1n}x_n = b_1\\ a_{21}x_1 + a_{22}x_2 + \cdots + a_{2n}x_n = b_2\\ \cdots\cdots\cdots\cdots\cdots\cdots\cdots\cdots\\ a_{m1}x_1 + a_{m2}x_2 + \cdots + a_{mn}x_n = b_m\\ x_i \geqq 0,\ i = 1, 2, \ldots, n, \end{aligned}\right\} \tag{69}$$

die wir im Zusammenhang mit der Behandlung von Dualitätsproblemen auch als *primale Aufgabe* bezeichnen wollen. Der primalen Aufgabe (69) ordnen wir eine *duale Aufgabe*

$$\left.\begin{aligned} \hat{Z} = b_1\hat{x}_1 + b_2\hat{x}_2 + \cdots + b_m\hat{x}_m \ \min. \\ a_{11}\hat{x}_1 + a_{21}\hat{x}_2 + \cdots + a_{m1}\hat{x}_m \geqq c_1 \\ a_{12}\hat{x}_1 + a_{22}\hat{x}_2 + \cdots + a_{m2}\hat{x}_m \geqq c_2 \\ \cdots\cdots\cdots\cdots\cdots\cdots\cdots\cdots \\ a_{1n}\hat{x}_1 + a_{2n}\hat{x}_2 + \cdots + a_{mn}\hat{x}_m \geqq c_n \end{aligned}\right\} \tag{70}$$

zu. Die duale Aufgabe ist ein Minimumsproblem mit m Variablen $\hat{x}_1, \hat{x}_2, \ldots, \hat{x}_m$. In der Zielfunktion treten die Komponenten des Beschränkungsvektors der primalen Aufgabe auf. Der Beschränkungsvektor von (70) ist durch die Komponenten der Zielfunktion der primalen Aufgabe bestimmt. Die Matrix der Nebenbedingungen des Dualproblems ist gegenüber der des Primalproblems transponiert, und als Nebenbedingungen treten nur Ungleichungen auf. Außerdem enthält die duale Aufgabe keine Nichtnegativitätsbedingungen für die Variablen.

Schreiben wir für das Primalproblem in Matrizenform

$$\max \{c'x \mid Ax = b, x \geqq 0\}, \tag{71}$$

können wir die duale Aufgabe durch

$$\min \{b'\hat{x} \mid A'\hat{x} \geqq c\} \tag{72}$$

ausdrücken.

Bevor wir den Sinn einer derartigen Erklärung des Dualproblems durch die Herleitung von Aussagen der Dualitätstheorie erkennen können, wollen wir die formale Bildung des Dualproblems für ein Beispiel demonstrieren.

Beispiel: Wir betrachten die lineare Optimierungsaufgabe in erster Normalform

$$\begin{aligned} Z = 4x_1 + 3x_2 \quad \max. \\ x_1 + x_2 + x_3 \qquad\qquad = 7 \\ 3x_1 + 2x_2 \quad + x_4 \qquad = 18 \\ x_1 + 3x_2 \qquad\quad + x_5 = 15 \\ x_i \geqq 0,\ i = 1, 2, \ldots, 5. \end{aligned}$$

Bei der dualen Aufgabe haben wir das Minimum der Zielfunktion

$$\hat{Z} = 7\hat{x}_1 + 18\hat{x}_2 + 15\hat{x}_3$$

(die Zahl der Dualvariablen ist gleich der Zahl der Nebenbedingungen des Primalproblems) zu bestimmen. Die Nebenbedingungen der dualen Aufgabe lauten:

$$\begin{aligned} \hat{x}_1 + 3\hat{x}_2 + \hat{x}_3 &\geqq 4 \\ \hat{x}_1 + 2\hat{x}_2 + 3\hat{x}_3 &\geqq 3 \\ \hat{x}_1 \qquad\qquad &\geqq 0 \\ \hat{x}_2 \qquad &\geqq 0 \\ \hat{x}_3 &\geqq 0. \end{aligned}$$

Dabei beachte man, daß die Zielfunktion des Primalproblems auch in der Form

$$Z = 4x_1 + 3x_2 + 0x_3 + 0x_4 + 0x_5$$

geschrieben werden kann und die Matrix der Nebenbedingungen

$$A = \begin{pmatrix} 1 & 1 & 1 & 0 & 0 \\ 3 & 2 & 0 & 1 & 0 \\ 1 & 3 & 0 & 0 & 1 \end{pmatrix}$$

ist, so daß

$$A' = \begin{pmatrix} 1 & 3 & 1 \\ 1 & 2 & 3 \\ 1 & 0 & 0 \\ 0 & 1 & 0 \\ 0 & 0 & 1 \end{pmatrix}$$

gilt.

4.2. Dualitätssätze. Die engen Beziehungen zwischen der primalen und dualen Aufgabe spiegeln sich in einer Reihe von Sätzen wider, die wir zum Gegenstand unserer nachfolgenden Betrachtungen machen wollen.

Satz 25: *Für jede zulässige Lösung x der primalen Aufgabe und für jede zulässige Lösung $\hat{x}$ der dualen Aufgabe gilt die Ungleichung*

$$Z(x) \leqq \hat{Z}(\hat{x}).$$

Beweis: Die Zielfunktion der primalen Aufgabe

$$Z(x) = c'x$$

können wir wegen $x \geqq 0$, $A'\hat{x} \geqq c$ durch

$$Z(x) \leqq \hat{x}' A x$$

abschätzen. Da x als zulässige Lösung der Primalaufgabe der Gleichung $Ax = b$ genügt, ist

$$Z(x) \leqq \hat{x}' b = b' \hat{x} = \hat{Z}(\hat{x})$$

und die Behauptung des Satzes bewiesen.

Satz 26: *Wenn für eine zulässige Lösung $\tilde{x}$ des Primalproblems und eine zulässige Lösung $\hat{\tilde{x}}$ des Dualproblems die Gleichung*

$$Z(\tilde{x}) = \hat{Z}(\hat{\tilde{x}}) \tag{73}$$

erfüllt ist, sind $\tilde{x}$ und $\hat{\tilde{x}}$ optimale Lösungen der entsprechenden Aufgaben.

Beweis: Nach Satz 25 muß für jede zulässige Lösung x der primalen Aufgabe

$$Z(x) \leqq \hat{Z}(\hat{\tilde{x}})$$

gelten. Wegen (73) kann daraus

$$Z(x) \leqq Z(\bar{x})$$

gefolgert werden. Da diese Ungleichung für eine beliebige zulässige Lösung x der primalen Aufgabe besteht, muß $\bar{x}$ eine optimale Lösung des Primalproblems sein. Die Optimalität von $\bar{\hat{x}}$ kann entsprechend bewiesen werden.

Nach Satz 26 ist die Bedingung (73) für die Optimalität von $\bar{x}$ und $\bar{\hat{x}}$ hinreichend. Aus dem folgenden Dualitätssatz ergibt sich auch die Notwendigkeit dieser Bedingung. Wir werden jedoch auf den etwas aufwendigen Beweis von Satz 27 verzichten.

Satz 27: *Das Primalproblem besitzt dann und nur dann eine optimale Lösung, wenn die duale Aufgabe eine optimale Lösung hat. Ist $\bar{x}$ eine optimale Lösung des primalen Problems und $\bar{\hat{x}}$ eine optimale Lösung des Dualproblems, gilt*

$$Z(\bar{x}) = \hat{Z}(\bar{\hat{x}}).$$

Satz 28: *Notwendig und hinreichend für die Optimalität einer zulässigen Lösung $\bar{x}$ der primalen Aufgabe und einer zulässigen Lösung $\bar{\hat{x}}$ der dualen Aufgabe ist die Gültigkeit der Gleichung*

$$Z(\bar{x}) = \hat{Z}(\bar{\hat{x}}).$$

Beweis: Die Behauptung ist nach Satz 27 notwendig und nach Satz 26 hinreichend.

Satz 29: *Notwendig und hinreichend für die Lösbarkeit der primalen und dualen Aufgabe ist, daß beide Aufgaben mindestens eine zulässige Lösung besitzen.*

Beweis: Die Notwendigkeit der Bedingung ist offensichtlich trivial, da die Lösbarkeit der Aufgaben die Existenz von mindestens jeweils einer zulässigen Lösung voraussetzt. Zum Nachweis der hinreichenden Bedingung gehen wir von der Annahme aus, daß eine zulässige Lösung x^* der primalen und $\hat{x}^*$ der dualen Aufgabe vorliegt. Die Menge der zulässigen Lösungen der primalen (und auch dualen) Aufgabe ist folglich nichtleer, und wegen Satz 25 gilt für jede zulässige Lösung x der primalen Aufgabe

$$Z(x) \leqq \hat{Z}(\hat{x}^*).$$

Also ist die Zielfunktion der primalen Aufgabe auf der Menge ihrer zulässigen Lösungen nach oben beschränkt. Daraus folgt wegen Satz 24 die Lösbarkeit der primalen Aufgabe. Für das Dualproblem kann der Beweis entsprechend geführt werden.

Die hergeleiteten Sätze geben uns die Möglichkeit der Einschließung des optimalen Wertes der Zielfunktion, wenn eine zulässige Lösung der primalen und dualen Aufgabe bekannt ist. Nach Satz 29 ist dann die Lösbarkeit beider Aufgaben gesichert. Bezeichnen wir mit x eine zulässige Lösung der primalen und mit $\hat{x}$ eine zulässige Lösung der dualen Aufgabe, ergibt sich zusammen mit Satz 25 und 27

$$Z(x) \leqq Z_{\max} = \hat{Z}_{\min} \leqq \hat{Z}(\hat{x}).$$

Beispiel: Wir betrachten die primale Aufgabe des Beispiels in 4.1. Diese Aufgabe wurde bereits in I.3.1 (ohne Übergang zur Normalform) gelöst und als optimaler

Wert der Zielfunktion

$$Z_{\max} = 25$$

ermittelt. Man bestätigt leicht, daß

$$x' = (3, 4, 0, 1, 0)$$

eine zulässige Lösung der primalen Aufgabe und

$$\hat{x}' = (4, 0, 0)$$

eine zulässige Lösung der dualen Aufgabe ist. Weiterhin gilt

$$Z(x) = 4x_1 + 3x_2 = 4 \cdot 3 + 3 \cdot 4 = 24,$$

$$\hat{Z}(\hat{x}) = 7\hat{x}_1 + 18\hat{x}_2 + 15\hat{x}_3 = 7 \cdot 4 + 18 \cdot 0 + 15 \cdot 0 = 28.$$

Damit haben wir für den optimalen Wert der vorgelegten linearen Optimierungsaufgabe die Einschließung

$$24 \leqq Z_{\max} \leqq 28$$

hergeleitet. Es sei jedoch bemerkt, daß dieses relativ gute Ergebnis nicht zu falschen Schlußfolgerungen veranlassen darf. Im allgemeinen wird man nur eine sehr grobe Einschließung des Optimalwertes der Zielfunktion erwarten können. Andererseits kann man aber bisweilen durch eine solche Einschließung Aussagen über die eventuelle Größenordnung des Optimalwertes erhalten.

Satz 30: *Ist die Zielfunktion der dualen Aufgabe auf der Menge ihrer zulässigen Lösungen nach unten nicht beschränkt, besitzt die primale Aufgabe keine zulässige Lösung.*
Ist die Zielfunktion der primalen Aufgabe auf der Menge ihrer zulässigen Lösungen nach oben nicht beschränkt, muß die Menge der zulässigen Lösungen der dualen Aufgabe leer sein.

Beweis: Im Sinne eines indirekten Beweises nehmen wir an, daß die primale Aufgabe eine zulässige Lösung besitzt. Dann muß wegen Satz 25 die Zielfunktion der dualen Aufgabe nach unten beschränkt sein, was den Voraussetzungen des Satzes widerspricht. Ganz entsprechend verläuft der Beweis der zweiten Aussage des Satzes.

Hinsichtlich der Menge der zulässigen Lösungen einer primalen und dualen Aufgabe können folgende Fälle auftreten:

1. Beide Mengen sind nichtleer.
2. Die Menge der zulässigen Lösungen ist nur für eine Aufgabe nichtleer.
3. Beide Mengen sind leer.

Im ersten Falle besitzt sowohl die primale als auch die duale Aufgabe eine zulässige Lösung, so daß nach Satz 29 beide Aufgaben optimale Lösungen haben.

In den beiden anderen Fällen sind beide Aufgaben nicht lösbar. Das ist für den dritten Fall trivial. Im zweiten Falle kann auch die Aufgabe mit einer nichtleeren Menge der zulässigen Lösungen keine optimale Lösung besitzen, da sonst wegen Satz 27 auch die andere Aufgabe eine optimale Lösung haben müßte (ihre Menge der zulässigen Lösungen ist aber leer).

4.3. Symmetrische Dualprobleme. Bei unseren bisherigen Betrachtungen zur Dualität sind wir von der ersten Normalform einer linearen Optimierungsaufgabe ausgegangen. Vielfach wird die Dualität aber auch für lineare Optimierungsaufgaben in der zweiten Normalform

$$\left.\begin{array}{c} Z = c_1x_1 + c_2x_2 + \cdots + c_nx_n \quad \max. \\ a_{11}x_1 + a_{12}x_2 + \cdots + a_{1n}x_n \leqq b_1 \\ a_{21}x_1 + a_{22}x_2 + \cdots + a_{2n}x_n \leqq b_2 \\ \cdots\cdots\cdots\cdots\cdots\cdots\cdots\cdots \\ a_{m1}x_1 + a_{m2}x_2 + \cdots + a_{mn}x_n \leqq b_m \\ x_i \geqq 0, \; i = 1, 2, \ldots, n \end{array}\right\} \tag{74}$$

benötigt. Da die zugehörige duale Aufgabe eine weitgehend „symmetrische" Gestalt besitzt, spricht man in diesem Falle auch von symmetrischen Dualproblemen. Im Gegensatz dazu werden die bisher untersuchten Dualprobleme *unsymmetrisch* genannt.

Wir wollen zunächst die zur primalen Aufgabe (74) gehörige duale Aufgabe herleiten. Dazu haben wir die primale Aufgabe in die erste Normalform zu überführen:

$$\begin{array}{l} Z = c_1x_1 + c_2x_2 + \cdots + c_nx_n \quad \max. \\ a_{11}x_1 + a_{12}x_2 + \cdots + a_{1n}x_n + x_{n+1} \qquad\qquad\qquad = b_1 \\ a_{21}x_1 + a_{22}x_2 + \cdots + a_{2n}x_n \qquad + x_{n+2} \qquad\quad = b_2 \\ \cdots\cdots\cdots\cdots\cdots\cdots\cdots \qquad\qquad \ddots \qquad\qquad \vdots \\ a_{m1}x_1 + a_{m2}x_2 + \cdots + a_{mn}x_n \qquad\qquad + x_{n+m} = b_m \\ x_i \geqq 0, \; i = 1, 2, \ldots, n + m. \end{array}$$

Auf Grund des Vorgehens in 4.1 lautet das zugehörige Dualproblem (man beachte auch das Beispiel in 4.1):

$$\begin{array}{l} \hat{Z} = b_1\hat{x}_1 + b_2\hat{x}_2 + \cdots + b_m\hat{x}_m \quad \min. \\ a_{11}\hat{x}_1 + a_{12}\hat{x}_2 + \cdots + a_{m1}\hat{x}_m \geqq c_1 \\ a_{12}\hat{x}_1 + a_{22}\hat{x}_2 + \cdots + a_{m2}\hat{x}_m \geqq c_2 \\ \cdots\cdots\cdots\cdots\cdots\cdots\cdots\cdots \\ a_{1n}\hat{x}_1 + a_{2n}\hat{x}_2 + \cdots + a_{mn}\hat{x}_m \geqq c_n \\ \hat{x}_1 \qquad\qquad\qquad\qquad \geqq 0 \\ \qquad \hat{x}_2 \qquad\qquad\qquad \geqq 0 \\ \qquad\qquad \ddots \qquad\qquad\quad \vdots \\ \qquad\qquad\qquad \hat{x}_m \geqq 0. \end{array}$$

Damit haben wir gezeigt:

Satz 31: *Einer linearen Optimierungsaufgabe* (74) *in zweiter Normalform entspricht das Dualproblem*

$$\left.\begin{aligned}\hat{Z} = b_1\hat{x}_1 + b_2\hat{x}_2 + \cdots + b_m\hat{x}_m \text{ min.}\\ a_{11}\hat{x}_1 + a_{21}\hat{x}_2 + \cdots + a_{m1}\hat{x}_m \geqq c_1\\ a_{12}\hat{x}_1 + a_{22}\hat{x}_2 + \cdots + a_{m2}\hat{x}_m \geqq c_2\\ \cdots\cdots\cdots\cdots\cdots\cdots\cdots\cdots\\ a_{1n}\hat{x}_1 + a_{2n}\hat{x}_2 + \cdots + a_{mn}\hat{x}_m \geqq c_n\\ \hat{x}_i \geqq 0,\ i = 1, 2, \ldots, m.\end{aligned}\right\} \qquad (75)$$

Schreiben wir für das Primalproblem (74)

$$\max\,\{c'x \mid Ax \leqq b,\ x \geqq 0\},$$

lautet die zugehörige duale Aufgabe

$$\min\,\{b'\hat{x} \mid A'\hat{x} \geqq c,\ \hat{x} \geqq 0\}.$$

Es fällt auf, daß beim Dualproblem (75) auch für die Dualvariablen die Nichtnegativitätsbedingungen gelten müssen. Außerdem treten jetzt sowohl beim Primalproblem als auch beim Dualproblem Ungleichungen auf, wobei sich lediglich die Richtung der Ungleichungen umgekehrt hat.

Satz 32: *Die primale Aufgabe* (74) *ist zur dualen Aufgabe* (75) *dual.*

Beweis: Zur Bestimmung des zu (75) gehörigen Dualproblems überführen wir die lineare Optimierungsaufgabe (75) in die zweite Normalform:

$$\begin{aligned}\hat{Z} = -b_1\hat{x}_1 - b_2\hat{x}_2 - \cdots - b_m\hat{x}_m \ \text{ max.}\\ -a_{11}\hat{x}_1 - a_{21}\hat{x}_2 - \cdots - a_{m1}\hat{x}_m \leqq -c_1\\ -a_{12}\hat{x}_1 - a_{22}\hat{x}_2 - \cdots - a_{m2}\hat{x}_m \leqq -c_2\\ \cdots\cdots\cdots\cdots\cdots\cdots\cdots\cdots\\ -a_{1n}\hat{x}_1 - a_{2n}\hat{x}_2 - \cdots - a_{mn}\hat{x}_m \leqq -c_n\\ \hat{x}_i \geqq 0,\ i = 1, 2, \ldots, m.\end{aligned}$$

Nach Satz 31 ist das zugehörige Dualproblem

$$\begin{aligned}Z = -c_1x_1 - c_2x_2 - \cdots - c_nx_n \ \text{ min.}\\ -a_{11}x_1 - a_{12}x_2 - \cdots - a_{1n}x_n \geqq -b_1\\ -a_{21}x_1 - a_{22}x_2 - \cdots - a_{2n}x_n \geqq -b_2\\ \cdots\cdots\cdots\cdots\cdots\cdots\cdots\cdots\\ -a_{m1}x_1 - a_{m2}x_2 - \cdots - a_{mn}x_n \geqq -b_m\\ x_i \geqq 0,\ i = 1, 2, \ldots, n.\end{aligned}$$

Wird diese Aufgabe in die zweite Normalform umgeformt, gelangen wir zu dem Problem (74).

Wegen der bewiesenen Eigenschaft, daß die primale Aufgabe (74) zur dualen Aufgabe (75) dual ist, nennt man die Aufgabe (74) und (75) ein *duales Paar*. Jede Aufgabe dieses Paares ist bezüglich der anderen dual, so daß eine Unterscheidung in primale und duale Aufgabe willkürlich ist. Es sei bemerkt, daß durch geeignete Erweiterungen der Betrachtungen auch die Aufgaben (69) und (70) von 4.1 als Aufgaben eines dualen Paares aufgefaßt werden können.

Die in 4.2 bewiesenen Dualitätssätze übertragen sich natürlich auf die Aufgaben (74) und (75).

Wir haben die Dualität für lineare Optimierungsaufgaben in der ersten oder zweiten Normalform erklärt. Man kann die Dualitätstheorie auch für Aufgaben mit gemischten Nebenbedingungen entwickeln. Wir gehen darauf nicht ein, sondern verweisen auf die ausführlichen Betrachtungen in [39].

4.4. Geometrische Interpretation der Dualität. Unser bisheriges Vorgehen zur Erklärung der Dualität bei linearen Optimierungsaufgaben könnte auf den ersten Blick etwas formal erscheinen. Lediglich die sich in den Dualitätssätzen widerspiegelnden engen Beziehungen zwischen der primalen und dualen Aufgabe machten das Interesse an solchen Untersuchungen verständlich. Wir wollen jetzt für die Dualität eine geometrische Interpretation angeben, die an den Begriff des *konvexen mehrkantigen Kegels* anknüpft. Dazu haben wir uns vorbereitend mit einer anderen geometrischen Interpretation von linearen Optimierungsaufgaben in Normalform zu beschäftigen.

In I.5.3 wurde der Begriff des konvexen Kegels und in I.6.3 der Begriff der konvexen mehrkantigen Menge eingeführt. Eine spezielle Klasse konvexer mehrkantiger Mengen bilden die konvexen mehrkantigen Kegel.

Definition: *Eine konvexe mehrkantige Menge, welche die Eigenschaft eines Kegels besitzt, heißt konvexer mehrkantiger Kegel.*

Wir heben hervor, daß auf Grund der Definition des konvexen Kegels in I.5.3 dann folgendes gilt: Ist die Spitze des konvexen mehrkantigen Kegels K durch den Vektor p_0 bestimmt und bezeichnet p ein beliebiges Element aus K, muß auch der gesamte Strahl

$$p_0 + \alpha (p - p_0)$$

für beliebiges $\alpha \geqq 0$ dem konvexen mehrkantigen Kegel angehören.

Wir gehen zur geometrischen Interpretation von linearen Optimierungsaufgaben

$$\left.\begin{array}{l} Z = c_1 x_1 + c_2 x_2 + \cdots + c_n x_n \ \max. \\ a_{11} x_1 + a_{12} x_2 + \cdots + a_{1n} x_n = b_1 \\ a_{21} x_1 + a_{22} x_2 + \cdots + a_{2n} x_n = b_2 \\ \dots\dots\dots\dots\dots\dots\dots\dots \\ a_{m1} x_1 + a_{m2} x_2 + \cdots + a_{mn} x_n = b_m \\ \qquad x_i \geqq 0, \ i = 1, 2, \ldots, n \end{array}\right\} \tag{76}$$

in erster Normalform über. Dazu erklären wir eine *Transformation* der Vektoren (Punkte)

$$x' = (x_1, x_2, \ldots, x_n)$$

des n-dimensionalen Raumes in den $(m + 1)$-dimensionalen Raum der Vektoren (Punkte)

$$u' = (u_1, u_2, \ldots, u_{m+1})$$

durch die Gleichungen

$$\left.\begin{aligned} u_1 &= a_{11}x_1 + a_{12}x_2 + \cdots + a_{1n}x_n \\ u_2 &= a_{21}x_1 + a_{22}x_2 + \cdots + a_{2n}x_n \\ &\cdots\cdots\cdots\cdots\cdots\cdots \\ u_m &= a_{m1}x_1 + a_{m2}x_2 + \cdots + a_{mn}x_n \\ u_{m+1} &= c_1x_1 + c_2x_2 + \cdots + c_nx_n. \end{aligned}\right\} \quad (77)$$

Wir führen *erweiterte Vektoren der Nebenbedingungen* $\bar{a}_j$ durch die Beziehung

$$\bar{a}_j = \begin{pmatrix} a_{1j} \\ a_{2j} \\ \vdots \\ a_{mj} \\ c_j \end{pmatrix}, \quad j = 1, 2, \ldots, n$$

ein. Die ersten m Komponenten von $\bar{a}_j$ stimmen mit den Komponenten des j-ten Vektors der Nebenbedingungen a_j (siehe I.1.1) überein. Der $(m + 1)$-ten Komponente von $\bar{a}_j$ entspricht der j-te Koeffizient der Zielfunktion.

Mit Hilfe der erweiterten Vektoren der Nebenbedingungen können wir die Transformationsgleichungen (77) vektoriell in der Form

$$u = \bar{a}_1x_1 + \bar{a}_2x_2 + \cdots + \bar{a}_nx_n \quad (78)$$

schreiben.

Wir untersuchen nun, welche Bilder durch die Transformation (78) den Vektoren x zugeordnet werden, deren Komponenten der Nichtnegativitätsbedingung genügen.

Satz 33: *Die Gesamtheit aller Bilder, die durch die Transformation* (78) *den Vektoren x, deren Komponenten der Nichtnegativitätsbedingung*

$$x_i \geqq 0, \ i = 1, 2, \ldots, n$$

genügen, zugeordnet werden, bestimmt einen konvexen mehrkantigen Kegel, der durch die erweiterten Vektoren der Nebenbedingungen erzeugt wird und dessen Spitze im Koordinatenursprung liegt.

Wir wollen nicht auf den Beweis des Satzes eingehen, sondern uns damit begnügen, seine Aussage für den Fall $m = 2$ zu veranschaulichen. Dann haben wir die lineare Optimierungsaufgabe

$$\left.\begin{aligned} Z = c_1x_1 + c_2x_2 + \cdots + c_nx_n \ \max. \\ a_{11}x_1 + a_{12}x_2 + \cdots + a_{1n}x_n = b_1 \\ a_{21}x_1 + a_{22}x_2 + \cdots + a_{2n}x_n = b_2 \\ x_i \geqq 0, \ i = 1, 2, \ldots, n \end{aligned}\right\} \quad (79)$$

und die Transformationsgleichungen

$$\left.\begin{aligned} u_1 &= a_{11}x_1 + a_{12}x_2 + \cdots + a_{1n}x_n \\ u_2 &= a_{21}x_1 + a_{22}x_2 + \cdots + a_{2n}x_n \\ u_3 &= c_1x_1 \quad + c_2x_2 \quad + \cdots + c_nx_n \end{aligned}\right\} \tag{80}$$

zu betrachten. Die erweiterten Vektoren der Nebenbedingungen sind

$$\bar{a}_j = \begin{pmatrix} a_{1j} \\ a_{2j} \\ c_j \end{pmatrix}, \qquad j = 1, 2, \ldots, n.$$

Durch (80) wird jedem Vektor $x' = (x_1, x_2, \ldots, x_n)$ ein Punkt mit den Koordinaten u_1, u_2, u_3 zugeordnet. Zur Bestimmung der Gesamtheit aller Punkte des dreidimensionalen Raumes, die Bilder von Vektoren x mit nichtnegativen Komponenten sind, wählen wir speziell

$$x_1 = x_2 = \cdots = x_{j-1} = x_{j+1} = \cdots = x_n = 0, \tag{81}$$

und x_j möge sich von Null bis Unendlich ändern. Dann folgt aus (80)

$$u = \bar{a}_j x_j .$$

Der Gesamtheit aller Vektoren x, die (81) und $x_j \geqq 0$ genügen, entspricht also im dreidimensionalen Raum ein Strahl, der vom Koordinatenursprung ausgeht und in Richtung des erweiterten Vektors der Nebenbedingungen $\bar{a}_j$ verläuft. Wegen

$$\begin{gathered} u = \bar{a}_1 x_1 + \bar{a}_2 x_2 + \cdots + \bar{a}_n x_n \\ x_i \geqq 0, \; i = 1, 2, \ldots, n \end{gathered}$$

ist jedes Bild (u_1, u_2, u_3) eines Vektors x mit nichtnegativen Komponenten die Summe von Vektoren, denen Punkte auf den durch die erweiterten Vektoren der Nebenbedingungen bestimmten Strahlen entsprechen (Abb. 2). Andererseits ist

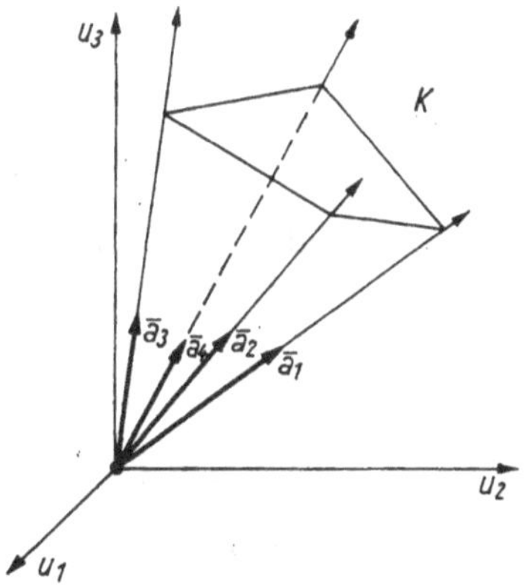

Abb. 2

jeder Vektor u, der sich als nichtnegative Linearkombination der erweiterten Vektoren der Nebenbedingungen darstellen läßt, das Bild eines Vektors x mit nichtnegativen Komponenten.

Die Gesamtheit aller Bilder u von Vektoren x mit nichtnegativen Komponenten bestimmt einen konvexen mehrkantigen Kegel K, dessen Spitze im Koordinatenursprung liegt und dessen Kanten durch einen Strahl erzeugt werden, der durch einen erweiterten Vektor der Nebenbedingungen bestimmt ist. Es sei jedoch bemerkt, daß nicht umgekehrt jeder erweiterte Vektor der Nebenbedingungen in einer Kante von K liegt (in Abb. 2 wurde der Fall dargestellt, daß jedes $\bar{a}_j$ in einer Kante von K enthalten ist). Die Zahl der Kanten von K ist also kleiner oder gleich n.

Wir wollen uns jetzt mit der Frage beschäftigen, welche Bilder den Vektoren x entsprechen, die den Nebenbedingungen

$$a_{i1}x_1 + a_{i2}x_2 + \cdots + a_{in}x_n = b_i, \; i = 1, 2, \ldots, m \tag{82}$$

der linearen Optimierungsaufgabe (76) genügen. Offensichtlich gelten für solche Vektoren x die Gleichungen

$$u_i = a_{i1}x_1 + a_{i2}x_2 + \cdots + a_{in}x_n = b_i, \; i = 1, 2, \ldots, m.$$

Die Bilder dieser Vektoren x sind also durch

$$u' = (b_1, b_2, \ldots, b_m, u_{m+1}),$$
$$u_{m+1} = c_1x_1 + c_2x_2 + \cdots + c_nx_n$$

gegeben.

Wir setzen nun voraus, daß es keine Zahlen $\lambda_1, \lambda_2, \ldots, \lambda_m$ gibt, so daß

$$c_j = \lambda_1 a_{1j} + \lambda_2 a_{2j} + \cdots + \lambda_m a_{mj}, \; j = 1, 2, \ldots, n$$

gilt. Anderenfalls würde für jeden Vektor x, der (82) erfüllt,

$$c_1x_1 + c_2x_2 + \cdots + c_nx_n = \sum_{j=1}^{m} \lambda_j (a_{j1}x_1 + a_{j2}x_2 + \cdots + a_{jn}x_n) = \sum_{j=1}^{m} \lambda_j b_j$$

folgen. Dann müßte aber die Zielfunktion für sämtliche zulässigen Lösungen einen konstanten Wert haben. Dieser Fall ist uninteressant, so daß wir ihn ausklammern können.

Unter der gemachten Annahme finden wir für jedes λ unter den Lösungen des Gleichungssystems (82) eine Lösung x, so daß

$$\lambda = c_1x_1 + c_2x_2 + \cdots + c_nx_n$$

ist. Damit haben wir gezeigt:

Satz 34: *Die Bilder der Vektoren x, welche den Nebenbedingungen* (82) *der linearen Optimierungsaufgabe* (79) *genügen, liegen auf einer Gerade G, für die*

$$u_1 = b_1, u_2 = b_2, \ldots, u_m = b_m, u_{m+1} = \lambda, \; -\infty < \lambda < \infty$$

gilt. Die Gerade G verläuft parallel zur u_{m+1}-Achse und geht durch den Punkt

$$\bar{B} = (b_1, b_2, \ldots, b_m, 0).$$

Schreiben wir

$$b' = (b_1, b_2, \ldots, b_m, 0),$$

$$e'_{m+1} = (0, 0, \ldots, 0, 1),$$

kann die Gleichung der Gerade G auch durch

$$u = b + \lambda e_{m+1}, \quad -\infty < \lambda < \infty$$

angegeben werden.

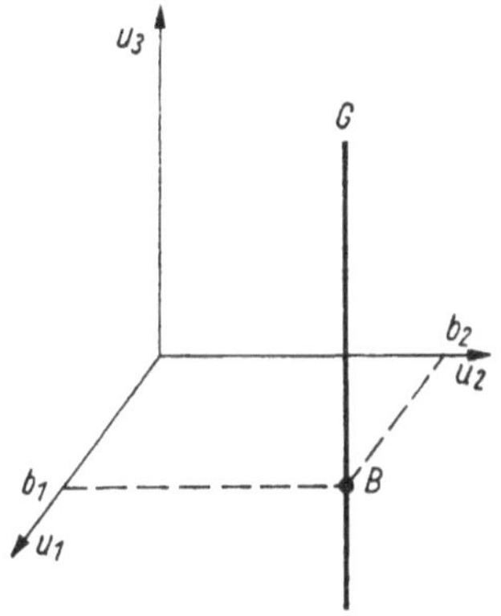

Abb. 3

Wir veranschaulichen das Ergebnis wieder für die Aufgabe (79). Die Bilder der Vektoren x, welche die Nebenbedingungen

$$a_{11}x_1 + a_{12}x_2 + \cdots + a_{1n}x_n = b_1$$

$$a_{21}x_1 + a_{22}x_2 + \cdots + a_{2n}x_n = b_2$$

befriedigen, liegen auf einer Gerade G, für die

$$u_1 = b_1, \; u_2 = b_2, \; u_3 = \lambda, \quad -\infty < \lambda < \infty$$

gilt. Die Gerade G ist parallel zur u_3-Achse und schneidet die u_1, u_2-Ebene im Punkt B mit den Koordinaten b_1, b_2 (Abb. 3).

Jede zulässige Lösung der linearen Optimierungsaufgabe (76) erfüllt sowohl die Nebenbedingungen als auch die Nichtnegativitätsbedingungen. Daher können wir den folgenden Satz formulieren:

Satz 35: *Durch die Transformation* (77) *wird jeder zulässigen Lösung der linearen Optimierungsaufgabe* (67) *ein Bild zugeordnet, das im Durchschnitt D des konvexen mehrkantigen Kegels K von Satz* 33 *und der Gerade G von Satz* 34 *liegt.*

Abb. 4 veranschaulicht die Aussage von Satz 35 für die Aufgabe (79). Der Durchschnitt D erscheint als ein durch die Punkte m und M bestimmter Abschnitt.

Hat die Gerade G keinen Punkt mit dem Kegel K gemeinsam (der Durchschnitt D ist leer), so besitzt die Aufgabe keine zulässigen Lösungen. Ansonsten ist D als Durchschnitt von zwei konvexen Mengen wieder konvex und folglich eine Gerade, ein Strahl oder ein Abschnitt (der auch in einen Punkt entarten kann).

Jeder Vektor

$$u' = (b_1, b_2, \ldots, b_m, \lambda) \in D$$

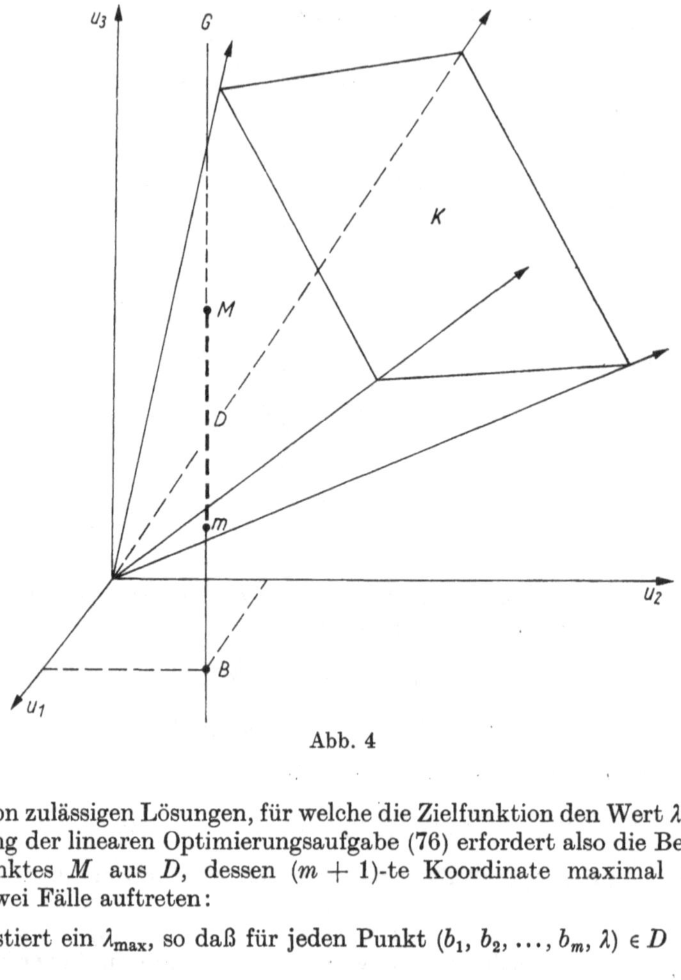

Abb. 4

ist Bild von zulässigen Lösungen, für welche die Zielfunktion den Wert λ annimmt. Die Lösung der linearen Optimierungsaufgabe (76) erfordert also die Bestimmung eines Punktes M aus D, dessen $(m + 1)$-te Koordinate maximal ist. Dabei können zwei Fälle auftreten:

1. Es existiert ein $\lambda_{\max}$, so daß für jeden Punkt $(b_1, b_2, \ldots, b_m, \lambda) \in D$
$$\lambda \leqq \lambda_{\max}$$
gilt.
2. D enthält Punkte mit beliebig großen Werten für die $(m + 1)$-te Koordinate.

Im ersten Falle ist D entweder ein Abschnitt oder ein Strahl mit dem Richtungsvektor $-e_{m+1}$. Die Aufgabe ist lösbar. Den optimalen Lösungen entspricht der obere Schnittpunkt der Gerade G und des Kegels K. (In Abb. 4 ist das der Punkt M.)

Im zweiten Falle ist D entweder eine Gerade oder ein Strahl mit dem Richtungsvektor e_{m+1}. Dann ist die Zielfunktion auf der Menge ihrer zulässigen Lösungen nicht beschränkt.

Nachdem wir eine neue geometrische Interpretation der Lösung einer linearen Optimierungsaufgabe gefunden haben, gehen wir zur Betrachtung des *Dualproblems* über. $\hat{x}' = (\hat{x}_1, \hat{x}_2, \ldots, \hat{x}_m)$ sei eine zulässige Lösung der dualen Aufgabe (70). Jeder zulässigen Lösung $\hat{x}$ ordnen wir eine Hyperebene $\hat{H}$ zu, die durch die Gleichung

$$\hat{x}_1 u_1 + \hat{x}_2 u_2 + \cdots + \hat{x}_m u_m - u_{m+1} = 0 \tag{83}$$

gegeben sei. Diese Hyperebene geht also durch den Koordinatenursprung des $(m+1)$-dimensionalen Raumes der Punkte mit den Koordinaten $u_1, u_2, \ldots, u_{m+1}$. Die Hyperebene $\hat{H}$ kann die u_{m+1}-Achse nicht enthalten.

Man kann nun leicht zeigen (wir übergehen diesen Nachweis), daß der konvexe mehrkantige Kegel K unter der Hyperebene $\hat{H}$ liegt (bezüglich der u_{m+1}-Achse). Andererseits genügen die Komponenten $\hat{x}_1, \hat{x}_2, \ldots, \hat{x}_m$ einer beliebigen Hyperebene, die durch den Koordinatenursprung geht, die u_{m+1}-Achse nicht enthält und für die der Kegel K unterhalb der Hyperebene liegt, den Nebenbedingungen des Dualproblems. Folglich entspricht der Menge der zulässigen Lösungen der dualen Aufgabe die Gesamtheit aller Hyperebenen (83), die über dem Kegel K liegen.

Wir betrachten jetzt den Schnittpunkt S der Gerade G mit der Hyperebene $\hat{H}$. Für die $(m+1)$-te Koordinate dieses Schnittpunktes gilt wegen Satz 34

$$u_{m+1} = b_1 \hat{x}_1 + b_2 \hat{x}_2 + \cdots + b_m \hat{x}_m = \hat{Z}(\hat{x}).$$

Diese Gleichung besagt, daß der Wert der Zielfunktion der dualen Aufgabe für eine zulässige Lösung $\hat{x}$ gleich dem Abstand des betrachteten Schnittpunktes von der Hyperebene $u_{m+1} = 0$ ist (man beachte jedoch, daß dieser Abstand auch negativ sein kann).

Damit können wir die Lösung der Dualaufgabe wie folgt formulieren: Es ist eine solche Hyperebene $\hat{H}$ entsprechend (83) zu bestimmen, die über dem Kegel K liegt, so daß der Schnittpunkt S im Sinne der u_{m+1}-Achse möglichst tief liegt.

Die hergeleiteten Aussagen wollen wir wieder im dreidimensionalen Raum der Punkte mit den Koordinaten u_1, u_2, u_3 veranschaulichen. Zur Verdeutlichung der Betrachtungen bestimmen wir das Schnittgebilde der Ebene

$$u_1 = b_1$$

mit dem Kegel K. Die Gerade G ist in der Ebene $u_1 = b_1$ enthalten. Wir betrachten zunächst den Fall, daß der Durchschnitt D der Gerade G mit dem Kegel K ein Abschnitt ist. Dem Schnittgebilde der Ebene $u_1 = b_1$ mit dem Kegel K möge das Vieleck von Abb. 5 mit den Eckpunkten P_i entsprechen. Die Eckpunkte des Vielecks sind Schnittpunkte der Ebene $u_1 = b_1$ mit den Kanten von K. Die Eckpunkte des Abschnittes D wurden in Abb. 5 im Gegensatz zu Abb. 4 mit m' und M' bezeichnet, da wir es hier mit Punkten zu tun haben, die nur zwei Koordinaten besitzen.

Jede Ebene $\hat{H}$, die der Gleichung

$$\hat{x}_1 u_1 + \hat{x}_2 u_2 - u_3 = 0$$

genügt (beachte Gleichung (83)), schneidet die Ebene $u_1 = b_1$ entlang einer Geraden, die zu G nichtparallel ist. Die Schnittgeraden wollen wir mit $\hat{H}'$ bezeichnen. In Abb. 5 sind vier Schnittgeraden $\hat{H}_1'$, $\hat{H}_2'$, $\hat{H}_3'$, $\hat{H}_4'$ eingezeichnet worden.

Man erkennt leicht, daß jede Schnittgerade nur dann zu einer Hyperebene $\hat{H}$ gehört, die einer zulässigen Lösung der dualen Aufgabe entspricht, wenn das Vieleck unterhalb dieser Schnittgeraden liegt. So entsprechen den Schnittgeraden $\hat{H}_1'$, $\hat{H}_2'$ zulässige Lösungen der dualen Aufgabe. Das trifft jedoch nicht für $\hat{H}_3'$ zu, da diese Gerade das Vieleck schneidet, während $\hat{H}_4'$ unterhalb des Vielecks verläuft.

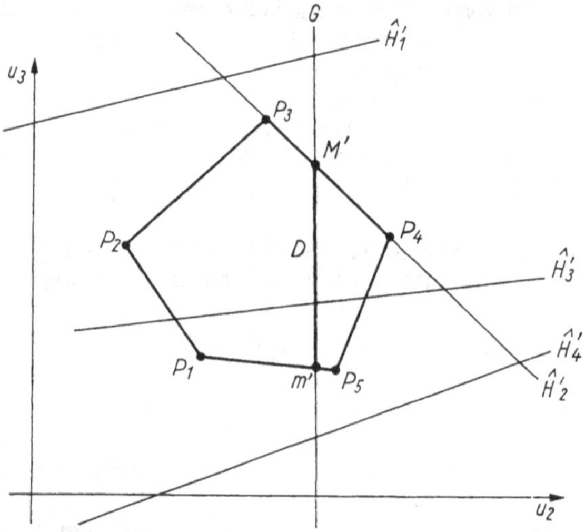

Abb. 5

Den optimalen Lösungen der primalen Aufgabe ist der Punkt M' zugeordnet. Die Lösung der dualen Aufgabe erfordert die Bestimmung einer Geraden $\hat{H}'$, die über dem Vieleck liegt und die Gerade G möglichst tief schneidet. Geometrisch ist ersichtlich, daß diese Eigenschaft der Geraden $\hat{H}_2'$ zukommt. Hieraus folgt, daß die optimalen Werte der Zielfunktionen der primalen und dualen Aufgabe gleich sind (beachte Satz 27).

Ist der Durchschnitt D ein Strahl mit dem Richtungsvektor e_3 oder eine Gerade, so gibt es keinen höchsten Punkt M' und das Vieleck entartet derart, daß es Punkte mit beliebig großen Werten für die Koordinate u_3 gibt. Dann kann auch keine Schnittgerade $\hat{H}'$ existieren, die nicht zu G parallel ist und oberhalb des „Vielecks" verläuft. Folglich besitzt die duale Aufgabe keine zulässige Lösung (beachte Satz 30).

Ist der Durchschnitt D leer, besitzt die primale Aufgabe keine zulässige Lösung und die Gerade G schneidet das Vieleck nicht. Existieren Schnittgeraden $\hat{H}'$, die oberhalb des Vielecks verlaufen (die Menge der zulässigen Lösungen der dualen Aufgabe ist nichtleer), so ist geometrisch offensichtlich, daß es Schnittgeraden $\hat{H}'$ geben muß, welche die Gerade G beliebig tief schneiden. Die Zielfunktion der dualen Aufgabe ist dann auf der Menge ihrer zulässigen Lösungen nicht beschränkt (beachte Satz 30).

Mit diesen Betrachtungen zur Dualität bei linearen Optimierungsaufgaben wollen wir die Untersuchung theoretischer Probleme der linearen Optimierung abschließen. Die hergeleiteten Aussagen und die gewonnenen Erkenntnisse geben uns die Möglichkeit, numerische Verfahren zur Lösung linearer Optimierungsaufgaben zu entwickeln. Häufig werden wir dabei auf das in diesem Kapitel dargelegte theoretische Fundament zurückgreifen müssen.

KAPITEL III

THEORIE UND LÖSUNGSALGORITHMUS DER SIMPLEXMETHODE

Die Simplexmethode gehört zu den grundlegendsten und bekanntesten Lösungsverfahren der linearen Optimierung. Sie wurde im Jahre 1947 von Dantzig entwickelt und verdankt ihren Namen der geometrischen Interpretation der Nebenbedingungen gewisser linearer Optimierungsaufgaben als Simplex. Für solche Optimierungsaufgaben hat Dantzig erstmalig den zu beschreibenden Algorithmus angegeben. Auch wenn die Simplexmethode heute nicht diese spezielle Gestalt der Nebenbedingungen voraussetzt, hat sich die Bezeichnungsweise für das Verfahren international eingebürgert.

Die in diesem Kapitel zu beschreibende Lösungsmethode werden wir später auch *gewöhnliche* oder *primale Simplexmethode* nennen. Das liegt darin begründet, daß wir uns im nächsten Kapitel mit anderen Simplextechniken beschäftigen, so daß eine namentliche Abgrenzung notwendig ist.

Gegenstand dieses und des nachfolgenden Kapitels ist die Beschreibung von Grundalgorithmen zur Lösung linearer Optimierungsaufgaben. Alle diese Methoden ermitteln eine optimale Lösung durch eine endliche Anzahl (abgesehen von gewissen Ausnahmefällen) gleichartiger Schritte. Man faßt sie daher auch als Lösungsverfahren auf, die zur Klasse der sogenannten *endlichen Methoden* gehören. Auf andere Lösungsmethoden der linearen Optimierung, unter denen wir vornehmlich die verschiedenen *Gradientenverfahren* nennen wollen, gehen wir in diesem Buch nicht näher ein.

In diesem Kapitel wird sowohl die Theorie als auch der Lösungsalgorithmus der Simplexmethode sehr ausführlich beschrieben. Dabei ist es unser Hauptanliegen zu zeigen, wie sich die theoretischen Aspekte bei der Formulierung des numerischen Algorithmus umsetzen. Im folgenden Kapitel werden wir diese Ausführlichkeit bei der Entwicklung von Lösungsmethoden der linearen Optimierung nicht walten lassen. Daher kann ein Leser, der nicht nur an der Beschreibung der Algorithmen interessiert ist, aus den Darlegungen dieses Kapitels besonders viele Erkenntnisse schöpfen. Andererseits wird grundsätzlich das Ziel verfolgt, die Algorithmen so zu formulieren, daß ihre Anwendung auch ohne tiefes Verständnis für die theoretischen Zusammenhänge möglich ist. Zur Vorbereitung auf die theoretischen Ausführungen wird in § 1 der Grundgedanke der Simplexmethode erläutert und das Vorgehen an einem Beispiel demonstriert. § 2 ist dann der Theorie der Simplexmethode gewidmet, die wir für nichtausgeartete Aufgaben entwickeln. Der Fall der Ausartung wird im Zusammenhang mit dem numerischen Algorithmus untersucht, dessen Herleitung in § 3 erfolgt. Außerdem enthält § 3 eine Vielzahl ergänzender Betrachtungen zum Rechenaufwand und zur Speicherkapazität, zur Frage des Informationsverlustes, zur Lösung der dualen Aufgabe usw.

Die Beschreibung der Simplexmethode in § § 2 und 3 geht von der Annahme aus, daß eine zulässige Basislösung der linearen Optimierungsaufgabe bekannt ist. Wenn sich jedoch eine solche zulässige Basislösung nicht unmittelbar erkennen läßt, benötigen wir besondere Methoden zu ihrer Konstruktion. Solche Methoden sind Gegenstand der Untersuchungen in § 4. Wir werden drei Vorgehen, die M-Methode, die Zweiphasenmethode und die Mehrphasenmethode, kennenlernen. All diesen Verfahren ist gemeinsam, daß sie möglichst weitgehend auf dem Vorgehen des Simplexalgorithmus aufbauen.

Die Darlegungen dieses Kapitels sind für alle weiteren Betrachtungen von grundlegender Bedeutung. Immer wieder werden wir später auf die hier entwickelten Ideen und Vorgehensweisen zurückgreifen. Daher ist eine intensivere Beschäftigung mit den im folgenden dargelegten Grundfragen auch für das Verständnis der weiteren Kapitel notwendig.

§ 1. Vorbereitende Betrachtungen

1.1. Der Grundgedanke der Simplexmethode. Der Lösungsprozeß der Simplexmethode basiert auf drei Kerngedanken, die wir zum Teil bereits in II.3.1 beschrieben haben:

1. Es wird die Kenntnis einer zulässigen Basislösung vorausgesetzt.
2. Es wird ein Optimalitätskriterium entwickelt, das die Prüfung einer zulässigen Basislösung auf Optimalität gestattet.
3. Es wird ein Vorgehen beschrieben, wie man von einer zulässigen Basislösung zu einer benachbarten zulässigen Basislösung mit größerem Wert der Zielfunktion (bei nichtausgearteten Maximumsaufgaben) gelangen kann.

Setzen wir die Kenntnis einer zulässigen Basislösung für den Simplexprozeß voraus, so kann das nur erfüllt werden, wenn die Menge der zulässigen Lösungen nichtleer ist. Im Simplexprozeß selbst tritt uns dann nach Satz 24 von II.3.3 nur noch ein Grund für die Unlösbarkeit einer linearen Optimierungsaufgabe entgegen, nämlich die Unbeschränktheit der Zielfunktion auf der Menge der zulässigen Lösungen. Wir wollen hier nicht in aller Ausführlichkeit diskutieren, welche Konsequenzen die Voraussetzung der Kenntnis einer zulässigen Basislösung zur Folge hat. Es sei lediglich bemerkt, daß man vielfach eine zulässige Basislösung leicht finden kann oder aus anderen Gegebenheiten heraus eine zulässige Basislösung bekannt ist. Erst nach Erläuterung der Simplexmethode werden wir uns mit speziellen Verfahren beschäftigen, die uns zu einer zulässigen Basislösung oder zu der Aussage führen, daß die lineare Optimierungsaufgabe keine zulässige Lösung besitzt.

Das zu entwickelnde Optimalitätskriterium muß der Forderung von II.3.1 entsprechen, ohne Kenntnis aller zulässigen Basislösungen über die gegebenenfalls vorhandene Optimalität einer zulässigen Basislösung zu entscheiden. Jede Lösungsmethode der linearen Optimierung (soweit es sich nicht um einfache Varianten der Grundalgorithmen handelt) besitzt ein eigenes Optimalitätskriterium, welches das algorithmische Vorgehen wesentlich beeinflußt.

Der Übergang von einer zulässigen Basislösung (Eckpunkt der konvexen mehrkantigen Menge der Nebenbedingungen) zu einer benachbarten zulässigen Basislösung ist schon recht ausführlich in II.2.5 erläutert worden. Bereits dort haben wir erkannt, daß dieser Übergang durch den Austausch einer Basisvariablen gegen eine Nichtbasisvariable beschrieben werden kann. Durch den Simplexprozeß muß weiterhin gesichert werden, daß wir zu einer „besseren" zulässigen Basislösung gelangen. Daher bewegt man sich, ausgehend von einer zulässigen Basislösung, auf einer Kante des zulässigen Bereiches mit möglichst großem Anstieg der Zielfunktion zu einer benachbarten zulässigen Basislösung. Dieses Vorgehen wird in jedem Simplexschritt wiederholt, bis man entweder eine optimale zulässige Basislösung erhalten oder die Unlösbarkeit der Aufgabe erkannt hat (dann ist wenigstens eine der in Frage kommenden Kanten ein Strahl).

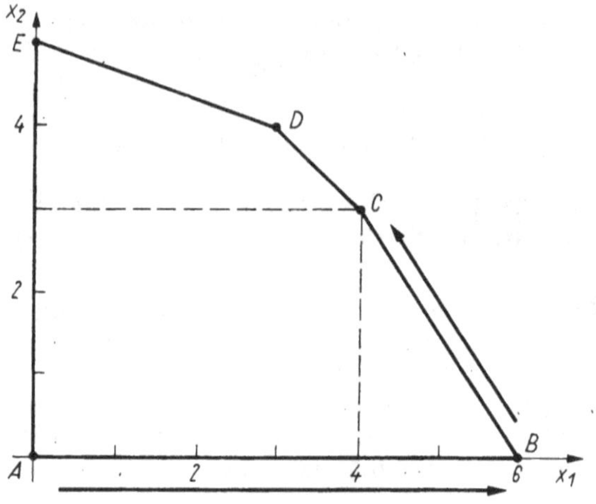

Abb. 1

Wir wollen diese Grundgedanken der Simplexmethode für eine lösbare lineare Optimierungsaufgabe erläutern. Dazu wählen wir die schon mehrfach betrachtete Aufgabe

$$\left.\begin{aligned} Z = 4x_1 + 3x_2 \;\; &\max. \\ x_1 + \;\; x_2 &\leqq 7 \\ 3x_1 + 2x_2 &\leqq 18 \\ x_1 + 3x_2 &\leqq 15 \\ x_1 \geqq 0, \; x_2 &\geqq 0 \end{aligned}\right\} \tag{1}$$

von I.1.2. Der Bereich der zulässigen Lösungen ist in Abb. 1 dargestellt (man beachte auch die Abb. 10 und 34 von Kap. I). Bei der Interpretation des Vorgehens beziehen wir uns auf die Eckpunkte dieses zulässigen Bereiches, da der von uns erklärte Begriff der zulässigen Basislösung das Vorliegen der ersten Normalform voraussetzt (siehe auch insbesondere II.2.3).

Wir nehmen an, daß uns der Eckpunkt A von Abb. 1 mit den Koordinaten

$$x_1 = 0, \; x_2 = 0$$

bekannt ist. Von diesem Punkt gehen zwei Kanten aus, die zu den benachbarten Ecken B und E führen. Bei der Bewegung längs beider Kanten vergrößert sich der Wert der Zielfunktion (für die Punkte der Kante AB gilt $x_2 = 0, x_1 > 0$, und für die Punkte der Kante AE ist $x_1 = 0, x_2 > 0$). Da aber der Wert der Zielfunktion bei einer Vergrößerung von x_1 stärker als bei einer Vergrößerung von x_2 wächst, geht man zum benachbarten Eckpunkt B über. Damit ist ein Simplexschritt abgeschlossen, und wir haben einen neuen Eckpunkt gefunden. Von B gehen wieder zwei Kanten aus. Aber offenbar kann nur die zum benachbarten Eckpunkt C führende Kante eine Vergrößerung des Wertes der Zielfunktion bewirken. Die Überprüfung des Eckpunktes C auf Optimalität würde dann zu der Aussage führen, daß die optimale Lösung gefunden ist.

1.2. Beschreibung des Lösungsprozesses der Simplexmethode für ein Beispiel. Unsere bisherigen Überlegungen ließen offen, wie man praktisch eine geeignete benachbarte zulässige Basislösung bestimmt und wie die Prüfung auf Optimalität erfolgen soll. Um diese Fragen näher zu beleuchten, wenden wir uns der analytischen Beschreibung der Simplexmethode zu. Indem wir uns nur auf ein Beispiel beziehen, bereiten wir die Behandlung der allgemeinen Theorie der Simplexmethode vor. Die Einteilung der einzelnen Schritte erfolgt bereits weitgehend so, wie wir sie später bei der Theorie und dem numerischen Algorithmus wiederfinden werden.

Wir gehen beim Lösungsprozeß der Simplexmethode grundsätzlich von der ersten Normalform einer linearen Optimierungsaufgabe aus. Für die lineare Optimierungsaufgabe (1) lautet die erste Normalform

$$\left.\begin{array}{l} Z = 4x_1 + 3x_2 \quad \max. \\ x_1 + x_2 + x_3 = 7 \\ 3x_1 + 2x_2 + x_4 = 18 \\ x_1 + 3x_2 + x_5 = 15 \\ x_i \geqq 0, \; i = 1, 2, \ldots, 5. \end{array}\right\} \tag{2}$$

Eine zulässige Basislösung kann leicht angegeben werden. Dazu setzen wir für die Modellvariablen $x_1 = x_2 = 0$ und finden aus den Nebenbedingungen für die Schlupfvariablen

$$x_3 = 7, \; x_4 = 18, x_5 = 15.$$

Der Vektor

$$x' = (0, 0, 7, 18, 15) \tag{3}$$

stellt eine zulässige Basislösung dar, weil die zu den Basisvariablen gehörigen Vektoren der Nebenbedingungen die drei Einheitsvektoren des dreidimensionalen Raumes sind, deren lineare Unabhängigkeit bekannt ist (beachte auch die Ausführungen in II.2.1).

Vorbereitender Schritt:

a) *Die Nebenbedingungen der linearen Optimierungsaufgabe werden so umgeformt, daß die Basis der betrachteten zulässigen Basislösung die drei Einheitsvektoren des dreidimensionalen Raumes enthält.*

In unserem Beispiel ist eine solche Umformung nicht erforderlich, da die Basis der zulässigen Basislösung (3) aus den Vektoren

$$a_3 = e_1 = \begin{pmatrix} 1 \\ 0 \\ 0 \end{pmatrix}, \quad a_4 = e_2 = \begin{pmatrix} 0 \\ 1 \\ 0 \end{pmatrix}, \quad a_5 = e_3 = \begin{pmatrix} 0 \\ 0 \\ 1 \end{pmatrix}$$

besteht und damit die vorgeschriebene Gestalt der Nebenbedingungen bereits vorliegt.

b) *Die Zielfunktion wird durch die Nichtbasisvariablen ausgedrückt.*

Im Beispiel erscheint die Zielfunktion

$$Z = 4x_1 + 3x_2 \tag{4}$$

als Funktion der Nichtbasisvariablen von (3), so daß eine Umformung entfällt.

Der Sinn des vorbereitenden Schrittes ist gegenwärtig kaum ersichtlich. Daher müssen wir uns mit der Bemerkung begnügen, daß er eine solche Gestalt der Nebenbedingungen und der Zielfunktion sichert, auf welcher der Simplexprozeß aufbaut. Nach Bestimmung einer neuen zulässigen Basislösung werden wir am Ende eines jeden Simplexschrittes die im vorbereitenden Schritt geforderte Gestalt der Nebenbedingungen und Zielfunktion erzeugen.

1. Simplexschritt:

a) *Prüfung der zulässigen Basislösung auf Optimalität.*

Die zulässige Basislösung (3) kann nicht optimal sein, da eine Vergrößerung der Nichtbasisvariablen x_1 oder x_2 eine Vergrößerung des Wertes der Zielfunktion (4) bewirkt (für $x_1 = x_2 = 0$ ist $Z = 0$).

b) *Bestimmung einer neuen zulässigen Basislösung.*

Beim Übergang zu einer benachbarten zulässigen Basislösung haben wir eine Basisvariable gegen eine Nichtbasisvariable auszutauschen. Wir überlegen uns zunächst, welche Nichtbasisvariable wir zur Basisvariable machen wollen. Da die Zielfunktion (4) bei positiver Wahl von x_1 besonders stark wächst (der größte positive Koeffizient steht bei x_1), wird x_1 als neue Basisvariable gewählt. Das bedeutet gleichzeitig, daß die übrigen Nichtbasisvariablen (im Beispiel ist es nur x_2) weiterhin Nichtbasisvariablen bleiben.

Um einen recht starken Zuwachs des Wertes der Zielfunktion zu garantieren, sind wir daran interessiert, x_1 einen möglichst großen Wert zu erteilen. Dabei müssen wir aber sichern, daß wir bei dieser Wahl von x_1 nicht aus dem zulässigen Bereich herausgeführt werden (das entspricht der Tatsache, daß wir auf der Kante nur so weit fortschreiten können, bis wir zu einer benachbarten Ecke gekommen sind, da wir anderenfalls den Bereich der zulässigen Lösungen verlassen). Dazu schreiben wir die Nebenbedingungen von (2) für $x_2 = 0$ auf (x_2 bleibt Nichtbasisvariable)

$$\begin{aligned} x_1 + x_3 \qquad\qquad &= 7 \\ 3x_1 \qquad + x_4 \qquad &= 18 \\ x_1 \qquad\qquad + x_5 &= 15. \end{aligned}$$

Es folgt

$$\left.\begin{aligned} x_3 &= 7 - x_1 \\ x_4 &= 18 - 3x_1 \\ x_5 &= 15 - x_1 . \end{aligned}\right\} \tag{5}$$

Um die Zulässigkeit nicht zu verletzen, muß bei der Wahl von x_1 gesichert sein, daß die Vorzeichenbedingungen

$$x_3 \geqq 0, x_4 \geqq 0, x_5 \geqq 0$$

erfüllt bleiben. Das führt uns zu einem System linearer Ungleichungen für die Unbekannte x_1:

$$\left.\begin{aligned} 7 - x_1 &\geqq 0 \\ 18 - 3x_1 &\geqq 0 \\ 15 - x_1 &\geqq 0 . \end{aligned}\right\} \tag{6}$$

Die erste Ungleichung ist für $x_1 \leqq 7$, die zweite für $x_1 \leqq \frac{18}{3} = 6$ und die dritte für $x_1 \leqq 15$ erfüllt. Damit alle Ungleichungen (und folglich alle Vorzeichenbedingungen) gültig bleiben, wählen wir x_1 gleich der kleinsten dieser drei Zahlen

$$x_1 = \min(7, 6, 15) = 6 .$$

Für $x_1 = 6$ finden wir aus (5)

$$x_3 = 1, \; x_4 = 0, \; x_5 = 9 .$$

Gleichzeitig erkennen wir, daß x_4 die neue Nichtbasisvariable ist. Die neue zulässige Basislösung lautet:

$$x' = (6, 0, 1, 0, 9) . \tag{7}$$

Sie besitzt die Basisvariablen x_1, x_3, x_5 und die Nichtbasisvariablen x_2, x_4. Man beachte, daß wir damit zum Punkt B von Abb. 1 gelangt sind.

Wir schließen an diese Überlegungen noch einige Bemerkungen an:

1. Hätten wir für x_1 nicht den Wert sechs, sondern einen kleineren Wert, etwa $x_1 = 4$, gewählt, wären wir auch zu einer zulässigen Lösung, aber nicht zu einer zulässigen Basislösung gelangt. Nur die größtmögliche Wahl von x_1 hat uns gesichert, daß wir wieder eine zulässige Basislösung erhalten.

2. Es kann eintreten, daß man bei der Bestimmung des Wertes der neuen Basisvariablen zu einem Ungleichungssystem der Gestalt (6) geführt wird, das für jede positive Wahl der Variablen erfüllt ist. Dann ist die Kante ein Strahl, und die Zielfunktion nimmt auf diesem Strahl beliebig große Werte an (der zugehörige Koeffizient in der Zielfunktion war ja positiv). In einem solchen Falle erkennen wir die Unlösbarkeit der Aufgabe.

3. Bevor wir die Behauptung aussprechen, daß (7) eine zulässige Basislösung ist, müßten wir zeigen, daß die zu den Basisvariablen gehörigen Vektoren der Nebenbedingungen linear unabhängig sind. Wir gehen darauf nicht ein, da wir in der Theorie die Gültigkeit dieser Behauptung allgemein sichern werden. Ande-

rerseits bestätigt sie sich auch durch die nachfolgenden Betrachtungen, bei denen die Nebenbedingungen auf die im vorbereitenden Schritt geforderte Gestalt gebracht werden.

c) *Umformung der Nebenbedingungen*

Für die neue zulässige Basislösung (7) sind die Nebenbedingungen so umzuformen, daß ihre Basis aus den drei Einheitsvektoren besteht (beachte den vorbereitenden Schritt). Dazu betrachten wir die Nebenbedingung von (2), welche die neue Nichtbasisvariable x_4 enthält

$$3x_1 + 2x_2 + x_4 = 18.$$

Mittels dieser Gleichung können wir die neue Basisvariable x_1 durch die Nichtbasisvariablen x_2, x_4 ausdrücken

$$x_1 = 6 - \frac{2}{3}x_2 - \frac{1}{3}x_4. \tag{8}$$

Ersetzen wir in den übrigen Nebenbedingungen von (2) x_1 durch diesen Ausdruck, finden wir

$$\begin{aligned} 6 - \frac{2}{3}x_2 - \frac{1}{3}x_4 + x_2 + x_3 \qquad &= 7 \\ 6 - \frac{2}{3}x_2 - \frac{1}{3}x_4 + 3x_2 \qquad + x_5 &= 15 \end{aligned}$$

oder

$$\begin{aligned} \frac{1}{3}x_2 - \frac{1}{3}x_4 + x_3 \qquad &= 1 \\ \frac{7}{3}x_2 - \frac{1}{3}x_4 \qquad + x_5 &= 9. \end{aligned}$$

Fügen wir in diese beiden Gleichungen noch (8) ein, ergibt sich die gesuchte Form der Nebenbedingungen

$$\left.\begin{aligned} \frac{1}{3}x_2 - \frac{1}{3}x_4 + x_3 \qquad\qquad &= 1 \\ \frac{2}{3}x_2 + \frac{1}{3}x_4 \qquad + x_1 \qquad &= 6 \\ \frac{7}{3}x_2 - \frac{1}{3}x_4 \qquad\qquad + x_5 &= 9. \end{aligned}\right\} \tag{9}$$

d) *Umformung der Zielfunktion.*

In der Zielfunktion (4) ist die neue Basisvariable x_1 mittels der Gleichung (8) zu beseitigen. Wir erhalten

$$Z = 4\left(6 - \frac{2}{3}x_2 - \frac{1}{3}x_4\right) + 3x_2,$$

$$Z = 24 + \frac{1}{3}x_2 - \frac{4}{3}x_4. \tag{10}$$

Für $x_2 = x_4 = 0$ ergibt sich $Z = 24$ als Wert der Zielfunktion für die zulässige Basislösung (7).

2. Simplexschritt:

In jedem weiteren Simplexschritt werden die gleichen Überlegungen wiederholt. Wir können daher auf eine ausführliche Erläuterung verzichten.

a) Der Wert der Zielfunktion (10) kann vergrößert werden, wenn man x_2 anwachsen läßt (nur noch bei x_2 steht in (10) ein positiver Koeffizient). Die zulässige Basislösung (7) ist nicht optimal.

b) x_2 wird zur neuen Basisvariable gemacht. Bestimmung des Wertes von x_2:

$$\begin{array}{llll|l}
\frac{1}{3}x_2 + x_3 & & & = 1 & x_3 = 1 - \frac{1}{3}x_2 \\
\frac{2}{3}x_2 & + x_1 & & = 6 & x_1 = 6 - \frac{2}{3}x_2 \\
\frac{7}{3}x_2 & & + x_5 & = 9 & x_5 = 9 - \frac{7}{3}x_2
\end{array}$$

$$1 - \frac{1}{3}x_2 \geqq 0, \quad x_2 \leqq 3$$

$$6 - \frac{2}{3}x_2 \geqq 0, \quad x_2 \leqq 9$$

$$9 - \frac{7}{3}x_2 \geqq 0, \quad x_2 \leqq \frac{27}{7}$$

$$x_2 = \min\left(3, 9, \frac{27}{7}\right) = 3.$$

Die neue zulässige Basislösung ist:

$$x' = (4, 3, 0, 0, 2). \tag{11}$$

Basisvariablen: x_1, x_2, x_5, Nichtbasisvariablen: x_3, x_4.

c) Wir gehen von der ersten Gleichung des Systems (9) aus:

$$\frac{1}{3}x_2 - \frac{1}{3}x_4 + x_3 = 1$$

$$x_2 = 3 + x_4 - 3x_3.$$

Einsetzen in die übrigen Gleichungen von (9):

$$\frac{2}{3}(3 + x_4 - 3x_3) + \frac{1}{3}x_4 + x_1 = 6$$

$$\frac{7}{3}(3 + x_4 - 3x_3) - \frac{1}{3}x_4 + x_5 = 9.$$

Die neue Gestalt der Nebenbedingungen lautet:

$$\begin{aligned} 3x_3 - x_4 + x_2 &= 3 \\ -2x_3 + x_4 + x_1 &= 4 \\ -7x_3 + 2x_4 + x_5 &= 2. \end{aligned}$$

d) $$Z = 24 + \frac{1}{3}(3 + x_4 - 3x_3) - \frac{4}{3}x_4 = 25 - x_4 - x_3.$$

3. Simplexschritt:

a) Eine Vergrößerung des Wertes der Zielfunktion kann weder durch positive Wahl von x_3 noch von x_4 erreicht werden. Die im vorhergehenden Schritt berechnete zulässige Basislösung (11) ist also optimal und $Z = 25$ der optimale Wert der Zielfunktion.

Der Lösungsprozeß ist beendet.

Bemerkung: Die Folgerung der Optimalität der zulässigen Basislösung (11) ist mathematisch nicht gesichert, weil wir ein entsprechendes Optimalitätskriterium noch nicht hergeleitet haben. Vielleicht wird manchem Leser unsere Begründung

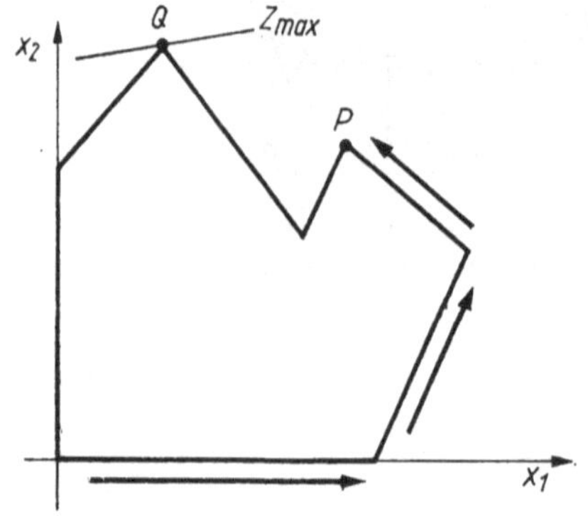

Abb. 2

aber so selbstverständlich erscheinen, daß er die Notwendigkeit eines mathematischen Beweises nicht erkennt. Wird doch der Wert der Zielfunktion durch positive Wahl einer Nichtbasisvariablen stets kleiner. Aber man beachte, daß wir eigentlich bisher nur sagen können, daß uns das beschriebene Vorgehen zu keinem größeren Wert für die Zielfunktion führen kann. Würde z. B. der in Abb. 2 dargestellte zulässige Bereich vorliegen, und hätte uns der Simplexprozeß zu einem Punkt P geführt, wäre nicht auszuschließen, daß von P nur Kanten mit abnehmendem Wert der Zielfunktion ausgehen, obwohl die optimale Lösung in Q zu finden ist. Dann hätten wir keineswegs das gesuchte Optimum, sondern nur ein sogenanntes *relatives Optimum* bestimmt. Zwar tritt ein solcher Fall in der linearen Optimierung nicht ein, da ja die Menge der zulässigen Lösungen konvex ist. Bei nichtlinearen Optimierungsproblemen kann darin aber begründet liegen, daß die Lösungsmethoden in eine „Sackgasse“ führen, die nicht bei der gesuchten optimalen Lösung endet.

§ 2. Theorie der Simplexmethode

2.1. Vorbereitender Schritt. Der Lösungsprozeß der Simplexmethode knüpft, wie bereits bemerkt, an die erste Normalform

$$\begin{aligned} Z &= c'x \quad \max. \\ Ax &= b \\ x &\geqq 0 \end{aligned}$$

einer linearen Optimierungsaufgabe an und setzt die Kenntnis einer zulässigen Basislösung x voraus.

Für gewisse Klassen linearer Optimierungsaufgaben ist es leicht möglich, eine zulässige Basislösung anzugeben. Lauten die Nebenbedingungen einer linearen Optimierungsaufgabe

$$\begin{aligned} a_{11}x_1 + a_{12}x_2 + \cdots + a_{1n}x_n &\leqq b_1 \\ a_{21}x_1 + a_{22}x_2 + \cdots + a_{2n}x_n &\leqq b_2 \\ \cdots\cdots\cdots\cdots\cdots\cdots\cdots\cdots \\ a_{m1}x_1 + a_{m2}x_2 + \cdots + a_{mn}x_n &\leqq b_m \end{aligned}$$

und gilt zusätzlich

$$b_i \geqq 0, \; i = 1, 2, \ldots, m, \tag{12}$$

erhalten wir nach Überführung in die erste Normalform die Nebenbedingungen

$$\begin{aligned} a_{11}x_1 + a_{12}x_2 + \cdots + a_{1n}x_n + x_{n+1} \qquad\qquad &= b_1 \\ a_{21}x_1 + a_{22}x_2 + \cdots + a_{2n}x_n \qquad + x_{n+2} \qquad &= b_2 \\ \cdots\cdots\cdots\cdots\cdots\cdots\cdots \qquad \ddots \qquad &\;\;\vdots \\ a_{m1}x_1 + a_{m2}x_2 + \cdots + a_{mn}x_n \qquad\qquad + x_{n+m} &= b_m. \end{aligned}$$

Dann stellt der Vektor

$$x' = (0, \ldots, 0, b_1, b_2, \ldots, b_m),$$

dessen n erste Komponenten gleich Null sind, eine zulässige Basislösung dar. Den Basisvariablen $x_{n+1}, x_{n+2}, \ldots, x_{n+m}$ entsprechen wegen (12) nichtnegative Komponenten des Vektors x, und die zugehörigen Vektoren der Nebenbedingungen sind die m Einheitsvektoren, die bekanntlich im m-dimensionalen Raum eine Basis bilden. Damit ist die Voraussetzung des Vorliegens einer zulässigen Basislösung für die untersuchte Aufgabenklasse gegeben.

Ist eine zulässige Basislösung für die vorgelegte lineare Optimierungsaufgabe nicht bekannt, muß man sich spezieller Methoden bedienen, mit denen wir uns erst in § 4 beschäftigen.

Zur Beschreibung der Theorie der Simplexmethode setzen wir zunächst die Nichtausartung der linearen Optimierungsaufgabe voraus. Dann besitzt die als gegeben angenommene zulässige Basislösung genau m positive Komponenten. Die Basisvariablen bezeichnen wir mit

$$x_{s_1}, x_{s_2}, \ldots, x_{s_m}.$$

Die Indizes $s_1, s_2, \ldots, s_m$ der Basisvariablen fassen wir als Elemente einer Indexmenge I auf. Ebenso sei I' die Indexmenge der Nichtbasisvariablen.

In der allgemeinen Theorie gehen wir von dem System der Nebenbedingungen

$$\begin{array}{l} a_{11}x_1 + a_{12}x_2 + \cdots + a_{1n}x_n = b_1 \\ a_{21}x_1 + a_{22}x_2 + \cdots + a_{2n}x_n = b_2 \\ \cdots\cdots\cdots\cdots\cdots\cdots\cdots\cdots \\ a_{m1}x_1 + a_{m2}x_2 + \cdots + a_{mn}x_n = b_m \end{array}$$

aus. Dabei sei entsprechend der Vereinbarung in II.2

$$n > m.$$

Bezeichnen wir mit a_j, $j = 1, 2, \ldots, n$ die Vektoren der Nebenbedingungen, und ist b der Beschränkungsvektor, können wir für die Nebenbedingungen die vektorielle Schreibweise (siehe II.1.3)

$$a_1x_1 + a_2x_2 + \cdots + a_nx_n = b$$

angeben. Ordnen wir nach den Basis- und Nichtbasisvariablen, geht diese Gleichung in

$$\sum_{i \in I} a_i x_i + \sum_{j \in I'} a_j x_j = b \tag{13}$$

über. Die Vektoren der Nebenbedingungen

$$a_{s_1}, a_{s_2}, \ldots, a_{s_m}$$

(oder a_i, $i \in I$) bilden eine Basis der vorgelegten zulässigen Basislösung und sind folglich linear unabhängig. Daher läßt sich das Gleichungssystem (13) nach den Basisvariablen auflösen:

$$x_{s_i} = d_{i0} - \sum_{j \in I'} d_{ij} x_j, \quad i = 1, 2, \ldots, m. \tag{14}$$

In (14) sind die Basisvariablen in Abhängigkeit von den Nichtbasisvariablen dargestellt. Wie praktisch die Auflösung des Gleichungssystems (13) nach den Basisvariablen erfolgt, war Gegenstand der Betrachtungen von Bd. 1 und wird in diesem Band nicht näher erörtert.

Wir symbolisieren die Indizes der Nichtbasisvariablen mit $q_1, q_2, \ldots, q_{n-m}$. Diese Indizes bestimmen die Indexmenge I'. Schreiben wir das Gleichungssystem (14) ausführlich in der Form

$$\left.\begin{array}{l} x_{s_1} \qquad\quad + d_{1q_1}x_{q_1} + d_{1q_2}x_{q_2} + \cdots + d_{1q_{n-m}}x_{q_{n-m}} = d_{10} \\ \quad x_{s_2} \qquad + d_{2q_1}x_{q_1} + d_{2q_2}x_{q_2} + \cdots + d_{2q_{n-m}}x_{q_{n-m}} = d_{20} \\ \qquad \ddots \quad \cdots\cdots\cdots\cdots\cdots\cdots\cdots\cdots \\ \qquad\quad x_{s_m} + d_{mq_1}x_{q_1} + d_{mq_2}x_{q_2} + \cdots + d_{mq_{n-m}}x_{q_{n-m}} = d_{m0}, \end{array}\right\} \tag{15}$$

ist zu erkennen, daß die Auflösung von (13) die Überführung der Nebenbedingungen in eine Gestalt bewirkt hat, in welcher die den Basisvariablen entsprechenden Vektoren der Nebenbedingungen die m Einheitsvektoren des m-dimensionalen

Raumes sind. Diese Form der Nebenbedingungen werden wir in jedem Simplexschritt erzeugen.

Die Basis der zulässigen Basislösung besteht aus den Vektoren der Nebenbedingungen

$$a_{s_1}, a_{s_2}, \ldots, a_{s_m},$$

die eine *Basismatrix*

$$A_B = (a_{s_1} a_{s_2} \ldots a_{s_m})$$

erklären. Wegen der linearen Unabhängigkeit der Basisvektoren ist die Basismatrix nichtsingulär. Ebenso bestimmen die zu den Nichtbasisvariablen gehörigen Vektoren der Nebenbedingungen

$$a_{q_1}, a_{q_2}, \ldots, a_{q_{n-m}}$$

eine *Nichtbasismatrix*

$$A_N = (a_{q_1} a_{q_2} \cdots a_{q_{n-m}}).$$

Definieren wir weiterhin einen *Basisvektor* x_B und einen *Nichtbasisvektor* x_N durch die Gleichungen

$$x_B = \begin{pmatrix} x_{s_1} \\ x_{s_2} \\ \vdots \\ x_{s_m} \end{pmatrix}, \quad x_N = \begin{pmatrix} x_{q_1} \\ x_{q_2} \\ \vdots \\ x_{q_{n-m}} \end{pmatrix},$$

können wir für das Gleichungssystem (13)

$$A_B x_B + A_N x_N = b \tag{16}$$

schreiben. Die Auflösung dieses Gleichungssystems ergibt (Gleichung (14))

$$x_B + A_B^{-1} A_N x_N = A_B^{-1} b. \tag{17}$$

Mit

$$D = A_B^{-1} A_N, \quad d = A_B^{-1} b$$

erhalten wir für (14)

$$x_B + D x_N = d. \tag{18}$$

Man beachte, daß die Umschrift der Nebenbedingungen in die Gestalt (14) bzw. (18) nichts an ihrem Inhalt verändert hat und wir lediglich eine für den Simplexprozeß geeignetere Form erzeugt haben.

Wir drücken jetzt auch die Zielfunktion

$$Z = c_1 x_1 + c_2 x_2 + \cdots + c_n x_n$$

in Abhängigkeit von den Nichtbasisvariablen aus. Ordnen wir, wie bei der Umformung der Nebenbedingungen, nach den Basis- und Nichtbasisvariablen, ergibt sich

$$Z = \sum_{i \in I} c_i x_i + \sum_{j \in I'} c_j x_j.$$

Da die Indexmenge I durch die Zahlen $s_1, s_2, \ldots, s_n$ gebildet wird, können wir für die obige Gleichung

$$Z = \sum_{i=1}^{m} c_{s_i} x_{s_i} + \sum_{j \in I'} c_j x_j$$

und weiter wegen (14)

$$\begin{aligned} Z &= \sum_{i=1}^{m} c_{s_i} d_{i0} - \sum_{i=1}^{m} c_{s_i} \sum_{j \in I'} d_{ij} x_j + \sum_{j \in I'} c_j x_j, \\ &= \sum_{i=1}^{m} c_{s_i} d_{i0} - \sum_{j \in I'} \left(\sum_{i=1}^{m} c_{s_i} d_{ij} - c_j \right) x_j \end{aligned}$$

schreiben. Für die Formulierung des Simplexprozesses ist es günstig,

$$d_{m+1,0} = \sum_{i=1}^{m} c_{s_i} d_{i0},$$

$$d_{m+1,j} = \sum_{i=1}^{m} c_{s_i} d_{ij} - c_j, \ j \in I'$$

zu setzen. Die Zielfunktion geht dann in die Gestalt

$$Z = d_{m+1,0} - \sum_{j \in I'} d_{m+1,j} x_j \tag{19}$$

über.

Zur Angabe einer Matrizenschreibweise für diesen Ausdruck der Zielfunktion erklären wir die Vektoren

$$c_B = \begin{pmatrix} c_{s_1} \\ c_{s_2} \\ \vdots \\ c_{s_m} \end{pmatrix}, \quad c_N = \begin{pmatrix} c_{q_1} \\ c_{q_2} \\ \vdots \\ c_{q_{n-m}} \end{pmatrix},$$

so daß

$$Z = c'_B x_B + c'_N x_N$$

gilt. Offenbar ist

$$d_{m+1,0} = c'_B d.$$

Führen wir noch den Vektor

$$d_{m+1} = \begin{pmatrix} d_{m+1,q_1} \\ d_{m+1,q_2} \\ \vdots \\ d_{m+1,q_{n-m}} \end{pmatrix}$$

ein, ist

$$d_{m+1} = D' c_B - c_N$$

und

$$Z = d_{m+1,0} - d'_{m+1} x_N. \tag{20}$$

Damit haben wir allgemein die Umformungen des vorbereitenden Schrittes beschrieben und gleichzeitig formelmäßige Zusammenhänge hergestellt.

2.2. Optimalitätskriterium. Bei der Fortsetzung des Simplexprozesses haben wir die betrachtete zulässige Basislösung auf Optimalität zu prüfen. Bevor wir uns der Behandlung dieser Problematik zuwenden, wollen wir eine andere Interpretation der Elemente der Matrix D und des Vektors d von (18) geben.

Da die Vektoren der Nebenbedingungen

$$a_{s_1}, a_{s_2}, \ldots, a_{s_m}$$

eine Basis im m-dimensionalen Raum bilden, läßt sich nach den Ergebnissen von I.4.2 jeder m-dimensionale Vektor eindeutig durch eine Linearkombination dieser Basisvektoren darstellen. Insbesondere können wir also auch den Beschränkungsvektor b und die Vektoren der Nebenbedingungen a_j, $j = 1, 2, \ldots, n$ als Linearkombination der Basisvektoren schreiben:

$$b = \sum_{i=1}^{m} \alpha_{i0} a_{s_i}, \tag{21}$$

$$a_j = \sum_{i=1}^{m} \alpha_{ij} a_{s_i}, \quad j = 1, 2, \ldots, n. \tag{22}$$

Die Zahlen α_{i0}, $i = 1, 2, \ldots, m$ und α_{ij}, $i = 1, 2, \ldots, m$; $j = 1, 2, \ldots, n$ sind die *Darstellungskoeffizienten* der Vektoren b bzw. a_j, $j = 1, 2, \ldots, n$ bezüglich der betrachteten Basis.

Andererseits muß wegen (16)

$$A_B x_B = b$$

gelten, da die Werte der Nichtbasisvariablen gleich Null sind. Dafür können wir auch

$$b = \sum_{i=1}^{m} x_{s_i} a_{s_i} \tag{23}$$

schreiben. Nun ist aber die Darstellung eines Vektors durch die Basisvektoren eindeutig, so daß ein Vergleich von (21) und (23) uns zu der Gleichung

$$\alpha_{i0} = x_{s_i}, \quad i = 1, 2, \ldots, m$$

führt. Die Darstellungskoeffizienten des Beschränkungsvektors sind also gleich den Werten der Basisvariablen der betrachteten zulässigen Basislösung. Wegen (15) sind die Werte der Basisvariablen durch

$$x_{s_i} = d_{i0}, \quad i = 1, 2, \ldots, m$$

gegeben, so daß

$$\alpha_{i0} = d_{i0}$$

folgt. Dieses Ergebnis fassen wir wegen seiner Bedeutung in einem Satz zusammen.

Satz 1: *Die Komponenten des Vektors d in* (18) *sind gleich den jeweiligen Darstellungskoeffizienten des Beschränkungsvektors bezüglich der Basis der betrachteten zulässigen Basislösung. Es ist*

$$b = \sum_{i=1}^{m} d_{i0} a_{s_i}. \tag{24}$$

Wir wenden uns der Darstellung der Vektoren der Nebenbedingungen durch die Basisvektoren zu und beschränken und zunächst auf die nicht zur Basis gehörigen Vektoren a_j, $j \in I'$. Dann können wir wegen (22) mit den Bezeichnungen von 2.1

$$a_{q_j} = \sum_{i=1}^{m} \alpha_{iq_j} a_{s_i}, \quad j = 1, 2, \ldots, n - m \tag{25}$$

schreiben. Andererseits gilt

$$D = A_B^{-1} A_N$$

und folglich

$$A_N = A_B D.$$

Die j-te Spalte a_{q_j} der Nichtbasismatrix A_N erhalten wir, indem wir A_B von rechts mit dem Vektor (beachte auch Gleichung (15))

$$\begin{pmatrix} d_{1q_j} \\ d_{2q_j} \\ \vdots \\ d_{mq_j} \end{pmatrix}$$

multiplizieren. Es gilt also

$$a_{q_j} = d_{1q_j} a_{s_1} + d_{2q_j} a_{s_2} + \cdots + d_{mq_j} a_{s_m},$$

$$a_{q_j} = \sum_{i=1}^{m} d_{iq_j} a_{s_i}. \tag{26}$$

Vergleichen wir (25) und (26), ist

$$\alpha_{iq_j} = d_{iq_j}, \quad i = 1, 2, \ldots, m; j = 1, 2, \ldots, n - m.$$

Satz 2: *Die Komponenten der j-ten Spalte der Matrix D von* (18) *sind gleich den jeweiligen Darstellungskoeffizienten des Vektors der Nebenbedingungen a_{q_j} bezüglich der Basis der betrachteten zulässigen Basislösung. Für den Vektor a_{q_j} gilt die Darstellung* (26).

Schreiben wir (22) für einen Basisvektor a_{s_j} auf

$$a_{s_j} = \sum_{i=1}^{m} \alpha_{is_j} a_{s_i}, \quad j = 1, 2, \ldots, m,$$

muß natürlich

$$\left.\begin{aligned} \alpha_{is_j} &= 1 \quad \text{für} \quad i = j \\ \alpha_{is_j} &= 0 \quad \text{für} \quad i \neq j \end{aligned}\right\} \tag{27}$$

gelten. Wir können daher sagen, daß in den zu den Basisvariablen gehörigen Spaltenvektoren der Gleichung (15) ebenfalls die Darstellungskoeffizienten der jeweiligen Basisvektoren stehen.

Wir wenden uns der Prüfung der vorgegebenen zulässigen Basislösung auf Optimalität zu und definieren die Zahlen

$$\left.\begin{aligned} z_j &= \sum_{i=1}^{m} \alpha_{ij} c_{s_i}, \qquad j = 1, 2, \ldots, n, \\ \Delta_j &= z_j - c_j. \end{aligned}\right\} \tag{28}$$

Es gilt das folgende *Optimalitätskriterium.*

Satz 3: *Ist für eine zulässige Basislösung x die Bedingung*

$$\Delta_j \geqq 0 \quad \text{für} \quad j = 1, 2, \ldots, n \tag{29}$$

erfüllt, stellt x eine optimale Lösung der linearen Optimierungsaufgabe dar.

Beweis: Wir betrachten eine beliebige zulässige Lösung $\bar{x} = (\bar{x}_i)$ der linearen Optimierungsaufgabe. Als zulässige Lösung muß sie den Nebenbedingungen und Vorzeichenbedingungen genügen

$$\sum_{j=1}^{n} a_j \bar{x}_j = b,$$

$$\bar{x}_j \geqq 0, \; j = 1, 2, \ldots, n.$$

Für diese Nebenbedingungen können wir wegen (22)

$$b = \sum_{j=1}^{n} \bar{x}_j \sum_{i=1}^{m} \alpha_{ij} a_{s_i},$$

$$b = \sum_{i=1}^{m} \left(\sum_{j=1}^{n} \alpha_{ij} \bar{x}_j \right) a_{s_i} \tag{30}$$

schreiben. Vergleichen wir (24) und (30), erhalten wir wegen der Eindeutigkeit der Darstellung des Vektors b durch die Basisvektoren

$$d_{i0} = \sum_{j=1}^{n} \alpha_{ij} \bar{x}_j, \quad i = 1, 2, \ldots, m. \tag{31}$$

Der Wert der Zielfunktion $Z(\bar{x})$ für die zulässige Lösung $\bar{x}$ ist durch

$$Z(\bar{x}) = \sum_{j=1}^{n} c_j \bar{x}_j$$

gegeben. Mit (28) und (29) folgt $z_j \geqq c_j, j = 1, 2, \ldots, n,$ so daß sich zusammen mit der Vorzeichenbedingung für $\bar{x}$ und (28)

$$Z(\bar{x}) \leqq \sum_{j=1}^{n} z_j \bar{x}_j = \sum_{j=1}^{n} \left(\sum_{i=1}^{m} \alpha_{ij} c_{s_i} \right) \bar{x}_j = \sum_{i=1}^{m} \left(\sum_{j=1}^{n} \alpha_{ij} \bar{x}_j \right) c_{s_i}$$

ergibt. Beachten wir schließlich noch die Gleichung (31), ist

$$Z(\bar{x}) \leqq \sum_{i=1}^{m} d_{i0} c_{s_i}.$$

Nach den in 2.1 hergeleiteten Formeln ist die auf der rechten Seite stehende Summe gleich $d_{m+1,0}$. Diese Zahl stellt wegen (19) den Wert der Zielfunktion für die betrachtete zulässige Basislösung x dar ($x_j = 0$ für $j \in I'$). Also gilt

$$Z(\bar{x}) \leqq Z(x)$$

für eine beliebige zulässige Lösung $\bar{x}$, und die Optimalität von x ist bewiesen.

Satz 4: *Wenn für eine zulässige Basislösung x die Bedingung*

$$d_{m+1,j} \geqq 0, \; j \in I' \tag{32}$$

in der Darstellung (19) *erfüllt ist, stellt x eine optimale Lösung der linearen Optimierungsaufgabe dar.*

Beweis: Wegen Satz 2 gilt

$$\alpha_{ij} = d_{ij}, \; i = 1, 2, \ldots, m, \; j \in I',$$

so daß sich für

$$d_{m+1,j} = \sum_{i=1}^{m} c_{s_i} d_{ij} - c_j, \; j \in I'$$

mit (28)

$$d_{m+1,j} = \sum_{i=1}^{m} c_{s_i} \alpha_{ij} - c_j = z_j - c_j = \Delta_j, \quad j \in I'$$

ergibt. Also besteht unter der Voraussetzung (32) die Optimalitätsbedingung (29) für $j \in I'$. Weiterhin gilt wegen (27)

$$z_{s_j} = \sum_{i=1}^{m} \alpha_{i s_j} c_{s_i} = c_{s_j},$$

$$\Delta_{s_j} = z_{s_j} - c_{s_j} = 0, \; j = 1, 2, \ldots, m,$$

und (29) ist für $j \in I$ von selbst erfüllt.

Das Optimalitätskriterium von Satz 4 werden wir dem Simplexprozeß zugrunde legen.

2.3. Kriterium für die Unlösbarkeit. Für die weiteren Betrachtungen setzen wir voraus, daß die vorgelegte zulässige Basislösung nicht optimal ist. Dann muß in der Indexmenge I' der Nichtbasisvariablen mindestens ein Index k existieren, für den in der Gleichung (19)

$$d_{m+1,k} < 0 \tag{33}$$

gilt. Die Unlösbarkeit einer linearen Optimierungsaufgabe ist auf Grund des folgenden Satzes erkennbar.

Satz 5: *Die Bedingung* (33) *sei für einen Index $k \in I'$ erfüllt, und gleichzeitig möge in* (14)

$$d_{ik} \leqq 0 \quad \textit{für sämtliche} \quad i = 1, 2, \ldots, m \tag{34}$$

gelten. Dann ist die Zielfunktion auf der Menge der zulässigen Lösungen unbeschränkt und folglich die lineare Optimierungsaufgabe unlösbar.

Beweis: Wir gehen von der Darstellung (14) für die Nebenbedingungen der linearen Optimierungsaufgabe aus:

$$x_{s_i} = d_{i0} - \sum_{j \in I'} d_{ij} x_j, \quad j = 1, 2, \ldots, m.$$

Setzen wir in diesen Gleichungen für die Nichtbasisvariablen x_j, $j \in I'$ mit Ausnahme von $j = k$

$$x_j = 0, \quad j \in I', j \neq k, \tag{35}$$

ergibt sich

$$x_{s_i} = d_{i0} - d_{ik} x_k, \quad i = 1, 2, \ldots, m.$$

Für $x_k > 0$ erhalten wir zulässige Lösungen der Aufgabe, wenn $x_{s_i} \geqq 0, i = 1, 2, \ldots, m$ gesichert ist. Dann sind die Nebenbedingungen und Vorzeichenbedingungen erfüllt. Wegen (34) kann aber x_k beliebig groß gewählt werden, ohne daß die Bedingung

$$x_{s_i} \geqq 0 \quad \text{für alle} \quad i = 1, 2, \ldots, m$$

verletzt wird (für die Werte d_{i0} der Basisvariablen gilt $d_{i0} \geqq 0$, $i = 1, 2, \ldots, m$). Also ist die Menge der zulässigen Lösungen nicht beschränkt. Weiterhin erhalten wir mit (35) aus (19)

$$Z = d_{m+1,0} - d_{m+1,k} x_k .$$

Wegen (33) nimmt mit wachsendem x_k die Zielfunktion beliebig große Werte an. Daraus ergibt sich die behauptete Unlösbarkeit der Aufgabe.

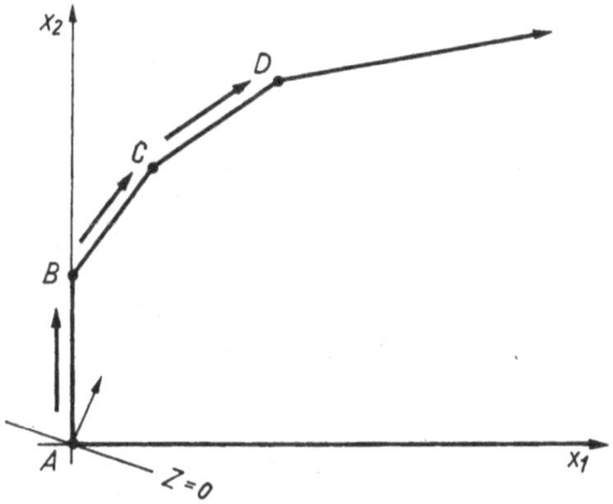

Abb. 3

Es sei bemerkt, daß die Unlösbarkeit einer linearen Optimierungsaufgabe sich nicht unbedingt in den ersten Simplexschritten zeigen muß. Vielmehr ist es erforderlich, daß uns der Simplexprozeß erst zu einem Eckpunkt des Bereiches der zulässigen Lösungen geführt hat, von dem eine unbegrenzte Kante (Strahl) ausgeht, auf welcher die Zielfunktion beliebig stark anwächst. In Abb. 3 ist ein unbeschränkter Bereich der zulässigen Lösungen veranschaulicht worden. Durch den Simplexprozeß mögen wir von A über B und C nach D gelangt sein. Erst im

Punkt D (also nach drei Simplexschritten) ist die Unlösbarkeit der Aufgabe erkennbar. Denn von D geht eine unbegrenzte Kantengerade aus, auf welcher die Zielfunktion beliebig große Werte annehmen kann. Es ist daher ganz natürlich, daß man häufig erst nach einer Vielzahl von Simplexschritten die Unlösbarkeit der Aufgabe feststellen kann (beachte auch das entsprechende Beispiel in 3.4).

2.4. Konstruktion einer neuen zulässigen Basislösung. Der Grundgedanke der Konstruktion einer zulässigen Basislösung mit größerem Wert der Zielfunktion ist bereits in 1.1 und vorher in II.2.5 beschrieben worden. Dabei haben wir anzunehmen, daß die Optimalitätsbedingung nicht erfüllt und die Unlösbarkeit der Aufgabe nicht erkennbar ist. Folglich existiert wenigstens ein $k \in I'$ mit

$$d_{m+1,k} < 0,$$

und für mindestens einen Index $i \in \{1, 2, \ldots, m\}$ gilt

$$d_{ik} > 0.$$

Unter den gemachten Annahmen ist die Konstruktion einer benachbarten zulässigen Basislösung mit größerem Wert der Zielfunktion möglich. Dazu gehen wir von den Gleichungen (14) für die Nebenbedingungen der linearen Optimierungsaufgabe aus:

$$x_{s_i} = d_{i0} - \sum_{j \in I'} d_{ij} x_j, \quad i = 1, 2, \ldots, m.$$

Diese Gleichungen stellen eine für den Simplexprozeß geeignete Gestalt der Nebenbedingungen dar und geben uns daher auch eine Übersicht über die Gesamtheit der zulässigen Lösungen. Durchlaufen nämlich die Nichtbasisvariablen x_j, $j \in I'$ sämtliche nichtnegativen Werte, so daß gleichzeitig die Basisvariablen x_{s_i}, $i = 1, 2, \ldots, m$ nichtnegativ sind, erhalten wir sämtliche zulässigen Lösungen der Aufgabe. Die getroffene Einschränkung bei der Wahl der x_j, $j \in I'$ sichert, daß neben den Nebenbedingungen auch die Vorzeichenbedingungen erfüllt werden. Dieses Vorgehen beim Simplexprozeß ermöglicht, die Vorzeichenbedingungen nicht in das System der Nebenbedingungen einzubeziehen (wie wir es z. B. bei unseren theoretischen Überlegungen in Kap. I getan haben). Dadurch reduziert sich der Umfang der Aufgabe beachtlich (das wirkt sich insbesondere auf die erforderliche Speicherkapazität und den Rechenaufwand aus).

Beim Übergang zu einer benachbarten zulässigen Basislösung wird eine Basisvariable gegen eine Nichtbasisvariable ausgetauscht. Wir werden daher in den Gleichungen (14) nicht allen Nichtbasisvariablen x_j, $j \in I'$ nichtnegative Werte erteilen, sondern nur einer Nichtbasisvariablen x_k, die dann gleichzeitig als neue Basisvariable anzusehen ist. Welche Nichtbasisvariable x_k soll ausgewählt werden? Zunächst muß gesichert sein, daß sich der Wert der Zielfunktion vergrößert. Mit

$$x_j = 0, j \in I', j \neq k; x_k > 0 \tag{36}$$

erhalten wir aus (19)

$$Z = d_{m+1,0} - d_{m+1,k} x_k.$$

Folglich wächst der Wert der Zielfunktion, wenn

$$d_{m+1,k} < 0$$

gilt. Um ein möglichst starkes Anwachsen der Zielfunktion zu gewährleisten, machen wir die Nichtbasisvariable x_k zur Basisvariablen, die den kleinsten negativen Koeffizienten $d_{m+1,k}$ in der Darstellung (19) für die Zielfunktion besitzt. Damit haben wir folgende *Auswahlregel* erhalten:

Die mit dem kleinsten negativen Koeffizienten in der Darstellung (19) *für die Zielfunktion verknüpfte Nichtbasisvariable x_k wird zur neuen Basisvariablen gemacht. Gibt es mehrere solcher Koeffizienten, kann einer davon beliebig gewählt werden.*

In diesem Kapitel wird der Index k stets als fixiert betrachtet. Er kennzeichnet die Nichtbasisvariable, die zur neuen Basisvariablen gemacht wird.

Wir haben weiterhin zu entscheiden, welche Basisvariable in der benachbarten zulässigen Basislösung zur Nichtbasisvariablen werden soll. Mit (36) erhalten wir für die Nebenbedingungen (14)

$$x_{s_i} = d_{i0} - d_{ik}x_k.$$

Die Wahl von $x_k > 0$ ist durch die Forderung

$$x_{s_i} \geqq 0, \quad i = 1, 2, \ldots, m$$

eingeschränkt. Das führt uns zu dem Ungleichungssystem

$$d_{i0} - d_{ik}x_k \leqq 0, \quad i = 1, 2, \ldots, m. \tag{37}$$

Ist für ein i der Koeffizient $d_{ik} \leqq 0$, liefert die i-te Ungleichung keine Einschränkung für die Bestimmung des Wertes von x_k (die Bedingung $x_{s_i} \geqq 0$ ist dann für jede Wahl von $x_k > 0$ erfüllt). Wir können uns daher auf die Indizes i beziehen, für welche

$$d_{ik} > 0$$

ist. Unter den einleitend gemachten Voraussetzungen gibt es wenigstens einen Index i, der dieser Forderung genügt. Für $d_{ik} > 0$ ergeben sich als Lösungen der in Frage kommenden linearen Ungleichungen (37)

$$x_k \leqq \frac{d_{i0}}{d_{ik}}.$$

Damit die Vorzeichenbedingungen $x_{s_i} \geqq 0$ für alle i erfüllt sind, können wir x_k nur einen solchen Wert erteilen, der gleich dem kleinsten Quotienten ist

$$x_k = \min_{\substack{i \\ d_{ik}>0}} \frac{d_{i0}}{d_{ik}} = \varrho. \tag{38}$$

Wird das Minimum für $i = r$ angenommen, gilt

$$x_k = \frac{d_{r0}}{d_{rk}}. \tag{39}$$

Dabei ist insbesondere $d_{rk} > 0$. Bei dieser Wahl von x_k ergibt sich

$$x_{s_r} = d_{r0} - d_{rk}x_k = d_{r0} - d_{rk}\frac{d_{r0}}{d_{rk}} = 0,$$

so daß die Basisvariable x_{s_r} zur neuen Nichtbasisvariablen wird. Der Index r bleibt bei den weiteren Betrachtungen dieses Kapitels fixiert. Er kennzeichnet die Basisvariable x_{s_r}, die in der benachbarten zulässigen Basislösung Nichtbasisvariable ist.

Die Bestimmung der neuen Nichtbasisvariablen erfolgt damit auf Grund der folgenden *Auswahlregel:*

Die Basisvariable x_{s_r}, für die der Quotient

$$\frac{d_{i0}}{d_{ik}}, \quad i = 1, 2, \ldots, m \quad \textit{mit} \quad d_{ik} > 0$$

den kleinsten Wert annimmt, wird zur neuen Nichtbasisvariablen gemacht.

Wir schließen an diese Betrachtungen zwei Bemerkungen an:

1. Würden wir x_k nicht gleich ϱ, sondern x_k entsprechend $0 < x_k < \varrho$ wählen, ergäbe sich zwar auch eine zulässige Lösung, aber keine zulässige Basislösung. Wir erhielten dann einen Punkt auf der Kantengeraden, der kein Eckpunkt ist. Nur die Wahl $x_k = \varrho$ sichert uns, daß wir wieder eine zulässige Basislösung gefunden haben (beachte auch die nachfolgenden Überlegungen).

2. Bei nichtausgearteten Aufgaben ist das Minimum (38) eindeutig bestimmt. Würde nämlich das Minimum an zwei Stellen s_r und s_t $(s_r \neq s_t)$ angenommen werden, müßte sich

$$x_{s_r} = x_{s_t} = 0$$

ergeben, so daß die neue zulässige Basislösung weniger als m positive Komponenten enthielte und folglich ausgeartet wäre.

Durch das beschriebene Vorgehen haben wir eine neue zulässige Basislösung (falls die zu den neuen Basisvariablen gehörigen Vektoren der Nebenbedingungen linear unabhängig sind) gefunden. Die neuen Basisvariablen sind:

$$x_{s_i}, \ i = 1, 2, \ldots, m, \ i \neq r \text{ und } x_k.$$

Die neuen Nichtbasisvariablen lauten:

$$x_j, \ j \in I', j \neq k \quad \text{und} \quad x_{s_r}.$$

Für die Werte der neuen Basisvariablen gilt:

$$x_{s_i} = d_{i0} - d_{ik}\,\varrho, \quad i = 1, 2, \ldots, m, i \neq r,$$
$$x_k = \varrho.$$

Wir haben unsere Betrachtungen noch durch den Nachweis zu ergänzen, daß die zu den neuen Basisvariablen gehörigen Vektoren der Nebenbedingungen

$$a_{s_i}, \quad i = 1, 2, \ldots, m, \ i \neq r, a_k \tag{40}$$

linear unabhängig sind. Erst dann können wir behaupten, daß eine neue zulässige Basislösung konstruiert wurde.

Satz 6: *Die Vektoren der Nebenbedingungen* (40) *bilden eine Basis im m-dimensionalen Raum.*

Beweis: Durch die Vektoren der Nebenbedingungen

$$a_{s_i}, \quad i = 1, 2, \ldots, m$$

ist eine Basis im m-dimensionalen Raum gegeben. Weiterhin gilt nach Satz 2

$$a_k = \sum_{i=1}^{m} d_{ik} a_{s_i},$$

und auf Grund unserer obigen Überlegungen ist

$$d_{rk} > 0.$$

Wegen Satz 12 von I.4.2 stellt dann auch das Vektorsystem (40) eine Basis im E_m dar.

Satz 7: *Bei nichtausgearteten Aufgaben vergrößert sich in jedem Simplexschritt der zur neuen zulässigen Basislösung gehörige Wert der Zielfunktion.*

Beweis: Nach unseren obigen Überlegungen ist der Wert der Zielfunktion für die neue zulässige Basislösung durch

$$\begin{aligned} Z &= d_{m+1,0} - d_{m+1,k} x_k \\ &= d_{m+1,0} - d_{m+1,k}\, \varrho \end{aligned}$$

gegeben. Dabei war $d_{m+1,k} < 0$ und bei nichtausgearteten Aufgaben muß für die Werte der Basisvariablen der alten zulässigen Basislösung

$$d_{i0} > 0, \quad i = 1, 2, \ldots, m$$

erfüllt sein. Folglich ist wegen (38) $\varrho > 0$. Bei jedem Simplexschritt wächst also der Wert der Zielfunktion um

$$-d_{m+1,k}\, \varrho > 0.$$

Satz 8: *Bei nichtausgearteten Aufgaben führt die Simplexmethode nach endlich vielen Schritten zu einer optimalen Lösung oder zu der Erkenntnis, daß die lineare Optimierungsaufgabe unlösbar ist.*

Beweis: Wegen Satz 14 von Kapitel II gibt es höchstens endlich viele zulässige Basislösungen. Das Anwachsen des Wertes der Zielfunktion bewirkt, daß man beim Simplexprozeß nicht zu einer bereits einmal erhaltenen zulässigen Basislösung zurückkehren kann. Also muß uns der Simplexprozeß zu einer optimalen Lösung oder zur Erkenntnis über die Unlösbarkeit führen.

2.5. Simplextransformation. Am Ende eines jeden Simplexschrittes haben wir die Nebenbedingungen und die Zielfunktion in eine solche Gestalt zu überführen, die der im vorbereitenden Schritt entspricht. Diese Umformung heißt Simplextransformation. Sie erfordert bei jedem Simplexschritt den weitaus größten Rechenaufwand.

Mit der sich aus (14) für $i = r$ ergebenden Nebenbedingung

$$x_{s_r} = d_{r0} - \sum_{j \in I'} d_{rj} x_j$$

können wir die neue Basisvariable x_k durch die neuen Nichtbasisvariablen ausdrücken ($d_{rk} \neq 0$ erfüllt):

$$x_{s_r} = d_{r0} - \sum_{\substack{j \in I' \\ j \neq k}} d_{rj} x_j - d_{rk} x_k,$$

$$x_k = \frac{d_{r0}}{d_{rk}} - \sum_{\substack{j \in I' \\ j \neq k}} \frac{d_{rj}}{d_{rk}} x_j - \frac{1}{d_{rk}} x_{s_r}.$$

Setzen wir

$$\left.\begin{aligned} \tilde{d}_{r0} &= \frac{d_{r0}}{d_{rk}}, \\ \tilde{d}_{rs_r} &= \frac{1}{d_{rk}}, \\ \tilde{d}_{rj} &= \frac{d_{rj}}{d_{rk}}, \; j \in I', \; j \neq k \end{aligned}\right\} \tag{41}$$

und führen wir eine neue Indexmenge $\tilde{I}'$ ein, die sich von I' nur dadurch unterscheidet, daß der Index k gegen s_r ausgetauscht wird, erhalten wir die Gleichung

$$x_k = \tilde{d}_{r0} - \sum_{j \in \tilde{I}'} \tilde{d}_{rj} x_j. \tag{42}$$

In den übrigen Nebenbedingungen (14) ($i = 1, 2, \ldots, m;\; i \neq r$) kann jetzt x_k mittels der Gleichung (42) eliminiert werden:

$$\begin{aligned} x_{s_i} &= d_{i0} - \sum_{\substack{j \in I' \\ j \neq k}} d_{ij} x_j - d_{ik} x_k, \\ &= d_{i0} - \sum_{\substack{j \in I' \\ j \neq k}} d_{ij} x_j - d_{ik} \Big\{ \tilde{d}_{r0} - \sum_{\substack{j \in I' \\ j \neq k}} \tilde{d}_{rj} x_j - \tilde{d}_{rs_r} x_{s_r} \Big\}, \\ &= \{d_{i0} - d_{ik} \tilde{d}_{r0}\} - \sum_{\substack{j \in I' \\ j \neq k}} \{d_{ij} - d_{ik} \tilde{d}_{rj}\} x_j + d_{ik} \tilde{d}_{rs_r} x_{s_r}. \end{aligned}$$

Mit den Bezeichnungen

$$\left.\begin{aligned} \tilde{d}_{i0} &= d_{i0} - d_{ik} \tilde{d}_{r0}, & i &= 1, 2, \ldots, m;\, i \neq r, \\ \tilde{d}_{ij} &= d_{ij} - d_{ik} \tilde{d}_{rj}, & i &= 1, 2, \ldots, m;\, i \neq r;\, j \in I';\, j \neq k, \\ \tilde{d}_{is_r} &= -d_{ik} \tilde{d}_{rs_r}, & i &= 1, 2, \ldots, m;\, i \neq r \end{aligned}\right\} \tag{43}$$

ergeben sich die Gleichungen

$$x_{s_i} = \tilde{d}_{i0} - \sum_{j \in \tilde{I}'} \tilde{d}_{ij} x_j, \quad i = 1, 2, \ldots, m;\, i \neq r. \tag{44}$$

Die Gleichung (42) wird als r-te Nebenbedingung wieder in das System (44) eingefügt. Damit ist die Umformung der Nebenbedingungen abgeschlossen.

Die Transformation der Zielfunktion verläuft völlig gleichartig. Wieder haben wir in (19) x_k mittels (42) zu eliminieren:

$$\begin{aligned} Z &= d_{m+1,0} - \sum_{\substack{j\in I'\\ j\neq k}} d_{m+1,j}x_j - d_{m+1,k}x_k, \\ &= d_{m+1,0} - \sum_{\substack{j\in I'\\ j\neq k}} d_{m+1,j}x_j - d_{m+1,k}\left\{\tilde{d}_{r0} - \sum_{\substack{j\in I'\\ j\neq k}} \tilde{d}_{rj}x_j - \tilde{d}_{rs_r}x_{s_r}\right\}, \\ &= \{d_{m+1,0} - d_{m+1,k}\tilde{d}_{r0}\} - \sum_{\substack{j\in I'\\ j\neq k}} \{d_{m+1,j} - d_{m+1,k}\tilde{d}_{rj}\}x_j + d_{m+1,k}\tilde{d}_{rs_r}x_{s_r}. \end{aligned}$$

Schreiben wir

$$\left.\begin{aligned} \tilde{d}_{m+1,0} &= d_{m+1,0} - d_{m+1,k}\tilde{d}_{r0}, \\ \tilde{d}_{m+1,j} &= d_{m+1,j} - d_{m+1,k}\tilde{d}_{rj}, \quad j \in I'; j \neq k, \\ \tilde{d}_{m+1,s_r} &= -d_{m+1,k}\tilde{d}_{rs_r}, \end{aligned}\right\} \tag{45}$$

ergibt sich für die Zielfunktion der Ausdruck

$$Z = \tilde{d}_{m+1,0} - \sum_{j\in\tilde{I}'} \tilde{d}_{m+1,j}x_j. \tag{46}$$

x_j, $j \in \tilde{I}'$ sind die Nichtbasisvariablen der neuen zulässigen Basislösung. Folglich nimmt die Zielfunktion für die neue zulässige Basislösung den Wert

$$Z = \tilde{d}_{m+1,0}$$

an.

Durch (41), (43) und (45) sind die grundlegenden Formeln der Simplextransformation gegeben. Man beachte dabei, daß r und k fixierte Indizes sind, die den Austausch der Basisvariablen x_{s_r} gegen die Nichtbasisvariable x_k kennzeichnen. Vergleichen wir die Formeln (43) und (45), ist zu erkennen, daß wir auf (45) verzichten können, falls wir in (43) den Index i bis $m + 1$ laufen lassen. Folglich genügt die Transformation der Zielfunktion den gleichen Transformationsregeln. Daher faßt man bei der Simplextransformation die Zielfunktion als $(m + 1)$-te Nebenbedingung auf und formt sie nach den für Nebenbedingungen gültigen Gesetzen um. Dagegen haben wir für die r-te Nebenbedingung in (41) andere Transformationsgesetze gefunden.

Mit der Simplextransformation ist die Beschreibung eines Simplexschrittes abgeschlossen. Der neue Simplexschritt beginnt wieder mit der Prüfung der zulässigen Basislösung auf Optimalität. Zur besseren Übersicht fassen wir die durchgeführten Überlegungen zur Simplexmethode nochmals zusammen:

Vorbereitender Schritt:

1. Vorgabe einer zulässigen Basislösung.
2. Überführung der Nebenbedingungen in die Gestalt (14).
3. Überführung der Zielfunktion in die Gestalt (19).

Simplexschritt:

1. Prüfung der zulässigen Basislösung auf Optimalität.
   Optimalitätskriterium erfüllt: Stop.
   Optimalitätskriterium nicht erfüllt: Fortsetzung unter 2.

2. Ist eine gegebenenfalls vorliegende Unlösbarkeit der Aufgabe erkennbar?
   Kriterium für die Unlösbarkeit erfüllt: Stop.
   Kriterium für die Unlösbarkeit nicht erfüllt: Fortsetzung unter 3.
3. Konstruktion einer neuen zulässigen Basislösung.
4. Simplextransformation.
   Fortsetzung des Rechenprozesses unter 1.

Die numerische Organisation des zunächst theoretisch beschriebenen Simplexprozesses ist Gegenstand des folgenden Paragraphen.

§ 3. Lösungsalgorithmus der Simplexmethode

Das Vorgehen der Simplexmethode wurde im vorigen Paragraphen allgemein beschrieben und theoretisch begründet. Jedoch fehlt uns die Angabe eines solchen Algorithmus, der den Ansprüchen eines numerischen Lösungsverfahrens genügt. Dazu werden wir ein Rechenschema entwickeln, in das alle beim Lösungsprozeß zu berechnenden Zahlen eingetragen werden, und die einzelnen Teilschritte ausführlich erläutern.

3.1. Struktur des Rechenschemas. Wie bereits mehrfach bemerkt, setzen wir das Vorliegen einer zulässigen Basislösung voraus. Die Nebenbedingungen der linearen Optimierungsaufgabe müssen so umgeformt sein, daß die Basis der zulässigen Basislösung durch die m Einheitsvektoren gebildet wird. Mit der Bezeichnungsweise von § 2 legen wir unseren Betrachtungen die folgende Gestalt der Nebenbedingungen zugrunde:

$$x_{s_i} + \sum_{j \in I'} d_{ij} x_j = d_{i0}, \quad i = 1, 2, \ldots, m. \tag{47}$$

Die algorithmische Überführung der Nebenbedingungen in die Form (47) ist Gegenstand der Erörterungen des ersten Bandes und wird hier nicht näher untersucht.

Weiterhin nehmen wir an, daß die Zielfunktion in Abhängigkeit von den Nichtbasisvariablen ausgedrückt ist:

$$Z = d_{m+1,0} - \sum_{j \in I'} d_{m+1,j} x_j. \tag{48}$$

Sind diese Vorgaben erfüllt, kann zur Ausführung des ersten Simplexschrittes übergegangen werden.

Das Rechenschema besteht im allgemeinen aus mehreren gleichartigen Tableaus. Jedes Rechentableau (siehe Rechenschema 1) enthält $m + 1$ Zeilen. Die ersten m Zeilen sind für die Nebenbedingungen vorgesehen. Die $(m + 1)$-te Zeile heißt *Grundzeile* und ist für die Zielfunktion bestimmt. In der ersten Spalte stehen die Basisvariablen der zulässigen Basislösung (das entsprechende Feld in der Grundzeile bleibt leer; wir setzen an diese Stelle einen Stern). Die weiteren n Spalten enthalten die Koeffizienten der Variablen x_i, $i = 1, 2, \ldots, n$ des Gleichungssystems (47) und die Koeffizienten der Zielfunktion (48). In der folgenden Spalte (mit x_0 beschriftet) sind die Werte d_{i0} der Basisvariablen x_{s_i} und der Wert $d_{m+1,0}$ der Zielfunktion für die betrachtete zulässige Basislösung angegeben. Es schließt sich eine Hilfsrechenspalte an, die mit Q beschriftet ist und *Q-Spalte* genannt wird (das entsprechende Feld in der $(m + 1)$-ten Zeile enthält einen Stern, da es nicht benötigt wird). Die letzte Spalte im Tableau ist ebenfalls eine Hilfsrechenspalte. Sie wird mit $-\uparrow$ beschriftet und $-\uparrow$ Spalte genannt.

Rechenschema 1:

BV	$x_1 \quad x_2 \quad \ldots\ldots\ldots \quad x_n$	x_0	Q	$-\uparrow$
x_{s_1} x_{s_2} $\vdots$ x_{s_m}	Koeffizienten der Nebenbedingungen aus (47)	d_{10} d_{20} $\vdots$ d_{m0}		
*	Koeffizienten von Z aus (48)	$d_{m+1,0}$	*	

3.2. Beschreibung des Lösungsalgorithmus. Der Lösungsprozeß einer linearen Optimierungsaufgabe nach der Simplexmethode erfordert die Ausführung einer Anzahl gleichartiger Simplexschritte, die wiederum in Teilschritte zerfallen. Wir wollen zunächst diese Teilschritte zusammenhängend in Anlehnung an [23] formulieren und sie erst im nächsten Abschnitt erläutern (beachte auch [22]).

Teilschritt 1: Eintragen in das erste Rechentableau.

a) Eintragen der Basisvariablen der vorgegebenen zulässigen Basislösung in die Spalte BV.
b) Eintragen der Koeffizienten der Nebenbedingungen (47) und der Koeffizienten der Zielfunktion (48) in die Spalten $x_1, x_2, \ldots, x_n$.
c) Eintragen der rechten Seiten der Nebenbedingungen (47) und des Wertes der Zielfunktion für die gegebene zulässige Basislösung in die Spalte x_0.

Teilschritt 2: Unterstreiche den Koeffizienten der Basisvariablen in der Grundzeile.

Entscheidung 1: Sind alle nicht unterstrichenen Zahlen (Spalten 1, 2, ..., n) der Grundzeile nichtnegativ ($\geqq 0$)?

ja → **Stop I:** Die Optimallösung ist erreicht.
Die Werte der Basisvariablen können der Spalte x_0 entnommen werden (Zeilen 1, 2, ..., m):

$$x_{s_i} = d_{i0}, \quad i = 1, 2, \ldots, m.$$

Alle übrigen Variablen (Nichtbasisvariablen) sind gleich Null. Der optimale Wert der Zielfunktion ist in der $(m + 1)$-ten Zeile der Spalte x_0 abzulesen:

$$Z_{\max} = d_{m+1,0}.$$

nein ↓

Teilschritt 3: Suche unter den nicht unterstrichenen Zahlen der Grundzeile (Spalten $x_1, x_2, \ldots, x_n$) die kleinste negative Zahl und setze dort das Merkzeichen $\uparrow$.

Die im Spaltenkopf stehende Variable heißt *Eingangsvariable* und ist die neue Basisvariable. Die entsprechende Spalte heißt *Pfeilspalte*.
Wird die kleinste negative Zahl in der Grundzeile an mehreren Stellen angenommen, kann eine willkürlich ausgewählt werden.

Entscheidung 2: Enthält die Pfeilspalte positive Zahlen?

nein → **Stop II:** Die Aufgabe ist unlösbar.
Die Zielfunktion kann auf der Menge der zulässigen Lösungen beliebig große Werte annehmen.

ja ↓

Teilschritt 4: Bilde für alle positiven Zahlen der Pfeilspalte den Quotienten

$$\frac{\text{Zahl in der } x_0\text{-Spalte}}{\text{positive Zahl in der Pfeilspalte}}$$

und trage ihn in die Q-Spalte ein.
Die Stellen der Q-Spalte, denen nichtpositive ($\leqq 0$) Zahlen der Pfeilspalte entsprechen, bleiben leer.

Teilschritt 5: Bestimme das Minimum der Zahlen in der Q-Spalte (bei nichtausgearteten Aufgaben ist diese Stelle eindeutig festgelegt).
Die das minimale Element der Q-Spalte enthaltende Zeile heißt *Hauptzeile* und wird durch das Merkzeichen ← gekennzeichnet. Die im Zeilenanfang der Hauptzeile befindliche Variable heißt *Ausgangsvariable* und ist die neue Nichtbasisvariable.
Die in der Pfeilspalte stehende Zahl der Hauptzeile wird durch einen Kreis markiert.

Teilschritt 6: Trage die mit -1 multiplizierten Zahlen der Pfeilspalte in die $-\uparrow$ Spalte ein. Das entsprechende Feld in der Hauptzeile bleibt leer.

Teilschritt 7: Trage die neuen Basisvariablen in die Spalte BV des neuen Rechentableaus ein.
Die Basisvariablen des vorhergehenden Tableaus werden in derselben Reihenfolge eingetragen. Lediglich die Ausgangsvariable (siehe Teilschritt 5) wird durch die Eingangsvariable (siehe Teilschritt 3) ersetzt.
Die Zeile des neuen Tableaus, welche die Eingangsvariable enthält, bekommt das Merkzeichen → und heißt *Hilfsrechenzeile* für das vorhergehende Tableau.

Teilschritt 8: Dividiere die Hauptzeile (Spalten $x_1, x_2, \ldots, x_n, x_0$) durch das mit einem Kreis markierte Element und trage die Ergebnisse in die Hilfsrechenzeile im folgenden Tableau ein.

Teilschritt 9: Komplettiere das nächste Rechentableau.
Zur Berechnung eines Elementes $\tilde{d}_{ij}$, das nicht in der Hilfsrechenzeile steht, ist zum Element d_{ij} das Produkt aus dem in der i-ten Zeile stehenden Element der $-\uparrow$ Spalte mit der in der j-ten Spalte stehenden Zahl der Hilfsrechenzeile zu addieren.
Das neue Rechentableau ist dann mit Ausnahme der Q-Spalte und $-\uparrow$ Spalte ausgefüllt.

Es folgt Teilschritt 2 für das neue Rechentableau.

Damit haben wir den Algorithmus der Simplexmethode zusammenhängend beschrieben. Die einzelnen Teilschritte sind im Strukturdiagramm (Abb. 4) übersichtlich veranschaulicht.

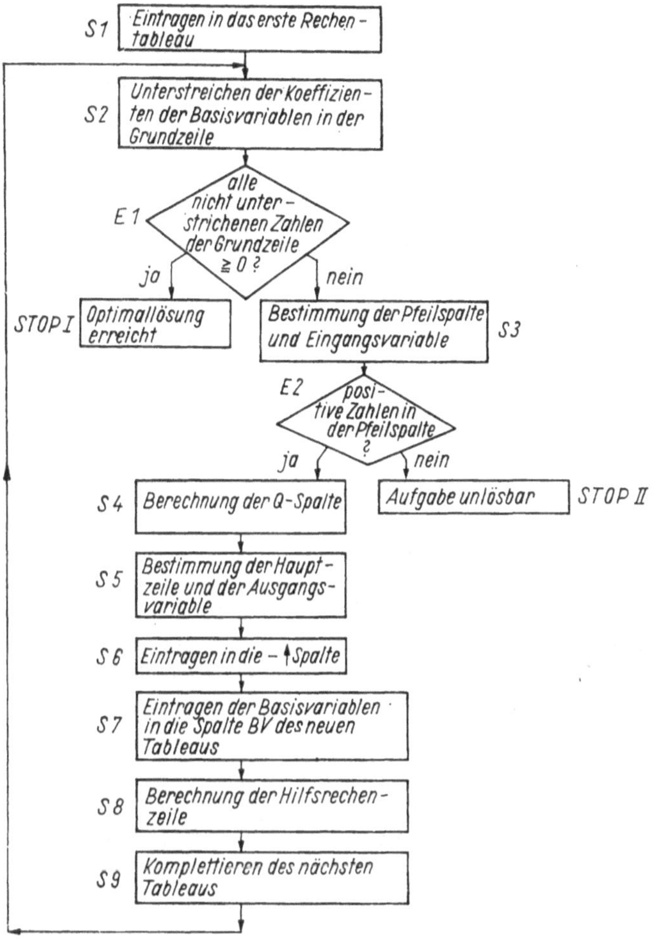

Abb. 4

3.3. Erläuterung des Lösungsalgorithmus. Wir müssen einige Erläuterungen zu den einzelnen Teilschritten nachtragen, da wohl nicht von selbst ersichtlich ist, daß das in § 2 allgemein beschriebene Vorgehen der Simplexmethode in diesem Algorithmus eingefangen wurde.

Teilschritt 1: Die Daten der Aufgabe werden aus den Gleichungen (47), (48) in das Ausgangstableau eingetragen. Dieser Teilschritt tritt nur zu Beginn des Simplexprozesses auf und wird nicht wiederholt. Man beachte, daß nunmehr die Reihenfolge der Basisvariablen nicht mehr verändert werden darf (abgesehen von dem beim Simplexprozeß vorgenommenen Austausch zwischen Eingangs- und Ausgangsvariablen).

Teilschritt 2: Der Sinn dieser Unterstreichung ist hier noch nicht ersichtlich. Sie wird uns später ermöglichen zu entscheiden, ob die Optimallösung eindeutig ist. Selbstverständlich sind die unterstrichenen Zahlen sämtlich gleich Null (in (48) treten die Basisvariablen nicht auf, so daß ihre Koeffizienten gleich Null sind).

Entscheidung 1: Es wird das Optimalitätskriterium von Satz 4 angewandt. Die nicht unterstrichenen Zahlen der Grundzeile sind die Koeffizienten der Nichtbasisvariablen in der Gleichung (48).

Teilschritt 3: Die Ermittlung der Eingangsvariablen entspricht der Auswahlregel von 2.4.

Entscheidung 2: Es wird das Kriterium für die Unlösbarkeit linearer Optimierungsaufgaben von Satz 5 herangezogen. Man beachte jedoch, daß bei unserer Beschreibung des Simplexalgorithmus die Prüfung nur für die Pfeilspalte erfolgt und nicht für alle Spalten mit negativem Koeffizienten in der Grundzeile. Dadurch wird eine gegebenenfalls vorliegende Unlösbarkeit der Aufgabe also unter Umständen wesentlich später erkannt, als es das Simplexverfahren zuließe. Andererseits vereinfacht sich so der Lösungsprozeß.

Teilschritt 4: Die Zahlen der Q-Spalte sind die Quotienten

$$\frac{d_{i0}}{d_{ik}} \quad \text{für} \quad d_{ik} > 0$$

von 2.4. Dabei ist k in der Theorie der Index der Pfeilspalte.

Teilschritt 5: Es wird die Auswahlregel von 2.4 angewandt. Der Hauptzeile entspricht in der Theorie die r-te Nebenbedingung. Das mit einem Kreis markierte Element wurde in der Theorie mit d_{rk} bezeichnet.

Teilschritt 6: Es handelt sich um eine Hilfsrechenoperation, die nicht näher begründet werden muß. In der $-\uparrow$ Spalte stehen dann die Zahlen $-d_{ik}$, $i = 1, 2, \ldots, m + 1; i \neq r$.

Teilschritt 7: Die Basisvariablen der neuen zulässigen Basislösung werden in das neue Rechentableau eingetragen.

Teilschritt 8: Die in 2.5 beschriebene Simplextransformation wird in den Teilschritten 8 und 9 ausgeführt. Aufgabe von Teilschritt 8 ist die Durchführung der Simplextransformation für die Hauptzeile (r-te Zeile). Sie wird durch die Gleichungen (41) beschrieben. Das mit einem Kreis markierte Element ist d_{rk}. Also entsprechen der Rechenvorschrift von Teilschritt 8 (bezogen auf die jeweiligen Indizes) die Formeln

$$\tilde{d}_{r0} = \frac{d_{r0}}{d_{rk}}, \quad \tilde{d}_{rj} = \frac{d_{rj}}{d_{rk}}, \quad j \in I', \quad j \neq k.$$

In der Theorie wurde die Ausgangsvariable mit x_{s_r} bezeichnet. Der zu x_{s_r} gehörige Vektor der Nebenbedingungen ist der r-te Einheitsvektor. Damit steht in der Spalte x_{s_r} der Hauptzeile die Zahl 1 ($d_{rs_r} = 1$). Wenden wir folglich die Vorschrift von Teilschritt 8 auch auf diese Spalte an, ist

$$\tilde{d}_{rs_r} = \frac{d_{rs_r}}{d_{rk}} = \frac{1}{d_{rk}}.$$

Damit sind die Formeln (41) in Teilschritt 8 berücksichtigt. Man beachte aber, daß sich die Formeln (41) nur auf einige Spalten (Spalte x_0, Spalten der Nichtbasisvariablen, die diese Eigenschaft behalten, Spalte x_{s_r}) beziehen. Dagegen haben wir in Teilschritt 8 die Vorschrift für alle Spalten $x_1, x_2, \ldots, x_n, x_0$ formuliert. Nach der allgemeinen Theorie wird die Gleichung (42) als r-te Nebenbedingung im weiteren Prozeß der Simplexmethode verwendet. Also muß im System der umgeformten Nebenbedingungen der zu x_k gehörige Vektor der Nebenbedingungen gleich dem r-ten Einheitsvektor sein. Insbesondere muß $\tilde{d}_{rk} = 1$ gelten. Diese Zahl ergibt sich aber auch nach der Vorschrift von Teilschritt 8:

$$\tilde{d}_{rk} = \frac{d_{rk}}{d_{rk}} = 1.$$

Wir haben noch die Spalten der Basisvariablen zu betrachten, die diese Eigenschaft behalten (x_{s_i}, $i = 1, 2, \ldots, m$; $i \neq r$). In der Hauptzeile muß in diesen Spalten eine Null stehen ($d_{rs_i} = 0$). Die Division durch d_{rk} ergibt wieder Null. Da diese Variablen in (42) nicht auftreten, ist das Ergebnis richtig. Damit leistet der Teilschritt 8 die Transformation der Hauptzeile. Gleichzeitig erkennen wir, wie sämtliche Formeln (41) in einen einheitlich gestalteten Algorithmus einfließen.

In Rechenschema 2 ist das Vorgehen nochmals veranschaulicht worden (beachte auch [22]). x_k ist die Eingangsvariable und x_{s_r} die Ausgangsvariable. x_j sei eine Nichtbasisvariable, die Nichtbasisvariable bleibt. Mit x_{s_i} wird eine Basisvariable bezeichnet, die diese Eigenschaft nicht verliert. In beiden Tableaus steht in der Spalte x_{s_i} der i-te Einheitsvektor. Der r-te Einheitsvektor in der Spalte x_{s_r} erscheint im nachfolgenden Tableau in der Spalte x_k.

Teilschritt 9: Im Ergebnis von Teilschritt 8 ist die r-te Zeile im nachfolgenden Tableau berechnet. Sie dient als Hilfsrechenzeile für den weiteren Prozeß der Simplextransformation, der durch die Transformationsformeln (43) und (45) beschrieben wird. Dabei können wir auf (45) verzichten, wenn wir in (43) auch $i = m + 1$ zulassen. Nach der Vorschrift von Teilschritt 9 gilt

$$\tilde{d}_{ij} = d_{ij} + (-d_{ik})\, \tilde{d}_{rj}.$$

Dieser Rechenprozeß ist in Rechenschema 2 veranschaulicht. Das Element $(-d_{ik})$ (es steht in derselben Zeile wie d_{ij}, aber in der $-\uparrow$ Spalte) ist mit $\tilde{d}_{rj}$ (es steht in der Hilfsrechenzeile in derselben Spalte wie d_{ij}) zu multiplizieren und das Produkt zum Element d_{ij} zu addieren. Das Ergebnis wird dann in die i-te Zeile und j-te Spalte des nächsten Tableaus eingetragen. Diese Rechenvorschrift entspricht völlig den Gleichungen (43) und (45) für $i \neq r$, $j \in I'$, $j \neq k$. Auch die Transformation der Elemente der x_0-Spalte ($i \neq r$) wird dadurch erfaßt. Wegen $d_{is_r} = 0$ ist

$$\tilde{d}_{is_r} = (-d_{ik})\, \tilde{d}_{rs_r}.$$

Wir haben uns nur noch die Transformation der Elemente in den Spalten x_{si} und x_k zu überlegen, die nicht in der r-ten Zeile stehen. In der Spalte x_k der Hilfs-

Rechenschema 2:

	BV	$x_1 \dots$	$x_{s_i} \dots$	$x_k \dots$	$x_{s_r} \dots$	$x_j \dots x_n$	x_0	Q	$-\uparrow$
	x_{s_1}		0	d_{1k}	0	d_{1j}	d_{10}		$-d_{1k}$
	$\vdots$		$\vdots$	$\vdots$	$\vdots$	$\vdots$	$\vdots$		$\vdots$
	x_{s_i}		1	d_{ik}	0	d_{ij}	d_{i0}		$-d_{ik}$
	$\vdots$		$\vdots$	$\vdots$	$\vdots$	$\vdots$	$\vdots$		$\vdots$
$\leftarrow$	x_{s_r}		0	(d_{rk})	1	d_{rj}	d_{r0}		
	$\vdots$		$\vdots$	$\vdots$	$\vdots$	$\vdots$	$\vdots$		$\vdots$
	x_{s_m}		0	d_{mk}	0	d_{mj}	d_{m0}		$-d_{mk}$
	*		$\underline{0}$	$d_{m+1,k} \uparrow$	$\underline{0}$	$d_{m+1,j}$	$d_{m+1,0}$	*	$-d_{m+1,k}$
	x_{s_1}		0	0	$\tilde{d}_{1s_r}$	$\tilde{d}_{1j}$	$\tilde{d}_{10}$		
	$\vdots$		$\vdots$	$\vdots$	$\vdots$	$\vdots$	$\vdots$		
	x_{s_i}		1	0	$\tilde{d}_{is_r}$	$\tilde{d}_{ij}$	$\tilde{d}_{i0}$		
	$\vdots$		$\vdots$	$\vdots$	$\vdots$	$\vdots$	$\vdots$		
$\rightarrow$	x_k		0	1	$\tilde{d}_{rs_r}$	$\tilde{d}_{rj}$	$\tilde{d}_{r0}$		
	$\vdots$		$\vdots$	$\vdots$	$\vdots$	$\vdots$	$\vdots$		
	x_{s_m}		0	0	$\tilde{d}_{ms_r}$	$\tilde{d}_{mj}$	$\tilde{d}_{m0}$		
	*		0	0	$\tilde{d}_{m+1,s_r}$	$\tilde{d}_{m+1,j}$	$\tilde{d}_{m+1,0}$	*	

rechenzeile steht die Zahl 1. Also ergibt die Ausführung unserer Operation

$$\tilde{d}_{ik} = d_{ik} + (-d_{ik}) \cdot 1 = 0.$$

Das entspricht der Tatsache, daß in (44) x_k als neue Basisvariable den Koeffizienten Null besitzt. Die Elemente in den Spalten x_{s_i} ändern sich nicht, weil das entsprechende Element der Hilfsrechenzeile gleich Null ist (die zu diesen Basisvariablen gehörigen Vektoren der Nebenbedingungen werden durch die Simplextransformation nicht verändert). Die Begründung für die entsprechenden Elemente in der Grundzeile folgt wegen (46) völlig analog.

Nach Ausführung von Teilschritt 9 ist ein Simplexschritt abgeschlossen. Der nächste Simplexschritt beginnt wieder mit Teilschritt 2.

Damit erkennen wir, daß die allgemeine Beschreibung der Simplexmethode in § 2 durch einen Lösungsalgorithmus realisiert werden kann, der in der entwickelten Form sehr leicht zu handhaben ist und den Ansprüchen eines numerischen Lösungsverfahrens genügt.

Bevor wir uns mit Ergänzungen zum Lösungsalgorithmus beschäftigen, wollen wir das entwickelte Vorgehen durch Lösung von zwei Beispielen festigen.

3.4. Beispiele. Die lineare Optimierungsaufgabe (2) von Abschnitt 1.2

$$\begin{aligned} Z = 4x_1 + 3x_2 \quad \max. \\ x_1 + x_2 + x_3 \qquad = 7 \\ 3x_1 + 2x_2 \quad + x_4 \qquad = 18 \\ x_1 + 3x_2 \qquad\quad x_5 = 15 \\ x_i \geqq 0,\ i = 1, 2, \ldots, 5 \end{aligned}$$

soll durch Anwendung des numerischen Algorithmus der Simplexmethode gelöst werden. Als erste zulässige Basislösung wird

$$x' = (0, 0, 7, 18, 15)$$

verwendet. Dem Leser sei empfohlen, die folgenden Rechnungen mit dem Lösungsweg in 1.2 zu vergleichen. Dadurch wird er erkennen, daß alle dort berechneten Zahlen in unserem Rechenschema wiederzufinden sind.

Da die Zielfunktion und die Nebenbedingungen bereits in der vorausgesetzten Gestalt vorliegen, kann der vorbereitende Schritt entfallen.

Der numerische Lösungsprozeß ist in Rechenschema 3 festgehalten. Das erste Tableau enthält die Koeffizienten der vorgelegten Nebenbedingungen und der

Rechenschema 3:

	BV	x_1	x_2	x_3	x_4	x_5	x_0	Q	$\cdots\uparrow$
	x_3	1	1	1	0	0	7	7	-1
←	x_4	(3)	2	0	1	0	18	6	
	x_5	1	3	0	0	1	15	15	-1
	*	$-4\uparrow$	-3	$\underline{0}$	$\underline{0}$	$\underline{0}$	0	*	4
←	x_3	0	($\frac{1}{3}$)	1	$-\frac{1}{3}$	0	1	3	
→	x_1	1	$\frac{2}{3}$	0	$\frac{1}{3}$	0	6	9	$-\frac{2}{3}$
	x_5	0	$\frac{7}{3}$	0	$-\frac{1}{3}$	1	9	$\frac{27}{7}$	$-\frac{7}{3}$
	*	$\underline{0}$	$-\frac{1}{3}\uparrow$	$\underline{0}$	$\frac{4}{3}$	$\underline{0}$	24	*	$\frac{1}{3}$
→	x_2	0	1	3	-1	0	3		
	x_1	1	0	-2	1	0	4		
	x_5	0	0	-7	2	1	2		
	*	$\underline{0}$	$\underline{0}$	1	1	$\underline{0}$	25	*	

Zielfunktion. Man beachte jedoch, daß wir wegen (48)

$$Z = 0 - (-4x_1 - 3x_2)$$

zu schreiben haben, so daß die Zahlen

$$-4, \ -3, 0, 0, 0, d_{m+1,0} = 0$$

in die Grundzeile des ersten Tableaus einzutragen sind. In der Spalte BV stehen die Basisvariablen x_3, x_4, x_5.

1. Simplexschritt: Wir unterstreichen die Koeffizienten von x_3, x_4, x_5 in der Grundzeile und erkennen, daß die Grundzeile negative Zahlen enthält. Folglich ist die zulässige Basislösung nicht optimal. Die kleinste negative Zahl der Grundzeile ist -4; dort setzen wir das Merkzeichen ↑. x_1 ist also Eingangsvariable und die erste Spalte Pfeilspalte. Da es in der Pfeilspalte positive Zahlen gibt, können wir den Lösungsprozeß mit Berechnung der Q-Spalte fortsetzen. Dabei haben wir zu bilden:

$$\frac{7}{1} = 7, \ \frac{18}{3} = 6, \ \frac{15}{1} = 15.$$

Das Minimum der Zahlen in der Q-Spalte steht in der zweiten Zeile, die damit zur Hauptzeile wird (Merkzeichen ←). Die in der Hauptzeile und Pfeilspalte stehende Zahl 3 wird durch einen Kreis markiert. Die Ausgangsvariable ist x_4. Die Berechnung der −↑ Spalte ist offensichtlich. In der Spalte BV des zweiten Tableaus stehen die Basisvariablen in derselben Reihenfolge, lediglich x_4 (Ausgangsvariable) ist durch x_1 (Eingangsvariable) ersetzt. Zugleich wird die zweite Zeile des zweiten Tableaus Hilfsrechenzeile des ersten Simplexschrittes (Merkzeichen →).

Zur Berechnung der Hilfsrechenzeile sind die Zahlen

$$3, 2, 0, 1, 0, 18$$

der zweiten Zeile des ersten Tableaus durch die Zahl 3 (das durch einen Kreis markierte Element) zu dividieren, und das Ergebnis ist in die Hilfsrechenzeile einzutragen.

Die Elemente der 1., 3. und 4. Zeile transformieren sich wie folgt:

$$1 + (-1)1 = 0, \ 1 + (-1)\frac{2}{3} = \frac{1}{3}, \ 1 + (-1)\,0 \ = 1, \ 0 + (-1)\frac{1}{3} = -\frac{1}{3},$$
$$0 + (-1)\cdot 0 = 0, \ 7 + (-1)\,6 \ = 1;$$

$$1 + (-1)1 = 0, \ 3 + (-1)\frac{2}{3} = \frac{7}{3}, \ 0 + (-1)\,0 \ = 0, \ 0 + (-1)\frac{1}{3} = -\frac{1}{3},$$
$$1 + (-1)\cdot 0 = 1, \ 15 + (-1)\,6 \ = 9;$$

$$-4 + 4\cdot 1 = 0, \ -3 + 4\cdot\frac{2}{3} = -\frac{1}{3}, \ 0 + 4\cdot 0 = 0, \qquad 0 + 4\cdot\frac{1}{3} = \frac{4}{3},$$
$$0 + 4\cdot 0 = 0, \qquad 0 + 4\cdot 6 = 24.$$

Die Ergebnisse werden in die entsprechenden Stellen des zweiten Tableaus eingetragen.

Damit ist der erste Simplexschritt abgeschlossen. Wir haben eine zulässige Basislösung mit den Werten der Basisvariablen

$$x_3 = 1, x_1 = 6, \; x_5 = 9$$

erhalten. Der zugehörige Wert der Zielfunktion ist

$$Z = 24.$$

2. Simplexschritt: Wir verzichten auf eine so ausführliche Schilderung des Vorgehens wie beim 1. Schritt. Da es eine negative Zahl in der Grundzeile gibt, kann keine Optimalität vorliegen. Zugleich ist damit die zweite Spalte als Pfeilspalte festgelegt. Das Minimum der Zahlen der Q-Spalten wird in der ersten Zeile angenommen, so daß die erste Zeile Hauptzeile und x_3 gegen x_2 auszutauschen ist. Gleichzeitig wird damit die erste Zeile des dritten Tableaus zur Hilfsrechenzeile dieses Simplexschrittes. Die eigentliche Simplextransformation wird nach den mehrfach erläuterten Regeln durchgeführt.

3. Simplexschritt: In der Grundzeile des dritten Tableaus gibt es keine negativen Zahlen. Die zulässige Basislösung

$$x_1 = 4, x_2 = 3, x_3 = x_4 = 0, x_5 = 2$$

ist optimal, und für den optimalen Wert der Zielfunktion gilt

$$Z_{\max} = 25.$$

Der Lösungsprozeß ist abgeschlossen.

Wir wollen noch ein Beispiel für eine lineare Optimierungsaufgabe betrachten, für das der Lösungsprozeß mit der Erkenntnis endet, daß die Aufgabe unlösbar ist. Dazu untersuchen wir das lineare Optimierungsproblem

$$\left.\begin{aligned} Z = x_1 + 2x_2 \quad & \max. \\ -2x_1 + \quad x_2 + x_3 \quad\quad\quad & = 2 \\ -x_1 + \quad x_2 \quad\quad + x_4 \quad & = 3 \\ -x_1 + 3x_2 \quad\quad\quad\quad + x_5 & = 15 \\ x_i \geqq 0, \; i = 1, 2, \ldots, 5, & \end{aligned}\right\} \tag{49}$$

das bereits in der ersten Normalform vorliegt. Eine erste zulässige Basislösung ist

$$x' = (0, 0, 2, 3, 15)$$

mit den Basisvariablen x_3, x_4, x_5.

Die Nebenbedingungen und die Zielfunktion haben die vorausgesetzte Gestalt, so daß der vorbereitende Schritt entfällt. Die Zielfunktion schreiben wir noch in der Form

$$Z = 0 - (-x_1 - 2x_2)$$

und tragen die Daten in das erste Rechentableau ein (Rechenschema 4).

1. Simplexschritt: Die zweite Spalte wird offenbar zur Pfeilspalte. Da es positive Zahlen in der Pfeilspalte gibt, kann die Q-Spalte berechnet werden. Man beachte, daß wir auf Grund von Satz 5 bereits im ersten Tableau die Unlösbarkeit der Aufgabe erkennen könnten. Auch in der ersten Spalte steht in der Grundzeile eine

Rechenschema 4:

	BV	x_1	x_2	x_3	x_4	x_5	x_0	Q	$-\uparrow$
←	x_3	-2	$\textcircled{1}$	1	0	0	2	2	
	x_4	-1	1	0	1	0	3	3	-1
	x_5	-1	3	0	0	1	15	5	-3
	*	-1	$-2\uparrow$	$\underline{0}$	$\underline{0}$	$\underline{0}$	0	*	2
→	x_2	-2	1	1	0	0	2		2
←	x_4	$\textcircled{1}$	0	-1	1	0	1	1	
	x_5	5	0	-3	0	1	9	$\frac{9}{5}$	-5
	*	$-5\uparrow$	$\underline{0}$	2	$\underline{0}$	$\underline{0}$	4	*	5
	x_2	0	1	-1	2	0	4		1
→	x_1	1	0	-1	1	0	1		1
←	x_5	0	0	$\textcircled{2}$	-5	1	4	2	
	*	$\underline{0}$	$\underline{0}$	$-3\uparrow$	5	$\underline{0}$	9	*	3
	x_2	0	1	0	$-\frac{1}{2}$	$\frac{1}{2}$	6		
	x_1	1	0	0	$-\frac{3}{2}$	$\frac{1}{2}$	3		
→	x_3	0	0	1	$-\frac{5}{2}$	$\frac{1}{2}$	2		
	*	$\underline{0}$	$\underline{0}$	$\underline{0}$	$-\frac{5}{2}\uparrow$	$\frac{3}{2}$	15	*	

negative Zahl, und alle Zahlen der ersten Spalte sind negativ, so daß die Aufgabe unlösbar sein muß. Da wir aber den numerischen Algorithmus der Simplexmethode so organisiert haben (beachte auch 3.3), daß die Prüfung auf Unlösbarkeit nur für die Pfeilspalte durchgeführt wird, müssen wir den Rechenprozeß fortsetzen. Die erste Zeile wird zur Hauptzeile und x_3 gegen x_2 ausgetauscht. Aus dem 2. Tableau können wir die neue zulässige Basislösung

$$x' = (0, 2, 0, 1, 9)$$

mit dem Wert $Z = 4$ für die Zielfunktion ablesen.

2. Simplexschritt: Die erste Spalte wird zur Pfeilspalte, die auch positive Elemente enthält. Da aber das Element in der ersten Zeile der Pfeilspalte negativ ist, wird es bei der Quotientenbildung übergangen. Das minimale Element der Q-Spalte steht in der zweiten Zeile, die damit Hauptzeile ist. Der Prozeß der Simplextransformation wird in üblicher Weise ausgeführt. Wir erhalten die zulässige Basislösung

$$x' = (1, 4, 0, 0, 4)$$

mit $Z = 9$ für den zugehörigen Wert der Zielfunktion.

3. Simplexschritt: Im dritten Tableau ist weder Optimalität noch Unlösbarkeit der Aufgabe nachweisbar. Da es nur eine negative Zahl in der Grundzeile gibt, wird die dritte Spalte zur Pfeilspalte gemacht. Die Quotientenbildung ist nur noch für die dritte Zeile möglich, die damit zwangsläufig die Hauptzeile sein muß. Wir erhalten die zulässige Basislösung

$$x' = (3, 6, 2, 0, 0)$$

mit $Z = 15$.

4. Simplexschritt: Es gibt eine negative Zahl in der Grundzeile, so daß die vierte Spalte zur Pfeilspalte zu machen ist. Jedoch sind sämtliche Zahlen der Pfeilspalte negativ. Folglich ist die Aufgabe unlösbar. Der Rechenprozeß wird abgebrochen.

Bemerkung: Wir mußten drei Simplexschritte ausführen, bis sich die Unlösbarkeit der Aufgabe ergab, weil wir das Kriterium für die Unlösbarkeit nur für die Pfeilspalte anwenden. Das ist leicht geometrisch zu interpretieren. Der linearen Optimierungsaufgabe

$$\begin{aligned} Z = x_1 + 2x_2 \quad &\max. \\ -2x_1 + x_2 &\leqq 2 \\ -x_1 + x_2 &\leqq 3 \\ -x_1 + 3x_2 &\leqq 15 \\ x_1 \geqq 0,\ x_2 &\geqq 0 \end{aligned}$$

entspricht das Optimierungsproblem (49) in Normalform. Ihr Bereich der zulässigen Lösungen ist in Abb. 5 dargestellt. Der Simplexprozeß wurde im Punkt A begonnen. Durch A verlaufen zwei Kanten, von denen die eine ($x_1 = 0$) ein Strahl ist. In A ist die Unlösbarkeit erkennbar. Der Simplexprozeß führte uns dagegen zum Punkt B. Durch B gehen keine unbegrenzten Kantengeraden. Daher konnte sich die Unlösbarkeit der Aufgabe auch im zweiten Tableau nicht ergeben. Dasselbe gilt für Punkt C und das dritte Tableau. Der letzte Simplexschritt führt uns dann zum Punkt D. Von D geht eine unbegrenzte Kantengerade mit wachsendem Wert der Zielfunktion aus. Erst hier bricht der von uns organisierte Simplexprozeß zusammen.

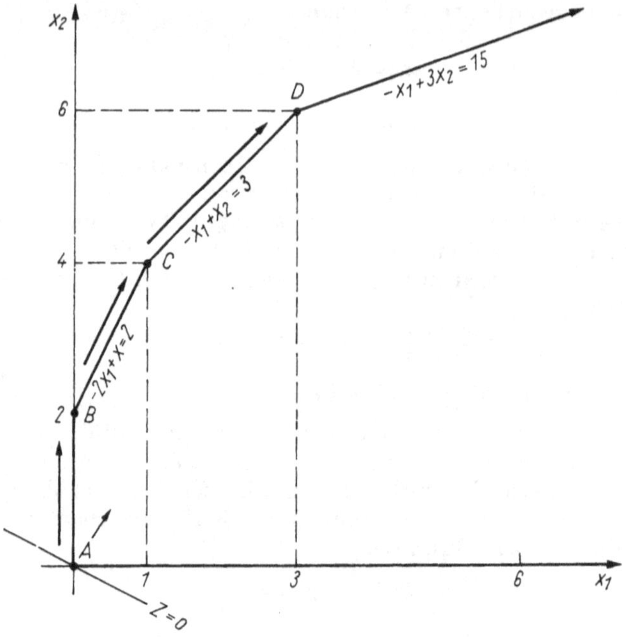

Abb. 5

3.5. Rechenkontrollen. Der Simplexalgorithmus ist ein rekursiver Prozeß, der kein selbstkorrigierendes Verhalten (beachte Bd. 1) besitzt. Daher ist es notwendig, nach jedem Simplexschritt oder doch wenigstens nach einigen Simplexschritten eine Rechenkontrolle durchzuführen.

Unmittelbar aus der Beschreibung des Simplexprozesses entspringen einige einfache, aber keineswegs umfassende Kontrollmöglichkeiten, deren Prüfung beim automatischen Rechnen jedoch meist nicht im vollen Umfang vorgenommen wird:

1. Die Zahlen in der Spalte x_0 (Zeilen 1, 2, ..., m) müssen nichtnegativ sein (beachte Rechenschema 2), da sie Werte der Basisvariablen darstellen

$$d_{i0} \geqq 0, \quad i = 1, 2, \ldots, m.$$

Bei nichtausgearteten Aufgaben muß sogar

$$d_{i0} > 0, \quad i = 1, 2, \ldots, m$$

gelten.
2. In der Spalte Q dürfen nur positive Zahlen auftreten.
3. Der Wert der Zielfunktion muß mit jedem Simplexschritt wachsen

$$d_{m+1,0} \leqq \tilde{d}_{m+1,0}.$$

Bei nichtausgearteten Aufgaben ist sogar

$$d_{m+1,0} < \tilde{d}_{m+1,0}.$$

4. Die Spalten $x_1, x_2, \ldots, x_n$ des Simplextableaus, in deren Spaltenkopf eine Basisvariable steht, enthalten die Komponenten der Einheitsvektoren (Zeilen 1, 2, ..., m). Die sämtlichen zu den Basisvariablen gehörigen Vektoren der Nebenbedingungen bilden eine Basis aus Einheitsvektoren.
5. Als Komponenten der Basisvariablen in der Grundzeile dürfen nur Nullen auftreten.

Eine weitere, relativ einfache, jedoch nicht voll wirksame Rechenkontrolle ergibt sich durch folgende Überlegungen: Wir betrachten die Zielfunktion in ihrer ursprünglichen, nicht umgeformten Gestalt

$$Z = c_1 x_1 + c_2 x_2 + \cdots + c_n x_n .$$

In jedem Simplexschritt wird eine zulässige Basislösung berechnet. Setzen wir die Komponenten dieser zulässigen Basislösung in die Zielfunktion ein, muß das Ergebnis mit dem beim Simplexprozeß berechneten Wert der Zielfunktion übereinstimmen.

Beispiel: In 3.4 haben wir eine lineare Optimierungsaufgabe mit der Zielfunktion

$$Z = 4x_1 + 3x_2$$

gelöst. Nach dem ersten Simplexschritt ergab sich die zulässige Basislösung

$$x_1 = 6, x_2 = 0, x_3 = 1, x_4 = 0, x_5 = 9.$$

Durch Einsetzen in die Zielfunktion finden wir

$$Z = 4 \cdot 6 + 3 \cdot 0 = 24.$$

Dieser Wert für die Zielfunktion ist auch im Simplextableau (Rechenschema 3) enthalten.

Es bedarf wohl keiner ausführlichen Begründung, daß diese Rechenkontrolle nur wenige Fehlerquellen aufdeckt. In die Berechnung von $\tilde{d}_{m+1,0}$ gehen ja nur die Zahlen $\tilde{d}_{r0}$, $d_{m+1,0}$ und $(-d_{m+1,k})$ ein. Die zulässige Basislösung wird der Spalte x_0 entnommen. Die meisten der beim Simplexprozeß berechneten Zahlen werden also nicht kontrolliert. Zwar kann sich bei Fortsetzung des Rechenprozesses auch ein solcher Fehler in der Spalte x_0 auswirken, aber eine zuverlässige Rechenkontrolle ist dadurch nicht gegeben.

Wir wollen jetzt eine Rechenkontrolle angeben, die zwar mit einem erheblichen numerischen Aufwand verbunden ist, aber gleichzeitig zu einer umfassenden Kontrollmöglichkeit führt. Dazu berechnet man die Zahlen der Grundzeile nochmals auf einem anderen Wege. In jedem Simplexschritt werden die Nebenbedingungen so umgeformt, daß die Basisvariablen durch die Nichtbasisvariablen ausgedrückt sind. Daher kann man, wie beim vorbereitenden Schritt in 2.1, in der ursprünglichen Gestalt der Zielfunktion

$$Z = c_1 x_1 + c_2 x_2 + \cdots + c_n x_n$$

die Basisvariablen eliminieren und zur Darstellung

$$Z = d_{m+1,0} - \sum_{j \in I'} d_{m+1,j} x_j$$

übergehen. Auf Grund der Überlegungen in 2.1 gilt

$$d_{m+1,0} = \sum_{i=1}^{m} c_{s_i} d_{i0}, \tag{50}$$

$$d_{m+1,j} = \sum_{i=1}^{m} c_{s_i} d_{ij} - c_j, \; j \in I'. \tag{51}$$

Wählen wir in der letzten Gleichung für j den Index s_j einer Basisvariablen, ist wegen

$$d_{is_j} = \begin{cases} 1 & \text{für } i = j \\ 0 & \text{für } i \neq j \end{cases}$$

die Beziehung

$$\sum_{i=1}^{m} c_{s_i} d_{is_j} - c_{s_j} = c_{s_j} - c_{s_j} = 0$$

erfüllt, so daß wir

$$d_{m+1,s_j} = 0$$

finden. Der Koeffizient einer Basisvariablen in der Grundzeile ist aber stets gleich Null. Folglich besteht (51) für alle $j = 1, 2, \ldots, n$. Setzen wir noch $c_0 = 0$, ergibt sich die Kontrollgleichung

$$d_{m+1,j} = \sum_{i=1}^{m} c_{s_i} d_{ij} - c_j, \;\; j = 0, 1, 2, \ldots, n. \tag{52}$$

Zur Ausführung der Rechenkontrolle benötigen wir eine Zusatzzeile mit den Zahlen $c_1, c_2, \ldots, c_n, c_0 = 0$, die wir nur einmal oberhalb des Anfangstableaus anführen (Rechenschema 5). Vor der Spalte BV wird in jedem Simplextableau eine Zusatzspalte c_B angeführt, welche die Koeffizienten der jeweiligen Basisvariablen in der ursprünglichen Gestalt der Zielfunktion enthält. Unter der Grundzeile steht eine Kontrollzeile K, in die die Ergebnisse der Rechenkontrolle (52) eingetragen werden. Selbstverständlich müssen in der Grundzeile und der Kontrollzeile K (abgesehen von vertretbaren Rechenungenauigkeiten) dieselben Zahlen stehen, wenn sich kein Fehler in die Rechnung eingeschlichen hat. Zur Berechnung von $d_{m+1,j}$ nach (52) ist die Spalte c_B mit der Spalte x_j (Zeilen 1, 2, ..., m) zu multiplizieren und vom Ergebnis die Zahl c_j zu subtrahieren:

$$d_{m+1,j} = c_{s_1} d_{1j} + c_{s_2} d_{2j} + \cdots + c_{s_m} d_{mj} - c_j.$$

Beispiel: Das erste in 3.4 untersuchte Optimierungsproblem soll unter Einschaltung von Rechenkontrollen gelöst werden (vergleiche mit Rechenschema 3). Die Zielfunktion lautet:

$$\begin{aligned} Z &= 4x_1 + 3x_2 \\ &= 4x_1 + 3x_2 + 0x_3 + 0x_4 + 0x_5 + 0. \end{aligned}$$

Daher sind in der ersten Zusatzzeile die Zahlen

4, 3, 0, 0, 0, 0

Rechenschema 5:

		c_1	c_2	....	c_j	....	c_n	$c_0 = 0$		
c_B	BV	x_1	x_2	....	x_j	....	x_n	x_0	Q	$-\uparrow$
c_{s_1}	x_{s_1}	d_{11}	d_{12}	....	d_{1j}	....	d_{1n}	d_{10}		
c_{s_2}	x_{s_2}	d_{21}	d_{22}	....	d_{2j}	....	d_{2n}	d_{20}		
$\vdots$	$\vdots$	.....	.....	.....	.....	.....	.....	$\vdots$		
c_{s_m}	x_{s_m}	d_{m1}	d_{m2}	....	d_{mj}	....	d_{mn}	d_{m0}		
	*	$d_{m+1,1}$	$d_{m+1,2}$	...	$d_{m+1,j}$	...	$d_{m+1,n}$	$d_{m+1,0}$	*	
	K	$d_{m+1,1}$	$d_{m+1,2}$	...	$d_{m+1,j}$	...	$d_{m+1,n}$	$d_{m+1,0}$	*	*

einzutragen. Beim ersten Tableau sind die Koeffizienten der Basisvariablen x_3, x_4, x_5 in der Zielfunktion gleich Null. Eine Kontrolle des ersten Tableaus ist natürlich im vorliegenden Beispiel nicht notwendig, weil der vorbereitende Schritt entfällt. Trotzdem geben wir die Berechnung der Zahlen der Kontrollzeile an:

$$\begin{aligned}
d_{m+1,1} &= 0\cdot 1 + 0\cdot 3 + 0\cdot 1 - 4 = -4,\\
d_{m+1,2} &= 0\cdot 1 + 0\cdot 2 + 0\cdot 3 - 3 = -3,\\
d_{m+1,3} &= 0\cdot 1 + 0\cdot 0 + 0\cdot 0 - 0 = 0,\\
d_{m+1,4} &= 0\cdot 0 + 0\cdot 1 + 0\cdot 0 - 0 = 0,\\
d_{m+1,5} &= 0\cdot 0 + 0\cdot 0 + 0\cdot 1 - 0 = 0,\\
d_{m+1,0} &= 0\cdot 7 + 0\cdot 18 + 0\cdot 15 - 0 = 0.
\end{aligned}$$

Der Rechnungsgang ist in Rechenschema 6 zusammengestellt. Beim zweiten Tableau sind x_3, x_1, x_5 die Basisvariablen, denen die Koeffizienten 0, 4, 0 in der Zielfunktion entsprechen. Damit liegt die Zusatzspalte c_B des zweiten Tableaus fest. Zur Berechnung der Kontrollzeile bilden wir

$$\begin{gathered}
0\cdot 0 + 4\cdot 1 + 0\cdot 0 - 4 = 0,\\
0\cdot\frac{1}{3} + 4\cdot\frac{2}{3} + 0\cdot\frac{7}{3} - 3 = -\frac{1}{3},\\
0\cdot 1 + 4\cdot 0 + 0\cdot 0 - 0 = 0,\\
0\cdot\left(-\frac{1}{3}\right) + 4\cdot\frac{1}{3} + 0\cdot\left(-\frac{1}{3}\right) - 0 = \frac{4}{3},\\
0\cdot 0 + 4\cdot 0 + 0\cdot 1 - 0 = 0,\\
0\cdot 1 + 4\cdot 6 - 0\cdot 9 - 0 = 24.
\end{gathered}$$

In dritten Tableau sind schließlich die Zahlen 3, 4, 0 als Koeffizienten der Basisvariablen x_2, x_1, x_5 in der Zusatzspalte c_B einzusetzen. Die Berechnung der Kontrollzeile erfolgt nach den mehrfach erläuterten Regeln.

Rechenschema 6:

			4	3	0	0	0	0		
	c_B	BV	x_1	x_2	x_3	x_4	x_5	x_0	Q	$-\uparrow$
	0	x_3	1	1	1	0	0	7	7	−1
←	0	x_4	(3)	2	0	1	0	18	6	
	0	x_5	1	3	0	0	1	15	15	−1
		*	$-4\uparrow$	−3	$\underline{0}$	$\underline{0}$	$\underline{0}$	0	*	4
		K	−4	−3	0	0	0	0	*	*
←	0	x_3	0	$\left(\frac{1}{3}\right)$	1	$-\frac{1}{3}$	0	1	3	
→	4	x_1	1	$\frac{2}{3}$	0	$\frac{1}{3}$	0	6	9	$-\frac{2}{3}$
	0	x_5	0	$\frac{7}{3}$	0	$-\frac{1}{3}$	1	9	$\frac{27}{7}$	$-\frac{7}{3}$
		*	$\underline{0}$	$-\frac{1}{3}\uparrow$	$\underline{0}$	$\frac{4}{3}$	$\underline{0}$	24	*	$\frac{1}{3}$
		K	0	$-\frac{1}{3}$	0	$\frac{4}{3}$	0	24	*	*
→	3	x_2	0	1	3	−1	0	3		
	4	x_1	1	0	−2	1	0	4		
	0	x_5	0	0	−7	2	1	2		
		*	$\underline{0}$	$\underline{0}$	1	1	$\underline{0}$	25	*	
		K	0	0	1	1	0	25	*	*

Damit haben wir eine zwar recht aufwendige, aber auch zuverlässige Rechenkontrolle kennengelernt. Eine weitere Kontrollmöglichkeit wird in 3.11 erläutert.

3.6. Rechenaufwand und Speicherkapazität. Der bei der Lösung einer linearen Optimierungsaufgabe notwendige Rechenaufwand hängt neben der Zahl der Operationen in einem Simplexschritt von der Anzahl der erforderlichen Simplexschritte ab. Bis heute gibt es aber keine brauchbaren Abschätzungen für die benötigte Schrittzahl. Die praktischen Erfahrungen zeigen, daß man im allgemeinen mit einer Schrittzahl zu rechnen hat, die zwischen m und $2m$ liegt. Jedoch hängt diese Aussage vom Aufgabentyp und von der ersten zulässigen Basislösung ab. Daher müssen wir uns darauf beschränken, den Rechenaufwand eines Simplexschrittes abzuschätzen. Wie in Bd. 1 wollen wir uns dabei auf die wesentlichen Operationen (Multiplikation und Division) beschränken und die erforderlichen Additionen, Subtraktionen und Vergleichsoperationen vernachlässigen, da diese beim Einsatz von Rechenautomaten vergleichsweise mit einem wesentlich geringeren Zeitaufwand verbunden sind.

Divisionen treten in jedem Simplexschritt bei der Berechnung der Q-Spalte und der Hilfsrechenzeile auf. Die Q-Spalte macht höchstens m Divisionen erforderlich. Die Berechnung der Hilfsrechenzeile benötigt $n + 1$ Divisionen. Nun kann aber die Berechnung von m Spalten bei der Simplextransformation praktisch entfallen; denn die Spalte einer Basisvariablen x_{s_i}, die diese Eigenschaft behält (das sind $m - 1$ Spalten), bleibt unverändert, und die Spalte der neuen Nichtbasisvariablen x_{s_r} (r-ter Einheitsvektor und in der Grundzeile eine Null) erscheint im neuen Tableau in der Spalte x_k (neue Basisvariable). Wird der Simplexprozeß in dieser Weise organisiert (beachte auch das verkürzte Tableau in 3.7), reduziert sich die Zahl der Divisionen zur Berechnung der Hilfsrechenzeile auf höchstens $n - m + 1$. Damit treten in einem Simplexschritt nicht mehr als

$$n + 1 \text{ Divisionen}$$

auf.

Multiplikationen ergeben sich lediglich bei der Transformation der nicht in der Hauptzeile stehenden Elemente. Und zwar erfordert die Transformation jedes dieser Elemente eine Multiplikation. Die Elemente sind in m Zeilen ($m - 1$ Nebenbedingungen und die Grundzeile) und $n + 1$ Spalten angeordnet. Da man aber, wie oben bemerkt, die Zahlen von m Spalten nicht zu berechnen braucht, sind $m(n - m + 1)$ Elemente zu transformieren. Das entspricht

$$m(n - m + 1) \text{ Multiplikationen.}$$

Insgesamt erfordert also ein Simplexschritt höchstens

$$m(n - m) + (m + n + 1) \text{ wesentliche Operationen.}$$

Wir wollen noch die Zahl der Operationen bei Ausführung der Rechenkontrollen entsprechend Rechenschema 5 bestimmen. Die Berechnung einer Zahl in der Kontrollzeile K macht m Multiplikationen notwendig. In dieser Zeile stehen $n + 1$ Zahlen. Wenn man aber m Spalten des Simplextableaus nicht zu berechnen braucht, ist auch die Kontrolle dieser Spalten nicht notwendig. Also sind $n - m + 1$ Kontrollzahlen zu bestimmen, was mit

$$m(n - m + 1) \text{ Multiplikationen}$$

verbunden ist. Die Rechenkontrolle erfordert die gleiche Zahl an Multiplikationen wie der Simplexschritt selbst. Das ist ein außerordentlich großer Aufwand für eine Rechenkontrolle. Man wird daher bestrebt sein, die Rechenkontrolle nicht nach jedem Simplexschritt auszuführen, um so den für die Kontrolle notwendigen Aufwand zu senken.

Die Zahl der erforderlichen Speicherplätze (abgesehen vom Programm selbst) ergibt sich aus der Anzahl der Felder in einem Simplextableau (Rechenschema 2; in der Spalte BV werden die Indizes der Basisvariablen gespeichert). Ein Simplextableau enthält dann $n + 4$ Spalten und $m + 1$ Zeilen, das entspricht

$$(m + 1)(n + 4) \text{ Speicherplätzen.}$$

Der Simplexalgorithmus ist so aufgebaut, daß nach Transformation eines Elementes d_{ij} dieses Element durch $\tilde{d}_{ij}$ überschrieben werden kann. Daher kommt man mit der oben angegebenen Zahl von Speicherplätzen aus. Diese Zahl läßt sich sogar reduzieren, da man zunächst die Spalte Q bestimmen und nach Ermittlung der Hauptzeile diese Spalte durch die $-\uparrow$ Spalte überschreiben kann. Dann sind

$$(m + 1)(n + 3) \text{ Speicherplätze}$$

notwendig. Die sonst noch benötigten Speicherplätze (z. B. für die Fixierung der Hauptzeile und der $-\uparrow$ Spalte) sind unwesentlich und können unberücksichtigt bleiben. Gegebenenfalls kann man zur Erleichterung der Programmierung noch eine Zeile für die Hilfsrechenzeile zusätzlich einführen.

Sollen Rechenkontrollen durchgeführt werden, benötigt man zusätzlich Speicherplatz für eine weitere Zeile und Spalte (die Kontrollzeile K ist nicht erforderlich, da man sofort die Kontrollzahl mit der entsprechenden Zahl in der Grundzeile vergleichen wird). Man beachte jedoch, daß, falls sich ein Fehler in der Rechnung herausstellt, der Simplexprozeß nicht einfach wiederholt werden kann. Die Zahlen des vorhergehenden Tableaus (in unserer früheren Sprechweise) sind überschrieben und stehen nicht mehr zur Verfügung. Hat man sich die Indizes der Basisvariablen der letzten kontrollierten zulässigen Basislösung gemerkt, kann man wie beim vorbereitenden Schritt die Nebenbedingungen und die Zielfunktion umformen, das entsprechende Simplextableau aufbauen und dann den Simplexprozeß erneut, beginnend mit der letzten kontrollierten zulässigen Basislösung, durchführen. Die Korrektur einer fehlerhaften Berechnung ist also recht aufwendig, wenn man das vorhergehende Tableau nicht erst nach der Rechenkontrolle löscht. Das aber wiederum würde den doppelten Speicherbedarf und eine Kontrolle nach jedem Simplexschritt erfordern.

3.7. Das verkürzte Simplextableau. Unsere Überlegungen zur Abschätzung des Rechenaufwandes und Speicherbedarfes legen es nahe, im Simplextableau auf die zu den Basisvariablen gehörigen Spalten zu verzichten. Das ist möglich, wenn man den Lösungsalgorithmus geeignet abändert. Dadurch wird eine beachtliche Senkung des erforderlichen Speicherbedarfes ermöglicht. Wir haben m Spalten mit jeweils $m + 1$ Komponenten, also

$$m(m + 1) \text{ Zahlen}$$

weniger zu speichern, so daß nach 3.6 etwa $(m + 1)(n + 3) - m(m + 1)$ Speicherplätze notwendig sind. Weil wir bei diesem Vorgehen aber auch die Indizes der Nichtbasisvariablen (es gibt $n - m$ Nichtbasisvariablen) angeben müssen, läßt sich der erforderliche Speicherbedarf (ohne Rechenkontrollen) durch

$$m(n - m) + 2n - m + 3 \text{ Speicherplätze}$$

abschätzen. Eine Senkung des Rechenaufwandes ergibt sich nicht, weil wir in 3.6

bereits davon ausgegangen sind, daß die Spalten der Basisvariablen nicht neu berechnet werden.

Trotz dieses Vorteils werden wir uns bei späteren Betrachtungen hauptsächlich auf die umfassende Form des Simplextableaus beziehen, da sie vielleicht etwas übersichtlicher als das verkürzte Tableau ist. Jedoch lassen sich die hergeleiteten Ergebnisse auf das verkürzte Tableau stets in einfachster Weise übertragen.

Bereits bei der Erläuterung des Lösungsalgorithmus in 3.3 haben wir bemerkt, daß die Spalten der Basisvariablen eigentlich ohne Rechnung angegeben werden können. In der Grundzeile steht in diesen Spalten stets eine Null. Die ersten m Zahlen entsprechen den Komponenten eines Einheitsvektors. Und zwar steht die Zahl 1 (beachte Rechenschema 2) für eine Spalte x_{s_i} in der Zeile, die im Zeilenanfang (Spalte BV) die Basisvariable x_{s_i} enthält. Folglich ist es völlig überflüssig, die Spalten der Basisvariablen anzuführen. Wir werden daher im verkürzten Simplextableau nicht sämtliche Spalten $x_1, x_2, \ldots, x_n$, sondern nur noch die Spalten der Nichtbasisvariablen aufnehmen. Dazu ist es aber notwendig, daß wir für jedes Simplextableau eine Kopfzeile einführen, in der die Nichtbasisvariablen enthalten sind (Rechenschema 7). Uneinheitlicher wird lediglich die Berechnung der Spalte x_{s_r} (x_{s_r} ist die neue Nichtbasisvariable). Wir haben den in 3.2 beschriebenen Algorithmus wie folgt zu ändern:

Teilschritt 1: Eintragen in das erste Rechentableau.

a) Eintragen der Basisvariablen der vorgegebenen zulässigen Basislösung in die Spalte BV.
b) Eintragen der Nichtbasisvariablen der vorgegebenen zulässigen Basislösung in die Stellen $1, 2, \ldots, n - m$ der Kopfzeile.
c) Eintragen der zu den Nichtbasisvariablen gehörigen Koeffizienten der Nebenbedingungen (47) und der Zielfunktion (48) in die Spalten der Nichtbasisvariablen.
d) Eintragen der rechten Seiten der Nebenbedingungen (47) und des Wertes der Zielfunktion für die gegebene zulässige Basislösung in die Spalte x_0.

Teilschritt 2: Entfällt.

Fortsetzung des Lösungsprozesses über Entscheidung 1, Teilschritt 3 (die Worte „nicht unterstrichen" sind zu streichen), Entscheidung 2 und Teilschritt 4 bis 6, wie in 3.2 angegeben.

Teilschritt 7: Eintragen der neuen Basis- und Nichtbasisvariablen in das neue Rechentableau.

a) Die Basisvariablen des vorhergehenden Tableaus werden in derselben Reihenfolge in die Spalte BV des neuen Tableaus eingetragen. Lediglich die Ausgangsvariable wird durch die Eingangsvariable ersetzt.
   Die Zeile des neuen Tableaus, welche die Eingangsvariable enthält, bekommt das Merkzeichen $\rightarrow$ und heißt Hilfsrechenzeile für das vorhergehende Tableau.
b) Die Nichtbasisvariablen des vorhergehenden Tableaus werden in derselben Reihenfolge in die Kopfzeile des neuen Tableaus eingetragen. Lediglich die Eingangsvariable wird durch die Ausgangsvariable ersetzt.

Teilschritt 8: Berechnung der Hilfsrechenzeile.

a) Die Zahl 1 wird durch das mit einem Kreis markierte Element dividiert und

Rechenschema 7:

		1 2 .... n − m				
	BV	.... x_k	x_j	x_0	*Q*	$-\uparrow$
	x_{s_1}	d_{1k}	d_{1j}	d_{10}		$-d_{1k}$
	⋮	⋮	⋮	⋮		⋮
	x_{s_i}	d_{ik}	d_{ij}	d_{i0}		$-d_{ik}$
	⋮	⋮	⋮	⋮		⋮
←	x_{s_r}	(d_{rk})	d_{rj}	d_{r0}		
	⋮	⋮	⋮	⋮		⋮
	x_{s_m}	d_{mk}	d_{mj}	d_{m0}		$-d_{mk}$
	*	$d_{m+1,k}\uparrow$	$d_{m+1,j}$	$d_{m+1,0}$	*	$-d_{m+1,k}$
		.... x_{s_r}	x_j	x_0	*Q*	$-\uparrow$
	x_{s_1}	$\tilde{d}_{1s_r}$	$\tilde{d}_{1j}$	$\tilde{d}_{10}$		
	⋮	⋮	⋮	⋮		
	x_{s_i}	$\tilde{d}_{is_r}$	$\tilde{d}_{ij}$	$\tilde{d}_{i0}$		
	⋮	⋮	⋮	⋮		
→	x_k	$\tilde{d}_{rs_r}$	$\tilde{d}_{rj}$	$\tilde{d}_{r0}$		
	⋮	⋮	⋮	⋮		
	x_{s_m}	$\tilde{d}_{ms_r}$	$\tilde{d}_{mj}$	$\tilde{d}_{m0}$		
	*	$\tilde{d}_{m+1,s_r}$	$\tilde{d}_{m+1,j}$	$\tilde{d}_{m+1,0}$	*	

das Ergebnis in die Hilfsrechenzeile im folgenden Tableau in der Spalte der Ausgangsvariablen eingetragen.

b) Division der Hauptzeile (mit Ausnahme des Elementes in der Pfeilspalte) durch das mit einem Kreis markierte Element und Eintragen der Ergebnisse in die Hilfsrechenzeile im folgenden Tableau.

Teilschritt 9: Komplettieren des nächsten Rechentableaus.

a) Berechnung der Elemente in der Spalte der Ausgangsvariablen.
Die Zahlen der $-\uparrow$ Spalte sind mit dem Element $\tilde{d}_{rs_r}$ zu multiplizieren, das in der Hilfsrechenzeile in der Spalte der Ausgangsvariablen steht, und das Ergebnis ist in die jeweiligen Zeilen der Spalte der Ausgangsvariablen einzutragen.

b) Berechnung der Elemente, die nicht in der Spalte der Ausgangsvariablen stehen.
Zur Berechnung eines Elementes $\tilde{d}_{ij}$, das nicht in der Hilfsrechenzeile und nicht in der Spalte der Ausgangsvariablen steht, ist zum Element d_{ij} das Produkt aus dem in der i-ten Zeile stehenden Element der $-\uparrow$ Spalte mit der in der j-ten Spalte stehenden Zahl der Hilfsrechenzeile zu addieren.

Es folgt Entscheidung 1 für das neue Rechentableau.

Die wesentlichen Unterschiede des beschriebenen Vorgehens gegenüber dem Algorithmus in 3.2 beziehen sich auf die Ausführung der Simplextransformation in den Teilschritten 8 und 9. Während wir bisher nur die Transformation der Hauptzeile (Teilschritt 8) von der Transformation der übrigen Zeilen (Teilschritt 9) unterscheiden mußten, ist jetzt in diesen Teilschritten zusätzlich eine Unterscheidung zwischen der Spalte der Ausgangsvariablen und den übrigen Spalten erforderlich.

Der entwickelte Lösungsalgorithmus wird in Rechenschema 7 veranschaulicht (analog zu Rechenschema 2). x_k ist die Eingangsvariable (neue Basisvariable) und x_j eine Nichtbasisvariable, die Nichtbasisvariable bleibt. x_{s_r} bezeichnet die Ausgangsvariable (neue Nichtbasisvariable) und x_{s_i} eine Basisvariable, die diese Eigenschaft nicht verliert.

Die Berechnung des Elementes $\tilde{d}_{rs_r}$ entspricht der Gleichung

$$\tilde{d}_{rs_r} = \frac{1}{d_{rk}}$$

von (41). Die übrigen Elemente der Hilfsrechenzeile werden wie in Teilschritt 8 des früheren Algorithmus ermittelt.

Die Berechnung eines Elementes $\tilde{d}_{is_r}$ $(i \neq r)$ in der Spalte der Ausgangsvariablen entspricht der Gleichung

$$\tilde{d}_{is_r} = (-d_{ik})\, \tilde{d}_{rs_r}$$

von (43). Die Bestimmung der nicht in der Spalte der Ausgangsvariablen stehenden Zahlen entspricht Teilschritt 9 des Algorithmus in 3.2.

Beispiel: Wir wollen den neuen Algorithmus zur Lösung der ersten Aufgabe von 3.4 heranziehen:

$$Z = 4x_1 + 3x_2 \quad \text{max.}$$

$$\begin{aligned} x_1 + x_2 + x_3 \phantom{{}+x_4+x_5} &= 7 \\ 3x_1 + 2x_2 \phantom{{}+x_3} + x_4 \phantom{{}+x_5} &= 18 \\ x_1 + 3x_2 \phantom{{}+x_3+x_4} + x_5 &= 15 \end{aligned}$$

$$x_i \geqq 0, \; i = 1, 2, \ldots, 5$$

$$x' = (0, 0, 7, 18, 15) \text{ Ausgangsvektor.}$$

In das verkürzte Simplextableau (Rechenschema 8) werden nur die Spalten der Nichtbasisvariablen x_1, x_2 eingetragen. Äußerlich unterscheidet sich das Rechenschema 8 vom Rechenschema 3 nur darin, daß die Spalten der Basisvariablen fehlen, jedes Simplextableau eine eigene Kopfzeile hat und die Spalten der Nichtbasisvariablen anders angeordnet sind. Algorithmisch liegt aber ein unterschiedliches Vorgehen zugrunde. Betrachten wir etwa den ersten Simplexschritt. In der Grundzeile stehen in den Spalten der Nichtbasisvariablen negative Zahlen, so daß keine optimale Lösung vorliegt. Die kleinste negative Zahl ist -4 und damit die erste Spalte Pfeilspalte. In üblicher Weise wird die Q-Spalte und $-\uparrow$ Spalte berechnet. Die zweite Zeile ist Hauptzeile und folglich die zweite Zeile des folgenden Tableaus die Hilfsrechenzeile. x_4 wird in der Spalte BV gegen x_1 und x_1

Rechenschema 8:

	BV			x_0	Q	$-\uparrow$
		x_1	x_2			
	x_3	1	1	7	7	-1
←	x_4	(3)	2	18	6	
	x_5	1	3	15	15	-1
	*	$-4\uparrow$	-3	0	*	4
		x_4	x_2	x_0	Q	$-\uparrow$
←	x_3	$-\frac{1}{3}$	$\left(\frac{1}{3}\right)$	1	3	
→	x_1	$\frac{1}{3}$	$\frac{2}{3}$	6	9	$-\frac{2}{3}$
	x_5	$-\frac{1}{3}$	$\frac{7}{3}$	9	$\frac{27}{7}$	$-\frac{7}{3}$
	*	$\frac{4}{3}$	$-\frac{1}{3}\uparrow$	24	*	$\frac{1}{3}$
		x_4	x_3	x_0	Q	$-\uparrow$
→	x_2	-1	3	3		
	x_1	1	-2	4		
	x_5	2	-7	2		
	*	1	1	25	*	

in der Kopfzeile gegen x_4 ausgetauscht. Die Spalte der Ausgangsvariablen im neuen Tableau steht immer unter der Pfeilspalte. Wir teilen zunächst (Teilschritt 8a) die Zahl 1 durch 3 (das mit einem Kreis markierte Element) und tragen das Ergebnis $\frac{1}{3}$ in die zweite Zeile und erste Spalte des folgenden Tableaus ein. Die übrigen Zahlen (2 und 18) der Hauptzeile werden durch 3 (mit einem Kreis markiert) dividiert und die Ergebnisse in der Hilfsrechenzeile notiert (Teilschritt 8b). Damit ist die Berechnung der Hilfsrechenzeile abgeschlossen. In der Hilfsrechenzeile steht in der Spalte der Ausgangsvariablen x_4 die Zahl $\frac{1}{3}$. Folglich ist $\frac{1}{3}$ mit den Zahlen -1, -1, 4 der $-\uparrow$ Spalte zu multiplizieren. Wir erhalten $-\frac{1}{3}, -\frac{1}{3}, \frac{4}{3}$. Die Zahlen bestimmen die noch fehlenden Elemente in der Spalte x_4 des zweiten Tableaus (Teilschritt 9a ist beendet). Zur Berechnung der übrigen Elemente in den

Spalten x_2 und x_0 bilden wir wie bisher

$$1 + (-1)\frac{2}{3} = \frac{1}{3}, \quad 7 + (-1)6 = 1,$$

$$3 + (-1)\frac{2}{3} = \frac{7}{3}, \quad 15 + (-1)6 = 9,$$

$$-3 + 4 \cdot \frac{2}{3} = -\frac{1}{3}, \quad 0 + 4 \cdot 6 = 24.$$

Damit ist der erste Simplexschritt abgeschlossen. Eine Erläuterung des weiteren Vorgehens erübrigt sich.

3.8. Ausartung. Bisher haben wir bei der Beschreibung der Theorie und des Lösungsalgorithmus der Simplexmethode immer vorausgesetzt, daß die betrachtete lineare Optimierungsaufgabe nichtausgeartet ist. Dann besitzt jede zulässige Basislösung genau m positive Komponenten. Nun wird man aber in der Praxis im allgemeinen nicht wissen, ob eine zu lösende lineare Optimierungsaufgabe ausgeartet oder nicht ausgeartet ist. Daher muß man bei der Anwendung der Simplexmethode damit rechnen, daß unsere bisherige Voraussetzung nicht erfüllt ist. Verfolgen wir den Lösungsprozeß der Simplexmethode, finden wir zwei Stellen, an denen wir von der Nichtausartung der linearen Optimierungsaufgabe Gebrauch gemacht haben:

1. Bei nichtausgearteten Aufgaben wird das Minimum der Zahlen in der Q-Spalte an genau einer Stelle angenommen.
2. Bei nichtausgearteten Aufgaben ist das Minimum der Zahlen in der Q-Spalte eine positive Zahl.

Formal läßt sich der Simplexprozeß auch bei ausgearteten Aufgaben durchführen. Welche Folgerungen ergeben sich aber hinsichtlich der bisher von uns getroffenen Aussagen?

Das erste Problem bereitet relativ wenige Komplikationen. Wird das Minimum in der Q-Spalte an mehreren Stellen angenommen, so kann man eine dieser Stellen willkürlich auswählen. Zwar ist dann der Wert mehrerer Basisvariablen gleich Null, während nur eine Basisvariable zur Nichtbasisvariablen gemacht wird. Dadurch ergibt sich eine zulässige Basislösung, die weniger als m positive Komponenten enthält.

Das zweite Problem bedarf einer wesentlich größeren Beachtung. Ist das Minimum ϱ der Zahlen in der Q-Spalte gleich Null, gilt wegen (38), (39)

$$\varrho = \frac{d_{r0}}{d_{rk}} = 0$$

und folglich

$$d_{r0} = 0. \tag{53}$$

Dann muß also die betrachtete zulässige Basislösung ausgeartet sein. Aus (53) und (41) ergibt sich $(d_{rk} > 0)$

$$\tilde{d}_{r0} = 0,$$

so daß wir mit (45)

$$\tilde{d}_{m+1,0} = d_{m+1,0}$$

finden. Damit wächst im Falle $\varrho = 0$ der Wert der Zielfunktion nicht an, und die Endlichkeit des Simplexprozesses, die wir in Satz 8 für nichtausgeartete Aufgaben formuliert haben, ist nicht mehr gesichert.

Was bedeutet in der geometrischen Interpretation der Fall $\varrho = 0$? Wir haben gesehen, daß dieser Fall nur auftreten kann, wenn die betrachtete zulässige Basislösung (der betrachtete Eckpunkt der Menge der zulässigen Lösungen) ausgeartet ist. Dann gehen durch diesen Eckpunkt mehr als n Hyperebenen (beachte II.2.4). Die Basis einer ausgearteten zulässigen Basislösung ist aber bekanntlich nicht eindeutig bestimmt. Ein Simplexschritt mit $\varrho = 0$ bewirkt nur eine Änderung der Basis (eine Basisvariable mit dem Wert Null wird ausgetauscht), ohne daß wir zu einer neuen Ecke der Menge der zulässigen Lösungen geführt werden. Wir bleiben also bei einem Simplexschritt mit $\varrho = 0$ an der betrachteten Ecke stehen.

Bevor wir die sich aus dem Fall $\varrho = 0$ ergebenden Konsequenzen weiter diskutieren, wollen wir unsere bisherigen Überlegungen an einem Beispiel veranschaulichen.

Beispiel: Vorgelegt sei die lineare Optimierungsaufgabe

$$\begin{aligned} Z = x_1 + 2x_2 \quad &\max. \\ x_1 + x_2 &\leqq 5 \\ -x_1 + x_2 &\leqq 3 \\ x_2 &\leqq 3 \\ 2x_1 + x_2 &\leqq 8 \\ x_1 \geqq 0,\ x_2 &\geqq 0, \end{aligned}$$

deren Bereich der zulässigen Lösungen in Abb. 6 dargestellt ist. Man erkennt sofort, daß dem Punkt B eine ausgeartete zulässige Basislösung entspricht, da durch

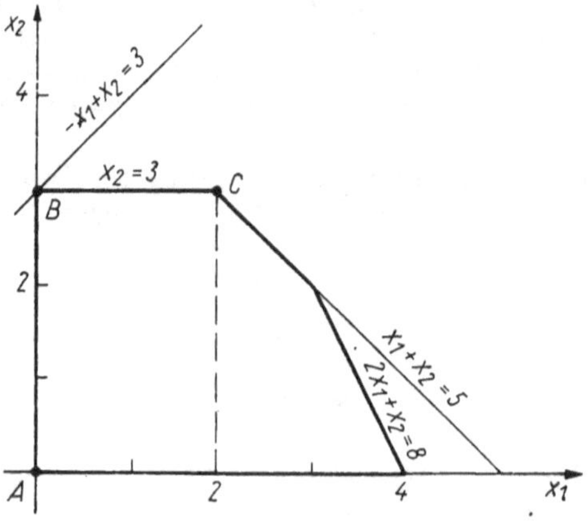

Abb. 6

ihn die Geraden

$$x_1 = 0, \; x_2 = 3, \; -x_1 + x_2 = 3$$

verlaufen.

Beim Simplexprozeß gehen wir von der Normalform

$$\begin{aligned} Z &= x_1 + 2x_2 \quad \max. \\ x_1 + x_2 + x_3 &\qquad\qquad\qquad = 5 \\ -x_1 + x_2 \qquad + x_4 &\qquad\qquad = 3 \\ x_2 \qquad\qquad + x_5 &\qquad = 3 \\ 2x_1 + x_2 \qquad\qquad\qquad + x_6 &= 8 \\ x_i \geqq 0, \; i = 1, 2, \ldots, 6 \end{aligned}$$

aus und wählen als erste zulässige Basislösung (Punkt A von Abb. 6)

$$x' = (0, 0, 5, 3, 3, 8).$$

Der Lösungsprozeß ist in Rechenschema 9 angeführt. Im ersten Simplextableau erkennen wir das Vorliegen einer ausgearteten Optimierungsaufgabe, da das Minimum in der Q-Spalte in der zweiten und dritten Zeile angenommen wird. Wir machen willkürlich die zweite Zeile zur Hauptzeile. Die sich ergebende zulässige Basislösung

$$x' = (0, 3, 2, 0, 0, 5) \tag{54}$$

mit den Basisvariablen x_2, x_3, x_5, x_6 ist zwangsläufig ausgeartet. Ihr entspricht der Punkt B in Abb. 6.

Im zweiten Simplextableau tritt nun der Fall ein, daß das Minimum der Zahlen in der Q-Spalte gleich Null ist. Daher bewirkt der nächste Simplexschritt nur einen Basiswechsel. Wir erhalten wieder die zulässige Basislösung (54), allerdings sind x_1, x_2, x_3, x_6 die Basisvariablen. Bei diesem Simplexschritt sind wir also im Punkt B von Abb. 6 stehengeblieben. Zwangsläufig hat sich dadurch auch der Wert der Zielfunktion nicht verändert.

Im anschließenden Simplexschritt tritt keine Besonderheit mehr auf, die durch die Ausartung begründet ist. Wir gelangen zu der nichtausgearteten zulässigen Basislösung (Punkt C in Abb. 6)

$$x' = (2, 3, 0, 2, 0, 1),$$

die sich auch als optimal erweist. Damit hat uns die formale Durchführung des Simplexprozesses die Lösung der ausgearteten Optimierungsaufgabe ermöglicht.

Wir kehren zu unseren allgemeinen Betrachtungen im Falle $\varrho = 0$ zurück. Wir haben gesehen, daß der Simplexschritt dann nur eine Änderung der Basis, aber nicht der zulässigen Basislösung bewirkt. Es kann folglich nicht ausgeschlossen werden, daß wir nach einigen Simplexschritten wieder zu einer Basis gelangen, die bereits einmal aufgetreten ist. Daher können sich bei ausgearteten Optimierungsaufgaben *Zyklen* ergeben, so daß die Endlichkeit des Simplexprozesses verlorengeht, und wir an derselben Ecke des Bereiches der zulässigen Lösungen stehen bleiben, ohne die Optimallösung zu erreichen.

Rechenschema 9:

	BV	x_1	x_2	x_3	x_4	x_5	x_6	x_0	Q	−↑
	x_3	1	1	1	0	0	0	5	5	−1
←	x_4	−1	(1)	0	1	0	0	3	3	
	x_5	0	1	0	0	1	0	3	3	−1
	x_6	2	1	0	0	0	1	8	8	−1
	*	−1	−2↑	$\underline{0}$	$\underline{0}$	$\underline{0}$	$\underline{0}$	0	*	2
	x_3	2	0	1	−1	0	0	2	1	−2
→	x_2	−1	1	0	1	0	0	3		1
—	x_5	(1)	0	0	−1	1	0	0	0	
	x_6	3	0	0	−1	0	1	5	$\frac{5}{3}$	−3
	*	−3↑	$\underline{0}$	$\underline{0}$	2	$\underline{0}$	$\underline{0}$	6	*	3
←	x_3	0	0	1	(1)	−2	0	2	2	
	x_2	0	1	0	0	1	0	3		0
→	x_1	1	0	0	−1	1	0	0		1
	x_6	0	0	0	2	−3	1	5	$\frac{5}{2}$	−2
	*	$\underline{0}$	$\underline{0}$	$\underline{0}$	−1↑	3	$\underline{0}$	6	*	1
→	x_4	0	0	1	1	−2	0	2		
	x_2	0	1	0	0	1	0	3		
	x_1	1	0	1	0	−1	0	2		
	x_6	0	0	−2	0	1	1	1		
	*	$\underline{0}$	$\underline{0}$	1	$\underline{0}$	1	$\underline{0}$	8	*	

Die Bildung von Zyklen ist in der Praxis der linearen Optimierung jedoch sehr selten. Vielmehr hat die Angabe eines ersten Beispiels mit Zyklenbildung sogar erhebliche Schwierigkeiten bereitet. Trotzdem hat man der theoretischen Untersuchung solcher Zyklen bei ausgearteten Aufgaben große Beachtung geschenkt. Dabei ergaben sich u. a. folgende Ergebnisse [39]:

1. Ein Zyklus kann nur auftreten, wenn der Beschränkungsvektor der linearen Optimierungsaufgabe als Linearkombination von $m - 2$ oder weniger Vektoren der Nebenbedingungen darstellbar ist.
2. Ein Zyklus muß aus mindestens sechs Schritten bestehen.

Diese notwendigen, aber keineswegs hinreichenden Bedingungen erklären, warum die Bildung von Zyklen so selten ist.

Es gibt verschiedene Möglichkeiten (siehe dazu etwa [4]), eine Zyklenbildung zu verhindern. Das mathematisch strenge Vorgehen der *lexikographischen Methode* von DANTZIG und die im Prinzip gleichartige *Störungstechnik* von CHARNES und COOPER (vgl. etwa [15]) machen eine recht aufwendige Erweiterung der Simplexmethode erforderlich. Da andererseits, wie bereits bemerkt, die Gefahr der Zyklenbildung sehr gering ist, begnügt man sich in der Praxis meist mit folgender Regel:

Von den in Frage kommenden Basisvariablen wird die Basisvariable mit kleinstem Index zur Nichtbasisvariablen gemacht.

Diese vereinfachte Regel reicht im allgemeinen völlig aus, um eine Zyklenbildung zu verhindern, obwohl das mathematisch nicht gesichert werden kann.

Ein anderes in der Praxis viel verwendetes Vorgehen bestimmt im Falle des Auftretens mehrerer minimaler Quotienten durch Zufallsauswahl die Basisvariable, die gegen eine Nichtbasisvariable ausgetauscht werden soll. Man spricht dann auch von der *Methode der zufälligen Auswahl.* Dadurch wird faktisch vermieden, daß man auf unbegrenzte Zeit einen Zyklus wiederholt, selbst wenn man am Anfang in einen solchen hineingeraten ist.

3.9. Mehrdeutige Optimallösungen. Wir haben bereits in Kapitel I gesehen, daß eine lineare Optimierungsaufgabe genau eine, aber auch unendlich viele Optimallösungen besitzen kann. Wie läßt sich nun im optimalen Simplextableau erkennen, ob die lineare Optimierungsaufgabe nicht nur eine Optimallösung besitzt? Dann müssen unter den nicht unterstrichenen Zahlen in der Grundzeile Nullen auftreten, so daß sich der Simplexprozeß fortsetzen läßt, indem man eine Nichtbasisvariable mit Nullkoeffizient ($d_{m+1,k} = 0$) zur Basisvariablen macht. Natürlich kann sich im folgenden Simplexschritt der Wert der Zielfunktion nicht vergrößern. Man gelangt so zu einer neuen optimalen zulässigen Basislösung oder zu der Erkenntnis, daß die Menge der optimalen Lösungen nicht beschränkt ist. Auf diese Weise ist es möglich, sich eine Übersicht über die Gesamtheit der optimalen Lösungen zu verschaffen.

Beispiel: Wir betrachten die lineare Optimierungsaufgabe

$$Z = 4x_1 + 4x_2 \quad \max.$$

$$\begin{aligned} x_1 + x_2 + x_3 &= 7 \\ 3x_1 + 2x_2 + x_4 &= 18 \\ x_1 + 3x_2 + x_5 &= 15 \end{aligned}$$

$$x_i \geqq 0, \; i = 1, 2, \ldots, 5,$$

die wir bereits in I.3.2 graphisch (allerdings ohne Übergang zur Normalform) gelöst haben. Der Simplexprozeß ist in Rechenschema 10 angeführt. Als Ausgangsvektor wird

$$x' = (0, 0, 7, 18, 15)$$

gewählt. Es ist leicht zu erkennen, daß das dritte Simplextableau optimal ist, da

Rechenschema 10:

	BV	x_1	x_2	x_3	x_4	x_5	x_0	Q	$-\uparrow$
	x_3	1	1	1	0	0	7	7	−1
←	x_4	(3)	2	0	1	0	18	6	
	x_5	1	3	0	0	1	15	15	−1
	*	$-4\uparrow$	−4	$\underline{0}$	$\underline{0}$	$\underline{0}$	0	*	4
←	x_3	0	($\frac{1}{3}$)	1	$-\frac{1}{3}$	0	1	3	
→	x_1	1	$\frac{2}{3}$	0	$\frac{1}{3}$	0	6	9	$-\frac{2}{3}$
	x_5	0	$\frac{7}{3}$	0	$-\frac{1}{3}$	1	9	$\frac{27}{7}$	$-\frac{7}{3}$
	*	$\underline{0}$	$-\frac{4}{3}\uparrow$	$\underline{0}$	$\frac{4}{3}$	$\underline{0}$	24	*	$\frac{4}{3}$
→	x_2	0	1	3	−1	0	3		1
	x_1	1	0	−2	1	0	4	4	−1
←	x_5	0	0	−7	(2)	1	2	1	
	*	$\underline{0}$	$\underline{0}$	4	$0\uparrow$	$\underline{0}$	28	*	0
	x_2	0	1	$-\frac{1}{2}$	0	$\frac{1}{2}$	4		
	x_1	1	0	$\frac{3}{2}$	0	$-\frac{1}{2}$	3		
→	x_4	0	0	$-\frac{7}{2}$	1	$\frac{1}{2}$	1		
	*	$\underline{0}$	$\underline{0}$	4	$\underline{0}$	0	28	*	

alle nicht unterstrichenen Zahlen nichtnegativ sind. Also stellt

$$x' = (4, 3, 0, 0, 2) \tag{55}$$

eine optimale zulässige Basislösung mit dem optimalen Wert $Z = 28$ für die Zielfunktion dar. Nun gibt es aber unter den nicht unterstrichenen Zahlen der Grundzeile des dritten Tableaus eine Null (sie steht in der Spalte x_4). Das weist auf das Vorliegen weiterer Optimallösungen hin. Wir können die vierte Spalte zur Pfeilspalte machen und den Simplexprozeß fortsetzen. Dadurch erhalten wir eine weitere optimale zulässige Basislösung.

$$x' = (3, 4, 0, 1, 0). \tag{56}$$

Natürlich hat sich durch diesen Simplexschritt der Wert der Zielfunktion nicht verändert. Auch das vierte Tableau enthält in der Grundzeile eine Null, jedoch würde uns eine Fortsetzung des Simplexprozesses wieder zu (55) zurückführen. Nach den allgemeinen Überlegungen in II. 3.2 ist damit die Gesamtheit der optimalen Lösungen eine konvexe Linearkombination der optimalen zulässigen Basislösungen (55) und (56).

Beispiel: Untersuchen wir noch die Lösungsmannigfaltigkeit der linearen Optimierungsaufgabe

$$\begin{aligned} Z &= -3x_1 + 9x_2 \quad \max. \\ -2x_1 + 3x_2 + x_3 &= 6 \\ -x_1 + 3x_2 \qquad + x_4 &= 9 \\ x_i \geqq 0, \ i &= 1, 2, \ldots, 4, \end{aligned}$$

die bereits in I.3.2 (ohne Übergang zur Normalform) Gegenstand unserer Betrachtungen war (beachte auch Abb. 16 von Kapitel I). Als Ausgangsvektor wählen wir

$$x' = (0, 0, 6, 9).$$

Der Lösungsprozeß ist in Rechenschema 11 zu finden. Das letzte Simplextableau ist optimal, so daß

$$x' = (3, 4, 0, 0)$$

eine optimale zulässige Basislösung darstellt. Unter den nicht unterstrichenen Zahlen der Grundzeile gibt es eine Null (in der Spalte x_3) und damit weitere Optimallösungen. Setzen wir den Simplexprozeß fort, indem wir x_3 zur Pfeilspalte

Rechenschema 11:

	BV	x_1	x_2	x_3	x_4	x_0	Q	$-\uparrow$
←	x_3	-2	$\textcircled{3}$	1	0	6	2	
	x_4	-1	3	0	1	9	3	-3
	*	3	$-9\uparrow$	$\underline{0}$	$\underline{0}$	0	*	9
→	x_2	$-\frac{2}{3}$	1	$\frac{1}{3}$	0	2		$\frac{2}{3}$
←	x_4	$\textcircled{1}$	0	-1	1	3	3	
	*	$-3\uparrow$	$\underline{0}$	3	$\underline{0}$	18	*	3
	x_2	0	1	$-\frac{1}{3}$	$\frac{2}{3}$	4		
→	x_1	1	0	-1	1	3		
	*	$\underline{0}$	$\underline{0}$	$0\uparrow$	3	27	*	

machen, stellen wir fest, daß in dieser Spalte keine positive Zahl existiert. Der Simplexprozeß muß abgebrochen werden. Die Optimallösungen liegen auf einem Strahl, der von der berechneten optimalen zulässigen Basislösung ausgeht (beachte auch II.3.2).

3.10. Lösung der dualen Aufgabe. In § 4 von Kap. II haben wir einen engen Zusammenhang zwischen der primalen und dualen Aufgabe erkannt. Diese Beziehungen zwischen den beiden Aufgaben werden durch die Tatsache vertieft, daß durch Anwendung der Simplexmethode nicht nur die gegebene (primale), sondern faktisch auch die dazu duale Aufgabe gelöst wird. Um diese Aussage zu begründen, müssen wir uns zunächst noch ergänzend mit der Dualitätstheorie beschäftigen.

Wie in II.4 betrachten wir die primale Aufgabe

$$\left.\begin{array}{l} Z = c_1x_1 + c_2x_2 + \cdots + c_nx_n \max. \\ a_{11}x_1 + a_{12}x_2 + \cdots + a_{1n}x_n = b_1 \\ a_{21}x_1 + a_{22}x_2 + \cdots + a_{2n}x_n = b_2 \\ \cdots\cdots\cdots\cdots\cdots\cdots\cdots\cdots\cdots \\ a_{m1}x_1 + a_{m2}x_2 + \cdots + a_{mn}x_n = b_m \\ \quad x_i \geqq 0,\ i = 1, 2, \ldots, n \end{array}\right\} \tag{57}$$

und die duale Aufgabe

$$\left.\begin{array}{l} \hat{Z} = b_1\hat{x}_1 + b_2\hat{x}_2 + \cdots + b_m\hat{x}_m \min. \\ a_{11}\hat{x}_1 + a_{21}\hat{x}_2 + \cdots + a_{m1}\hat{x}_m \geqq c_1 \\ a_{12}\hat{x}_1 + a_{22}\hat{x}_2 + \cdots + a_{m2}\hat{x}_m \geqq c_2 \\ \cdots\cdots\cdots\cdots\cdots\cdots\cdots\cdots\cdots \\ a_{1n}\hat{x}_1 + a_{2n}\hat{x}_2 + \cdots + a_{mn}\hat{x}_m \geqq c_n. \end{array}\right\} \tag{58}$$

Satz 9: *Eine zulässige Lösung x der primalen Aufgabe* (57) *ist dann und nur dann eine optimale Lösung von* (57), *wenn es eine zulässige Lösung $\hat{x}$ der dualen Aufgabe* (58) *mit folgenden Eigenschaften gibt:*

1. Für alle positiven Komponenten $x_j > 0$ der zulässigen Lösung x gilt

$$a_{1j}\hat{x}_1 + a_{2j}\hat{x}_2 + \cdots + a_{mj}\hat{x}_m = c_j.$$

2. Für alle Indizes j mit

$$a_{1j}\hat{x}_1 + a_{2j}\hat{x}_2 + \cdots + a_{mj}\hat{x}_m > c_j$$

ist

$$x_j = 0.$$

Dann ist auch $\hat{x}$ eine optimale Lösung von (58).

Beweis: Wir untersuchen, ob unter den gemachten Voraussetzungen die Beziehung

$$Z(x) = \hat{Z}(\hat{x})$$

gefolgert werden kann. Dann ist nach Satz 28 von Kapitel II die Behauptung bewiesen. Unter Verwendung der bekannten Matrizenschreibweise für die primale und duale Aufgabe ist

$$\hat{Z}(\hat{x}) - Z(x) = b'\hat{x} - c'x.$$

Dafür können wir wegen $Ax = b$ und einfacher Gesetze der Matrizenrechnung

$$\begin{aligned}\hat{Z}(\hat{x}) - Z(x) &= (Ax)'\hat{x} - c'x\\ &= x'A'\hat{x} - c'x\\ &= \hat{x}'Ax - c'x\\ &= (\hat{x}'A - c')x\\ &= \sum_{i=1}^{n} (a_{1i}\hat{x}_1 + a_{2i}\hat{x}_2 + \cdots + a_{mi}\hat{x}_m - c_i)x_i\end{aligned}$$

schreiben. Die Vektoren x und $\hat{x}$ genügen den Ungleichungen

$$\hat{x}'A - c \geqq 0, \; x \geqq 0,$$

so daß die Summe genau dann gleich Null ist, wenn für jeden Summanden

$$(a_{1i}\hat{x}_1 + a_{2i}\hat{x}_2 + \cdots + a_{mi}\hat{x}_m - c_i)\,x_i = 0, \quad i = 1, 2, \ldots, n$$

gilt. Daraus folgt die Aussage des Satzes.

Wir überlegen uns jetzt, wie mit Hilfe dieses Satzes die Lösung der dualen Aufgabe gefunden werden kann. Dazu nehmen wir an, daß eine optimale zulässige Basislösung x der primalen Aufgabe berechnet wurde. Bezeichnet I die Indexmenge der Basisvariablen von x, finden wir eine optimale Lösung $\hat{x}$ des Dualproblems als Lösung des Gleichungssystems

$$a_{1j}\hat{x}_1 + a_{2j}\hat{x}_2 + \cdots + a_{mj}\hat{x}_m = c_j, \quad i \in I.$$

Beispiel: Die Lösung der primalen Aufgabe

$$\begin{aligned}Z = 4x_1 + 3x_2 \quad \text{max.}\\ x_1 + x_2 \qquad\qquad = 7\\ 3x_1 + 2x_2 + x_3 \qquad = 18\\ x_1 + 3x_2 \qquad + x_4 = 15\\ x_i \geqq 0, \; i = 1, 2, \ldots, 4\end{aligned}$$

ist in Rechenschema 12 angegeben. Dabei wurde von der zulässigen Basislösung

$$x' = (3, 4, 1, 0)$$

ausgegangen. Im vorbereitenden Schritt werden die Nebenbedingungen und die Zielfunktion in die Gestalt

$$\begin{aligned}Z = 24 + \frac{1}{2}x_4 \quad \text{max.}\\ x_1 \qquad - \frac{1}{2}x_4 = 3\\ x_2 \quad + \frac{1}{2}x_4 = 4\\ x_3 + \frac{1}{2}x_4 = 1\end{aligned}$$

Rechenschema 12:

	BV	x_1	x_2	x_3	x_4	x_0	Q	$-\uparrow$
	x_1	1	0	0	$-\frac{1}{2}$	3		$\frac{1}{2}$
	x_2	0	1	0	$\frac{1}{2}$	4	8	$-\frac{1}{2}$
←	x_3	0	0	1	$\textcircled{\frac{1}{2}}$	1	2	
	*	$\underline{0}$	$\underline{0}$	$\underline{0}$	$-\frac{1}{2}\uparrow$	24	*	$\frac{1}{2}$
	x_1	1	0	1	0	4		
	x_2	0	1	−1	0	3		
→	x_4	0	0	2	1	2		
	*	$\underline{0}$	$\underline{0}$	1	$\underline{0}$	25	*	

umgeformt. Wir finden die optimale zulässige Basislösung

$$x' = (4, 3, 0, 2)$$

und den Maximalwert $Z = 25$ für die Zielfunktion.

Die optimale Lösung der dualen Aufgabe

$$\hat{Z} = 7\hat{x}_1 + 18\hat{x}_2 + 15\hat{x}_3 \quad \text{min}.$$
$$\hat{x}_1 + 3\hat{x}_2 + \hat{x}_3 \geqq 4$$
$$\hat{x}_1 + 2\hat{x}_2 + 3\hat{x}_3 \geqq 3$$
$$\hat{x}_2 \geqq 0$$
$$\hat{x}_3 \geqq 0$$

kann wie folgt ermittelt werden: Die optimale Lösung der Primalaufgabe besitzt die Basisvariablen x_1, x_2, x_4, so daß die Indexmenge I die Zahlen 1, 2, 4 enthält. Also muß von der optimalen Lösung der Dualaufgabe die erste, zweite und vierte Nebenbedingung des dualen Problems in Gleichungsform erfüllt werden

$$\hat{x}_1 + 3\hat{x}_2 + \hat{x}_3 = 4$$
$$\hat{x}_1 + 2\hat{x}_2 + 3\hat{x}_3 = 3$$
$$\hat{x}_3 = 0.$$

Dieses Gleichungssystem besitzt die Lösung

$$\hat{x}_1 = \hat{x}_2 = 1, \quad \hat{x}_3 = 0.$$

Die optimale Lösung des Dualproblems ist

$$\hat{x} = (1, 1, 0)$$

mit dem Minimalwert $\hat{Z} = 25$ für die Zielfunktion.

Für die numerische Lösung linearer Optimierungsaufgaben ist besonders der Fall interessant, daß das Primalproblem in zweiter Normalform vorliegt

$$\begin{array}{l}
Z = c_1 x_1 + c_2 x_2 + \cdots + c_n x_n \quad \max. \\
a_{11} x_1 + a_{12} x_2 + \cdots + a_{1n} x_n \leqq b_1 \\
a_{21} x_1 + a_{22} x_2 + \cdots + a_{2n} x_n \leqq b_2 \\
\cdots\cdots\cdots\cdots\cdots\cdots\cdots\cdots \\
a_{m1} x_1 + a_{m2} x_2 + \cdots + a_{mn} x_n \leqq b_m \\
x_i \geqq 0, \; i = 1, 2, \ldots, n.
\end{array}$$

Die erste Normalform des Primalproblems lautet

$$\left.\begin{array}{llllll}
Z = c_1 x_1 + c_2 x_2 + \cdots + c_n x_n \quad \max. & & & & & \\
a_{11} x_1 + a_{12} x_2 + \cdots + a_{1n} x_n & + x_{n+1} & & & = & b_1 \\
a_{21} x_1 + a_{22} x_2 + \cdots + a_{2n} x_n & & + x_{n+2} & & = & b_2 \\
\cdots\cdots\cdots\cdots\cdots\cdots & & & \ddots & & \vdots \\
a_{m1} x_1 + a_{m2} x_2 + \cdots + a_{mn} x_n & & & + x_{n+m} & = & b_m \\
x_i \geqq 0, \; i = 1, 2, \ldots, n + m. & & & & &
\end{array}\right\} \quad (59)$$

Man beachte, daß in (59) die Zahl der Variablen gleich $n + m$ ist. Wie in II.4.3 finden wir für das zugehörige Dualproblem

$$\left.\begin{array}{l}
\hat{Z} = b_1 \hat{x}_1 + b_2 \hat{x}_2 + \cdots + b_m \hat{x}_m \quad \min. \\
a_{11} \hat{x}_1 + a_{21} \hat{x}_2 + \cdots + a_{m1} \hat{x}_m \geqq c_1 \\
a_{12} \hat{x}_1 + a_{22} \hat{x}_2 + \cdots + a_{m2} \hat{x}_m \geqq c_2 \\
\cdots\cdots\cdots\cdots\cdots\cdots\cdots\cdots \\
a_{1n} \hat{x}_1 + a_{2n} \hat{x}_2 + \cdots + a_{mn} \hat{x}_m \geqq c_n \\
\hat{x}_1 \geqq 0 \\
\quad \hat{x}_2 \geqq 0 \\
\quad\quad \ddots \quad \vdots \\
\quad\quad\quad \hat{x}_m \geqq 0
\end{array}\right\} \quad (60)$$

und für die erste Normalform des Dualproblems

$$\left.\begin{array}{llllll}
\hat{Z} = -b_1 \hat{x}_1 - b_2 \hat{x}_2 - \cdots - b_m \hat{x}_m \quad \max. & & & & & \\
a_{11} \hat{x}_1 + a_{21} \hat{x}_2 + \cdots + a_{m1} \hat{x}_m & - \hat{x}_{m+1} & & & = & c_1 \\
a_{12} \hat{x}_1 + a_{22} \hat{x}_2 + \cdots + a_{m2} \hat{x}_m & & - \hat{x}_{m+2} & & = & c_2 \\
\cdots\cdots\cdots\cdots\cdots\cdots & & & \ddots & & \vdots \\
a_{1n} \hat{x}_1 + a_{2n} \hat{x}_2 + \cdots + a_{mn} \hat{x}_m & & & - \hat{x}_{m+n} & = & c_n \\
\hat{x}_i \geqq 0, \; i = 1, 2, \ldots, n + m. & & & & &
\end{array}\right\} \quad (61)$$

Durch Anwendung des Simplexverfahrens möge eine optimale zulässige Basislösung des Primalproblems ermittelt worden sein. Wir erklären zwei Indexmengen

$$I = \{1, 2, \dots, n\}, \; \bar{I} = \{1, 2, \dots, m\}$$

und teilen die Variablen $x_1, x_2, \dots, x_{n+m}$ der primalen Aufgabe in die Modellvariablen $x_1, x_2, \dots, x_n$ und Schlupfvariablen $x_{n+1}, x_{n+2}, \dots, x_{n+m}$ auf.

Ist in der optimalen zulässigen Basislösung der Primalaufgabe eine Variable $x_j > 0, j \in I$, muß nach Satz 9 für die optimale Lösung der Dualaufgabe (60)

$$a_{1j}\hat{x}_1 + a_{2j}\hat{x}_2 + \cdots + a_{mj}\hat{x}_m = c_j, \; j \in I$$

gelten. Das bedeutet aber, daß in (61)

$$\hat{x}_{m+j} = 0, \; j \in I$$

sein muß.

Ist in der optimalen zulässigen Basislösung der Primalaufgabe eine Schlupfvariable $x_{n+j} > 0, j \in \bar{I}$, muß aus dem gleichen Grunde

$$\hat{x}_j = 0, \quad j \in \bar{I}$$

gelten (die $(n + j)$-te Nebenbedingung in (60) ist nämlich $\hat{x}_j \geqq 0$).

Berücksichtigen wir diese Bemerkungen, erkennen wir, daß sich der Satz 9 für die Aufgaben (59), (61) wie folgt formulieren läßt:

Satz 10: *Eine zulässige Lösung x der primalen Aufgabe* (59) *ist dann und nur dann eine optimale Lösung von* (59), *wenn es eine zulässige Lösung $\hat{x}$ der dualen Aufgabe* (61) *mit folgenden Eigenschaften gibt:*

1. *Für alle positiven Komponenten $x_j > 0, j \in I$ der zulässigen Lösung x gilt*

$$\hat{x}_{m+j} = 0.$$

2. *Für alle Indizes $j, j \in I$ mit $\hat{x}_{m+j} > 0$ ist*

$$x_j = 0.$$

3. *Für alle positiven Komponenten $x_{n+i} > 0, i \in \bar{I}$ der zulässigen Lösung x gilt*

$$\hat{x}_i = 0.$$

4. *Für alle Indizes $i, i \in \bar{I}$ mit $\hat{x}_i > 0$ ist*

$$x_{n+i} = 0.$$

Dann stellt auch $\hat{x}$ eine optimale Lösung von (61) *dar.*

Man kann dem optimalen Simplextableau der primalen Aufgabe (59) nicht nur eine optimale Lösung von (59), sondern auch eine optimale Lösung des Dualproblems (61) entnehmen. Dabei ordnen wir, wie in Rechenschema 13 veranschaulicht (dem optimalen Tableau ist eine Zeile mit den Dualvariablen angefügt), den Modellvariablen $x_1, x_2, \dots, x_n$ der Primalaufgabe (59) die Schlupfvariablen $\hat{x}_{m+1}, \hat{x}_{m+2}, \dots, \hat{x}_{m+n}$ der Dualaufgabe (61) und den Schlupfvariablen $x_{n+1}, x_{n+2}, \dots, x_{n+m}$ die Modellvariablen $\hat{x}_1, \hat{x}_2, \dots, \hat{x}_m$ zu.

Rechenschema 13:

BV	x_1	x_2	$\cdots$	x_n	x_{n+1}	x_{n+2}	$\cdots$	x_{n+m}	x_0	Q	$-\uparrow$
x_{s_1}											
$\vdots$											
x_{s_m}											
$*$	$\tilde{d}_{m+1,1}$	$\tilde{d}_{m+1,2}$	$\cdots$	$\tilde{d}_{m+1,n}$	$\tilde{d}_{m+1,n+1}$	$\tilde{d}_{m+1,n+2}$	$\cdots$	$\tilde{d}_{m+1,n+m}$	$\tilde{d}_{m+1,0}$	$*$	
	$\hat{x}_{m+1}$	$\hat{x}_{m+2}$	$\cdots$	$\hat{x}_{m+n}$	$\hat{x}_1$	$\hat{x}_2$	$\cdots$	$\hat{x}_m$			

Ohne Beweis (vergleiche dazu [44]) teilen wir hier nur mit, daß der Grundzeile des optimalen Tableaus die optimale Lösung des Dualproblems entnommen werden kann, und zwar

$$\left.\begin{aligned} \hat{x}_{m+j} &= \tilde{d}_{m+1,j}, & j &= 1, 2, \ldots, n \\ \hat{x}_i &= \tilde{d}_{m+1,n+i}, & i &= 1, 2, \ldots, m \end{aligned}\right\} \qquad (62)$$

gilt. Selbstverständlich ist wegen der Übereinstimmung der Optimalwerte der Aufgaben des dualen Paares

$$\hat{Z}_{\min} = \tilde{d}_{m+1,0}.$$

Man beachte, daß nach den Dualitätssätzen von II.4.2 die duale Aufgabe eine optimale Lösung besitzen muß, da dieses von der Primalaufgabe vorausgesetzt wurde.

Satz 11: *Der Grundzeile des optimalen Tableaus der linearen Optimierungsaufgabe* (59) *kann entsprechend* (62) *eine optimale Lösung der dualen Aufgabe* (61) *entnommen werden.*

In diesem Zusammenhang formulieren wir noch ein anderes Ergebnis, das sich unmittelbar aus diesen Gedankengängen begründet.

Satz 12: *Die lineare Optimierungsaufgabe* (59) *besitzt dann und nur dann mehrere optimale Lösungen, wenn die optimale Lösung der dualen Aufgabe* (61) *ausgeartet ist. Entsprechendes gilt für die duale Aufgabe* (61).

Dazu haben wir uns lediglich zu überlegen, daß, falls die primale Aufgabe mehrere optimale Lösungen besitzt, nach 3.9 in der Grundzeile des optimalen Tableaus mehr als m Nullen stehen müssen. Wegen Satz 11 muß dann die optimale Lösung der dualen Aufgabe weniger als n positive Komponenten haben und folglich ausarten. Ebenso ergibt sich aus der Ausartung der optimalen Lösung des Dualproblems die Möglichkeit der Fortsetzung des Simplexprozesses zur Konstruktion weiterer optimaler Lösungen der primalen Aufgabe. Zu den gleichen Ergebnissen werden wir geführt, wenn wir den Simplexprozeß für die duale Aufgabe durchführen.

Es sollen diese Überlegungen für die in Rechenschema 10 gelöste lineare Optimierungsaufgabe verdeutlicht werden. Bereits das dritte Tableau ist optimal, und der Grundzeile kann die optimale Lösung

$$\hat{x}' = (4, 0, 0, 0, 0) \tag{63}$$

der dualen Aufgabe

$$\hat{Z} = 7\hat{x}_1 + 18\hat{x}_2 + 15\hat{x}_3 \quad \min.$$
$$\hat{x}_1 + 3\hat{x}_2 + \hat{x}_3 + \hat{x}_4 = 4$$
$$\hat{x}_1 + 2\hat{x}_2 + 3\hat{x}_3 + \hat{x}_5 = 4$$
$$\hat{x}_i \geqq 0, \; i = 1, 2, \ldots, 5$$

entnommen werden. Das Dualproblem hat zwei Nebenbedingungen, die optimale Lösung aber nur eine positive Komponente. Folglich entartet die optimale Lösung der Dualaufgabe. Der Simplexprozeß in Rechenschema 10 kann fortgesetzt werden. Wir erhalten eine optimale zulässige Basislösung der Primalaufgabe. Die Grundzeile des vierten Tableaus in Rechenschema 10 enthält wieder die optimale Lösung (63) des Dualproblems.

Zum Abschluß unserer Betrachtungen wollen wir an Hand eines Beispiels veranschaulichen, wie die gewonnenen Erkenntnisse zur numerischen Lösung linearer Optimierungsaufgaben herangezogen werden können.

Beispiel: Die lineare Optimierungsaufgabe

$$Z = x_1 + 3x_2 \quad \min.$$
$$5x_1 + x_2 \geqq 9$$
$$x_1 + x_2 \geqq 5$$
$$x_1 + 2x_2 \geqq 7$$
$$x_1 \geqq 0, \; x_2 \geqq 0$$

besitzt die erste Normalform

$$Z = -x_1 - 3x_2 \quad \max.$$
$$5x_1 + x_2 - x_3 = 9$$
$$x_1 + x_2 - x_4 = 5$$
$$x_1 + 2x_2 - x_5 = 7$$
$$x_i \geqq 0, \; i = 1, 2, \ldots, 5.$$

Eine erste zulässige Basislösung ist bei Aufgaben dieses Typs jedoch nicht unmittelbar erkennbar. Geht man zum Dualproblem

$$\hat{Z} = 9\hat{x}_1 + 5\hat{x}_2 + 7\hat{x}_3 \quad \max.$$
$$5\hat{x}_1 + \hat{x}_2 + \hat{x}_3 \leqq 1$$
$$\hat{x}_1 + \hat{x}_2 + 2\hat{x}_3 \leqq 3$$
$$\hat{x}_i \geqq 0, \; i = 1, 2, 3$$

über, dessen erste Normalform

$$\hat{Z} = 9\hat{x}_1 + 5\hat{x}_2 + 7\hat{x}_3 \quad \max.$$
$$5\hat{x}_1 + \hat{x}_2 + \hat{x}_3 + \hat{x}_4 = 1$$
$$\hat{x}_1 + \hat{x}_2 + 2\hat{x}_3 + \hat{x}_5 = 3$$
$$\hat{x}_i \geqq 0, \; i = 1, 2, \ldots, 5$$

ist, kann sofort eine erste zulässige Basislösung

$$\hat{x}' = (0, 0, 0, 1, 3)$$

angegeben werden. Da es gleich ist, ob wir die primale oder duale Aufgabe nach der Simplexmethode lösen, können wir beim Simplexprozeß vom Dualproblem ausgehen. Der Rechenprozeß ist in Rechenschema 14 festgehalten. Das dritte Tableau ist optimal. Folglich steht in der Grundzeile die gesuchte optimale Lösung unserer primalen Aufgabe. Zur besseren Übersicht haben wir entsprechend Rechenschema 13 die Zuordnung der Variablen angefügt. Für die optimale Lösung der vorgelegten linearen Optimierungsaufgabe finden wir mit (62)

$$x_1 = 7, x_2 = 0, x_3 = 26, x_4 = 2, x_5 = 0.$$

Das betrachtete Beispiel weist allgemein auf Vorteile hin, die ein Übergang zum Dualproblem mit sich bringen kann. Haben wir lineare Optimierungsaufgaben

Rechenschema 14:

	BV	$\hat{x}_1$	$\hat{x}_2$	$\hat{x}_3$	$\hat{x}_4$	$\hat{x}_5$	$\hat{x}_0$	Q	$-\uparrow$
←	$\hat{x}_4$	(5)	1	1	1	0	1	$\frac{1}{5}$	
	$\hat{x}_5$	1	1	2	0	1	3	3	-1
	*	$-9\uparrow$	-5	-7	$\underline{0}$	$\underline{0}$	0	*	9
⇆	$\hat{x}_1$	1	$\frac{1}{5}$	($\frac{1}{5}$)	$\frac{1}{5}$	0	$\frac{1}{5}$	1	
	$\hat{x}_5$	0	$\frac{4}{5}$	$\frac{9}{5}$	$-\frac{1}{5}$	1	$\frac{14}{5}$	$\frac{14}{9}$	$-\frac{9}{5}$
	*	$\underline{0}$	$-\frac{16}{5}$	$-\frac{26}{5}\uparrow$	$\frac{9}{5}$	$\underline{0}$	$\frac{9}{5}$	*	$\frac{26}{5}$
→	$\hat{x}_3$	5	1	1	1	0	1		
	$\hat{x}_5$	-9	-1	0	-2	1	1		
	*	26	2	$\underline{0}$	7	$\underline{0}$	7	*	
		x_3	x_4	x_5	x_1	x_2			

der Gestalt

$$\min \{c'x \mid Ax \geqq b, x \geqq 0\}$$

zu lösen, bei denen die Koeffizienten in der Zielfunktion nichtnegativ sind ($c \geqq 0$), ist meist der Übergang zum Dualproblem

$$\max \{b'\hat{x} \mid A'\hat{x} \leqq c, \hat{x} \geqq 0\}$$

günstig, weil sofort eine erste zulässige Basislösung angegeben werden kann.

3.11. Beziehungen zum Austauschverfahren. Bei der Simplextransformation haben wir in den Nebenbedingungen und in der Zielfunktion (beachte die Bezeichnungsweise von 2.1)

$$\begin{array}{lllll}
x_{s_1} = d_{10} & -d_{1q_1}x_{q_1} & - \cdots - d_{1k}x_k & - \cdots - d_{1q_{n-m}}x_{q_{n-m}} \\
\cdots\cdots & & & \\
x_{s_r} = d_{r0} & -d_{rq_1}x_{q_1} & - \cdots - d_{rk}x_k & - \cdots - d_{rq_{n-m}}x_{q_{n-m}} \\
\cdots\cdots & & & \\
x_{s_m} = d_{m0} & -d_{mq_1}x_{q_1} & - \cdots - d_{mk}x_k & - \cdots - d_{mq_{n-m}}x_{q_{n-m}} \\
Z = d_{m+1,0} & -d_{m+1,q_1}x_{q_1} & - \cdots - d_{m+1,k}x_k & - \cdots - d_{m+1,q_{n-m}}x_{q_{n-m}}
\end{array}$$

einen Austausch der Nichtbasisvariablen x_k gegen die Basisvariable x_{s_r} vorgenommen. Sehen wir einmal von der unterschiedlichen Bezeichnungsweise ab, so handelt es sich um die Aufgabenstellung des Austauschverfahrens, das in Kap. V von Bd. 1 beschrieben wurde. Man kann daher sagen, daß in jedem Simplexschritt ein *Austauschschritt* erfolgt. Das Element d_{rk} der Simplextheorie ist das *Pivotelement*. Die Pfeilspalte ist *Pivotspalte* und die Hauptzeile die *Pivotzeile*. Unserer Hilfsrechenzeile entspricht die *Kellerzeile* des Austauschverfahrens. Die Organisation der Simplextransformation beim verkürzten Simplextableau in 3.7 (Teilschritt 8 und 9) stimmt völlig mit den Transformationsformeln des Austauschverfahrens überein; denn abgesehen von der Bezeichnungsweise, ergeben sich Unterschiede nur im Vorzeichen, die in der unterschiedlichen Gestalt der verwendeten Linearformen begründet sind. Beim Simplexprozeß in 3.2 ist diese Beziehung zum Austauschverfahren nicht so ausgeprägt, da dort eine gesonderte Transformationsvorschrift für die Elemente der Pivotspalte (Pfeilspalte) entfiel.

Wir haben in diesem Kapitel den Simplexprozeß unabhängig vom Austauschverfahren beschrieben, weil wir nicht unbedingt diese Ergebnisse als bekannt voraussetzen wollten. Daher begnügen wir uns hier mit dem Hinweis, daß die Simplextransformation eigentlich ein uns bekannter algebraischer Rechenprozeß ist. Deshalb verwendet man in der Literatur bei der Beschreibung des Simplexverfahrens vielfach die Bezeichnungsweise des Austauschverfahrens. Es sei aber nachdrücklich darauf hingewiesen, daß das in Kap. V von Bd. 1 bestehende Anliegen, die Genauigkeit der Verfahren durch Pivotwahl zu steigern, beim Simplexprozeß nicht erreicht wird. Die Wahl des Pivots d_{rk} ist nicht Gegenstand der Simplextransformation (Teilschritt 8 und 9), sondern der vorbereitenden Teilschritte und erfolgt unter völlig anderen Gesichtspunkten.

Die Beziehung zum Austauschverfahren eröffnet uns eine weitere Möglichkeit der *Rechenkontrolle*, die wir hier für das verkürzte Simplextableau erläutern (beim ausführlichen Simplextableau ist eine Spaltensummenkontrolle (siehe etwa [12]) geeigneter, die wir in Bd. 1 nicht behandelt haben). Die Rechenkontrolle des Austauschverfahrens kontrolliert zwar nur die Simplextransformation und bezieht sich damit nicht auf den gesamten Simplexprozeß. Jedoch wird der weitaus größte Rechenaufwand durch die Simplextransformation verursacht. Andererseits ist diese Rechenkontrolle keineswegs so aufwendig wie die in 3.5 angegebene umfassende Rechenkontrolle.

Das verkürzte Simplextableau wird um eine Kontrollspalte K hinter der Spalte x_0 erweitert, welche die Zahlen $\sigma_1, \sigma_2, \ldots, \sigma_m$ enthält, die entsprechend der Gleichung

$$-\sum_{j \in I'} d_{ij} + d_{i0} + \sigma_i = 1, \quad i = 1, 2, \ldots, m + 1 \tag{64}$$

gebildet werden. Dabei werden die in der Theorie der Simplexmethode eingeführten Bezeichnungen verwendet. Die Berechnung der Zahlen σ_i erfolgt wie in V.1.3 von Bd. 1 begründet. Zu berücksichtigen ist lediglich, daß im Gegensatz zur Schreibweise in Bd. 1 die Nichtbasisvariablen auf der linken Seite des Gleichungs-

Rechenschema 15:

	BV	x_1	x_2	x_0	K	Q	$-\uparrow$
	x_3	1	1	7	−4	7	−1
←	x_4	(3)	2	18	−12	6	
	x_5	1	3	15	−10	15	−1
	*	−4↑	−3	0	−6	*	4
		x_4	x_2	x_0	K	Q	$-\uparrow$
←	x_3	$-\frac{1}{3}$	$\left(\frac{1}{3}\right)$	1	0	3	
→	x_1	$\frac{1}{3}$	$\frac{2}{3}$	6	−4	9	$-\frac{2}{3}$
	x_5	$-\frac{1}{3}$	$\frac{7}{3}$	9	−6	$\frac{27}{7}$	$-\frac{7}{3}$
	*	$\frac{4}{3}$	$-\frac{1}{3}\uparrow$	24	−22	*	$\frac{1}{3}$
		x_4	x_3	x_0	K	Q	$-\uparrow$
→	x_2	−1	3	3	0		
	x_1	1	−2	4	−4		
	x_5	2	−7	2	−6		
		1	1	25	−22	*	

systems stehen und daher ihre Koeffizienten in (64) mit negativen Vorzeichen eingehen. Die Zahlen σ_i, $i = 1, 2, \ldots, m$ werden dem üblichen Prozeß der Simplextransformation (des Austauschschrittes) unterworfen. Die transformierten Zahlen bezeichnen wir mit $\tilde{\sigma}_i$, $i = 1, 2, \ldots, m$. Nach den Überlegungen in Bd. 1 muß dann die Kontrollgleichung

$$-\sum_{j\in\bar{I}'} \tilde{d}_{ij} + \tilde{d}_{i0} + \tilde{\sigma}_i = 1, \quad i = 1, 2, \ldots, m+1$$

bestehen.

Beispiel: Wir erläutern die Rechenkontrolle für die in 3.7 gelöste lineare Optimierungsaufgabe (vergleiche Rechenschema 8 mit Rechenschema 15). Die Berechnung der Zahlen σ_i erfolgt wegen (64) entsprechend den Gleichungen

$$\begin{aligned}
-(1+1) \quad &+ \;\;7 + \sigma_1 = 1, \; \sigma_1 = -\;\,4,\\
-(3+2) \quad &+ 18 + \sigma_2 = 1, \; \sigma_2 = -12,\\
-(1+3) \quad &+ 15 + \sigma_3 = 1, \; \sigma_3 = -10,\\
-(-4\;-3) \; &+ \;\;0 + \sigma_4 = 1, \; \sigma_4 = -\;\,6.
\end{aligned}$$

Nach dem üblichen Prozeß der Simplextransformation berechnen wir

$$\begin{aligned}
\tilde{\sigma}_2 &= -\frac{12}{3} = -4,\\
\tilde{\sigma}_1 &= -4 + (-1)(-4) = 0,\\
\tilde{\sigma}_3 &= -10 + (-1)(-4) = -6,\\
\tilde{\sigma}_4 &= -6 + 4(-4) = -22.
\end{aligned}$$

Jetzt können wir im zweiten Tableau die Gültigkeit der Kontrollgleichungen

$$\begin{aligned}
-\left(-\frac{1}{3} + \frac{1}{3}\right) &+ \;\;1 + \;\;0 = 1,\\
-\left(\frac{1}{3} + \frac{2}{3}\right) &+ \;\;6 - \;\;4 = 1,\\
-\left(-\frac{1}{3} + \frac{7}{3}\right) &+ \;\;9 - \;\;6 = 1,\\
-\left(\frac{4}{3} - \frac{1}{3}\right) &+ 24 - 22 = 1
\end{aligned}$$

bestätigen. Die Zahlen in der Spalte K des zweiten Tableaus können dann für die Kontrolle der nächsten Simplextransformation verwendet werden. Entsprechend überzeugt man sich von der Gültigkeit der Kontrollgleichungen im dritten Tableau.

3.12. Der Informationsverlust bei der Simplexmethode. Im ersten Band, insbesondere in Kap. IX von Bd. 1, sind wir grundsätzlich auf die Problematik des Informationsverlustes im Prozeß der numerischen Datenverarbeitung eingegangen. Fast alle numerischen Verfahren liefern aus diesem Grunde nicht die mathematisch exakte Lösung, sondern nur eine mit Fehlern behaftete Näherungslösung. Auch die Simplexmethode bildet in dieser Beziehung keine Ausnahme. Zwar gehört sie zu den direkten Verfahren, die nach einem endlichen Algorithmus mathematisch zur exakten Lösung führen. Aber trotzdem gibt es viele Ursachen für das Auftreten und die Fortpflanzung von Rundungsfehlern. So wird die Berechnung der Zahlen in der Q-Spalte und Hilfsrechenzeile infolge der Divisionen meist nur näherungsweise möglich sein. In der Praxis wird die Wortlänge der verwendeten Rechenautomaten im allgemeinen nicht ausreichen, um die Operationen, insbesondere die Produktbildungen, die bei der Transformation der außerhalb der Hauptzeile stehenden Elemente auftreten, genau auszuführen. Mit der Größe des Rechenaufwandes wächst der Genauigkeitsverlust (über numerische Experimente berichtet z. B. [64]). Daher können nicht nur die berechnete Optimallösung und der ermittelte optimale Wert der Zielfunktion mit großen Fehlern behaftet sein, sondern auch die Zahlen in der Grundzeile von den tatsächlichen Werten so weit abweichen, daß der Optimalitätstest falsch beantwortet wird. Andererseits fehlt bis heute eine wirkungsvolle Möglichkeit der Abschätzung der Genauigkeit einer nach der Simplexmethode berechneten Optimallösung.

Es hat nicht an Versuchen gefehlt, den durch die Simplexmethode bewirkten Genauigkeitsverlust zu reduzieren. So hat Schoch [75] eine Modifikation des Simplexverfahrens angegeben, die eine Reduktion des Rundungsfehlers erwarten läßt, aber auch mit einem größeren Rechenaufwand verbunden ist. Nicht zuletzt aus diesem Grunde wurden andere Simplextechniken, wie z. B. die revidierte Simplexmethode (siehe Kap. IV), entwickelt. So interessant und wertvoll all diese Bemühungen sind, am Auftreten von Informationsverlusten durch den Prozeß der numerischen Datenverarbeitung können sie nichts ändern.

Neben diesen Versuchen, den Informationsverlust durch Gestaltung des Datenverarbeitungsprozesses zu senken, gibt es eine Möglichkeit, die Genauigkeit der ermittelten Näherungslösung durch die folgenden Überlegungen zu verbessern (siehe auch [19], [20]). Dieses Vorgehen ist nicht an die Simplexmethode gebunden. Die Korrektur der Näherungslösung knüpft an die Ausgangsdaten der linearen Optimierungsaufgabe (die ursprünglich vorgegebene Gestalt der Nebenbedingungen und der Zielfunktion) an und geht von dem Gedanken aus, nicht sämtliche durch den Lösungsprozeß gelieferte Informationen zu verwerten.

In jedem Falle erhalten wir durch den Lösungsprozeß folgende Angaben:

1. Einen Näherungswert für den optimalen Wert der Zielfunktion,
2. Eine Näherungslösung für die optimale Lösung,
3. Welche Komponenten der berechneten Näherungslösung Basisvariablen oder Nichtbasisvariablen sind.

Von diesen Informationen wollen wir nur die letzte verwenden. Wir verzichten also auf die Übernahme der optimalen Lösung und des Optimalwertes der Zielfunktion aus dem Lösungsprozeß der linearen Optimierungsaufgabe und nehmen nur an, daß uns der Lösungsprozeß die richtigen Basis- und Nichtbasisvariablen der Optimallösung angegeben hat. Diese Voraussetzung ist zwar mathematisch in keiner Weise gesichert. Jedoch ist sie mit einem geringeren Risiko verbunden, als sämtliche durch den Lösungsprozeß der linearen Optimierungsaufgabe gewonnenen Informationen als richtig anzusehen. Wir können nun das Gleichungssystem

$$Ax = b$$

der Nebenbedingungen für die Basisvariablen der Optimallösung aufschreiben (A_B optimale Basismatrix, x_B Vektor der Basisvariablen der Optimallösung)

$$A_B x_B = b \tag{65}$$

und nach den bekannten Methoden der linearen Algebra lösen. Dadurch erhalten wir verbesserte Werte für die Basisvariablen der optimalen Lösung, die uns auch zu einem besseren Optimalwert für die Zielfunktion führen. Natürlich ist auch die Lösung dieses Gleichungssystems im allgemeinen nicht genau ausführbar. Es besteht jedoch die berechtigte Annahme, daß der Informationsverlust nicht so groß wie bei einem längeren Lösungsprozeß der linearen Optimierung sein wird. Zwar erfordert auch die Lösung des Gleichungssystems, wie wir aus Bd. 1 wissen, die Anwendung von etwa m Austauschschritten. Treten aber in der Basismatrix A_B in den Spalten Einheitsvektoren e_i bzw. negative Einheitsvektoren $-e_i$ auf (das ist immer der Fall, wenn der Vektor x_B als Komponenten Schlupfvariablen enthält), so reduziert sich die Zahl der erforderlichen Austauschschritte, da in diesen Spalten bereits die gesuchte Gestalt erreicht bzw. durch Multiplikation mit -1 trivial erreichbar ist. Außerdem werden in die Austauschschritte nicht grundsätzlich sämtliche Elemente des Gleichungssystems einbezogen, wie das bei einem Simplexschritt der Fall ist. Wir haben weiterhin echte Möglichkeiten der Erhöhung der Genauigkeit, etwa durch geeignete Pivotwahl, und wir können die erhaltene Näherungslösung des Gleichungssystems durch die bekannten Methoden der linearen Algebra verbessern. Es ist daher begründet, anzunehmen, daß die Näherungslösung des Gleichungssystems (65) im allgemeinen genauer als die durch den Lösungsprozeß der linearen Optimierung gelieferte Näherungslösung ist.

Besteht die Vermutung, daß der Optimalitätstest nur infolge des Rechnungsfehlers positiv beantwortet wurde, kann man mit der verbesserten zulässigen Basislösung einen neuen Simplexprozeß beginnen. Die im vorbereitenden Schritt der Simplexmethode ermittelte Gestalt der Nebenbedingungen und der Zielfunktion ist dann nicht mit der Fortpflanzung des Rechnungsfehlers eines längeren Simplexprozesses belastet. Gegebenenfalls müssen weitere Simplexschritte durchgeführt werden, bis der Optimalitätstest positiv ausfällt.

Schließlich gelangen wir zu einer Abschätzung der Genauigkeit der optimalen Lösung, wenn wir Aussagen über die Genauigkeit der Näherungslösung des Gleichungssystems (65) nach den Methoden der linearen Algebra (beachte insbesondere Kap. IX von Bd. 1) herleiten. Jedoch sei nochmals betont, daß diese Abschätzungen nur dann richtig sind, wenn unsere Annahme über die Basisvariablen der Optimallösung erfüllt ist.

Das geschilderte Vorgehen zeigt uns, daß es vielfach sinnvoll ist, die Methoden der linearen Optimierung nur als Verfahren zu interpretieren, welche die Bestimmung der Basis- und Nichtbasisvariablen der optimalen Lösung gestatten, und die Werte der Basisvariablen der Optimallösung durch nachträgliche Lösung eines linearen Gleichungssystems zu ermitteln.

Beispiel: Zur Verdeutlichung unserer Problemsituation betrachten wir die lineare Optimierungsaufgabe

$$Z = x_1 + 3x_2 \quad \max.$$

$$\begin{aligned} x_1 + x_2 + x_3 \qquad\qquad &= 10 \\ x_2 \qquad + x_4 \qquad &= \ 6{,}5 \\ -2x_1 + x_2 \qquad\qquad + x_5 &= \ 4 \end{aligned}$$

$$x_i \geqq 0, \ i = 1, 2, \ldots, 5.$$

Als Optimallösung möge sich der Näherungsvektor

$$x' = (3{,}4;\, 6{,}6;\, 0;\, 0;\, 4{,}2)$$

mit den Basisvariablen x_1, x_2, x_5 ergeben haben. Wir schreiben jetzt das Gleichungssystem der Nebenbedingungen auf, indem wir die Nichtbasisvariablen x_3, x_4 gleich Null setzen

$$\begin{aligned} x_1 + x_2 \qquad &= 10 \\ x_2 \qquad &= \ 6{,}5 \\ -2x_1 + x_2 + x_5 &= \ 4. \end{aligned}$$

Die Lösung dieses linearen Gleichungssystems ist

$$x_1 = 3{,}5;\ x_2 = 6{,}5;\ x_5 = 4{,}5.$$

Für die Optimallösung erhalten wir

$$x' = (3{,}5;\ 6{,}5;\, 0;\, 0;\, 4{,}5).$$

Außerdem berechnen wir

$$Z = 3{,}5 + 3 \cdot 6{,}5 = 23.$$

Da die Lösung des Gleichungssystems ohne Rechnungsfehler erfolgte, haben wir in diesem Beispiel sogar die exakte Optimallösung gefunden.

Das Vorgehen bereitet auch keine Schwierigkeiten, wenn die ermittelte optimale Näherungslösung ausgeartet ist. In jedem Falle erhalten wir ja m Basisvariablen, so daß es völlig unwichtig ist, ob in der Näherungslösung einige Basisvariablen den Wert Null haben. Interessant ist nur, ob die Basismatrix A_B in (65) nichtsingulär ist. Nach den Ergebnissen der Theorie der Simplexmethode kann das als gesichert angesehen werden (beachte die Betrachtungen in 2.4), wenn in jedem Simplexschritt das mit einem Kreis markierte Element (das Element d_{rk} der Theorie) positiv ist und sich die Positivheit dieses Elementes nicht nur infolge der Rundungsfehler ergibt. Aber gerade an dieser Stelle sollten die wenigsten Befürchtungen auftreten. Ermittelt man doch das Element d_{rk} durch das Minimum der Elemente in der Q-Spalte! Daher wird d_{rk}, wenn nicht gleichzeitig der entsprechende Wert der Basisvariablen sehr klein ist, von einer Größenordnung sein, die im allgemeinen von den Rundungsfehlern noch nicht verfälscht ist. Sollte aber trotzdem die Matrix A_B singulär sein, zeigt sich das auch im Lösungsprozeß des linearen Gleichungssystems. Dies deutet auf einen sehr großen Rechnungsfehler hin. Meist wird man dann die linear unabhängigen Vektoren der Nebenbedingungen zu einer Basis ergänzen können, so daß eine Fortsetzung der Simplexrechnung mit dieser Ausgangsbasis möglich ist.

§ 4. Methoden zur Bestimmung einer ersten zulässigen Basislösung

Die Beschreibung der Simplexmethode in § 2 und § 3 erfolgte unter der Annahme, daß eine erste zulässige Basislösung bekannt ist. Gleichzeitig konnte dann die Menge der zulässigen Lösungen nichtleer sein. Bei den bisher von uns nach der Simplexmethode gelösten linearen Optimierungsaufgaben bereitete es keine Schwierigkeiten, eine erste zulässige Basislösung zu finden. Diese Aufgaben gehörten relativ einfachen Problemklassen an. Wir finden aber erst dann in der Simplexmethode ein wirkungsvolles Lösungsverfahren linearer Optimierungsaufgaben, wenn es uns gelingt, grundsätzlich eine zulässige Basislösung anzugeben (falls natürlich die Menge der zulässigen Lösungen nichtleer ist). Wir wollen uns in diesem Paragraphen mit derartigen Methoden beschäftigen. Dabei werden wir bestrebt sein, solche Verfahren zu entwickeln, die sich der Simplextechnik möglichst weitgehend anpassen.

Vielfach ist es möglich, eine zulässige Lösung, die keine zulässige Basislösung ist, sofort anzugeben. Bisweilen kann auch eine zulässige Lösung aus der praktischen Problemstellung heraus bekannt sein. Dann lassen sich die *Gradientenverfahren* verwenden, die meist recht wirkungsvoll die Berechnung einer zulässigen Basislösung gestatten. Das bedeutet aber, daß man in der ersten Phase, im Gegensatz zu den folgenden Methoden, mit einer ganz anderen Lösungstechnik arbeitet, wenn man nicht auch mit den Gradientenverfahren die Optimallösung berechnen will.

4.1. Die *M*-Methode. Wir bestimmen zur vorgelegten linearen Optimierungsaufgabe, wie in II.1.5, die zugehörige M-Aufgabe. Die M-Aufgabe wird im allgemeinen künstliche Variablen enthalten, die in der Zielfunktion mit dem negativen Koeffizienten $-M$ verknüpft sind. Dabei ist M in der Rechnung als ein allgemeines Symbol zu betrachten, das größer als jede andere positive Zahl ist. Die Gestalt der M-Aufgabe ist nach II.1.5 durch

$$\max \{c'x - \bar{c}'\bar{x} \mid Ax + \bar{x} = b, x \geqq 0, \bar{x} \geqq 0, b \geqq 0\}$$

gegeben, so daß wir durch die Wahl

$$x = 0, \bar{x} = b$$

eine zulässige Basislösung erhalten. Lösen wir die M-Aufgabe nach der Simplexmethode, können sich folgende Fälle ergeben:

1. Die M-Aufgabe besitzt eine optimale Lösung, bei der sämtliche künstlichen Variablen gleich Null sind. Dann bestimmen die übrigen Variablen (die keine künstlichen Variablen sind) eine optimale Lösung der vorgelegten Optimierungsaufgabe (Satz 10 von Kap. II).

2. Die M-Aufgabe besitzt eine optimale Lösung, bei der wenigstens eine künstliche Variable für beliebig großes M positiv ist. Dann hat die Ausgangsaufgabe keine zulässige Lösung.
3. Die M-Aufgabe besitzt keine optimale Lösung. Dann ist auch die Ausgangsaufgabe unlösbar (Satz 10 von Kap. II).

Durch die M-Methode kann also die optimale Lösung einer lösbaren linearen Optimierungsaufgabe berechnet werden, ohne daß eine zulässige Basislösung bekannt ist. Die M-Methode vereinigt damit in idealer Weise die Bestimmung einer ersten zulässigen Basislösung mit der Lösung der linearen Optimierungsaufgabe. Faktisch könnte man den Rechenprozeß abbrechen, wenn sämtliche künstlichen Variablen den Wert Null angenommen haben ($\bar{x} = 0$). Dann hat man nämlich einen Vektor x gefunden, der den Nebenbedingungen $Ax = b$ und natürlich auch den Vorzeichenbedingungen genügt. Ohne Unterbrechung des Rechenprozesses wird aber der Lösungsalgorithmus fortgesetzt, bis sich die Optimallösung oder die gegebenenfalls vorliegende Unlösbarkeit der M-Aufgabe ergeben hat.

Zu beachten ist, daß sich durch Einführung der künstlichen Variablen der Umfang der Aufgabe zum Teil erheblich vergrößern kann (besonders, wenn viele Gleichungen in der ursprünglichen Gestalt der Nebenbedingungen auftraten), was meist auch mit einem erheblichen Anwachsen des Rechenprozesses verbunden ist. Außerdem treten in der Grundzeile die Symbole M auf, wodurch der beim Simplexprozeß erforderliche Vergleich erschwert wird.

Beispiel: Wir wollen die M-Methode zur Lösung der bereits in 3.10 betrachteten linearen Optimierungsaufgabe

$$\left.\begin{aligned} Z = x_1 + 3x_2 \ \text{min.} \\ 5x_1 + x_2 \geqq 9 \\ x_1 + x_2 \geqq 5 \\ x_1 + 2x_2 \geqq 7 \\ x_1 \geqq 0,\ x_2 \geqq 0 \end{aligned}\right\} \tag{66}$$

heranziehen. Zunächst haben wir die zugehörige M-Aufgabe zu bestimmen. Im Sinne des Vorgehens von II.1.5 ergibt sich zunächst

$$\begin{aligned} Z = -x_1 - 3x_2 \quad \text{max.} \\ 5x_1 + x_2 - x_3 \qquad\qquad = 9 \\ x_1 + x_2 \qquad - x_4 \qquad = 5 \\ x_1 + 2x_2 \qquad\qquad - x_5 = 7 \\ x_i \geqq 0,\ i = 1, 2, \ldots, 5. \end{aligned}$$

Es ist $b_{\max} = 9$, so daß wir von der ersten Gleichung alle übrigen Gleichungen zu subtrahieren haben

$$\left.\begin{aligned} Z = -x_1 - 3x_2 \quad \text{max.} \\ 5x_1 + x_2 - x_3 \qquad\qquad = 9 \\ 4x_1 \qquad - x_3 + x_4 \qquad = 4 \\ 4x_1 - x_2 - x_3 \qquad + x_5 = 2 \\ x_i \geqq 0,\ i = 1, 2, \ldots, 5. \end{aligned}\right\} \tag{67}$$

Führen wir noch in der Zielfunktion und in der ersten Nebenbedingung die künstliche Variable x_6 ein, erhalten wir die M-Aufgabe

$$\begin{aligned} Z = -x_1 - 3x_2 - Mx_6 \quad \text{max.} \\ 5x_1 + x_2 - x_3 \qquad\qquad + x_6 = 9 \\ 4x_1 \qquad - x_3 + x_4 \qquad\qquad = 4 \\ 4x_1 - x_2 - x_3 \qquad + x_5 \qquad = 2 \\ x_i \geqq 0,\ i = 1, 2, \ldots, 6. \end{aligned}$$

Die in II.1.5 vorgenommene Umnumerierung der Variablen kann entfallen, wenn wir im ersten Simplextableau in der Spalte BV die Basisvariablen in der Reihenfolge x_6, x_4, x_5 eintragen.

Wir verfolgen die Lösung der M-Aufgabe nach der Simplexmethode. Als Ausgangsvektor wird

$$x' = (0, 0, 0, 4, 2, 9)$$

mit den Basisvariablen x_6, x_4, x_5 gewählt. Im vorbereitenden Schritt ist die Basisvariable x_6 in der Zielfunktion zu beseitigen. Auf Grund der ersten Nebenbedingung ergibt sich

$$\begin{aligned} Z &= -x_1 - 3x_2 - Mx_6 \\ &= -x_1 - 3x_2 - M(9 - 5x_1 - x_2 + x_3) \\ &= -9M - \{(1 - 5M)x_1 + (3 - M)x_2 + Mx_3\}. \end{aligned}$$

Damit kann das Ausgangstableau für den Simplexprozeß ausgefüllt werden. Der Lösungsprozeß der M-Aufgabe nach der Simplexmethode ist in Rechenschema 16 angegeben. In der Grundzeile des ersten Tableaus ist -5 der kleinste negative Koeffizient von M, so daß die erste Spalte zur Pfeilspalte gemacht werden muß. Unter den gleichen Erwägungen (M ist ja als beliebig große positive Zahl anzusehen) erfolgt die Auswahl der Pfeilspalte im zweiten und dritten Tableau. Im vierten Tableau ist die künstliche Variable x_6 nicht mehr Basisvariable. Wir haben in

$$x_1 = 1, x_2 = 4, x_3 = x_4 = 0, x_5 = 2$$

eine zulässige Basislösung der von uns betrachteten linearen Optimierungsaufgabe gefunden. Damit wäre es nicht mehr notwendig, die künstliche Variable x_6 beim Lösungsprozeß weiter zu berücksichtigen (die Spalte x_6 würde dann leer bleiben). Wir haben aber die künstliche Variable x_6 in Rechenschema 16 weiter mitgeführt, um den Lösungsprozeß nicht zu unterbrechen. Man kann allgemein beweisen, daß eine künstliche Variable, die den Wert Null angenommen hat, auch im weiteren Simplexprozeß diesen Wert beibehalten muß. Insbesondere kann eine künstliche Variable, die nicht mehr Basisvariable ist, im weiteren Simplexprozeß nicht wieder zur Basisvariablen gemacht werden. Daher ist es möglich, grundsätzlich auf die Mitführung von Spalten für die künstlichen Variablen im Simplextableau zu verzichten.

Wir erkennen den fließenden Übergang bei der M-Methode von der Bestimmung einer ersten zulässigen Basislösung zum eigentlichen Lösungsprozeß der Aufgabe.

Rechenschema 16:

	BV	x_1	x_2	x_3	x_4	x_5	x_6	x_0	Q	$-\uparrow$
	x_6	5	1	-1	0	0	1	9	$\frac{9}{5}$	-5
	x_4	4	0	-1	1	0	0	4	1	-4
←	x_5	$\textcircled{4}$	-1	-1	0	1	0	2	$\frac{1}{2}$	
	*	$1-5M\uparrow$	$3-M$	M	$\underline{0}$	$\underline{0}$	$\underline{0}$	$-9M$	*	$-1+5M$
	x_6	0	$\frac{9}{4}$	$\frac{1}{4}$	0	$-\frac{5}{4}$	1	$\frac{13}{2}$	$\frac{26}{9}$	$-\frac{9}{4}$
←	x_4	0	$\textcircled{1}$	0	1	-1	0	2	2	
→	x_1	1	$-\frac{1}{4}$	$-\frac{1}{4}$	0	$\frac{1}{4}$	0	$\frac{1}{2}$		$\frac{1}{4}$
	*	$\underline{0}$	$\frac{13}{4}-\frac{9}{4}M\uparrow$	$\frac{1}{4}-\frac{1}{4}M$	$\underline{0}$	$-\frac{1}{4}+\frac{5}{4}M$	$\underline{0}$	$-\frac{1}{2}-\frac{13}{2}M$	*	$-\frac{13}{4}+\frac{9}{4}M$
←	x_6	0	0	$\frac{1}{4}$	$-\frac{9}{4}$	$\textcircled{1}$	1	2	2	
→	x_2	0	1	0	1	-1	0	2		1
	x_1	1	0	$-\frac{1}{4}$	$\frac{1}{4}$	0	0	1		0
	*	$\underline{0}$	$\underline{0}$	$\frac{1}{4}-\frac{1}{4}M$	$-\frac{13}{4}+\frac{9}{4}M$	$3-M\uparrow$	$\underline{0}$	$-7-2M$	*	$-3+M$
⇆	x_5	0	0	$\textcircled{\frac{1}{4}}$	$-\frac{9}{4}$	1	1	2	8	
	x_2	0	1	$\frac{1}{4}$	$-\frac{5}{4}$	0	0	4	16	$-\frac{1}{4}$
	x_1	1	0	$-\frac{1}{4}$	$\frac{1}{4}$	0	0	1		$\frac{1}{4}$
	*	$\underline{0}$	$\underline{0}$	$-\frac{1}{2}\uparrow$	$\frac{7}{2}$	$\underline{0}$	$-3+M$	-13	*	$\frac{1}{2}$
→	x_3	0	0	1	-9	4	4	8		9
←	x_2	0	1	0	$\textcircled{1}$	-1	0	2	2	
	x_1	1	0	0	-2	1	1	3		2
	*	$\underline{0}$	$\underline{0}$	$\underline{0}$	$-1\uparrow$	2	$-1+M$	-9	*	1
	x_3	0	9	1	0	-5	4	26		
→	x_4	0	1	0	1	-1	0	2		
	x_1	1	2	0	0	-1	1	7		
	*	$\underline{0}$	1	$\underline{0}$	$\underline{0}$	1	$-1+M$	-7	*	

Dem letzten Tableau entnehmen wir die optimale Lösung

$$x_1 = 7, x_2 = 0, x_3 = 26, x_4 = 2, x_5 = 0.$$

Wegen des Übergangs von einer Minimumsaufgabe zu einer Maximumsaufgabe ist nach Satz 3 von Kap. II der optimale Wert der Zielfunktion unserer vorgelegten linearen Optimierungsaufgabe $Z = 7$.

Vergleichen wir den Lösungsprozeß der linearen Optimierungsaufgabe nach der M-Methode (Rechenschema 16) mit dem Lösungsweg über das Dualproblem in Rechenschema 14, stellen wir ein beachtliches Anwachsen des Rechenaufwandes fest. Dieses Anwachsen der numerischen Rechnung ist nicht als rein zufällig zu betrachten. Mit der Vergrößerung des Problems durch die Einführung künstlicher Variablen steigt auch die Zahl der zulässigen Basislösungen und damit im allgemeinen auch die Zahl der erforderlichen Simplexschritte. Die ersten drei Simplexschritte waren nur zur Berechnung einer ersten zulässigen Basislösung erforderlich. Der sich daran anschließende Optimierungsprozeß ist dann nicht aufwendiger als der in Rechenschema 14 beschrittene Lösungsweg.

Die M-Methode gestattet uns aber auch die Lösung linearer Optimierungsaufgaben, für die wir bisher noch keinen Lösungsweg erkannt haben. Ein Beispiel für einen solchen Aufgabentyp wollen wir jetzt betrachten.

Beispiel: Vorgelegt sei die lineare Optimierungsaufgabe mit gemischten Nebenbedingungen

$$\left.\begin{aligned} Z = 4x_1 + 3x_2 \quad &\text{max.} \\ x_1 + x_2 &= 7 \\ 3x_1 + 2x_2 &\leqq 18 \\ x_1 + 3x_2 &\leqq 15 \\ x_1 \geqq 0, \; x_2 &\geqq 0. \end{aligned}\right\} \tag{68}$$

Zur Bestimmung der zugehörigen M-Aufgabe bilden wir zunächst

$$\left.\begin{aligned} Z = 4x_1 + 3x_2 \quad &\text{max.} \\ x_1 + x_2 \qquad\qquad &= 7 \\ 3x_1 + 2x_2 + x_3 \qquad &= 18 \\ x_1 + 3x_2 \qquad + x_4 &= 15 \\ x_i \geqq 0, \; i = 1, 2, \ldots, 4. & \end{aligned}\right\} \tag{69}$$

In der ersten Gleichung und in der Zielfunktion ist noch die künstliche Variable x_5 einzuführen, wodurch sich die M-Aufgabe

$$\begin{aligned} Z = 4x_1 + 3x_2 - Mx_5 \quad &\text{max.} \\ x_1 + x_2 \qquad\qquad + x_5 &= 7 \\ 3x_1 + 2x_2 + x_3 \qquad\qquad &= 18 \\ x_1 + 3x_2 \qquad + x_4 \qquad &= 15 \\ x_i \geqq 0, \; i = 1, 2, \ldots, 5 & \end{aligned}$$

ergibt. Wir können wieder auf eine Umumerierung der Variablen verzichten, wenn wir in dem Anfangstableau in der Spalte BV die Basisvariablen in der Reihenfolge x_5, x_3, x_4 eintragen. Als Ausgangsvektor ist dabei

$$x' = (0, 0, 18, 15, 7)$$

zu wählen.

Umformung der Zielfunktion zur Elimination von x_5:

$$\begin{aligned} Z &= 4x_1 + 3x_2 - Mx_5 \\ &= 4x_1 + 3x_2 - M(7 - x_1 - x_2) \\ &= -7M - \{(-4 - M)x_1 + (-3 - M)x_2\}. \end{aligned}$$

Rechenschema 17:

	BV	x_1	x_2	x_3	x_4	x_5	x_0	Q	$-\uparrow$
	x_5	1	1	0	0	1	7	7	-1
←	x_3	(3)	2	1	0	0	18	6	
	x_4	1	3	0	1	0	15	15	-1
	*	$-4-M\uparrow$	$-3-M$	$\underline{0}$	$\underline{0}$	$\underline{0}$	$-7M$	*	$4+M$
←	x_5	0	$\left(\frac{1}{3}\right)$	$-\frac{1}{3}$	0	1	1	3	
→	x_1	1	$\frac{2}{3}$	$\frac{1}{3}$	0	0	6	9	$-\frac{2}{3}$
	x_4	0	$\frac{7}{3}$	$-\frac{1}{3}$	1	0	9	$\frac{27}{7}$	$-\frac{7}{3}$
	*	$\underline{0}$	$-\frac{1}{3}-\frac{1}{3}M\uparrow$	$\frac{4}{3}+\frac{1}{3}M$	$\underline{0}$	$\underline{0}$	$24-M$	*	$\frac{1}{3}+\frac{1}{3}M$
→	x_2	0	1	-1	0	3	3		
	x_1	1	0	1	0	-2	4		
	x_4	0	0	2	1	-7	2		
	*	$\underline{0}$	$\underline{0}$	1	$\underline{0}$	$1+M$	25	*	

Der Lösungsprozeß der M-Aufgabe nach der Simplexmethode ist in Rechenschema 17 angeführt. Die Auswahl der Pfeilspalten erfolgt entsprechend den Überlegungen im vorigen Beispiel. Im Ausgangstableau ist der Koeffizient von M in der ersten und zweiten Spalte gleich -1. Da -4 kleiner als -3 ist, wird die erste Spalte als Pfeilspalte gewählt. Im letzten Tableau ist die künstliche Variable x_5 gleich Null. Die erhaltene zulässige Basislösung

$$x_1 = 4, x_2 = 3, x_3 = 0, x_4 = 2$$

mit $Z = 25$ erweist sich aber bereits als optimal, so daß eine Fortsetzung des Simplexprozesses nicht notwendig ist.

Als Abschluß unserer Untersuchungen zur M-Methode betrachten wir noch eine lineare Optimierungsaufgabe, die keine zulässigen Lösungen besitzt.

Beispiel: Die lineare Optimierungsaufgabe

$$\left.\begin{aligned} Z = 4x_1 + 3x_2 \;\max.\\ x_1 + x_2 \leqq 7\\ 2x_1 + 3x_2 \geqq 21\\ x_1 + 3x_2 \leqq 15\\ x_1 \geqq 0,\; x_2 \geqq 0 \end{aligned}\right\} \tag{70}$$

soll nach der M-Methode gelöst werden. Die zugehörige M-Aufgabe lautet:

$$\begin{aligned} Z = 4x_1 + 3x_2 - Mx_6 \quad \max.&\\ x_1 + x_2 + x_3 &= 7\\ 2x_1 + 3x_2 - x_4 + x_6 &= 21\\ x_1 + 3x_2 + x_5 &= 15\\ x_i \geqq 0,\; i = 1, 2, \ldots, 6.& \end{aligned}$$

x_6 ist eine künstliche Variable. Ins Simplextableau sind die Basisvariablen in der Reihenfolge x_3, x_6, x_5 einzutragen. Für die Zielfunktion finden wir

$$Z = -21M - \{(-4 - 2M)\,x_1 + (-3 - 3M)\,x_2 + Mx_4\}.$$

Rechenschema 18 enthält den Lösungsprozeß. Das letzte Tableau ist für $M > 3$ optimal. In der optimalen Lösung

$$x_1 = 3,\; x_2 = 4,\; x_3 = x_4 = x_5 = 0,\; x_6 = 3$$

der M-Aufgabe hat die künstliche Variable x_6 einen positiven Wert. Folglich besitzt die vorgelegte lineare Optimierungsaufgabe keine zulässige Lösung.

4.2. Erläuterung des Vorgehens der Zweiphasenmethode. Die Zweiphasenmethode konstruiert unter Verwendung des Simplexalgorithmus in der ersten Phase eine zulässige Basislösung und setzt in der zweiten Phase den eigentlichen Optimierungsprozeß fort. Daher spricht man auch von den zwei Phasen der Simplexmethode.

Ausgangspunkt unserer Betrachtungen ist eine lineare Optimierungsaufgabe in erster Normalform

$$\left.\begin{aligned} Z = c_1x_1 + c_2x_2 + \cdots + c_nx_n \;\max.\\ a_{11}x_1 + a_{12}x_2 + \cdots + a_{1n}x_n = b_1\\ a_{21}x_1 + a_{22}x_2 + \cdots + a_{2n}x_n = b_2\\ \cdots\cdots\cdots\cdots\cdots\cdots\cdots\cdots\cdots\\ a_{m1}x_1 + a_{m2}x_2 + \cdots + a_{mn}x_n = b_m\\ x_i \geqq 0,\; i = 1, 2, \ldots, n. \end{aligned}\right\} \tag{71}$$

Rechenschema 18:

	BV	x_1	x_2	x_3	x_4	x_5	x_6	x_0	Q	$-\uparrow$
	x_3	1	1	1	0	0	0	7	7	-1
	x_6	2	3	0	-1	0	1	21	7	-3
←	x_5	1	$\boxed{3}$	0	0	1	0	15	5	
	*	$-4-2M$	$-3-3M\uparrow$	$\underline{0}$	M	$\underline{0}$	$\underline{0}$	$-21M$	*	$3+3M$
←	x_3	$\boxed{\frac{2}{3}}$	0	1	0	$-\frac{1}{3}$	0	2	3	
	x_6	1	0	0	-1	-1	1	6	6	-1
→	x_2	$\frac{1}{3}$	1	0	0	$\frac{1}{3}$	0	5	15	$-\frac{1}{3}$
	*	$-3-M\uparrow$	$\underline{0}$	$\underline{0}$	M	$1+M$	$\underline{0}$	$15-6M$	*	$3+M$
→	x_1	1	0	$\frac{3}{2}$	0	$-\frac{1}{2}$	0	3		
	x_6	0	0	$-\frac{3}{2}$	-1	$-\frac{1}{2}$	1	3		
	x_2	0	1	$-\frac{1}{2}$	0	$\frac{1}{2}$	0	4		
	*	$\underline{0}$	$\underline{0}$	$\frac{9}{2}+\frac{3}{2}M$	M	$-\frac{3}{2}+\frac{1}{2}M$	$\underline{0}$	$24-3M$	*	

Dabei können wir

$$b_i \geqq 0, \quad i = 1, 2, \ldots, m \tag{72}$$

voraussetzen. Ist nämlich ein $b_i < 0$, läßt sich durch Multiplikation der betreffenden Nebenbedingung mit -1 die Bedingung (72) erfüllen.

Der linearen Optimierungsaufgabe (71) ordnen wir eine *Hilfsaufgabe*

$$\left.\begin{array}{llllll}
\tilde{Z} = -(x_{n+1} + x_{n+2} + \cdots + x_{n+m}) \ \max. & & & & & \\
a_{11}x_1 + a_{12}x_2 + \cdots + a_{1n}x_n + x_{n+1} & & & & = b_1 \\
a_{21}x_1 + a_{22}x_2 + \cdots + a_{2n}x_n & + x_{n+2} & & & = b_2 \\
\cdots\cdots\cdots\cdots\cdots\cdots & & \ddots & & \vdots \\
a_{m1}x_1 + a_{m2}x_2 + \cdots + a_{mn}x_n & & & + x_{n+m} & = b_m \\
\qquad x_i \geqq 0, \quad i = 1, 2 \ldots, n+m & & & &
\end{array}\right\} \tag{73}$$

mit den künstlichen Variablen $x_{n+1}, x_{n+2}, \ldots, x_{n+m}$ zu. Die Nebenbedingungen der Hilfsaufgabe ergeben sich aus den Nebenbedingungen von (71) durch Addition einer künstlichen Variablen in jeder Gleichung. Die Zielfunktion der Hilfsaufgabe unterscheidet sich völlig von der Zielfunktion in (71). Die Zielfunktion $\tilde{Z}$ hängt nur von den künstlichen Variablen ab.

Die Hilfsaufgabe gehört zu einer Aufgabenklasse, für die sofort eine erste zulässige Basislösung

$$x' = (0, 0, \ldots, 0, b_1, b_2, \ldots, b_m) \tag{74}$$

angegeben werden kann, bei der die künstlichen Variablen die Basisvariablen sind.

Grundsätzliche Bemerkung: Treten unter den Vektoren der Nebenbedingungen der linearen Optimierungsaufgabe (71) Einheitsvektoren auf (das wird bei den meisten praktisch zu lösenden Aufgaben der Fall sein), oder kann eine solche Gestalt der Nebenbedingungen durch triviale Umformungen erreicht werden, ist es nicht notwendig, in den entsprechenden Gleichungen künstliche Variablen einzuführen. Wichtig ist nur, daß die Hilfsaufgabe eine Basis enthält, die durch die m Einheitsvektoren gebildet wird. Man wird also stets bestrebt sein, möglichst wenige künstliche Variablen einzuführen, um den erforderlichen Rechenaufwand zu senken. Die Basisvariablen des Ausgangsvektors (74) bestehen dann nicht nur aus künstlichen Variablen. Die Zielfunktion der Hilfsaufgabe enthält in diesem Falle natürlich nur die tatsächlich eingeführten künstlichen Variablen.

Bevor wir diskutieren, welche Bedeutung die Hilfsaufgabe für unsere Problemstellung besitzt, soll der formale Prozeß der Angabe einer Hilfsaufgabe noch näher erläutert werden.

Eine lineare Optimierungsaufgabe

$$Z = c_1x_1 + c_2x_2 + \cdots + c_nx_n \quad \text{min.}$$
$$a_{i1}x_1 + a_{i2}x_2 + \cdots + a_{in}x_n \geqq b_i, \quad i = 1, 2, \ldots, m$$
$$x_i \geqq 0, \; i = 1, 2, \ldots, n$$

mit nichtnegativen b_i können wir zunächst in die Aufgabe

$$Z = -c_1x_1 - c_2x_2 - \cdots - c_nx_n \quad \text{max.}$$
$$a_{i1}x_1 + a_{i2}x_2 + \cdots + a_{in}x_n - x_{n+i} = b_i, \; i = 1, 2, \ldots, m$$
$$x_i \geqq 0, \; i = 1, 2, \ldots, n + m$$

überführen. Subtrahieren wir, wie in II.1.5, von der Gleichung mit dem größten b_i die übrigen Gleichungen, erhalten wir ein System von Nebenbedingungen, das bereits $m - 1$ Einheitsvektoren als Vektoren der Nebenbedingungen enthält. Nur in die Gleichung, deren rechte Seite gleich $b_{\max}$ ist, haben wir noch eine künstliche Variable einzuführen.

Beispiel: Die lineare Optimierungsaufgabe (66) kann, wie in 4.1 erläutert, in das Problem (67) umgewandelt werden. Jetzt haben wir nur noch in der ersten Gleichung eine künstliche Variable x_6 einzuführen, so daß die Hilfsaufgabe

$$\left.\begin{array}{l} \tilde{Z} = -x_6 \quad \text{max.} \\ 5x_1 + x_2 - x_3 \qquad\qquad + x_6 = 9 \\ 4x_1 \qquad - x_3 + x_4 \qquad\quad = 4 \\ 4x_1 - x_2 - x_3 \qquad + x_5 \quad = 2 \\ x_i \geqq 0, \; i = 1, 2, \ldots, 6 \end{array}\right\} \tag{75}$$

lautet. Wir erkennen, daß bei Verwendung eines solchen Vorgehens sich die Hilfsaufgabe von der M-Aufgabe nur in der Zielfunktion unterscheidet. Auf eine Umnumerierung der Variablen können wir auch hier verzichten, wenn in das Ausgangstableau des Lösungsprozesses in der Spalte $B\,V$ die Basisvariablen in der Reihenfolge x_6, x_4, x_5 eingetragen werden.

Beispiel: Die lineare Optimierungsaufgabe (68) kann zunächst in die Gestalt (69) umgewandelt werden, so daß nach Einführung einer künstlichen Variablen x_5 in der ersten Gleichung von (69) die Hilfsaufgabe

$$\left.\begin{aligned} \tilde{Z} &= -x_5 \quad \max. \\ x_1 + x_2 \phantom{{}+x_3+x_4} + x_5 &= 7 \\ 3x_1 + 2x_2 + x_3 &= 18 \\ x_1 + 3x_2 + x_4 &= 15 \\ x_i \geqq 0,\ i &= 1, 2, \ldots, 5 \end{aligned}\right\} \tag{76}$$

entsteht. Im Ausgangstableau haben wir die Basisvariablen in der Reihenfolge x_5, x_3, x_4 einzutragen.

Beispiel: Der linearen Optimierungsaufgabe (70) wird die Hilfsaufgabe

$$\left.\begin{aligned} \tilde{Z} &= -x_6 \quad \max. \\ x_1 + x_2 + x_3 &= 7 \\ 2x_1 + 3x_2 - x_4 + x_6 &= 21 \\ x_1 + 3x_2 + x_5 &= 15 \\ x_i \geqq 0,\ i &= 1, 2, \ldots, 6 \end{aligned}\right\} \tag{77}$$

mit der künstlichen Variablen x_6 zugeordnet. Im Ausgangstableau ist die Reihenfolge x_3, x_6, x_5 für die Basisvariablen einzuhalten.

Wir untersuchen jetzt, welche Informationen sich aus einer optimalen Lösung der Hilfsaufgabe für die vorgelegte lineare Optimierungsaufgabe gewinnen lassen.

Satz 13: *Die Hilfsaufgabe* (73) *besitzt stets eine optimale Lösung.*

Beweis: In (74) haben wir eine zulässige Basislösung gefunden, so daß die Menge der zulässigen Lösungen der Hilfsaufgabe nichtleer ist. Die Zielfunktion $\tilde{Z}$ ist auf der Menge der zulässigen Lösungen der Hilfsaufgabe nach oben beschränkt, da für jede zulässige Lösung

$$\tilde{Z} \leqq 0$$

gilt. Damit ist die Hilfsaufgabe nach Satz 24 von Kap. II lösbar.

Satz 14: *Ist der optimale Wert der Zielfunktion $\tilde{Z}$ der Hilfsaufgabe* (73) *negativ, kann die lineare Optimierungsaufgabe* (71) *keine zulässige Lösung besitzen.*

Beweis: Würde das Ausgangsproblem (71) eine zulässige Lösung besitzen, könnten wir diese durch m Nullkomponenten ergänzen und dadurch eine zulässige Lösung der Hilfsaufgabe (73) finden, für die $\tilde{Z} = 0$ ist. Das widerspricht aber unserer Annahme $\tilde{Z}_{\text{opt}} < 0$.

Satz 15: *Ist der optimale Wert der Zielfunktion $\tilde{Z}$ der Hilfsaufgabe* (73) *gleich Null,* *bestimmen die ersten n Komponenten einer optimalen Lösung der Hilfsaufgabe eine zulässige Lösung der linearen Optimierungsaufgabe* (71).

Beweis: Wegen $\tilde{Z}_{\max} = 0$ und der Gestalt der Zielfunktion von (73) müssen in einer optimalen Lösung der Hilfsaufgabe sämtliche künstlichen Variablen gleich Null sein

$$x_{n+i} = 0, \; i = 1, 2, \ldots, m. \tag{78}$$

Die übrigen Variablen $x_1, x_2, \ldots, x_n$ der Optimallösung genügen folglich den Nebenbedingungen der Aufgabe (71) sowie den Vorzeichenbedingungen und bestimmen damit eine zulässige Lösung von (71).

Die Lösung der Hilfsaufgabe (73) führt zu einem der drei folgenden Fälle:

Fall 1: Der optimale Wert der Zielfunktion $\tilde{Z}$ ist negativ. Dann besitzt die vorgelegte lineare Optimierungsaufgabe keine zulässige Lösung.

Fall 2: Der optimale Wert der Zielfunktion $\tilde{Z}$ ist Null, und unter den Basisvariablen der optimalen Lösung der Hilfsaufgabe ist keine künstliche Variable enthalten.

Fall 3: Der optimale Wert der Zielfunktion $\tilde{Z}$ ist Null, und unter den Basisvariablen der optimalen Lösung der Hilfsaufgabe ist mindestens eine künstliche Variable enthalten.

Der erste Fall ist durch Satz 14 begründet. Wir brauchen uns daher nur noch mit dem zweiten und dritten Fall zu beschäftigen.

Im zweiten Falle ist die sich im Sinne von Satz 15 ergebende zulässige Lösung der Ausgangsaufgabe sogar eine zulässige Basislösung. Die optimale zulässige Basislösung der Hilfsaufgabe besitzt m Basisvariablen, unter denen sich im zweiten Falle keine künstlichen Variablen befinden. Da weiterhin die zu den Basisvariablen gehörigen Vektoren der Nebenbedingungen linear unabhängig sind, bestimmen die ersten n Komponenten der optimalen Lösung der Hilfsaufgabe eine zulässige Basislösung der betrachteten linearen Optimierungsaufgabe.

Der zweite Fall tritt ein, wenn die optimale Lösung der Hilfsaufgabe nichtausgeartet ist. Dann besitzt nämlich die optimale Lösung genau m positive Komponenten, die wegen (78) nicht zu künstlichen Variablen gehören können.

Im dritten Falle gibt es unter den Basisvariablen künstliche Variablen, die aber wegen (78) den Wert Null haben müssen. Dieser Fall kann (muß aber nicht) bei Ausartung der Optimallösung der Hilfsaufgabe auftreten. Er tritt mit Sicherheit ein, wenn das System der Nebenbedingungen der Aufgabe (71) linear abhängige Gleichungen enthält. Dann muß nämlich der Rang der Matrix der Nebenbedingungen von (71) kleiner als m sein, so daß sich unter den Vektoren der Nebenbedingungen von (71) nicht m linear unabhängige finden lassen. Folglich müssen in der Basis der Optimallösung zwangsläufig Vektoren der Nebenbedingungen enthalten sein, die zu künstlichen Variablen gehören.

Im Vergleich zur M-Methode tritt uns der dritte Fall bei der Zweiphasenmethode neuartig entgegen. Das ist darin begründet, daß wir in der ersten Phase (Lösung der Hilfsaufgabe) eine andere Zielfunktion als in der zweiten Phase (Lösung der vorgelegten Optimierungsaufgabe) betrachten. Die optimale Lösung der M-Aufgabe kann natürlich auch eine künstliche Variable mit dem Wert Null als Basisvariable enthalten. Aber trotzdem bestimmen bei der M-Aufgabe die übrigen Variablen (die keine künstlichen Variablen sind) eine optimale Lösung der vorgelegten Optimierungsaufgabe, da der von M abhängige Teil in der Zielfunktion Null wird, und wir es folglich mit der gegebenen Zielfunktion zu tun haben.

Bei Vorliegen des dritten Falles ist die durch die Zweiphasenmethode gelieferte zulässige Lösung der linearen Optimierungsaufgabe keine zulässige Basislösung. Es sind daher zusätzliche Überlegungen erforderlich.

Wir streichen zunächst die Spalten im Simplextableau, die zu künstlichen Variablen gehören. Dann betrachten wir die den künstlichen Variablen entsprechenden Zeilen des Tableaus. Dabei können zwei Fälle auftreten (die sich nicht gegenseitig ausschließen):

a) Alle Zahlen in einer solchen Zeile sind Null. Diese Zeilen können gestrichen werden, da die entsprechenden Gleichungen im ursprünglichen System der Nebenbedingungen überflüssig sind. Die Zahl der künstlichen Variablen wird dadurch reduziert.

b) Es gibt von Null verschiedene Zahlen in solchen Zeilen. Dann kann eine künstliche Variable durch eine Modell- oder Schlupfvariable $x_1, x_2, \ldots, x_n$ ausgetauscht werden. Wir wollen dieses Vorgehen etwas näher untersuchen. Die r-te Zeile des Simplextableaus möge zu einer künstlichen Variablen gehören. In dieser Zeile steht ein von Null verschiedenes Element, das wir mit d_{rk} bezeichnen. Dann können wir mittels des Simplexprozesses die Variable x_k (sie ist keine künstliche Variable, da vorher die entsprechenden Spalten gestrichen wurden) gegen die künstliche Variable austauschen. Dazu haben wir das Element d_{rk} (auch wenn es negativ ist) mit einem Kreis zu markieren und den Simplexprozeß mit Teilschritt 6 von 3.2 fortzusetzen. Das willkürlich gewählte Element $d_{rk} \neq 0$ bestimmt gleichzeitig die Pfeilspalte und Hauptzeile. Die Zahl d_{r0} in der Spalte x_0 ist gleich Null, da die künstliche Variable den Wert Null besitzen muß. Also ist wegen (41)

$$\tilde{d}_{r0} = \frac{d_{r0}}{d_{rk}} = 0$$

und wegen (43)

$$\tilde{d}_{i0} = d_{i0} - d_{ik}\tilde{d}_{r0} = d_{i0}, \quad i = 1, 2, \ldots, m, i \neq r.$$

Durch einen solchen Simplexschritt werden also die Werte der übrigen Basisvariablen nicht geändert. Weiterhin ergibt sich aus (45)

$$\tilde{d}_{m+1,0} = d_{m+1,0} - d_{m+1,k}\tilde{d}_{r0} = d_{m+1,0}.$$

Das bedeutet, daß auch der Wert der Zielfunktion gleich bleibt. Die Zahl der künstlichen Variablen hat sich um Eins reduziert. Durch Fortsetzung dieses Vorgehens können so sämtliche künstlichen Variablen in der Spalte BV des Simplextableaus beseitigt werden. Am Ende dieses Prozesses haben wir eine zulässige Basislösung für die vorgelegte lineare Optimierungsaufgabe gefunden, deren Nebenbedingungen allerdings durch Streichen überflüssiger Gleichungen reduziert sind.

Andere Möglichkeiten zur Durchführung der Zweiphasenmethode im dritten Falle sind in [15] beschrieben (beachte auch die Ausführungen in IV.4.10). So kann man z. B. auf die Elimination der künstlichen Basisvariablen mit dem Wert

Null verzichten und in der zweiten Phase die Gültigkeit der Gleichung $\tilde{Z} = 0$ sichern. Der von uns beschriebene Weg reduziert das Simplextableau maximal (durch Weglassen der linear abhängigen Gleichungen). Andererseits können aber gegebenenfalls einige Simplextransformationen erforderlich sein, bis alle künstlichen Variablen eliminiert sind.

Dem Leser wird vielleicht die Zweiphasenmethode komplizierter als die M-Methode erscheinen. Aber unabhängig von der etwas aufwendigeren Begründung haben wir auch für die Zweiphasenmethode ein einfaches Vorgehen hergeleitet. Hinsichtlich des numerischen Aufwandes ist kein Vorteil für eine der beiden Methoden erkennbar. Bei der Zweiphasenmethode vermeidet man das Arbeiten mit dem allgemeinen Symbol M, was gewisse Vorteile mit sich bringt. Andererseits erfolgt bei der M-Methode ein fließender Übergang zwischen den beiden Phasen, während der Algorithmus bei der Zweiphasenmethode etwas unterbrochen wird. Das ist besonders stark ausgeprägt, wenn die Zweiphasenmethode auf den dritten Fall führt. Jedoch tritt dieser Fall in der Praxis keineswegs besonders häufig auf. Für den ersten und zweiten Fall ist dagegen die Zweiphasenmethode sehr günstig. Allgemein kann gesagt werden, daß die Beschreibung der beiden Methoden einen wesentlich größeren Unterschied vortäuscht, der in der numerischen Realisierung nicht auftritt.

4.3. Der numerische Algorithmus der Zweiphasenmethode. Wir haben noch einige Bemerkungen zur algorithmischen Beschreibung der Zweiphasenmethode anzuschließen (beachte dazu auch das Strukturdiagramm der Zweiphasenmethode in Abb. 7):

Berechnung des Anfangstableaus für die Hilfsaufgabe: Die Nebenbedingungen liegen bereits in einer Gestalt vor, wie wir sie für den Simplexalgorithmus benötigen. Lediglich die Zielfunktion

$$\tilde{Z} = -(x_{n+1} + x_{n+2} + \cdots + x_{n+m})$$

muß umgeformt werden, da die künstlichen Variablen $x_{n+1}, x_{n+2}, \ldots, x_{n+m}$ (man beachte aber, daß wir häufig mit weniger als m künstlichen Variablen auskommen) im Ausgangstableau Basisvariablen sind. Die Umrechnung der Zielfunktion ist denkbar einfach. Wir haben lediglich die Nebenbedingungen zu addieren, in die künstliche Variablen eingeführt wurden (in (73) sind es natürlich sämtliche m Nebenbedingungen), und die Summenwerte mit entgegengesetzten Vorzeichen in das Anfangstableau einzutragen. Es gilt

$$\tilde{Z} = -\sum_{i=1}^{m} b_i - \left\{-\sum_{i=1}^{m} a_{i1}x_1 - \sum_{i=1}^{m} a_{i2}x_2 - \cdots - \sum_{i=1}^{m} a_{in}x_n\right\},$$

falls wir, wie in (73), m künstliche Variablen in den Nebenbedingungen der Hilfsaufgabe haben.

Beim Anlegen des Anfangstableaus berücksichtigen wir, daß in der zweiten Phase nicht mit der Zielfunktion der Hilfsaufgabe, sondern mit der Zielfunktion

$$Z = c_1x_1 + c_2x_2 + \cdots + c_nx_n \tag{79}$$

der vorgelegten Optimierungsaufgabe zu arbeiten ist. Daher wäre am Ende der ersten Phase eine Umformung dieser Zielfunktion erforderlich, um sie durch die Nichtbasisvariablen der ermittelten zulässigen Basislösung auszudrücken. Das würde aber den Algorithmus komplizieren und unterbrechen. Man nimmt daher

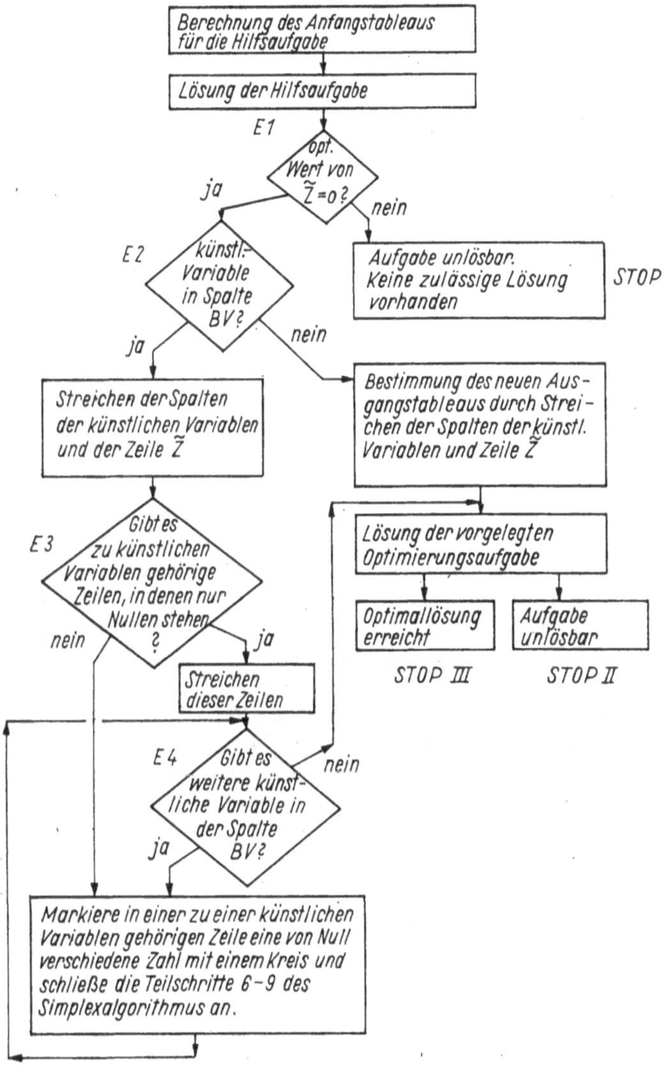

Abb. 7

die Umrechnung der Zielfunktion (79) im Verlauf der ersten Phase vor, indem man sie als $(m + 1)$-te Nebenbedingung

$$-c_1x_1 - c_2x_2 - \cdots - c_nx_n + Z = 0$$

mitführt und dabei Z als eine zusätzliche Variable auffaßt. Allerdings kann auf die

Einführung einer Z-Spalte verzichtet werden, da man sie nie benötigt (in ihr würde stets nur ein $(m + 1)$-dimensionaler Einheitsvektor stehen). Das Anfangstableau und jedes Tableau der ersten Phase besteht damit aus $m + 2$ Zeilen. In den Zeilenanfang der $(m + 1)$-ten Zeile schreiben wir zur besseren Übersicht Z und in den der $(m + 2)$-ten Zeile $\tilde{Z}$. Die Grundzeile bei der ersten Phase ist dann die $(m + 2)$-te Zeile.

Lösung der Hilfsaufgabe: Die Hilfsaufgabe kann mit dem in 3.2 beschriebenen Simplexalgorithmus gelöst werden. Quotienten werden nicht für die Zeilen Z und $\tilde{Z}$ gebildet. Die Entscheidung 2 des Algorithmus von 3.2 (beachte auch das Strukturdiagramm in Abb. 4) kann übersprungen werden, da nach Satz 13 die Hilfsaufgabe stets eine optimale Lösung besitzt.

Entscheidung 1: Ist der optimale Wert der Zielfunktion $\tilde{Z}$ der Hilfsaufgabe gleich Null?

ja ↓ — nein ⟶ **Stop I:** Die vorgelegte Optimierungsaufgabe besitzt keine zulässige Lösung und ist folglich unlösbar (Fall 1).

Entscheidung 2: Gibt es künstliche Variablen in der Spalte BV?

ja — nein ⟶ Es liegt Fall 2 vor.

ja ⟶ Es liegt Fall 3 vor.

Lösung der vorgelegten Optimierungsaufgabe: Fällt die Entscheidung 2 negativ aus, haben wir eine zulässige Basislösung gefunden, mit der der Simplexprozeß zur Lösung der vorgelegten Optimierungsaufgabe (Phase 2) begonnen werden kann. Dazu wird ein neues Ausgangstableau berechnet (in den folgenden Beispielen fett eingerahmt), das aus dem Endtableau der Phase 1 durch Streichen der zu den künstlichen Variablen gehörigen Spalten und der Zeile $\tilde{Z}$ entsteht. Die $(m + 1)$-te Zeile ist wieder Grundzeile. Der weitere Simplexprozeß (im Strukturdiagramm von Abb. 7 im Sinne eines Unterprogramms durch ein Kästchen angedeutet) endet entweder mit dem Ergebnis, daß keine Lösung vorliegt, weil die Zielfunktion auf der Menge der zulässigen Lösungen nicht beschränkt ist (Stop II), oder mit der Angabe der optimalen Lösung und des Optimalwertes der Zielfunktion (Stop III).

Numerisches Vorgehen im Fall 3: Liegt auf Grund der Entscheidung 2 der Fall 3 vor, haben wir noch keine zulässige Basislösung gefunden. Wir streichen wieder die zu den künstlichen Variablen gehörigen Spalten und die Zeile $\tilde{Z}$.

Entscheidung 3: Gibt es im Simplextableau Zeilen, die zu künstlichen Variablen gehören und in denen nur Nullen stehen?

nein — ja ⟶ Es liegt Fall 3a vor.

nein ⟶ Es liegt Fall 3b vor:

Vorgehen im Fall 3a: Wir streichen zunächst die zu den künstlichen Variablen gehörigen Zeilen, in denen nur Nullen stehen. Dadurch reduziert sich die Zahl der künstlichen Variablen.

Entscheidung 4: Gibt es weitere künstliche Variablen in der Spalte BV?

ja → Es folgt Fall 3b.

nein → Fortsetzung des Lösungsprozesses mit Phase 2 (Lösung der vorgelegten linearen Optimierungsaufgabe).

Vorgehen im Fall 3b: Wir wählen irgendeine zu einer künstlichen Variablen gehörige Zeile als Hauptzeile und markieren ein von Null verschiedenes Element dieser Zeile mit einem Kreis. Durch die Teilschritte 6 bis 9 des Simplexalgorithmus von 3.2 wird eine Modell- oder Schlupfvariable gegen die künstliche Variable ausgetauscht. Indem wir die Entscheidung 4 anschließen, wird dieser Prozeß so lange fortgesetzt, wie sich künstliche Variablen in der Spalte BV befinden. Sind alle künstlichen Variablen beseitigt, haben wir eine zulässige Basislösung gefunden, und der Lösungsprozeß kann mit Phase 2 fortgesetzt werden.

Damit haben wir das numerische Vorgehen der Zweiphasenmethode in allen Einzelheiten beschrieben.

Beispiel: In 4.1 wurde die lineare Optimierungsaufgabe (66) nach der M-Methode gelöst. Wir wollen jetzt den Lösungsprozeß mittels der Zweiphasenmethode verfolgen. Die zugehörige Hilfsaufgabe ist durch (75) gegeben. Der Lösungsprozeß ist in Rechenschema 19 angeführt. Die Koeffizienten der Nebenbedingungen können sofort ins Ausgangstableau eingetragen werden. In der Zeile Z stehen die Koeffizienten der gegebenen Zielfunktion (beachte den erforderlichen Übergang zur Aufgabe (67))

$$Z = -x_1 - 3x_2$$

mit entgegengesetztem Vorzeichen. Die Zahlen der Zeile $\tilde{Z}$ ergeben sich durch

$$\tilde{Z} = -x_6 = -9 - (-5x_1 - x_2 + x_3).$$

Die anschließende Lösung der Hilfsaufgabe erfolgt nach dem üblichen Vorgehen der Simplexmethode. Die Zeile Z wird dabei mitgeführt, ohne daß für sie eine Quotientenbildung zulässig ist. Das vierte Tableau erweist sich als optimal. Die Lösung der Hilfsaufgabe ist abgeschlossen und der optimale Wert der Zielfunktion $\tilde{Z}$ gleich Null. Da die künstliche Variable x_6 nicht unter den Basisvariablen des vierten Tableaus enthalten ist, liegt der Fall 2 vor. Das Ausgangstableau für den weiteren Simplexprozeß (Phase 2) erhalten wir durch Streichen der Spalte x_6 und der Zeile $\tilde{Z}$. Dieses Ausgangstableau ist in Rechenschema 19 fett eingerahmt. (Natürlich kann man auf das Aufschreiben dieses Tableaus verzichten und den Rechenprozeß unmittelbar fortsetzen, indem man sich die Streichungen ausgeführt denkt. Wir haben das neue Ausgangstableau nur nochmals zur besseren Übersicht angeführt.) Der anschließende Simplexprozeß führt nach zwei Schritten zur optimalen Lösung

$$x_1 = 7, x_2 = 0, x_3 = 26, x_4 = 2, x_5 = 0.$$

Für den optimalen Wert der Zielfunktion finden wir wegen des Überganges von der Minimumsaufgabe (66) zur Maximumsaufgabe (67) $Z = 7$.

Interessant ist ein Vergleich zwischen dem Lösungsweg der M-Methode (Rechenschema 16) und der Zweiphasenmethode (Rechenschema 19). Es ergeben sich keine Unterschiede hinsichtlich der Simplextransformation der Neben-

Rechenschema 19:

	BV	x_1	x_2	x_3	x_4	x_5	x_6	x_0	Q	$-\uparrow$
	x_6	5	1	-1	0	0	1	9	$\frac{9}{5}$	-5
	x_4	4	0	-1	1	0	0	4	1	-4
←	x_5	$\textcircled{4}$	-1	-1	0	1	0	2	$\frac{1}{2}$	
	Z	$+1$	$+3$	0	0	0	0	0	*	-1
	$\tilde{Z}$	$-5\uparrow$	-1	1	$\underline{0}$	$\underline{0}$	$\underline{0}$	-9	*	5
	x_6	0	$\frac{9}{4}$	$\frac{1}{4}$	0	$-\frac{5}{4}$	1	$\frac{13}{2}$	$\frac{26}{9}$	$-\frac{9}{4}$
←	x_4	0	$\textcircled{1}$	0	1	-1	0	2	2	
→	x_1	1	$-\frac{1}{4}$	$-\frac{1}{4}$	0	$\frac{1}{4}$	0	$\frac{1}{2}$		$\frac{1}{4}$
	Z	0	$\frac{13}{4}$	$\frac{1}{4}$	0	$-\frac{1}{4}$	0	$-\frac{1}{2}$	*	$-\frac{13}{4}$
	$\tilde{Z}$	$\underline{0}$	$-\frac{9}{4}\uparrow$	$-\frac{1}{4}$	$\underline{0}$	$\frac{5}{4}$	$\underline{0}$	$-\frac{13}{2}$	*	$\frac{9}{4}$
←	x_6	0	0	$\frac{1}{4}$	$-\frac{9}{4}$	$\textcircled{1}$	1	2	2	
→	x_2	0	1	0	1	-1	0	2		1
	x_1	1	0	$-\frac{1}{4}$	$\frac{1}{4}$	0	0	1		0
	Z	0	0	$\frac{1}{4}$	$-\frac{13}{4}$	3	0	-7	*	-3
	$\tilde{Z}$	$\underline{0}$	$\underline{0}$	$-\frac{1}{4}$	$\frac{9}{4}$	$-1\uparrow$	0	-2	*	1
→	x_5	0	0	$\frac{1}{4}$	$-\frac{9}{4}$	1	1	2		
	x_2	0	1	$\frac{1}{4}$	$-\frac{5}{4}$	0	1	4		
	x_1	1	0	$-\frac{1}{4}$	$\frac{1}{4}$	0	0	1		
	Z	0	0	$-\frac{1}{2}$	$\frac{7}{2}$	0	-3	-13	*	
	$\tilde{Z}$	$\underline{0}$	$\underline{0}$	0	0	$\underline{0}$	1	0	*	

Rechenschema 19 (Fortsetzung):

	BV	x_1	x_2	x_3	x_4	x_5	x_6	x_0	Q	$-\uparrow$
←	x_5	0	0	$\textcircled{\frac{1}{4}}$	$-\frac{9}{4}$	1		2	8	
	x_2	0	1	$\frac{1}{4}$	$-\frac{5}{4}$	0		4	16	$-\frac{1}{4}$
	x_1	1	0	$-\frac{1}{4}$	$\frac{1}{4}$	0		1		$\frac{1}{4}$
	*	$\underline{0}$	$\underline{0}$	$-\frac{1}{2}\uparrow$	$\frac{7}{2}$	$\underline{0}$		-13	*	$\frac{1}{2}$
→	x_3	0	0	1	-9	4		8		9
←	x_2	0	1	0	$\textcircled{1}$	-1		2	2	
	x_1	1	0	0	-2	1		3		2
	*	$\underline{0}$	$\underline{0}$	$\underline{0}$	$-1\uparrow$	2		-9	*	1
	x_3	0	9	1	0	-5		26		
→	x_4	0	1	0	1	-1		2		
	x_1	1	2	0	0	-1		7		
	*	$\underline{0}$	1	$\underline{0}$	$\underline{0}$	1		-7	*	

bedingungen (das ist jedoch nicht grundsätzlich immer der Fall). Beide Methoden liefern dieselbe erste zulässige Basislösung, so daß der Lösungsprozeß in der 2. Phase faktisch gleich ist.

Wir verzichten darauf, die übrigen in 4.1 mittels der M-Methode gelösten linearen Optimierungsaufgaben dem Lösungsprozeß der Zweiphasenmethode zu unterwerfen. Der Leser möge sich selbst davon überzeugen, daß die Rechentableaus, abgesehen von geringfügigen Unterschieden, übereinstimmen. Wir wollen vielmehr noch die Lösung einer linearen Optimierungsaufgabe betrachten, bei der die Zweiphasenmethode über den Fall 3 führt.

Beispiel: Bei der linearen Optimierungsaufgabe

$$Z = x_1 - 2x_2 + 2x_3 - x_4 - 2x_5 \quad \max.$$

$$\begin{aligned} x_1 + 2x_2 - x_3 + x_4 + x_5 &= 2 \\ 2x_1 - x_2 + x_3 \phantom{{}+2x_4+2x_5} &= 3 \\ 4x_1 + 3x_2 - x_3 + 2x_4 + 2x_5 &= 7 \\ 2x_1 + 4x_2 - 2x_3 \phantom{{}+2x_4+2x_5} &= 4 \end{aligned}$$

$$x_i \geqq 0, \; i = 1, 2, \ldots, 5$$

haben wir zur Angabe der Hilfsaufgabe in jeder Nebenbedingung eine künstliche Variable einzuführen:

$$\tilde{Z} = -(x_6 + x_7 + x_8 + x_9) \quad \max.$$

$$\begin{aligned}
x_1 + 2x_2 - x_3 + x_4 + x_5 + x_6 \qquad\qquad &= 2\\
2x_1 - x_2 + x_3 \qquad\qquad + x_7 \qquad &= 3\\
4x_1 + 3x_2 - x_3 + 2x_4 + 2x_5 \qquad + x_8 \quad &= 7\\
2x_1 + 4x_2 - 2x_3 \qquad\qquad\qquad + x_9 &= 4
\end{aligned}$$

$$x_i \geqq 0, \; i = 1, 2, \ldots, 9.$$

Der Lösungsprozeß der Hilfsaufgabe ist in Rechenschema 20 angegeben. In die Zeile Z des Anfangstableaus sind die Koeffizienten der Zielfunktion der linearen Optimierungsaufgabe mit entgegengesetztem Vorzeichen einzutragen. Zur Berechnung der Zeile $\tilde{Z}$ bilden wir die Spaltensummen der ersten vier Zeilen und tragen den entgegengesetzten Summenwert in die Zeile $\tilde{Z}$ (Spalten $x_1, x_2, \ldots, x_5, x_0$) ein.

Das dritte Tableau von Rechenschema 20 ist optimal und $\tilde{Z} = 0$ der optimale Wert der Zielfunktion der Hilfsaufgabe. Die Spalte BV enthält aber die künstlichen Variablen x_8 und x_9. Es liegt also der Fall 3 vor. Zum besseren Verständnis des Vorgehens lösen wir den weiteren Rechenprozeß in Rechenschema 21 auf. Durch Streichen der Zeile $\tilde{Z}$ und der Spalten x_6, x_7, x_8, x_9 erhalten wir das erste Tableau von Rechenschema 21. Die zur künstlichen Variablen x_8 gehörige Zeile enthält nur Nullen. Also kann diese Zeile gestrichen werden, x_8 verschwindet in der Spalte BV, und wir erhalten das zweite Tableau von Rechenschema 21. In der Zeile der künstlichen Variablen x_9 gibt es von Null verschiedene Zahlen. Eine dieser Zahlen markieren wir willkürlich mit einem Kreis (wir wählen die Zahl in der Spalte x_4). Dadurch wird x_4 gegen die künstliche Variable x_9 ausgetauscht. Die Simplextransformation führt uns zu einem Tableau (fett umrahmt), das keine künstlichen Variablen mehr enthält und folglich das Ausgangstableau für die Phase 2 ist. Ein weiterer Simplexschritt liefert die optimale Lösung

$$x_1 = 0, \; x_2 = 5, \; x_3 = 8, x_4 = x_5 = 0$$

mit dem optimalen Wert

$$Z = 6$$

für die Zielfunktion.

4.4. Die Mehrphasenmethode. Zum Abschluß unserer Betrachtungen über Möglichkeiten der Bestimmung einer ersten zulässigen Basislösung wollen wir die Grundgedanken der Mehrphasenmethode [48], [49], [67] kennenlernen, ohne sie in allen Einzelheiten zu besprechen.

Wir gehen von einer linearen Optimierungsaufgabe

$$\left.\begin{aligned}
Z = c_1x_1 + c_2x_2 + \cdots + c_nx_n \quad \max.\\
a_{i1}x_1 + a_{i2}x_2 + \cdots + a_{in}x_n \leqq b_i, \; i = 1, 2, \ldots, m\\
x_i \geqq 0, \; i = 1, 2, \ldots, n
\end{aligned}\right\} \tag{80}$$

Rechenschema 20:

	BV	x_1	x_2	x_3	x_4	x_5	x_6	x_7	x_8	x_9	x_0	Q	$-\uparrow$
	x_6	1	2	-1	1	1	1	0	0	0	2	2	-1
←	x_7	⓶	-1	1	0	0	0	1	0	0	3	$\frac{3}{2}$	
	x_8	4	3	-1	2	2	0	0	1	0	7	$\frac{7}{4}$	-4
	x_9	2	4	-2	0	0	0	0	0	1	4	2	-2
	Z	-1	2	-2	1	2	0	0	0	0	0	*	1
	$\tilde{Z}$	$-9\uparrow$	-8	3	-3	-3	$\underline{0}$	$\underline{0}$	$\underline{0}$	$\underline{0}$	-16	*	9
←	x_6	0	($\frac{5}{2}$)	$-\frac{3}{2}$	1	1	1	$-\frac{1}{2}$	0	0	$\frac{1}{2}$	$\frac{1}{5}$	
→	x_1	1	$-\frac{1}{2}$	$\frac{1}{2}$	0	0	0	$\frac{1}{2}$	0	0	$\frac{3}{2}$		$\frac{1}{2}$
	x_8	0	5	-3	2	2	0	-2	1	0	1	$\frac{1}{5}$	-5
	x_9	0	5	-3	0	0	0	-1	0	1	1	$\frac{1}{5}$	-5
	Z	0	$\frac{3}{2}$	$-\frac{3}{2}$	1	2	0	$\frac{1}{2}$	0	0	$\frac{3}{2}$	*	$-\frac{3}{2}$
	$\tilde{Z}$	$\underline{0}$	$-\frac{25}{2}\uparrow$	$\frac{15}{2}$	-3	-3	$\underline{0}$	$\frac{9}{2}$	$\underline{0}$	$\underline{0}$	$-\frac{5}{2}$	*	$\frac{25}{2}$
→	x_2	0	1	$-\frac{3}{5}$	$\frac{2}{5}$	$\frac{2}{5}$	$\frac{2}{5}$	$-\frac{1}{5}$	0	0	$\frac{1}{5}$		
	x_1	1	0	$\frac{1}{5}$	$\frac{1}{5}$	$\frac{1}{5}$	$\frac{1}{5}$	$\frac{2}{5}$	0	0	$\frac{8}{5}$		
	x_8	0	0	0	0	0	-2	-1	1	0	0		
	x_9	0	0	0	-2	-2	-2	0	0	1	0		
	Z	0	0	$-\frac{3}{5}$	$\frac{2}{5}$	$\frac{7}{5}$	$-\frac{3}{5}$	$\frac{4}{5}$	0	0	$\frac{6}{5}$	*	
	$\tilde{Z}$	$\underline{0}$	$\underline{0}$	0	2	2	5	2	$\underline{0}$	$\underline{0}$	0	*	

Rechenschema 21:

	BV	x_1	x_2	x_3	x_4	x_5	x_0	Q	$-\uparrow$
	x_2	0	1	$-\frac{3}{5}$	$\frac{2}{5}$	$\frac{2}{5}$	$\frac{1}{5}$		
	x_1	1	0	$\frac{1}{5}$	$\frac{1}{5}$	$\frac{1}{5}$	$\frac{8}{5}$		
	x_8	0	0	0	0	0	0		
	x_9	0	0	0	-2	-2	0		
	*	0	0	$-\frac{3}{5}$	$\frac{2}{5}$	$\frac{7}{5}$	$\frac{6}{5}$	*	
	x_2	0	1	$-\frac{3}{5}$	$\frac{2}{5}$	$\frac{2}{5}$	$\frac{1}{5}$		$-\frac{2}{5}$
	x_1	1	0	$\frac{1}{5}$	$\frac{1}{5}$	$\frac{1}{5}$	$\frac{8}{5}$		$-\frac{1}{5}$
$\leftarrow$	x_9	0	0	0	$\boxed{-2}$	-2	0		
	*	0	0	$-\frac{3}{5}$	$\frac{2}{5}$	$\frac{7}{5}$	$\frac{6}{5}$	*	$-\frac{2}{5}$
	x_2	0	1	$-\frac{3}{5}$	0	0	$\frac{1}{5}$		$\frac{3}{5}$
$\leftarrow$	x_1	1	0	$\boxed{\frac{1}{5}}$	0	0	$\frac{8}{5}$	8	
$\rightarrow$	x_4	0	0	0	1	1	0		0
	*	$\underline{0}$	$\underline{0}$	$-\frac{3}{5}\uparrow$	$\underline{0}$	1	$\frac{6}{5}$	*	$\frac{3}{5}$
	x_2	3	1	0	0	0	5		
$\rightarrow$	x_3	5	0	1	0	0	8		
	x_4	0	0	0	1	1	0		
	*	3	$\underline{0}$	$\underline{0}$	$\underline{0}$	1	6	*	

in der zweiten Normalform aus, die wir durch Einführung von Schlupfvariablen in die Gestalt

$$\left.\begin{aligned} Z = c_1x_1 + c_2x_2 + \cdots + c_nx_n \quad \max. \\ a_{i1}x_1 + a_{i2}x_2 + \cdots + a_{in}x_n + x_{n+i} = b_i, \;\; i = 1, 2, \ldots, m \\ x_i \geqq 0, \;\; i = 1, 2, \ldots, n + m \end{aligned}\right\} \tag{81}$$

überführen. Wählen wir

$$x_1 = x_2 = \cdots = x_n = 0,$$

werden in (80) einige Nebenbedingungen erfüllt (dann sind in (81) die entsprechenden Schlupfvariablen positiv) und einige nicht erfüllt sein (dann sind die entsprechenden Schlupfvariablen negativ). Mit J bezeichnen wir die Indexmenge der erfüllten und mit J' die der nicht erfüllten Nebenbedingungen.

Alle nicht erfüllten Nebenbedingungen läßt man fallen und betrachtet nur noch die Bedingungen

$$\left.\begin{aligned} a_{i1}x_1 + a_{i2}x_2 + \cdots + a_{in}x_n + x_{n+i} &= b_i, \quad i \in J \\ x_i \geqq 0, \quad i = 1, 2, \ldots, n& \\ x_{n+i} \geqq 0, \quad i \in J.& \end{aligned}\right\} \tag{82}$$

Unter den nicht erfüllten Nebenbedingungen wählt man eine willkürlich aus und erklärt durch sie eine *Hilfszielfunktion*

$$x_{n+j} = b_j - a_{j1}x_1 - a_{j2}x_2 - \cdots - a_{jn}x_n \quad \text{max.}, \quad j \in J'. \tag{83}$$

Die lineare Optimierungsaufgabe (82), (83) wird einem Simplexprozeß unterworfen, den wir aber nur so lange fortsetzen, bis der Wert der Zielfunktion (83) positiv ist, d. h.

$$x_{n+j} \geqq 0 \tag{84}$$

gilt. Kann die Bedingung (84) nicht befriedigt werden, besitzt die lineare Optimierungsaufgabe keine zulässige Lösung. Anderenfalls haben wir einen Vektor $\bar{x}$ mit den Komponenten

$$x_1, x_2, \ldots, x_n; x_{n+i}, i \in J; x_{n+j}$$

gefunden, der neben den Bedingungen (82) auch noch der Nebenbedingung (83) sowie (84) genügt.

Jetzt prüft man wieder, welche Nebenbedingungen durch $\bar{x}$ erfüllt und nicht erfüllt werden. Es ist durchaus möglich, daß $\bar{x}$ nicht nur der als Hilfszielfunktion verwendeten Nebenbedingung j, sondern auch weiteren Nebenbedingungen, deren Nummern zur Menge J' gehörten, genügt. In der zweiten Phase wird das Vorgehen wiederholt. Nach endlich vielen Schritten (Phasen) gelangt man so (falls möglich) zu einer zulässigen Basislösung.

Bemerkung: In der ersten Phase kann es vorkommen, daß überhaupt keine Nebenbedingung erfüllt wird. Dann wählt man die Hilfszielfunktion im Simplextableau auch als Hauptzeile und markiert ein $a_{jk} < 0$ mit einem Kreis. Existiert ein solches Element nicht, gibt es keine zulässige Basis und die Mehrphasenmethode versagt. Anderenfalls ist gesichert, daß im nächsten Simplextableau die Schlupfvariable x_{n+j} positiv ist und es in der zweiten Phase wenigstens eine erfüllte Nebenbedingung gibt.

Die Mehrphasenmethode ist sehr interessant und liefert bisweilen recht schnell eine erste zulässige Basislösung. Dabei arbeitet sie ohne künstliche Variablen und baut auf den Grundbeziehungen (mit gewisser Abwandlung) der Simplexmethode auf. Andererseits muß die Mehrphasenmethode zwangsläufig versagen, wenn keine zulässige Basis existiert. Das ist immer dann der Fall, wenn es linear abhängige Gleichungen unter den Nebenbedingungen gibt.

Bei der numerischen Durchführung der Mehrphasenmethode transformieren wir sämtliche Nebenbedingungen sowie die Zielfunktion der Aufgabe (80) mit, auch wenn sie in der linearen Optimierungsaufgabe (82), (83) nicht enthalten sind (für die Zielfunktion von (80) ist das grundsätzlich nicht der Fall). Das hat den Vorteil, daß nach Ermittlung einer zulässigen Basislösung die Zielfunktion und die Nebenbedingungen bereits in der benötigten Gestalt vorliegen (bei der Zweiphasenmethode haben wir das für die Zielfunktion auch getan). Welche Nebenbedingungen erfüllt sind, erkennt man daran, in welchen Zeilen der Spalte x_0 nichtnegative Zahlen stehen. Die Hilfszielfunktion erhält links einen Stern im Rechentableau.

Beispiel: Die Minimumsaufgabe (66) von 4.1 überführen wir in die Gestalt

$$\begin{aligned} Z = -x_1 - 3x_2 \quad \max. \\ -5x_1 - x_2 + x_3 \phantom{{}+x_4+x_5} &= -9 \\ -x_1 - x_2 \phantom{{}+x_3} + x_4 \phantom{{}+x_5} &= -5 \\ -x_1 - 2x_2 \phantom{{}+x_3+x_4} + x_5 &= -7 \\ x_i \geqq 0,\ i = 1, 2, \ldots, 5 \end{aligned}$$

und schreiben das Ausgangstableau für die Mehrphasenmethode auf (Rechenschema 22).

1. Phase: Keine Nebenbedingung wird durch $x_1 = x_2 = 0$ erfüllt, da die drei Zahlen in der x_0-Spalte negativ sind. Unter den drei nicht erfüllten Nebenbedingungen wählen wir die dritte willkürlich als Hilfszielfunktion (Merkzeichen $*$). Entsprechend unserer obigen Bemerkung markieren wir die kleinste negative Zahl (Spalten $x_1, x_2, \ldots, x_5$) dieser Zeile mit einem Kreis (Zahl -2 in der Spalte x_2). Damit wird auch die Zeile der Hilfszielfunktion zur Hauptzeile. Bei diesem abweichenden Vorgehen in der ersten Phase ist also eine Quotientenbildung zur Bestimmung der Hauptzeile nicht erforderlich. Die beiden ersten Nebenbedingungen sowie die gegebene Zielfunktion werden bei der anschließenden Simplextransformation nur mitgeführt (das Vorgehen ist vergleichbar mit dem Variablenaustausch im Fall 3b der Zweiphasenmethode). Die Variable x_2 wird gegen x_5 ausgetauscht. Gleichzeitig ist dadurch gesichert, daß x_2 im neuen Tableau positiv ist.

2. Phase: Das zweite Tableau zeigt, daß

$$x_1 = 0,\ x_2 = \frac{7}{2},\ x_5 = 0$$

der dritten Nebenbedingung genügt. Die beiden anderen Nebenbedingungen sind jedoch nicht erfüllt (negative Zahlen in der x_0-Spalte!). Willkürlich wählen wir die zweite Nebenbedingung als Hilfszielfunktion. Die kleinste negative Zahl $-\frac{1}{2}$ der zweiten Zeile steht in der x_1- und x_5-Spalte. Wir entscheiden uns dafür, an die Zahl in der Spalte x_1 das Merkzeichen $\uparrow$ zu setzen. Die zu betrachtende lineare Optimierungsaufgabe dieser Phase enthält nur eine Nebenbedingung (dritte Zeile).

Rechenschema 22:

	BV	x_1	x_2	x_3	x_4	x_5	x_0	Q	$-\uparrow$
	x_3	-5	-1	1	0	0	-9		1
	x_4	-1	-1	0	1	0	-5		1
$\vdash$ *	x_5	-1	$\textcircled{-2}$	0	0	1	-7		
	*	1	3	0	0	0	0	*	-3
	x_3	$-\frac{9}{2}$	0	1	0	$-\frac{1}{2}$	$-\frac{11}{2}$		$\frac{9}{2}$
*	x_4	$-\frac{1}{2}\uparrow$	0	0	1	$-\frac{1}{2}$	$-\frac{3}{2}$		$\frac{1}{2}$
$\leftrightarrows$	x_2	$\textcircled{\frac{1}{2}}$	1	0	0	$-\frac{1}{2}$	$\frac{7}{2}$	7	
	*	$-\frac{1}{2}$	0	0	0	$\frac{3}{2}$	$-\frac{21}{2}$	*	$\frac{1}{2}$
	x_3	0	9	1	0	-5	26		
	x_4	0	1	0	1	-1	2		
$\rightarrow$	x_1	1	2	0	0	-1	7		
	*	$\underline{0}$	1	$\underline{0}$	$\underline{0}$	1	-7	*	

Daher darf die Quotientenbildung auch nur für diese Nebenbedingung vorgenommen werden, so daß sie zwangsläufig zur Hauptzeile wird. Der anschließende Simplexprozeß tauscht x_2 gegen x_1 aus.

3. Phase: Das dritte Tableau zeigt, daß wir in

$$x_1 = 7,\ x_2 = 0,\ x_3 = 26,\ x_4 = 2,\ x_5 = 0$$

eine zulässige Basislösung gefunden haben (für alle Nebenbedingungen stehen in der Spalte x_0 positive Zahlen). Der anschließende gewöhnliche Simplexprozeß läßt sofort erkennen, daß die zulässige Basislösung sogar optimal ist.

Die Möglichkeit der Bestimmung einer ersten zulässigen Basislösung hat uns damit die Bestätigung gegeben, daß die Simplexmethode ein allgemeines und leistungsfähiges Lösungsverfahren zur Berechnung der optimalen Lösungen (falls solche existieren) einer linearen Optimierungsaufgabe ist.

KAPITEL IV

WEITERE SIMPLEXTECHNIKEN

Im vorigen Kapitel haben wir ausführlich eine Simplextechnik zur Lösung linearer Optimierungsaufgaben beschrieben. Das entwickelte Vorgehen nennen wir jetzt die gewöhnliche oder primale Simplexmethode, da wir im folgenden eine Reihe weiterer Simplextechniken behandeln wollen. Dabei knüpfen wir sehr eng an die Überlegungen in Kapitel III an; denn meist werden die neuen Methoden nicht eine Änderung des gesamten Algorithmus, sondern nur gewisser Teilstücke bewirken. Außerdem haben wir in Kapitel III einige Ergänzungen besprochen, die sich nicht primär auf den verwendeten Algorithmus bezogen, so daß sie weitestgehend auch für die neuen Simplextechniken Gültigkeit besitzen.

Wenn wir in diesem Kapitel die Lösungsmethoden linearer Optimierungsaufgaben vergleichen, können wir nur ihre Vor- und Nachteile hinsichtlich des Rechenaufwandes, der Eignung bei Verwendung von Rechenautomaten, der numerischen Qualität der Verfahren usw. in Betracht ziehen. Die Anwendung der linearen Optimierung führt aber zu spezifischen Aufgabenstellungen, die in diesem Kapitel noch nicht Gegenstand unserer Überlegungen sind und die die Verwendung eines speziellen Verfahrens besonders geeignet erscheinen lassen. Wir werden also auch in der linearen Optimierung (vergleiche die entsprechenden Erwägungen in Bd. 1 bei Problemen der linearen Algebra) kein Verfahren kennenlernen, das alle Vorteile in sich vereinigt. Daher kommt es in der numerischen Praxis darauf an, unter der Fülle der vorliegenden Lösungsverfahren die für die jeweilige Aufgabenstellung und die zur Verfügung stehenden Rechenhilfsmittel geeignetste Methode auszuwählen.

Im ersten Paragraphen des vorliegenden Kapitels wird eine sehr einfache und naheliegende Variante des gewöhnlichen Simplexverfahrens besprochen, die sich nur auf die Auswahl der Nichtbasisvariablen bezieht, die Basisvariable der neuen zulässigen Basislösung werden soll.

In § 2 wird eine weitere Variante der gewöhnlichen Simplexmethode entwickelt, die auf dem Gedanken beruht, bei einem Simplexschritt mehrere Nichtbasisvariablen gegen eine entsprechende Zahl von Basisvariablen auszutauschen.

Die vier folgenden Paragraphen beinhalten weitere Grundalgorithmen der linearen Optimierung, von denen gleichzeitig einige Varianten besprochen werden. So beschäftigt sich § 3 mit der dualen Simplexmethode. In § 4 und § 5 wird das revidierte Lösungsverfahren der primalen und dualen Simplextechnik behandelt. § 6 beschreibt die Produktform der primalen und dualen Simplexmethode.

Der letzte Paragraph gibt einen Ausblick auf einige weitere Lösungsmethoden der linearen Optimierung. Etwas ausführlicher wird dabei noch das Vorgehen des primal-dualen Algorithmus erläutert. Gleichzeitig findet man Hinweise auf Lösungsverfahren, die in diesem Buch sonst nicht behandelt werden und die den Gradientenvektor bei der Bestimmung der Fortschreitungsrichtung verwenden.

§ 1. Eine Variante des gewöhnlichen Simplexalgorithmus mit veränderter Auswahl der Eingangsvariablen

Zur Konstruktion einer neuen zulässigen Basislösung haben wir bei der gewöhnlichen Simplexmethode in III.2.4 und III.3.2 eine Basisvariable gegen eine Nichtbasisvariable ausgetauscht. Dabei ist die Auswahl der Nichtbasisvariablen (Eingangsvariable) mit der Forderung verknüpft, daß bei nichtausgearteten Aufgaben der Wert der Zielfunktion für die neue zulässige Basislösung wächst. Auf Grund der Auswahlregel in III.2.4 wurde in Teilschritt 3 des Algorithmus von III.3.2 die Nichtbasisvariable zur Eingangsvariablen gemacht, die den kleinsten negativen Koeffizienten in der Grundzeile des Simplextableaus besitzt. Diese Auswahlregel bestimmt die Eingangsvariable unter dem Gesichtspunkt, daß pro Einheit der größte Zuwachs des Wertes der Zielfunktion, also der steilste Anstieg pro Einheit, realisiert wird. Jedoch sagt diese Auswahl nichts darüber aus, wie groß der Zuwachs des Wertes der Zielfunktion tatsächlich ist. Das hängt vielmehr von dem Wert ab, den die Eingangsvariable (neue Basisvariable) in der neuen zulässigen Basislösung besitzt. Nach dem Beweis von Satz 7 in Kap. III wächst nämlich der Wert der Zielfunktion um $-d_{m+1,k}\varrho$. Dabei ist

$$d_{m+1,k} < 0$$

die zur Eingangsvariablen x_k gehörige Zahl der Grundzeile des Simplextableaus. ϱ bezeichnet den Wert der neuen Basisvariablen x_k bzw. das Minimum der Zahlen in der Q-Spalte.

Ein Anwachsen des Wertes der Zielfunktion wird durch jede Nichtbasisvariable x_j bewirkt, für deren Koeffizienten in der Grundzeile

$$d_{m+1,j} < 0 \tag{1}$$

gilt. Man kann daher folgende Variante der gewöhnlichen Simplexmethode angeben:

1. Für jede Spalte x_j mit (1) berechnen wir die zugehörige Q-Spalte. Im Simplextableau können damit höchstens $n - m$ solcher Q-Spalten auftreten (n Zahl der Variablen, m Zahl der Nebenbedingungen der Normalform).
2. Es wird das Minimum ϱ_j jeder Q-Spalte ermittelt.
3. Der Zuwachs $d_{m+1,j}\,\varrho_j$ wird für jede Q-Spalte berechnet und in der $(m+1)$-ten Zeile dieser Spalte notiert.
4. Es wird der absolut größte Zuwachs bestimmt. Gehört der absolut größte Zuwachs zur Nichtbasisvariablen x_k, gilt

$$|d_{m+1,k}\,\varrho_k| \geqq \max_{\substack{j \\ d_{m+1,j} < 0}} |d_{m+1,j}\,\varrho_j| .$$

Wird der absolut größte Zuwachs für mehrere Nichtbasisvariablen erreicht, kann eine willkürlich ausgewählt werden. Die zum absolut größten Zuwachs gehörige Nichtbasisvariable x_k bestimmt die Pfeilspalte und das minimale Element ϱ_k die Hauptzeile.

Diese Variante überträgt sich automatisch auf den Algorithmus in III.3.7.

In Analogie zum Strukturdiagramm der gewöhnlichen Simplexmethode in Abb. 4 von Kap. III ist in Abb. 1 das Strukturdiagramm für die beschriebene Variante des Simplexverfahrens angegeben. Dabei sind nur die Teile näher ausgeführt worden, die sich vom Algorithmus in III.3.2 unterscheiden.

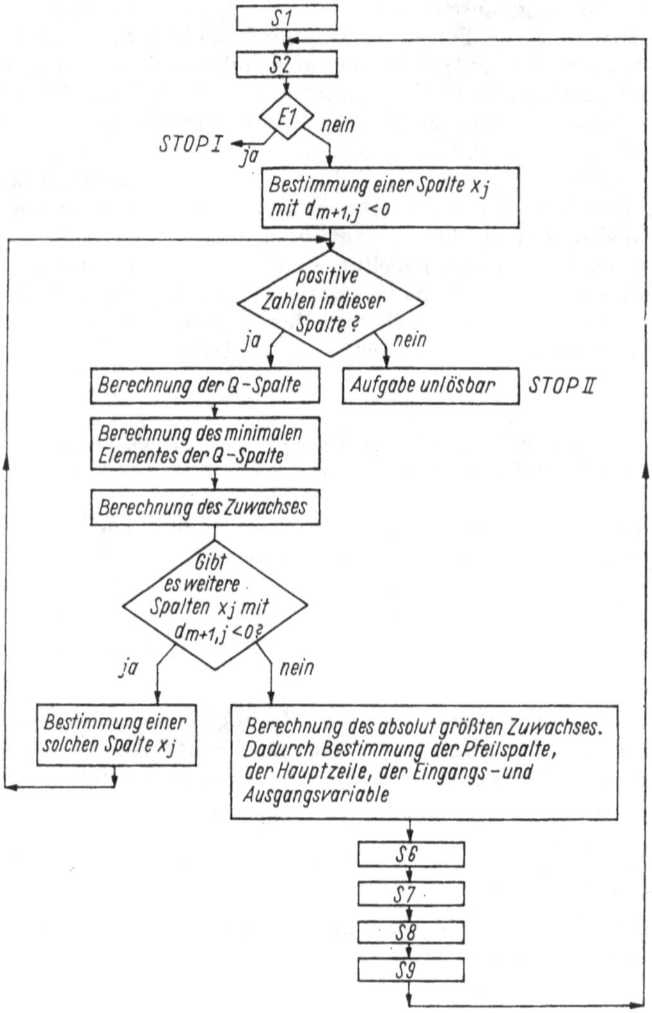

Abb. 1

Beispiel: Vorgelegt sei die lineare Optimierungsaufgabe

$$Z = 9x_1 + 5x_2 + 7x_3 \quad \max.$$
$$5x_1 + x_2 + x_3 + x_4 = 1$$
$$x_1 + x_2 + 2x_3 + x_5 = 3$$
$$x_i \geqq 0,\ i = 1, 2, \ldots, 5,$$

die wir in III.3.10 als Dualaufgabe gelöst haben. Als Anfangsvektor wird

$$x' = (0, 0, 0, 1, 4)$$

mit den Basisvariablen x_4, x_5 gewählt.

Das Ausgangstableau von Rechenschema 1 enthält in der Grundzeile drei negative Zahlen, so daß für die Spalten x_1, x_2, x_3 zugehörige Q-Spalten zu berechnen sind. Die minimalen Zahlen in den Q-Spalten sind

$$\varrho_1 = \frac{1}{5},\ \varrho_2 = 1,\ \varrho_3 = 1.$$

Der jeweilige Zuwachs ergibt sich durch Multiplikation der ϱ_i mit den Zahlen -9, -5 bzw. -7 der Grundzeile. Unter den Zahlen

$$-\frac{9}{5},\ -5,\ -7$$

Rechenschema 1:

	BV	x_1	x_2	x_3	x_4	x_5	x_0	Q_1	Q_2	Q_3	$-\uparrow$
←	x_4	5	1	(1)	1	0	1	$\frac{1}{5}$	1	1	
	x_5	1	1	2	0	1	3	3	3	$\frac{3}{2}$	−2
	*	−9	−5	−7↑	$\underline{0}$	$\underline{0}$	0	$-\frac{9}{5}$	−5	−7	7
→	x_3	5	1	1	1	0	1				
	x_5	−9	−1	0	−2	1	1				
	*	26	2	$\underline{0}$	7	$\underline{0}$	7				

ist $|-7|$ die absolut größte Zahl, die in einer zu x_3 gehörigen Quotientenspalte steht. Damit ist x_3 Eingangsvariable und die Spalte x_3 Pfeilspalte. Das minimale Element $\varrho_3 = 1$ steht in der ersten Zeile. Folglich ist die erste Zeile die Hauptzeile und x_4 die Ausgangsvariable. Der weitere Prozeß der Simplextransformation wird dann nach den üblichen Regeln ausgeführt. Das zweite Tableau erweist sich bereits als optimal. Ein Vergleich des Lösungsprozesses von Rechenschema 1 mit dem

Lösungsprozeß von Rechenschema 14 in Kapitel III zeigt, daß ein Simplexschritt eingespart wurde.

Vergleicht man allgemein die beschriebene Variante mit dem bisherigen Vorgehen der Simplexmethode, läßt sich folgendes sagen:

1. Die numerischen Erfahrungen lehren, daß die Variante meist weniger Simplexschritte erforderlich macht. Das ist jedoch keineswegs grundsätzlich der Fall. Man kann leicht Beispiele angeben, bei denen die Zahl der Simplexschritte größer ist.
2. Die gegebenenfalls vorliegende Unlösbarkeit der linearen Optimierungsaufgabe läßt sich bei der entwickelten Variante im allgemeinen schneller feststellen, da das Kriterium von Satz 5 in Kapitel III für alle Spalten mit negativem Koeffizienten der Zielfunktion angewandt wird (beachte auch die Erläuterung zu Entscheidung 2 in III.3.3). So würde sich z. B. beim zweiten Beispiel in III.3.4 die Unlösbarkeit sofort im ersten Simplexschritt ergeben.
3. Die Gefahr der Zyklenbildung im Falle der Ausartung der linearen Optimierungsaufgabe wird geringer.
4. Die Bestimmung der Pfeilspalte und der Hauptzeile ist aufwendiger. Nach den in der Literatur mitgeteilten numerischen Erfahrungen wird der Vorteil der meist geringeren Schrittzahl durch den größeren Aufwand bei einem Simplexschritt im allgemeinen kompensiert. Jedoch kann eine solche Aussage nicht völlig losgelöst vom verwendeten Automatentyp getroffen werden. Die beschriebene Variante scheint aber bei der manuellen Lösung kleinerer Optimierungsaufgaben recht geeignet zu sein.

§ 2. Austausch mehrerer Basisvektoren bei einem Schritt der gewöhnlichen Simplexmethode

Bei dem in Kapitel III entwickelten Vorgehen der gewöhnlichen Simplexmethode wird in jedem Simplexschritt eine Basisvariable gegen eine Nichtbasisvariable und damit ein Basisvektor gegen einen zu einer Nichtbasisvariablen gehörigen Vektor der Nebenbedingungen ausgetauscht. Geometrisch entspricht diesem Gedanken der Übergang zu einer benachbarten zulässigen Basislösung. Meist gibt es eine ganze Anzahl von Nichtbasisvariablen, die für einen solchen Austausch geeignet erscheinen (sie besitzen in der Grundzeile des Simplextableaus einen negativen Koeffizienten). Diese Tatsache hat uns in § 1 dazu veranlaßt, ein anderes Auswahlverfahren für die auszutauschende Nichtbasisvariable zu entwickeln. Jetzt wollen wir die Frage untersuchen, ob es nicht möglich ist, gleichzeitig mehrere geeignete Nichtbasisvariablen gegen eine entsprechende Anzahl von Basisvariablen auszutauschen. Mit dieser Problematik beschäftigte sich schon [2], besonders ausführlich aber [39].

2.1. Formulierung des Konstruktionsprozesses einer neuen zulässigen Basislösung als Optimierungsaufgabe. Die in III. 2.4 beschriebene Konstruktion einer neuen zulässigen Basislösung betrachten wir einleitend unter einem neuen Gesichtspunkt, der uns gleichzeitig Hinweise zur Beantwortung der aufgeworfenen Fragestellung gibt. Dabei knüpfen wir an die in III.2.4 verwendete Bezeichnungsweise an.

x_k sei eine Nichtbasisvariable mit negativem Koeffizienten in der Grundzeile

$$d_{m+1,k} < 0.$$

Dabei ist es für unsere Überlegungen nicht entscheidend, daß x_k den kleinsten negativen Koeffizienten in der Grundzeile besitzt. Zur Bestimmung der auszutauschenden Basisvariablen betrachten wir das System der Nebenbedingungen

$$x_{s_i} = d_{i0} - \sum_{j \in I'} d_{ij} x_j, \quad i = 1, 2, \ldots, m \tag{2}$$

für

$$x_j = 0, \; j \in I', \; j \neq k; \; x_k \geqq 0.$$

Das ergibt

$$x_{s_i} = d_{i0} - d_{ik} x_k, \quad i = 1, 2, \ldots, m. \tag{3}$$

Die Wahl von $x_k \geqq 0$ muß der Bedingung

$$d_{i0} - d_{ik} x_k \geqq 0, \quad i = 1, 2, \ldots, m \tag{4}$$

genügen. Der Wert der Zielfunktion

$$Z = d_{m+1,0} - \sum_{j \in I'} d_{m+1,j} x_j \tag{5}$$

ist für diese Wahl durch

$$Z = d_{m+1,0} - d_{m+1,k} x_k \tag{6}$$

gegeben.

Drücken wir zum besseren Verständnis x_k durch einen Parameter t aus, haben wir $t \geqq 0$ so zu wählen, daß

$$d_{i0} - d_{ik} t \geqq 0, \quad i = 1, 2, \ldots, m \tag{7}$$

gilt und dabei der Zuwachs der Zielfunktion

$$Z = d_{m+1,0} - d_{m+1,k} t$$

maximal wird. Damit erhalten wir die lineare Optimierungsaufgabe

$$\left.\begin{aligned} & Z = d_{m+1,0} - d_{m+1,k} t \quad \max. \\ & d_{ik} t \leqq d_{i0} \\ & t \geqq 0 \end{aligned}\right\} \tag{8}$$

mit einer Variablen t, die wir als *Hilfsaufgabe* bezeichnen.

Die Lösung der Hilfsaufgabe ist denkbar einfach, da das lineare Ungleichungssystem (7) nur von einer Variablen abhängt. Bezeichnen wir das Minimum der beim Simplexprozeß gebildeten Quotienten wie üblich mit ϱ, ist die Menge der zulässigen Lösungen der Hilfsaufgabe durch

$$0 \leqq t \leqq \varrho$$

gegeben. Wegen $d_{m+1,k} < 0$ ist $t = \varrho$ die optimale Lösung der Hilfsaufgabe. Gilt für die Menge der zulässigen Lösungen

$$0 \leqq t < \infty,$$

ist die Hilfsaufgabe und auch die vorgelegte Optimierungsaufgabe unlösbar.

Wir wollen jetzt l geeignete Nichtbasisvariablen

$$x_{k_1}, x_{k_2}, \ldots, x_{k_l}$$

beim Austausch erfassen. Die Indizes dieser Nichtbasisvariablen bestimmen eine Indexmenge K, die eine Untermenge von I' ist. Dann muß

$$d_{m+1,k} < 0 \quad \text{für} \quad k \in K$$

gelten. l sei eine Zahl, die für jeden Simplexschritt gleich ist und die höchste Anzahl der auszutauschenden Nichtbasisvariablen bestimmt. Gibt es weniger als l Nichtbasisvariablen mit negativem Koeffizienten in der Grundzeile, enthält die Indexmenge K weniger als l Zahlen.

Wir wählen

$$x_j = 0,\ j \in I',\ j \notin K;\ x_k \geqq 0,\ k \in K$$

und erhalten aus (2)

$$x_{s_i} = d_{i0} - \sum_{k \in K} d_{ik} x_k, \quad i = 1, 2, \ldots, m$$

und aus (5)

$$Z = d_{m+1,0} - \sum_{k \in K} d_{m+1,k} x_k.$$

Mit den Parametern $t_1, t_2, \ldots, t_l$ können wir die *Hilfsaufgabe* wie folgt formulieren:

$$\left.\begin{aligned} Z = d_{m+1,0} - \sum_{k=1}^{l} d_{m+1,k} t_k \quad \max. \\ \sum_{k=1}^{l} d_{ik} t_k \leqq d_{i0},\ i = 1, 2, \ldots, m \\ t_k \geqq 0,\ k = 1, 2, \ldots, l. \end{aligned}\right\} \tag{9}$$

Um also l Nichtbasisvariablen in den Austausch einzubeziehen, haben wir als Hilfsaufgabe eine lineare Optimierungsaufgabe mit m Nebenbedingungen und l Variablen zu lösen. Dabei werden wir sinnvollerweise $l \leqq m$ fordern.

2.2. Beschreibung des Lösungsalgorithmus. Der in 2.1 entwickelte Grundgedanke veranlaßt uns, einen neuen Lösungsalgorithmus herzuleiten, der als eine Variante des gewöhnlichen Simplexverfahrens bezeichnet werden kann.

Wir setzen voraus, daß uns eine zulässige Basislösung bekannt ist und die Nebenbedingungen und die Zielfunktion in der beim Simplexprozeß geforderten Gestalt vorliegen. Anderenfalls kann man auch für die Methoden zur Bestimmung einer ersten zulässigen Basislösung das folgende Vorgehen verwenden, da sie ja weitgehend auf dem Simplexalgorithmus basieren.

Zunächst werden in ein *Hauptrechentableau* die Daten der vorgegebenen Aufgabe eingetragen. Da dieses Hauptrechentableau eigentlich nur ein Datenspeicher ist, können die sonst üblichen Q- und $-\uparrow$ Spalten entfallen. Die zu entwickelnde Variante des Simplexverfahrens wird bei beschränkter Speicherkapazität des Rechenautomaten Anwendung finden, so daß wir uns hier sinnvollerweise auf den Algorithmus des verkürzten Simplextableaus von III.3.7 beziehen.

In der Grundzeile des Hauptrechentableaus werden die l kleinsten negativen Koeffizienten bestimmt. Die zugehörigen Nichtbasisvariablen stellen die Variablen der Hilfsaufgabe (9) dar.

Die lineare Optimierungsaufgabe (9) liegt noch nicht in Normalform vor. Schreiben wir für die Parameter t_k in (9) wieder die Nichtbasisvariablen x_k, $k \in K$ und berücksichtigen wir, daß wegen (2) und $x_j = 0, j \in I', j \notin K$ die x_{s_i}, $i = 1, 2, \ldots, m$ als Schlupfvariablen der Nebenbedingungen von (9) aufgefaßt werden können, geht (9) in

$$\left.\begin{aligned} Z = d_{m+1,0} - \sum_{k\in K} d_{m+1,k} x_k \quad \max. \\ \sum_{k\in K} d_{ik} x_k + x_{s_i} = d_{i0}, \quad i = 1, 2, \ldots, m \\ x_k \geqq 0, \quad k \in K \end{aligned}\right\} \tag{10}$$

über. Diese lineare Optimierungsaufgabe kann nach dem Algorithmus von III.3.7 gelöst werden, indem man von der zulässigen Basislösung

$$x_{s_i} = d_{i0}, \quad i = 1, 2, \ldots, m; \; x_k = 0, \; k \in K$$

mit den Basisvariablen x_{s_i}, $i = 1, 2, \ldots, m$ ausgeht. Dazu werden in das Ausgangstableau der Hilfsaufgabe die Spalten x_k, $k \in K$ und x_0 des Hauptrechentableaus eingetragen.

Es gelten nun folgende Aussagen, auf deren Beweis wir jedoch verzichten:

1. Ist die Hilfsaufgabe (10) unlösbar, so muß dieses auch für die vorgelegte lineare Optimierungsaufgabe gelten.
2. Jede zulässige Basislösung der Hilfsaufgabe bestimmt eine zulässige Basislösung der vorgelegten linearen Optimierungsaufgabe, falls wir die Variablen der Hilfsaufgabe durch $x_j = 0, j \in I', j \notin K$ ergänzen.

Die optimale zulässige Basislösung der Hilfsaufgabe liefert uns folglich eine zulässige Basislösung der zu lösenden linearen Optimierungsaufgabe. Der Lösungsprozeß der Hilfsaufgabe tauscht einige Basisvariablen x_{s_i} gegen eine entsprechende Zahl (höchstens l) von Nichtbasisvariablen x_k, $k \in K$ aus. Da wir beim weiteren Lösungsprozeß der vorgelegten linearen Optimierungsaufgabe von der durch die Optimallösung der Hilfsaufgabe gelieferten zulässigen Basislösung ausgehen wollen, können wir die Spalte BV des optimalen Tableaus der Hilfsaufgabe in die Spalte BV des nächsten Hauptrechentableaus eintragen. Ebenso können die übrigen Spalten des optimalen Tableaus der Hilfsaufgabe in das nächste Hauptrechentableau übernommen werden. Dabei ist darauf zu achten, daß die Eintragung unter Einhaltung der Reihenfolge in die Spalten erfolgt, die das Ausgangstableau der Hilfsaufgabe aufbauten

Bevor wir den Lösungsprozeß weiter verfolgen, wollen wir uns überlegen, welcher geometrische Inhalt der Lösung der Hilfsaufgabe entspricht. Man kann zeigen, daß die Menge M_H der zulässigen Lösungen der Hilfsaufgabe eine Kante der Menge M der zulässigen Lösungen der vorgelegten Optimierungsaufgabe ist. Die Dimension der Kante kann nicht größer als l sein und ist im nichtausgearteten Falle sogar gleich l. Der als bekannt vorausgesetzten zulässigen Basislösung entspricht ein Eckpunkt X der Menge M. Dieser Punkt X ist zugleich Eckpunkt der Menge M_H ($x_j = 0$, $j \in I'$, $j \notin K$ für jeden Punkt von M_H). Dem Lösungsprozeß der Hilfsaufgabe entspricht das Fortschreiten zu benachbarten Eckpunkten der Menge M_H, ausgehend vom Eckpunkt X. Jeder Eckpunkt von M_H ist zugleich Eckpunkt der Menge M. Die Lösung der Hilfsaufgabe (Lösbarkeit vorausgesetzt) führt uns also zu einem Eckpunkt der Menge M, der für alle Punkte der betrachteten Kante den größten Wert der Zielfunktion besitzt.

Für $l = 1$ und nichtausgeartetes X ist M_H eine Kantengerade von M. Eine beschränkte Menge M_H hat zwei Eckpunkte. Dieser Fall liegt beim bisherigen Vorgehen der Simplexmethode vor.

Die gegebene geometrische Interpretation läßt das modifizierte Vorgehen als natürliche Verallgemeinerung der Simplextechnik erscheinen.

Wir kehren nun zum numerischen Algorithmus der zu beschreibenden Variante des Simplexverfahrens zurück. Das nächste Hauptrechentableau ist bis auf die Spalten x_j, $j \in I'$, $j \notin K$ ausgefüllt. In der Grundzeile der dem optimalen Tableau der Hilfsaufgabe entnommenen Spalten stehen nichtnegative Zahlen. Zur Prüfung auf Optimalität und zur gegebenenfalls erforderlichen Fortsetzung des Rechenprozesses benötigen wir aber auch die Transformation der Spalten der Nichtbasisvariablen x_j, $j \in I'$, $j \notin K$. Diese Transformation kann man entweder für jede derartige Spalte x_j nacheinander oder für alle Spalten zusammen durchführen. Wir werden den zweiten Weg unserer Beschreibung zugrunde legen.

Zur Durchführung der Transformation nach den Formeln der Simplexmethode haben wir uns zu überlegen, welche Hilfszahlen wir in jedem Schritt benötigen. Neben dem mit einem Kreis markierten Element sind das die Zahlen der $-\uparrow$ Spalte. Stehen uns diese Zahlen zur Verfügung, können schrittweise die Spalten x_j, $j \in I'$, $j \notin K$ der Transformation der Simplexmethode unterworfen werden.

Wir legen uns ein *Hilfsrechentableau* an, in das die Spalten x_j, $j \in I'$, $j \notin K$ aus dem Ausgangstableau des Hauptrechentableaus übertragen werden. Weiterhin sind in das Hilfsrechentableau die Spalten x_k, $k \in K$ des Ausgangstableaus vom Hauptrechentableau zu übernehmen, denen Nichtbasisvariablen entsprechen, die im optimalen Tableau der Hilfsaufgabe als Basisvariablen erscheinen. Durch den Lösungsprozeß der Hilfsaufgabe mögen $l' \leqq l$ Nichtbasisvariablen zu Basisvariablen gemacht worden sein. Also enthält das Hilfsrechentableau weitere l' Spalten. Eine dieser Spalten wird aber als $-\uparrow$ Spalte gekennzeichnet. In die $-\uparrow$ Spalte wird zunächst das mit einem Kreis markierte Element in der Zeile eingetragen, die dem Kreuzpunkt der auszutauschenden Basisvariablen und Nichtbasisvariablen entspricht. Die übrigen Zahlen der betrachteten Spalte x_k werden mit entgegengesetztem Vorzeichen in die $-\uparrow$ Spalte übernommen. Damit ist das Ausgangstableau des Hilfsrechentableaus ausgefüllt. Jetzt kann eine gewöhnliche Simplextransformation angefügt werden (beachte auch das folgende Beispiel). Die Zahlen der Zeile, in der das mit einem Kreis markierte Element steht, werden durch dieses Element dividiert. Gleichzeitig ist damit die Hilfsrechenzeile im Sinne des Simplexalgorithmus berechnet. Die Transformation der übrigen Elemente erfolgt nach den Transformationsformeln für Elemente, die nicht in der Hauptzeile und Pfeilspalte stehen. Im nächsten Tableau wird nun eine weitere der mitgeführten Spalten x_k in die $-\uparrow$ Spalte eingeführt. Dazu ist zunächst das Kreiselement festzulegen, und die übrigen Elemente sind mit entgegengesetztem Vorzeichen zu übernehmen. Die in die $-\uparrow$ Spalte eingehende Spalte x_k wird im weiteren Rechenprozeß übersprungen. Nach l' Schritten sind die Spalten der Nichtbasisvariablen x_j, $j \in I'$, $j \notin K$ transformiert und können vom letzten Hilfsrechentableau in das Hauptrechentableau übertragen werden. Damit ist das nächste Hauptrechentableau ausgefüllt.

Der weitere Lösungsprozeß beginnt wieder mit der Prüfung auf Optimalität. Haben wir die optimale Lösung noch nicht gefunden, wird eine neue Hilfsaufgabe erklärt.

Der grobe Ablauf der beschriebenen Variante des Simplexverfahrens ist in Abb. 2 in einem Strukturdiagramm festgehalten.

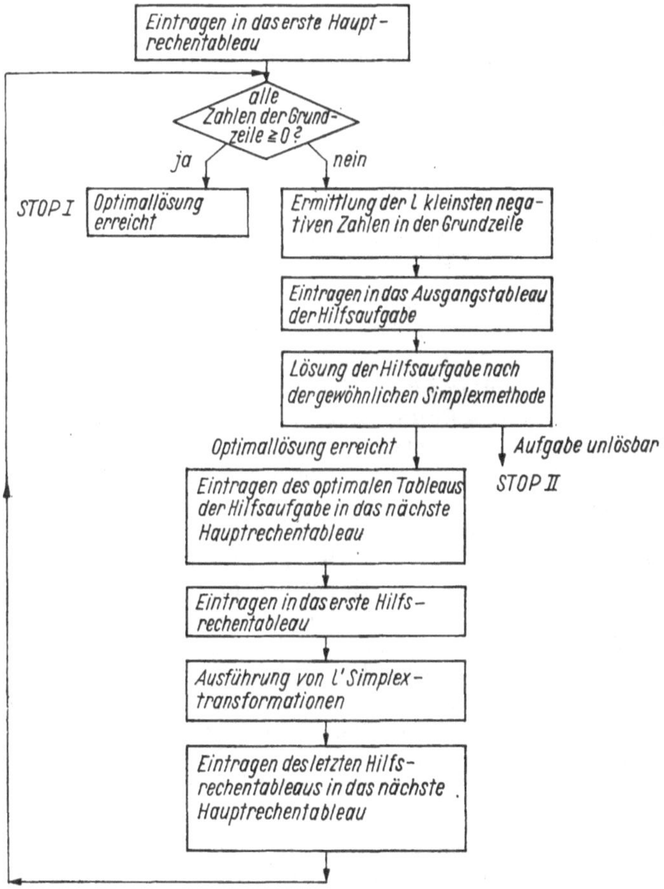

Abb. 2

2.3. Ein numerisches Beispiel. Bevor wir die Vor- und Nachteile der entwickelten Lösungsvariante erläutern, wollen wir das Vorgehen durch Lösung eines Beispieles festigen. Dazu müssen wir eine etwas größere Optimierungsaufgabe betrachten und folglich einen größeren Rechenaufwand in Kauf nehmen.

Vorgelegt sei die lineare Optimierungsaufgabe

$$Z = 2x_1 + 3x_2 + x_3 + 4x_4 + x_5 \quad \max.$$

$$\begin{aligned} x_1 + 2x_2 - x_3 + x_4 + 2x_5 + x_6 &= 3 \\ x_2 + x_3 + 2x_4 + 3x_5 + x_7 &= 4 \\ 2x_1 + 2x_2 + x_4 + x_8 &= 6 \end{aligned}$$

$$x_i \geqq 0, \; i = 1, 2, \ldots, 8.$$

Als Ausgangsvektor können wir

$$x' = (0, 0, 0, 0, 0, 3, 4, 6)$$

mit den Basisvariablen x_6, x_7, x_8 wählen, so daß sich die Ausgangsdaten sofort in das erste Hauptrechentableau übernehmen lassen.

Der Lösungsprozeß der linearen Optimierungsaufgabe ist in Rechenschema 2 bis 8 festgehalten. Und zwar entspricht:

Rechenschema 2:	Hauptrechentableau;
Rechenschema 3, 5 und 7:	Rechentableau der ersten, zweiten bzw. dritten Hilfsaufgabe;
Rechenschema 4, 6 und 8:	Hilfsrechentableau nach Lösung der ersten, zweiten bzw. dritten Hilfsaufgabe.

Wir legen fest, daß nicht mehr als $l = 2$ Nichtbasisvariablen in jede Hilfsaufgabe übernommen werden dürfen. Zugrunde gelegt wird der Algorithmus des verkürzten Simplextableaus von III.3.7.

In der Grundzeile des ersten Tableaus von Rechenschema 2 stehen die beiden kleinsten negativen Zahlen in den Spalten x_2 und x_4. Also werden neben den Spalten BV und x_0 die Spalten x_2 und x_4 in das Ausgangstableau der ersten Hilfsaufgabe (Rechenschema 3) eingetragen. Das dritte Tableau von Rechenschema 3 ist optimal, so daß es in das zweite Hauptrechentableau von Rechenschema 2 eingetragen werden kann. Dabei sind die Spalte x_6 unter die Spalte x_2 des vorigen Hauptrechentableaus und Spalte x_7 unter Spalte x_4 zu schreiben.

Es fehlt noch die Transformation der Spalten x_1, x_3, x_5. Dazu werden diese Spalten aus dem Ausgangstableau von Rechenschema 2 in das erste Hilfsrechentableau (Rechenschema 4) übertragen. Bei der Lösung der Hilfsaufgabe wurden die beiden Nichtbasisvariablen x_2 und x_4 ausgetauscht. Also sind $l' = 2$ Schritte im Hilfsrechentableau notwendig. Soll der erste Schritt dem Austausch von x_2 und x_6 entsprechen, bestimmt die Spalte x_2 die $-\uparrow$ Spalte des ersten Tableaus von Rechenschema 4. Die mit einem Kreis zu markierende Zahl 2 steht im Kreuzpunkt der Spalte x_2 und Zeile x_6 des ersten Tableaus von Rechenschema 2. Also ist die Zahl 2 in die erste Zeile der $-\uparrow$ Spalte von Rechenschema 4 einzutragen

Rechenschema 2:

BV	x_1	x_2	x_3	x_4	x_5	x_0
x_6	1	2	−1	1	2	3
x_7	0	1	1	2	3	4
x_8	2	2	0	1	0	6
*	−2	−3	−1	−4	−1	0
	x_1	x_6	x_3	x_7	x_5	x_0
x_2	$\frac{2}{3}$	$\frac{2}{3}$	−1	$-\frac{1}{3}$	$\frac{1}{3}$	$\frac{2}{3}$
x_4	$-\frac{1}{3}$	$-\frac{1}{3}$	1	$\frac{2}{3}$	$\frac{4}{3}$	$\frac{5}{3}$
x_8	1	−1	1	0	−2	3
*	$-\frac{4}{3}$	$\frac{2}{3}$	0	$\frac{5}{3}$	$\frac{16}{3}$	$\frac{26}{3}$
	x_2	x_6	x_3	x_7	x_5	x_0
x_1	$\frac{3}{2}$	1	$-\frac{3}{2}$	$-\frac{1}{2}$	$\frac{1}{2}$	1
x_4	$\frac{1}{2}$	0	$\frac{1}{2}$	$\frac{1}{2}$	$\frac{3}{2}$	2
x_8	$-\frac{3}{2}$	−2	$\frac{5}{2}$	$\frac{1}{2}$	$-\frac{5}{2}$	2
*	2	2	−2	1	6	10
	x_2	x_6	x_8	x_7	x_5	x_0
x_1	$\frac{3}{5}$	$-\frac{1}{5}$	$\frac{3}{5}$	$-\frac{1}{5}$	−1	$\frac{11}{5}$
x_4	$\frac{4}{5}$	$\frac{2}{5}$	$-\frac{1}{5}$	$\frac{2}{5}$	2	$\frac{8}{5}$
x_3	$-\frac{3}{5}$	$-\frac{4}{5}$	$\frac{2}{5}$	$\frac{1}{5}$	−1	$\frac{4}{5}$
*	$\frac{4}{5}$	$\frac{2}{5}$	$\frac{4}{5}$	$\frac{7}{5}$	4	$\frac{58}{5}$

Rechenschema 3:

	BV	x_2	x_4	x_0	Q	$-\uparrow$
	x_6	2	1	3	3	-1
←	x_7	1	(2)	4	2	
	x_8	2	1	6	6	-1
	*	-3	$-4\uparrow$	0	*	4
		x_2	x_7	x_0	Q	$-\uparrow$
←	x_6	$\left(\frac{3}{2}\right)$	$-\frac{1}{2}$	1	$\frac{2}{3}$	
→	x_4	$\frac{1}{2}$	$\frac{1}{2}$	2	4	$-\frac{1}{2}$
	x_8	$\frac{3}{2}$	$-\frac{1}{2}$	4	$\frac{8}{3}$	$-\frac{3}{2}$
	*	$-1\uparrow$	2	8	*	1
		x_6	x_7	x_0	Q	$-\uparrow$
→	x_2	$\frac{2}{3}$	$-\frac{1}{3}$	$\frac{2}{3}$		
	x_4	$-\frac{1}{3}$	$\frac{2}{3}$	$\frac{5}{3}$		
	x_8	-1	0	3		
	*	$\frac{2}{3}$	$\frac{5}{3}$	$\frac{26}{3}$	*	

und mit einem Kreis zu markieren. Die übrigen Zahlen der Spalte x_2 des ersten Tableaus von Rechenschema 2 werden mit entgegengesetztem Vorzeichen in die $-\uparrow$ Spalte von Rechenschema 4 eingetragen. Um im zweiten Schritt die $-\uparrow$ Spalte aufbauen zu können, ist auch die Spalte x_4 des ersten Tableaus von Rechenschema 2 in das Ausgangstableau von Rechenschema 4 zu übernehmen, das damit vollständig ausgefüllt ist.

Die Simplextransformation in Rechenschema 4 erfolgt nach den üblichen Regeln. Das mit einem Kreis markierte Element bestimmt die Hauptzeile; die Zahlen der Hauptzeile sind durch dieses Element zu dividieren. Damit ist die Hilfsrechenzeile berechnet, die zusammen mit der $-\uparrow$ Spalte die Transformation der übrigen Elemente ermöglicht.

Im zweiten Tableau von Rechenschema 4 ist nun die $-\uparrow$ Spalte auszufüllen. Dazu benötigen wir die transformierte Spalte x_4. Der Kreuzpunkt von Spalte x_4 und Zeile x_7 im ersten Tableau von Rechenschema 2 liegt in der zweiten Zeile.

Rechenschema 4:

	x_1	x_3	x_5	x_4	$-\uparrow$
←	1	−1	2	1	②
	0	1	3	2	−1
	2	0	0	1	−2
	−2	−1	−1	−4	3
→	$\frac{1}{2}$	$-\frac{1}{2}$	1	$\frac{1}{2}$	$-\frac{1}{2}$
←	$-\frac{1}{2}$	$\frac{3}{2}$	2	$\frac{3}{2}$	$\frac{3}{2}$ (eingekreist)
	1	1	−2	0	0
	$-\frac{1}{2}$	$-\frac{5}{2}$	2	$-\frac{5}{2}$	$\frac{5}{2}$
	$\frac{2}{3}$	−1	$\frac{1}{3}$		
→	$-\frac{1}{3}$	1	$\frac{4}{3}$		
	1	1	−2		
	$-\frac{4}{3}$	0	$\frac{16}{3}$		

Also ist die Zahl $\frac{3}{2}$ der zweiten Zeile der Spalte x_4 im zweiten Tableau von Rechenschema 4 in die $-\uparrow$ Spalte zu übernehmen und mit einem Kreis zu markieren. Die übrigen Zahlen der Spalte x_4 werden mit entgegengesetztem Vorzeichen in die $-\uparrow$ Spalte eingetragen. Die Spalte x_4 ist jetzt überflüssig und braucht nicht mittransformiert zu werden. Durch Wiederholung der Simplextransformation ergibt sich das letzte Tableau von Rechenschema 4. Damit haben wir die Transformation der Spalten x_1, x_3 und x_5 ausgeführt, und die Zahlen können in die jeweiligen Spalten des zweiten Tableaus von Rechenschema 2 eingetragen werden. Das zweite Tableau von Rechenschema 2 ist damit vollständig ausgefüllt.

Der geschilderte Lösungsprozeß kann jetzt fortgesetzt werden. In der Grundzeile des zweiten Tableaus von Rechenschema 2 steht nur noch eine negative Zahl. Die zweite Hilfsaufgabe (Rechenschema 5) enthält damit im Ausgangstableau nur noch die eine Nichtbasisvariable x_1. Im Hilfsrechentableau von Rechenschema 6 sind die Spalten x_6, x_3, x_7 und x_5 des zweiten Tableaus von Rechenschema 2 einzutragen; die Spalte x_1 dieses Tableaus bestimmt die $-\uparrow$ Spalte. Dabei ist in Rechenschema 6 nur ein Schritt auszuführen.

Rechenschema 5:

	BV	x_1	x_0	Q	$-\uparrow$
$\leftarrow$	x_2	$\frac{2}{3}$ (circled)	$\frac{2}{3}$	1	
	x_4	$-\frac{1}{3}$	$\frac{5}{3}$		$\frac{1}{3}$
	x_8	1	3	3	-1
	*	$-\frac{4}{3}\uparrow$	$\frac{26}{3}$	*	$\frac{4}{3}$
		x_2^*	x_0	Q	$-\uparrow$
$\rightarrow$	x_1	$\frac{3}{2}$	1		
	x_4	$\frac{1}{2}$	2		
	x_8	$-\frac{3}{2}$	2		
	*	2	10	*	

Rechenschema 6:

	x_6	x_3	x_7	x_5	$-\uparrow$
$\leftarrow$	$\frac{2}{3}$	-1	$-\frac{1}{3}$	$\frac{1}{3}$	$\frac{2}{3}$ (circled)
	$-\frac{1}{3}$	1	$\frac{2}{3}$	$\frac{4}{3}$	$\frac{1}{3}$
	-1	1	0	-2	-1
	$\frac{2}{3}$	0	$\frac{5}{3}$	$\frac{16}{3}$	$\frac{4}{3}$
$\rightarrow$	1	$-\frac{3}{2}$	$-\frac{1}{2}$	$\frac{1}{2}$	
	0	$\frac{1}{2}$	$\frac{1}{2}$	$\frac{3}{2}$	
	-2	$\frac{5}{2}$	$\frac{1}{2}$	$-\frac{5}{2}$	
	2	-2	1	6	

Das dritte Tableau in Rechenschema 2 ist immer noch nicht optimal. Also ist eine dritte Hilfsaufgabe (Rechenschema 7) zu erklären und ein drittes Hilfsrechentableau (Rechenschema 8) anzulegen. Das letzte Tableau von Rechenschema 2 ist optimal, so daß die optimale Lösung

$$x_1 = \frac{11}{5},\ x_3 = \frac{4}{5},\ x_4 = \frac{8}{5},\ x_2 = x_5 = x_6 = x_7 = x_8 = 0$$

lautet und $Z = \frac{58}{5}$ der optimale Wert der Zielfunktion ist.

2.4. Beurteilung des Lösungsalgorithmus. Wir haben uns abschließend mit der Frage zu beschäftigen, ob und unter welchen Bedingungen uns der modifizierte Algorithmus günstig erscheint. Der Leser wird bereits gemerkt haben, daß der modifizierte Algorithmus keineswegs so einheitlich abläuft und daher für das manuelle Rechnen sicher wenig geeignet ist. Jedoch heißt das nicht, daß sich bei der Lösung großer Optimierungsaufgaben mittels Rechenautomaten durch die beschriebene Modifikation keine Vorteile erzielen lassen.

Ein Vergleich des Rechenaufwandes beim neuen Algorithmus und dem bisherigen Lösungsweg der gewöhnlichen Simplexmethode ist sehr schwer, da die Zahl der erforderlichen Simplexschritte im allgemeinen unterschiedlich sein wird. Die Hilfsaufgabe (10) hat m Nebenbedingungen und l Nichtbasisvariablen. Daher kann die Dimension der Hilfsaufgabe wesentlich kleiner als die der gegebenen

Rechenschema 7:

	BV	x_3	x_0	Q	$-\uparrow$
	x_1	$-\frac{3}{2}$	1		$\frac{3}{2}$
	x_4	$\frac{1}{2}$	2	4	$-\frac{1}{2}$
←	x_8	$\circled{\frac{5}{2}}$	2	$\frac{4}{5}$	
	*	$-2\uparrow$	10	*	2
		x_8	x_0	Q	$-\uparrow$
	x_1	$\frac{3}{5}$	$\frac{11}{5}$		
	x_4	$-\frac{1}{5}$	$\frac{8}{5}$		
→	x_3	$\frac{2}{5}$	$\frac{4}{5}$		
	*	$\frac{4}{5}$	$\frac{58}{5}$	*	

Rechenschema 8:

	x_2	x_6	x_7	x_5	$-\uparrow$
	$\frac{3}{2}$	1	$-\frac{1}{2}$	$\frac{1}{2}$	$\frac{3}{2}$
	$\frac{1}{2}$	0	$\frac{1}{2}$	$\frac{3}{2}$	$-\frac{1}{2}$
←	$-\frac{3}{2}$	-2	$\frac{1}{2}$	$-\frac{5}{2}$	$\circled{\frac{5}{2}}$
	2	2	1	6	2
	$\frac{3}{5}$	$-\frac{1}{5}$	$-\frac{1}{5}$	-1	
	$\frac{4}{5}$	$\frac{2}{5}$	$\frac{2}{5}$	2	
→	$-\frac{3}{5}$	$-\frac{4}{5}$	$\frac{1}{5}$	-1	
	$\frac{4}{5}$	$\frac{2}{5}$	$\frac{7}{5}$	4	

linearen Optimierungsaufgabe sein. Ein Simplexschritt der Hilfsaufgabe ist also nicht mit einem Simplexschritt für die vorgelegte Aufgabe vergleichbar. Die Lösung der Hilfsaufgabe wird erfahrungsgemäß etwa m Simplexschritte erforderlich machen. Anschließend sind dann die Spalten x_j, $j \in I'$, $j \notin K$ zu transformieren. Dazu sind l' Schritte notwendig. Wegen $l' \leqq l \leqq m$ sind das im allgemeinen im Vergleich zur Zahl der Simplexschritte für die Hilfsaufgabe weniger Schritte. Der Rechenaufwand zur Transformation der Spalten x_j, $j \in I'$, $j \notin K$ würde auch auftreten, wenn wir den gewöhnlichen Algorithmus der Simplexmethode angewandt hätten. In gewissem Sinne ergibt sich ein zusätzlicher Aufwand durch Mitführung einiger Spalten x_k, $k \in K$ im Hilfsrechentableau. Jedoch dürfte die Einsparung des Rechenaufwandes bei der Lösung der Hilfsaufgabe wesentlich größer sein. Andererseits muß gesagt werden, daß wir bei der Lösung der Hilfsaufgabe nur zu benachbarten Eckpunkten der Menge M_H übergehen können, während der Algorithmus von Kapitel III das Fortschreiten zu benachbarten Eckpunkten der Menge M ermöglicht. Man kann daher erwarten, daß die Gesamtzahl der Simplexschritte zur Lösung der verschiedenen Hilfsaufgaben größer als die Zahl der Simplexschritte der gewöhnlichen Simplexmethode ist (es kann aber auch der umgekehrte Fall vorliegen). Diese Bemerkungen zeigen, daß man sicher nicht fehl geht, wenn man einen gewissen geringeren Rechenaufwand für die modifizierte Methode annimmt. Aber auf keinen Fall läßt sich durch diese Senkung des Rechenaufwandes der Verzicht auf eine einheitlichere Gestaltung des Rechenprozesses begründen.

Der eindeutige Vorteil des modifizierten Algorithmus dürfte bei der Lösung großer Optimierungsaufgaben liegen. Die Dimension der Nebenbedingungen der Hilfsaufgabe kann der Kapazität des Kernspeichers einer elektronischen Rechenanlage angepaßt werden. Das Hauptrechentableau wird in den Außenspeichern der Anlage gespeichert. Die Lösung der Hilfsaufgabe ist dann alleine unter Verwendung des Kernspeichers möglich. Alle Wechselbeziehungen mit den Außenspeichern werden erst nach Lösung der Hilfsaufgabe vorgenommen. Man beachte, daß auch das Hilfsrechentableau mit den Speicherforderungen der Hilfsaufgabe auskommt, wenn man die Spalten x_j, $j \in I'$, $j \notin K$ nacheinander transformiert. Mit Vergrößerung von l sinkt die Zahl der erforderlichen Rückfragen an die Außenspeicher. Andererseits wird dadurch aber auch der Rechenaufwand im Hilfsrechentableau größer.

Die Modifikation der Simplexmethode kann also mit Erfolg angewandt werden, wenn zur Lösung einer linearen Optimierungsaufgabe die Außenspeicher einer elektronischen Rechenanlage benötigt werden. Ein großer Teil der Rechenzeit ist gewöhnlich erforderlich, um Informationen von den Außenspeichern zu erhalten. Verringert sich die Zahl der Rückfragen an die Außenspeicher, sinkt auch die notwendige Rechenzeit.

§ 3. Die duale Simplexmethode

3.1. Orientierende Vorbemerkungen. Die duale Simplexmethode ist der gewöhnlichen Simplexmethode sehr ähnlich. Das bezieht sich besonders auf den numerischen Algorithmus, der fast mit dem gleichen Simplextableau arbeitet und auch die bei der gewöhnlichen Simplexmethode beschriebene Simplextransformation verwendet. Die Unterschiedlichkeit des Grundgedankens bei der primalen und dualen Simplexmethode kann mittels des Simplextableaus sehr einfach erläutert werden:

Das optimale Tableau der gewöhnlichen Simplexmethode enthält in der Grundzeile und in der Spalte x_0 nichtnegative Zahlen. Man beginnt mit dem Ausgangstableau, das in der Spalte x_0 nichtnegative Zahlen besitzt (zulässige Basislösung!) und behält diese Eigenschaft in den weiteren Tableaus bei. Dann wird versucht, in der Grundzeile schrittweise die negativen Zahlen zu beseitigen.

Bei der dualen Simplexmethode geht man von einem Tableau aus, das in der Grundzeile nichtnegative Zahlen enthält und sichert diese Eigenschaft in den weiteren Schritten. Dagegen wird beim Lösungsprozeß versucht, eine Spalte x_0 zu erzeugen, in der keine negativen Zahlen stehen.

Aus diesem Grunde heißt ein Simplextableau „*primal zulässig*“, wenn alle Zahlen in der Spalte x_0 nichtnegativ sind. Dagegen wird es „*dual zulässig*“ genannt, falls die Zahlen in der Grundzeile nichtnegativ sind. Das optimale Tableau der primalen und dualen Simplexmethode ist sowohl primal als auch dual zulässig.

Die gegebene Darstellung der Unterschiedlichkeit zwischen der primalen und dualen Simplexmethode könnte den Eindruck erwecken, daß es sich bei der dualen Simplexmethode lediglich um eine Variante des gewöhnlichen Simplexverfahrens handelt. Eine solche Vorstellung ist aber unbegründet. Tatsächlich besitzt die duale Simplexmethode ein ihr eigenes Optimalitätskriterium und eine eigene Methodik der schrittweisen Verbesserung der Zwischenlösungen. Daher müssen wir die duale Simplexmethode als neuen Grundalgorithmus zur Lösung linearer Optimierungsaufgaben ansehen.

Ein markanter Unterschied zwischen der primalen und dualen Simplexmethode tritt aus den obigen Betrachtungen hervor. Da die Spalte x_0 bei der dualen Simplexmethode in den Zwischenschritten negative Zahlen enthält, kann der Vektor der Zwischenlösung keine zulässige Lösung sein (die Vorzeichenbedingungen sind nicht erfüllt). Daher werden wir bei der dualen Simplexmethode nicht schrittweise von einer zulässigen Basislösung zu einer „besseren" zulässigen Basislösung fortschreiten. Sofern uns die duale Simplexmethode einen Vektor liefert, der eine zulässige Lösung darstellt (wir werden sehen, daß das erfüllt ist, sofern sämtliche Komponenten nichtnegativ sind), haben wir bereits eine optimale Lösung gefunden.

Damit erhebt sich zwangsläufig die Frage, welche geometrische Bedeutung den Zwischenlösungen der dualen Simplexmethode zukommt. Offenbar kann es sich nicht mehr um Eckpunkte der Menge der zulässigen Lösungen handeln. Vielmehr werden wir bei der dualen Simplexmethode sogenannte „Basislösungen" zu betrachten haben, deren Definition in 3.2 angegeben ist. Diese Basislösungen haben mit den Eckpunkten (denen nach II.2.3 zulässige Basislösungen entsprechen) die Eigenschaft gemeinsam, daß sie sich als Schnittpunkt von n linear unabhängigen Hyperebenen ergeben, die die Menge der zulässigen Lösungen erzeugen (beachte Satz 39 von Kapitel I). Die Basislösungen unterscheiden sich folglich von den zulässigen Basislösungen darin, daß sie keine zulässigen Lösungen zu sein brauchen.

Bei der dualen Simplexmethode geht man also von einer Basislösung zu einer neuen Basislösung über, die im Sinne der Methode als besser zu bezeichnen ist. Sofern wir eine zulässige Basislösung erhalten haben, ist das Simplextableau optimal.

Später werden wir mittels des Algorithmus der dualen Simplexmethode die lineare Optimierungsaufgabe

$$\left.\begin{aligned} Z = 3x_1 + x_2 \quad & \min. \\ 5x_1 + x_2 &\geqq 9 \\ x_1 + x_2 &\geqq 5 \\ x_1 + 2x_2 &\geqq 7 \\ x_1 \geqq 0,\ x_2 &\geqq 0 \end{aligned}\right\} \tag{11}$$

lösen. Der Bereich der zulässigen Lösungen dieser Aufgabe ist in Abb. 3 veranschaulicht. Beginnen wir den Lösungsprozeß mit der dem Punkt A von Abb. 3 entsprechenden Basislösung (A ist Schnittpunkt der Geraden $x_1 = 0$ und $x_2 = 0$), führt uns die duale Simplexmethode, wie wir später sehen werden, von A über B und C zur optimalen Lösung in D. D ist Eckpunkt der Menge der zulässigen Lösungen.

Ein anderer interessanter Vergleich zwischen der primalen und dualen Simplexmethode ergibt sich, wenn wir an die Betrachtungen zur geometrischen Interpretation der Dualität in II.4.4 anknüpfen. Dabei muß die lineare Optimierungsaufgabe in erster Normalform vorliegen. Die Bilder der den Nichtnegativitätsbedingungen genügenden Vektoren bestimmen einen konvexen mehrkantigen Kegel. Die Bilder der die Nebenbedingungen erfüllenden Vektoren liegen auf einer Geraden G. Da auch die Basislösungen (sie werden in 3.2 nur für Aufgaben in

Normalform erklärt) den Nebenbedingungen der linearen Optimierungsaufgabe genügen müssen, liegen ihre Bilder ebenfalls auf dieser Geraden G. Sie brauchen aber, da die Komponenten einer Basislösung nicht die Vorzeichenbedingungen erfüllen müssen, nicht dem konvexen mehrkantigen Kegel anzugehören.

Im Sinne der Darstellung von Abb. 5 in Kapitel II ist in Abb. 4 das Schnittgebilde des konvexen mehrkantigen Kegels (im dreidimensionalen Raum) mit einer Ebene veranschaulicht, welche die Gerade G enthält (man beachte, daß wir nur den Hauptfall einer lösbaren linearen Optimierungsaufgabe betrachten). Jeder zulässigen Lösung entspricht ein Punkt, der im Durchschnitt D liegt. Den optimalen Lösungen entspricht M'.

Die primale Simplexmethode konstruiert eine endliche Folge von zulässigen Basislösungen (sie werden natürlich in Punkte auf D abgebildet) mit monoton wachsenden Werten für die Zielfunktion. Die duale Simplexmethode berechnet eine endliche Folge von Basislösungen mit monoton fallenden Werten für die

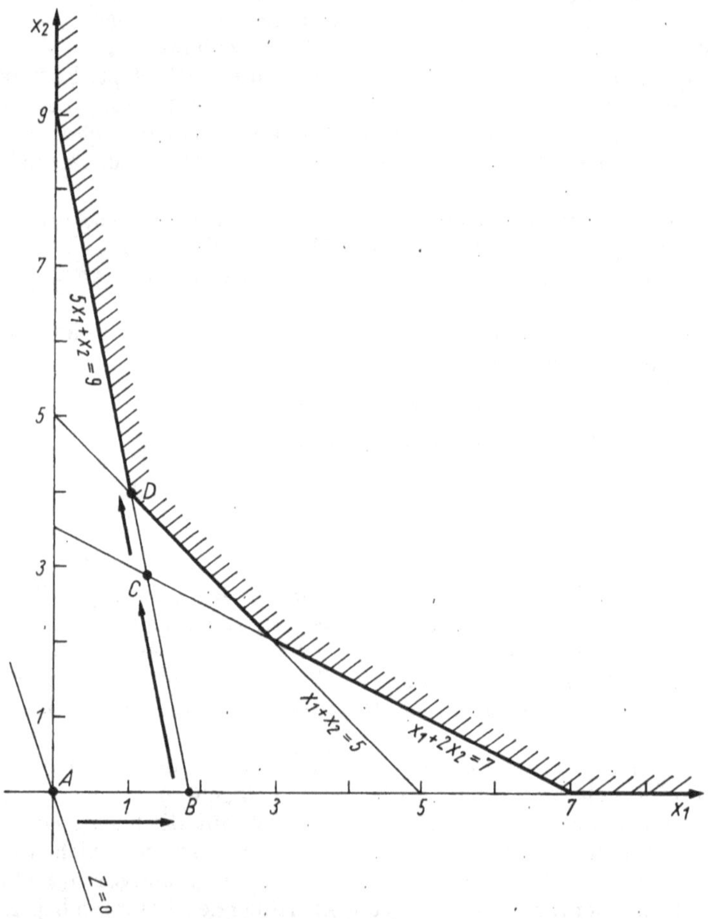

Abb. 3

Zielfunktion, deren Bilder auf der Gerade G außerhalb des Kegels liegen. Sobald diese Folge den Kegel erreicht hat (im Punkt M'), ist die optimale Lösung gefunden.

Die Bezeichnung „duale Simplexmethode“ verdankt das Lösungsverfahren der Tatsache, daß wir eigentlich das Dualproblem mittels des gewöhnlichen Simplexverfahrens lösen. Beim Übergang zum Dualproblem vertauschen sich ja nach II.4.1 die Zeilen und Spalten in der Matrix der Nebenbedingungen; die Spalte x_0

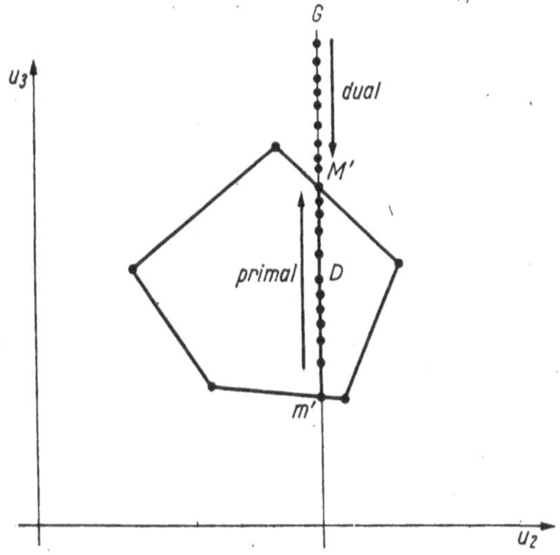

Abb. 4

würde in der Grundzeile und die Grundzeile in der Spalte x_0 erscheinen. Dadurch ergäbe sich ein primal zulässiges Simplextableau. Wir können also sagen, daß man mit der dualen Simplexmethode faktisch das Dualproblem löst, ohne einen direkten Bezug zur dualen Aufgabe zu nehmen, und alle Aussagen in der Sprache des Primalproblems formuliert. Nun haben wir aber bereits in III.3.10 die Lösung des Dualproblems mittels der gewöhnlichen Simplexmethode beschrieben. Daher drängt sich die Frage auf, welchen Sinn dann überhaupt noch die duale Simplexmethode besitzt. Die Antwort ist aus unserer bisherigen Sicht gar nicht so leicht zu geben. Wir müssen uns vielmehr mit dem Hinweis begnügen, daß es in der Anwendung der linearen Optimierung Problemstellungen gibt, die die Kenntnis eines solchen Algorithmus wünschenswert erscheinen lassen. So ist man bei vielen Lösungsmethoden der sogenannten ganzzahligen linearen Optimierung gezwungen, während des Lösungsprozesses neue Nebenbedingungen aufzunehmen, die ein dual zulässiges Simplextableau ergeben. Ein wiederholter Übergang zum Dualproblem im Laufe des Lösungsprozesses würde die ganze Gestaltung des Algorithmus empfindlich komplizieren. Auch sehr viele Problemstellungen der nachträglichen Änderung bei linearen Optimierungsaufgaben lassen sich mittels der dualen Simplexmethode besonders elegant lösen. Daneben werden lineare Optimierungsaufgaben, für die sofort ein dual zulässiges Simplextableau angegeben werden kann, meist mit der dualen Simplexmethode gelöst. Kann man jedoch weder ein primal noch ein dual zulässiges Simplextableau unmittelbar angeben, wird im allgemeinen die primale Methode herangezogen. Daher sind Methoden zur Bestimmung eines Anfangsvektors für die duale Simplexmethode nicht von so großem Interesse.

Mit diesen einleitenden Betrachtungen haben wir die wesentlichen Grundzüge der im Jahre 1954 von LEMKE entwickelten dualen Simplexmethode dargelegt, so daß wir uns der Theorie und dem Lösungsalgorithmus dieser Methode zuwenden können. Vorbereitend haben wir jedoch noch zu klären, was wir unter einer Basislösung verstehen wollen.

3.2. Begriff der Basislösung. Wir betrachten lineare Optimierungsaufgaben in erster Normalform

$$\max \{c'x \mid Ax = b,\ x \geqq 0\}. \tag{12}$$

Basislösungen werden von uns, so wie in II.2 zulässige Basislösungen, nur für Aufgaben in der ersten Normalform erklärt. Allgemein sind die folgenden Darstellungen auf das engste mit dem Ideenkreis von II.2 verknüpft.

Definition: *Ein Vektor x heißt eine Basislösung der linearen Optimierungsaufgabe* (12), *wenn er den Nebenbedingungen*

$$Ax = b$$

genügt, und die zu den von Null verschiedenen Komponenten gehörigen Vektoren der Nebenbedingungen linear unabhängig sind.

Die Basislösung unterscheidet sich von der zulässigen Basislösung nur dahingehend, daß die Vorzeichenbedingungen nicht erfüllt zu sein brauchen. Grundsätzlich ist jede zulässige Basislösung eine Basislösung.

Die zwischen den Begriffsbildungen „Basislösung“ und „zulässige Basislösung“ bestehenden Gemeinsamkeiten gestatten die Übertragung einiger Ergebnisse von II.2. So kann offensichtlich eine Basislösung höchstens m von Null verschiedene Komponenten besitzen (beachte Satz 11 von II.2.1). Das ermöglicht uns wiederum, die *Basis einer Basislösung* zu erkären.

Definition: *Ein System von m linear unabhängigen Vektoren der Nebenbedingungen, das alle Vektoren der Nebenbedingungen a_j enthält, denen von Null verschiedene Komponenten x_j der betrachteten Basislösung entsprechen, heißt Basis der Basislösung.*

Zwangsläufig übertragen sich die Begriffe *Basisvariable*, *Nichtbasisvariable* und *Ausartung einer Basislösung* von II.2.2 und II.2.4. Das ist so selbstverständlich, daß wir auf eine Wiederholung der Definitionen verzichten können. Auch die Einsichten über die eindeutige oder mehrdeutige Bestimmbarkeit einer Basis von II.2.2 sind für unsere nachfolgenden Betrachtungen von Wichtigkeit; jedoch ist eine nochmalige Erörterung nicht erforderlich.

Die in 3.1 angeklungene geometrische Interpretation des Begriffes der Basislösung wollen wir hier nicht näher begründen, da ihre Kenntnis für die algorithmische Beschreibung der dualen Simplexmethode nicht benötigt wird. Auf Grund der in 3.1 vermittelten Vorstellung wird es dem Leser keine Schwierigkeiten bereiten, auch eine geometrische Interpretation für die Ausartung einer Basislösung zu geben.

3.3. Theorie der dualen Simplexmethode. Der Lösungsprozeß der dualen Simplexmethode knüpft wieder an die erste Normalform einer linearen Optimierungsaufgabe an. Vorausgesetzt wird die Kenntnis einer Basislösung, die zu einem dual zulässigen Simplextableau führt.

Im *vorbereitenden Schritt* werden die Nebenbedingungen in die Gestalt

$$x_{s_i} + \sum_{j \in I'} d_{ij} x_j = d_{i0}, \quad i = 1, 2, \ldots, m \tag{13}$$

überführt. Dabei bezeichnen, wie in III.2 und III.3, x_{s_i}, $i = 1, 2, \ldots, m$ die Basisvariablen und x_j, $j \in I'$ die Nichtbasisvariablen. Die d_{i0}, $i = 1, 2, \ldots, m$ stellen wieder die Werte der Basisvariablen dar. Jedoch können die d_{i0} im Gegensatz zur primalen Methode auch negativ sein.

Die Zielfunktion der linearen Optimierungsaufgabe muß in der Form

$$Z = d_{m+1,0} - \sum_{j \in I'} d_{m+1,j} x_j \tag{14}$$

vorliegen. $d_{m+1,0}$ gibt den Wert der Zielfunktion für die betrachtete Basislösung an. Der vorbereitende Schritt der dualen Simplexmethode deckt sich also mit dem vorbereitenden Schritt der primalen Methode.

Es sei bemerkt, daß die Kenntnis einer Basislösung als Ausgangsvektor für die duale Simplexmethode nicht ausreicht. Vielmehr muß in (14)

$$d_{m+1,j} \geqq 0 \quad \text{für alle} \quad j \in I' \tag{15}$$

gelten, damit das Ausgangstableau dual zulässig ist. Bei der primalen Simplexmethode haben wir das Vorliegen einer Basislösung vorausgesetzt, die der zusätzlichen Bedingung

$$d_{i0} \geqq 0, \; i = 1, 2, \ldots, m \tag{16}$$

genügt und damit eine zulässige Basislösung ist. Das Auftreten der zusätzlichen Bedingung (15) für den Ausgangsvektor der dualen Simplexmethode ist zu erwarten. Könnten wir darauf verzichten, hätten wir in der dualen Simplexmethode ein geradezu ideales Lösungsverfahren gefunden. Dann wäre es nämlich nur notwendig, die Nebenbedingungen nach m Variablen aufzulösen, deren Vektoren der Nebenbedingungen linear unabhängig sind (falls es solche gibt). Das ist aber eine einfache Grundaufgabe der linearen Algebra. Die Zusatzbedingung (16) hat uns auch bei dem primalen Vorgehen dazu veranlaßt, diesen Weg zur Bestimmung eines Ausgangsvektors im allgemeinen abzulehnen. Zwar kann man gegebenenfalls die Auflösung der Nebenbedingungen nach m Variablen vornehmen und so eine Basislösung bestimmen. Aber keineswegs ist sicher, daß diese Basislösung dann auch der Bedingung (15) oder (16) genügt.

Vielleicht mag es kompliziert erscheinen, eine Basislösung mit der Eigenschaft (15) zu finden. Es gibt aber ganze Klassen von linearen Optimierungsaufgaben, für die eine solche Basislösung sofort angegeben werden kann. Dazu gehören die linearen Optimierungsaufgaben

$$\min \{c'x \mid Ax \geqq b,\ x \geqq 0\},$$

für die zusätzlich $c \geqq 0$ gilt. Die erste Normalform

$$\max \{-c'x \mid -Ax + x' = -b,\ x \geqq 0,\ x' \geqq 0\}$$

dieser Aufgaben (x' Vektor der Schlupfvariablen) besitzt die Basislösung

$$x = 0,\ x' = -b,$$

für die auch (15) wegen $c \geqq 0$ erfüllt ist. Ein Zahlenbeispiel für eine solche Optimierungsaufgabe ist durch (11) gegeben.

Wir haben uns nun mit der Prüfung der Basislösung auf Optimalität oder, wie man bei der dualen Simplexmethode auch vielfach sagt, auf Zulässigkeit zu beschäftigen. Nach den orientierenden Bemerkungen in 3.1 ist das folgende *Optimalitätskriterium* zu erwarten:

Satz 1: *Eine Basislösung, für die in der Darstellung* (14) *für die Zielfunktion die Bedingung* (15) *erfüllt ist, stellt eine optimale Lösung der linearen Optimierungsaufgabe dar, falls die Werte der Basisvariablen nichtnegativ sind.*

Beweis: Nach Voraussetzung besteht die Bedingung (16), so daß die Basislösung zulässig ist. Folglich sichert das Optimalkriterium der primalen Methode (Satz 4 von II.2.2) wegen (15) die Optimalität der zulässigen Basislösung.

Untersuchen wir den Prozeß der *Konstruktion einer neuen Basislösung* bei der dualen Simplexmethode! Dazu haben wir anzunehmen, daß die Optimalitätsbedingung nicht erfüllt ist und wenigstens ein Index $r \in \{1, 2, \ldots, m\}$ existiert, für den

$$d_{r0} < 0 \tag{17}$$

gilt. Gibt es mehrere solcher Indizes, wählen wir den, der zu der kleinsten negativen Zahl gehört. Es gilt also die *Auswahlregel:*

Die Basisvariable x_{s_r}, die in der Darstellung (13) *für die Nebenbedingungen den kleinsten negativen Wert d_{r0} besitzt, wird zur neuen Nichtbasisvariablen gemacht. Gibt es mehrere Basisvariablen mit kleinstem negativen Wert, kann eine willkürlich ausgewählt werden.*

Beim numerischen Algorithmus werden wir die neue Nichtbasisvariable x_{s_r} wieder *Ausgangsvariable* nennen.

Wir wollen uns überlegen, ob in der Gleichung (13) für $i = r$ sämtliche Koeffizienten der Nichtbasisvariablen positiv sein können. Das führt uns zu dem folgenden Satz, der uns ein *Kriterium für die Unlösbarkeit* der linearen Optimierungsaufgabe gibt.

Satz 2: *Die Bedingung* (17) *sei für einen Index $r \in \{1, 2, \ldots, m\}$ erfüllt, und gleichzeitig möge in* (13)

$$d_{rj} \geqq 0 \text{ für sämtliche } j \in I' \tag{18}$$

gelten. Dann ist die Menge der zulässigen Lösungen leer und folglich die lineare Optimierungsaufgabe unlösbar.

Wir verzichten auf einen ausführlichen Beweis dieses Satzes und begnügen uns mit folgenden Hinweisen. Es ist nicht schwierig zu zeigen, daß unter der Voraussetzung (18) die Zielfunktion der dualen Aufgabe auf der Menge ihrer zulässigen Lösungen nach unten nicht beschränkt ist. Dann ergibt sich aus Satz 30 von Kapitel II die Behauptung. Wir heben hervor, daß der Grund für die Unlösbarkeit bei der dualen Simplexmethode ein anderer als bei der primalen Methode ist. Das ist aber nicht verwunderlich, wenn man die Überlegungen in 3.1 beachtet.

Läßt sich kein Grund für die Unlösbarkeit der linearen Optimierungsaufgabe erkennen, muß es wenigstens einen Index k mit

$$d_{rk} < 0 \tag{19}$$

geben. Die Auswahl der neuen Basisvariablen x_k, $k \in I'$ hat unter dem Gesichtspunkt zu erfolgen, daß auch die neue Basislösung der Bedingung (15) genügt. Das führt uns zu der folgenden *Auswahlregel:*

Die Nichtbasisvariable x_k, für die der Quotient

$$\frac{d_{m+1,j}}{d_{rj}}, \; j \in I' \text{ mit } d_{rj} < 0$$

den größten Wert annimmt, wird zur neuen Basisvariablen gemacht.

Beim numerischen Algorithmus heißt die neue Basisvariable x_k *Eingangsvariable.*

Bei der Überlegung, ob mit dieser Auswahlregel die eingangs gestellte Forderung erfüllt wird, haben wir nur zu beachten, daß die Umformung der Nebenbedingungen und der Zielfunktion auch bei der dualen Simplexmethode nach den bekannten Formeln der Simplextransformation von III.2.5 erfolgt. Daher gilt (in der Bezeichnungsweise von Kapitel III)

$$\tilde{d}_{m+1,j} = d_{m+1,j} - d_{m+1,k}\tilde{d}_{rj}, \; j \in I', \; j \neq k,$$
$$\tilde{d}_{m+1,s_r} = -d_{m+1,k}\,\tilde{d}_{rs_r}$$

mit

$$\tilde{d}_{rj} = \frac{d_{rj}}{d_{rk}}, \; j \in I', \; j \neq k,$$
$$\tilde{d}_{rs_r} = \frac{1}{d_{rk}}.$$

Nach Voraussetzung ist $d_{rk} < 0$, so daß sich auch $\tilde{d}_{rs_r} < 0$ und wegen $d_{m+1,k} \geqq 0$ (vergleiche (15)) $\tilde{d}_{m+1,s_r} \geqq 0$ ergibt. Weiterhin ist unter Beachtung der Auswahlregel ($j \in I', j \neq k$)

$$\tilde{d}_{m+1,j} = d_{m+1,j} - \frac{d_{m+1,k}}{d_{rk}}\, d_{rj}$$
$$\geqq d_{m+1,j} - \frac{d_{m+1,j}}{d_{rj}}\, d_{rj} \geqq 0.$$

Wir heben hervor, daß bei der dualen Simplexmethode erst die Ausgangsvariable und dann die Eingangsvariable bestimmt werden.

Die Verbesserung der neuen Basislösung im Sinne der dualen Simplexmethode wird durch den folgenden Satz gesichert. Dabei nennen wir den Prozeß der dualen Simplexmethode *nichtausgeartet*, falls in der Darstellung (14) für die Zielfunktion bezüglich jeder berechneten Basislösung

$$d_{m+1,j} > 0 \quad \text{für alle } j \in I'$$

gilt. Insbesondere ist dann der maximale Quotient

$$\varrho = \max_{\substack{j \\ d_{rj} < 0}} \frac{d_{m+1,j}}{d_{rj}}$$

negativ. Den Fall der Ausartung werden wir erst an späterer Stelle erörtern.

Satz 3: *Ist der Prozeß der dualen Simplexmethode nichtausgeartet, verkleinert sich in jedem Schritt der zur neuen Basislösung gehörige Wert der Zielfunktion.*

Beweis: Für den neuen Wert der Zielfunktion gilt auf Grund der Transformationsformeln von III.2.5

$$\tilde{d}_{m+1,0} = d_{m+1,0} - d_{m+1,k}\tilde{d}_{r0}$$

mit

$$\tilde{d}_{r0} = \frac{d_{r0}}{d_{rk}}.$$

Wegen der Auswahlregel für die Ausgangsvariable ist $d_{r0} < 0$. Daher folgt zusammen mit (19) $\tilde{d}_{r0} > 0$. Weiterhin gilt infolge der Nichtausartung des Prozesses $d_{m+1,k} > 0$, so daß sich

$$\tilde{d}_{m+1,0} < d_{m+1,0}$$

ergibt.

Satz 4: *Ein nichtausgearteter Prozeß der dualen Simplexmethode führt nach endlich vielen Schritten zu einer optimalen Lösung oder zu der Erkenntnis, daß die lineare Optimierungsaufgabe unlösbar ist.*

Beweis: Es ist ersichtlich, daß die lineare Optimierungsaufgabe nur endlich viele Basislösungen besitzen kann. Da der Wert der Zielfunktion mit jedem Schritt nach Satz 3 streng monoton fällt, kann man nicht zu einer bereits einmal erhaltenen Basislösung zurückkehren, und es ergibt sich die Behauptung.

Damit haben wir die Theorie der dualen Simplexmethode in Anlehnung an die Betrachtungen in III.2 beschrieben. Die anschließende Simplextransformation wird wie bei der primalen Simplexmethode ausgeführt.

3.4. Der Lösungsalgorithmus der dualen Simplexmethode. Das Rechentableau der dualen Simplexmethode unterscheidet sich von dem der primalen Methode nur darin, daß die Q-Spalte wegfällt und dafür eine *Q-Zeile* eingeführt wird. Die Nebenbedingungen und die Zielfunktion müssen in der Gestalt (13) bzw. (14) vorliegen. Weiterhin muß (15) erfüllt sein.

Die Beschreibung des Lösungsalgorithmus erfolgt wie in III.3.2. Dabei formulieren wir nur die Teilschritte, die sich vom primalen Vorgehen in III.3.2 unterscheiden. Dieses Prinzip wird auch beim Strukturdiagramm der dualen Simplexmethode in Abb. 5 verfolgt (vergleiche mit Abb. 4 von III.3.2). So kann der Unterschied bei den Lösungsalgorithmen der beiden Methoden besser verdeutlicht werden.

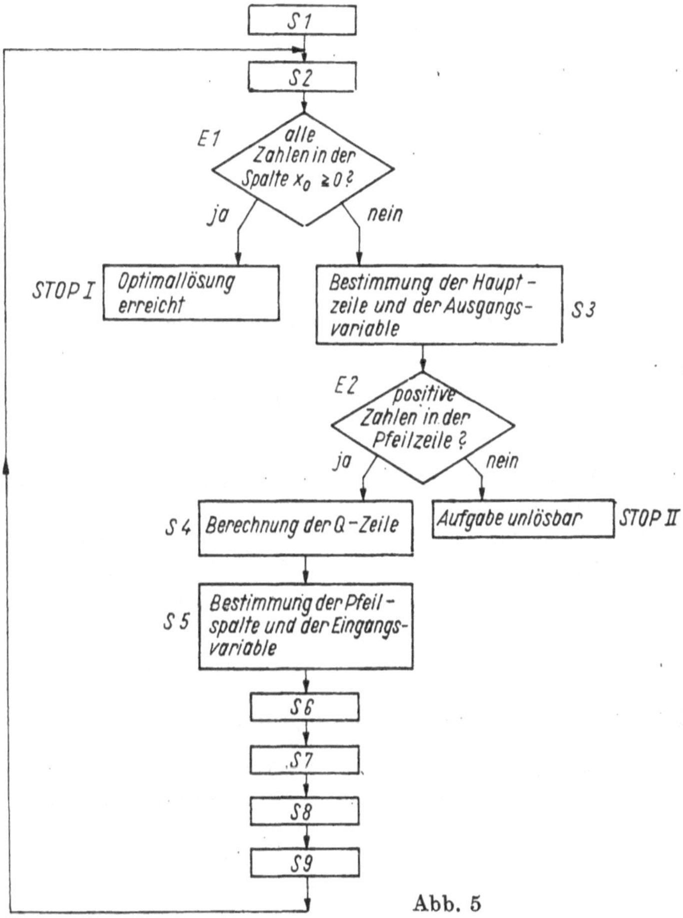

Abb. 5

Teilschritt 1 und 2: Ablauf wie beim primalen Algorithmus (lediglich für „zulässige Basislösung" ist „Basislösung" zu schreiben).

Entscheidung 1: Sind alle Zahlen in der Spalte x_0 (Zeilen 1, 2, ..., m) nichtnegativ ($\geqq 0$)?

nein ↓ ja ⟶ **Stop I:** Die Optimallösung ist erreicht. Die optimale Lösung und der optimale Wert der Zielfunktion können, wie beim primalen Algorithmus, dem Tableau entnommen werden.

Teilschritt 3: Bestimme die kleinste negative Zahl in der Spalte x_0 (Zeilen 1, 2, ..., m) und setze dort das Merkzeichen ↑.

Die im Zeilenanfang stehende Variable ist die *Ausgangsvariable*, die entsprechende Zeile die *Hauptzeile* (gelegentlich auch *Pfeilzeile* genannt). Die Hauptzeile wird durch das Merkzeichen ← gekennzeichnet.
Wird die kleinste negative Zahl in der Spalte x_0 an mehreren Stellen angenommen, kann eine willkürlich gewählt werden.

Entscheidung 2: Enthält die Pfeilzeile (Spalten $x_1, x_2, \ldots, x_n$) negative Zahlen?

ja ↓ nein ⟶ **Stop II:** Die Aufgabe ist unlösbar.
Die Menge der zulässigen Lösungen ist leer.

Teilschritt 4: Bilde für alle negativen Zahlen der Pfeilzeile (Spalten $x_1, x_2, \ldots, x_n$) den Quotienten

$$\frac{\text{Zahl in der Grundzeile}}{\text{negative Zahl in der Pfeilzeile}}$$

und trage ihn in die Q-Zeile ein.
Die Stellen der Q-Zeile, denen nichtnegative Werte der Pfeilzeile entsprechen, bleiben leer.

Teilschritt 5: Bestimme das Maximum der Zahlen in der Q-Zeile (bei einem nichtausgearteten Prozeß liegt das Maximum eindeutig fest).
Die das maximale Element der Q-Zeile enthaltende Spalte heißt *Pfeilspalte*. Die im Spaltenkopf stehende Variable ist die *Eingangsvariable*.
Die in der Pfeilspalte stehende Zahl der Hauptzeile wird durch einen Kreis markiert.

Teilschritt 6 bis 9: Ablauf wie beim primalen Algorithmus.

Es folgt Teilschritt 2 für das neue Rechentableau.

Es dürfte sich erübrigen, den Lösungsalgorithmus der dualen Simplexmethode näher zu erklären. Wir bemerken lediglich, daß die Betrachtung einer Pfeilspalte eigentlich beim dualen Simplexprozeß sinnlos wird. Wir haben jedoch diese Bezeichnungsweise beibehalten, um die bestehende Analogie zum gewöhnlichen Simplexverfahren nicht zu stören.

Beispiel: Wir wollen die lineare Optimierungsaufgabe (11), deren erste Normalform

$$Z = -3x_1 - x_2 \quad \max.$$

$$\begin{aligned} -5x_1 - x_2 + x_3 &= -9 \\ -x_1 - x_2 + x_4 &= -5 \\ -x_1 - 2x_2 + x_5 &= -7 \end{aligned}$$

$$x_i \geqq 0, \; i = 1, 2, \ldots, 5$$

lautet, mittels der dualen Simplexmethode lösen. Als Ausgangsvektor kann die Basislösung

$$x' = (0, 0, -9, -5, -7)$$

Rechenschema 9:

	BV	x_1	x_2	x_3	x_4	x_5	x_0	$-\uparrow$
$\leftarrow$	x_3	$\boxed{-5}$	-1	1	0	0	$-9\uparrow$	
	x_4	-1	-1	0	1	0	-5	1
	x_5	-1	-2	0	0	1	-7	1
	$*$	3	1	$\underline{0}$	$\underline{0}$	$\underline{0}$	0	-3
	Q	$-\frac{3}{5}$	-1				$*$	$*$
$\rightarrow$	x_1	1	$\frac{1}{5}$	$-\frac{1}{5}$	0	0	$\frac{9}{5}$	$-\frac{1}{5}$
	x_4	0	$-\frac{4}{5}$	$-\frac{1}{5}$	1	0	$-\frac{16}{5}$	$\frac{4}{5}$
$\leftarrow$	x_5	0	$\boxed{-\frac{9}{5}}$	$-\frac{1}{5}$	0	1	$-\frac{26}{5}\uparrow$	
	$*$	$\underline{0}$	$\frac{2}{5}$	$\frac{3}{5}$	$\underline{0}$	$\underline{0}$	$-\frac{27}{5}$	$-\frac{2}{5}$
	Q		$-\frac{2}{9}$	-3			$*$	$*$
	x_1	1	0	$-\frac{2}{9}$	0	$\frac{1}{9}$	$\frac{11}{9}$	$-\frac{1}{9}$
$\leftarrow$	x_4	0	0	$-\frac{1}{9}$	1	$\boxed{-\frac{4}{9}}$	$-\frac{8}{9}\uparrow$	
$\rightarrow$	x_2	0	1	$\frac{1}{9}$	0	$-\frac{5}{9}$	$\frac{26}{9}$	$\frac{5}{9}$
	$*$	$\underline{0}$	$\underline{0}$	$\frac{5}{9}$	$\underline{0}$	$\frac{2}{9}$	$-\frac{59}{9}$	$-\frac{2}{9}$
	Q			-5		$-\frac{1}{2}$	$*$	$*$
	x_1	1	0	$-\frac{1}{4}$	$\frac{1}{4}$	0	1	
$\rightarrow$	x_5	0	0	$\frac{1}{4}$	$-\frac{9}{4}$	1	2	
	x_2	0	1	$\frac{1}{4}$	$-\frac{5}{4}$	0	4	
	$*$	$\underline{0}$	$\underline{0}$	$\frac{1}{2}$	$\frac{1}{2}$	$\underline{0}$	-7	
	Q						$*$	$*$

mit den Basisvariablen x_3, x_4, x_5 gewählt werden. Die Nebenbedingungen und die Zielfunktion liegen bereits in der vorausgesetzten Gestalt vor, so daß der vorbereitende Schritt entfällt und die Daten in das Ausgangstableau (Rechenschema 9) eingetragen werden können. Man bestätigt insbesondere, daß in der Grundzeile keine negativen Zahlen stehen.

Der erste Simplexschritt soll etwas ausführlicher erläutert werden. In der Spalte x_0 des Ausgangstableaus stehen negative Zahlen; daher kann die Basislösung nicht zulässig sein. Die kleinste negative Zahl in dieser Spalte ist -9. Wir setzen dort das Merkzeichen $\uparrow$, und die erste Zeile ist Hauptzeile (Merkzeichen $\leftarrow$). Da es in der Hauptzeile negative Zahlen gibt, läßt sich der Lösungsprozeß mit Berechnung der Q-Zeile fortsetzen. Wir bilden:

$$\frac{3}{-5} = -\frac{3}{5}, \quad \frac{1}{-1} = -1.$$

Das Maximum der Zahlen in der Q-Zeile ist in der ersten Spalte zu finden, die damit zur Pfeilspalte gemacht wird. Die in der ersten Zeile und ersten Spalte stehende Zahl -5 erhält als Markierung einen Kreis. Die weiteren Berechnungen entsprechen dem primalen Vorgehen. Dem zweiten Tableau von Rechenschema 9 können wir die Basislösung

$$x_1 = \frac{9}{5}, x_2 = x_3 = 0, x_4 = -\frac{16}{5}, x_5 = -\frac{26}{5}$$

mit dem zugehörigen Wert

$$Z = -\frac{27}{5}$$

für die Zielfunktion entnehmen.

Ein Vergleich mit Abb. 3 läßt erkennen, daß wir von einer Basislösung ausgegangen sind, die dem Punkt A entspricht. Der erste Simplexschritt hat uns zum Punkt B geführt.

Die erhaltene Basislösung ist offensichtlich nicht zulässig, und der Lösungsprozeß muß fortgesetzt werden. Nach zwei weiteren dualen Simplexschritten ergibt sich ein primal zulässiges Tableau, dem wir die optimale Lösung

$$x_1 = 1, \; x_2 = 4, \; x_3 = x_4 = 0, \; x_5 = 2$$

entnehmen. Als optimalen Wert der Zielfunktion können wir $Z = -7$ ablesen. Jedoch ist zu berücksichtigen, daß beim Übergang zur Normalform eine Minimumsaufgabe in eine Maximumsaufgabe umgewandelt wurde, so daß der optimale Wert der Zielfunktion der vorgelegten Optimierungsaufgabe

$$Z = 7$$

lautet.

3.5. Ergänzende Betrachtungen. Mit der dualen Simplexmethode haben wir einen neuen Algorithmus zur Lösung linearer Optimierungsaufgaben gefunden, der von der Organisation her genauso einfach wie der primale Algorithmus ist und seine spezifischen Anwendungsmöglichkeiten besitzt. Die bisherigen Betrachtungen wollen wir noch durch einige Ergänzungen vervollständigen.

Zunächst haben wir uns mit der *Ausartung* des Prozesses der dualen Simplexmethode zu beschäftigen. Die Definition der Ausartung des Prozesses in 3.3 bedeutet natürlich, wenn man die orientierenden Bemerkungen in 3.1 beachtet, daß die sich ergebenden zulässigen Basislösungen der dualen Aufgabe nicht ausgeartet sein dürfen. Analog zu III.3.8 kann sich die Ausartung an zwei Stellen bemerkbar machen:

1. Das Maximum der Zahlen in der Q-Zeile ist nicht eindeutig bestimmt. Dann läßt sich eine Stelle willkürlich auswählen, jedoch gibt es im nächsten Tableau unter den nicht unterstrichenen Zahlen der Grundzeile wenigstens eine Null. Es verkleinert sich aber bei diesem Schritt noch der Wert der Zielfunktion. Das Auftreten von Nullen unter den nicht unterstrichenen Zahlen der Grundzeile kann (muß aber nicht) zum zweiten Fall ($\varrho = 0$) führen.

2. Das Maximum der Zahlen in der Q-Zeile ist gleich Null. Es läßt sich zwar ein dualer Simplexschritt durchführen, bei dem sich allerdings der Wert der Zielfunktion nicht ändert (das folgt unmittelbar aus dem Beweis zu Satz 3 für $d_{m+1,k} = 0$). Jedoch können *Zyklen* auftreten, und die Endlichkeit des Lösungsprozesses geht verloren. Die Gefahr der Zyklenbildung ist auch bei der dualen Simplexmethode sehr gering, so daß wir auf die Darlegung von mathematisch strengen Vorgehen zur Verhinderung von Zyklen verzichten (siehe dazu etwa [39], [68]). Wir können daher die in III.3.8 beschriebenen vereinfachten Vorgehen verwenden, die lediglich in üblicher Weise für die duale Methodik umzuformulieren sind.

Neben dem Grundalgorithmus haben wir einige Varianten der gewöhnlichen Simplexmethode kennengelernt. Solche Varianten lassen sich auch für die duale Simplexmethode angeben. Der *Algorithmus des verkürzten Simplextableaus* von III.3.7 ist offensichtlich sofort für die duale Simplexmethode zu übernehmen. Der Hauptunterschied ergab sich bei der Ausführung der Simplextransformation, die für die primale und duale Methode gleich ist. Und die veränderte Eintragung der Basis- und Nichtbasisvariablen in die Kopfzeilen der Rechentableaus ist auch bei der dualen Simplexmethode möglich.

In § 1 dieses Kapitels haben wir eine Variante der gewöhnlichen Simplexmethode mit veränderter Auswahl der Eingangsvariablen besprochen. Das ermöglicht uns, bei der dualen Simplexmethode eine *Variante mit veränderter Auswahl der Ausgangsvariablen* zu beschreiben. Als Ausgangsvariablen können alle Basisvariablen x_{s_i} mit negativem Wert in der Spalte x_0 in Betracht gezogen werden. Für $d_{i0} < 0$ ist die tatsächliche Verringerung des Wertes der Zielfunktion durch

$$-\varrho_i d_{i0}$$

gegeben. ϱ_i bezeichnet das zugehörige Maximum der Zahlen in den Q-Zeilen. Man kann daher für jede Basisvariable mit negativem Wert in der Spalte x_0 eine Q-Zeile berechnen und die jeweilige Verringerung des Wertes der Zielfunktion bestimmen. Die Basisvariable, welche die stärkste Abnahme des Wertes der Zielfunktion bewirkt, wird zur Ausgangsvariablen gemacht.

Auch der in § 2 beschriebene *Austausch mehrerer Basisvektoren* bei einem Schritt kann auf die duale Simplexmethode übertragen werden. Es ergeben sich dadurch die gleichen Vorteile wie beim primalen Vorgehen. Man erfaßt mehrere Basisvariablen mit negativem Wert in der Spalte x_0 beim Austausch. Wieder wird zuerst eine Hilfsaufgabe berechnet und anschließend das Hauptrechentableau komplettiert. Wir wollen den Lösungsalgorithmus hier nicht weiter verfolgen. Einige ergänzende Hinweise findet der Leser in [39].

Die Aussagen über Speicherkapazität und Rechenaufwand in III.3.6 lassen sich im wesentlichen für die duale Simplexmethode übernehmen. Das Simplextableau ist bei beiden Methoden, abgesehen von geringfügigen Unterschieden, gleich, und auch die Überschreibung von Speicherplätzen kann wie bei der primalen Methode erfolgen. Das führt zu denselben Anforderungen an die Speicherkapazität. Da weiterhin den hauptsächlichen Rechenaufwand die Simplextransformation verursacht, die bei beiden Methoden nach den gleichen Regeln ausgeführt wird, ist ein Unterschied im Rechenaufwand nicht erkennbar. Diese Beurteilung darf uns jedoch nicht zu einer falschen Schlußfolgerung veranlassen. Die annähernde Gleichheit des Rechenaufwandes bezieht sich nur auf jeweils einen Schritt der Methoden. Es gibt aber keine Möglichkeit, die Zahl der Schritte zu vergleichen, die zur Lösung einer linearen Optimierungsaufgabe nach den beiden Methoden notwendig sind.

Wir schließen noch einige Bemerkungen an, die sich bei einem Vergleich mit den Betrachtungen in III.3 aufdrängen:

1. Auch die duale Simplexmethode muß kontrolliert werden, wenn man sich auf die Rechenergebnisse verlassen will. Nun entspringen dem dualen Simplexprozeß eine Reihe einfacher, jedoch nicht umfassender Kontrollmöglichkeiten, deren Formulierung dem Leser überlassen sein soll. Die in III.3.11 angeführte Kontrolle kann automatisch für die duale Methode übernommen werden, da sie nur die Simplextransformation betrifft. Aber auch die umfassende Kontrolle von III.3.5 ist bei der dualen Simplexmethode anwendbar (beachte die Kontrollgleichung (52) von Kapitel III).

2. Die Mehrdeutigkeit der Optimallösungen ist entsprechend III.3.9 erkennbar, da ein optimales Tableau sowohl primal als auch dual zulässig ist. Weitere optimale Lösungen lassen sich durch anschließende primale Simplexschritte berechnen.

3. Dem optimalen Tableau der dualen Simplexmethode kann man, wie in III.3.10, ebenfalls die optimale Lösung der dualen Aufgabe entnehmen, da das Tableau auch optimal bezüglich der primalen Methode ist.

3.6. Die Methode der Kombination des primalen und dualen Verfahrens. Die Eigenschaften des primalen und dualen Lösungsverfahrens lassen ihre Kombination reizvoll erscheinen. Beim primalen Verfahren berechnet man eine endliche Folge von zulässigen Basislösungen

$$x^{(1)}, x^{(2)}, \ldots, x^{(k)},$$

für die der Wert der Zielfunktion monoton wächst

$$Z(x^{(1)}) \leqq Z(x^{(2)}) \leqq \ldots \leqq Z(x^{(k)}) = Z_{\max}.$$

Das duale Simplexverfahren bestimmt eine endliche Folge von Basislösungen

$$y^{(1)}, y^{(2)}, \ldots, y^{(l)}$$

mit monoton abnehmendem Wert für die Zielfunktion

$$Z(y^{(1)}) \geqq Z(y^{(2)}) \geqq \ldots \geqq Z(y^{(l)}) = Z_{\max}.$$

Wird die lineare Optimierungsaufgabe sowohl mit der primalen als auch dualen Simplexmethode gelöst, erhält man mit jedem Schritt der beiden Methoden eine Einschließung für den optimalen Wert der Zielfunktion

$$Z(x^{(1)}) \leqq Z_{\max} \leqq Z(y^{(1)}),$$
$$Z(x^{(2)}) \leqq Z_{\max} \leqq Z(y^{(2)}),$$
$$\ldots\ldots\ldots\ldots\ldots\ldots\ldots$$

Was ist zu einem solchen Lösungsweg zu sagen?

Zunächst brauchen wir einen geeigneten Ausgangsvektor für die primale und duale Methode. Das ist eine nicht zu unterschätzende Forderung, da man, abgesehen von besonders gearteten Problemen, meist höchstens einen Ausgangsvektor für eine der beiden Methoden sofort angeben kann. Daher wird man im allgemeinen gezwungen sein, vorbereitend die doch etwas aufwendigen Methoden zur Bestimmung eines Anfangsvektors heranzuziehen. Es sei bemerkt, daß bei Vorliegen der beiden Ausgangsvektoren die Lösbarkeit der linearen Optimierungsaufgabe gesichert ist. Denn der Ausgangsvektor der primalen Methode ist eine zulässige Lösung der primalen Aufgabe. Der Ausgangsvektor der dualen Methode bestimmt (in der Grundzeile des Tableaus) eine zulässige Lösung der dualen Aufgabe. Folglich ergibt sich aus Satz 29 von Kapitel II die Lösbarkeit der Optimierungsaufgabe.

Die kombinierte Anwendung des primalen und dualen Lösungsverfahrens erweckt den Anschein, daß sich der erforderliche Rechenaufwand etwa verdoppelt. Zwar haben wir auch in Bd. 1 bei Problemen der linearen Algebra Lösungsverfahren kennengelernt, die zur Erzielung von Einschließungen den doppelten Rechenaufwand in Kauf nehmen. Aber andererseits liefert uns das kombinierte Vorgehen doch nur Einschließungen für den optimalen Wert der Zielfunktion und nicht für die optimalen Lösungen. Bei der Lösung sehr großer Optimierungsaufgaben zeigt die numerische Praxis, daß häufig gegen Ende des Rechenprozesses ein großer Teil des erforderlichen Zeitaufwandes benötigt wird, um die Optimalitätsbedingung zu erfüllen, ohne daß sich noch eine wesentliche Änderung des Wertes der Zielfunktion ergibt. Bei der Kombination der beiden Methoden können wir in jedem Schritt die Abweichung

$$\delta_i = Z(y^{(i)}) - Z(x^{(i)})$$

berechnen und den Lösungsprozeß abbrechen, falls δ_i kleiner als eine vorgegebene Schranke ist. Die letzte berechnete zulässige Basislösung wird dann als Näherungslösung für die optimalen Lösungen angesehen. So kann gegebenenfalls sogar die Kombination der primalen und dualen Methode zu einer Einsparung an Rechenzeit führen. Das trifft insbesondere dann zu, wenn wir an einer sehr großen Genauigkeit nicht interessiert sind. Die Tatsache, daß wir nur zu einer Näherungslösung gelangen, darf nicht als Nachteil der Methode angesehen werden. Nach den Betrachtungen in III.3.12 liefert schließlich jedes Lösungsverfahren der linearen Optimierung im allgemeinen nur eine Näherung für die optimalen Lösungen und den optimalen Wert der Zielfunktion.

3.7. Berechnung eines geeigneten Ausgangstableaus durch Kombination des primalen und dualen Verfahrens. Vielfach kann man sehr geschickt ein Ausgangstableau für die primale oder duale Simplexmethode berechnen, indem man von einem Simplextableau ausgeht, das weder primal noch dual zulässig ist, und schrittweise versucht, durch Anwendung von primalen oder dualen Simplexschritten die primale oder duale Zulässigkeit zu erreichen. Wir wollen das Vorgehen hier nur an einem Beispiel erläutern und dabei einige allgemeine Hinweise geben, ohne den Algorithmus ausführlich zu formulieren.

Beispiel: Für die lineare Optimierungsaufgabe

$$\begin{aligned} Z = 2x_1 - 3x_2 \quad &\max. \\ x_1 + 2x_2 &\leqq 7 \\ x_1 + 3x_2 &\geqq 4 \\ 3x_1 + 2x_2 &\leqq 6 \\ x_1 \geqq 0,\ x_2 &\geqq 0 \end{aligned}$$

lautet die erste Normalform

$$\begin{aligned} Z = 2x_1 - 3x_2 \quad &\max. \\ x_1 + 2x_2 + x_3 \qquad\qquad &= 7 \\ -x_1 - 3x_2 \qquad + x_4 \qquad &= -4 \\ 3x_1 + 2x_2 \qquad\qquad + x_5 &= 6 \\ x_i \geqq 0,\ i = 1, 2, \ldots, 5. & \end{aligned}$$

Durch

$$x' = (0, 0, 7, -4, 6)$$

ist eine Basislösung mit den Basisvariablen x_3, x_4, x_5 gegeben, die aber weder der Bedingung (15) noch (16) genügt (das Ausgangstableau von Rechenschema 10 ist weder primal noch dual zulässig). Die Nebenbedingungen und die Zielfunktion liegen in einer Gestalt vor, wie wir sie für die Simplexverfahren immer vorausgesetzt haben. Wir tragen daher die Daten in das Ausgangstableau von Rechenschema 10 ein.

Zunächst wollen wir versuchen, ein dual zulässiges Ausgangstableau zu erzeugen. Dazu ist die negative Zahl -2 der Grundzeile zu beseitigen, indem wir einen primalen Simplexschritt durchführen. Wir machen die Spalte x_1 zur Pfeilspalte und berechnen die Quotienten nur für die positiven Zahlen der Spalte x_1, denen auch nichtnegative Zahlen der Spalte x_0 entsprechen. Auf Grund der Eigenschaften des primalen Simplexschrittes ist dann gesichert, daß nichtnegative Zahlen in der Spalte x_0 nichtnegativ bleiben. Würde es keine positiven Zahlen in der Pfeilspalte geben, müßte die Aufgabe unlösbar sein (das ergibt sich bei geeigneter Interpretation aus III.2.3 auch dann, wenn negative Werte der Basisvariablen auftreten).

Das zweite Tableau ist dual zulässig, so daß der Lösungsprozeß nach der dualen Simplexmethode angeschlossen werden kann.

Rechenschema 10

	BV	x_1	x_2	x_3	x_4	x_5	x_0	Q	$-\uparrow$
	x_3	1	2	1	0	0	7	7	-1
	x_4	-1	-3	0	1	0	-4		1
←	x_5	$\boxed{3}$	2	0	0	1	6	2	
	*	$-2\uparrow$	3	$\underline{0}$	$\underline{0}$	$\underline{0}$	0	*	2
	x_3	0	$\frac{4}{3}$	1	0	$-\frac{1}{3}$	5		$-\frac{4}{3}$
←	x_4	0	$\boxed{-\frac{7}{3}}$	0	1	$\frac{1}{3}$	$-2\uparrow$		
→	x_1	1	$\frac{2}{3}$	0	0	$\frac{1}{3}$	2		$-\frac{2}{3}$
	*	$\underline{0}$	$\frac{13}{3}$	$\underline{0}$	$\underline{0}$	$\frac{2}{3}$	4		$-\frac{13}{3}$
	Q		$-\frac{13}{7}$				*		*
	x_3	0	0	1	$\frac{4}{7}$	$-\frac{1}{7}$	$\frac{27}{7}$		
→	x_2	0	1	0	$-\frac{3}{7}$	$-\frac{1}{7}$	$\frac{6}{7}$		
	x_1	1	0	0	$\frac{2}{7}$	$\frac{3}{7}$	$\frac{10}{7}$		
	*	$\underline{0}$	$\underline{0}$	$\underline{0}$	$\frac{13}{7}$	$\frac{9}{7}$	$\frac{2}{7}$		
	Q						*		*

Wir hätten natürlich auch zunächst einen dualen Simplexschritt ausführen können (Rechenschema 11), um ein primal zulässiges Tableau zu erzeugen. Dazu wird die zweite Zeile zur Pfeilzeile gemacht. Die Quotientenbildung erfolgt nur für negative Zahlen in der Pfeilzeile, wenn die entsprechenden Zahlen in der Grundzeile nichtnegativ sind. Wieder muß es negative Zahlen in der Pfeilzeile geben, falls die Aufgabe lösbar ist.

Das zweite Tableau von Rechenschema 11 ist primal zulässig. Also kann der weitere Lösungsprozeß mit der primalen Simplexmethode erfolgen.

Es ist durchaus möglich, daß das Anfangstableau entweder nur einen dualen oder nur einen primalen Simplexschritt zuläßt. Der Leser überlegt sich leicht ein solches Tableau.

Durch die beschriebene Kombination des primalen und dualen Vorgehens konnten wir auf die Einführung künstlicher Variablen verzichten, ein Weg, den auch die Mehrphasenmethode von III.4.4 beschreitet.

Rechenschema 11:

	BV	x_1	x_2	x_3	x_4	x_5	x_0	Q	$-\uparrow$
	x_3	1	2	1	0	0	7		-2
←	x_4	-1	$\boxed{-3}$ (eingekreist)	0	1	0	$-4\uparrow$		
	x_5	3	2	0	0	1	6		-2
	*	-2	3	$\underline{0}$	$\underline{0}$	$\underline{0}$	0		-3
	Q		-1				*		*
	x_3	$\frac{1}{3}$	0	1	$\frac{2}{3}$	0	$\frac{13}{3}$	13	$-\frac{1}{3}$
→	x_2	$\frac{1}{3}$	1	0	$-\frac{1}{3}$	0	$\frac{4}{3}$	4	$-\frac{1}{3}$
←	x_5	$\boxed{\frac{7}{3}}$ (eingekreist)	0	0	$\frac{2}{3}$	1	$\frac{10}{3}$	$\frac{10}{7}$	
	*	$-3\uparrow$	$\underline{0}$	$\underline{0}$	1	$\underline{0}$	-4	*	3
	x_3	0	0	1	$\frac{4}{7}$	$-\frac{1}{7}$	$\frac{27}{7}$		
	x_2	0	1	0	$-\frac{3}{7}$	$-\frac{1}{7}$	$\frac{6}{7}$		
→	x_1	1	0	0	$\frac{2}{7}$	$\frac{3}{7}$	$\frac{10}{7}$		
	*	$\underline{0}$	$\underline{0}$	$\underline{0}$	$\frac{13}{7}$	$\frac{9}{7}$	$\frac{2}{7}$	*	

3.8. Bestimmung eines dualen Ausgangstableaus. Bereits in 3.1 haben wir bemerkt, daß die duale Simplexmethode im allgemeinen nur dann angewandt wird, wenn man ein duales Anfangstableau leicht finden kann. Wir wollen daher der Bestimmung eines geeigneten Ausgangstableaus nicht die Aufmerksamkeit wie bei der primalen Methode schenken und lediglich ein Vorgehen beschreiben (vergleiche auch [79]).

Die lineare Optimierungsaufgabe möge in die Form ($b_i \geqq 0$, $i = 1, 2, \ldots, m$)

$$\left.\begin{array}{l} Z = c_1x_1 + c_2x_2 + \cdots + c_nx_n \quad \max. \\ a_{11}x_1 + a_{12}x_2 + \cdots + a_{1n}x_n + x_{n+1} \qquad\qquad = b_1 \\ a_{21}x_1 + a_{22}x_2 + \cdots + a_{2n}x_n \qquad + x_{n+2} \qquad = b_2 \\ \cdots\cdots\cdots\cdots\cdots\cdots\cdots\cdots \qquad\qquad \vdots \\ a_{m1}x_1 + a_{m2}x_2 + \cdots + a_{mn}x_n \qquad\qquad + x_{n+m} = b_m \\ \qquad x_i \geqq 0, \; i = 1, 2, \ldots, m + n, \end{array}\right\} \quad (20)$$

gegebenenfalls durch Einführung künstlicher Variablen, überführt worden sein. Dann betrachten wir eine *Hilfsaufgabe*, die sich von (20) nur in der zusätzlichen Nebenbedingung

$$x_1 + x_2 + \cdots + x_n \leqq M \tag{21}$$

unterscheidet. M stellt ein allgemeines Symbol dar, das größer als jede in der Rechnung auftretende positive Zahl ist. Die Nebenbedingung (21) erscheint möglich, da sie bei einem beschränkten Bereich der zulässigen Lösungen immer erfüllt werden kann. Führen wir noch in die Nebenbedingung (21) eine Schlupfvariable x_{n+m+1} ein, lautet die erste Normalform der Hilfsaufgabe

$$\left.\begin{array}{l} Z = c_1x_1 + c_2x_2 + \cdots + c_nx_n \quad \max. \\ a_{11}x_1 + a_{12}x_2 + \cdots + a_{1n}x_n + x_{n+1} \qquad\qquad = b_1 \\ a_{21}x_1 + a_{22}x_2 + \cdots + a_{2n}x_n \qquad + x_{n+2} \qquad = b_2 \\ \cdots\cdots\cdots\cdots\cdots\cdots \qquad\qquad\qquad\qquad\qquad \vdots \\ a_{m1}x_1 + a_{m2}x_2 + \cdots + a_{mn}x_n \qquad\qquad + x_{n+m} = b_m \\ x_1 + \quad x_2 + \cdots + \quad x_n \qquad\qquad + x_{n+m+1} = M \\ x_i \geqq 0, \ i = 1, 2, \ldots, n + m + 1. \end{array}\right\} \tag{22}$$

Die Beziehungen zwischen den beiden Aufgaben werden durch den folgenden Satz beschrieben, auf dessen Beweis wir jedoch verzichten.

Satz 5: *Hat die lineare Optimierungsaufgabe* (20) *eine optimale Lösung* x, *so ist auch der Vektor* $\tilde{x}$, *dessen* $(n + m)$-*te Komponenten mit denen von* x *übereinstimmen und dessen* $(n + m + 1)$-*te Komponente sich aus der* $(m + 1)$-*ten Nebenbedingung von* (22) *ergibt, für genügend großes* M *eine optimale Lösung von* (22).
Hat die Hilfsaufgabe (22) *für alle* $M \geqq M_0$ *eine optimale Lösung* $\tilde{x}$ *und ist der Wert der Zielfunktion von* M *unabhängig, so bestimmen die ersten* $n + m$ *Komponenten von* $\tilde{x}$ *eine optimale Lösung von* (20).
Besitzt die Hilfsaufgabe keine optimale Lösung, ist auch die Optimierungsaufgabe (20) *unlösbar.*

Der Lösungsprozeß der Hilfsaufgabe wird nun in der folgenden Weise durchgeführt: Man beginnt mit einem primalen Simplexschritt. Dazu sucht man den kleinsten negativen Koeffizienten in der Grundzeile (wir können annehmen, daß es wenigstens eine negative Zahl in der Grundzeile gibt, da sonst das Tableau bereits dual zulässig wäre). Als Hauptzeile wählt man jedoch stets die $(m + 1)$-te Nebenbedingung, so daß die sonst beim primalen Vorgehen übliche Berechnung der Q-Spalte entfällt. Es ist sehr leicht zu erkennen, daß das nächste Tableau dual zulässig sein muß, so daß die weitere Rechnung mit der dualen Simplexmethode durchgeführt werden kann. Der Lösungsprozeß endet mit einem der folgenden Fälle:

1. Es existiert eine optimale Lösung der Hilfsaufgabe für alle $M \geqq M_0$, und der optimale Wert der Zielfunktion ist von M unabhängig. Dann erhält man, wie

in Satz 5 angegeben, eine optimale Lösung der vorgelegten Aufgabe. Dabei können wieder zwei Fälle unterschieden werden:

a) Die Variablen $x_1, x_2, \ldots, x_{n+m}$ sind von M unabhängig. Die Menge der optimalen Lösungen ist beschränkt.

b) Wenigstens eine der Variablen $x_1, x_2, \ldots, x_{n+m}$ ist von M abhängig. Die Menge der optimalen Lösungen der vorgelegten Aufgabe liegt auf einer unbegrenzten Kante.

2. Es existiert eine optimale Lösung der Hilfsaufgabe für alle $M \geqq M_0$, und der optimale Wert der Zielfunktion ist von M abhängig. In diesem Falle muß zwangsläufig auch die Zielfunktion der vorgelegten Optimierungsaufgabe auf der Menge ihrer zulässigen Lösungen unbeschränkt sein.
3. Der Lösungsprozeß der dualen Simplexmethode muß abgebrochen werden, weil die Hilfsaufgabe keine zulässige Lösung besitzt. Man erkennt leicht, daß das gleiche dann von der Aufgabe (20) gilt.

Beispiel: Für die in 3.7 gelöste lineare Optimierungsaufgabe lautet die Hilfsaufgabe

$$\begin{aligned}
Z = 2x_1 - 3x_2 \quad \max. & \\
x_1 + 2x_2 + x_3 \qquad\qquad\qquad & = 7 \\
-x_1 - 3x_2 \qquad + x_4 \qquad\qquad & = -4 \\
3x_1 + 2x_2 \qquad\qquad + x_5 \qquad & = 6 \\
x_1 + x_2 \qquad\qquad\qquad + x_6 & = M \\
x_i \geqq 0, \; i = 1, 2, \ldots, 6. &
\end{aligned}$$

Die Daten der Hilfsaufgabe bestimmen das Anfangstableau von Rechenschema 12.

Wir führen zunächst einen primalen Simplexschritt durch, jedoch mit der Vorgabe, daß x_6 Ausgangsvariable wird. Da es in der Grundzeile nur eine negative Zahl -2 gibt, ist die erste Spalte zwangsläufig die Pfeilspalte.

Ab zweitem Tableau rechnen wir mit der dualen Simplexmethode. Der kleinste negative Koeffizient von M in der Spalte x_0 steht in der dritten Zeile, die damit zur Pfeilzeile gemacht wird.

Im dritten Tableau sind alle Koeffizienten von M in der Spalte x_0 nichtnegativ. Es gibt aber noch in der zweiten Zeile eine negative Zahl, so daß der Lösungsprozeß fortgesetzt werden muß.

Das vierte Tableau ist für

$$M \geqq M_0 = \frac{16}{7}$$

optimal. Die optimale Lösung der Hilfsaufgabe lautet

$$x_1 = \frac{10}{7}, \; x_2 = \frac{6}{7}, x_3 = \frac{27}{7}, \; x_4 = x_5 = 0, \; x_6 = M - \frac{16}{7}.$$

Die berechneten Werte für $x_1, x_2, \ldots, x_5$ ergeben die optimale Lösung der vorgelegten Optimierungsaufgabe. Für beide Aufgaben ist der optimale Wert der Zielfunktion $Z = \frac{2}{7}$.

Rechenschema 12:

	BV	x_1	x_2	x_3	x_4	x_5	x_6	x_0	$-\uparrow$
	x_3	1	2	1	0	0	0	7	−1
	x_4	−1	−3	0	1	0	0	−4	1
	x_5	3	2	0	0	1	0	6	−3
←	x_6	(1)	1	0	0	0	1	M	
	*	$-2\uparrow$	3	0	0	0	0	*	2
	x_3	0	1	1	0	0	−1	$-M+7$	1
	x_4	0	−2	0	1	0	1	$M-4$	−1
←	x_5	0	−1	0	0	1	(−3)	$-3M+6\uparrow$	
→	x_1	1	1	0	0	0	1	M	−1
	*	$\underline{0}$	5	$\underline{0}$	$\underline{0}$	$\underline{0}$	2	$2M$	−2
	Q		−5				$-\frac{2}{3}$	*	*
	x_3	0	$\frac{4}{3}$	1	0	$-\frac{1}{3}$	0	5	$-\frac{4}{3}$
←	x_4	0	$\left(-\frac{7}{3}\right)$	0	1	$\frac{1}{3}$	0	$-2\uparrow$	
→	x_6	0	$\frac{1}{3}$	0	0	$-\frac{1}{3}$	1	$M-2$	$-\frac{1}{3}$
	x_1	1	$\frac{2}{3}$	0	0	$\frac{1}{3}$	0	2	$-\frac{2}{3}$
	*	$\underline{0}$	$\frac{13}{3}$	$\underline{0}$	$\underline{0}$	$\frac{2}{3}$	$\underline{0}$	4	$-\frac{13}{3}$
	Q		$-\frac{13}{7}$					*	*
	x_3	0	0	1	$\frac{4}{7}$	$-\frac{1}{7}$	0	$\frac{27}{7}$	
→	x_2	0	1	0	$-\frac{3}{7}$	$-\frac{1}{7}$	0	$\frac{6}{7}$	
	x_6	0	0	0	$\frac{1}{7}$	$-\frac{2}{7}$	1	$M-\frac{16}{7}$	
	x_1	1	0	0	$\frac{2}{7}$	$\frac{3}{7}$	0	$\frac{10}{7}$	
	*	$\underline{0}$	$\underline{0}$	0	$\frac{13}{7}$	$\frac{9}{7}$	$\underline{0}$	$\frac{2}{7}$	
	Q							*	*

Beispiel: Vorgelegt sei die lineare Optimierungsaufgabe

$$Z = x_1 + 2x_2 \quad \max.$$

$$\begin{aligned} -2x_1 + x_2 + x_3 &= 2 \\ -x_1 + x_2 + x_4 &= 3 \\ -x_1 + 3x_2 + x_5 &= 15 \\ x_i \geqq 0, \; i = 1, 2, \ldots, 5. \end{aligned}$$

Rechenschema 13:

	BV	x_1	x_2	x_3	x_4	x_5	x_6	x_0	$-\uparrow$
	x_3	-2	1	1	0	0	0	2	-1
	x_4	-1	1	0	1	0	0	3	-1
	x_5	-1	3	0	0	1	0	15	-3
$\leftarrow$	x_6	1	$\boxed{1}$	0	0	0	1	M	
	$*$	-1	$-2\uparrow$	0	0	0	0	0	2
	x_3	-3	0	1	0	0	-1	$-M+2$	3
	x_4	-2	0	0	1	0	-1	$-M+3$	2
$\leftarrow$	x_5	$\boxed{-4}$	0	0	0	1	-3	$-3M+15\uparrow$	
$\rightarrow$	x_2	1	1	0	0	0	1	M	-1
	$*$	1	$\underline{0}$	$\underline{0}$	$\underline{0}$	$\underline{0}$	2	$2M$	-1
	Q	$-\frac{1}{4}$					$-\frac{2}{3}$	$*$	$*$
	x_3	0	0	1	0	$-\frac{3}{4}$	$\frac{5}{4}$	$\frac{5}{4}M - \frac{37}{4}$	
	x_4	0	0	0	1	$-\frac{1}{2}$	$\frac{1}{2}$	$\frac{1}{2}M - \frac{9}{2}$	
$\rightarrow$	x_1	1	0	0	0	$-\frac{1}{4}$	$\frac{3}{4}$	$\frac{3}{4}M - \frac{15}{4}$	
	x_2	0	1	0	0	$\frac{1}{4}$	$\frac{1}{4}$	$\frac{1}{4}M + \frac{15}{4}$	
	$*$	$\underline{0}$	$\underline{0}$	$\underline{0}$	$\underline{0}$	$\frac{1}{4}$	$\frac{5}{4}$	$\frac{5}{4}M + \frac{15}{4}$	
	Q							$*$	$*$

Obwohl sich eigentlich ein Lösungsprozeß nach der primalen Simplexmethode anbieten würde, wollen wir das Vorgehen der neu entwickelten Methode studieren. Die Lösung der Hilfsaufgabe ist in Rechenschema 13 angegeben. Das letzte Tableau ist für $M \geqq M_0 = 9$ optimal. Da der optimale Wert der Zielfunktion aber von M abhängt, ist die vorgelegte Optimierungsaufgabe unlösbar (Fall 2).

Bemerkung: Würde im letzten Tableau von Rechenschema 13 als optimaler Wert der Zielfunktion z. B. die Zahl $\frac{15}{4}$ zu finden sein, wäre die vorgelegte Optimierungsaufgabe lösbar (Fall 1b). Eine optimale zulässige Basislösung würde man dann erhalten, indem man M so klein wie möglich wählt, ohne die Vorzeichenbedingungen zu verletzten (für $M = M_0 = 9$ ergäbe sich: $x_1 = 3$, $x_2 = 6$, $x_3 = 2$, $x_4 = 0$; außerdem ist die Nichtbasisvariable $x_5 = 0$).

§ 4. Die revidierte Simplexmethode

Die Algorithmen der primalen und dualen Simplexmethode sind gut geeignet, solange die Größe des Tableaus den für Daten verfügbaren Kernspeicherplatz des Rechenautomaten nicht übersteigt. Muß man jedoch zur Speicherung auch Außenspeicher verwenden, wird man gegebenenfalls an die Anwendung der jetzt zu beschreibenden revidierten Simplexmethoden denken. Daneben besitzen die revidierten Simplexverfahren eine Reihe weiterer Vor-, aber auch Nachteile gegenüber den bisher beschriebenen Methoden, auf die wir später noch eingehen werden.

In diesem Paragraphen betrachten wir zunächst eine revidierte Simplexmethode, die auf das engste an den Ideenkreis des gewöhnlichen Simplexverfahrens anschließt. Daher werden wir gelegentlich auch von der *revidierten gewöhnlichen* oder *primalen Simplexmethode* sprechen. Trotz der engen Verbindung zum gewöhnlichen Simplexverfahren ergibt sich ein neuer Grundalgorithmus zur Lösung linearer Optimierungsaufgaben. Der zunächst beschriebene revidierte Simplexalgorithmus ist an sich für die praktische Anwendung relativ uninteressant, da wir in der sogenannten *Produktform der revidierten Simplexmethode* ein beim automatischen Rechnen viel geeigneteres Verfahren finden werden. Jedoch erläutern wir zunächst den gewöhnlichen Algorithmus, da sich für ihn die Vorgehensweise der revidierten Methoden besonders gut verdeutlichen läßt.

Weitere Formen revidierter Simplexmethoden, die in der neueren Literatur auch vielfach *inverse Simplexmethoden* genannt werden, bilden den Inhalt der beiden folgenden Paragraphen. Eine Übersicht über vier revidierte Simplexmethoden findet man z. B. in [61].

4.1. Das Vorgehen der revidierten Simplexmethode. Bei jedem Schritt der gewöhnlichen Simplexmethode wird ein vollständiges Simplextableau berechnet, obwohl nur die Grundzeile, die Pfeilspalte und die Spalte x_0 bei den zu fällenden Entscheidungen eine Rolle spielen. Eine solche Betrachtungsweise impliziert die Fragestellung, ob nicht ein Algorithmus entwickelt werden kann, der dieser Tatsache besser Rechnung trägt. Der Gedanke der revidierten Simplexmethode besteht nun darin, in jedem Simplexschritt die *Inverse der Basismatrix* und sogenannte *Simplexmultiplikatoren* zu berechnen, um dann mittels der Ausgangsgleichungen des linearen Optimierungsproblems die für die Entscheidungen benötigten Informationen zu ermitteln.

Wir wollen dem geschilderten Gedankengang folgen und knüpfen dazu an die Betrachtungen und die Schreibweise von III.2 an. Mit A_B bezeichnen wir die Basismatrix einer vorgelegten zulässigen Basislösung. Die Nebenbedingungen

$$Ax = b$$

schreiben wir in der Form

$$A_B x_B + A_N x_N = b, \tag{23}$$

wobei A_N die Nichtbasismatrix, x_B den Basisvektor und x_N den Nichtbasisvektor bezeichnen.

Beim gewöhnlichen Simplexverfahren werden die Nebenbedingungen in die Gestalt

$$x_B + D x_N = d$$

umgeformt, ohne die Inverse der Basismatrix zu berechnen (deren Existenz nach III.2 gesichert ist), obwohl wir bereits in III.2 die Beziehungen

$$D = A_B^{-1} A_N, \; d = A_B^{-1} b \tag{24}$$

hergeleitet haben. Wenn wir also bei der revidierten Simplexmethode in jedem Schritt die inverse Basismatrix berechnen wollen, brauchen wir nur

$$x_B = A_B^{-1} b \tag{25}$$

zu bilden, und die Werte der Basisvariablen und folglich die Spalte x_0 des Simplextableaus sind bestimmt.

Denken wir uns die Matrix D aus Vektoren d_j, $j \in I'$ aufgebaut (I' Indexmenge der Nichtbasisvariablen), dann ist wegen (24)

$$d_j = A_B^{-1} a_j, \; j \in I', \tag{26}$$

wobei a_j den zur Nichtbasisvariablen x_j gehörigen Vektor der Nebenbedingungen bezeichnet. Man kann also jede zu einer Nichtbasisvariablen gehörige Spalte des Simplextableaus berechnen, indem man die Inverse der Basismatrix mit dem entsprechenden Vektor der Nebenbedingungen multipliziert. Da wir aber bei der Simplexmethode nur die Pfeilspalte (die zur Eingangsvariablen x_k gehört) zur Entscheidung benötigen, haben wir auch nur

$$d_k = A_B^{-1} a_k \tag{27}$$

zu bilden.

Es bleibt noch zu prüfen, ob auch die Zahlen in der Grundzeile (die den Koeffizienten der Zielfunktion entsprechen) im wesentlichen durch die inverse Basismatrix bestimmt sind. Dafür haben wir in III.2.1 die Gleichung

$$Z = d_{m+1,0} - d_{m+1} x_N \tag{28}$$

mit

$$d_{m+1,0} = c_B' d, \tag{29}$$

$$d_{m+1} = D' c_B - c_N = c_B' D - c_N \tag{30}$$

hergeleitet. Der Wert $d_{m+1,0}$ der Zielfunktion für die betrachtete zulässige Basislösung läßt sich leicht berechnen, da der Vektor d durch (25) bekannt ist. Wollten wir jedoch den Vektor d_{m+1} auf Grund der Gleichung (30) ermitteln, würden wir die gesamte Matrix D benötigen, so daß sich der Sinn des beschriebenen Vorgehens aufhebt.

Um die geschilderte Schwierigkeit zu beseitigen, hilft man sich gelegentlich dadurch, daß nicht die volle Matrix D, sondern nur so viele Spalten berechnet werden, bis eine negative Komponente des Vektors d_{m+1} erhalten ist. Dann macht man diese Spalte zur Pfeilspalte. Dem entspricht bei der gewöhnlichen Simplexmethode, daß wir auf die Bestimmung der kleinsten negativen Zahl in der Grundzeile verzichten. So gelangt man zu einer Variante der revidierten Simplextechnik, die jedoch auch am günstigsten mit der jetzt zu beschreibenden Methode der Simplexmultiplikatoren zu kombinieren ist (siehe 4.8).

Zur Erklärung der Simplexmultiplikatoren bezeichnen wir mit a_i, $i \in I$ die zur Basis der betrachteten zulässigen Basislösung gehörigen Vektoren der Nebenbedingungen (I Indexmenge der Basisvariablen). Dabei gilt

$$a_i = \begin{pmatrix} a_{1i} \\ a_{2i} \\ \vdots \\ a_{mi} \end{pmatrix}, i \in I.$$

Definition: *Die Lösungen $\lambda_1, \lambda_2, \ldots, \lambda_m$ des linearen Gleichungssystems*

$$\sum_{j=1}^{m} a_{ji} \lambda_j = c_i, \quad i \in I \tag{31}$$

heißen Simplexmultiplikatoren einer zulässigen Basislösung mit den Basisvektoren a_i, $i \in I$.

Wir wollen hier nicht die theoretische Bedeutung der Simplexmultiplikatoren klären, sondern verweisen dazu etwa auf [39] oder [15]. Man kann zeigen, daß sie zum Dualproblem in Beziehung stehen und eine ähnliche Rolle wie die Lagrangeschen Multiplikatoren in der Differentialrechnung spielen.

Bevor wir uns damit beschäftigen, welchen Sinn die Einführung von Simplexmultiplikatoren hat, wollen wir die Matrizenschreibweise des Gleichungssystems (31) betrachten. Dazu führen wir den *Vektor der Simplexmultiplikatoren*

$$\lambda = \begin{pmatrix} \lambda_1 \\ \lambda_2 \\ \vdots \\ \lambda_m \end{pmatrix}$$

ein. Dann geht (31) in

$$\lambda' A_B = c'_B$$

über, so daß sich

$$\lambda' = c'_B A_B^{-1} \tag{32}$$

ergibt. Die Simplexmultiplikatoren sind damit wieder als bekannt anzusehen, sobald die Inverse der Basismatrix vorliegt.

Wollen wir die Simplexmultiplikatoren bei der Entscheidung heranziehen, welche Nichtbasisvariable zur Eingangsvariablen gemacht werden soll, benötigen wir ein neues *Optimalitätskriterium.*

Satz 6: *Eine zulässige Basislösung ist optimal, wenn*

$$\sum_{j=1}^{m} a_{ji}\lambda_j \geqq c_i \text{ für alle } i = 1, 2, \ldots, n \tag{33}$$

gilt.

Beweis: In III. 2.2 haben wir Größen z_i durch die Gleichung

$$z_i = \sum_{j=1}^{m} \alpha_{ji} c_{s_j}, \; i = 1, 2, \ldots, n$$

erklärt, wobei α_{ji} die Darstellungskoeffizienten der Vektoren der Nebenbedingungen a_i bezüglich der betrachteten Basis bezeichneten.
Wegen (31) folgt

$$\begin{aligned} z_i &= \sum_{j=1}^{m} \alpha_{ji} \sum_{k=1}^{m} a_{ks_j} \lambda_k, \\ &= \sum_{k=1}^{m} \lambda_k \left(\sum_{j=1}^{m} a_{ks_j} \alpha_{ji} \right). \end{aligned}$$

Für die Vektoren der Nebenbedingungen gilt nach III.2.2 die Darstellung

$$a_i = \sum_{j=1}^{m} \alpha_{ji} a_{s_j},$$

aus der sich

$$a_{ki} = \sum_{j=1}^{m} \alpha_{ji} a_{ks_j}$$

ergibt. Damit erhalten wir

$$z_i = \sum_{k=1}^{m} \lambda_k a_{ki}, \; i = 1, 2, \ldots, n.$$

Wir bilden

$$\Delta_i = z_i - c_i = \sum_{j=1}^{m} \lambda_j a_{ji} - c_i \tag{34}$$

und erkennen, daß die Bedingung (33) der Forderung

$$\Delta_i \geqq 0 \quad \text{für alle} \quad i = 1, 2, \ldots, n \tag{35}$$

äquivalent ist. Aus Satz 3 von Kapitel III folgt damit die Optimalität der betrachteten zulässigen Basislösung.

Da die Bedingung (35) für alle $i \in I$ wegen (31) erfüllt ist, haben wir beim Simplexprozeß nur noch zu prüfen, ob

$$\Delta_j \geqq 0 \;\; \text{für alle} \;\; j \in I' \tag{36}$$

gilt. Die unterschiedliche Berechnung der Größen Δ_j beim gewöhnlichen und beim revidierten Algorithmus darf nicht zu der Meinung verleiten, daß sie zahlenmäßig verschieden sind. Vielmehr folgt aus dem Beweis von Satz 6 sowie von Satz 4 aus Kapitel III, daß für eine gegebene zulässige Basislösung die Größen Δ_j unabhängig von ihrer Berechnung zahlenmäßig gleich sind.

Die Zahlen Δ_j bestimmen sich wegen (34) aus den Gleichungen

$$\Delta_j = \lambda' a_j - c_j, j \in I', \tag{37}$$

wobei a_j wieder den zur Nichtbasisvariablen x_j gehörigen Vektor der Nebenbedingungen bezeichnet.

Damit haben wir die Besonderheiten des Vorgehens der revidierten Simplexmethode beschrieben und gleichzeitig die grundsätzliche Übereinstimmung bei der Verbesserung einer zulässigen Basislösung mit dem gewöhnlichen Simplexverfahren erkannt.

Wir fassen nochmals das Vorgehen der revidierten Simplexmethode zusammen:

Vorbereitender Schritt:

1. Vorgabe einer zulässigen Basislösung (A_B Basismatrix).

2. Berechnung der inversen Basismatrix A_B^{-1} (das ist eine Grundaufgabe der linearen Algebra, die nach den in Bd. 1 angegebenen Methoden gelöst werden kann).

3. Berechnung des Vektors der Simplexmultiplikatoren λ entsprechend der Gleichung

$$\lambda' = c'_B A_B^{-1}$$

und der Zahlen

$$\Delta_j = \lambda' a_j - c_j, \; j \in I'.$$

Bemerkungen zum vorbereitenden Schritt:

1. Das Produkt $A_B^{-1} b$ braucht beim vorbereitenden Schritt nicht berechnet zu werden, da durch Vorgabe der zulässigen Basislösung die Werte der Basisvariablen bekannt sind.

2. Wir haben in Kapitel III gesehen, daß man bei vielen linearen Optimierungsaufgaben von einer zulässigen Basislösung ausgehen kann, die als Basismatrix die Einheitsmatrix besitzt ($A_B = E$) und deren Koeffizienten der Basisvariablen in der Zielfunktion gleich Null sind (c_B gleich dem Nullvektor). Dann entfällt der vorbereitende Schritt, weil

$$A_B^{-1} = E, \; \lambda' = c'_B = 0, \; \Delta_j = -c_j$$

gilt.

Simplexschritt:

1. Prüfung der zulässigen Basislösung auf Optimalität.

   a) $\Delta_j \geqq 0$ für alle $j \in I'$: Optimalitätsbedingung erfüllt (Stop).
   b) Es gibt negative Δ_j: Fortsetzung unter 2.

2. Bestimmung der kleinsten negativen Zahl

$$\Delta_k = \min_j \Delta_j .$$

3. Berechnung des Vektors d_k entsprechend der Gleichung

$$d_k = A_B^{-1} a_k .$$

4. Prüfung einer gegebenenfalls vorliegenden Unlösbarkeit.
   a) Alle Komponenten des Vektors d_k sind negativ: Aufgabe unlösbar (Stop).
   b) Es gibt positive Komponenten des Vektors d_k: Fortsetzung unter 5.
5. Berechnung der Quotienten wie bei der gewöhnlichen Simplexmethode; Bestimmung des Minimums dieser Quotienten, dadurch Festlegung der Ausgangsvariablen.
6. Berechnung der Inversen $\tilde{A}_B^{-1}$ der neuen Basismatrix, des neuen Vektors $\tilde{\lambda}$ der Simplexmultiplikatoren, der Werte der neuen Basisvariablen und des Wertes der Zielfunktion (das ist Inhalt der Simplextransformation der revidierten Simplexmethode).
7. Berechnung der Zahlen $\tilde{\Delta}_j$.
   Fortsetzung des Rechenprozesses unter 1.

4.2. Simplextransformation. Die revidierte Simplexmethode geht, wie wir wissen, von dem Gedanken aus, in jedem Schritt die Inverse der Basismatrix zu berechnen. Das wäre eine numerisch recht aufwendige Aufgabe, wenn wir wirklich diese Inverse nach einer allgemeinen Inversionsmethode der linearen Algebra bestimmen wollten. Nun ist uns aber bekannt, daß sich die neue Basismatrix $\tilde{A}_B$ von der Basismatrix A_B nur in einer Spalte unterscheidet (in jedem Simplexschritt wird eine Basisvariable gegen eine Nichtbasisvariable und damit ein Basisvektor gegen einen neuen, zu einer Nichtbasisvariablen gehörigen Vektor der Nebenbedingungen ausgetauscht). Folglich haben wir es mit einer vereinfachten Aufgabe der linearen Algebra zu tun, die wir in Kapitel VIII von Band 1 untersuchten. Die Berechnung der Inverse von $\tilde{A}_B$ kann auf Grund der Kenntnis der Inverse A_B^{-1} wesentlich erleichtert werden. Wie in [21] gezeigt wird, lassen sich durch Anwendung der Methode der Änderung einer Spalte von Kapitel VIII, Bd. 1 mühelos die Transformationsformeln der revidierten Simplexmethode herleiten. Wir wollen hier einen anderen Weg beschreiten, der unabhängig von den Betrachtungen in Band 1 ist.

Bevor wir die Transformationsgleichungen angeben, werden einige Bezeichnungen eingeführt. Die Elemente der inversen Basismatrix $\tilde{A}_B^{-1}$ seien $\tilde{e}_{ij}$ und die von A_B^{-1} seien e_{ij}

$$A_B^{-1} = (e_{ij}), \quad \tilde{A}_B^{-1} = (\tilde{e}_{ij}).$$

Weiterhin betrachten wir die Zeilenvektoren

$$e_i^* = (e_{i1}\ e_{i2} \cdots e_{im}), \quad i = 1, 2, \ldots, m,$$
$$\tilde{e}_i^* = (\tilde{e}_{i1}\ \tilde{e}_{i2} \cdots \tilde{e}_{im}), \quad i = 1, 2, \ldots, m,$$

die der i-ten Zeile dieser Inversen entsprechen

$$A_B^{-1} = \begin{pmatrix} e_1^* \\ e_2^* \\ \vdots \\ e_m^* \end{pmatrix}, \quad \tilde{A}_B^{-1} = \begin{pmatrix} \tilde{e}_1^* \\ \tilde{e}_2^* \\ \vdots \\ \tilde{e}_m^* \end{pmatrix}.$$

Die Basisvektoren von A_B sind die Vektoren der Nebenbedingungen $a_{s_1}, a_{s_2}, \ldots, a_{s_r}, \ldots, a_{s_m}$

$$A_B = (a_{s_1}\, a_{s_2} \cdots a_{s_r} \cdots a_{s_m}).$$

Auf Grund des Lösungsweges der Simplexmethode sind die Basisvektoren von $\tilde{A}_B$ die Vektoren der Nebenbedingungen $a_{s_1}, a_{s_2}, \ldots, a_k, \ldots, a_{s_m}$ (der Basisvektor a_{s_r} wird gegen a_k, $k \in I'$ ausgetauscht)

$$\tilde{A}_B = (a_{s_1}\, a_{s_2} \cdots a_k \cdots a_{s_m}).$$

Wegen $A_B^{-1} A_B = E$ gilt

$$e_i^* a_{s_j} = \begin{cases} 1 & \text{für } i = j \\ 0 & \text{für } i \neq j \end{cases}. \tag{38}$$

Die Indizes r und k sind fixiert. Sie haben dieselbe Bedeutung wie in Kapitel III bei der gewöhnlichen Simplexmethode.

Wir behaupten, daß sich die Elemente der inversen Basismatrix $\tilde{A}_B^{-1}$ nach den Gleichungen

$$\left.\begin{aligned} \tilde{e}_{rj} &= \frac{e_{rj}}{d_{rk}}, \quad j = 1, 2, \ldots, m, \\ \tilde{e}_{ij} &= e_{ij} - \tilde{e}_{rj} d_{ik}, \quad \begin{aligned} &i = 1, 2, \ldots, m, i \neq r, \\ &j = 1, 2, \ldots, m \end{aligned} \end{aligned}\right\} \tag{39}$$

transformieren. Dabei ist wegen (27)

$$d_k = \begin{pmatrix} d_{1k} \\ d_{2k} \\ \vdots \\ d_{rk} \\ \vdots \\ d_{mk} \end{pmatrix} = A_B^{-1} a_k = \begin{pmatrix} e_1^* a_k \\ e_2^* a_k \\ \vdots \\ e_r^* a_k \\ \vdots \\ e_m^* a_k \end{pmatrix}. \tag{40}$$

Der Nachweis von (39) erfolgt durch Verifikation der Beziehung

$$\tilde{A}_B^{-1} \tilde{A}_B = E. \tag{41}$$

Es gilt

$$\tilde{A}_B^{-1}\, \tilde{A}_B = \begin{pmatrix} \tilde{e}_1^* \\ \tilde{e}_2^* \\ \vdots \\ \tilde{e}_r^* \\ \vdots \\ \tilde{e}_m^* \end{pmatrix} (a_{s_1}\, a_{s_2} \cdots a_k \cdots a_{s_m}).$$

Mit (38) bis (40) folgt

$$\tilde{e}_r^* a_{s_i} = \frac{1}{d_{rk}} e_r^* a_{s_i} = 0 \text{ für } i \neq r,\ i = 1, 2, \ldots, m.$$

$$\tilde{e}_r^* a_k = \frac{1}{d_{rk}} e_r^* a_k = \frac{1}{d_{rk}} d_{rk} = 1,$$

$$\begin{aligned} \tilde{e}_i^* a_{s_j} &= e_i^* a_{s_j} - d_{ik} \tilde{e}_r^* a_{s_j} \\ &= e_i^* a_{s_j} = \begin{cases} 1 \text{ für } i = j,\ i \neq r,\ i = 1, 2, \ldots, m, \\ 0 \text{ für } i \neq j,\ j \neq r,\ j = 1, 2, \ldots, m, \end{cases} \end{aligned}$$

$$\begin{aligned} \tilde{e}_i^* a_k &= e_i^* a_k - d_{ik} \tilde{e}_r^* a_k \\ &= d_{ik} - d_{ik} \cdot 1 = 0,\ i \neq r,\ i = 1, 2, \ldots, m. \end{aligned}$$

Die Gleichung (41) ist also erfüllt. In (39) haben wir eine Transformationsformel für die Elemente der inversen Basismatrix gefunden, die in ihrem Aufbau den Transformationsgleichungen von III.2 entspricht.

Neben $\tilde{A}_B^{-1}$ haben wir aber auch die Werte der neuen Basisvariablen, die Simplexmultiplikatoren und den Wert der Zielfunktion zu berechnen. Wir setzen

$$\begin{aligned} &e_{i0} = e_i^* b, \quad \tilde{e}_{i0} = \tilde{e}_i^* b, \quad i = 1, 2, \ldots, m, \\ &e_{m+1,i} = \lambda_i, \quad \tilde{e}_{m+1,i} = \tilde{\lambda}_i, \quad i = 1, 2, \ldots, m, \\ &e_{m+1,0} = Z(x), \quad \tilde{e}_{m+1,0} = Z(\tilde{x}) \end{aligned}$$

und behaupten, daß die Transformation (39) auf diese Größen übertragen werden kann, so daß sich

$$\left.\begin{aligned} &\tilde{e}_{rj} = \frac{e_{rj}}{d_{rk}}, \quad j = 0, 1, 2, \ldots, m, \\ &\tilde{e}_{ij} = e_{ij} - \tilde{e}_{rj} d_{ik}, \quad \begin{aligned} &i = 1, 2, \ldots, m+1, i \neq r \\ &j = 0, 1, 2, \ldots, m \end{aligned} \end{aligned}\right\} \tag{42}$$

schreiben läßt. Dabei wird

$$d_{m+1,k} = \Delta_k \tag{43}$$

gesetzt. Für den später zu beschreibenden Algorithmus bedeutet das, daß wir in das Simplextableau einen Vektor

$$\bar{a}_k = \begin{pmatrix} a_k \\ \Delta_k \end{pmatrix}$$

einzuführen haben, dessen m erste Komponenten denen des Vektors der Nebenbedingungen a_k gleich sind und dessen $(m+1)$-te Komponente gleich Δ_k ist.

Den Nachweis der Gültigkeit unserer Behauptung führen wir wieder durch Verifikation. Zunächst betrachten wir die Transformation der Werte der Basisvariablen:

$$\bar{e}_{r0} = \bar{e}_r^* b = \frac{1}{d_{rk}} e_r^* b = \frac{e_{r0}}{d_{rk}},$$

$$\bar{e}_{i0} = \bar{e}_i^* b = e_i^* b - d_{ik} \bar{e}_r^* b = e_{i0} - d_{ik} \bar{e}_{r0}, \quad i \neq r.$$

Die Transformation des Vektors der Simplexmultiplikatoren

$$e_{m+1}^* = \lambda', \quad \bar{e}_{m+1}^* = \bar{\lambda}'$$

prüfen wir durch den Nachweis, daß die Gleichung

$$\bar{\lambda}' \bar{A}_B = \bar{c}_B'$$

oder

$$\bar{e}_{m+1}^* (a_{s_1} a_{s_2} \cdots a_k \cdots a_{s_m}) = (c_{s_1} c_{s_2} \cdots c_k \cdots c_{s_m})$$

erfüllt ist. Dabei gilt

$$e_{m+1}^* A_B = c_B',$$

$$e_{m+1}^* a_{s_i} = c_{s_i}, \quad i = 1, 2, \ldots, m.$$

Wir finden mit (42) und weiteren hergeleiteten Beziehungen

$$\begin{aligned} \bar{e}_{m+1}^* a_{s_i} &= e_{m+1}^* a_{s_i} - d_{m+1,k} \bar{e}_r^* a_{s_i} \\ &= e_{m+1}^* a_{s_i} = c_{s_i}, \quad i \neq r. \end{aligned}$$

Berücksichtigen wir die Gleichungen (37) und (43), folgt entsprechend

$$\begin{aligned} \bar{e}_{m+1}^* a_k &= e_{m+1}^* a_k - d_{m+1,k} \bar{e}_r^* a_k \\ &= e_{m+1}^* a_k - d_{m+1,k} \\ &= \lambda' a_k - \Delta_k \\ &= (\Delta_k + c_k) - \Delta_k = c_k. \end{aligned}$$

Die Transformationsgleichungen für die Simplexmultiplikatoren sind bewiesen.

Es bleibt noch die Transformation des Wertes der Zielfunktion zu prüfen. Wegen (42) ist

$$Z(\bar{x}) = \bar{e}_{m+1,0} = e_{m+1,0} - d_{m+1,k} \bar{e}_{r0} = Z(x) - d_{m+1,k} \bar{e}_{r0}.$$

Dabei gibt

$$\bar{e}_{r0} = \frac{e_{r0}}{d_{rk}} = \frac{d_{r0}}{d_{rk}}$$

den minimalen Quotienten ϱ von III.2.4 an. Der sich in einem Schritt der Simplexmethode ergebende Zuwachs des Wertes der Zielfunktion ist aber nach III.2.4 durch $-d_{m+1,k}\, \varrho$ gegeben.

Damit haben wir die Transformationsformeln (42) der revidierten Simplexmethode hergeleitet.

4.3. Struktur des Rechenschemas. Bevor wir den numerischen Algorithmus der revidierten Simplexmethode beschreiben, wird die Struktur des Rechenschemas erläutert. Im Gegensatz zur gewöhnlichen Simplexmethode arbeiten wir hier mit zwei Rechentableaus, einem *Hilfstableau* und einem *Grundtableau* für jeden Simplexschritt.

Das Hilfstableau (Rechenschema 14) ist seiner Funktion nach zunächst ein Datenspeicher. Es enthält die Nebenbedingungen (in den Zeilen 1, 2, ..., m)

$$Ax = b$$

und die Zielfunktion (in der $(m+1)$-ten Zeile)

$$Z = c_1x_1 + c_2x_2 + \cdots + c_nx_n.$$

Eine Umformung der Nebenbedingungen und der Zielfunktion, wie wir sie beim gewöhnlichen Simplexverfahren betrachtet haben, entfällt hier. Vielmehr werden die Nebenbedingungen und die Zielfunktion unmittelbar in der Gestalt der Normalform übernommen (man beachte insbesondere, daß die Koeffizienten der Zielfunktion nicht mit entgegengesetztem Vorzeichen eingetragen werden).

Rechenschema 14:

	x_1	x_2	...	x_k	...	x_n	x_0
1	a_{11}	a_{12}	...	a_{1k}	...	a_{1n}	b_1
2	a_{21}	a_{22}	...	a_{2k}	...	a_{2n}	b_2
$\vdots$	....						$\vdots$
m	a_{m1}	a_{m2}	...	a_{mk}	...	a_{mn}	b_m
$m+1$	c_1	c_2	...	c_k	...	c_m	*
Δ	Δ_1	Δ_2	...	Δ_k	...	Δ_m	
Δ'	Δ'_1	Δ'_2	...	Δ'_k	...	Δ'_m	
Δ''	Δ''_1	Δ''_2	...	Δ''_k	...	Δ''_m	
...	....						

Da sich die Zahlen Δ_j entsprechend der Gleichung (37) berechnen, ist es sinnvoll, diese Zahlen im Hilfstableau zu notieren. Jedem Simplexschritt wird eine *Δ-Zeile* zugeordnet (wir haben sie zur Unterscheidung mit $\Delta, \Delta', \Delta'', \ldots$ bezeichnet). Interessant ist beim Simplexprozeß stets nur die letzte Δ-Zeile. Die zu den Basisvariablen gehörigen Δ-Größen brauchen natürlich nicht berechnet zu werden, da sie gleich Null sein müssen.

Jedes Grundtableau (Rechenschema 15) enthält in der Spalte $B\,V$ die Basisvariablen des jeweiligen Schrittes. In den Spalten 1, 2, ..., m der m ersten Zeilen stehen die Elemente der inversen Basismatrix. Die Spalte 0 nimmt die Werte der

Rechenschema 15:

	c_B	BV	1	2	...	m	0	x_k	↑	Q	$-$↑
	c_{s_1}	x_{s_1}	e_{11}	e_{12}	...	e_{1m}	e_{10}	a_{1k}	d_{1k}		$-d_{1k}$
	c_{s_2}	x_{s_2}	e_{21}	e_{22}	...	e_{2m}	e_{20}	a_{2k}	d_{2k}		$-d_{2k}$
	⋮	⋮	....	....	....	....	⋮	⋮	⋮		⋮
←	c_{s_r}	x_{s_r}	e_{r1}	e_{r2}	...	e_{rm}	e_{r0}	a_{rk}	(d_{rk})		
	⋮	⋮	....	....	....	....	⋮	⋮	⋮		⋮
	c_{s_m}	x_{s_m}	e_{m1}	e_{m2}	...	e_{mm}	e_{m0}	a_{mk}	d_{mk}		$-d_{mk}$
		λ	$e_{m+1,1}$	$e_{m+1,2}$	...	$e_{m+1,m}$	$e_{m+1,0}$	*	Δ_k	*	$-\Delta_k$

Basisvariablen auf. In der $(m + 1)$-ten Zeile stehen die Simplexmultiplikatoren (Spalten 1, 2, ..., m) und der Wert der Zielfunktion für die betrachtete zulässige Basislösung (Spalte 0). Die $(m + 1)$-te Zeile heißt auch *λ-Zeile*. Diese Angaben sind im vorbereitenden Schritt zu ermitteln und in das Ausgangstableau einzutragen.

Aus dem Hilfstableau übertragen wir die Spalte x_k (x_k bezeichnet die neue Basisvariable). Das ermöglicht uns die Berechnung von d_k nach (27) (damit ist die *Pfeilspalte* bestimmt); die Ergebnisse tragen wir in die ↑ Spalte ein. In der λ-Zeile der Pfeilspalte wird Δ_k aus dem Hilfstableau übernommen.

Jedes Grundtableau enthält weiterhin eine Q-Spalte und eine $-$↑ Spalte.

Im Ausgangstableau fügt man noch eine Spalte c_B zur Berechnung der Simplexmultiplikatoren entsprechend der Gleichung (32) vor der Spalte BV an.

4.4. Beschreibung des Lösungsalgorithmus. In Anlehnung an die Darstellung des Lösungsalgorithmus der gewöhnlichen Simplexmethode in III.3.2 formulieren wir den Lösungsalgorithmus der revidierten Simplexmethode. Der Leser erkennt leicht, daß diese Beschreibung dem Vorgehen in 4.1 und 4.2 entspricht.

Teilschritt 1: Eintragen in das Hilfstableau.

Die Vektoren der Nebenbedingungen (Spalten $x_1, x_2, \ldots, x_n$) und der Beschränkungsvektor (Spalte x_0) sind in das Hilfstableau einzutragen (Zeilen 1, 2, ..., m). Die Koeffizienten der Zielfunktion werden in die Zeile $m + 1$ des Hilfstableaus eingesetzt.

Teilschritt 2: Eintragen in das Ausgangsgrundtableau.

a) Eintragen der Basisvariablen der vorgegebenen zulässigen Basislösung in die Spalte BV.
b) Eintragen der zu den Basisvariablen gehörigen Koeffizienten der Zielfunktion in die Spalte c_B.
c) Eintragen der inversen Basismatrix in die Spalten $1, 2, \ldots, m$ (Zeilen $1, 2, \ldots, m$).
d) Eintragen der Werte der Basisvariablen (Zeilen 1, 2, ..., m) und des Wertes der Zielfunktion für die gegebene zulässige Basislösung (Zeile $m + 1$) in die Spalte 0.

Teilschritt 3: Berechnung der Simplexmultiplikatoren.

Die Spalte c_B ist schrittweise mit den Spalten 1, 2, ..., m (Zeilen 1, 2, ..., m) zu multiplizieren. Die Ergebnisse dieser Multiplikation sind in die λ-Zeile (Spalten 1, 2, ..., m) einzutragen ($\lambda' = c_B' A_B^{-1}$).

Teilschritt 4: Berechnung der Δ-Zeile.

Die λ-Zeile des Grundtableaus (Spalten 1, 2, ..., m) ist schrittweise mit den Spalten $x_1, x_2, \ldots, x_n$ (Zeilen 1, 2, ..., m) des Hilfstableaus zu multiplizieren, und von den jeweiligen Produkten ist die entsprechende Zahl der Zeile $m + 1$ des Hilfstableaus abzuziehen ($\Delta_j = \lambda' a_j - c_j$). Die Ergebnisse sind in die nächste Δ-Zeile einzutragen.

Teilschritt 5: Unterstreichen der zu den Basisvariablen gehörigen Zahlen in der letzten Δ-Zeile.

Entscheidung 1: Sind alle nicht unterstrichenen Zahlen der letzten Δ-Zeile nichtnegativ ($\geqq 0$)?

ja ⟶ **Stop I:** Die Optimallösung ist erreicht.

Die Werte der Basisvariablen können der Spalte 0 des letzten Grundtableaus (Zeilen 1, 2, ..., m) entnommen werden:

$$x_{s_i} = e_{i0}, \quad i = 1, 2, \ldots, m.$$

Alle übrigen Variablen (Nichtbasisvariablen) sind gleich Null.

Der optimale Wert der Zielfunktion ist in der $(m + 1)$-ten Zeile der Spalte 0 des letzten Grundtableaus abzulesen:

$$Z_{\max} = e_{m+1,0}.$$

nein ↓

Teilschritt 6: Suche unter den nichtunterstrichenen Zahlen der letzten Δ-Zeile die kleinste negative Zahl und setze dort das Merkzeichen ↑.

Die im Spaltenkopf stehende Variable heißt *Eingangsvariable* und ist die neue Basisvariable.

Wird die kleinste negative Zahl der Δ-Zeile an mehreren Stellen angenommen, kann eine willkürlich ausgewählt werden.

Teilschritt 7: Eintragen in die Spalte x_k des Grundtableaus.

Der zur Eingangsvariablen gehörige Vektor der Nebenbedingungen ist vom Hilfstableau in die Spalte x_k des Grundtableaus zu übertragen.

Teilschritt 8: Berechnung der Pfeilspalte.

Die Zeilen des Grundtableaus (Spalten 1, 2, ..., m) sind mit der Spalte x_k zu multiplizieren. Die Ergebnisse sind in die Pfeilspalte einzutragen ($d_k = A_B^{-1} a_k$).

Die kleinste negative Zahl der Δ-Zeile (Δ_k) ist aus dem Hilfstableau in die $(m + 1)$-te Zeile der ↑ Spalte zu übertragen.

Entscheidung 2: Enthält die Pfeilspalte positive Zahlen?

ja — nein ⟶ **Stop II:** Die Aufgabe ist unlösbar. Die Zielfunktion kann auf der Menge der zulässigen Lösungen beliebig große Werte annehmen.

Teilschritt 9: Berechnung der Q-Spalte.

Bilde für alle positiven Zahlen der Pfeilspalte den Quotienten

$$\frac{\text{Zahl in der Spalte 0}}{\text{positive Zahl in der Pfeilspalte}}$$

und trage ihn in die Q-Spalte ein!
Die Stellen der Q-Spalte, denen nichtpositive ($\leqq 0$) Zahlen der Pfeilspalte entsprechen, bleiben leer.

Teilschritt 10: Bestimme das Minimum der Zahlen in der Q-Spalte (bei nichtausgearteten Aufgaben ist diese Stelle eindeutig festgelegt)!
Die das minimale Element der Q-Spalte enthaltende Zeile heißt *Hauptzeile* und wird durch das Merkzeichen $\leftarrow$ gekennzeichnet.
Die sich im Zeilenanfang der Hauptzeile befindliche Variable heißt *Ausgangsvariable* und ist die neue Nichtbasisvariable.
Die in der Pfeilspalte stehende Zahl der Hauptzeile wird durch einen Kreis markiert.

Teilschritt 11: Ausfüllen der $-\uparrow$ Spalte.

Trage die mit -1 multiplizierten Zahlen der Pfeilspalte in die $-\uparrow$ Spalte ein! Das entsprechende Feld in der Hauptzeile bleibt leer.

Teilschritt 12: Eintragen der neuen Basisvariablen in die Spalte BV des neuen Grundtableaus.
Die Basisvariablen des vorhergehenden Grundtableaus werden in derselben Reihenfolge eingetragen. Lediglich die Ausgangsvariable wird durch die Eingangsvariable ersetzt.
Die Zeile des neuen Grundtableaus, welche die Eingangsvariable enthält, bekommt das Merkzeichen $\rightarrow$ und heißt *Hilfsrechenzeile* für das vorhergehende Grundtableau.

Teilschritt 13: Berechnung der Hilfsrechenzeile.
Division der Hauptzeile (Spalten $1, 2, \ldots, m, 0$) durch das mit einem Kreis markierte Element der Pfeilspalte und Eintragen der Ergebnisse in die Hilfsrechenzeile im folgenden Grundtableau.

Teilschritt 14: Komplettieren des nächsten Grundtableaus.
Zur Berechnung eines Elementes $\bar{e}_{ij}$, das nicht in der Hilfsrechenzeile steht, ist zum Element e_{ij} das Produkt aus dem in der i-ten Zeile stehenden Element der $-\uparrow$ Spalte mit der in der j-ten Spalte stehenden Zahl der Hilfsrechenzeile zu addieren. Das neue Grundtableau ist dann mit Ausnahme der Spalten x_k, $\uparrow$, Q, $-\uparrow$ ausgefüllt.

Es folgt Teilschritt 4.

Das Strukturdiagramm für den Algorithmus der revidierten Simplexmethode ist in Abb. 6 angegeben. Ein Vergleich mit dem Algorithmus der gewöhnlichen

Simplexmethode von III.3.2 verdeutlicht die Gemeinsamkeiten und die Unterschiede beider Methoden. Die Simplextransformation wurde so organisiert, daß sie nach den bekannten Transformationsregeln erfolgt, obwohl die transformierten Zahlen zum Teil eine andere Bedeutung haben. Eine nochmalige Erläuterung der einzelnen Teilschritte dürfte sich erübrigen. Zu erkennen ist auch, daß der revidierte Simplexalgorithmus für die manuelle Rechnung umständlicher ist.

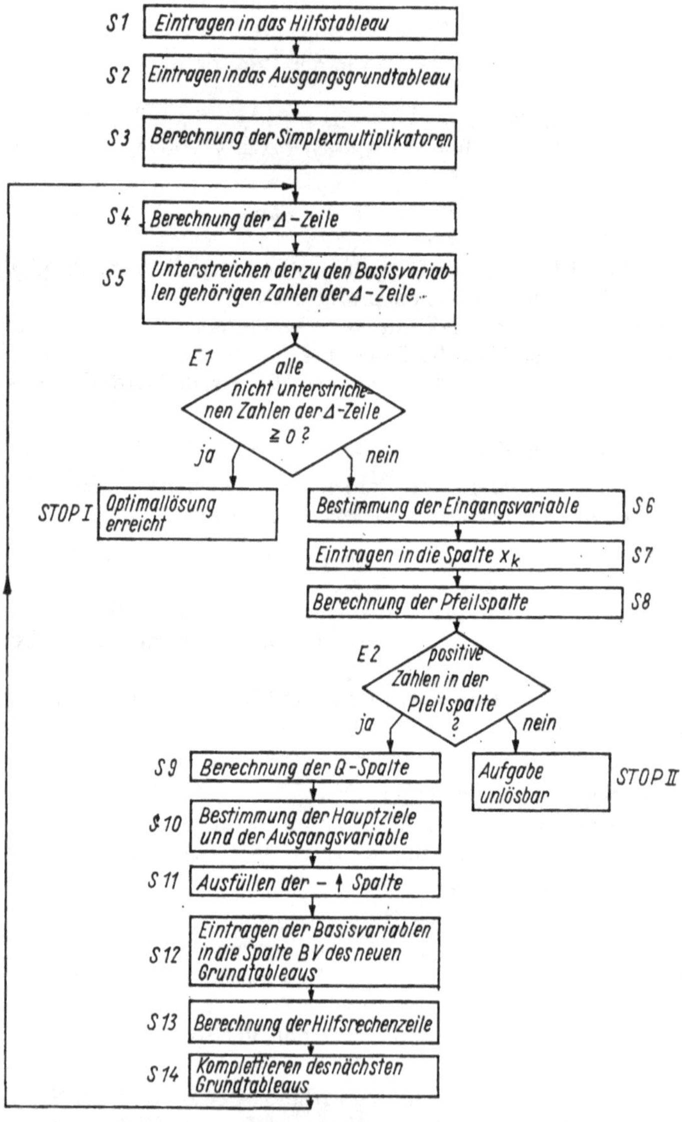

Abb. 6

Durch die revidierte Simplexmethode wird dieselbe Folge von zulässigen Basislösungen wie durch die gewöhnliche Simplexmethode bestimmt. Daher ist die Zahl der Simplexschritte bei beiden Methoden gleich.

4.5. Ein numerisches Beispiel. Die in III. 3.4 mit der gewöhnlichen Simplexmethode gelöste lineare Optimierungsaufgabe

$$Z = 4x_1 + 3x_2 \quad \max.$$

$$\begin{aligned} x_1 + x_2 + x_3 &= 7 \\ 3x_1 + 2x_2 + x_4 &= 18 \\ x_1 + 3x_2 + x_5 &= 15 \\ x_i \geqq 0, \ i = 1, 2, \ldots, 5 \end{aligned}$$

wollen wir dem Algorithmus der revidierten Simplexmethode unterwerfen. Die Aufgabe liegt, wie gefordert, in Normalform vor. Als erste zulässige Basislösung wählen wir

$$x' = (0, 0, 7, 18, 15)$$

mit den Basisvariablen x_3, x_4, x_5.

Dem Leser wird empfohlen, den folgenden Lösungsprozeß mit den Rechnungen in III.3.4 zu vergleichen. Dadurch wird er erkennen, daß wir dieselben zulässigen Basislösungen berechnen, die Pfeilspalten, Q-Spalten und —↑ Spalten gleich sind, und sich die Grundzeilen der gewöhnlichen Simplexmethode in den Δ-Zeilen wiederfinden. Außerdem sieht man leicht, daß der Rechenaufwand der revidierten Simplexmethode für das betrachtete Beispiel größer ist.

Rechenschema 16 enthält das Hilfstableau und Rechenschema 17 die Grundtableaus für die gegebene lineare Optimierungsaufgabe.

Rechenschema 16:

	x_1	x_2	x_3	x_4	x_5	x_0
1	1	1	1	0	0	7
2	3	2	0	1	0	18
3	1	3	0	0	1	15
4	4	3	0	0	0	*
Δ	$-4\uparrow$	-3	$\underline{0}$	$\underline{0}$	$\underline{0}$	
Δ'	$\underline{0}$	$-\frac{1}{3}\uparrow$	$\underline{0}$	$\frac{4}{3}$	$\underline{0}$	
Δ''	$\underline{0}$	$\underline{0}$	1	1	$\underline{0}$	

Vorbereitender Schritt: Die Daten der Nebenbedingungen und der Zielfunktion können in den oberen Teil von Rechenschema 16 eingeführt werden. Die zu den

Basisvariablen x_3, x_4, x_5 gehörigen Vektoren der Nebenbedingungen sind die drei Einheitsvektoren. Es gilt also $A_B = E$. Die Koeffizienten der Basisvariablen in der Zielfunktion sind Null ($c_B = 0$). Auf Grund der zweiten Bemerkung zum vorbereitenden Schritt in 4.1 muß daher

$$A_B^{-1} = E,\ \lambda' = 0,\ \Delta_j = -c_j$$

gelten. Der Ablauf des Algorithmus in 4.4 wurde jedoch so organisiert, daß die λ- und Δ-Zeile grundsätzlich berechnet werden. Dazu haben wir zunächst die inverse Basismatrix $A_B^{-1} = E$ in die Spalten 1, 2, 3 des Ausgangsgrundtableaus von Rechenschema 17, die Werte der Basisvariablen in die Spalte 0 und die Spalte c_B einzutragen. Der Wert der Zielfunktion ist für die betrachtete zulässige Basislösung gleich Null (die Zahl Null wird in der Spalte 0 der λ-Zeile eingesetzt). Gleichzeitig sind die Basisvariablen in der Spalte $B\,V$ anzuführen.

Die Berechnung der λ-Zeile erfolgt in Teilschritt 3. Dazu ist die Spalte c_B nacheinander mit den Spalten 1, 2 und 3 zu multiplizieren. Da die Spalte c_B nur Nullen enthält, sind diese Produkte natürlich gleich Null.

1. Simplexschritt: Jeder Simplexschritt beginnt mit der Berechnung einer Δ-Zeile (Teilschritt 4) des Hilfstableaus. Wir bilden

$$\begin{aligned}
0 \cdot 1 + 0 \cdot 3 + 0 \cdot 1 - 4 &= -4,\\
0 \cdot 1 + 0 \cdot 2 + 0 \cdot 3 - 3 &= -3,\\
0 \cdot 1 + 0 \cdot 0 + 0 \cdot 0 - 0 &= 0,\\
0 \cdot 0 + 0 \cdot 1 + 0 \cdot 0 - 0 &= 0,\\
0 \cdot 0 + 0 \cdot 0 + 0 \cdot 1 - 0 &= 0.
\end{aligned}$$

Die Berechnung der Δ-Größen für die Basisvariablen könnte entfallen, da sie gleich Null sein müssen.

Die kleinste negative Zahl der Δ-Zeile ist -4. Wir setzen dort das Merkzeichen $\uparrow$. Die Eingangsvariable ist x_1. Die Spalte x_1 des Hilfstableaus wird in die Spalte x_k des Ausgangstableaus übertragen.

Zur Berechnung der Pfeilspalte haben wir zu bilden

$$\begin{aligned}
1 \cdot 1 + 0 \cdot 3 + 0 \cdot 1 &= 1,\\
0 \cdot 1 + 1 \cdot 3 + 0 \cdot 1 &= 3,\\
0 \cdot 1 + 0 \cdot 3 + 1 \cdot 1 &= 1.
\end{aligned}$$

Außerdem wird die kleinste negative Zahl -4 der Δ-Zeile in die Pfeilspalte übernommen.

Die Q-Spalte ergibt sich durch Quotientenbildung der Zahlen in der Spalte 0 und der positiven Zahlen der Pfeilspalte. Der kleinste Quotient steht in der zweiten Zeile. Also wird die Zahl 3 der Pfeilspalte mit einem Kreis markiert. Die zweite Zeile ist Hauptzeile (Merkzeichen $\leftarrow$) und x_4 Ausgangsvariable. Die Berechnung der $-\uparrow$ Spalte ist ersichtlich.

Rechenschema 17:

	c_B	BV	1	2	3	0	x_k	↑	Q	−↑
	0	x_3	1	0	0	7	1	1	7	−1
←	0	x_4	0	1	0	18	3	(3)	6	
	0	x_5	0	0	1	15	1	1	15	−1
		λ	0	0	0	0	*	−4	*	4
←		x_3	1	$-\frac{1}{3}$	0	1	1	($\frac{1}{3}$)	3	
→		x_1	0	$\frac{1}{3}$	0	6	2	$\frac{2}{3}$	9	$-\frac{2}{3}$
		x_5	0	$-\frac{1}{3}$	1	9	3	$\frac{7}{3}$	$\frac{27}{7}$	$-\frac{7}{3}$
		λ	0	$\frac{4}{3}$	0	24	*	$-\frac{1}{3}$	*	$\frac{1}{3}$
→		x_2	3	−1	0	3				
		x_1	−2	1	0	4				
		x_5	−7	2	1	2				
		λ	1	1	0	25	*		*	

Im nächsten Tableau werden die Basisvariablen in derselben Reihenfolge eingetragen, lediglich x_4 ist durch x_1 zu ersetzen.

Zur Berechnung der Hilfsrechenzeile sind die Zahlen 0, 1, 0, 18 der zweiten Zeile durch die mit einem Kreis markierte Zahl 3 zu dividieren. Die Ergebnisse sind in die zweite Zeile (Hilfsrechenzeile, Merkzeichen →) des nächsten Tableaus einzutragen.

Die Transformation der restlichen Zahlen (Spalten 1, 2, 3, 0) erfolgt in gewohnter Weise

$$1 + 0(-1) = 1, \quad 0 + \frac{1}{3}(-1) = -\frac{1}{3}, \quad 0 + 0(-1) = 0, \quad 7 + 6(-1) = 1;$$

$$0 + 0(-1) = 0, \quad 0 + \frac{1}{3}(-1) = -\frac{1}{3}, \quad 1 + 0(-1) = 1, \quad 15 + 6(-1) = 9;$$

$$0 + 0 \cdot 4 = 0, \quad 0 + \frac{1}{3} \cdot 4 = \frac{4}{3}, \quad 0 + 0 \cdot 4 = 0, \quad 0 + 6 \cdot 4 = 24.$$

Wir haben eine zulässige Basislösung mit den Werten der Basisvariablen

$$x_1 = 6, \; x_3 = 1, \; x_5 = 9$$

und dem Wert $Z = 24$ für die Zielfunktion gefunden.

2. Simplexschritt: Wir berechnen die Δ'-Zeile von Rechenschema 16:

$$0 \cdot 1 + \frac{4}{3} \cdot 3 + 0 \cdot 1 - 4 = 0,$$

$$0 \cdot 1 + \frac{4}{3} \cdot 2 + 0 \cdot 3 - 3 = -\frac{1}{3},$$

$$0 \cdot 1 + \frac{4}{3} \cdot 0 + 0 \cdot 0 - 0 = 0,$$

$$0 \cdot 0 + \frac{4}{3} \cdot 1 + 0 \cdot 0 - 0 = \frac{4}{3},$$

$$0 \cdot 0 + \frac{4}{3} \cdot 0 + 0 \cdot 1 - 0 = 0.$$

In der Δ'-Zeile gibt es eine negative Zahl $-\frac{1}{3}$, so daß x_2 Eingangsvariable ist und die Spalte x_2 in das zweite Grundtableau übertragen wird. Wir führen nochmals die Berechnung der Pfeilspalte an:

$$1 \cdot 1 + \left(-\frac{1}{3}\right) \cdot 2 + 0 \cdot 3 = \frac{1}{3},$$

$$0 \cdot 1 + \frac{1}{3} \cdot 2 + 0 \cdot 3 = \frac{2}{3},$$

$$0 \cdot 1 + \left(-\frac{1}{3}\right) \cdot 2 + 1 \cdot 3 = \frac{7}{3}.$$

Die Pfeilspalte ergänzen wir durch die Zahl $-\frac{1}{3}$ der Δ'-Zeile. Die weiteren Rechnungen werden in der gewohnten Weise ausgeführt.

3. Simplexschritt: Wir berechnen die Δ''-Zeile und stellen fest, daß die Optimalitätsbedingung erfüllt ist. Dem letzten Tableau von Rechenschema 17 entnehmen wir die optimale Lösung

$$x_1 = 4, x_2, = 3, x_3 = x_4 = 0, x_5 = 2$$

mit dem optimalen Wert

$$Z_{\max} = 25$$

für die Zielfunktion.

4.6. Die Produktform der revidierten Simplexmethode. Zur Herleitung der Produktform knüpfen wir an unsere Überlegungen in 4.2 an. Mit den dort eingeführten Bezeichnungen ist

$$\tilde{A}_B^{-1} A_B = \begin{pmatrix} \tilde{e}_1^* \\ \tilde{e}_2^* \\ \vdots \\ \tilde{e}_m^* \end{pmatrix} (a_{s_1}\, a_{s_2} \cdots a_{s_r} \cdots a_{s_m}).$$

In 4.2 wurde die Beziehung

$$\tilde{e}_i^* a_{s_j} = \begin{cases} 1 & \text{für} \quad i = j,\ i \neq r,\ i = 1, 2, \ldots, m \\ 0 & \text{für} \quad i \neq j,\ j \neq r,\ j = 1, 2, \ldots, m \end{cases}$$

hergeleitet. Weiter ergibt sich mit (38), (39)

$$\begin{aligned} \tilde{e}_i^* a_{s_r} &= e_i^* a_{s_r} - d_{ik} \tilde{e}_r^* a_{s_r},\ i \neq r \\ &= -d_{ik} \tilde{e}_r^* a_{s_r} \\ &= -\frac{d_{ik}}{d_{rk}} e_r^* a_{s_r} = -\frac{d_{ik}}{d_{rk}}, \\ \tilde{e}_r^* a_{s_r} &= \frac{1}{d_{rk}} e_r^* a_{s_r} = \frac{1}{d_{rk}}. \end{aligned}$$

Wir setzen

$$\left.\begin{aligned} \tilde{d}_{ik} &= -\frac{d_{ik}}{d_{rk}},\ i = 1, 2, \ldots, m;\ i \neq r, \\ \tilde{d}_{rk} &= \frac{1}{d_{rk}}. \end{aligned}\right\} \tag{44}$$

Man bestätigt leicht, daß $\tilde{d}_{ik}, i = 1, 2, \ldots, m$ die transformierten Zahlen der Spalte x_{s_r} der gewöhnlichen Simplexmethode sind.

Weiterhin erklären wir eine Matrix E_r durch die Gleichung

$$E_r = \begin{pmatrix} 1 & 0 & \cdots & \tilde{d}_{1k} & \cdots & 0 \\ 0 & 1 & \cdots & \tilde{d}_{2k} & \cdots & 0 \\ \vdots & \vdots & & \vdots & & \vdots \\ 0 & 0 & \cdots & \tilde{d}_{rk} & \cdots & 0 \\ \vdots & \vdots & & \vdots & & \vdots \\ 0 & 0 & \cdots & \tilde{d}_{mk} & \cdots & 1 \end{pmatrix}, \tag{45}$$

$\uparrow$ r-te Spalte

die sich von der Einheitsmatrix nur in der r-ten Spalte unterscheidet. Dann gilt

$$\tilde{A}_B^{-1} A_B = E_r$$

oder

$$\tilde{A}_B^{-1} = E_r A_B^{-1}. \tag{46}$$

Bei der Produktform der revidierten Simplexmethode wird die Gleichung (46) an Stelle der Transformationsgleichungen (39) verwendet.

Wir beginnen den Lösungsprozeß der Produktform der revidierten Methode mit einer Basismatrix, die gleich der Einheitsmatrix ist

$$A_B = E. \tag{47}$$

Bei vielen Aufgaben der linearen Optimierung kann sofort eine zulässige Basislösung angegeben werden, deren Basismatrix dieser Bedingung genügt (beachte das Beispiel in 4.5). Ist die Bedingung (47) nicht erfüllt, kann sie durch entsprechende Umformung der Nebenbedingungen gesichert werden (im vorbereitenden Schritt der gewöhnlichen Simplexmethode wurde eine solche Umformung stets vorgenommen).

Wir bezeichnen die inverse Basismatrix des l-ten Simplexschrittes mit ${}^{(l)}A_B^{-1}$ (${}^{(0)}A_B^{-1} = A_B^{-1} = E$). Weiterhin möge im l-ten Simplexschritt die Ausgangsvariable in der Zeile r_l stehen. Dann gilt

$$\left.\begin{aligned} {}^{(1)}A_B^{-1} &= E_{r_1}, \\ {}^{(l)}A_B^{-1} &= E_{r_l} E_{r_{l-1}} \cdot \cdots \cdot E_{r_1}. \end{aligned}\right\} \tag{48}$$

Jede Matrix E_{r_i}, $i = 1, 2, \ldots, l$ ist bekannt, wenn wir den Index r_i und die r_i-te Spalte notieren. Für $l < m$ ist der Speicher des Rechenautomaten weniger belastet, wenn wir die inversen Basismatrizen nach (48) berechnen. Da man nach den numerischen Erfahrungen etwa m Simplexschritte ausführen muß, ist die Produktform hinsichtlich der Speicheranforderung im allgemeinen als günstiger gegenüber dem bisherigen Vorgehen anzusehen. Nach m Simplexschritten ist der Speicherbedarf des Algorithmus von 4.4 erreicht. Dann hat man folgende Möglichkeiten:

1. Man formt die Nebenbedingungen so um, daß die Basismatrix der im m-ten Schritt erhaltenen zulässigen Basislösung gleich der Einheitsmatrix ist. Die neuen Daten trägt man in das Hilfstableau ein und setzt den weiteren Lösungsprozeß mit der Bedingung (47) fort.
2. Man geht zum gewöhnlichen Algorithmus der revidierten Simplexmethode über.

Neben der Berechnung der inversen Basismatrix entsprechend (48) sind noch einige weitere Veränderungen bei der Produktform vorzunehmen. Den Vektor der Simplexmultiplikatoren des $(l+1)$-ten Schrittes bezeichnen wir mit λ_{l+1}. Dann haben wir wegen (32)

$$\lambda_{l+1} = c_B' E_{r_l} E_{r_{l-1}} \cdot \cdots \cdot E_{r_1} \tag{49}$$

zu schreiben. Die Berechnung des Vektors ${}^{(l+1)}d_k$ (Pfeilspalte des $(l+1)$-ten Schrittes) muß ebenfalls nach der Gleichung

$${}^{(l+1)}d_k = E_{r_l} E_{r_{l-1}} \cdot \cdots \cdot E_{r_1} a_k \tag{50}$$

erfolgen. Die Transformation der Spalte 0 werden wir dagegen nach den bisherigen Transformationsformeln ausführen.

Man erkennt, daß die Produktform nicht nur hinsichtlich der Speicherforderungen günstiger ist, sondern wenigstens in den ersten Simplexschritten eine Senkung des Rechenaufwandes bewirkt. Dabei ist zu beachten, daß die inversen Basismatrizen explizit überhaupt nicht berechnet werden. Vielmehr beschränkt man sich auf die Ermittlung der jeweiligen Spalten der Matrizen E_{r_i} nach (44). Die Berechnung des Vektors ${}^{(l+1)}d_k$ erfolgt schrittweise

$$E_{r_1} a_k,\ E_{r_2} E_{r_1} a_k,\ \cdots.$$

In jedem Schritt sind m wesentliche Operationen auszuführen, so daß wir mit $l \cdot m$ wesentlichen Operationen den Vektor bestimmt haben. Bisher wurde das Matrizenprodukt $A_B^{-1} a_k$ gebildet, wozu m^2 wesentliche Operationen notwendig sind. λ_{l+1} wird ebenfalls schrittweise bestimmt

$$c'_B E_{r_l}, \; c'_B E_{r_l} E_{r_{l-1}}, \cdots .$$

Jeder Schritt erfordert wieder m wesentliche Operationen, insgesamt $l \cdot m$ wesentliche Operationen. Das ist natürlich mehr als beim bisherigen Vorgehen, das mit m wesentlichen Operationen für die Simplexmultiplikatoren auskam. Dafür entfällt aber die Berechnung der inversen Basismatrix mit m^2 wesentlichen Operationen. Wir heben weiterhin hervor, daß sich die Spalten der Matrizen E_{r_i} im weiteren Rechnungsgang nicht ändern. Somit lassen sich diese Spalten kompakt speichern, wenn z. B. sehr viele Nullelemente auftreten. Bei großen Problemen führt das zur Senkung der Rechen- und Umspeicherzeit. Da wir weiterhin die Spalten der Matrizen E_{r_i} sukzessiv bei der Berechnung von ${}^{(l+1)}d_k$ und λ_{l+1} verarbeiten, können zu ihrer Speicherung vorteilhaft auch Externspeicher verwendet werden. Obwohl die Produktform bei der manuellen Rechnung recht umständlich wirkt, ist nicht verkennbar, daß sie beim automatischen Rechnen erhebliche Vorteile mit sich bringt.

Es sei bemerkt, daß das Vorgehen der Produktform auch zur Lösung linearer Gleichungssysteme oder zur Matrizeninversion herangezogen werden kann (vergleiche etwa [63]).

4.7. Der numerische Algorithmus der Produktform. Bei der Produktform verwenden wir neben dem *Hilfstableau*, das völlig dem Rechenschema 14 entspricht, *ein Spaltentableau*, in das die Spalten der Matrizen E_{r_i} und im Spaltenkopf die Nummer r_i der Spalte eingetragen werden. Im Vergleich zum bisherigen Vorgehen fehlen in den *Grundtableaus* (Rechenschema 15) die Spalten 1, 2, ..., m. Außerdem verzichten wir auf die Angabe der $-\uparrow$ Spalte. In jedem Grundtableau ist aber die Spalte c_B anzuführen, damit die Berechnung der Simplexmultiplikatoren nach (49) ermöglicht wird. Die λ-Zeile wird als λ-Spalte angegeben.

Neben den bereits beschriebenen Unterschieden des Vorgehens der Produktform unterscheidet sie sich gegenüber dem Algorithmus in 4.4 im Anfangsschritt, da wir von der Voraussetzung (47) ausgehen. Die Berechnung der Simplexmultiplikatoren für das Anfangstableau entfällt, da $\lambda = c_B$ gilt. Daher braucht im Anfangstableau auch die Spalte c_B nicht ausgefüllt zu werden. Vielfach wird im Anfangstableau $c_B = 0$ sein, so daß die Berechnung der Δ-Zeile nicht erforderlich wäre ($\Delta_j = -c_j$). Wir sehen jedoch im Algorithmus die Berechnung der Δ-Zeile vor.

Die Beschreibung des Algorithmus bezieht sich auf die Darstellung in 4.4. Wir geben nur die Änderungen für die Produktform an.

Teilschritt 1: Wie in 4.4.

Teilschritt 2:

a) Keine Änderung.
b) Eintragen der zu den Basisvariablen gehörigen Koeffizienten der Zielfunktion in die λ-Spalte.
c) Entfällt.
d) Keine Änderung.

Teilschritt 3: Entfällt.
Teilschritt 4: Unverändert, nur ist an Stelle der λ-Zeile die λ-Spalte zu betrachten.
Teilschritt 5 bis 7: Keine Änderung (einschließlich Entscheidung 1).

Teilschritt 8: Die Pfeilspalte ist entsprechend (50) zu berechnen.

Entscheidung 2: Keine Änderung.

Teilschritt 9, 10: Keine Änderung.

Teilschritt 11: Eintragen in das Spaltentableau.

Bilde das Reziproke des mit einem Kreis markierten Elementes der Pfeilspalte! Die übrigen Zahlen der Pfeilspalte (Zeilen 1, 2, ..., m) sind durch das mit einem Kreis markierte Element zu dividieren, und der Quotient ist mit entgegengesetztem Vorzeichen zu versehen.
Die Ergebnisse sind in das Spaltentableau links neben die letzte ausgefüllte Spalte einzutragen. Im Spaltenkopf ist die Basisstelle der Ausgangsvariablen zu notieren.

Teilschritt 12: Keine Änderung.

Teilschritt 13: Transformation der Spalte 0.

Das in der Hauptzeile stehende Element der Spalte 0 ist durch das mit einem Kreis markierte Element der Pfeilspalte zu dividieren, und das Ergebnis in die Spalte 0 der Hilfsrechenzeile im folgenden Tableau einzutragen.
Transformation der übrigen Zahlen der Spalte 0: Die negativen Elemente der Pfeilspalte sind mit der in der Hilfsrechenzeile (Spalte 0) stehenden Zahl zu multiplizieren. Die Produkte sind von den jeweiligen Elementen der Spalte 0 abzuziehen. Die Ergebnisse werden in die Spalte 0 des nächsten Tableaus eingetragen.

Teilschritt 14: Eintragen in die Spalte c_B.

Die Zielfunktionskoeffizienten der neuen Basisvariablen sind vom Hilfstableau in die Spalte c_B zu übertragen.

Teilschritt 15: Berechnung der λ-Spalte.

Die λ-Spalte ist entsprechend (49) zu berechnen.

Es folgt Teilschritt 4.

Beispiel: Wir wollen die lineare Optimierungsaufgabe von 4.5 mit der Produktform der revidierten Simplexmethode lösen. Die Bedingung (47) ist erfüllt. Das Hilfstableau ist wieder durch Rechenschema 16 gegeben. Das Spaltentableau ist in Rechenschema 18 angeführt. Die Grundtableaus enthält Rechenschema 19.

Vorbereitender Schritt: Die Eintragung in das Hilfstableau erfolgt wie in 4.5. Ebenso werden die Spalten $B\,V$ und 0 im Ausgangsgrundtableau von Rechenschema 19 ausgefüllt. Die Koeffizienten der Basisvariablen der Zielfunktion sind Null; ihre Eintragung erfolgt beim vorbereitenden Schritt in die λ-Spalte. Das Spaltentableau ist noch leer.

1. Simplexschritt: Die Berechnung der Δ-Zeile ist in 4.5 angegeben. In gleicher Weise erfolgt die Entscheidung über die Eingangsvariable (x_1) und die Übertragung der Spalte x_1 in das Ausgangsgrundtableau. Im ersten Simplexschritt ist $d_k = E a_k = a_k$, so daß die Spalte x_k nur in die Pfeilspalte zu übernehmen ist. In der vierten

Zeile der Pfeilspalte steht wieder die kleinste negative Zahl -4 der Δ-Zeile. Die Berechnung des minimalen Quotienten erfolgt in gewohnter Weise; ebenso die Eintragung der Spalte $B\,V$ in das nächste Tableau.

Nach den Angaben in Teilschritt 11 wird die erste Spalte des Spaltentableaus (Rechenschema 18) berechnet. Die Ausgangsvariable steht in der zweiten Zeile. Daher ist im Spaltenkopf die Basisstelle 2 zu notieren.

Die Transformation der Spalte 0 erfolgt nach den üblichen Transformationsregeln. Zu beachten ist lediglich, daß wir auf die $-\uparrow$ Spalte verzichtet haben, so daß die negativen Zahlen der Pfeilspalte (mit Ausnahme des markierten Elementes) zu betrachten sind.

Rechenschema 16 entnehmen wir die Koeffizienten der Basisvariablen x_3, x_1, x_5 in der Zielfunktion: 0, 4, 0. Diese Zahlen sind in die Spalte c_B des zweiten Tableaus von Rechenschema 19 einzutragen.

Die Bestimmung der λ-Spalte erfolgt ausführlich geschrieben nach der Gleichung

$$c_B' E_2 = (0\ 4\ 0)\begin{pmatrix} 1 & -\frac{1}{3} & 0 \\ 0 & \frac{1}{3} & 0 \\ 0 & -\frac{1}{3} & 1 \end{pmatrix} = \left(0\ \frac{4}{3}\ 0\right).$$

Rechenschema 18:

1	2
3	$-\frac{1}{3}$
-2	$\frac{1}{3}$
-7	$-\frac{1}{3}$

2. *Simplexschritt:* Die Δ'-Zeile ergibt sich wie in 4.5 angeführt. Ebenso erkennt man die Notwendigkeit der Übertragung der Spalte x_2. Zum besseren Verständnis führen wir die Berechnung der Pfeilspalte nochmals ausführlich an

$$^{(2)}d_k = E_{r_1} a_k = \begin{pmatrix} 1 & -\frac{1}{3} & 0 \\ 0 & \frac{1}{3} & 0 \\ 0 & -\frac{1}{3} & 1 \end{pmatrix}\begin{pmatrix} 1 \\ 2 \\ 3 \end{pmatrix} = \begin{pmatrix} \frac{1}{3} \\ \frac{2}{3} \\ \frac{7}{3} \end{pmatrix}.$$

Rechenschema 19:

	c_B	BV	λ	0	x_k	↑	Q
	*	x_3	0	7	1	1	7
←	*	x_4	0	18	3	(3)	6
	*	x_5	0	15	1	1	15
	*	*	*	0	*	-4	*
←	0	x_3	0	1	1	$\left(\frac{1}{3}\right)$	3
→	4	x_1	$\frac{4}{3}$	6	2	$\frac{2}{3}$	9
	0	x_5	0	9	3	$\frac{7}{3}$	$\frac{27}{7}$
	*	*	*	24	*	$-\frac{1}{3}$	*
→	3	x_2	1	3			
	4	x_1	1	4			
	0	x_5	0	2			
	*	*	*	25	*		*

Der weitere Lösungsweg läuft in der geschilderten Weise ab. In Rechenschema 18 ist eine weitere Spalte zu berechnen (im Spaltenkopf steht die Zahl 1, da die Ausgangsvariable die erste Basisstelle einnimmt). Wir führen noch die Berechnung der λ-Spalte an:

$$c_B' E_1 = (3 \quad 4 \quad 0) \begin{pmatrix} 3 & 0 & 0 \\ -2 & 1 & 0 \\ 7 & 0 & 1 \end{pmatrix} = (1 \quad 4 \quad 0),$$

$$(c_B' E_1)\, E_2 = (1 \quad 4 \quad 0) \begin{pmatrix} 1 & -\frac{1}{3} & 0 \\ 0 & \frac{1}{3} & 0 \\ 0 & -\frac{1}{3} & 1 \end{pmatrix} = (1 \quad 1 \quad 0).$$

3. Simplexschritt: Die Optimalität der erhaltenen zulässigen Basislösung wird wie in 4.5 erkannt.

Wir betonen nochmals, daß die Umständlichkeit der Produktform der revidierten Simplexmethode bei der manuellen Rechnung nicht zu der Meinung verleiten darf, daß der Lösungsalgorithmus ungeeignet ist. Wir haben die Produktform nicht für die manuelle Rechnung entwickelt. Das obige Zahlenbeispiel soll auch nur das Vorgehen der Produktform verdeutlichen. Man beachte weiterhin, daß wir bei der Berechnung der Pfeilspalte und λ-Spalte nicht die Matrizen E_{r_i} aufschreiben müssen, sondern die Multiplikationen leicht so organisieren können, daß wir mit den jeweiligen Spalten auskommen.

4.8. Ergänzende Bemerkungen. Die Betrachtungen zur revidierten Simplexmethode haben wir noch durch einige Ergänzungen zu vervollständigen.

Das Auftreten einer *Ausartung* wird wie bei der gewöhnlichen Simplexmethode erkannt, da die revidierte Simplexmethode (sowie ihre Produktform) die Berechnung des Minimums der Quotienten wie die gewöhnliche Simplexmethode vornimmt. Folglich kann auch das gleiche Vorgehen zur Verhinderung von Zyklen beschritten werden.

Die Mehrdeutigkeit der Optimallösung ist bei der revidierten Simplexmethode in der letzten Δ-Zeile erkennbar (die Δ-Zeilen entsprechen ja den Grundzeilen der gewöhnlichen Simplexmethode). Daher läßt sich auch der Δ-Zeile, analog zu III.3.10, die optimale Lösung der dualen Aufgabe entnehmen.

Für die *Rechenkontrolle* bei der revidierten Simplexmethode ergeben sich zunächst einige triviale Kontrollmöglichkeiten, die unmittelbar dem Algorithmus entspringen. Außerdem hat man bei der revidierten Simplexmethode folgende Kontrollmöglichkeiten, die allerdings für die Produktform entfallen:

1. Man prüft immer nach einigen Simplexschritten die Gültigkeit der Gleichung $A_B A_B^{-1} = E$. Allerdings ist diese Kontrolle nicht umfassend, da sie sich nur auf die inverse Basismatrix bezieht.
2. Die Simplexmultiplikatoren werden bei der revidierten Simplexmethode auf Grund der Transformationsgleichungen (42) berechnet. Zur Kontrolle kann man nach jedem oder nach einigen Simplexschritten ihre Berechnung mittels der Gleichung
$$\lambda' = c_B' A_B^{-1}$$
durchführen (nach dieser Gleichung erfolgt ja faktisch bei der Produktform stets die Berechnung der Simplexmultiplikatoren).

Außerdem gibt es offensichtlich wieder Beziehungen zum Austauschverfahren (bei der Produktform entspricht z. B. der Berechnung der Spalten des Spaltentableaus die Transformation einer Pivotspalte), so daß sich geeignete Spaltensummenkontrollen anbieten.

Die in § 1 entwickelte Variante mit veränderter Auswahl der Ausgangsvariablen ist bei der revidierten Simplexmethode nicht sinnvoll. Während uns bei der gewöhnlichen Simplexmethode stets das volle Simplextableau zur Verfügung steht, müßten wir bei der revidierten Simplexmethode die in Frage kommenden Pfeilspalten recht aufwendig berechnen. Daher ist ein solches Vorgehen nicht vertretbar. Dagegen wäre es auch bei der revidierten Simplexmethode möglich, mehrere Basisvektoren in einem Schritt auszutauschen (vergleiche etwa [39]). Es würden sich dann die in § 2 beschriebenen Vorteile ergeben. Jedoch stellt die Produktform sehr geringe Anforderungen an die Speicherkapazität, so daß man im allgemeinen auf die Anwendung einer solchen Methode verzichten wird.

Die erforderliche *Speicherkapazität* ist im wesentlichen durch den Speicherbedarf für das Hilfs- und ein Grundtableau (bei der Produktform ist zusätzlich das Spaltentableau zu betrachten) gegeben. Vergleicht man diesen Bedarf mit der gewöhnlichen Simplexmethode, ergibt sich eine wesentlich höhere Speicheranforderung (das gewöhnliche Simplextableau braucht ja faktisch nicht mehr Platz als das Hilfstableau der revidierten Methode). Das Vorgehen der revidierten Simplexmethode läßt sich aus dieser Sicht also nur durch die Verwendung von Externspeichern rechtfertigen.

Wir wollen noch den *Rechenaufwand* bei der revidierten Simplexmethode betrachten. Bei der Produktform ist der Rechenaufwand der einzelnen Schritte unterschiedlich:

Berechnung der Pfeilspalte:	$l \cdot m$	wesentliche Operationen
Berechnung der λ-Spalte:	$l \cdot m$	wesentliche Operationen
Berechnung der Spalten von E_{r_i}:	m	wesentliche Operationen
Transformation der Spalte 0:	$m + 1$	wesentliche Operationen
Berechnung der Q-Spalte:	m	wesentliche Operationen (höchstens)
Berechnung der Δ-Zeile:	$(n - m)\,m$	wesentliche Operationen
Insgesamt:	$m(n - m + 2l + 3) + 1$	wesentliche Operationen.

Dabei sind wir davon ausgegangen, daß wir die Zahlen der Δ-Zeile nur für die Nichtbasisvariablen berechnen.

Für den Algorithmus der revidierten Simplexmethode von 4.4 ergibt sich pro Schritt folgender Rechenaufwand:

Simplextransformation:	$(m + 1)^2$	wesentliche Operationen
Berechnung der Pfeilspalte:	m^2	wesentliche Operationen
Berechnung der Q-Spalte:	m	wesentliche Operationen (höchstens)
Berechnung der Δ-Zeile:	$(n - m)$	wesentliche Operationen
Insgesamt:	$m\,(n + m + 3) + 1$	wesentliche Operationen.

Wir erkennen, daß die Berechnung der Δ-Zeile einen sehr großen Rechenaufwand erfordert. Bei der Produktform wird es in den Anfangsschritten sogar die Hauptarbeit sein. Ist n wesentlich größer als m, wird der Rechenaufwand der revidierten Simplexmethode in der Hauptsache durch die Berechnung der Δ-Zeile bestimmt. Daher kann man folgende *Variante* der revidierten Simplexmethode (oder ihrer Produktform) *mit veränderter Auswahl der Eingangsvariablen* angeben:

Die Berechnung der Zahlen Δ_j wird in jedem Simplexschritt nur so lange durchgeführt, bis man ein negatives Δ_k gefunden hat (falls nicht infolge Optimalität alle Δ_j nichtnegativ sind). Dann bricht man den Prozeß der Berechnung der

Δ-Zeile ab und wählt die Nichtbasisvariable x_k, die zu dem negativen Δ_k gehört, als Eingangsvariable. Zwar muß man damit rechnen, daß sich die Zahl der Simplexschritte im allgemeinen vergrößert. Dafür kann aber auch der Rechenaufwand eines Simplexschrittes wesentlich kleiner sein.

Natürlich ist es gleichgültig, in welcher Reihenfolge man bei dieser Variante die Zahlen Δ_j berechnet. Empfehlenswert ist es aber, die Berechnung nicht immer in der natürlichen Anordnung der Indizes auszuführen. Entweder man trifft eine Zufallsauswahl oder man setzt die Berechnung der Δ-Größen an der Stelle fort, an der man im vorhergehenden Schritt ihre Berechnung abgebrochen hat.

4.9. Vergleich der gewöhnlichen und revidierten Simplexmethode. Vergleichende Betrachtungen wurden von uns bereits für die revidierte Simplexmethode und ihre Produktform ausgeführt. Dabei hat sich eine nicht zu übersehende Überlegenheit der Produktform herausgestellt, selbst wenn man berücksichtigt, daß

1. die Produktform nicht so einheitlich ist,
2. von einer Einheitsbasis ausgegangen werden muß,
3. nach dem m-ten Simplexschritt zu entscheiden ist, ob man eine neue Einheitsbasis herstellt oder zur normalen revidierten Simplexmethode übergeht.

Jetzt kommt es uns hauptsächlich darauf an, einen Vergleich zwischen der gewöhnlichen und revidierten Simplextechnik anzustreben. Dazu ist folgendes zu bemerken:

1. Der Lösungsprozeß der gewöhnlichen Simplexmethode verläuft einheitlicher. Das drückt sich auch darin aus, daß wir bei der gewöhnlichen Simplexmethode nur ein Rechentableau haben.

2. Man kann bei der gewöhnlichen Simplexmethode die Unlösbarkeit einer linearen Optimierungsaufgabe schneller feststellen, da sich das Kriterium der Unlösbarkeit für alle Spalten mit negativer Zahl in der Grundzeile prüfen läßt. Dieser Vorteil hebt sich jedoch auf, wenn, wie in III.3.2, die Prüfung auf Unlösbarkeit nur für die Pfeilspalte erfolgt.

3. Bei der revidierten Simplexmethode sind die Anforderungen an den Kernspeicher des Rechenautomaten geringer, falls die Zahl der Nichtbasisvariablen größer als m ist (verglichen mit dem verkürzten Simplextableau). Für die Produktform gilt das grundsätzlich.

4. In der Praxis enthalten die linearen Optimierungsaufgaben meist einen großen Prozentsatz an Nullen. Bei der gewöhnlichen Simplexmethode gehen solche Nullkomponenten der Vektoren der Nebenbedingungen meist in von Null verschiedene Zahlen über. Die revidierte Simplexmethode greift stärker auf die Ausgangsdaten zurück und formt nicht bei einem Simplexschritt die gesamte Matrix der Nebenbedingungen um, so daß eine größere Zahl von Nullen erhalten bleibt. Das wirkt sich auch auf die Rechengenauigkeit aus.

5. Die revidierte Simplexmethode liefert die Inverse der optimalen Basismatrix. Das ist für viele Anwendungen interessant.

6. Bei der revidierten Simplexmethode greift man immer wieder auf die Ausgangsdaten zurück. Das wirkt sich auch in einer geringeren Fortpflanzung des Rechnungsfehlers aus. Jedoch wird diese Seite der revidierten Simplexmethode in der Literatur häufig zu positiv beurteilt. Die meisten Zahlen (Elemente der

inversen Basismatrix, Werte der Basisvariablen, Simplexmultiplikatoren) werden auch bei der revidierten Simplexmethode rekursiv berechnet! Bei der Produktform ergeben sich in dieser Beziehung weitere Vorteile (die Zahlen im Spaltentableau ändern sich nicht!).

7. Die Zahl der wesentlichen Operationen wurde in III.3.6 für die gewöhnliche Simplexmethode mit

$$m(n - m) + (m + n + 1)$$

angegeben. Für die revidierte Simplexmethode fanden wir in 4.8

$$m(n + m + 3) + 1$$

wesentliche Operationen. Man zeigt leicht, daß für

$$n < 2m(m + 1)$$

die revidierte Simplexmethode einen größeren Rechenaufwand erfordert. Dieser Vergleich zeigt schon, daß die revidierte Simplexmethode desto günstiger wird, je größer n im Vergleich zu m ist. Das drückt sich auch in der gesamten Anlage des Algorithmus aus. Da die Anzahl der Simplexschritte (wenn wir von den beschriebenen Varianten absehen und nur die Grundalgorithmen betrachten) bei der gewöhnlichen und revidierten Methode gleich ist, gelangen wir durch den Vergleich der wesentlichen Operationen eines Schrittes auch zu einem Vergleich des gesamten Rechenaufwandes.

In der Literatur bezieht man sich beim Vergleich des Rechenaufwandes sehr häufig auf eine Arbeit von Wagner [81], in der gezeigt wird, daß die gewöhnliche Simplexmethode für $n > 3m$ einen größeren Rechenaufwand erfordert. Dieser Vergleich ist aber nicht zutreffend. Wagner betrachtet einen sehr aufwendigen Algorithmus für die gewöhnliche Simplexmethode, der nicht erforderlich ist und in der Beschreibung von III.3.2 auch nicht auftritt. Vielmehr würde die Aussage von Wagner nur gelten (vergleiche [39]), wenn wir beide Methoden mit umfassenden Rechenkontrollen nach jedem Simplexschritt verknüpften. Wegen des großen Rechenaufwandes bei den Kontrollen wird man jedoch auf eine Kontrolle nach jedem Schritt verzichten. Andererseits ist bei der allgemein so gut eingeschätzten Produktform eine wirksame Rechenkontrolle außerordentlich schwierig und aufwendig.

8. Der obige Vergleich des Rechenaufwandes kann leicht für die revidierte Simplexmethode zu ungünstig ausfallen. Wir haben in 4.8 gesehen, daß die Berechnung der Δ-Zeile bei diesem Algorithmus besonders aufwendig ist. Falls jedoch ein Vektor der Nebenbedingungen a_j gleich einem Einheitsvektor e_i ist, gilt nach (37)

$$\Delta_j = \lambda' a_j - c_j = \lambda' e_i - c_j = \lambda_i - c_j .$$

In diesem Falle erfordert also die Berechnung von Δ_j keine wesentliche Operation (wir haben aber oben m wesentliche Operationen angenommen).

9. Bei der revidierten Simplexmethode treten zur Berechnung der Pfeilspalte und Δ-Zeile Skalarproduktbildungen auf, die eine große Zahl wesentlicher Operationen notwendig machen. Da man die Zwischenergebnisse bei der Bildung des Skalarproduktes nicht speichert, fallen die sonst im allgemeinen erforderlichen Umspeicherzeiten weg. Außerdem kann sich durch die Skalarproduktbildung auch

die Rechengenauigkeit steigern (vergleiche etwa unsere Betrachtungen zum Verfahren von Gauss-Banachiewicz in Bd. 1).

10. Der Vergleich des Rechenaufwandes berücksichtigt nicht spezielle Eigenschaften linearer Optimierungsaufgaben. Treten z. B. sehr viele Nullen unter den Daten auf, kann sich die revidierte Simplexmethode auch hinsichtlich des Rechenaufwandes als günstiger erweisen.

Dieser Vergleich zwischen der gewöhnlichen und revidierten Simplexmethode zeigt, daß eine grundsätzliche Entscheidung für ein Verfahren nicht möglich ist. Vielmehr wird es der Erfahrung und Fähigkeit des Bearbeiters überlassen bleiben, die geeignetste Methode für den Lösungsprozeß auszuwählen.

4.10. Bestimmung einer ersten zulässigen Basislösung. Die revidierte Simplexmethode setzte in der bisherigen Beschreibung voraus, daß eine zulässige Basislösung gegeben ist. Wir haben uns daher noch damit zu beschäftigen, ob wir durch Anwendung des Algorithmus der revidierten Simplexmethode auch die Berechnung einer ersten zulässigen Basislösung ermöglichen können.

Natürlich läßt sich die *M-Aufgabe* nicht nur mit der gewöhnlichen, sondern auch mit der revidierten Simplexmethode lösen. Jedoch sind die Simplexmultiplikatoren und damit auch die Δ_j-Größen lineare Funktionen in M. Wir haben aber in 4.8 gesehen, daß gerade die Berechnung der Δ_j-Größen bei der revidierten Simplexmethode meist den größten Rechenaufwand erfordert. Die lineare Abhängigkeit der Simplexmultiplikatoren von M bewirkt folglich, daß sich dieser Rechenaufwand faktisch verdoppelt. Daher würde die Lösung der M-Aufgabe nach der revidierten Simplexmethode einen weitaus höheren Rechenaufwand als nach der gewöhnlichen Simplexmethode notwendig machen. Dieser Nachteil haftet der Zweiphasenmethode nicht an, so daß man sie bei der Bestimmung einer ersten zulässigen Basislösung mit der revidierten Simplexmethode bevorzugen wird.

Bei der *Zweiphasenmethode* haben wir, wie in III.4.2, eine Hilfsaufgabe zu lösen, die sich von der vorgelegten linearen Optimierungsaufgabe nur in der Zielfunktion unterscheidet. Zur Beschreibung des Vorgehens der Zweiphasenmethode beziehen wir uns auf den gewöhnlichen revidierten Algorithmus und nicht auf die Produktform, da es so dem Leser sicher leichter möglich ist, die Ausführungen zu verfolgen. Die Anwendung der Zweiphasenmethode in Verbindung mit der revidierten Simplexmethode bereitet keine Schwierigkeiten, wenn wir am Ende der ersten Phase auf den Fall 1 (Unlösbarkeit der linearen Optimierungsaufgabe) oder auf den Fall 2 (unter den Basisvariablen der optimalen Lösung der Hilfsaufgabe gibt es keine künstlichen Variablen) von III.4.2 geführt werden. Wir orientieren uns diesbezüglich an einem Beispiel. Zu beachten haben wir lediglich, daß in der zweiten Phase eine andere Zielfunktion als in der ersten Phase zu betrachten ist. Während wir in III.4.2 die Zielfunktion der zweiten Phase mittransformiert haben, entfällt dieser Gedanke bei der revidierten Methode. Zwar könnten wir die Simplexmultiplikatoren der Zielfunktion der vorgelegten linearen Optimierungsaufgabe dem Transformationsprozeß der 1. Phase unterwerfen. Was wir aber wirklich brauchen, ist die transformierte Δ-Zeile für den Beginn der zweiten Phase. Die Berechnung dieser Δ-Zeile im Verlauf des Rechenprozesses der 1. Phase ist aber infolge des Rechenaufwandes numerisch nicht vertretbar. Daher müssen wir nach Abschluß der ersten Phase die neuen Simplexmultiplikatoren und die neue Δ-Zeile in einem Zwischenschritt ermitteln.

Beispiel: In III.4.1 haben wir die lineare Optimierungsaufgabe

$$\begin{aligned} Z &= -x_1 - 3x_2 \quad \max. \\ 4x_1 \phantom{{}- x_2} - x_3 + x_5 \phantom{{}+ x_6} &= 4 \\ 4x_1 - x_2 - x_3 \phantom{{}+ x_4} + x_5 \phantom{{}+ x_6} &= 2 \\ 5x_1 + x_2 - x_3 \phantom{{}+ x_5} + x_6 &= 9 \\ x_i \geqq 0,\ i &= 1, 2, \ldots, 6 \end{aligned}$$

nach der M-Methode und in III.4.3 nach der Zweiphasenmethode unter Verwendung des gewöhnlichen Simplexalgorithmus gelöst. Wir wollen jetzt die revidierte Simplexmethode verwenden. x_6 ist eine künstliche Variable, so daß in der ersten Phase die Zielfunktion

$$\tilde{Z} = -x_6 \quad \max.$$

zu betrachten ist.

Rechenschema 20:

	x_1	x_2	x_3	x_4	x_5	x_6	x_0
1	4	0	−1	1	0	0	4
2	4	−1	−1	0	1	0	2
3	5	1	−1	0	0	1	9
4	0	0	0	0	0	−1	*
Δ	−5↑	−1	1	$\underline{0}$	$\underline{0}$	$\underline{0}$	
Δ'	$\underline{0}$	$-\frac{9}{4}$↑	$-\frac{1}{4}$	$\underline{0}$	$\frac{5}{4}$	$\underline{0}$	
Δ''	$\underline{0}$	$\underline{0}$	$-\frac{1}{4}$	$\frac{9}{4}$	−1↑	$\underline{0}$	
Δ'''	$\underline{0}$	$\underline{0}$	0	0	$\underline{0}$	1	

	x_1	x_2	x_3	x_4	x_5	x_0
1	4	0	−1	1	0	4
2	4	−1	−1	0	1	2
3	5	1	−1	0	0	9
4	−1	−3	0	0	0	*
Δ	$\underline{0}$	$\underline{0}$	$-\frac{1}{2}$↑	$\frac{7}{2}$	$\underline{0}$	
Δ'	$\underline{0}$	$\underline{0}$	$\underline{0}$	−1↑	2	
Δ''	$\underline{0}$	1	$\underline{0}$	$\underline{0}$	1	

Das Hilfstableau der ersten Phase steht in Rechenschema 20 (oberer Teil). Die Grundtableaus sind in Rechenschema 21 angegeben. Der Lösungsprozeß der Hilfsaufgabe erfolgt nach den bekannten Regeln der revidierten Simplexmethode. Für die Δ'''-Zeile ist die Optimalitätsbedingung erfüllt. Der optimale Wert der Zielfunktion der Hilfsaufgabe ist gleich Null (s. viertes Tableau von Rechenschema 21). Weiterhin tritt die künstliche Variable x_6 nicht unter den Basisvariablen auf (Fall 2).

Im Zwischenschritt legen wir uns zunächst ein neues Hilfstableau an. Dazu ist die Spalte der künstlichen Variablen zu streichen, und in die Zeile 4 sind die Koeffizienten der Zielfunktion der vorgelegten Optimierungsaufgabe einzutragen (natürlich kann man auf die Anlage eines neuen Hilfstableaus verzichten und lediglich eine neue Zeile 4 betrachten). In Rechenschema 21 verschaffen wir uns ein neues Anfangsgrundtableau (fett umrandet). Dazu können wir die Spalten BV, 1, 2, 3, 0 (Zeilen 1, 2, 3) aus dem letzten Tableau übernehmen. Anzufügen ist der Vektor c_B, der, wie bei jedem Anfangsschritt, die Berechnung der neuen Simplexmultiplikatoren ermöglicht. Der zugehörige Wert der Zielfunktion ergibt sich durch Multiplikation der Spalte c_B mit der Spalte 0. Schließlich wird die Δ-Zeile von Rechenschema 20 bestimmt.

Der weitere Lösungsprozeß entspricht dem üblichen Vorgehen der revidierten Simplexmethode. Dem letzten Tableau entnehmen wir die optimale Lösung

$$x_1 = 7 \; x_2 = 0,\; x_3 = 26,\; x_4 = 2,\; x_5 = 0$$

mit dem optimalen Wert $Z = -7$ für die Zielfunktion.

Es bleibt noch das Vorgehen für den Fall zu betrachten, daß der optimale Wert der Zielfunktion der Hilfsaufgabe zwar gleich Null ist, sich aber unter den Basisvariablen künstliche Variablen (mit dem Wert Null) befinden (Fall 3 von III.4.2). In III.4.2 haben wir dann die überflüssigen Gleichungen gestrichen und die restlichen künstlichen Variablen ausgetauscht. Dieser Gedanke ist zwar sehr elegant, er setzt aber die Kenntnis des vollen Simplextableaus voraus, das uns bei der revidierten Simplexmethode nicht zur Verfügung steht. Eine nachträgliche Berechnung des vollen Simplextableaus wäre aber numerisch nicht vertretbar. Wir benötigen daher ein anderes Vorgehen, wenn nicht die revidierte Simplexmethode für die Berechnung eines Anfangsvektors ungeeignet sein soll.

Wir nehmen an, daß s künstliche Variablen $x_{j_1}, x_{j_2}, \ldots, x_{j_s}$ eingeführt werden mußten. Dann betrachten wir in der zweiten Phase die zusätzliche Nebenbedingung

$$x_{j_1} + x_{j_2} + \cdots + x_{j_s} + \tilde{Z} = 0. \tag{51}$$

$\tilde{Z}$ sehen wir als eine weitere künstliche Variable an, die in der Zielfunktion der vorgelegten linearen Optimierungsaufgabe den Koeffizienten Null besitzt. Man beachte, daß wir in die Gleichung (51) alle künstlichen Variablen aufzunehmen haben und nicht nur die künstlichen Variablen, die als Basisvariablen mit dem Wert Null in der optimalen Lösung der Hilfsaufgabe auftreten. Die Zusatzbedingung (51) sichert, daß die künstlichen Variablen in der zweiten Phase den Wert Null behalten müssen. Beim Auftreten des dritten Falles erweitern wir also das Hilfstableau der zweiten Phase durch die $(m + 1)$-te Nebenbedingung (51)

Rechenschema 21:

	c_B	BV	1	2	3	0	x_k	↑	Q	−↑
	0	x_4	1	0	0	4	4	4	1	−4
←	0	x_5	0	1	0	2	4	④	$\frac{1}{2}$	
	−1	x_6	0	0	1	9	5	5	$\frac{9}{5}$	−5
		λ	0	0	−1	−9	*	−5	*	5
←		x_4	1	−1	0	2	0	①	2	
→		x_1	0	$\frac{1}{4}$	0	$\frac{1}{2}$	−1	$-\frac{1}{4}$		$\frac{1}{4}$
		x_6	0	$-\frac{5}{4}$	1	$\frac{13}{2}$	1	$\frac{9}{4}$	$\frac{26}{9}$	$-\frac{9}{4}$
		λ	0	$\frac{5}{4}$	−1	$-\frac{13}{2}$	*	$-\frac{9}{4}$	*	$\frac{9}{4}$
→		x_2	1	−1	0	2	0	−1		1
		x_1	$\frac{1}{4}$	0	0	1	1	0		0
←		x_6	$-\frac{9}{4}$	1	1	2	0	①	2	
		λ	$\frac{9}{4}$	−1	−1	−2	*	−1	*	1
		x_2	$-\frac{5}{4}$	0	1	4				
		x_1	$\frac{1}{4}$	0	0	1				
→		x_5	$-\frac{9}{4}$	1	1	2				
		λ	0	0	0	0	*		*	
	−3	x_2	$-\frac{5}{4}$	0	1	4	−1	$\frac{1}{4}$	16	$-\frac{1}{4}$
	−1	x_1	$\frac{1}{4}$	0	0	1	−1	$-\frac{1}{4}$		$\frac{1}{4}$
←	0	x_5	$-\frac{9}{4}$	1	1	2	−1	($\frac{1}{4}$)	8	
		λ	$\frac{7}{2}$	0	−3	−13	*	$-\frac{1}{2}$	*	$\frac{1}{2}$
←		x_2	1	−1	0	2	1	①	2	
		x_1	−2	1	1	3	0	−2		2
→		x_3	−9	4	4	8	0	−9		9
		λ	−1	2	−1	−9	*	−1	*	1
→		x_4	1	−1	0	2				
		x_1	0	−1	1	7				
		x_3	0	−5	4	26				
		λ	0	1	−1	−7	*		*	

und damit zwangsläufig auch durch eine Zusatzspalte $\tilde{Z}$, in der der $(m + 1)$-te Einheitsvektor steht. In der zweiten Phase sind damit Basismatrizen der Ordnung $m + 1$ zu betrachten.

Wir müssen uns natürlich die Frage stellen, welche Konsequenzen sich aus der Einführung einer Zusatzbedingung in der zweiten Phase ergeben. Haben wir doch in der ersten Phase nur eine inverse Basismatrix der Ordnung m transformiert. In der ersten Phase sind wir von der Basismatrix $A_B = E$ ausgegangen. Statt dessen hätten wir bei Beachtung der Zusatzgleichung (51) eine Basismatrix

$$\bar{A}_B = \left(\begin{array}{c|c} A_B = E & \begin{matrix} 0 \\ \vdots \\ 0 \end{matrix} \\ \hline a^*_{m+1} & 1 \end{array}\right) \tag{52}$$

zu betrachten gehabt. Dabei ist a^*_{m+1} ein Zeilenvektor, dessen Komponenten gleich 0 oder 1 sind. Und zwar steht eine Nullkomponente, falls sie zu keiner künstlichen Variablen gehört. Die Komponenten der künstlichen Variablen in a^*_{m+1} sind gleich 1. Die inverse Basismatrix von (52) ist

$$\bar{A}_B^{-1} = \left(\begin{array}{c|c} A_B^{-1} = E & \begin{matrix} 0 \\ \vdots \\ 0 \end{matrix} \\ \hline -a^*_{m+1} A_B^{-1} & 1 \end{array}\right).$$

Das kann durch Prüfung der Gleichung $\bar{A}_B \bar{A}_B^{-1} = E$ leicht verifiziert werden. Nun sind die Simplexmultiplikatoren im Ausgangstableau der ersten Phase gleich Null, falls sie in einer Spalte stehen, die nicht zu einer künstlichen Variablen gehören, und gleich 1, falls ihnen künstliche Variablen entsprechen. Also stehen in der λ-Zeile des Ausgangsgrundtableaus die Komponenten des Vektors $-a^*_{m+1}$. Die Transformation der λ-Zeile in der ersten Phase liefert damit gleichzeitig die Transformation des Vektors $-a^*_{m+1}$. Der Einheitsvektor in der $(m + 1)$-Spalte würde sich in der ersten Phase nicht ändern, da wir die künstliche Variable $\tilde{Z}$ nicht ausgetauscht haben. Folglich erhalten wir das Ausgangsgrundtableau der zweiten Phase, indem wir die letzte λ-Zeile als $(m + 1)$-te Zeile (Spalten $1, 2, \ldots, m$) der inversen Basismatrix schreiben und den $(m + 1)$-ten Einheitsvektor in der $(m + 1)$-ten Spalte anfügen. Dann sind alle Ausgangsgrößen für die zweite Phase bestimmt.

Man kann zeigen, daß es nicht notwendig ist, die Δ_j-Größen in der zweiten Phase für die künstlichen Variablen zu berechnen.

Wir bemerken weiterhin, daß in der zweiten Phase stets Ausartung vorliegt, da ja die künstlichen Variablen den Wert Null haben. Das kann zweifellos den Simplexprozeß in der zweiten Phase komplizieren.

Der Lösungsprozeß der Zweiphasenmethode wird durch das Strukturdiagramm von Abb. 7 veranschaulicht.

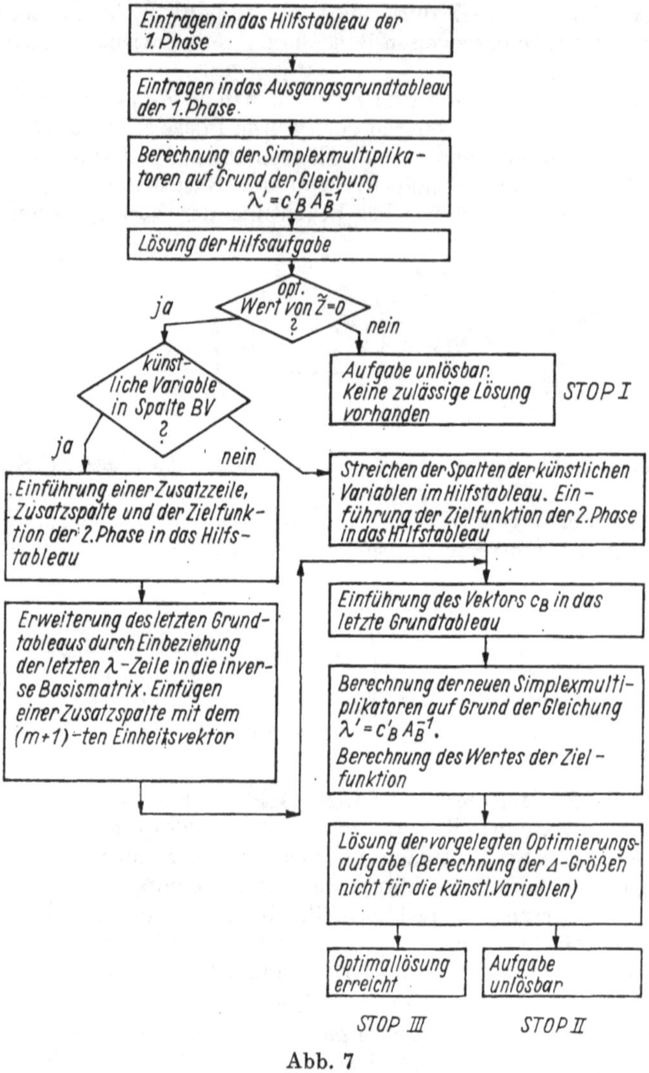

Abb. 7

Beispiel: In III.4.3 haben wir die lineare Optimierungsaufgabe

$$Z = x_1 - 2x_2 + 2x_3 - x_4 - 2x_5 \quad \max.$$

$$\begin{aligned} x_1 + 2x_2 - x_3 + x_4 + x_5 &= 2 \\ 2x_1 - x_2 + x_3 &= 3 \\ 4x_1 + 3x_2 - x_3 + 2x_4 + 2x_5 &= 7 \\ 2x_1 + 4x_2 - 2x_3 &= 4 \end{aligned}$$

$$x_i \geqq 0, \; i = 1, 2, \ldots, 5$$

gelöst. Die Hilfsaufgabe

$$\tilde{Z} = -x_6 - x_7 - x_8 - x_9 \quad \max.$$

$$\begin{aligned}
x_1 + 2x_2 - x_3 + x_4 + x_5 + x_6 \qquad\qquad &= 2\\
2x_1 - x_2 + x_3 \qquad\qquad + x_7 \qquad &= 3\\
4x_1 + 3x_2 - x_3 + 2x_4 + 2x_5 \qquad\qquad + x_8 \quad &= 7\\
2x_1 + 4x_2 - 2x_3 \qquad\qquad\qquad + x_9 &= 4
\end{aligned}$$

$$x_i \geqq 0, \; i = 1, 2, \ldots, 9$$

besitzt die künstlichen Variablen x_6, x_7, x_8, x_9. Die Hilfstableaus sind in Rechenschema 22 und die Grundtableaus in Rechenschema 23 angegeben.

Rechenschema 22:

	x_1	x_2	x_3	x_4	x_5	x_6	x_7	x_8	x_9	x_0
1	1	2	−1	1	1	1	0	0	0	2
2	2	−1	1	0	0	0	1	0	0	3
3	4	3	−1	2	2	0	0	1	0	7
4	2	4	−2	0	0	0	0	0	1	4
5	0	0	0	0	0	−1	−1	−1	−1	*
Δ	$-9\uparrow$	−8	3	−3	−3	$\underline{0}$	$\underline{0}$	$\underline{0}$	$\underline{0}$	
Δ'	$\underline{0}$	$-\frac{25}{2}\uparrow$	$\frac{15}{2}$	−3	−3	$\underline{0}$	$\frac{9}{2}$	$\underline{0}$	$\underline{0}$	
Δ''	$\underline{0}$	$\underline{0}$	0	2	2	5	2	$\underline{0}$	$\underline{0}$	

	x_1	x_2	x_3	x_4	x_5	x_6	x_7	x_8	x_9	$\tilde{Z}$	x_0
1	1	2	−1	1	1	1	0	0	0	0	2
2	2	−1	1	0	0	0	1	0	0	0	3
3	4	3	−1	2	2	0	0	1	0	0	7
4	2	4	−2	0	0	0	0	0	1	0	4
5	0	0	0	0	0	1	1	1	1	1	0
6	1	−2	2	−1	−2	0	0	0	0	0	*
Δ	$\underline{0}$	$\underline{0}$	$-\frac{3}{5}\uparrow$	$\frac{2}{5}$	$\frac{7}{5}$						
Δ'	3	$\underline{0}$	$\underline{0}$	1	2						

Rechenschema 23:

	c_B	BV	1	2	3	4	0	x_k	↑	Q	$-$↑
	-1	x_6	1	0	0	0	2	1	1	2	-1
←	-1	x_7	0	1	0	0	3	2	2	$\frac{3}{2}$	
	-1	x_8	0	0	1	0	7	4	4	$\frac{7}{4}$	-4
	-1	x_9	0	0	0	1	4	2	2	2	-2
		λ	-1	-1	-1	-1	-16	*	-9	*	9
←		x_6	1	$-\frac{1}{2}$	0	0	$\frac{1}{2}$	2	$\frac{5}{2}$	$\frac{1}{5}$	
→		x_1	0	$\frac{1}{2}$	0	0	$\frac{3}{2}$	-1	$-\frac{1}{2}$		$\frac{1}{2}$
		x_8	0	-2	1	0	1	3	5	$\frac{1}{5}$	-5
		x_9	0	-1	0	1	1	4	5	$\frac{1}{5}$	-5
		λ	-1	$\frac{7}{2}$	-1	-1	$-\frac{5}{2}$	*	$-\frac{25}{2}$	*	$\frac{25}{2}$
→		x_2	$\frac{2}{5}$	$-\frac{1}{5}$	0	0	$\frac{1}{5}$				
		x_1	$\frac{1}{5}$	$\frac{2}{5}$	0	0	$\frac{8}{5}$				
		x_8	-2	-1	1	0	0				
		x_9	-2	0	0	1	0				
		λ	4	1	-1	-1	0	*		*	

	c_B	BV	1	2	3	4	5	0	x_k	↑	Q	$-$↑
	-2	x_2	$\frac{2}{5}$	$-\frac{1}{5}$	0	0	0	$\frac{1}{5}$	1	$-\frac{3}{5}$		$\frac{3}{5}$
←	1	x_1	$\frac{1}{5}$	$\frac{2}{5}$	0	0	0	$\frac{8}{5}$	1	$\frac{1}{5}$	8	
	0	x_8	-2	-1	1	0	0	0	-1	0		0
	0	x_9	-2	0	0	1	0	0	-2	0		0
	0	$\tilde{Z}$	4	1	-1	-1	1	0	0	0		0
		λ	$-\frac{3}{5}$	$\frac{4}{5}$	0	0	0	$\frac{6}{5}$	*	$-\frac{3}{5}$	*	$\frac{3}{5}$
		x_2	1	1	0	0	0	5				
→		x_3	1	2	0	0	0	8				
		x_8	-2	-1	1	0	0	0				
		x_9	-2	0	0	1	0	0				
		$\tilde{Z}$	4	1	-1	-1	1	0				
		λ	0	2	0	0	0	6	*		*	

Der Lösungsprozeß der ersten Phase (Lösung der Hilfsaufgabe) erfordert keine weitere Erklärung. Die Δ''-Zeile erweist sich als optimal. Der optimale Wert der Zielfunktion ist gleich Null. Unter den Basisvariablen der optimalen Lösung treten aber die künstlichen Variablen x_8 und x_9 auf. Also ist als zusätzliche Nebenbedingung

$$x_6 + x_7 + x_8 + x_9 + Z = 0$$

zu betrachten. Das Ausgangshilfstableau der zweiten Phase ist entsprechend zu erweitern. Natürlich braucht man im Hilfstableau die Spalten der künstlichen Variablen nicht mehr, wenn man den Vektor c_B in das Ausgangsgrundtableau der zweiten Phase eingetragen hat, da die Δ-Zeilen für diese Spalten nicht berechnet werden.

Die inverse Basismatrix des Ausgangsgrundtableaus der zweiten Phase (in Rechenschema 23 wieder fett umrandet) wird um die λ-Zeile und einen Einheitsvektor erweitert. Nach Eintragen der Spalte c_B, Berechnung der neuen Simplexmultiplikatoren und des Wertes der Zielfunktion kann der Lösungsprozeß der zweiten Phase mittels der üblichen Regeln ausgeführt werden. Nach einem weiteren Simplexschritt erkennen wir in der Δ'-Zeile, daß die optimale Lösung

$$x_1 = 0,\ x_2 = 5,\ x_3 = 8,\ x_4 = x_5 = 0$$

mit dem optimalen Wert $Z = 6$ für die Zielfunktion gefunden ist.

Natürlich läßt sich das hier geschilderte Vorgehen im Falle 3 auch in Verbindung mit der gewöhnlichen Simplexmethode verwenden. Während sich aber die Zeilenzahl des Simplextableaus in III.4 reduzierte, haben wir jetzt in der zweiten Phase grundsätzlich ein umfassenderes Tableau, so daß wir mit einem Anwachsen des Rechenaufwandes rechnen müssen. Zwar konnten wir auch die revidierte Simplexmethode zur Berechnung eines Anfangsvektors verwenden, die Leistungsfähigkeit der gewöhnlichen Simplexmethode war für diese Aufgabenstellung jedoch nicht erreichbar.

§ 5. Die revidierte duale Simplexmethode

Es ist zu erwarten, daß die revidierte Simplextechnik auch beim Lösungsgedanken der dualen Simplexmethode herangezogen werden kann. Wir setzen daher die Ausführungen von § 3 und § 4 als grundsätzlich bekannt voraus und verzichten auf eine ausführliche Beschreibung der revidierten dualen Simplexmethode.

5.1. Beschreibung des numerischen Algorithmus. Die revidierte duale Simplexmethode unterscheidet sich von der revidierten Simplexmethode etwa in der gleichen Weise wie die duale Simplexmethode von der primalen. Im wesentlichen verwenden wir dasselbe Simplextableau. Allerdings fällt in den Grundtableaus die Q-Spalte weg. Dafür haben wir im Hilfstableau neben der Δ-Zeile bei jedem Schritt eine *Pfeilzeile* und eine *Q-Zeile* anzuführen.

Zur Anwendung der revidierten dualen Simplexmethode benötigen wir eine Basislösung, die den bei der dualen Simplexmethode gemachten Voraussetzungen genügt. Da die Δ-Zeilen der revidierten Methoden mit den Grundzeilen des gewöhnlichen Simplextableaus übereinstimmen, dürfen für die gewählte Basislösung in der Δ-Zeile nur nichtnegative Zahlen auftreten. Jede Basislösung, die als

Startvektor für die duale Simplexmethode geeignet ist, stellt auch einen Startvektor für die revidierte duale Simplexmethode dar.

In das Ausgangsgrundtableau werden wieder eingetragen: Die inverse Basismatrix, die Werte der Basisvariablen, der Wert der Zielfunktion, die Simplexmultiplikatoren. Im *Anfangsschritt* wird der Vektor der Simplexmultiplikatoren entsprechend der Gleichung

$$\lambda' = c'_B A_B^{-1}$$

berechnet. In den weiteren Schritten ergeben sich die Simplexmultiplikatoren durch Rekursionsformeln (das entspricht dem bekannten Vorgehen der revidierten Simplexmethode). Ebenso werden im Anfangsschritt die Zahlen Δ_j durch die Gleichung

$$\Delta_j = \lambda' a_j - c_j$$

ermittelt. Wir werden sehen, daß im Gegensatz zum Vorgehen der revidierten Methode in den weiteren Schritten die Zahlen der Δ-Zeilen auch nach Rekursionsformeln berechnet werden können. Das bewirkt wiederum, daß in den weiteren Simplexschritten die λ-Zeile (mit Ausnahme des Wertes der Zielfunktion) nicht bestimmt zu werden braucht. Denn die Simplexmultiplikatoren haben wir nur benötigt, um mit ihrer Hilfe die Δ-Zeilen berechnen zu können. Man wird folglich die λ-Zeile nur ausfüllen, wenn man eine Rechenkontrolle vornehmen möchte. Ist z. B. c_B gleich dem Nullvektor, kann auch im Anfangsschritt die λ-Zeile unausgefüllt bleiben, weil $\lambda = 0$ und $\Delta_j = -c_j$ gelten muß.

Die Prüfung auf Optimalität erfolgt in der Spalte 0 des Grundtableaus. Sind alle Werte der Basisvariablen nichtnegativ, haben wir eine optimale Lösung gefunden. Anderenfalls bestimmen wir die Basisvariable, die den kleinsten negativen Wert besitzt (Merkzeichen $\uparrow$). Dadurch sind die Ausgangsvariable und die *Hauptzeile* festgelegt. Die Ausgangsvariable möge wieder in der r-ten Zeile stehen.

Weil uns das volle Simplextableau bei den revidierten Methoden nicht zur Verfügung steht, haben wir nachträglich die *Pfeilzeile* zu berechnen, deren Eintragung in das Hilfstableau zu erfolgen hat. Bezeichnen wir mit $d_r^* = (d_{rj})$ einen n-dimensionalen Zeilenvektor, dessen Komponenten die Zahlen der Pfeilzeile sind, gilt im Anschluß an die Betrachtungen in 4.1

$$\begin{aligned} d_r^* &= e_r^* A, \\ d_{rj} &= e_r^* a_j, \; j = 1, 2, \ldots, n. \end{aligned} \tag{53}$$

e_r^* bezeichnet den r-ten Zeilenvektor der inversen Basismatrix A_B^{-1}. Zur Berechnung der Pfeilzeile haben wir also die r-te Zeile des Grundtableaus (Merkzeichen $\leftarrow$) mit den Vektoren der Nebenbedingungen a_j des Hilfstableaus zu multiplizieren. Die Komponenten des Vektors d_r^*, die einer Basisvariablen entsprechen, sind 0 oder 1 (die Ausgangsvariable hat den Koeffizienten 1, die übrigen Basisvariablen haben den Koeffizienten 0). Daher braucht (53) eigentlich nur für $j \in I'$ (Indexmenge der Nichtbasisvariablen) berechnet zu werden.

Die Ermittlung der Pfeilzeile ist bei der revidierten dualen Simplexmethode sehr aufwendig. Sie erfordert dieselbe Zahl wesentlicher Operationen wie die Berechnung einer Δ-Zeile bei der revidierten gewöhnlichen Simplexmethode. Analog zu 4.8 kann man daher eine *Variante mit veränderter Auswahl der Eingangs-*

variablen angeben, bei der man die Berechnung der Pfeilzeile abbricht, wenn man eine negative Zahl gefunden hat, indem man die entsprechende Variable zur Eingangsvariablen macht.

Ist die Pfeilzeile berechnet, müssen in ihr negative Zahlen enthalten sein, wenn die Aufgabe lösbar sein soll. Dann bestimmt man, wie bei der dualen Simplexmethode, die *Q-Zeile* des Hilfstableaus durch Bildung der Quotienten

$$\frac{\text{Zahl in der } \Delta\text{-Zeile}}{\text{negative Zahl in der Pfeilzeile}}.$$

Die größte negative Zahl der Q-Zeile legt die Eingangsvariable (wir setzen auch hier das Merkzeichen $\uparrow$) fest.

Der weitere Rechnungsgang entspricht im wesentlichen dem der revidierten Simplexmethode. Der zur Eingangsvariablen x_k gehörige Vektor der Nebenbedingungen wird aus dem Hilfstableau in das Grundtableau übertragen. Dann kann die Berechnung der Pfeilspalte des Grundtableaus wie bei der revidierten Simplexmethode erfolgen. In der $(m+1)$-ten Zeile der Pfeilspalte wird die Zahl Δ_k eingetragen. Das in der Hauptzeile der Pfeilspalte stehende Element wird mit einem Kreis markiert. Die Bestimmung der $-\uparrow$ Spalte bedarf keiner Erläuterung. Die *Simplextransformation* wird wie bei der revidierten Simplexmethode ausgeführt (man beachte lediglich, daß die Berechnung der Simplexmultiplikatoren entfällt).

Wir haben jetzt die Berechnung der nächsten *Δ-Zeile* zu betrachten. Da uns die volle Pfeilzeile zur Verfügung steht, brauchen wir nicht den aufwendigen Weg der revidierten Simplexmethode zu gehen, sondern können sie nach den Transformationsformeln der gewöhnlichen Simplexmethode berechnen. Die Pfeilzeile ist bei der dualen Simplexmethode durch das Element d_{rk} (es steht in der Pfeilzeile in der Spalte der Eingangsvariablen) zu dividieren. Die Zahlen der nächsten Grundzeile (Δ-Zeile), die wir mit $\tilde{\Delta}_j$ bezeichnen wollen, ergeben sich auf Grund der Transformationsgleichung

$$\hat{\Delta}_j = \Delta_j - \frac{d_{rj}}{d_{rk}} \Delta_k, \quad j = 1, 2, \ldots, n.$$

Für den maximalen Quotienten ϱ der Q-Zeile (wir haben dort das Merkzeichen $\uparrow$ gesetzt) gilt

$$\varrho = \frac{\Delta_k}{d_{rk}},$$

so daß wir die Transformationsgleichung

$$\tilde{\Delta}_j = \Delta_j - \varrho d_{rj}, \quad j = 1, 2, \ldots, n \tag{54}$$

erhalten. Die $\tilde{\Delta}$-Zeile ergibt sich also, indem wir von der Δ-Zeile die mit dem maximalen Quotienten der Q-Zeile multiplizierte Pfeilzeile subtrahieren.

Ein Simplexschritt der revidierten dualen Simplexmethode endet sinnvollerweise mit der Berechnung der nächsten Δ-Zeile. Dabei werden wir im Hilfstableau nicht mehr die Δ-Zeilen durch Δ, Δ', Δ'', …, unterscheiden, sondern stets nur Δ schreiben, wie es unserer bisherigen Sprechweise ja eigentlich auch entspricht.

Wir können darauf verzichten, ergänzende Betrachtungen zum Rechenaufwand, zur Rechenkontrolle, zur Ausartung usw. anzustellen. Das überträgt sich so automatisch aus unseren bisherigen Überlegungen, daß sich dadurch lediglich Wiederholungen ergeben würden.

Die Angabe einer Produktform bereitet beim revidierten dualen Algorithmus erhebliche Schwierigkeiten, wenn man mit vertretbarem Rechenaufwand auskommen will. Der Grund ist in der Berechnung der Pfeilzeile zu sehen, die sich diesem Vorgehen schlecht unterwirft. Jedenfalls ist dann die symmetrische revidierte Simplexmethode von § 6 günstiger.

5.2. Ein numerisches Beispiel. Wir wollen die in 3.4 mit der dualen Simplexmethode gelöste lineare Optimierungsaufgabe

$$Z = -3x_1 - x_2 \quad \max.$$
$$\begin{aligned} -5x_1 - x_2 + x_3 \qquad\qquad &= -9 \\ -x_1 - x_2 \qquad + x_4 \qquad &= -5 \\ -x_1 - 2x_2 \qquad\qquad + x_5 &= -7 \end{aligned}$$
$$x_i \geqq 0, \; i = 1, 2, \ldots, 5$$

dem Lösungsprozeß der revidierten dualen Simplexmethode unterwerfen. Als Startvektor wählen wir wieder die Basislösung

$$x' = (0, 0, -9, -5, -7).$$

Es werden nur die Rechenschritte näher erläutert, die vom Vorgehen der dualen oder revidierten Simplexmethode abweichen. Dem Leser wird ein Vergleich der folgenden Rechnungen mit denen von 3.4 empfohlen.

Das Hilfstableau ist in Rechenschema 24 angegeben. Die Grundtableaus sind in Rechenschema 25 zu finden.

Für den Startvektor ist $A_B = E$, so daß die Eintragung in das Ausgangsgrundtableau sofort möglich ist. Die erste Δ-Zeile des Hilfstableaus ergibt sich aus $\Delta_j = -c_j$.

Im ersten Schritt wird x_3 zur Ausgangsvariablen gemacht. Zur Berechnung der Pfeilzeile ist der Zeilenvektor $e_1^* = (1, 0, 0)$ mit den Spalten $x_1, x_2, \ldots, x_5$ (Zeilen 1, 2, 3) des Hilfstableaus zu multiplizieren. Nach Ermittlung der Q-Zeile (x_1 wird Eingangsvariable) kann der übliche Rechenprozeß der revidierten Simplexmethode angeschlossen werden.

Zur Berechnung der nächsten Δ-Zeile nach (54) beachten wir, daß $\varrho = -\frac{3}{5}$ gilt. Also ist die Pfeilzeile mit $-\frac{3}{5}$ zu multiplizieren und von der Δ-Zeile zu subtrahieren. Damit ist der erste Simplexschritt abgeschlossen.

Die weiteren Simplexschritte werden nach dem gleichen Vorgehen ausgeführt. Im letzten Tableau von Rechenschema 25 ist die Optimalität erkennbar. Wir haben die optimale Lösung

$$x_1 = 1, \; x_2 = 4, \; x_3 = x_4 = 0, \; x_5 = 2$$

mit dem optimalen Wert $Z = -7$ für die Zielfunktion gefunden.

Rechenschema 24:

	x_1	x_2	x_3	x_4	x_5	x_0
1	-5	-1	1	0	0	-9
2	-1	-1	0	1	0	-5
3	-1	-2	0	0	1	-7
4	-3	-1	0	0	0	*
Δ	3	1	$\underline{0}$	$\underline{0}$	$\underline{0}$	
$\uparrow$	-5	-1	1	0	0	
Q	$-\frac{3}{5}\uparrow$	-1				
Δ	$\underline{0}$	$\frac{2}{5}$	$\frac{3}{5}$	$\underline{0}$	$\underline{0}$	
$\uparrow$	0	$-\frac{9}{5}$	$-\frac{1}{5}$	0	1	
Q		$-\frac{2}{9}\uparrow$	-3			
Δ	$\underline{0}$	$\underline{0}$	$\frac{5}{9}$	$\underline{0}$	$\frac{2}{9}$	
$\uparrow$	0	0	$-\frac{1}{9}$	1	$-\frac{4}{9}$	
Q			-5		$-\frac{1}{2}\uparrow$	
Δ	$\underline{0}$	$\underline{0}$	$\frac{1}{2}$	$\frac{1}{2}$	$\underline{0}$	
$\uparrow$						
Q						

§ 6. Die symmetrische revidierte Simplexmethode

Bei unseren folgenden Betrachtungen knüpfen wir an den Algorithmus der gewöhnlichen Simplexmethode von III.3 an, der uns bei geeigneter Interpretation zu einem Verfahren führt, das MÜLLER-MERBACH [58], [63] die symmetrische revidierte Simplexmethode nennt.

Rechenschema 25:

	BV	1	2	3	0	x_k	↑	−↑
←	x_3	1	0	0	−9↑	−5	(−5)	
	x_4	0	1	0	−5	−1	−1	1
	x_5	0	0	1	−7	−1	−1	1
	λ	*	*	*	0	*	3	−3
→	x_1	$-\frac{1}{5}$	0	0	$\frac{9}{5}$	−1	$\frac{1}{5}$	$-\frac{1}{5}$
	x_4	$-\frac{1}{5}$	1	0	$-\frac{16}{5}$	−1	$-\frac{4}{5}$	$\frac{4}{5}$
←	x_5	$-\frac{1}{5}$	0	1	$-\frac{26}{5}$↑	−2	$\left(-\frac{9}{5}\right)$	
	λ	*	*	*	$-\frac{27}{5}$	*	$\frac{2}{5}$	$-\frac{2}{5}$
	x_1	$-\frac{2}{9}$	0	$\frac{1}{9}$	$\frac{11}{9}$	0	$\frac{1}{9}$	$-\frac{1}{9}$
←	x_4	$-\frac{1}{9}$	1	$-\frac{4}{9}$	$-\frac{8}{9}$↑	0	$\left(-\frac{4}{9}\right)$	
→	x_2	$\frac{1}{9}$	0	$-\frac{5}{9}$	$\frac{26}{9}$	1	$-\frac{5}{9}$	$\frac{5}{9}$
	λ	*	*	*	$-\frac{59}{9}$	*	$\frac{2}{9}$	$-\frac{2}{9}$
	x_1	$-\frac{1}{4}$	$\frac{1}{4}$	0	1			
→	x_5	$\frac{1}{4}$	$-\frac{9}{4}$	1	2			
	x_2	$\frac{1}{4}$	$-\frac{5}{4}$	0	4			
	λ	*	*	*	−7	*		

6.1. Matrizenschreibweise der gewöhnlichen Simplextransformation. Um den Gedankengang der symmetrischen revidierten Simplexmethode zu verstehen, wollen wir vorbereitend eine Matrizenschreibweise für die Transformationsformeln des gewöhnlichen Simplexalgorithmus angeben. Dazu schließen wir an die Bezeichnungsweise von Kapitel III an. Für den Entscheidungsprozeß der Simplexmethode benötigen wir die Grundzeile (Optimalitätsprüfung, Wahl der Eingangsvariablen und damit der Pivotspalte), die Pivotspalte und die Spalte x_0 (Wahl der Ausgangsvariablen und damit der Pivotzeile). Kennen wir die Transformation der Pivotspalte (Pfeilspalte), kann auch die Transformation der Spalte x_0 berechnet werden. Zur Umrechnung der Grundzeile benötigen wir außerdem die Pivotzeile (Hauptzeile). Die Kenntnis der Pivotzeile und der transformierten Pivotspalte reicht daber, wie wir zeigen werden, aus, um die Transformation der gesamten Simplextabelle zu bestimmen.

Zur näheren Ausführung dieses Gedankenganges erklären wir einen Vektor

$$d^{(1)} = \begin{pmatrix} -\frac{d_{1k}}{d_{rk}} \\ \vdots \\ \frac{1}{d_{rk}} \\ \vdots \\ -\frac{d_{mk}}{d_{rk}} \end{pmatrix} \begin{matrix} \\ \\ \longleftarrow r\text{-te Zeile}, \\ \\ \\ \end{matrix} \tag{55}$$

dessen Komponenten gleich

$$-\frac{d_{ik}}{d_{rk}} \quad \text{für } i \neq r$$

sind und dessen r-te Komponente durch

$$\frac{1}{d_{rk}}$$

gegeben ist. r bezeichnet wieder die Nummer der Pivotzeile und k die Nummer der Pivotspalte. Man erkennt durch Vergleich mit III.3, daß dem Vektor $d^{(1)}$ die transformierte Pivotspalte (ohne die Zahl in der Grundzeile) entspricht.

Weiterhin erklären wir einen Zeilenvektor $d^{*(1)}$ durch die Gleichung

$$d^{*(1)} = (d_{r1} \cdots d_{r,k-1} \;\; \underset{\substack{\uparrow \\ k\text{-te Spalte}}}{1} \;\; d_{r,k+1} \cdots d_{rn}) \tag{56}$$

dem, abgesehen von der k-ten Komponente, die Pivotzeile (nicht transformiert) entspricht (ohne die Zahl in der Spalte x_0).

Die im Hauptteil der Simplextabelle (Spalten 1, 2, ..., n; Zeilen 1, 2, ..., m) stehenden Zahlen fassen wir als Elemente einer Matrix $D^{(0)}$ auf. $D^{(0)}$ wird eine

Matrix $\bar{D}^{(0)}$ zugeordnet, die aus $D^{(0)}$ hervorgeht, indem man die Elemente der r-ten Zeile und k-ten Spalte gleich Null setzt

$$\bar{D}^{(0)} = \begin{pmatrix} d_{11} & \cdots d_{1,k-1} & 0 & d_{1,k+1} & \cdots d_{1n} \\ \cdots\cdots\cdots & & \vdots & \cdots\cdots\cdots & \\ d_{r-1,1} & \cdots d_{r-1,k-1} & 0 & d_{r-1,k+1} & \cdots d_{r-1,n} \\ 0 & \cdots 0 & 0 & 0 & \cdots 0 \\ d_{r+1,1} & \cdots d_{r+1,k-1} & 0 & d_{r+1,k+1} & \cdots d_{r+1,n} \\ \cdots\cdots\cdots & & \vdots & \cdots\cdots\cdots & \\ d_{m1} & \cdots d_{m,k-1} & 0 & d_{m,k+1} & \cdots d_{mn} \end{pmatrix}.$$

Zwar könnten wir in die Matrix $D^{(0)}$ auch die Grundzeile und die x_0-Spalte aufnehmen, wenn wir die Vektoren $d^{(1)}$ und $d^{*(1)}$ entsprechend um eine Komponente erweitern. Da aber die Grundzeile und die Spalte x_0 in jedem Simplexschritt berechnet werden müssen, wird es später günstiger sein, ihre Transformation nach den bisherigen Transformationsformeln anzuführen. In unserem gegenwärtigen Stadium der Matrizendarstellung der Simplextransformation wäre eine solche Erweiterung der Matrix $D^{(0)}$ und der Vektoren $d^{(1)}$, $d^{*(1)}$ durchaus sinnvoll.

Verwenden wir den Algorithmus des verkürzten Simplextableaus von III.3.7, enthalten die Matrix $\bar{D}^{(0)}$ und der Vektor $d^{*(1)}$ nur $n - m$ Spalten.

Die Zahlen des Hauptteiles der transformierten Simplextabelle mögen eine Matrix

$$D^{(1)} = (\tilde{d}_{ij}), \quad i = 1, 2, \ldots, m; j = 1, 2, \ldots, n$$

erklären. Dann bestätigt man durch Ausmultiplikation, daß sich die Matrix $D^{(1)}$ aus der Gleichung

$$D^{(1)} = \bar{D}^{(0)} + d^{(1)} d^{*(1)} \tag{57}$$

ergibt. Durch (57) haben wir eine Matrizendarstellung (des Hauptteiles) der Simplextransformation der gewöhnlichen Simplexmethode gefunden.

Beim zweiten Simplexschritt erklärt man entsprechend Vektoren $d^{(2)}$, $d^{*(2)}$, bestimmt die Matrix $\bar{D}^{(1)}$ und findet

$$D^{(2)} = \bar{D}^{(1)} + d^{(2)} d^{*(2)}.$$

Kennt man also die Vektoren $d^{(i)}$, $d^{*(i)}$ jedes Simplexschrittes, läßt sich jedes Simplextableau schrittweise aus dem Ausgangstableau berechnen.

6.2. Das Vorgehen der symmetrischen revidierten Simplexmethode. Der zuletzt geäußerte Gedanke bildet den Ausgangspunkt der symmetrischen revidierten Simplexmethode. Abgesehen von den bei der Bildung der Matrizen $\bar{D}^{(i)}$ vorgenommenen Nullsetzungen kann man jede Zeile und Spalte eines Simplextableaus bei Kenntnis der Vektoren $d^{(i)}$, $d^{*(i)}$ der vorhergehenden Simplexschritte aus dem Ausgangstableau berechnen. Für die s-te Simplextabelle gilt die rekursive Rechenvorschrift:

$$D^{(s)} = \overline{D}^{(s-1)} + d^{(s)} d^{*(s)},$$
$$D^{(s-1)} = \overline{D}^{(s-2)} + d^{(s-1)} d^{*(s-1)},$$
$$\dots\dots\dots\dots\dots\dots\dots\dots,$$
$$D^{(1)} = \overline{D}^{(0)} + d^{(1)} d^{*(1)}.$$

Nun läßt sich das Nullsetzen in den Matrizen $D^{(i)}$ vorziehen, indem man bei der Matrix $D^{(0)}$ alle Zeilen und Spalten gleich Null setzt, die in den Simplexschritten $1, 2, \dots, s-1$ Pivotzeilen oder Pivotspalten waren. Die so entstehende Matrix bezeichnen wir mit $\hat{D}^{(0)}$. Weiterhin setzen wir in den Vektoren $d^{(i)}$ (bzw. $d^{*(i)}$) die Elemente in den Zeilen (bzw. Spalten) gleich Null, die in den anschließenden Simplexschritten $i+1, i+2, \dots, s-1$ als Pivotzeilen (bzw. Pivotspalten) gewählt wurden. Diese Vektoren werden wieder mit $\hat{d}^{(i)}$ bzw. $\hat{d}^{*(i)}$ bezeichnet. Dann kann die Berechnung der Matrix $D^{(s)}$ auf Grund der Gleichung

$$D^{(s)} = \hat{D}^{(0)} + \sum_{i=1}^{s} \hat{d}^{(i)} \hat{d}^{*(i)} \tag{58}$$

erfolgen.

Da wir beim Vorgehen der gewöhnlichen Simplexmethode eigentlich nicht die gesamte Matrix $D^{(s)}$ benötigen, interessiert uns noch die Rechenvorschrift zur Bestimmung einer Zeile oder Spalte der Matrix $D^{(s)}$. Bezeichnen wir die r-te Zeile von $D^{(s)}$ mit $d_r^{*(s)}$, die r-te Zeile von $\hat{D}^{(0)}$ mit $\hat{d}_r^{*(0)}$ und die r-te Komponente des Vektors $\hat{d}^{(i)}$ mit $\hat{d}_r^{(i)}$, gilt

$$d_r^{*(0)} = \hat{d}_r^{*(0)} + \sum_{i=1}^{s} \hat{d}_r^{(i)} \hat{d}^{*(i)}. \tag{59}$$

Um die r-te Zeile der Matrix $D^{(s)}$ zu erhalten, ist zur r-ten Zeile von $\hat{D}^{(0)}$ die Summe der s Zeilenvektoren $\hat{d}_r^{(i)} \hat{d}^{*(i)}$ zu addieren. Dabei ergibt sich $\hat{d}_r^{(i)} \hat{d}^{*(i)}$, indem wir den Zeilenvektor $\hat{d}^{*(i)}$ mit dem Skalar $\hat{d}_r^{(i)}$ multiplizieren. Das erfordert n wesentliche Operationen (beim verkürzten Simplextableau $n - m$), insgesamt also sn bzw. $s(n - m)$ wesentliche Operationen. Meistens werden es jedoch weniger wesentliche Operationen sein, insbesondere dann, wenn die Skalare $\hat{d}_r^{(i)}$ gleich Null sind.

Bezeichnen wir die k-te Spalte von $D^{(s)}$ mit $d_k^{(s)}$, die k-te Spalte von $\hat{D}^{(0)}$ mit $\hat{d}_k^{(0)}$ und die k-te Komponente von $\hat{d}^{*(i)}$ mit $\hat{d}_k^{*(i)}$, dann gilt

$$d_k^{(s)} = \hat{d}_k^{(0)} + \sum_{i=1}^{s} \hat{d}_k^{*(i)} \hat{d}^{(i)}. \tag{60}$$

Hier sind also die Spaltenvektoren $\hat{d}^{(i)}$ mit dem Skalar $\hat{d}_k^{*(i)}$ zu multiplizieren, was m wesentliche Operationen, insgesamt also sm wesentliche Operationen, notwendig macht.

Wenn wir bei der symmetrischen revidierten Simplexmethode die Pivotzeile und Pivotspalte nach den Formeln (59) und (60) berechnen, sind im s-ten Simplexschritt $s(n - m) + sm = sn$ wesentliche Operationen notwendig. Die Transformation des Hauptteiles des Simplextableaus erforderte bei der gewöhnlichen Simplexmethode $m(n - m)$ wesentliche Operationen. Da aber ein großer Teil der wesentlichen Operationen infolge der ständigen Nullsetzungen bei der symmetrischen revidierten Simplexmethode nicht ausgeführt zu werden braucht, kann man mit einer wesentlichen Senkung des Rechenaufwandes rechnen.

Die symmetrische revidierte Simplexmethode enthält natürlich gewisse Grundgedanken der Produktform der revidierten Simplexmethode. Aber trotzdem handelt es sich bei der symmetrischen revidierten Simplexmethode nur um eine andere Ausführung der Simplextransformation der gewöhnlichen Simplexmethode. Insbesondere wird auch das Optimalitätskriterium der gewöhnlichen Simplexmethode verwendet und keine Berechnung von Simplexmultiplikatoren vorgenommen. Daher ist die Bezeichnung „symmetrische revidierte Simplexmethode" eigentlich irreführend. Vielmehr wäre es besser, von der *Produktform der gewöhnlichen Simplexmethode* zu sprechen.

6.3. Struktur des Rechenschemas. Die symmetrische revidierte Simplexmethode läßt für die manuelle Rechnung keine Vorteile erkennen, so daß wir uns bei der Beschreibung des numerischen Algorithmus und der Struktur des Rechenschemas auf den Algorithmus des verkürzten Simplextableaus von III.3.7 stützen.

Die Struktur des Rechenschemas der symmetrischen revidierten Simplexmethode ist in Rechenschema 26 zu finden. Dabei wird angenommen, daß der s-te Simplexschritt beendet und der $(s + 1)$-te Simplexschritt ausgeführt wird. Für das Anfangstableau ist $s = 0$ zu setzen.

Rechenschema 26:

BV	x_{j_1} x_{j_2} $\ldots$ $x_{j_{n-m}}$	x_0	PS	Q				
x_{s_1} x_{s_2} $\vdots$ x_{s_m}	$\hat{D}^{(0)}$	$\vdots$ $d_0^{(s)}$ $\vdots$	$\vdots$ $d_k^{(s)}$ $\vdots$		$\vdots$ $\hat{d}^{(1)}$ $\vdots$	$\vdots$ $\hat{d}^{(2)}$ $\vdots$	$\ldots$	$\vdots$ $\hat{d}^{(s)}$ $\vdots$
$*$	..... $d_{m+1}^{*(s)}$	$d_{m+1,0}^{(s)}$						
PZ	..... $d_r^{*(s)}$							
	..... $\hat{d}^{*(1)}$ .... $\hat{d}^{*(2)}$ ...... $\vdots$ ..... $\hat{d}^{*(s)}$							

Mit $x_{j_1}, x_{j_2}, \ldots, x_{j_{n-m}}$ bezeichnen wir die Nichtbasisvariablen und mit $x_{s_1}, x_{s_2}, \ldots, x_{s_m}$ die Basisvariablen. In der Spalte x_0 stehen der Vektor $d_0^{(s)}$, dessen Komponenten die Werte der Basisvariablen sind, und der Wert der Zielfunktion $d_{m+1,0}^{(s)}$ (den oberen Index s haben wir zur Kennzeichnung des Simplexschrittes angefügt). Weiterhin werden eine Pivotspalte (PS), eine Q-Spalte und eine Pivotzeile (PZ) angegeben. Schließlich enthält das Rechenschema die Vektoren $\hat{d}^{(i)}$, $\hat{d}^{*(i)}$, $i = 1, 2, \ldots, s$. In jedem Simplexschritt erweitert sich also das Rechenschema um eine Zeile und Spalte.

Natürlich könnte man, analog zur Produktform der revidierten Simplexmethode, die Vektoren $\hat{d}^{(i)}$ in einem Spaltentableau, die Vektoren $\hat{d}^{*(i)}$ in einem Zeilentableau und die Matrix $\hat{D}^{(0)}$ in einem Hilfstableau angeben. Dann würden sich die eigentlichen Grundtableaus auf die Spalten BV, x_0, PS und Q sowie die Kopfzeile für die Nichtbasisvariablen, die Grundzeile und Pivotzeile reduzieren. Da sich aber durch die ständigen Nullsetzungen $\hat{D}^{(0)}$, $\hat{d}^{(i)}$, $\hat{d}^{*(i)}$ in jedem Simplexschritt ändern (im Gegensatz zur revidierten Simplexmethode), wäre eine ständige Umschreibung der entsprechenden Tableaus erforderlich, so daß wir alle Tableaus in einem Rechenschema vereinigt haben. Für das automatische Rechnen ist das jedoch ohne Belang.

Die umfangreichen Tableaus dürfen nicht zu der Vorstellung verleiten, daß der Algorithmus sehr aufwendig ist. Die symmetrische revidierte Simplexmethode wurde auch nicht für die manuelle Rechnung entwickelt.

6.4. Beschreibung des Lösungsalgorithmus. Wir setzen, wie bei der gewöhnlichen Simplexmethode, die Kenntnis einer zulässigen Basislösung voraus. Außerdem müssen die Nebenbedingungen und die Zielfunktion in der bei der gewöhnlichen Simplexmethode angenommenen Gestalt vorliegen, so daß ein vorbereitender Schritt wie bei der gewöhnlichen Simplexmethode auszuführen ist.

Die Beschreibung des numerischen Algorithmus erfolgt in Anlehnung an den Algorithmus des verkürzten Simplextableaus von III.3.7. Die grundsätzlichen Entscheidungen dieses Algorithmus bleiben erhalten. Lediglich bei der Simplextransformation wird das in 6.2 beschriebene Vorgehen verwendet.

Teilschritt 1: Eintragen in das Ausgangstableau.

a) Eintragen der Basisvariablen der vorgegebenen zulässigen Basislösung in die Spalte BV.

b) Eintragen der Nichtbasisvariablen der vorgegebenen zulässigen Basislösung in die dafür vorgesehene Kopfzeile.

c) Eintragen der zu den Nichtbasisvariablen gehörigen Koeffizienten der Nebenbedingungen (Matrix $D^{(0)}$).

d) Eintragen der zu den Nichtbasisvariablen gehörigen Koeffizienten der Zielfunktion in die Grundzeile.

e) Eintragen der rechten Seiten der Nebenbedingungen und des Wertes der Zielfunktion für die gegebene zulässige Basislösung in die Spalte x_0.

Entscheidung 1: Sind alle Zahlen in der Grundzeile (ausgenommen die Zahl in der Spalte x_0) nichtnegativ ($\geqq 0$)?

ja ⟶ **Stop I:** Die Optimallösung ist erreicht.
Die Werte der Basisvariablen können der Spalte x_0 entnommen werden (Zeilen $1, 2, \ldots, m$)

$$x_{s_i} = d_{i0}^{(s)}, \ i = 1, 2, \ldots, m.$$

Alle übrigen Variablen (Nichtbasisvariablen) sind gleich Null.
Der optimale Wert der Zielfunktion ist in der $(m + 1)$-ten Zeile der Spalte x_0 abzulesen:

$$Z_{\max} = d_{m+1,0}^{(s)}.$$

nein ↓

Teilschritt 2: Bestimmung der Eingangsvariablen.
Bestimme die kleinste negative Zahl der Grundzeile (die Zahl in der Spalte x_0 ist auszunehmen) und setze dort das Merkzeichen ↑.
Die im Spaltenkopf stehende Variable heißt Eingangsvariable und ist die neue Basisvariable. Die entsprechende Spalte heißt Pivotspalte.
Wird die kleinste negative Zahl in der Grundzeile an mehreren Stellen angenommen, kann eine willkürlich ausgewählt werden.

Teilschritt 3: Berechnung der transformierten Pivotpslate PS. Die Berechnung der transformierten Pivotspalte erfolgt auf Grund der Gleichung (60). Dazu sind die Vektoren $\hat{d}^{(i)}$, $i = 1, 2, \ldots, s$ mit den in der Pivotspalte stehenden Zahlen $\hat{d}_k^{*(i)}$ der Vektoren $\hat{d}^{*(i)}$ zu multiplizieren. Zur Summe der wie angegeben multiplizierten Vektoren ist die Pivotspalte der Matrix $\hat{D}^{(0)}$ zu addieren.
Beim ersten Simplexschritt ist im Anfangstableau die Pivotspalte von $\hat{D}^{(0)} = D^{(0)}$ in die Spalte PS zu übertragen.

Entscheidung 2: Enthält die Spalte PS positive Zahlen?

nein ⟶ **Stop II:** Die Aufgabe ist unlösbar.
Die Zielfunktion kann auf der Menge der zulässigen Lösungen beliebig große Werte annehmen.

ja ↓

Teilschritt 4: Berechnung der Q-Spalte.
Bilde für alle positiven Zahlen der Spalte PS den Quotienten

$$\frac{\text{Zahl in der Spalte } x_0}{\text{positive Zahl in der Spalte } PS}$$

und trage ihn in die Q-Spalte ein!
Die Zahlen der Q-Spalte, denen nichtpositive ($\leqq 0$) Zahlen der Spalte PS entsprechen, bleiben leer.

Teilschritt 5: Bestimmung der Ausgangsvariablen.
Ermittle das Minimum der Zahlen in der Q-Spalte (bei nichtausgearteten Aufgaben ist diese Stelle eindeutig festgelegt)!
Die das minimale Element der Q-Spalte enthaltende Zeile heißt Pivotzeile und wird durch das Merkzeichen $\leftarrow$ gekennzeichnet.
Die sich im Zeilenanfang der Pivotzeile befindliche Variable heißt Ausgangsvariable und ist die neue Nichtbasisvariable.
Die in der Spalte PS stehende Zahl der Hauptzeile wird durch einen Kreis markiert.

Teilschritt 6: Berechnung der transformierten Pivotzeile PZ.
Die Berechnung der transformierten Pivotzeile erfolgt auf Grund der Gleichung (59). Dazu sind die Vektoren $\hat{d}^{*(i)}$, $i = 1, 2, \ldots, s$ mit den in der Pivotzeile stehenden Zahlen $\hat{d}_r^{(i)}$ der Vektoren $\hat{d}^{(i)}$ zu multiplizieren. Zur Summe der wie angegeben multiplizierten Vektoren ist die Pivotzeile der Matrix $\hat{D}^{(0)}$ zu addieren. Beim ersten Simplexschritt ist im Anfangstableau die Pivotzeile von $\hat{D}^{(0)} = D^{(0)}$ in die Zeile PZ zu übertragen.

Teilschritt 7: Eintragen in das nächste Rechentableau.

a) Die Basisvariablen des vorhergehenden Tableaus werden in derselben Reihenfolge in die Spalte BV des neuen Tableaus eingetragen. Lediglich die Ausgangsvariable ist durch die Eingangsvariable zu ersetzen.
b) Die Nichtbasisvariablen des vorhergehenden Tableaus werden in derselben Reihenfolge in die Kopfzeile des neuen Tableaus eingetragen. Lediglich die Eingangsvariable ist durch die Ausgangsvariable zu ersetzen.
c) Die in der Pivotzeile und Pivotspalte stehenden Zahlen der Matrix $\hat{D}^{(0)}$ sind gleich Null zu setzen. Nach dieser Nullsetzung ist die Matrix in das neue Rechentableau zu übertragen.
d) Die in der Pivotzeile stehenden Zahlen der Vektoren $\hat{d}^{(i)}$ sind gleich Null zu setzen. Nach dieser Nullsetzung sind die Vektoren in das neue Rechentableau zu übertragen.
e) Die in der Pivotspalte stehenden Zahlen der Vektoren $\hat{d}^{*(i)}$ sind gleich Null zu setzen. Nach dieser Nullsetzung sind die Vektoren in das neue Rechentableau zu übertragen.

Teilschritt 8: Berechnung des nächsten Vektors $\hat{d}^{(s+1)}$.
Die Komponenten $\hat{d}_i^{(s+1)}$ des Vektors $\hat{d}^{(s+1)}$ werden entsprechend den Gleichungen

$$\hat{d}_i^{(s+1)} = -\frac{d_{ik}^{(s)}}{d_{rk}^{(s)}}, \quad i = 1, 2, \ldots, m; i \neq r,$$

$$\hat{d}_r^{(s+1)} = \frac{1}{d_{rk}^{(s)}}$$

berechnet. Dabei bezeichnen $d_{ik}^{(s)}$ die Zahlen in der Spalte PS. $d_{rk}^{(s)}$ wurde mit einem Kreis markiert.
Der Vektor $\hat{d}^{(s+1)}$ ist in das nächste Rechentableau einzutragen.

Teilschritt 9: Transformation der Spalte x_0.

a) Die neuen Werte der Basisvariablen werden entsprechend

$$d_{i0}^{(s+1)} = d_{i0}^{(s)} + d_{r0}^{(s)}\, \hat{d}_i^{(s+1)}, \; i = 1, 2, \ldots, m; \; i \neq r,$$
$$d_{r0}^{(s+1)} = d_{r0}^{(s)}\, \hat{d}_r^{(s+1)}$$

berechnet. Dazu ist der Vektor $\hat{d}^{(s+1)}$ mit der Zahl $d_{r0}^{(s)}$ (sie steht in der Pivotzeile der Spalte x_0) zu multiplizieren und zur Spalte x_0 (mit Ausnahme des Elementes in der Pivotzeile) zu addieren.

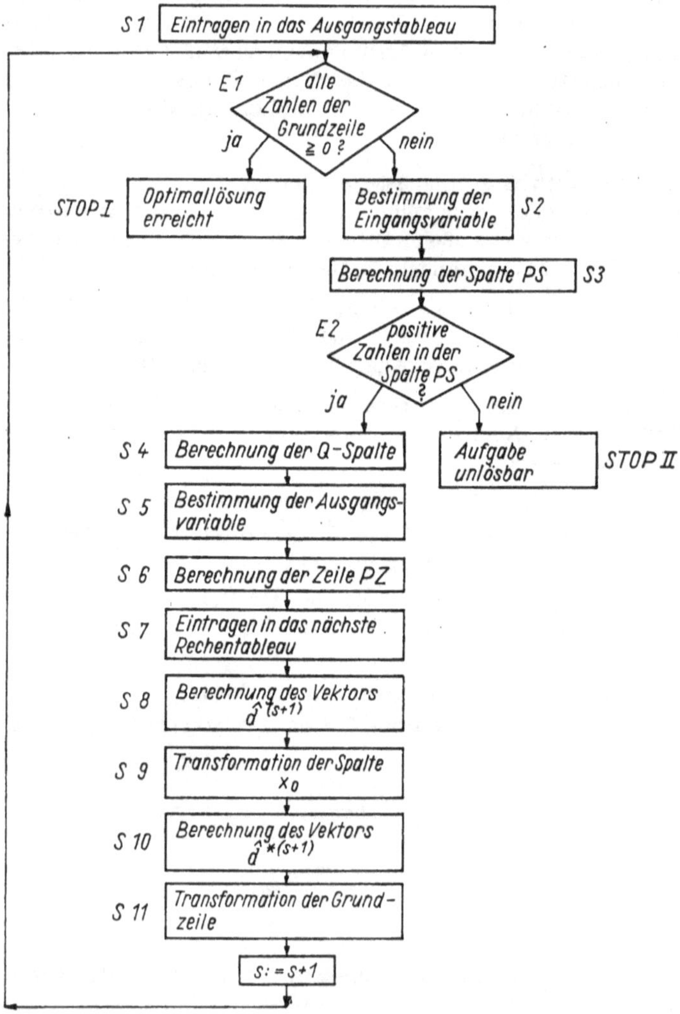

Abb. 8

b) Der neue Wert der Zielfunktion ist entsprechend

$$d_{m+1,0}^{(s+1)} = d_{m+1,0}^{(s)} - d_{m+1,k}^{(s)} \, d_{r0}^{(s)} \, \hat{d}_r^{(s+1)}$$

zu berechnen. Die Zahl $d_{m+1,k}^{(s)}$ steht in der Pfeilspalte der Grundzeile (dort haben wir das Merkzeichen ↑ gesetzt).

Die berechneten Zahlen sind in die Spalte x_0 des nächsten Tableaus einzutragen.

Teilschritt 10: Berechnung des nächsten Vektors $\hat{d}^{*(s+1)}$.
Die Komponenten $\hat{d}_i^{*(s+1)}$ des Vektors $\hat{d}^{*(s+1)}$ sind gleich den Zahlen in der Zeile PZ. Lediglich die in der Pivotspalte stehende Zahl ist gleich 1 zu setzen ($\hat{d}_k^{*)s+1)} = 1$). Die Eintragung des Vektors $\hat{d}^{*(s+1)}$ erfolgt in das nächste Rechentableau.

Teilschritt 11: Transformation der Grundzeile.
Es werden folgende Transformationsformeln verwendet:

$$d_{m+1,k}^{(s+1)} = -\frac{d_{m+1,k}^{(s)}}{d_{rk}^{(s)}},$$

$$d_{m+1,i}^{(s+1)} = d_{m+1,i}^{(s)} + d_{ri}^{*(s)} \, d_{m+1,k}^{(s+1)}, \; i = 1, 2, \ldots, n - m; \; i \neq k.$$

Dabei sind die $d_{ri}^{*(s)}$ die Zahlen der Zeile PZ.

Es folgt Entscheidung 1 für das neue Rechentableau, nachdem der Zähler s für die Zahl der Simplexschritte um 1 erhöht ist.

Das Strukturdiagramm für die symmetrische revidierte Simplexmethode ist in Abb. 8 zu finden.

6.5. Ein numerisches Beispiel. Wir wollen eine etwas größere lineare Optimierungsaufgabe

$$\begin{aligned}
Z = 17x_1 + 9x_2 + 20x_3 + 8x_4 \quad \max. \\
2x_1 + 3x_2 + 4x_3 + x_4 + x_5 \qquad\qquad = 87 \\
x_1 + x_2 + 5x_3 + 2x_4 \qquad + x_6 \qquad = 55 \\
3x_1 + x_2 + 2x_3 + x_4 \qquad\qquad + x_7 = 61 \\
x_i \geqq 0, \; i = 1, 2, \ldots, 7
\end{aligned}$$

dem Lösungsprozeß der symmetrischen revidierten Simplexmethode unterwerfen, um den Lösungsweg besser demonstrieren zu können. Als erste zulässige Basislösung wählen wir

$$x' = (0, 0, 0, 0, 87, 55, 61)$$

mit den Basisvariablen x_5, x_6, x_7 und den Nichtbasisvariablen x_1, x_2, x_3, x_4. Die Nebenbedingungen und die Zielfunktion liegen bereits in der bei der gewöhnlichen Simplexmethode vorausgesetzten Gestalt vor, so daß der vorbereitende Schritt entfällt.

Rechenschema 27:

	BV	x_1	x_2	x_3	x_4	x_0	PS	Q
	x_5	2	3	4	1	87	4	$\frac{87}{4}$
←	x_6	1	1	5	2	55	5 $\bigcirc$	11
	x_7	3	1	2	1	61	2	$\frac{61}{2}$
	*	−17	−9	−20↑	−8	0		
	PZ	1	1	5	2			

	BV	x_1	x_2	x_6	x_4	x_0	PS	Q	$\hat{d}^{(1)}$
	x_5	2	3	0	1	43	$\frac{6}{5}$	$\frac{215}{6}$	$-\frac{4}{5}$
	x_3	0	0	0	0	11	$\frac{1}{5}$	55	$\frac{1}{5}$
←	x_7	3	1	0	1	39	$\frac{13}{5}$ $\bigcirc$	15	$-\frac{2}{5}$
	*	−13↑	−5	4	0	220			
	PZ	$\frac{13}{5}$	$\frac{3}{5}$	$-\frac{2}{5}$	$\frac{1}{5}$				
	$\hat{d}^{*(1)}$	1	1	1	2				

	BV	x_7	x_2	x_6	x_4	x_0	PS	Q	$\hat{d}^{(1)}$	$\hat{d}^{(2)}$
←	x_5	0	3	0	1	25	$\frac{25}{13}$ $\bigcirc$	13	$-\frac{4}{5}$	$-\frac{6}{13}$
	x_3	0	0	0	0	8	$\frac{2}{13}$	52	$\frac{1}{5}$	$-\frac{1}{13}$
	x_1	0	0	0	0	15	$\frac{3}{13}$	65	0	$\frac{5}{13}$
	*	5	−2↑	2	1	415				
	PZ	$-\frac{6}{13}$	$\frac{25}{13}$	$-\frac{8}{13}$	$-\frac{9}{13}$					
	$\hat{d}^{*(1)}$	0	1	1	2					
	$\hat{d}^{*(2)}$	1	$\frac{3}{5}$	$-\frac{2}{5}$	$\frac{1}{5}$					

Rechenschema 27 (Fortsetzung):

BV	x_7	x_5	x_6	x_4	x_0	PS	Q	$\hat{d}^{(1)}$	$\hat{d}^{(2)}$	$\hat{d}^{(3)}$
x_2	0	0	0	0	13			0	0	$\frac{13}{25}$
x_3	0	0	0	0	6			$\frac{1}{5}$	$-\frac{1}{13}$	$-\frac{2}{25}$
x_1	0	0	0	0	12			0	$\frac{5}{13}$	$-\frac{3}{25}$
*	$\frac{113}{25}$	$\frac{26}{25}$	$\frac{34}{25}$	$\frac{7}{25}$	441					
PZ										
$\hat{d}^{*(1)}$	0	0	1	2						
$\hat{d}^{*(2)}$	1	0	$-\frac{2}{5}$	$\frac{1}{5}$						
$\hat{d}^{*(3)}$	$-\frac{6}{13}$	1	$-\frac{8}{13}$	$-\frac{9}{13}$						

Der Lösungsprozeß ist in Rechenschema 27 zu finden. Das Eintragen in das Ausgangstableau bedarf keiner Erläuterung. Dem Vorgehen der gewöhnlichen Simplexmethode entsprechend wird x_3 zur Eingangsvariablen gemacht. Beim ersten Simplexschritt ist lediglich die Spalte x_3 in die Spalte PS zu übertragen. Die Bestimmung der Ausgangsvariablen x_6 entspricht dem Lösungsweg der gewöhnlichen Simplexmethode. Beim ersten Simplexschritt kann die Pivotzeile (2. Zeile) in die Zeile PZ übernommen werden. Zur Eintragung in das nächste Tableau ist zu bemerken, daß die Zahlen in der Pivotspalte (Spalte x_3) und Pivotzeile (2. Zeile) gleich Null zu setzen sind. Das Nullsetzen bei den Vektoren $\hat{d}^{(i)}$ und $\hat{d}^{*(i)}$ entfällt, da im Ausgangstableau solche Vektoren noch nicht enthalten sind. Die Berechnung des Vektors $\hat{d}^{(1)}$ ist in Teilschritt 8 beschrieben ($d_{rk}^{(0)} = 5$). Die Transformation der Spalte x_0 erfolgt auf Grund der Gleichung ($d_{r0}^{(0)} = 55$)

$$\begin{pmatrix} 87 \\ 0 \\ 61 \end{pmatrix} + 55 \begin{pmatrix} -\frac{4}{5} \\ \frac{1}{5} \\ -\frac{2}{5} \end{pmatrix} = \begin{pmatrix} 43 \\ 11 \\ 39 \end{pmatrix}.$$

Für den Wert der Zielfunktion ergibt sich: $d_{m+1,0}^{(1)} = 0 - (-20) \cdot 55 \cdot \frac{1}{5} = 220.$

Die Komponenten des Vektors $\hat{d}^{*(1)}$ sind gleich den Zahlen in der Zeile PZ, nur in der Pfeilspalte ist an Stelle von 5 die Zahl 1 zu schreiben. Die Transformationsformeln für die Grundzeile ergeben $(k = 3)$

$$d_{m+1,3}^{(1)} = -\frac{-20}{5} = 4,$$

$$d_{m+1,i}^{(1)} = d_{m+1,i}^{(0)} + 4d_{ri}^{(0)}, \quad i \neq k.$$

Damit ist der erste Simplexschritt abgeschlossen.

Bei den weiteren Simplexschritten erläutern wir nur die Teilschritte, die für die symmetrische revidierte Simplexmethode neuartig sind.

Berechnung der Spalte PS $(\hat{d}_r^{*(1)} = 1)$:

$$\begin{pmatrix} 2 \\ 0 \\ 3 \end{pmatrix} + 1 \begin{pmatrix} -\frac{4}{5} \\ \frac{1}{5} \\ -\frac{2}{5} \end{pmatrix} = \begin{pmatrix} \frac{6}{5} \\ \frac{1}{5} \\ \frac{13}{5} \end{pmatrix}.$$

Berechnung der Zeile PZ $\left(\hat{d}_r^{(1)} = -\frac{2}{5}\right)$:

$$(3, 1, 0, 1) + \left(-\frac{2}{5}\right)(1, 1, 1, 2) = \left(\frac{13}{5}, \frac{3}{5}, -\frac{2}{5}, \frac{1}{5}\right).$$

Berechnung der Spalte x_0:

$$\begin{pmatrix} 43 \\ 11 \\ 0 \end{pmatrix} + 39 \begin{pmatrix} -\frac{6}{13} \\ -\frac{1}{13} \\ \frac{5}{13} \end{pmatrix} = \begin{pmatrix} 25 \\ 8 \\ 15 \end{pmatrix};$$

$$d_{m+1,0}^{(2)} = 220 - (-13) \cdot 39 \cdot \frac{5}{13} = 415.$$

Transformation der Grundzeile:

$$d_{m+1,1}^{(2)} = -\frac{-13}{\frac{13}{5}} = 5,$$

$$d_{m+1,i}^{(2)} = d_{m+1,i}^{(1)} + 5d_{ri}^{(1)}, \quad i \neq k.$$

Damit ist der zweite Simplexschritt abgeschlossen. Zur Erläuterung des dritten Simplexschrittes führen wir an:

Berechnung der Spalte PS:

$$\begin{pmatrix} 3 \\ 0 \\ 0 \end{pmatrix} + 1 \begin{pmatrix} -\frac{4}{5} \\ \frac{1}{5} \\ 0 \end{pmatrix} + \frac{3}{5} \begin{pmatrix} -\frac{6}{13} \\ -\frac{1}{13} \\ \frac{5}{13} \end{pmatrix} = \begin{pmatrix} \frac{25}{13} \\ \frac{2}{13} \\ \frac{3}{13} \end{pmatrix}.$$

Berechnung der Zeile PZ:

$$(0, 3, 0, 1) - \frac{4}{5}(0, 1, 1, 2) - \frac{6}{13}\left(1, \frac{3}{5}, -\frac{2}{5}, \frac{1}{5}\right) = \left(-\frac{6}{13}, \frac{25}{13}, -\frac{8}{13}, -\frac{9}{13}\right).$$

Das letzte Tableau von Rechenschema 27 ist optimal. Wir haben die optimale Lösung

$$x_1 = 12,\ x_2 = 13,\ x_3 = 6,\ x_4 = x_5 = x_6 = x_7 = 0$$

mit dem optimalen Wert $Z = 441$ für die Zielfunktion gefunden.

6.6. Ergänzende Bemerkungen. Auch wenn die symmetrische revidierte Simplexmethode bei der manuellen Rechnung recht aufwendig und umständlich wirkt, sind einige beachtliche Vorteile für das automatische Rechnen nicht verkennbar (vergleiche [58], [63]):

1. Treten in der Ausgangsmatrix $D^{(0)}$ sehr viele Nullelemente auf (bei praktischen Aufgaben ist das häufig in sehr hohem Maße der Fall), kann man sie kompakt speichern, da sie, abgesehen von den Nullsetzungen, nicht verändert wird. Das bedeutet, daß man nur die von Null verschiedenen Elemente der Matrix $D^{(0)}$ und ihre Indizes speichert. Dadurch reduziert sich der erforderliche Speicherbedarf sowie die Rechenzeit. An Stelle der expliziten Ausführung der Nullsetzungen kann man auch die aufgetretenen Pivotzeilen und Pivotspalten markieren.
2. Auch die Vektoren $\hat{d}^{(i)}$, $\hat{d}^{*(i)}$ lassen sich kompakt speichern, wodurch sich entsprechende Vorteile ergeben. Der Lösungsprozeß ist so angelegt, daß sie auch ohne Schwierigkeiten in Außenspeicher eingegeben werden können.
3. Die Zahl der Rechenoperationen reduziert sich gegenüber der gewöhnlichen Simplexmethode bei der Produktform meist erheblich. In [58] werden Einsparungen von durchschnittlich 50% bei praktischen Beispielen angegeben.

Diese Bemerkungen zeigen, daß die Produktform der gewöhnlichen Simplexmethode beim automatischen Rechnen der gewöhnlichen Simplexmethode meist überlegen sein wird.

Alle früher für die gewöhnliche Simplexmethode hergeleiteten Aussagen lassen sich mühelos auf die Produktform übertragen, soweit nicht dazu die Kenntnis des vollen Simplextableaus erforderlich ist. So kann z. B. das von uns entwickelte Vorgehen im Falle der Ausartung sofort übernommen werden. Dagegen wäre es nicht vertretbar, die Variante mit veränderter Auswahl der Eingangsvariablen von § 1 auf die Produktform zu übertragen. Zur Bestimmung einer ersten zulässigen Basislösung kann die M-Methode leicht auch mit der Produktform verknüpft werden. Jedoch ist es bei der Zweiphasenmethode im Falle 3 (beachte III.4.2) nicht sinnvoll, das Vorgehen von III.4.2 heranzuziehen; vielmehr sollte man an den in 4.10 beschriebenen Lösungsweg anschließen.

Es bedarf wohl keines ausdrücklichen Hinweises, daß die Produktform dieselbe Folge zulässiger Basislösungen wie die gewöhnliche Simplexmethode berechnet, wenn man vom gleichen Startvektor ausgeht.

6.7. Die Produktform der dualen Simplexmethode. Es ist leicht zu erkennen, daß auch für die duale Simplexmethode eine Produktform angegeben werden kann. Denn alle für das duale Vorgehen benötigten Informationen werden ja von der entwickelten Produktform bereitgestellt. Man hat lediglich den Algorithmus im

Rechenschema 28:

	BV	x_1	x_2	x_0	PS	
←	x_3	-5	-1	$-9\uparrow$	$\bigcirc\!\!\!\!-5$ (circled)	
	x_4	-1	-1	-5	-1	
	x_5	-1	-2	-7	-1	
	*	$3\uparrow$	1	0		
	PZ	-5	-1			
	Q	$-\frac{3}{5}$	-1			
	BV	x_3	x_2	x_0	PS	$\hat{d}^{(1)}$
	x_1	0	0	$\frac{9}{5}$	$\frac{1}{5}$	$-\frac{1}{5}$
	x_4	0	-1	$-\frac{16}{5}$	$-\frac{4}{5}$	$-\frac{1}{5}$
←	x_5	0	-2	$-\frac{26}{5}\uparrow$	$-\frac{9}{5}$ (circled)	$-\frac{1}{5}$
	*	$\frac{3}{5}$	$\frac{2}{5}\uparrow$	$-\frac{27}{5}$		
	PZ	$-\frac{1}{5}$	$-\frac{9}{5}$			
	Q	-3	$-\frac{2}{9}$			
	$\hat{d}^{*(1)}$	1	-1			

Rechenschema 28 (Fortsetzung):

BV	x_3	x_5	x_0	PS	$\hat{d}^{(1)}$	$\hat{d}^{(2)}$
x_1	0	0	$\frac{11}{9}$	$\frac{1}{9}$	$-\frac{1}{5}$	$\frac{1}{9}$
x_4	0	0	$-\frac{8}{9}\uparrow$	$\bigcirc\!\!\!\!-\frac{4}{9}$	$-\frac{1}{5}$	$-\frac{4}{9}$
x_2	0	0	$\frac{26}{9}$	$-\frac{5}{9}$	0	$-\frac{5}{9}$
*	$\frac{5}{9}$	$\frac{2}{9}\uparrow$	$-\frac{59}{9}$			
PZ	$-\frac{1}{9}$	$-\frac{4}{9}$				
Q	-5	$-\frac{1}{2}$				
$\hat{d}^{*(1)}$	1	0				
$\hat{d}^{*(2)}$	$-\frac{1}{5}$	1				

BV	x_3	x_4	x_0	PS	$\hat{d}^{(1)}$	$\hat{d}^{(2)}$	$\hat{d}^{(3)}$
x_1	0	0	1		$-\frac{1}{5}$	$\frac{1}{9}$	$\frac{1}{4}$
x_5	0	0	2		0	0	$-\frac{9}{4}$
x_2	0	0	4		0	$-\frac{5}{9}$	$-\frac{5}{4}$
*	$\frac{1}{2}$	$\frac{1}{2}$	-7				
PZ							
Q							
$\hat{d}^{*(1)}$	1	0					
$\hat{d}^{*(2)}$	$-\frac{1}{5}$	0					
$\hat{d}^{*(3)}$	$-\frac{1}{9}$	1					

Sinne der dualen Simplexmethode abzuwandeln (erst Bestimmung der Ausgangsvariablen, dann Ermittlung der Eingangsvariablen). Die eigentliche Transformation der Produktform wird aber davon nicht berührt. Im Rechenschema tritt lediglich an Stelle der Q-Spalte eine Q-Zeile auf. Gegeben muß ein dual zulässiges Anfangstableau sein. Der vorbereitende Schritt entspricht dem der dualen Simplexmethode. Wir können auf eine ausführliche Formulierung des numerischen Algorithmus verzichten und beschränken uns darauf, ein numerisches Beispiel zu verfolgen.

Beispiel: Wir betrachten die lineare Optimierungsaufgabe

$$Z = -3x_1 - x_2 \max.$$

$$\begin{aligned} -5x_1 - x_2 + x_3 &= -9 \\ -x_1 - x_2 + x_4 &= -5 \\ -x_1 - 2x_2 + x_5 &= -7 \\ x_i \geqq 0, \ i = 1, 2, \ldots, 5 \end{aligned}$$

von 3.4. Rechenschema 28 ist zu entnehmen, daß das Ausgangstableau dual zulässig ist.

Im ersten Schritt wird x_3 zur Ausgangsvariablen gemacht, so daß die erste Zeile in die Zeile PZ übertragen werden kann. Das ermöglicht uns die Berechnung der Q-Zeile und die Ermittlung von x_1 als Eingangsvariable. Beim ersten Schritt kann daher die Spalte x_1 in die Spalte PS übernommen werden. Jetzt stehen alle Informationen für die Transformation der Produktform zur Verfügung.

Die weiteren Simplexschritte werden in Kombination des dualen Vorgehens mit den Transformationen der Produktform ausgeführt. Dabei ist immer erst die Zeile PZ und dann die Spalte PS zu berechnen.

Das letzte Tableau ist auch primal zulässig, so daß sich als optimale Lösung

$$x_1 = 1, \ x_2 = 4, x_3 = x_4 = 0, \ x_5 = 1$$

mit dem optimalen Wert $Z = -7$ für die Zielfunktion ergibt.

Die für die Produktform der gewöhnlichen Simplexmethode angegebenen Vorteile beim automatischen Rechnen übertragen sich auf die Produktform der dualen Simplexmethode.

§ 7. Weitere Lösungsmethoden der linearen Optimierung

Bei unseren bisherigen Betrachtungen haben wir einige Grundalgorithmen zur Lösung linearer Optimierungsaufgaben kennengelernt, so die gewöhnliche und duale Simplexmethode sowie die revidierten Simplextechniken. Daneben wurde eine Reihe von Varianten beschrieben. Trotz dieses Angebotes an leistungsfähigen Lösungsverfahren der linearen Optimierung ist damit die Zahl der heute bekannten Lösungsmethoden nicht erschöpft. Wir müssen uns in diesem Buch jedoch darauf beschränken, Hinweise auf einige weitere Verfahren der linearen Optimierung zu geben, ohne eine genaue Beschreibung der Algorithmen anzustreben.

Als eine weitere grundlegende Lösungsmethode der linearen Optimierung kann man den *primal-dualen Algorithmus* anführen, der auch gelegentlich als *ungarische Methode* bezeichnet wird. Man spricht vom primal-dualen Algorithmus, weil nicht nur die primale Aufgabe (wie bei der gewöhnlichen Simplexmethode) oder die duale Aufgabe (wie faktisch bei der dualen Simplexmethode), sondern die beiden Aufgaben des dualen Paares in den Lösungsprozeß einbezogen werden. Der Name „ungarische Methode" ist gebräuchlich, weil ausgehend von einer älteren Arbeit des bekannten ungarischen Mathematikers Egerváry von Kuhn ein spezielles Lösungsverfahren für das sogenannte Zuordnungsproblem entwickelt wurde, das man als ungarische Methode bezeichnet. Dieses Verfahren wurde dann im Jahre 1956 von Dantzig, Ford und Fulkerson auf allgemeine lineare Optimierungsaufgaben erweitert.

Beim primal-dualen Algorithmus geht man, wie üblich, von einer linearen Optimierungsaufgabe in Normalform aus

$$\max\{c'x \mid Ax = b, x \geqq 0\}, \tag{61}$$

wobei $b \geqq 0$ gelten soll (diese Bedingung läßt sich jederzeit erfüllen). Vorausgesetzt wird die Kenntnis einer zulässigen Lösung der dualen Aufgabe

$$\min\{b'\hat{x} \mid A'\hat{x} \geqq c\}.$$

Das ist eine zu beachtende Reduktion der Anforderungen an den Startvektor, zumal es häufig recht einfach ist, eine zulässige Lösung der dualen Aufgabe zu finden, die keine zulässige Basislösung zu sein braucht (siehe etwa [39]).

Der linearen Optimierungsaufgabe (61) ordnen wir eine sogenannte *erweiterte Aufgabe*

$$\left.\begin{aligned} \tilde{Z} &= \varepsilon_1 + \varepsilon_2 + \cdots + \varepsilon_m \quad \min. \\ \sum_{j=1}^{n} a_{ij}\,\xi_j + \varepsilon_i &= b_i, \ i = 1, 2, \ldots, m \\ \xi_i &\geqq 0, \ i = 1, 2, \ldots, n \\ \varepsilon_i &\geqq 0, \ i = 1, 2, \ldots, m \end{aligned}\right\} \tag{62}$$

zu. Diese erweiterte Aufgabe ist nichts anderes als die bei der Zweiphasenmethode betrachtete Hilfsaufgabe, wenn m künstliche Variablen $\varepsilon_1, \varepsilon_2, \ldots, \varepsilon_m$ eingeführt werden. Die ε_i fassen wir hier als *Abweichungen* zwischen der linken und rechten Seite der Nebenbedingungen auf. Die erweiterte Aufgabe ermöglicht uns die Erklärung von *Hilfsaufgaben*. Dazu gehen wir von der als bekannt vorausgesetzten zulässigen Lösung $\hat{x}' = (\hat{x}_1, \hat{x}_2, \ldots, \hat{x}_m)$ der dualen Aufgabe aus und bestimmen die Nebenbedingungen des Dualproblems, die von $\hat{x}$ in Gleichungsform erfüllt werden

$$\sum_{i=1}^{m} a_{ij}\hat{x}_i = c_j, \quad j \in \hat{I}. \tag{63}$$

$\hat{I}$ ist die Menge der Indizes j, für die (63) von $\hat{x}$ befriedigt wird. Haben wir diese Indexmenge ermittelt, ordnen wir $\hat{x}$ eine Hilfsaufgabe zu, die aus der erweiterten Aufgabe (62) durch die zusätzliche Bedingung $\xi_j = 0$ für $j \notin \hat{I}$ hervorgeht.

Die Hilfsaufgabe lautet also

$$\left.\begin{aligned} \tilde{Z} = \varepsilon_1 + \varepsilon_2 + \cdots + \varepsilon_m \quad \min. \\ \sum_{j \in \hat{I}} a_{ij}\, \xi_j + \varepsilon_i = b_i,\ i = 1, 2, \ldots, m \\ \xi_j \geqq 0,\ j \in \hat{I} \\ \varepsilon_i \geqq 0,\ i = 1, 2, \ldots, m. \end{aligned}\right\} \tag{64}$$

Die Variablen der Hilfsaufgabe sind ξ_j, $j \in \hat{I}$ und ε_i, $i = 1, 2, \ldots, m$. Es sei bemerkt, daß wir für die Hilfsaufgabe stets eine erste zulässige Basislösung angeben können. Diese Hilfsaufgabe kann nach einer primalen Simplextechnik gelöst werden. Folglich ist der primal-duale Algorithmus kein selbständiges Lösungsverfahren, das unabhängig von anderen Lösungsverfahren der linearen Optimierung angewandt werden kann. Beim automatischen Rechnen muß also neben dem Programm für den primal-dualen Algorithmus das vollständige Programm einer primalen Simplextechnik zur Verfügung stehen. Beim manuellen Rechnen haben wir den Nachteil einer gewissen Uneinheitlichkeit, da wir bei der Lösung der Hilfsaufgabe das bisherige primale Vorgehen verwenden, um dann wieder zum eigentlichen primal-dualen Algorithmus überzugehen.

Jeder zulässigen Lösung der Hilfsaufgabe ordnen wir jetzt einen n-dimensionalen Vektor $x' = (x_1, x_2, \ldots, x_n)$ zu, für den

$$\left.\begin{aligned} x_j = \xi_j, \quad j \in \hat{I} \\ x_j = 0, \quad j \notin \hat{I} \end{aligned}\right\} \tag{65}$$

gilt. Die Komponenten ε_i, $i = 1, 2, \ldots, m$ einer zulässigen Lösung der Hilfsaufgabe geben die Abweichungen der Nebenbedingungen der vorgelegten linearen Optimierungsaufgabe an, wenn der durch (65) bestimmte Vektor x eingesetzt wird.

Der durch (65) festgelegte Vektor x genügt den Nichtnegativitätsbedingungen. Jedoch wird er im allgemeinen die Nebenbedingungen der linearen Optimierungsaufgabe (61) nicht erfüllen (falls nicht alle $\varepsilon_i = 0$ sind). Eine optimale zulässige Basislösung der Hilfsaufgabe hat höchstens m positive Komponenten ξ_j, ε_i. Daher kann auch x nicht mehr als m positive Komponenten besitzen.

Nun besagt das *Optimalitätskriterium* des primal-dualen Algorithmus, daß der Vektor x eine optimale Lösung der linearen Optimierungsaufgabe (61) ist, wenn sämtliche Abweichungen ε_i gleich Null sind.

Interessant ist eine geometrische Interpretation der durch (65) bestimmten Vektoren x, die an die geometrische Interpretation der Dualität von II.4.4 anknüpft (beachte auch 3.1). Bei der primalen Simplexmethode haben wir uns dem Optimum auf einer Geraden G vom Inneren des konvexen mehrkantigen Kegels genähert. Dabei lagen auf G die Bilder der Vektoren, die den Nebenbedingungen der linearen Optimierungsaufgabe genügen, während die die Nichtnegativitätsbedingungen erfüllenden Vektoren in den konvexen mehrkantigen Kegel abgebildet wurden. Bei der dualen Simplexmethode haben wir uns dem Optimum auf der Geraden G vom Äußeren des konvexen mehrkantigen Kegels genähert. Der primal-duale Algorithmus konstruiert Vektoren x, die den Nichtnegativitätsbedingungen genügen und deren Bilder daher im konvexen mehrkantigen Kegel enthalten sein müssen. Man kann zeigen, daß ihre Bilder sogar auf der Kegeloberfläche liegen müssen. Diese Vektoren genügen aber nur im Falle der Optimalität auch den Nebenbedingungen, und ihre Bilder sind folglich im allgemeinen nicht auf der Geraden G gelegen. Beim primal-dualen Algorithmus nähert man sich also auf der Kegeloberfläche dem Optimum. Diese geometrische Interpretation unterstreicht nochmals, daß wir es beim primal-dualen Algorithmus mit einer grundsätzlich neuen Lösungsmethode der linearen Optimierung zu tun haben.

Wir haben jetzt noch das Vorgehen des primal-dualen Algorithmus für den Fall zu beschreiben, daß die optimale Lösung der Hilfsaufgabe positive Komponenten ε_i besitzt. Dann ist die Optimalitätsbedingung nicht erfüllt, und es muß eine neue zulässige Lösung der zu (61) dualen Aufgabe konstruiert werden. Dazu betrachten wir die optimale Lösung

$$\hat{\xi} = (\hat{\xi}_1, \hat{\xi}_2, \ldots, \hat{\xi}_m)$$

der dualen Hilfsaufgabe, die ja bekanntlich im optimalen Simplextableau der Hilfsaufgabe in der Grundzeile abgelesen werden kann. Weiterhin definieren wir Zahlen Δ_j und δ_j durch die Gleichungen

$$\Delta_j = \sum_{i=1}^{m} a_{ij}\hat{x}_i - c_j,\ j = 1, 2, \ldots, n,$$

$$\delta_j = \sum_{i=1}^{m} a_{ij}\,\hat{\xi}_i,\ j = 1, 2, \ldots, n$$

($\hat{x}_i$ sind die Komponenten der zulässigen Lösung $\hat{x}$, durch die die Hilfsaufgabe erklärt wurde).

Grundsätzlich sind drei Fälle zu unterscheiden:

1. Sämtliche Abweichungen der optimalen Lösung der Hilfsaufgabe sind gleich Null
$$\varepsilon_i = 0,\ i = 1, 2, \ldots, m.$$

2. Es gibt positive Abweichungen
$$\sum_{i=1}^{m} \varepsilon_i > 0,$$
und alle δ_j sind nichtpositiv
$$\delta_j \leqq 0,\quad j = 1, 2, \ldots, n.$$

3. Es gibt positive Abweichungen und wenigstens eine positive Zahl δ_j.

Der erste Fall führt zur Optimalität und wird im weiteren ausgeschlossen. Man kann zeigen, daß im zweiten Falle die lineare Optimierungsaufgabe (61) unlösbar ist, da keine zulässigen Lösungen existieren. Im dritten Falle berechnen wir

$$\varrho = \min_{\delta_j > 0} \frac{\Delta_j}{\delta_j}$$

und finden in

$$\hat{\hat{x}} = \hat{x} - \varrho\hat{\xi}$$

eine neue zulässige Lösung der zu (61) dualen Aufgabe. Die neue zulässige Lösung $\hat{\hat{x}}$ erklärt wieder eine Hilfsaufgabe, die nach einer primalen Simplextechnik gelöst werden kann. Es ist wichtig zu bemerken, daß sich aus den positiven Komponenten der optimalen Lösung der vorhergehenden Hilfsaufgabe ein geeigneter Startvektor für die neue Hilfsaufgabe finden läßt. Dadurch reduziert sich im allgemeinen die Zahl der erforderlichen Simplexschritte. Die Summe der Abweichungen für die optimale Lösung der neuen Hilfsaufgabe ist kleiner (den Fall der Ausartung ausgeschlossen) als die Summe der Abweichungen bei der vorhergehenden Hilfsaufgabe. Diese Tatsache sichert auch gleichzeitig die Endlichkeit des primal-dualen Algorithmus.

Damit ist die Theorie des primal-dualen Algorithmus beschrieben. Wir verzichten darauf, den numerischen Algorithmus ausführlich zu formulieren (siehe dazu etwa [39]), für den sich noch einige Vereinfachungen finden lassen, die hier nur angedeutet werden konnten. Enthalten die Indexmengen $\hat{I}$ nur wenige Elemente, ist der Umfang der Hilfsaufgaben relativ klein. Da die optimale Lösung der vorhergehenden Hilfsaufgabe zugleich einen Startvektor für die nächste Hilfsaufgabe liefert, sind im allgemeinen nur wenige Schritte zur Lösung einer Hilfsaufgabe notwendig. Das macht verständlich, daß der primal-duale Algorithmus meist weniger Schritte als die duale Simplexmethode erfordert.

Wir wollen noch auf eine *Modifikation des primal-dualen Algorithmus* hinweisen, die aber die starke Voraussetzung notwendig macht, daß eine zulässige Basislösung der vorgelegten linearen Optimierungsaufgabe und eine zulässige Lösung ihrer dualen Aufgabe bekannt ist. Diese Modifikation hat den Vorteil, daß man in jedem Schritt den optimalen Wert der Zielfunktion einschließen kann (beachte 3.6) und gegebenenfalls den Lösungsprozeß abbricht, falls eine ausreichende Genauigkeit erzielt ist. An Stelle der Abweichungen ε_i der Nebenbedingungen betrachtet man bei der modifizierten Methode Abweichungen von Zielfunktionswerten.

Mit den Grundgedanken des primal-dualen Algorithmus und der revidierten Simplexmethode verwandt ist die *Methode der Auflösungskoeffizienten* von Kantorowitsch. Sie ist die älteste Lösungsmethode der linearen Optimierung und wurde schon im Jahre 1939 von Kantorowitsch für spezielle Aufgaben der linearen Optimierung entwickelt. Zwar verwendet Kantorowitsch nicht die duale Aufgabe, man kann aber zeigen, daß die Auflösungskoeffizienten eine optimale Lösung der dualen Aufgabe bestimmen (vgl. [39]). Wir wollen hier nicht das Vorgehen bei der Berechnung der Auflösungsmultiplikatoren beschreiben. Die Methode der Auflösungsmultiplikatoren wird heute meist nur noch zur Lösung spezieller Aufgaben der linearen Optimierung herangezogen, zu denen die von Kantorowitsch untersuchten Produktionsmodelle gehören [44]. In diesen Fällen liefert die Methode der Auflösungsmultiplikatoren häufig viel schneller als die Simplexmethode eine optimale Lösung.

Ein weiteres allgemeines Verfahren zur Lösung von linearen Optimierungsproblemen, die sogenannte *Methode der Leitvariablen*, wurde von Beale entwickelt. Dieses Verfahren benutzt in den Grundzügen wieder die Simplextechnik. An Stelle der Einführung künstlicher Variablen wird eine Leitgleichung betrachtet, die entweder unter den Nebenbedingungen zu finden ist oder künstlich eingeführt wird. Die Methode der Leitvariablen wird daher verwendet, wenn ein Startvektor für die primale oder duale Simplexmethode nicht bekannt ist und man auf die Einführung künstlicher Variablen verzichten möchte (s. [68]).

Weitere interessante Lösungsverfahren der linearen Optimierung sind die *Duoplex-Methode* [49], [52], [53] und die *Triplex-Methode* [50] von KÜNZI. Bei der Duoplex-Methode geht man davon aus, daß es vielfach möglich ist, eine Restriktion zu finden, deren zugehörige Hyperebene den Optimalpunkt enthält. Dazu bestimmt man diejenige Hyperebene, deren zugehöriger Normalenvektor n_k mit dem sogenannten Gradientenvektor der Zielfunktion den kleinsten Winkel einschließt (Abb. 9). Man kann zeigen, daß im Falle $n \leqq 2$ die gefundene Hyperebene (Gerade) immer den Optimalpunkt enthält, wenn die entsprechende Nebenbedingung nicht überflüssig ist. Diese Aussage ist jedoch für $n > 2$ nicht allgemein gültig. Das weitere Vorgehen der Duoplex-Methode ist dem eines *Gradientenverfahrens* vergleichbar. Von irgendeinem Startpunkt P aus bewegt man sich längs des Gradientenvektors, bis man zu der ausgezeichneten Hyperebene gelangt. Liegt der Schnittpunkt K zwischen dem Gradientenvektor und der ausgezeichneten Hyperebene im Bereich M der zulässigen Lösungen (Abb. 9), projiziert man den Gradientenvektor auf die Hyperebene (wie beim *Verfahren der projizierten Gradienten*) und schreitet in Richtung des projizierten Gradienten fort. Liegt der Punkt K außerhalb des Bereiches der zulässigen Lösungen (Abb. 10), muß man sich zunächst mit der *Mehrphasengradientenmethode* einen zulässigen Punkt verschaffen, indem man die verletzten Restriktionen fallen läßt und als

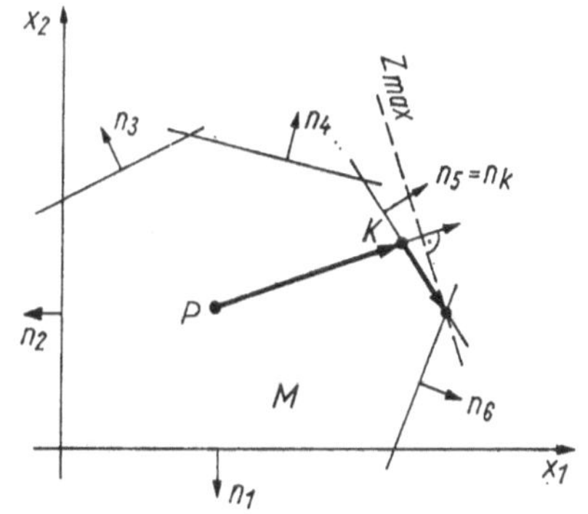

Abb. 9

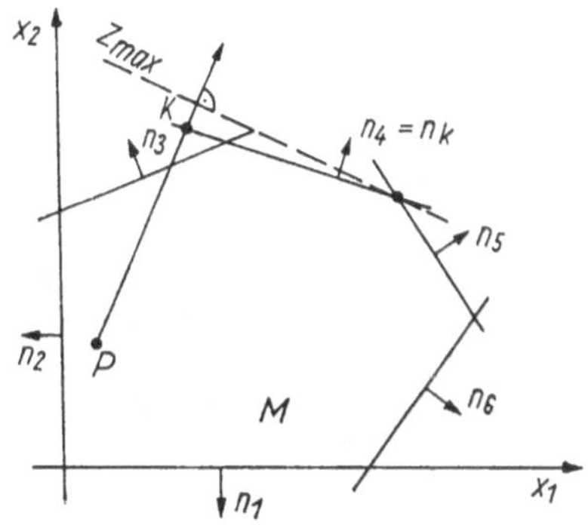

Abb. 10

Zielfunktion benutzt. Dann kann man im Sinne des Verfahrens der projizierten Gradienten fortschreiten. Besonders ungünstig ist das Verfahren, wenn die ausgezeichnete Hyperebene ganz außerhalb des Bereiches der zulässigen Lösungen verläuft und folglich überflüssig ist. Zwar versagt auch in diesem Falle nicht die Duoplexmethode, jedoch bedarf es eines größeren Aufwandes, bis ein zulässiger Punkt erhalten wird.

Wir haben damit ein Verfahren in den Grundzügen besprochen, das sich eines ganz anderen Lösungsgedankens als die Simplexmethode bedient. Trotzdem sind bei der algorithmischen Durchführung des Verfahrens auch Simplextransformationen erforderlich. Unter Umständen kann man mit der Duoplexmethode wesentlich schneller zur optimalen Lösung als mit den herkömmlichen Simplextechniken gelangen.

Erwähnt sollte in diesem Zusammenhang noch die *Multiplexmethode* von FRISCH [24] werden. Man geht von einem zulässigen Punkt P des Bereiches M der zulässigen Lösungen aus (Abb. 11) und schreitet in Richtung des Gradienten der Zielfunktion so lange fort, bis man den Rand im Punkt Q_1 erreicht hat. Im Punkt Q_1 bestimmt man eine Richtung, die senkrecht zum Gradientenvektor ist. Längs dieser Richtung muß offensichtlich der Wert der Zielfunktion gleich bleiben (die

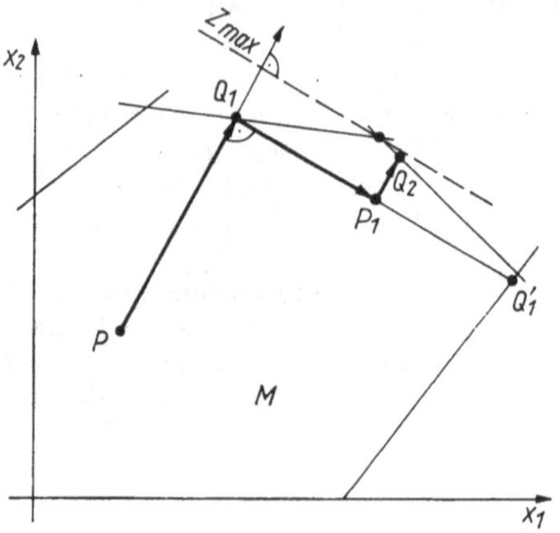

Abb. 11

Strecke Q_1Q_1' ist parallel zu den Geraden der Zielfunktion). Jetzt berechnet man den Punkt Q_1' (in diesem Punkt verläßt man bei Fortschreiten in dieser Richtung wieder den Bereich der zulässigen Lösungen) und den Mittelpunkt P_1 der Strecke Q_1Q_1'. Mit P_1 als neuen Startpunkt schreitet man wieder in Richtung des Gradienten fort und wiederholt so das Vorgehen. Praktisch wird das Verfahren abgebrochen, wenn eine ausreichende Genauigkeit erreicht ist.

Bisher sind wir bei der Beschreibung von Lösungsverfahren der linearen Optimierung immer von einer Normalform ausgegangen. Das vereinfachte die Untersuchung der Methoden und die Formulierung der numerischen Algorithmen. Aber nicht immer ist die Überführung in eine Normalform der zweckmäßigste Weg. Daher ist der Hinweis wichtig, daß die Lösungsmethoden der linearen Optimierung nicht grundsätzlich das Vorliegen einer Normalform fordern. Man kann vielmehr versuchen (vgl. [39]), die Lösungsverfahren der linearen Optimierung auf *Aufgaben mit gemischten Nebenbedingungen* zu verallgemeinern, deren Variablen nicht grundsätzlich den Vorzeichenbedingungen genügen müssen. Vorteile werden sich bei Verwendung der so modifizierten Algorithmen jedoch nur für spezielle Klassen linearer Optimierungsaufgaben erzielen lassen.

Mit diesen Hinweisen auf weitere Lösungsverfahren der linearen Optimierung wollen wir zugleich die Betrachtung von Grundalgorithmen abschließen. Wir haben gesehen, daß uns eine große Zahl von Lösungsmethoden zur Verfügung steht, die meist alle mit gewissen Vor- und Nachteilen behaftet sind. In den folgenden Kapiteln werden diese Verfahren zur Lösung neuer Aufgabenstellungen der linearen Optimierung herangezogen oder geeignet modifiziert.

KAPITEL V

AUFGABEN DER LINEAREN OPTIMIERUNG MIT ZUSÄTZLICHEN EINSCHRÄNKUNGEN FÜR DIE VARIABLEN

Im ersten Band haben wir der Berücksichtigung zusätzlicher Informationen beim Lösungsprozeß von Aufgabenstellungen der linearen Algebra große Beachtung geschenkt. Zusätzliche Informationen können uns auch in der linearen Optimierung entgegentreten und den Lösungsprozeß zum Teil wesentlich beeinflussen. Während wir uns bisher mit der Theorie und den Grundalgorithmen der linearen Optimierung beschäftigt haben, sind die vier folgenden Kapitel der Berücksichtigung zusätzlicher Informationen gewidmet, die meist eine beachtliche Vereinfachung des numerischen Lösungsprozesses gestatten. Zur Lösung solcher Aufgabenstellungen wird unter den Grundalgorithmen eine geeignete Auswahl getroffen, oder es werden entsprechende Modifikationen der Grundalgorithmen vorgenommen. Lineare Optimierungsaufgaben mit zusätzlichen Eigenschaften, wie etwa der Symmetrie der Matrix der Nebenbedingungen (das setzt ein quadratisches System der Nebenbedingungen voraus), sind aus praktischer Sicht faktisch ohne Interesse und daher auch kaum untersucht worden. Zwar besitzt z. B. das sogenannte Zuordnungsproblem ein quadratisches System der Nebenbedingungen, ohne daß allerdings die Matrix der Nebenbedingungen symmetrisch ist. Aber das ist im Vergleich zu den strukturellen Besonderheiten des Zuordnungsproblems nicht so herausragend, daß sich eine allgemeine Untersuchung von linearen Optimierungsaufgaben mit dieser Eigenschaft anbietet. Dagegen nehmen strukturelle Probleme in der linearen Optimierung eine zentrale Stellung ein. Wir werden uns allein in den drei folgenden Kapiteln mit linearen Optimierungsaufgaben beschäftigen, die sich durch spezielle Strukturen auszeichnen. Aber keineswegs vermitteln wir dadurch eine vollständige Übersicht über lineare Optimierungsaufgaben spezieller Struktur. Das bezieht sich insbesondere auf solche Aufgaben, denen Standardmodelle der mathematisch-ökonomischen Modellierung entsprechen. Unter der Vielzahl der praktisch interessanten Standardmodelle mit besonderen Strukturen werden wir in Kapitel VII lediglich das Transportproblem behandeln. Die Berücksichtigung zusätzlicher Informationen, die durch die nachträgliche Änderung der Daten linearer Optimierungsaufgaben hervorgerufen werden, bilden den Gegenstand der Untersuchungen von Kapitel VIII.

In diesem Kapitel beschäftigen wir uns mit linearen Optimierungsaufgaben, bei denen für einige oder sämtliche Variablen zusätzliche Einschränkungen durch untere und/oder obere Schranken gegeben sind. Nach Erläuterung der Problemstellung in § 1 werden in § 2 zunächst Aufgaben mit unteren Schranken für die Variablen behandelt. Bei Vorliegen oberer Schranken für die Variablen ist eine geeignete Modifikation der Grundalgorithmen erforderlich. Wir beschreiben in § 3 lediglich die Modifikation des gewöhnlichen Simplexverfahrens, obwohl grundsätzlich auch die anderen in diesem Buch besprochenen Grundalgorithmen zur Lösung der gestellten Aufgabe geeignet sind. Wir werden erkennen, daß die Berücksichtigung der speziellen Struktur bei Aufgaben mit zusätzlichen Einschränkungen für die Variablen zu einer wesentlichen Vereinfachung des Lösungsweges führt.

§ 1. Problemstellung

Die Untersuchung von linearen Optimierungsaufgaben, bei denen die Variablen durch untere und/oder obere Schranken eingegrenzt werden, ist von großem praktischen Interesse. Dabei unterscheiden wir:

1. Aufgaben mit einseitigen Einschränkungen für die Variablen,
2. Aufgaben mit zweiseitigen Einschränkungen für die Variablen.

Bei linearen Optimierungsaufgaben mit einseitigen Einschränkungen für die Variablen ist eine weitere Unterteilung sinnvoll:

1. Aufgaben mit unteren Schranken für die Variablen,
2. Aufgaben mit oberen Schranken für die Variablen.

Zunächst wollen wir uns mit der Problemformulierung bei *linearen Optimierungsaufgaben mit unteren Schranken für die Variablen* beschäftigen. Wie in Kap. II betrachten wir die allgemeine lineare Optimierungsaufgabe

$$Z = c_1x_1 + c_2x_2 + \cdots + c_nx_n \begin{cases} \max. \\ \min. \end{cases} \tag{1}$$

$$a_{i1}x_1 + a_{i2}x_2 + \quad + a_{in}x_n = b_i, \; i = 1, 2, \ldots, m_1 \tag{2}$$

$$a_{j1}x_1 + a_{j2}x_2 + \cdots + a_{jn}x_n \leqq b_j, \; j = m_1 + 1, \ldots, m \tag{3}$$

$$x_i \geqq 0, \; i = 1, 2, \ldots, n_1 \leqq n, \tag{4}$$

deren Variablen $x_1, x_2, \ldots, x_n$ jedoch zusätzlichen Einschränkungen der Form

$$x_k \geqq \alpha_k, \; k \in I_u \tag{5}$$

genügen müssen. Dabei bezeichnet I_u die Indexmenge der Variablen, für die untere Schranken gegeben sind. Derartige Zusatzbedingungen treten häufig bei praktischen Problemstellungen auf. Bezeichnet z. B. bei einem Produktionsmodell x_k die zu produzierende Menge des k-ten Erzeugnisses, so besagt die Ungleichung (5), daß für das k-te Erzeugnis eine *Mindestproduktion* von α_k Mengeneinheiten gesichert sein muß.

Ist α_k positiv, wird die gegebenenfalls vorliegende Nichtnegativitätsbedingung für die Variable x_k überflüssig. Der Fall $\alpha_k = 0$ ist praktisch ohne Interesse, da wir nur für x_k die Nichtnegativitätsbedingung zu fordern brauchen, so daß die Ungleichung (5) für x_k entfallen kann. $\alpha_k < 0$ ist nur sinnvoll, wenn für die Variable x_k die Nichtnegativitätsbedingung nicht gefordert wird.

Um die Problemstellung noch weiter zu veranschaulichen, betrachten wir die lineare Optimierungsaufgabe

$$\left.\begin{aligned} Z = 4x_1 + 3x_2 \quad & \text{max.} \\ x_1 + x_2 \leqq 7 & \\ 3x_1 + 2x_2 \leqq 18 & \\ x_1 + 3x_2 \leqq 15 & \\ x_1 \geqq 0,\ x_2 \geqq 0 & \end{aligned}\right\} \tag{6}$$

von I.1.2 mit den dort gegebenen ökonomischen Interpretationen. Die Variablen x_1 und x_2 sollen weiterhin den zusätzlichen Einschränkungen

$$\left.\begin{aligned} x_1 \geqq 2 \\ x_2 \geqq 1 \end{aligned}\right\} \tag{7}$$

unterworfen sein, die die Produktion von mindestens zwei Einheiten des Erzeugnisses E_1 und mindestens einer Einheit von E_2 sichern. Der Bereich der zulässigen Lösungen (in Abb. 1 veranschaulicht) wird durch die Zusatzbedingungen (7) weiter eingeschränkt (vgl. mit Abb. 10 von Kap. I). Die Betrachtung von Abb. 1

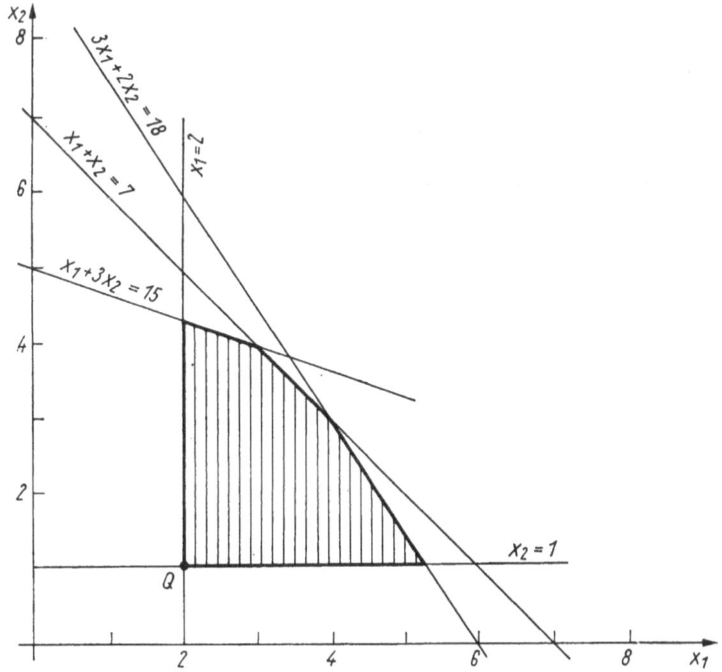

Abb. 1

legt es nahe, eine Parallelverschiebung des Koordinatensystems vorzunehmen, so daß der Koordinatenanfangspunkt in den Punkt Q übergeht. Das ist auch der mathematische Kerngedanke des in § 2 beschriebenen Lösungsweges für lineare Optimierungsaufgaben mit unteren Schranken für die Variablen.

Bei *linearen Optimierungsaufgaben mit oberen Schranken für die Variablen* treten zum Problem (1)–(4) noch die zusätzlichen Einschränkungen

$$x_k \leqq \beta_k, \; k \in I_0 \tag{8}$$

hinzu, wobei I_0 die Indexmenge der Variablen bezeichnet, für die obere Schranken gegeben sind. Ökonomisch sichert eine solche Bedingung, daß bei unserem oben betrachteten Produktionsmodell für das k-te Erzeugnis nur eine *Höchstproduktion* von β_k Mengeneinheiten zulässig ist.

Bei praktischen Aufgaben wird im allgemeinen $\beta_k > 0$ gelten. $\beta_k = 0$ bewirkt zusammen mit der gegebenenfalls vorliegenden Nichtnegativitätsbedingung für x_k, daß $x_k = 0$ sein muß. In diesem Falle ist x_k bestimmt und kann im Modell gestrichen werden. $\beta_k < 0$ ist nur möglich, falls für x_k keine Nichtnegativitätsforderung erhoben wird, da anderenfalls die lineare Optimierungsaufgabe unlösbar ist.

Der Bereich der zulässigen Lösungen der linearen Optimierungsaufgabe (6) mit den zusätzlichen Einschränkungen

$$\left.\begin{aligned} x_1 &\leqq 5 \\ x_2 &\leqq 4 \end{aligned}\right\} \tag{9}$$

ist in Abb. 2 dargestellt. Ein Vergleich mit Abb. 1 läßt erkennen, daß eine einfache Koordinatentransformation sich nicht unmittelbar als geeigneter Lösungsgedanke für Aufgaben mit oberen Schranken für die Variablen anbietet. Daher wird man in der Lösungstheorie von Aufgaben mit einseitigen Einschränkungen für die Variablen zu unterscheiden haben, ob es sich um untere oder obere Schranken handelt.

Bei *linearen Optimierungsaufgaben mit zweiseitigen Einschränkungen für die Variablen* wird das Problem (1)–(4) durch die Bedingungen

$$\alpha_k \leqq x_k \leqq \beta_k, \; k \in I \tag{10}$$

ergänzt. I ist die Indexmenge der Variablen, für die derartige Einschränkungen gegeben sind. (10) kann durch die Bedingungen (5) und (8) mit $I = I_0 = I_u$ ersetzt werden, so daß für x_k sowohl untere als auch obere Schranken vorliegen. Durch Vorgabe der unteren und oberen Schranke ist ein Parallelstreifen erklärt, der den Bereich der zulässigen Lösungen enthält und durch zwei parallele Hyperebenen begrenzt wird.

Wir verabreden, daß in (10) $\alpha_k = -\infty$ und $\beta_k = +\infty$ zulässig ist, jedoch ist in einem solchen Falle das Zeichen „$\leqq$" durch „$<$" zu ersetzen. Dann können einige Variablen nur einseitig eingeschränkt sein oder keiner zusätzlichen Einschränkung unterworfen werden. Das ermöglicht uns auch, $I = \{1, 2, \ldots, n\}$ zu wählen. Für

$$\alpha_k = -\infty, \; \beta_k < +\infty$$

liegen Aufgaben mit oberen Schranken für die Variablen vor. Ebenso ergeben sich für

$$\alpha_k > -\infty, \; \beta_k = +\infty$$

Aufgaben mit unteren Schranken für die Variablen, so daß die oben erklärten Aufgaben mit einseitigen Einschränkungen als Spezialfälle in dem allgemeinen Problem (1)–(4), (10) enthalten sind.

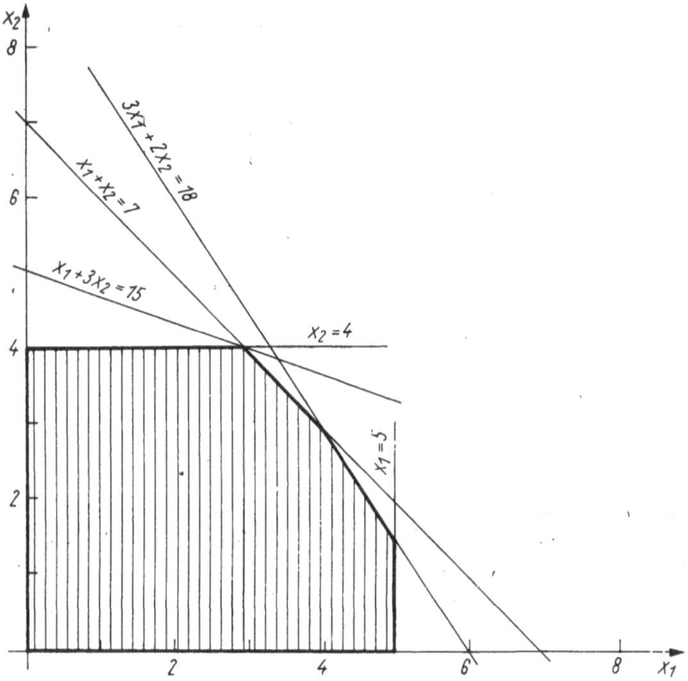

Abb. 2

Natürlich stellt jede Aufgabe mit zweiseitigen Einschränkungen für die Variablen, und damit auch jede Aufgabe mit einseitigen Einschränkungen, eine lineare Optimierungsaufgabe dar. Wir können folglich die Nebenbedingungen (10) oder die äquivalenten Nebenbedingungen

$$\begin{aligned} x_k &\geqq \alpha_k, \\ x_k &\leqq \beta_k, \end{aligned} \qquad k = 1, 2, \ldots, n$$

in das System der Nebenbedingungen (2), (3) einbeziehen und die Aufgabe in die erste Normalform überführen. Beschränken wir uns auf lineare Optimierungsaufgaben, bei denen sämtliche Variablen den Vorzeichenbedingungen genügen

$(n_1 = n)$, und sei $\alpha_k > -\infty$, $\beta_k < +\infty$, dann lauten die Nebenbedingungen der Normalform

$$\begin{aligned} a_{i1}x_1 + a_{i2}x_2 + \cdots + a_{in}x_n &= b_i, & i &= 1, 2, \ldots, m_1 \\ a_{j1}x_1 + a_{j2}x_2 + \cdots + a_{jn}x_n + x_{n+j-m_1} &= b_j, & j &= m_1 + 1, \ldots, m \\ -x_k + x_{n+m-m_1+k} &= -\alpha_k, & k &= 1, 2, \ldots, n \\ x_k + x_{2n+m-m_1+k} &= \beta_k, & k &= 1, 2, \ldots, n. \end{aligned}$$

Wir haben damit eine Aufgabe mit $3n + m - m_1$ Variablen und $2n + m$ Gleichungen als Nebenbedingungen erhalten. Mit den Bezeichnungen

$$A^* = \begin{pmatrix} a_{11} & a_{12} & \cdots & a_{1n} \\ a_{21} & a_{22} & \cdots & a_{2n}, \\ \cdots & \cdots & \cdots & \cdots \\ a_{m1} & a_{m2} & \cdots & a_{mn} \end{pmatrix}, \quad b^* = \begin{pmatrix} b_1 \\ b_2 \\ \vdots \\ b_m \end{pmatrix}, \quad \alpha = \begin{pmatrix} \alpha_1 \\ \alpha_2 \\ \vdots \\ \alpha_n \end{pmatrix}, \quad \beta = \begin{pmatrix} \beta_1 \\ \beta_2 \\ \vdots \\ \beta_n \end{pmatrix},$$

$$x' = (x_1, x_2, \ldots, x_{3n+m-m_1})$$

können die Nebenbedingungen der Normalform in Matrizenschreibweise durch

$$\left(\begin{array}{c|ccc} A^* & \begin{matrix} 0 \\ E_{m_1} \end{matrix} & \begin{matrix} 0 \\ 0 \end{matrix} & \begin{matrix} 0 \\ 0 \end{matrix} \\ \hline -E_n & 0 & E_n & 0 \\ E_n & 0 & 0 & E_n \end{array}\right) x = \begin{pmatrix} b^* \\ \hline -\alpha \\ \beta \end{pmatrix}$$

ausgedrückt werden. Dabei soll E_i eine Einheitsmatrix der Ordnung i darstellen. Die Matrix der Nebenbedingungen besitzt Blockstruktur und baut sich im wesentlichen aus Null- und Einheitsblöcken auf. Charakteristisch für die Struktur der betrachteten Aufgaben ist die Gestalt der beiden letzten Blockzeilen und -spalten. Entsprechende Überlegungen lassen sich für Aufgaben mit einseitigen Einschränkungen anstellen.

Die Normalform der linearen Optimierungsaufgabe (6) mit den zweiseitigen Einschränkungen (7), (9) lautet

$$Z = 4x_1 + 3x_2 \quad \max.$$

$$\begin{array}{rrrrrrrrrl} x_1 + & x_2 + x_3 & & & & & & & = & 7 \\ 3x_1 + & 2x_2 & + x_4 & & & & & & = & 18 \\ x_1 + & 3x_2 & & + x_5 & & & & & = & 15 \\ -x_1 & & & & + x_6 & & & & = & -2 \\ & -x_2 & & & & + x_7 & & & = & -1 \\ x_1 & & & & & & + x_8 & & = & 5 \\ & x_2 & & & & & & + x_9 & = & 4 \end{array}$$

$$x_i \geqq 0, \; i = 1, 2, \ldots, 9.$$

Wir erkennen, wie sich bei vorliegenden Einschränkungen für die Variablen der Umfang des Problems vergrößert, falls wir die Aufgabe ohne Berücksichtigung ihrer speziellen Struktur lösen wollten. Zwangsläufig müßten wir ein unvertretbares Anwachsen des Rechenaufwandes in Kauf nehmen. Die Speicherkapazität des Rechenautomaten würde unnötig überfordert, obwohl zum überwiegend größten Teil die Elemente der Matrix der Nebenbedingungen aus Nullen oder Einsen bestehen. Aber auch weitere Komplikationen sind erkennbar. So dürfte es z. B. im allgemeinen sehr schwierig sein, eine zulässige Basislösung als Startvektor für die Simplexmethode zu finden, so daß sich auch noch die Anwendung von Methoden zur Bestimmung einer ersten zulässigen Basislösung erforderlich macht. Die Lösung von linearen Optimierungsaufgaben mit zusätzlichen Einschränkungen für die Variablen ohne Berücksichtigung ihrer speziellen Struktur wäre etwa mit der Lösung linearer Optimierungsaufgaben vergleichbar, bei denen die Vorzeichenbedingungen in das System der Nebenbedingungen einbezogen werden. Vielmehr haben wir die Grundalgorithmen so organisiert, daß die Sicherung der Vorzeichenbedingungen nicht durch ihre Einbeziehung in das System der Nebenbedingungen gewährleistet wurde. Darauf wiesen wir bereits in III.2.4 hin. Folglich liegt es nahe, nach speziellen Methoden zu suchen, die die Lösung der formulierten Aufgaben auf einfacherem Wege ermöglichen.

Bei unseren weiteren Betrachtungen setzen wir voraus, daß sämtliche Variablen, für die zusätzliche Einschränkungen gegeben sind, auch den Nichtnegativitätsbedingungen genügen. Ist diese Voraussetzung nicht erfüllt, werden die zusätzlichen Einschränkungen für die entsprechenden Variablen in das System der Nebenbedingungen einbezogen, so daß die Variablen selbst als freie Variablen angesehen werden können, die keinen zusätzlichen Einschränkungen unterworfen sind. Ein solches Vorgehen ist berechtigt, da bei praktischen Aufgaben im allgemeinen sämtliche Variablen den Vorzeichenbedingungen genügen. Sollte jedoch in Ausnahmefällen für einige wenige Variablen die Vorzeichenbedingung nicht gefordert werden können, führt die Einbeziehung der entsprechenden zusätzlichen Einschränkungen in das System der Nebenbedingungen zu keiner wesentlichen Vergrößerung des Problems.
Die Überführung linearer Optimierungsaufgaben mit zusätzlichen Einschränkungen für die Variablen in die erste Normalform beziehen wir nur auf das Problem (1) — (4) und nicht auf die zusätzlichen Einschränkungen. Dann können Aufgaben mit unteren Schranken für die Variablen durch

$$\left.\begin{aligned} Z &= c'x \quad \max. \\ Ax &= b \\ x &= 0 \\ x_k &\geqq \alpha_k,\ k \in I_u \end{aligned}\right\} \tag{11}$$

und Aufgaben mit oberen Schranken für die Variablen durch

$$\left.\begin{aligned} Z &= c'x \quad \max. \\ Ax &= b \\ x &\geqq 0 \\ x_k &\leqq \beta_k,\ k \in I_0 \end{aligned}\right\} \tag{12}$$

ausgedrückt werden.

§ 2. Lösung von Aufgaben mit unteren Schranken für die Variablen

Der Lösungsweg für die lineare Optimierungsaufgabe (11) ist in seinen Grundgedanken bereits in § 1 beschrieben worden. Für alle $k \in I_u$ nehmen wir eine Koordinatenverschiebung

$$y_k = x_k - \alpha_k, \; k \in I_u \tag{13}$$

vor. Die Nebenbedingungen

$$\sum_{j=1}^{n} a_{ij} x_j = b_i, \; i = 1, 2, \ldots, m$$

der Aufgabe (11) schreiben wir in der Form

$$\sum_{j \notin I_u} a_{ij} x_j + \sum_{k \in I_u} a_{ik} x_k = b_i, \; i = 1, 2, \ldots, m,$$

wobei die Summe in zwei Teile entsprechend der Tatsache aufgespalten wurde, ob die Indízes der Variablen zur Menge I_u gehören oder nicht. In der zweiten Summe können wir die Variablen x_k mittels (13) durch y_k ersetzen und erhalten

$$\sum_{j \notin I_u} a_{ij} x_j + \sum_{k \in I_u} a_{ik} (y_k + \alpha_k) = b_i,$$

wofür wir auch

$$\sum_{j \notin I_u} a_{ij} x_j + \sum_{k \in I_u} a_{ik} y_k = b_i - \sum_{k \in I_u} a_{ik} \alpha_k$$

schreiben können. Eine analoge Aufspaltung in der Zielfunktion

$$Z = \sum_{j=1}^{n} c_j x_j$$

führt zu der Beziehung

$$Z = \sum_{j \notin I_u} c_j x_j + \sum_{k \in I_u} c_k y_k + \sum_{k \in I_u} c_k \alpha_k .$$

Die zusätzlichen Nebenbedingungen $x_k \geqq \alpha_k$, $k \in I_u$ gehen wegen (13) in die Nichtnegativitätsbedingungen $y_k \geqq 0$, $k \in I_u$ für die neuen Variablen y_k über.

Durch die Koordinatentransformation (13) wird die lineare Optimierungsaufgabe (11) in das Problem

$$\left.\begin{aligned}
&Z = \sum_{j \notin I_u} c_j x_j + \sum_{k \in I_u} c_k y_k + \sum_{k \in I_u} c_k \alpha_k \quad \max. \\
&\sum_{j \notin I_u} a_{ij} x_j + \sum_{k \in I_u} a_{ik} y_k = b_i - \sum_{k \in I_u} a_{ik} \alpha_k, \; i = 1, 2, \ldots, m \\
&x_j \geqq 0, \; j = 1, 2, \ldots, n, \; j \notin I_u \\
&y_k \geqq 0, \; k \in I_u
\end{aligned}\right\} \tag{14}$$

mit den Variablen x_j, $j = 1, 2, \ldots, n$; $j \notin I_u$ und y_k, $k \in I_u$ überführt. Untere Schranken für die Variablen treten nicht mehr auf. Die Zahl der Gleichungen und Variablen hat sich gegenüber (11) nicht verändert. Daraus erkennen wir die beachtliche Vereinfachung, die dieses Vorgehen gegenüber einem Verzicht auf die Berücksichtigung der speziellen Struktur bewirkt. Die Lösung der linearen Optimierungsaufgabe (14) ist nicht aufwendiger als die von (11) ohne zusätzliche Einschränkungen.

Die Matrix der Nebenbedingungen der linearen Optimierungsaufgabe (14) ist wieder A und hat sich folglich nicht verändert. An den Komponenten des Beschränkungsvektors ist eine Korrektur um

$$-\sum_{k \in I_u} a_{ik} \alpha_k$$

vorzunehmen. In der Sprache eines Produktionsmodells kann das etwa bedeuten, daß von den zur Verfügung stehenden Kapazitäten der Aufwand für die Mindestproduktion abzusetzen ist.

Die Zielfunktion von (14) besitzt dieselben Koeffizienten wie die Zielfunktion von (11). In (14) tritt lediglich noch das konstante Glied

$$\sum_{k \in I_u} c_k \alpha_k \tag{15}$$

auf. Lassen wir (15) in (14) weg, liegt die Aufgabe in Normalform vor. Jedoch ist nach Abschluß des Lösungsprozesses dieses Glied beim Optimalwert der Zielfunktion wieder zu berücksichtigen. (15) kann z. B. den Gewinn ausdrücken, den die geforderte Mindestproduktion erbringt.

Die angegebenen Erläuterungen lassen zugleich eine andere Interpretation des von uns beschriebenen Lösungsweges bei Aufgaben mit unteren Schranken für die Variablen zu: Von den zur Verfügung stehenden Kapazitäten wird der Aufwand der Mindestforderungen abgesetzt und die Optimierung nur noch auf die Restkapazitäten bezogen (vgl. auch [22]).

Nach Lösung der linearen Optimierungsaufgabe (14) können aus den y_k mittels (13) die zugehörigen x_k berechnet werden.

Wir wollen das beschriebene Vorgehen noch an Hand des Beispiels (6), (7) veranschaulichen, für das wir

$$Z = 4x_1 + 3x_2 \quad \max.$$

$$\begin{aligned} x_1 + x_2 + x_3 \phantom{{}+ x_4 + x_5} &= 7 \\ 3x_1 + 2x_2 \phantom{{}+ x_3} + x_4 \phantom{{}+ x_5} &= 18 \\ x_1 + 3x_2 \phantom{{}+ x_3 + x_4} + x_5 &= 15 \end{aligned}$$

$$x_1 \geqq 2$$

$$x_2 \geqq 1$$

$$x_1, x_2 \geqq 0$$

schreiben können. Die Menge I_u enthält die Zahlen 1 und 2. Es ist $\alpha_1 = 2$, $\alpha_2 = 1$. Wir nehmen die Transformation

$$y_1 = x_1 - 2,$$

$$y_2 = x_2 - 1$$

vor. Wegen

$$\sum_{k\in I_u} a_{1k}\alpha_k = 1\cdot 2 + 1\cdot 1 = 3,$$

$$\sum_{k\in I_u} a_{2k}\alpha_k = 3\cdot 2 + 2\cdot 1 = 8,$$

$$\sum_{k\in I_u} a_{3k}\alpha_k = 1\cdot 2 + 3\cdot 1 = 5,$$

$$\sum_{k\in I_u} c_k\alpha_k = 4\cdot 2 + 3\cdot 1 = 11$$

erhalten wir die äquivalente lineare Optimierungsaufgabe

$$\begin{aligned} Z = 4y_1 + 3y_2 + 11 \quad \max. \\ y_1 + y_2 + x_3 &= 4 \\ 3y_1 + 2y_2 + x_4 &= 10 \\ y_1 + 3y_2 + x_5 &= 10 \\ y_1, y_2 \geqq 0 \\ x_3, x_4, x_5 \geqq 0 \end{aligned}$$

mit den Variablen y_1, y_2, x_3, x_4, x_5. Unter Weglassung des konstanten Gliedes in der Zielfunktion lautet ihre Lösung

$$y_1 = y_2 = 2, x_3 = x_4 = 0, x_5 = 2,$$
$$Z_{\max} = 14.$$

Die Lösung der vorgelegten linearen Optimierungsaufgabe ist

$$x_1 = 4,\ x_2 = 3,\ x_3 = x_4 = 0,\ x_5 = 2,$$
$$Z_{\max} = 25.$$

Damit haben wir erkannt, daß die Berücksichtigung unterer Schranken für die Variablen in einfachster Weise möglich ist und solche Schranken keine Komplikation beim Lösungsprozeß bewirken.

§ 3. Lösung von Aufgaben mit oberen Schranken für die Variablen

Der numerische Lösungsprozeß von linearen Optimierungsaufgaben mit oberen Schranken für die Variablen erfordert etwas mehr Aufwand als der von Aufgaben mit unteren Schranken. Während wir bei Aufgaben mit unteren Schranken eine geeignete Koordinatentransformation vor Beginn der Rechnung vornahmen, die uns zu einer linearen Optimierungsaufgabe ohne Einschränkungen für die Variablen führte, werden wir eine entsprechende Transformation bei Aufgaben mit oberen Schranken im Laufe der Rechnung vollziehen. Das zwingt zu einer Modifikation der Algorithmen, die auf DANTZIG [14] zurückgeht. Das zu entwickelnde Lösungsverfahren kann mühelos auch bei Aufgaben mit *zweiseitigen Einschränkungen* Verwendung finden (vgl. etwa [39]), da es völlig gleichgültig ist, ob wir, wie bei (12), die unteren Schranken gleich Null (eigentlich unterliegen ja die Variablen der Aufgabe (12) zweiseitigen Einschränkungen, weil die obere Begrenzung und die Nichtnegativitätsbedingung in der Doppelungleichung $0 \leqq x_k \leqq \beta_k$, $k \in I_0$ zusammengefaßt werden können) oder wie bei Aufgaben mit zweiseitigen Einschränkungen die unteren Schranken gleich α_k setzen. Wegen der einfachen Möglichkeit, untere Schranken zu berücksichtigen, werden wir den Lösungsprozeß von Aufgaben mit zweiseitigen Einschränkungen in zwei Teile zerlegen:

1. Erfassung der unteren Schranken durch das Vorgehen in § 2.
2. Erfassung der oberen Schranken durch das zu entwickelnde Vorgehen.

Folglich ist mit der Lösung von Aufgaben mit oberen Schranken für die Variablen auch die numerische Problematik bei Aufgaben mit zweiseitigen Einschränkungen beschrieben.

3.1. Grundgedanke des Lösungsweges. Bei der Lösung der Aufgabe (12) mit oberen Schranken für die Variablen verwendet man eine Verallgemeinerung der Simplextechnik. Während bisher beim Simplexalgorithmus die Werte der Nichtbasisvariablen gleich Null waren, kann man sich leicht überlegen, daß ihnen auch irgendwelche festen Werte erteilt werden können, die wir gleich den gegebenenfalls vorliegenden oberen Schranken wählen. Um zu verhindern, daß Variablen mit dem Wert ihrer oberen Schranken auftreten, werden analog zu § 2, jedoch im Laufe des Simplexprozesses, Transformationen der Variablen x_k, $k \in I_0$ entsprechend der Gleichung

$$y_k = \beta_k - x_k, \quad k \in I_0 \tag{16}$$

vorgesehen. y_k nennen wir die x_k entsprechende *Ergänzungsvariable.* Wegen $x_k \geqq 0$ und $x_k \leqq \beta_k$ muß die Ergänzungsvariable den Bedingungen

$$y_k \geqq 0, \quad y_k \leqq \beta_k \tag{17}$$

genügen.

Um zu untersuchen, welche Auswirkung eine solche Transformation auf das Simplextableau ausübt, knüpfen wir an die Gleichungen

$$x_{s_i} = d_{i0} - \sum_{j \in I'} d_{ij} x_j, \quad i = 1, 2, \ldots, m \tag{18}$$

für die Nebenbedingungen und an die Gleichung

$$Z = d_{m+1,0} - \sum_{j \in I'} d_{m+1,j} x_j \tag{19}$$

für die Zielfunktion an (Gleichungen (14) und (19) von Kap. III). Im übrigen verwenden wir die in Kap. III eingeführten Bezeichnungen. Wir haben nun zu unterscheiden, ob x_k eine Basisvariable oder Nichtbasisvariable ist.

1. Fall: x_k ist Nichtbasisvariable. Dann gehört k der Indexmenge I' der Nichtbasisvariablen an, und wir erhalten für (18), (19)

$$\begin{aligned} x_{s_i} &= d_{i0} - \sum_{\substack{j \in I' \\ j \neq k}} d_{ij} x_j - d_{ik} x_k \\ &= d_{i0} - \sum_{\substack{j \in I' \\ j \neq k}} d_{ij} x_j - d_{ik} (\beta_k - y_k) \\ &= (d_{i0} - d_{ik} \beta_k) - \sum_{\substack{j \in I' \\ j \neq k}} d_{ij} x_j + d_{ik} y_k, \\ Z &= (d_{m+1,0} - d_{m+1,k} \beta_k) - \sum_{\substack{j \in I' \\ j \neq k}} d_{m+1,j} x_j + d_{m+1,k} y_k. \end{aligned}$$

Die Transformation (16) bewirkt also, daß sich die konstanten Glieder (Werte der Basisvariablen und Wert der Zielfunktion) entsprechend der Gleichung

$$\tilde{d}_{i0} = d_{i0} - d_{ik} \beta_k, \quad i = 1, 2, \ldots, m + 1 \tag{20}$$

ändern und die Koeffizienten von x_k mit entgegengesetztem Vorzeichen als Koeffizienten von y_k erscheinen. Die übrigen Koeffizienten in den Nebenbedingungen und in der Zielfunktion werden durch diese Transformation nicht berührt.

2. Fall: x_k ist Basisvariable. Dann gehört k der Indexmenge I' nicht an und ist folglich gleich einem Index s_r einer Basisvariablen. Die Transformation (16) wirkt sich nur in der Nebenbedingung

$$x_{s_r} = d_{r0} - \sum_{j \in I'} d_{rj} x_j$$

aus, die in

$$y_{s_r} = (\beta_{s_r} - d_{r0}) + \sum_{j \in I'} d_{rj} x_j$$

übergeht. Es ändert sich also das konstante Glied entsprechend der Gleichung

$$\tilde{d}_{r0} = \beta_{s_r} - d_{r0}, \tag{21}$$

und die Koeffizienten der Nichtbasisvariablen wechseln das Vorzeichen.

Damit haben wir erkannt, daß Transformationen der Gestalt (16) während des Simplexprozesses mühelos ausgeführt werden können, weil sie nur zu leicht überschaubaren Änderungen im Simplextableau führen.

Bevor wir die Theorie des modifizierten Simplexalgorithmus weiter verfolgen, soll das Vorgehen zunächst an einem einfachen Beispiel studiert werden.

Beispiel: Vorgelegt sei die lineare Optimierungsaufgabe (6), (9), für die wir nach Einführung von Schlupfvariablen

$$Z = 4x_1 + 3x_2 \quad \max.$$

$$\begin{aligned} x_1 + x_2 + x_3 \quad &= 7 \\ 3x_1 + 2x_2 + x_4 \quad &= 18 \\ x_1 + 3x_2 + x_5 &= 15 \end{aligned}$$

$$x_i \geqq 0, \; i = 1, 2, \ldots, 5$$

$$x_1 \leqq 5$$

$$x_2 \leqq 4$$

schreiben können. Wir beginnen den Lösungsprozeß mit dem Startvektor

$$x' = (0, 0, 7, 18, 15),$$

dessen Komponenten die gegebenen oberen Schranken nicht verletzen. Die Basisvariablen sind x_3, x_4 und x_5.

Bei den weiteren Darlegungen knüpfen wir an die Überlegungen in III. 1.2 an. Der vorbereitende Schritt kann entfallen, da die Nebenbedingungen und die Zielfunktion bereits in der beim Simplexprozeß vorausgesetzten Gestalt vorliegen.

Die Auswahl der Eingangsvariablen erfolgt unverändert wie beim gewöhnlichen Simplexverfahren (x_1 wird Eingangsvariable). Alle übrigen Nichtbasisvariablen behalten diese Eigenschaft bei. Die Vergrößerung von x_1 muß jedoch beim modifizierten Algorithmus folgenden Bedingungen genügen:

1. Es müssen die Vorzeichenbedingungen für die Basisvariablen erfüllt bleiben (das entspricht dem bisherigen Vorgehen der Simplexmethode). Wegen

$$\begin{aligned} x_3 &= 7 - x_1 \\ x_4 &= 18 - 3x_1 \\ x_5 &= 15 - x_1 \end{aligned}$$

werden wir, wie in III.1.2, zu den Bedingungen

$$\begin{aligned} 7 - x_1 &\geqq 0 \\ 18 - 3x_1 &\geqq 0 \\ 15 - x_1 &\geqq 0 \end{aligned}$$

geführt, die $x_1 \leqq 6$ befriedigt.

2. Es dürfen die gegebenenfalls für die Basisvariablen vorliegenden oberen Schranken nicht verletzt werden. Da im Beispiel die Basisvariablen x_3, x_4, x_5 keinen zusätzlichen Einschränkungen unterworfen sind (obere Schranken gleich

$+\infty$), werden die entsprechenden Bedingungen

$$7 - x_1 < +\infty$$
$$18 - 3x_1 < +\infty$$
$$15 - x_1 < +\infty$$

durch jede Wahl von x_1 erfüllt ($x_1 < +\infty$).

3. Die Variable x_1 darf nicht über die vorgegebene obere Schranke wachsen

$$x_1 \leqq 5.$$

Um allen Bedingungen gerecht zu werden, muß man x_1 gleich der kleinsten dieser drei Zahlen

$$x_1 = \min\,(6, +\infty, 5) = 5$$

wählen.

In Abb. 3 ist der Bereich der zulässigen Lösungen (vgl. mit Abb. 2) nochmals dargestellt worden. Die waagerecht schraffierten Dreiecke werden durch die zusätzlichen Einschränkungen vom Bereich der zulässigen Lösungen ohne obere Schranken für die Variablen abgeschnitten. Infolge der oberen Schranke für x_1 gelangen wir nicht, wie in III.1.2, zum Punkt B, sondern zum Punkt C.

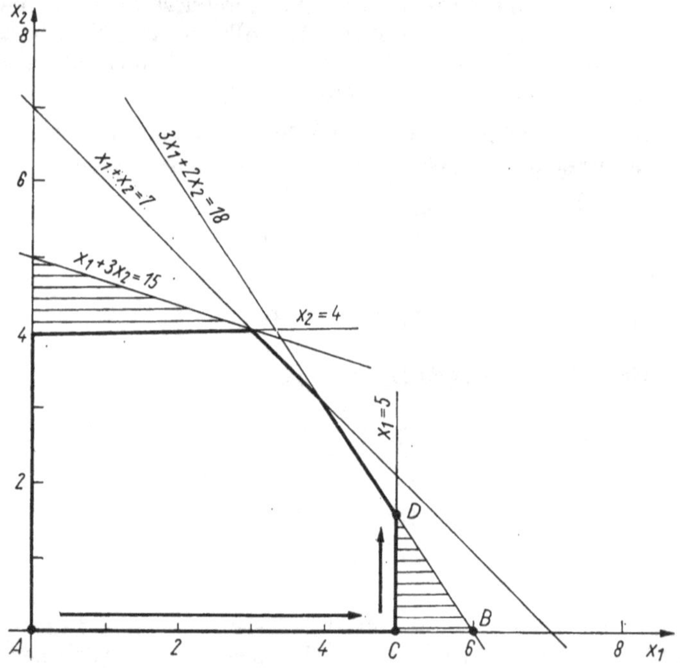

Abb. 3

Die Wahl von $x_1 = 5$ bedeutet entsprechend unserer früheren Verabredung, daß x_1 Nichtbasisvariable bleibt (der Wert von x_1 ist gleich der oberen Schranke) und wir in der Ergänzungsvariablen y_1 eine Nichtbasisvariable mit dem Wert Null finden. Die Transformation $y_1 = 5 - x_1$ bewirkt nach unseren obigen Überlegungen (natürlich kann man das auch unmittelbar herleiten) eine Umformung der Nebenbedingungen und der Zielfunktion

$$\begin{aligned} Z &= 20 - 4y_1 + 3x_2 \\ -y_1 + x_2 + x_3 &= 2 \\ -3y_1 + 2x_2 + x_4 &= 3 \\ -y_1 + 3x_2 + x_5 &= 10. \end{aligned}$$

Damit haben wir die neue zulässige Basislösung

$$y_1 = x_2 = 0,\ x_3 = 2,\ x_4 = 3,\ x_5 = 10$$

mit dem Wert $Z = 20$ für die Zielfunktion ermittelt ($x_1 = 5$ wird nicht vermerkt, da es sich aus $y_1 = 5 - x_1$ und $y_1 = 0$ sofort ergibt). Der erste Simplexschritt ist abgeschlossen. Es ist keine Veränderung der Basisvariablen (nur ihrer Werte) und der Basis eingetreten.

Im zweiten Schritt wird eine Vergrößerung von x_2 vorgesehen, die wegen

$$\begin{aligned} x_3 &= 2 - x_2 \\ x_4 &= 3 - 2x_2 \\ x_5 &= 10 - 3x_2 \end{aligned}$$

den Bedingungen

$$\begin{aligned} 2 - x_2 &\geqq 0, & 2 - x_2 &< +\infty, & x_2 &\leqq 4, \\ 3 - 2x_2 &\geqq 0, & 3 - 2x_2 &< +\infty, \\ 10 - 3x_2 &\geqq 0, & 10 - 3x_2 &< +\infty \end{aligned}$$

genügen muß, die für

$$x_2 = 1{,}5$$

sämtlich erfüllt sind. Es ergibt sich

$$x_3 = 0{,}5,\ x_4 = 0,\ x_5 = 5{,}5,$$

so daß wir die neue zulässige Basislösung (Punkt D von Abb. 3)

$$y_1 = 0;\ x_2 = 1{,}5;\ x_3 = 0{,}5;\ x_4 = 0;\ x_5 = 5{,}5$$

gefunden haben. $y_1 = 0$ entspricht wieder $x_1 = 5$. Wir übergehen den Nachweis, daß sich damit die optimale Lösung ergeben hat.

3.2. Theorie des modifizierten Simplexalgorithmus. Nachdem wir uns in die Grundgedanken des modifizierten Simplexalgorithmus eingefunden haben, wollen wir die bereits begonnenen theoretischen Erwägungen fortsetzen. Zunächst müssen wir den Begriff der *zulässigen Basislösung* geeignet modifizieren, da die Nichtbasisvariablen bei Aufgaben mit oberen Schranken für die Variablen auch die Werte ihrer oberen Schranken annehmen dürfen.

Definition: *Eine zulässige Lösung* $x' = (x_1, x_2, \ldots, x_n)$ *der Aufgabe* (12) *mit oberen Schranken für die Variablen heißt eine zulässige Basislösung, wenn die zu den Komponenten* x_i *gehörigen Vektoren der Nebenbedingungen, für welche*

$$0 < x_i < \beta_i, \quad i = 1, 2, \ldots, n \tag{22}$$

gilt, linear unabhängig sind. Ist für die Variable x_i *in* (12) *keine obere Schranke gegeben, soll* $\beta_i = +\infty$ *gesetzt werden.*

Die in II.2 hergeleiteten Aussagen über zulässige Basislösungen übertragen sich automatisch auf die von uns definierte Begriffsbildung. Insbesondere kann völlig analog die *Basis* einer zulässigen Basislösung und eine *ausgeartete zulässige Basislösung* erklärt werden.

Definition: *Ein System von m linear unabhängigen Vektoren der Nebenbedingungen wird Basis der zulässigen Basislösung genannt, wenn es alle Vektoren der Nebenbedingungen* a_i *enthält, denen Komponenten* x_i *der betrachteten zulässigen Basislösung entsprechen, die der Bedingung* (22) *genügen.*
Die den Basisvektoren entsprechenden Komponenten einer zulässigen Basislösung heißen Basisvariablen, die übrigen Komponenten Nichtbasisvariablen.

Definition: *Eine zulässige Basislösung der Aufgabe* (12) *heißt nichtausgeartet, wenn alle Basisvariablen der Bedingung* (22) *genügen; anderenfalls wird sie ausgeartet genannt.*
Sind sämtliche zulässigen Basislösungen einer linearen Optimierungsaufgabe mit oberen Schranken für die Variablen nichtausgeartet, wird die Aufgabe nichtausgeartet, anderenfalls ausgeartet genannt.

Der Leser überzeugt sich leicht, daß wir in 3.1 den Begriff der zulässigen Basislösung in dem hier definierten Sinne bereits verwendet haben.

Der Lösungsprozeß des modifizierten Simplexalgorithmus setzt die Kenntnis einer zulässigen Basislösung voraus. Weiterhin nehmen wir an, daß die Aufgabe nicht ausgeartet ist.

Hinsichtlich des *vorbereitenden Schrittes* ergeben sich keine Veränderungen gegenüber dem gewöhnlichen Simplexprozeß (vgl. III.2.1).

Bei der Prüfung einer zulässigen Basislösung auf *Optimalität* knüpfen wir wieder an die Darstellung (19)

$$Z = d_{m+1,0} - \sum_{j \in I'} d_{m+1,j} x_j$$

für die Zielfunktion an. x_j, $j \in I'$ sind die Nichtbasisvariablen der betrachteten zulässigen Basislösung. Dann gilt folgendes *Optimalitätskriterium,* das wir ohne Beweis mitteilen.

Satz 1: *Ist für eine zulässige Basislösung x mit den Nichtbasisvariablen x_j, $j \in I'$ die Bedingung*

$$d_{m+1,j} \geqq 0 \text{ für } x_j = 0,\ j \in I',$$
$$d_{m+1,j} \leqq 0 \text{ für } x_j = \beta_j,\ j \in I'$$

in der Darstellung (19) *erfüllt, so stellt x eine optimale Lösung der linearen Optimierungsaufgabe mit oberen Schranken für die Variablen dar.*

Durch die Einführung von *Ergänzungsvariablen* mittels der Transformation (16) für alle Nichtbasisvariablen x_j mit $x_j = \beta_j$ wird erreicht, daß wieder alle Nichtbasisvariablen den Wert Null besitzen. Die Transformation (16) bewirkt eine Umkehr des Vorzeichens bei den Ergänzungsvariablen, so daß wir zu dem gewohnten Optimalitätskriterium der gewöhnlichen Simplexmethode zurückkehren, nach welchem eine zulässige Basislösung optimal ist, wenn die Koeffizienten in der Grundzeile nichtnegativ sind.

Wir haben uns nun mit der *Konstruktion der neuen zulässigen Basislösung* zu beschäftigen. Dazu wird vorausgesetzt, daß die Optimalitätsbedingung nicht erfüllt ist. In der Theorie hätten wir wieder zu unterscheiden, ob die ausgewählte Nichtbasisvariable x_k den Wert Null oder β_k besitzt. Durch die Einführung von Ergänzungsvariablen vereinheitlichen sich unsere Betrachtungen. Das System der Basis- und Nichtbasisvariablen enthält dann im allgemeinen sowohl Variablen als auch Ergänzungsvariablen. Die Auswahl der Pfeilspalte (und damit der Variablen x_k bzw. Ergänzungsvariablen y_k) erfolgt wie beim gewöhnlichen Simplexalgorithmus durch den kleinsten negativen Koeffizienten $d_{m+1,k}$ in der Grundzeile. Bei den weiteren Betrachtungen sind jedoch einige Veränderungen erforderlich. Zunächst berechnen wir wie beim gewöhnlichen Simplexverfahren die Quotienten

$$\frac{d_{io}}{d_{ik}} \text{ für } d_{ik} > 0,\ i = 1, 2, \ldots, m$$

und

$$\varrho_1 = \min_{\substack{i \\ d_{ik}>0}} \frac{d_{io}}{d_{ik}}.$$

Gibt es keine Zahlen $d_{ik} > 0$, darf daraus jedoch nicht der Schluß gezogen werden, daß die Aufgabe unlösbar ist. Vielmehr ist dann die Berechnung von ϱ_1 nicht möglich. Wählen wir den Wert der Eingangsvariablen kleiner als ϱ_1, so ist die Einhaltung der Vorzeichenbedingungen für die Basisvariablen erfüllt. Zur Einhaltung der gegebenenfalls für die Basisvariablen vorliegenden oberen Schranken β_{s_i} berechnen wir

$$\varrho_2 = \min_{\substack{i \\ d_{ik}<0}} \left\{\frac{d_{io} - \beta_{s_i}}{d_{ik}}\right\}. \tag{24}$$

Die Basisvariablen mit den oberen Schranken $\beta_{s_i} = +\infty$ können natürlich übergangen werden, da sie auf die Berechnung von ϱ_2 keinen Einfluß haben. Weiterhin darf die Eingangsvariable nicht größer als ihre obere Schranke β_k werden. Wir setzen daher

$$\varrho_3 = \beta_k. \tag{25}$$

Die kleinste dieser drei Zahlen ϱ_i, $i = 1, 2, 3$ bezeichnen wir mit ϱ

$$\varrho = \min(\varrho_1, \varrho_2, \varrho_3). \tag{26}$$

Diese Wahl von ϱ für den Wert der Eingangsvariablen sichert uns, daß wir eine zulässige Basislösung der vorgelegten Aufgabe mit oberen Schranken für die Variablen erhalten.

Ergeben sich auf diese Weise keine Einschränkungen für ϱ ($\varrho = +\infty$), kann der Wert der Eingangsvariablen beliebig wachsen, so daß die Menge der zulässigen Lösungen nicht beschränkt ist. Weiterhin folgt aus den Betrachtungen in Kap. III die Gleichung

$$Z = d_{m+1,0} - d_{m+1,k}\,\varrho,$$

die uns mit $d_{m+1,k} < 0$ zu der Aussage führt, daß die Zielfunktion auf ihren Definitionsbereich nicht beschränkt ist. Das erhaltene Ergebnis formulieren wir als Satz, mit dessen Hilfe sich im Laufe des Simplexprozesses die *Unlösbarkeit* der Aufgabe feststellen läßt.

Satz 2: *Ist für einen Index $k \in I'$ die Bedingung*

$$d_{m+1,k} < 0$$

erfüllt und gilt $\varrho = +\infty$, muß die Zielfunktion auf der Menge der zulässigen Lösungen unbeschränkt und folglich die Aufgabe unlösbar sein.

Es sei bemerkt, daß dieser Fall nicht eintreten kann, wenn für sämtliche Variablen endliche obere Schranken ($\beta_i < +\infty$, $i = 1, 2, \ldots, n$) gegeben sind.

Wir nehmen jetzt an, daß ein Grund für die Unlösbarkeit der linearen Optimierungsaufgabe nicht erkennbar ist ($\varrho < +\infty$). Dann können wir folgende Fälle unterscheiden:

1. Fall: $\varrho = \varrho_1$. Es kann ein gewöhnlicher Simplexschritt durchgeführt werden, da die vorliegenden oberen Schranken darauf keinen Einfluß nehmen.

2. Fall: $\varrho = \varrho_2$. Die Ausgangsvariable ist durch die *korrespondierende Variable* zu ersetzen. Um das näher zu erläutern, nehmen wir an, daß ϱ_2 in der r-ten Zeile (Hauptzeile) erreicht wird. Folglich besitzt die Ausgangsvariable den Wert ihrer oberen Schranke. Dabei haben wir zu unterscheiden:

a) Die Ausgangsvariable ist eine Variable x_{s_r}, die durch ihre Ergänzungsvariable y_{s_r} zu ersetzen ist. Nach den Betrachtungen in 3.1 wird das erreicht, wenn wir die Vorzeichen der Koeffizienten der Nichtbasisvariablen in der r-ten Nebenbedingung verändern und das konstante Glied entsprechend der Gleichung (21)

$$\tilde{d}_{r0} = \beta_{s_r} - d_{r0}$$

umformen.

b) Die Ausgangsvariable ist eine Ergänzungsvariable y_{s_r}, die durch x_{s_r} zu ersetzen ist. Man bestätigt leicht, daß dazu die gleichen Umformungen auszuführen sind.

Dieser Schritt führt nur zu Veränderungen in der Hauptzeile und läßt insbesondere auch die Grundzeile unberührt. Folglich ändert sich der Wert der Zielfunktion nicht, und wir bleiben im selben Eckpunkt der Menge der zulässigen Lösungen stehen. Weiterhin kann man beim nächsten Schritt auf den Optimalitätstest und die Bestimmung der Pfeilspalte verzichten.

3. Fall: $\varrho = \varrho_3$. Die Eingangsvariable ist durch die korrespondierende Variable zu ersetzen (x_k durch y_k bzw. y_k durch x_k), da sie den Wert ihrer oberen Schranke annimmt. Dazu haben wir nach 3.1 in der Pfeilspalte die Vorzeichen zu verändern und die konstanten Glieder entsprechend der Gleichung (20)

$$\tilde{d}_{i0} = d_{i0} - d_{ik}\beta_k, \quad i = 1, 2, \ldots, m + 1$$

umzuformen. Eine Änderung der Basisvariablen (nur ihrer Werte) tritt nicht auf.

Die eigentliche *Simplextransformation* wird lediglich bei Vorliegen des ersten Falles durchgeführt, da in den beiden anderen Fällen die Umformung der Nebenbedingungen und der Zielfunktion nach einfacheren Regeln erfolgt.

Damit haben wir die Theorie des modifizierten Simplexalgorithmus bei Aufgaben mit oberen Schranken für die Variablen in groben Zügen beschrieben. Bei nichtausgearteten Aufgaben wird ϱ an genau einer Stelle angenommen, und die Endlichkeit des Lösungsprozesses kann leicht nachgewiesen werden. Bei ausgearteten Aufgaben ist die Bildung von *Zyklen* möglich, jedoch werden sie praktisch durch die in Kap. III angegebenen Regeln im allgemeinen verhindert.

3.3. Lösungsalgorithmus der modifizierten Simplexmethode. Wir haben zunächst die *Struktur des Rechenschemas* zu beschreiben. Wegen des Übergangs zu korrespondierenden Variablen ist es erforderlich, bei jedem Simplextableau eine Kopfzeile anzugeben. Gegenüber dem Rechenschema der gewöhnlichen Simplexmethode führen wir zusätzlich eine *β-Spalte* ein, welche die oberen Schranken der Basisvariablen (Zeilen 1, 2, ..., m) und die obere Schranke der Eingangsvariablen (Zeile $m + 1$) enthält. Weiterhin werden zwei *Q-Spalten* (mit Q_1 und Q_2 beschriftet) zur Berechnung von ϱ_1 und ϱ_2 benötigt.

Vorausgesetzt wird wieder die Kenntnis einer zulässigen Basislösung, jedoch sind gegebenenfalls auftretende Variablen mit dem Wert ihrer oberen Schranke durch ihre Ergänzungsvariablen zu ersetzen. Bezüglich der dadurch festgelegten Basis- und Nichtbasisvariablen müssen die Nebenbedingungen und die Zielfunktion in der bei der Simplexmethode üblichen Gestalt vorliegen.

Den gewöhnlichen Simplexalgorithmus von III.3.2 haben wir dann wie folgt abzuändern (das Strukturschema ist in Abb. 4 zu finden; ausgeführt wurden nur die Teile, in denen sich algorithmische Abweichungen vom gewöhnlichen Simplexalgorithmus ergeben).

Teilschritt 1: Eintragen in das erste Rechentableau.
Wie in III.3.2 (Bezeichnung der Spalten aber grundsätzlich nicht mit $x_1, x_2, \ldots, x_n$, sondern mit 1, 2, ..., n, da in der Kopfzeile gegebenenfalls Ergänzungsvariablen stehen), jedoch zusätzlich:

d) Eintragen der Variablen bzw. Ergänzungsvariablen der vorgegebenen zulässigen Basislösung in die Kopfzeile.

Teilschritt 2: Unverändert.

Entscheidung 1: Wie in III. 3.2.

ja ⟶ **Stop I:** Die Optimallösung ist erreicht.
Die Werte der Basisvariablen können wieder der Spalte x_0 (Zeilen 1, 2, ..., m) entnommen werden, jedoch gilt:

$x_{s_i} = d_{i0}$, falls x_{s_i} selbst Basisvariable ist,

$x_{s_i} = \beta_{s_i} - d_{i0}$, falls die Ergänzungsvariable y_{s_i} Basisvariable ist.

Bezüglich des optimalen Wertes der Zielfunktion ergeben sich keine Veränderungen.

nein ↓

Teilschritt 3: Wie in III. 3.2, jedoch ist die Aussage zu streichen, daß die Eingangsvariable die neue Basisvariable ist.

Teilschritt 4: Berechnung der Spalten Q_1 und Q_2.

a) Wie Teilschritt 4 von III. 3.2 (für Q-Spalte ist Q_1-Spalte zu schreiben).

b) Eintragen der oberen Schranken der Basisvariablen in die β-Spalte (Zeilen 1, 2, ..., m).

c) Bilde für alle negativen Zahlen der Pfeilspalte (Zeilen 1, 2, ..., m) den Quotienten

$$\frac{\text{Zahl in der } x_0\text{-Spalte minus Zahl in der } \beta\text{-Spalte}}{\text{negative Zahl in der Pfeilspalte}}$$

und trage ihn in die Q_2-Spalte ein!
Die Stellen der Q_2-Spalte, denen nichtnegative ($\geqq 0$) Zahlen der Pfeilspalte entsprechen, bleiben leer.

Teilschritt 5: Berechnung von ϱ.

a) Trage die obere Schranke der Eingangsvariablen in die Zeile $m+1$ der β-Spalte ein!

b) Bestimme das Minimum der Zahlen der Q_1-Spalte, und trage es in die Zeile $m+1$ dieser Spalte ein (die Stelle bleibt leer, wenn die Q_1-Spalte keine Zahl enthält)!

c) Bestimme ebenso das Minimum der Zahlen der Q_2-Spalte, und trage es in die Zeile $m+1$ dieser Spalte ein (enthält die Q_2-Spalte keine Zahl, bleibt die Stelle leer)!

d) Markiere die Stellen, in denen das Minimum in den Spalten Q_1 und Q_2 angenommen wird, mit einem Stern!

e) Bestimme das Minimum ϱ der drei Zahlen der Zeile $m+1$ in den Spalten β, Q_1, Q_2!

Entscheidung 2: $\varrho < \infty$?

nein ⟶ **Stop II:** Die Aufgabe ist unlösbar.
Die Zielfunktion kann auf der Menge der zulässigen Lösungen beliebig große Werte annehmen.

ja ↓

Entscheidung 3: $\varrho = \varrho_1$ (das Minimum ϱ wird in der Spalte Q_1 angenommen)?

ja → **Teilschritt 5a:** Bestimmung der Ausgangsvariablen.
Die das minimale Element der Q_1-Spalte enthaltende Zeile ist die Hauptzeile (Merkzeichen $\leftarrow$); in ihrem Zeilenanfang steht die Ausgangsvariable.
Die in der Pfeilspalte stehende Zahl der Hauptzeile wird durch einen Kreis markiert.

Fortsetzung des gewöhnlichen Simplexprozesses (Teilschritte 6 bis 9 von III.3.2). In Teilschritt 7 ist jedoch die Kopfzeile des vorhergehenden Tableaus in das neue Tableau zu übertragen.

nein ↓

Entscheidung 4: $\varrho = \varrho_2$ (das Minimum ϱ wird in der Spalte Q_2 angenommen)?

ja → **Teilschritt 5b:** Bestimmung der Ausgangsvariablen.
Die das minimale Element der Q_2-Spalte enthaltende Zeile ist die Hauptzeile (Merkzeichen $\leftarrow$); in ihrem Zeilenanfang steht die Ausgangsvariable.

Teilschritt 6b: Umformung der Hauptzeile.

a) die Ausgangsvariable ist in der Spalte BV und in der Kopfzeile durch ihre korrespondierende Variable zu ersetzen.
b) Die Vorzeichen der Koeffizienten der Nichtbasisvariablen in der Hauptzeile (Spalten 1, 2, ..., n) sind umzukehren.
c) Von der in der Hauptzeile stehenden Zahl der β-Spalte ist die in der Hauptzeile stehende Zahl der x_0-Spalte zu subtrahieren. Diese Differenz ist die neue Zahl in der Spalte x_0 der Hauptzeile.

Es folgt Teilschritt 4.

nein ↓

Teilschritt 5c: Umformung der Pfeilspalte.

a) Die Eingangsvariable ist in der Kopfzeile durch ihre korrespondierende Variable zu ersetzen.

b) Zur Berechnung der neuen x_0-Spalte sind die Zahlen der Pfeilspalte (Zeilen 1, 2, ..., $m + 1$) mit der in der $(m + 1)$-ten Zeile der β-Spalte stehenden Zahl zu multiplizieren und von den entsprechenden Zahlen der x_0-Spalte abzuziehen.

c) Die Vorzeichen in der Pfeilspalte (Zeilen 1, 2, ..., $m + 1$) sind umzukehren.

Es folgt Teilschritt 2.

3.4. Beispiel. Wir wollen den beschriebenen modifizierten Simplexalgorithmus an einem Beispiel erläutern, das mit einem längeren Rechenweg verbunden ist, um die verschiedenartigen Grundüberlegungen des Vorgehens widerspiegeln zu können.

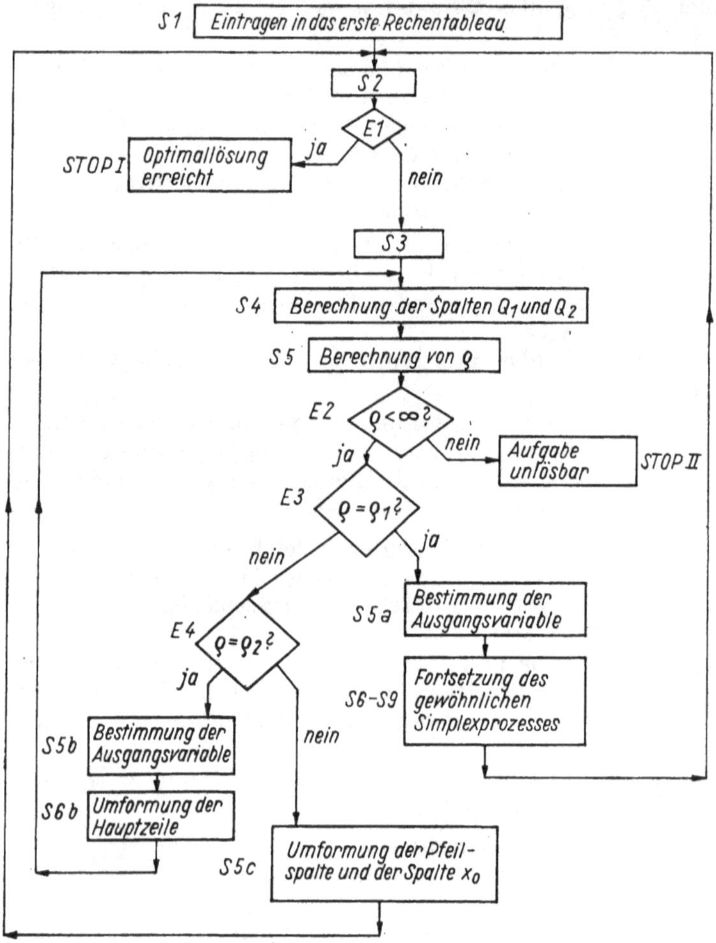

Abb. 4

Die lineare Optimierungsaufgabe

$$Z = 4x_1 + 5x_2 \quad \max.$$

$$\begin{aligned} 4x_1 + 9x_2 + x_3 \qquad\qquad &= 39 \\ 5x_1 + 7x_2 \qquad + x_4 \qquad &= 39 \\ 9x_1 + 8x_2 \qquad\qquad + x_5 &= 72 \end{aligned}$$

$$x_i \geqq 0, \; i = 1, 2, \ldots, 5$$

$$x_1 \leqq 5$$

$$x_2 \leqq 3$$

besitzt die zulässige Basislösung

$$x' = (0, 0, 39, 39, 72)$$

mit den Basisvariablen x_3, x_4, x_5 und den Nichtbasisvariablen x_1, x_2. Da alle Nichtbasisvariablen den Wert Null haben, ist ein Übergang zu Ergänzungsvariablen nicht erforderlich. Weiterhin entfällt der vorbereitende Schritt; denn die beim Simplexprozeß vorausgesetzte Gestalt der Nebenbedingungen und der Zielfunktion liegt vor. Die Ausgangsdaten können also in das Ausgangstableau von Rechenschema 1 eingetragen werden.

Im ersten Tableau wird, wie üblich, die zweite Spalte zur Pfeilspalte gemacht (Merkzeichen ↑). Da keine Schranken für die Variablen x_3, x_4, x_5 gegeben sind, setzen wir in der β-Spalte ∞ ein (Zeilen 1, 2, 3). Die Berechnung der Spalte Q_1 entspricht dem gewöhnlichen Simplexalgorithmus; es wird lediglich das Minimum mit einem Stern markiert und zusätzlich in der Grundzeile der Spalte Q_1 notiert. Da die Pfeilspalte keine negative Zahl (Zeilen 1, 2, 3) enthält, bleibt die Spalte Q_2 leer. In der Grundzeile der β-Spalte wird die obere Schranke 3 der Eingangsvariablen x_2 notiert. Es ist

$$\varrho = \min\left(3, \frac{39}{9}\right) = 3.$$

Damit haben wir den Rechenprozeß mit Teilschritt 5c fortzusetzen. Die Eingangsvariable x_2 wird durch die Ergänzungsvariable y_2 ersetzt, die Vorzeichen der Pfeilspalte werden umgekehrt, und die neue Spalte x_0 ergibt sich durch

$$39 - 3 \cdot 9 = 12,\ 39 - 3 \cdot 7 = 18,\ 72 - 3 \cdot 8 = 48,\ 0 - 3 \cdot (-5) = 15.$$

Die Angaben in den übrigen Spalten BV, x_1, x_3, x_4, x_5 können unverändert ins nächste Tableau übertragen werden. Wir haben die zulässige Basislösung

$$x_1 = 0,\ y_2 = 0,\ x_3 = 12,\ x_4 = 18,\ x_5 = 48$$

mit den Basisvariablen x_3, x_4, x_5 und den Nichtbasisvariablen x_1, y_2 erhalten. Wegen $x_2 = 3 - y_2$ können wir dafür auch

$$x_1 = 0,\ x_2 = 3,\ x_3 = 12,\ x_4 = 18,\ x_5 = 48$$

schreiben. Die zulässige Basislösung besitzt den Wert $Z = 15$ für die Zielfunktion.

Im zweiten Tableau ist die erste Spalte die Pfeilspalte und folglich x_1 die Eingangsvariable. Wieder bleibt die Spalte Q_2 leer, weil in der Pfeilspalte (Zeilen 1, 2, 3) keine negativen Zahlen stehen. Die obere Schranke von x_1 ist 5 und

$$\varrho = \min(5, 3) = 3.$$

Damit bestimmt das Minimum in der Spalte Q_1 den weiteren Rechnungsgang, und wir haben einen gewöhnlichen Simplexschritt auszuführen. Im dritten Tableau wird die zweite Spalte wieder zur Pfeilspalte.

Rechenschema 1:

	BV	x_1	x_2	x_3	x_4	x_5	x_0	β	Q_1	Q_2	$-\uparrow$
	x_3	4	9	1	0	0	39	∞	$\frac{39}{9}*$		
	x_4	5	7	0	1	0	39	∞	$\frac{39}{7}$		
	x_5	9	8	0	0	1	72	∞	8		
	*	-4	$-5\uparrow$	$\underline{0}$	$\underline{0}$	$\underline{0}$	0	3	$\frac{39}{9}$		
	BV	x_1	y_2	x_3	x_4	x_5	x_0	β	Q_1	Q_2	$-\uparrow$
←	x_3	(4)	-9	1	0	0	12	∞	3*		
	x_4	5	-7	0	1	0	18	∞	$\frac{18}{5}$		-5
	x_5	9	-8	0	0	1	48	∞	$\frac{48}{9}$		-9
	*	$-4\uparrow$	5	$\underline{0}$	$\underline{0}$	$\underline{0}$	15	5	3		4
	BV	x_1	y_2	x_3	x_4	x_5	x_0	β	Q_1	Q_2	$-\uparrow$
→	x_1	1	$-\frac{9}{4}$	$\frac{1}{4}$	0	0	3	5		$\frac{8}{9}*$	$\frac{9}{4}$
←	x_4	0	($\frac{17}{4}$)	$-\frac{5}{4}$	1	0	3	∞	$\frac{12}{17}*$		
	x_5	0	$\frac{49}{4}$	$-\frac{9}{4}$	0	1	21	∞	$\frac{84}{49}$		$-\frac{49}{4}$
	*	$\underline{0}$	$-4\uparrow$	1	$\underline{0}$	$\underline{0}$	27	3	$\frac{12}{17}$	$\frac{8}{9}$	4
	BV	x_1	y_2	x_3	x_4	x_5	x_0	β	Q_1	Q_2	$-\uparrow$
←	x_1	1	0	$-\frac{7}{17}$	$\frac{9}{17}$	0	$\frac{78}{17}$	5		1*	
→	y_2	0	1	$-\frac{5}{17}$	$\frac{4}{17}$	0	$\frac{12}{17}$	3		$\frac{39}{5}$	
	x_5	0	0	$\frac{23}{17}$	$-\frac{49}{17}$	1	$\frac{210}{17}$	∞	$\frac{210}{23}*$		
	*	$\underline{0}$	$\underline{0}$	$-\frac{3}{17}\uparrow$	$\frac{16}{17}$	$\underline{0}$	$\frac{507}{17}$	∞	$\frac{210}{23}$	1	

Rechenschema 1 (Fortsetzung):

	BV	y_1	y_2	x_3	x_4	x_5	x_0	β	Q_1	Q_2	$-\uparrow$
$\leftarrow$	y_1	1	0	$\boxed{\frac{7}{17}}$	$-\frac{9}{17}$	0	$\frac{7}{17}$	5	1*		
	y_2	0	1	$-\frac{5}{17}$	$\frac{4}{17}$	0	$\frac{12}{17}$	3		$\frac{39}{5}$*	$\frac{5}{17}$
	x_5	0	0	$\frac{23}{17}$	$-\frac{49}{17}$	1	$\frac{210}{17}$	∞	$\frac{210}{23}$		$-\frac{23}{17}$
	*	$\underline{0}$	$\underline{0}$	$-\frac{3}{17}\uparrow$	$\frac{16}{17}$	0	$\frac{507}{17}$	∞	1	$\frac{39}{5}$	$\frac{3}{17}$
	BV	y_1	y_2	x_3	x_4	x_5	x_0	β	Q_1	Q_2	$-\uparrow$
$\rightarrow$	x_3	$\frac{17}{7}$	0	1	$-\frac{9}{7}$	0	1				
	y_2	$\frac{5}{7}$	1	0	$-\frac{1}{7}$	0	1				
	x_5	$-\frac{23}{7}$	0	0	$-\frac{8}{7}$	1	11				
	*	$\frac{3}{7}$	$\underline{0}$	$\underline{0}$	$\frac{5}{7}$	$\underline{0}$	30				

Die Eingangsvariable ist y_2. Ihre obere Schranke entspricht der von x_2 und ist folglich gleich 3. Da die Pfeilspalte in der ersten Zeile eine negative Zahl enthält, muß die Q_2-Spalte ausgefüllt werden. Wir bilden

$$\frac{3-5}{-\frac{9}{4}} = \frac{8}{9}.$$

Diese Zahl bestimmt zugleich das Minimum in der Q_2-Spalte. Wegen

$$\varrho = \min\left(3, \frac{12}{17}, \frac{8}{9}\right) = \frac{12}{17}$$

haben wir einen gewöhnlichen Simplexschritt anzuschließen.

Die dritte Spalte wird im vierten Tableau zur Pfeilspalte. Die Eingangsvariable x_3 besitzt jedoch keine obere Schranke, so daß in der Grundzeile der β-Spalte ∞ einzutragen ist. Wir finden

$$\varrho = \min\left(\infty, \frac{210}{23}, 1\right) = 1.$$

Damit bestimmt das Minimum in der Spalte Q_2 den weiteren Lösungsweg, der mit Teilschritt 5b fortzusetzen ist. Die Ausgangsvariable x_1 wird durch die Ergänzungsvariable y_1 ersetzt (in der Spalte BV und in der Kopfzeile). Die Vorzeichen der Koeffizienten der Nichtbasisvariablen x_3, x_4 sind in der Hauptzeile umzukehren. Das neue Element der Spalte x_0 in der Hauptzeile berechnet sich entsprechend der Gleichung

$$5 - \frac{78}{17} = \frac{7}{17}.$$

Alle Zahlen der Zeilen 2, 3, 4 (Spalten 1, 2, ..., 5, 0) können unverändert in das nächste Tableau übertragen werden.

Da in der Grundzeile keine Änderung eingetreten ist, muß im fünften Tableau die dritte Spalte zwangsläufig wieder Pfeilspalte sein. Wegen

$$\varrho = \min\left(\infty, 1, \frac{39}{5}\right) = 1$$

ist der Lösungsprozeß mit einem gewöhnlichen Simplexschritt fortzusetzen.

Das letzte Tableau erweist sich als optimal. Wir haben die zulässige Basislösung

$$y_1 = 0,\ y_2 = 1,\ x_3 = 1,\ x_4 = 0,\ x_5 = 11$$

gefunden, für die wir wegen $x_1 = 5 - y_1, x_2 = 3 - y_2$ auch

$$x_1 = 5, x_2 = 2,\ x_3 = 1,\ x_4 = 0,\ x_5 = 11$$

schreiben können. Für den optimalen Wert der Zielfunktion ergibt sich

$$Z = 30.$$

Der Leser möge sich klarmachen, welche wesentliche Vereinfachung selbst in diesem einfachen Beispiel durch Verwendung des modifizierten Simplexalgorithmus erzielt wird. Gegebenenfalls sollte der Leser zum Vergleich die Aufgabe mittels des gewöhnlichen Simplexverfahrens lösen.

3.5. Ergänzende Bemerkungen. Die Berücksichtigung der speziellen Struktur von Aufgaben mit zweiseitigen Einschränkungen für die Variablen hat uns zu einer Modifikation des gewöhnlichen Simplexalgorithmus veranlaßt, die bewirkt, daß solche Probleme numerisch kaum größere Anforderungen als Optimierungsaufgaben ohne zusätzliche Einschränkungen für die Variablen stellen. Auf die Beurteilung des Rechenaufwandes, der erforderlichen Speicherkapazität, der numerischen Qualität des Lösungsalgorithmus usw. nehmen also zusätzliche Einschränkungen für die Variablen keinen wesentlichen Einfluß, wenn wir uns auf das modifizierte Vorgehen beziehen. Abschließend wollen wir unsere Betrachtungen noch durch einige Bemerkungen ergänzen:

1. Das modifizierte Simplexverfahren setzt die Kenntnis einer zulässigen Basislösung im Sinne der in 3.2 gegebenen Definition voraus. Es bereitet jedoch keine Schwierigkeiten, das modifizierte Vorgehen auch mit den Methoden zur *Bestimmung einer ersten zulässigen Basislösung* von Kap. III und IV zu verknüpfen.

2. In Kapitel III und IV haben wir verschiedene Varianten des gewöhnlichen Simplexverfahrens kennengelernt. Diese Varianten lassen sich mühelos für die modifizierte Methodik beschreiben. So ist es offenbar wieder möglich, im Simplextableau die Spalten für die Basisvariablen wegzulassen und nur noch die Spalten der Nichtbasisvariablen aufzunehmen. Wir gelangen so zu einem *modifizierten Algorithmus des verkürzten Simplextableaus,* der zusätzlich in der Beschreibung einige Vereinfachungen gegenüber dem Algorithmus in 3.3 ermöglicht. In IV. 1 untersuchten wir eine veränderte Auswahl der Eingangsvariablen, die von dem Gedanken ausging, daß jede Nichtbasisvariable mit negativem Koeffizienten in der Grundzeile als Eingangsvariable in Frage kommt. Auch diesen Lösungsweg können wir mit dem modifizierten Algorithmus verbinden, wenn zu jeder derartigen Nichtbasisvariablen die Zahl ϱ berechnet und der jeweilige Zuwachs der Zielfunktion bestimmt wird.

3. Keine grundsätzliche Problematik, jedoch etwas mehr Überlegungen erfordert die Modifikation der dualen Simplexmethode und der revidierten Simplexmethoden. Wir wollen die Herleitung der entsprechenden Algorithmen nicht beschreiben, sondern uns auf den Hinweis beschränken, daß auch sie eine einfache Berücksichtigung der speziellen Struktur bei Aufgaben mit Beschränkungen für die Variablen ermöglichen.

Mit den Betrachtungen dieses Kapitels haben wir erkannt, daß es sehr vorteilhaft sein kann, spezielle Strukturen, die sich durch ökonomische Erwägungen anbieten, dem Lösungsprozeß zugrunde zu legen. Dadurch erhöht sich die Leistungsfähigkeit der numerischen Lösungsverfahren der linearen Optimierung, und die Anforderungen an die Rechenhilfsmittel werden gesenkt.

AUFGABEN DER LINEAREN OPTIMIERUNG MIT BLOCKSTRUKTUR

Bereits im vorigen Kapitel haben wir uns mit linearen Optimierungsaufgaben beschäftigt, bei denen die Matrix der Nebenbedingungen eine spezielle Blockstruktur besitzt. Jedoch trat die Blockstruktur noch nicht so stark in Erscheinung, weil bei der Gestaltung des Lösungsprozesses selbst unmittelbar auf die zusätzlichen Einschränkungen für die Variablen Bezug genommen wurde. Die Berücksichtigung einer vorliegenden Blockstruktur im Lösungsprozeß haben wir auch in Band 1 bei Aufgaben der linearen Algebra recht intensiv behandelt. In der linearen Optimierung kommt der Untersuchung von Aufgaben mit Blockstruktur wohl eine noch größere Bedeutung zu, da bei umfangreichen Problemen die rechentechnischen Möglichkeiten leicht überstiegen werden. Andererseits läßt sich meist gerade bei großen Problemen schon aus der ökonomischen Aufgabenstellung heraus eine spezielle Blockstruktur begründen. Wir werden in diesem Kapitel verschiedene Blockstrukturen der Matrix der Nebenbedingungen betrachten, die aus ökonomischer Sicht bedeutungsvoll erscheinen. Das zwingt uns zu einer stärkeren ökonomischen Interpretation der Aufgabenstellung, da wir aus ihr erst die mathematische Problematik herleiten können. Außerdem prägt die ökonomische Betrachtung teilweise selbst den mathematischen Lösungsweg.

Zunächst wird in § 1 eine Einteilung der Probleme und Lösungsmethoden vorgenommen sowie die ökonomische Begründung für die betrachteten speziellen Blockstrukturen gegeben. Die weiteren Ausführungen sind dem Lösungsverfahren gewidmet. So werden in § 2 und § 3 Dekompositionsverfahren beschrieben. Besonders ausführlich stellen wir dabei das klassische Dekompositionsverfahren von Dantzig und Wolfe dar (§ 2). Der dritte Paragraph behandelt neben einem Ausblick auf weitere Dekompositionsmethoden vornehmlich das Verfahren von Rosen. In § 4 wird das direkte Verfahren von Müller-Merbach beschrieben. Der letzte Paragraph bringt Hinweise auf weitere Lösungsmethoden.

§ 1. Erläuterung spezieller Blockstrukturen

1.1. Problemstellung. Ein wesentlicher Grund für die Entwicklung der in diesem Kapitel zu betrachtenden Lösungsverfahren ist in der Tatsache zu erblicken, daß praktische Optimierungsprobleme häufig sehr viele Nebenbedingungen und Variablen besitzen und folglich die Anwendung der Grundalgorithmen erheblich erschwert, ja bisweilen sogar unmöglich gemacht wird. Solche *Optimierungsaufgaben großer Dimension* gewinnen mit zunehmender Verbreitung linearer

Optimierungsmodelle an Bedeutung. Dabei ist der Begriff eines linearen Optimierungsproblems großer Dimension nicht streng zu erklären. Er hängt vielmehr von den zur Verfügung stehenden Rechenautomaten, von der Anzahl der Nullelemente, von gegebenenfalls vorliegenden Blockstrukturen und sicher auch von der subjektiven Meinung des mit der Lösung beauftragten Mathematikers ab. Zwar besitzt nicht jede lineare Optimierungsaufgabe großer Dimension eine spezielle Blockstruktur, aber Aufgaben mit Blockstruktur nehmen unter ihnen doch eine herausragende Stellung ein. Bisweilen lassen große Optimierungsprobleme eine spezielle Struktur nicht sofort erkennen, so daß erst eine geeignete Vorbehandlung erforderlich wird. Aber praktisch alle in der Anwendung auftretenden großen Optimierungsprobleme besitzen die gemeinsame Eigenschaft, daß der Besetzungsgrad in der Matrix der Nebenbedingungen relativ gering ist. Man kann damit rechnen, daß bei einem Problem mit mehr als 1000 Nebenbedingungen und Variablen die Matrix der Nebenbedingungen weniger als ein Prozent von Null verschiedene Elemente enthält. Daher kann man zu einer Kompaktspeicherung übergehen, indem man nur die von Null verschiedenen Elemente sowie ihren Zeilen- und Spaltenindex speichert und so den Anwendungsbereich der Grundalgorithmen selbst erweitert. Darauf sind wir schon in Kapitel IV im Zusammenhang mit den revidierten Simplextechniken eingegangen. Jedoch bleibt bei sehr großen Optimierungsaufgaben aus den verschiedensten Gründen eine solche Modifikation der Grundalgorithmen wirkungslos. So hat man z. B. in Ungarn (siehe etwa [42]) ein lineares Optimierungsmodell mit 2055 Nebenbedingungen und 2424 Variablen aufgestellt. Die Matrix der Nebenbedingungen enthält dann fast 5 Millionen Elemente. Selbst wenn man berücksichtigt, daß darunter höchstens 50000 von Null verschiedene Elemente sein werden, ist ein solches Problem mit den Grundalgorithmen faktisch unlösbar. Daher wird man bei Aufgaben sehr großer Dimension nach vorliegenden Blockstrukturen suchen, wenn man Hoffnung auf einen gangbaren Lösungsweg haben will. Es gibt aber auch andere Gründe, die einen schon bei Aufgaben kleinerer Dimension zur Berücksichtigung einer Blockstruktur veranlassen. Sicher denkt man bei größeren Aufgaben zunächst an die starken Anforderungen hinsichtlich der Speicherkapazität des Automaten. Aber mindestens genauso wesentlich ist der entstehende Rechenaufwand. Solche, die Speicheranforderungen reduzierenden Maßnahmen, wie die Kompaktspeicherung, ändern jedoch nicht die Dimension des Problems. Je größer aber ein Problem ist, desto größer sind auch die Zahl der Simplexschritte und der Rechenaufwand bei einem Simplexschritt. Zusätzlich wirkt sich das auf die Genauigkeit der erzielten Resultate aus. Die in diesem Kapitel zu besprechenden Lösungsverfahren berücksichtigen die Blockstruktur im algorithmischen Ablauf oder zerlegen das Problem in eine Anzahl kleiner Probleme und senken dadurch nicht nur die Speicheranforderungen, sondern auch den Rechenaufwand.

1.2. Probleme mit blockangularer Struktur. Die einfachsten und bei der praktischen Anwendung bedeutungsvollsten linearen Optimierungsaufgaben mit Blockstruktur besitzen eine Matrix der Nebenbedingungen, deren Aufbau in Abb. 1 schematisch wiedergegeben ist. Die den Nullblöcken entsprechenden Teile haben wir leer gelassen, die anderen schraffiert und drei Diagonalblöcke eingezeichnet.

Der in Abb. 1 dargestellte Typ ist bei linearen Optimierungsaufgaben anzutreffen, die nur einige Nebenbedingungen gemeinsam für alle Strukturvariablen haben, während sich die anderen Nebenbedingungen jeweils auf getrennte Gruppen von Strukturvariablen beziehen.

Die Bezeichnung „blockangulare" Struktur ist dadurch zu begründen, daß die Nichtnullblöcke etwa die Schenkel eines Winkels bilden. Bisweilen spricht man auch von *blockdiagonaler Struktur*, weil für einen Teil der Matrix der Nebenbedingungen die Nichtnullblöcke diagonal angeordnet sind.

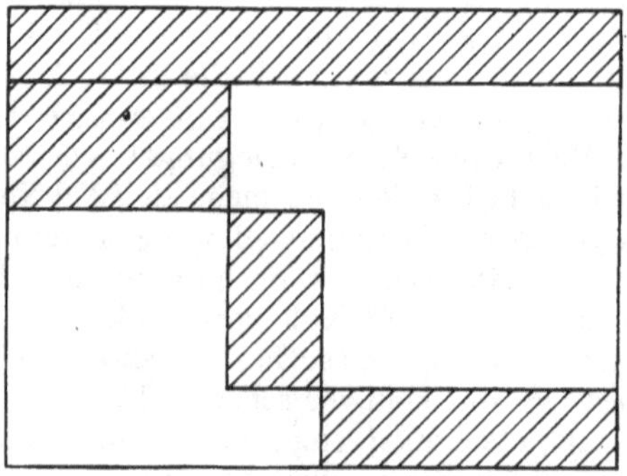

Abb. 1

Lineare Optimierungsaufgaben mit blockangularer Struktur haben eine große praktische Bedeutung, so daß zu ihrer Lösung die meisten Blockverfahren entwickelt wurden. Wir werden solche Probleme auch in diesem Kapitel vornehmlich untersuchen. Außerdem ist es bisweilen möglich, Probleme mit anderen Blockstrukturen in blockangulare Gestalt zu transformieren.

Zur mathematischen Formulierung des umrissenen Typs linearer Optimierungsaufgaben führen wir folgende Bezeichnungen ein:

A_i Matrix vom Typ (m, n_i),

B_i Matrix vom Typ (m_i, n_i),

x_i Spaltenvektor mit n_i Komponenten,

b Spaltenvektor mit m Komponenten,

b_i Spaltenvektor mit m_i Komponenten,

c_i Spaltenvektor mit n_i Komponenten.

Dann können wir den betrachteten Typ linearer Optimierungsaufgaben folgendermaßen erklären:

Definition: *Bei einer linearen Optimierungsaufgabe mit blockangularer Struktur ist das Maximum der Zielfunktion*

$$Z = c_1'x_1 + c_2'x_2 + \cdots + c_k'x_k \tag{1}$$

unter den Nebenbedingungen

$$A_1x_1 + A_2x_2 + \cdots + A_kx_k = b \tag{2}$$

$$\left.\begin{array}{llll} B_1x_1 & & & = b_1 \\ & B_2x_2 & & = b_2 \\ & & & \vdots \\ & & B_kx_k & = b_k \end{array}\right\} \tag{3}$$

und den Nichtnegativitätsbedingungen

$$x_i \geqq 0, \; i = 1, 2, \ldots, k \tag{4}$$

zu bestimmen.

Bei dieser Definition haben wir uns bereits auf die Normalform derartiger Optimierungsaufgaben bezogen. Wir verabreden jedoch, jede lineare Optimierungsaufgabe, die sich auf diese Gestalt überführen läßt, als blockangular zu bezeichnen.

Wollen wir auch noch den Typ der in (1)—(4) auftretenden Matrizen und Vektoren verdeutlichen, können wir die in Abb. 2 enthaltene schematische Darstellung geben.

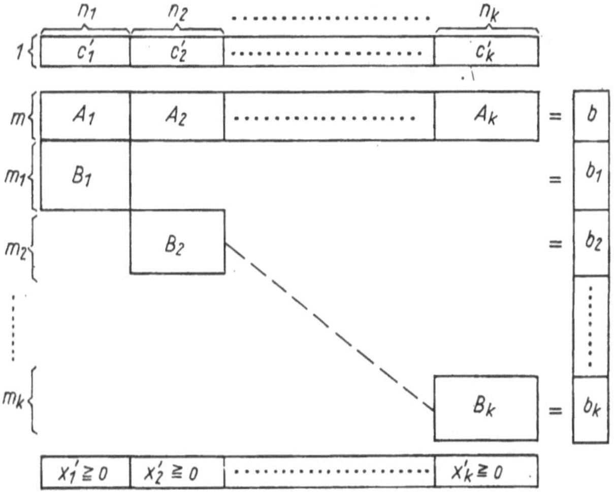

Abb. 2

Einen besonders einfachen Fall einer Aufgabe mit blockangularer Struktur stellt das sogenannte *Knapsack-Problem* (oder *Rucksackproblem*) dar. Eine derartige Modellstruktur enthält eine einzige Nebenbedingung für sämtliche Strukturvariablen und für jede Strukturvariable eine obere Schranke. Allerdings können solche Aufgaben in einfacher Weise gelöst werden, ohne daß man die Methoden dieses Kapitels heranziehen muß.

Um das Auftreten blockangularer Strukturen in der linearen Optimierung zu verdeutlichen, betrachten wir ein einfaches Beispiel.

Beispiel: Ein Betrieb stellt vier verschiedene Erzeugnisse E_i, $i = 1, 2, \ldots, 4$ in zwei Betriebsteilen her. Und zwar sollen in dem Betriebsteil 1 die Erzeugnisse

E_1, E_2 und in dem Betriebsteil 2 die Erzeugnisse E_3, E_4 produziert werden. Zur Herstellung der Erzeugnisse werden zwei Rohstoffe R_1, R_2 benötigt, die nur im beschränkten Umfang zur Verfügung stehen. Die pro Einheit der Erzeugnisse E_i benötigten Rohstoffmengen, die vorhandenen Rohstoffmengen sowie der sich pro Einheit von E_i ergebende Gewinn sind in Tabelle 1 angeführt.

Tabelle 1:

Rohstoff	Erzeugnis E_1	E_2	E_3	E_4	vorhandene Rohstoffmenge
R_1	1	2	1	3	18
R_2	2	−1	0	2	14
Gewinn	4	3	5	2	

Aus Tabelle 1 geht hervor, daß für die Produkte E_2 und E_3 vom Rohstoff R_2 nichts verbraucht wird. Vielmehr entsteht sogar je produzierter Einheit von E_2 eine Einheit von R_2.

In den beiden Betriebsteilen mögen sich zusätzlich Einschränkungen bezüglich je zwei Einsatzgrößen G_1, G_2 bzw. G_3, G_4 ergeben, wobei die verfügbare Kapazität sowie der Bedarf an diesen Einsatzgrößen für eine Einheit der Erzeugnisse E_i in den Tabellen 2 und 3 angegeben sind. Es sei bemerkt, daß diese Einsatzgrößen in den beiden Betriebsteilen nicht verschiedenartig sein müssen. Dem Betriebsteil 1 entspricht die Tabelle 2 und dem Betriebsteil 2 die Tabelle 3.

Tabelle 2:

Einsatz-größe	Erzeugnis E_1	E_2	verfügbare Kapazität
G_1	4	6	24
G_2	3	3	15

Tabelle 3:

Einsatz-größe	Erzeugnis E_3	E_4	verfügbare Kapazität
G_3	3	6	18
G_4	1	4	8

Bezeichnen wir mit x_i die Menge der produzierten Erzeugnisse E_i ($i = 1, 2, \ldots, 4$), lautet das mathematische Modell für den beschriebenen ökonomischen Sachverhalt:

$$Z = 4x_1 + 3x_2 + 5x_3 + 2x_4 \quad \max. \tag{5}$$

$$\left.\begin{aligned} x_1 + 2x_2 + x_3 + 3x_4 &\leqq 18 \\ 2x_1 - x_2 + 2x_4 &\leqq 14 \end{aligned}\right\} \tag{6}$$

$$\left.\begin{aligned} 4x_1 + 6x_2 &\leqq 24 \\ 3x_1 + 3x_2 &\leqq 15 \end{aligned}\right\} \tag{7}$$

$$\left.\begin{aligned} 3x_3 + 6x_4 &\leqq 18 \\ x_3 + 4x_4 &\leqq 8 \end{aligned}\right\} \tag{8}$$

$$x_i \geqq 0, \; i = 1, 2, \ldots, 4. \tag{9}$$

Die Zielfunktion gibt den Gewinn des Betriebes an, der sich additiv aus dem Gewinn der beiden Betriebsteile zusammensetzt. Die Nebenbedingungen (6) entsprechen den Rohstoffbeschränkungen, (7) und (8) bestimmen die Kapazitätsbeschränkungen der Einsatzgrößen der beiden Betriebsteile.

Damit haben wir ein Beispiel einer linearen Optimierungsaufgabe mit blockangularer Struktur formuliert. Nach Einführung von Schlupfvariablen und Umgruppierung der Variablen würden wir zu der in der Definition vorausgesetzten Gestalt der Nebenbedingungen gelangen.

Das Beispiel spiegelt eine häufig in der ökonomischen Praxis anzutreffende Situation wider. Wir betrachten ein Kombinat mit mehreren Betrieben, deren Produktion weitgehend voneinander unabhängig ist. Für jeden Betrieb kann man viele Nebenbedingungen formulieren, die von den anderen Betrieben unabhängig sind. Es gibt aber einige Nebenbedingungen, welche die verschiedenen Betriebe verbinden, und eine gemeinsame Zielstellung.

1.3. Das Dekompositionsprinzip. Noch bevor das Dekompositionsprinzip als mathematische Lösungsmethode für lineare Optimierungsaufgaben mit Blockstruktur bekannt war, entwickelten sich in der Ökonomie die Grundgedanken für eine *Zweiebenenplanung*. Die ökonomischen Erwägungen nahmen einen wesentlichen Einfluß auf die Herausbildung der mathematischen Dekompositionsmethoden.

Bei der Beschreibung des Dekompositionsprinzips bezieht man sich meist auf das folgende ökonomische Grundmodell: Einer *Zentrale* unterstehen k *Sektoren*, die weitgehend selbständig disponieren und eine eigene Planung durchführen. Ein gewisser Teil der benötigten Einsatzgrößen wird direkt von der Zentrale disponiert, während den anderen Teil die Sektoren steuern. Die Komponenten des Vektors b in (2) bestimmen die Kapazität der *zentralen Einsatzgrößen* und die der Vektoren b_i in (3) die Kapazität der *sektoriellen Einsatzgrößen*. Die Matrizen A_i in (2) enthalten die technologischen Koeffizienten bezüglich der zentralen Einsatzgrößen und die Matrizen B_i in (3) die der sektoriellen Einsatzgrößen. Dann heißt (2) das *System der zentralen Nebenbedingungen* und (3) das *System der sektoriellen Nebenbedingungen*. Durch $c_i'x_i$, $i = 1, 2, \ldots, k$ ist das *sektorielle Zielkriterium* formuliert. (1) stellt das *zentrale Zielkriterium* dar. Damit setzen wir voraus, daß sich das Zielkriterium der Zentrale additiv aus den sektoriellen Zielkriterien ergibt.

Die lineare Optimierungsaufgabe wird nun aufgespalten in

1. sektorielle Teilprogramme,

2. ein Hauptprogramm, das die Teilprogramme verbindet.

Diese Dekomposition ermöglicht uns die Lösung kleinerer Optimierungsaufgaben, erfordert aber, daß das Hauptprogramm und die Teilprogramme im allgemeinen mehrmals gelöst werden müssen.

Die Dekompositionsmethoden beruhen auf einer wiederholten Anwendung gleichartiger Dekompositionsschritte. In jedem *Dekompositionsschritt* löst man zunächst das Hauptprogramm und teilt danach den Sektoren modifizierte Zielfunktionen mit. Dann berechnet man optimale Sektorpläne, die eine Korrektur des Hauptprogrammes veranlassen. Durch die ständige Modifikation der sektoriellen Zielfunktionen wird erreicht, daß die sich ändernden optimalen Sektorpläne unter Einhaltung der zentralen Bedingungen zur Bestimmung der zentralen Optimallösung führen.

Der Gedanke, das Dekompositionsprinzip zur Planung in zwei Leitungsebenen anzuwenden, hat große praktische Bedeutung. Wohl die erste umfassende Anwendung des Dekompositionsprinzips bei der Volkswirtschaftsplanung wurde in den Jahren 1963 bis 1967 unter Leitung von KORNAI in der VR Ungarn durchgeführt. Vielfach hängt aber die Nutzung großer volkswirtschaftlicher Modelle der Zweiebenenplanung entscheidend von der Effektivität des Lösungsprozesses ab. Daher hat man in der letzten Zeit der Entwicklung effektiver Algorithmen der linearen Blockoptimierung große Beachtung geschenkt.

1.4. Probleme mit Treppenstruktur. Neben der blockangularen Struktur haben wir es vielfach mit sogenannten linearen Optimierungsaufgaben mit Treppenstruktur zu tun. Die Matrix der Nebenbedingungen besitzt den in Abb. 3 schematisch

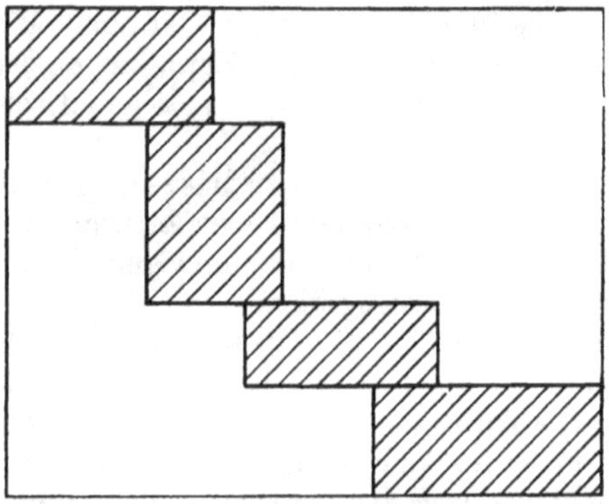

Abb. 3

wiedergegebenen Aufbau. Gegenüber der blockangularen Struktur (vgl. mit Abb. 1) überlappen sich die Blöcke, und es fehlen die zentralen Nebenbedingungen. Derartige Strukturen treten oft bei der Untersuchung von Prozessen auf, die sich über gewisse Zeiträume erstrecken und bei denen die Aktivitäten einer Periode mit denen der vorherigen und darauffolgenden Periode, aber mit keiner anderen verbunden sind (das kann z. B. für Lagerbestände zutreffen). Daher spricht man auch häufig von *mehrperiodischen* (oder auch *mehrstufigen*) *linearen Optimierungsmodellen.*

Definition: *Bei einer linearen Optimierungsaufgabe mit Treppenstruktur ist das Maximum der Zielfunktion*

$$Z = c_1'x_1 + c_2'x_2 + \cdots + c_k'x_k \tag{10}$$

unter den Nebenbedingungen

$$\left.\begin{array}{lr} B_1 x_1 & = b_1 \\ D_1 x_1 + B_2 x_2 & = b_2 \\ \quad D_2 x_2 + B_3 x_3 & = b_3 \\ \quad\quad \ddots \quad \ddots & \vdots \\ \quad\quad D_{k-1} x_{k-1} + B_k x_k & = b_k \end{array}\right\} \tag{11}$$

und den Nichtnegativitätsbedingungen

$$x_i \geqq 0, \; i = 1, 2, \ldots, k \tag{12}$$

zu bestimmen.

Das Problem ist im Sinne von Abb. 2 in Abb. 4 schematisch veranschaulicht.

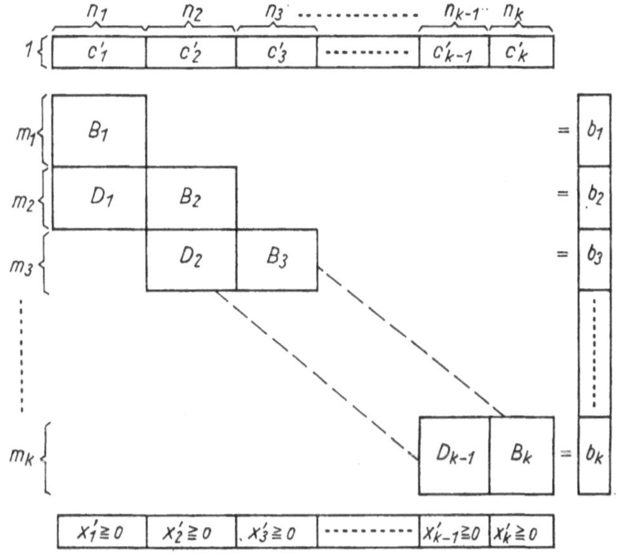

Abb. 4

Beispiel: Ein Betrieb stellt zwei Erzeugnisse E_1, E_2 durch Einsatz von drei Einsatzgrößen G_1, G_2, G_3 her. Die technologischen Daten, der erzielte Gewinn und die verfügbare Kapazität sind in Tabelle 4 angeführt. Für die Erzeugnisse

Tabelle 4:

Einsatz-größe	Erzeugnis E_1	E_2	verfügbare Kapazität
G_1	4	3	120
G_2	2	5	182
G_3	1	2	210
Gewinn	300	200	

besteht in den vier Quartalen des Jahres ein unterschiedlicher Bedarf, der in Tabelle 5 angegeben ist. Diese Bedarfsschwankungen können durch Lagerung überbrückt werden, jedoch entstehen im Quartal dadurch durchschnittliche Lagerkosten in Höhe von 50 M pro Mengeneinheit des Erzeugnisses E_1 und von 30 M für E_2. Gefragt wird nach den Produktions- und Lagermengen, die dem Betrieb einen maximalen Gewinn sichern.

Tabelle 5:

Erzeugnis	Quartal 1	2	3	4
E_1	50	30	70	20
E_2	20	40	60	10

Wir bezeichnen mit $x_1^{(i)}$ die Produktionsmengen und mit $l_1^{(i)}$ die Lagermengen des ersten Erzeugnisses im i-ten Quartal ($i = 1, 2, 3, 4$). Entsprechend seien $x_2^{(i)}$ die Produktions- und $l_2^{(i)}$ die Lagermengen von E_2 im i-ten Quartal. Vor Beginn der Produktion im ersten Quartal soll kein Lagerbestand vorliegen. Jedoch darf am Ende des Jahres ein Lagerbestand übrig bleiben. Die in Tabelle 4 angegebenen Daten sind für alle Quartale gleich. Dann lautet die lineare Optimierungsaufgabe:

$$Z = \sum_{i=1}^{4} \{300x_1^{(i)} + 200x_2^{(i)} - 50l_1^{(i)} - 30l_2^{(i)}\} \quad \max.$$

$$\begin{aligned} 4x_1^{(i)} + 3x_2^{(i)} &\leqq 120 \\ 2x_1^{(i)} + 5x_2^{(i)} &\leqq 182, \quad i = 1, 2, 3, 4 \\ x_1^{(i)} + 2x_2^{(i)} &\leqq 210 \end{aligned}$$

$$\begin{array}{ll} x_1^{(1)} - l_1^{(1)} \leqq 50 & x_2^{(1)} - l_2^{(1)} \leqq 20 \\ l_1^{(1)} + x_1^{(2)} - l_1^{(2)} \leqq 30 & l_2^{(1)} + x_2^{(2)} - l_2^{(2)} \leqq 40 \\ l_1^{(2)} + x_1^{(3)} - l_1^{(3)} \leqq 70 & l_2^{(2)} + x_2^{(3)} - l_2^{(3)} \leqq 60 \\ l_1^{(3)} + x_1^{(4)} - l_1^{(4)} \leqq 20 & l_2^{(3)} + x_2^{(4)} - l_2^{(4)} \leqq 10 \end{array}$$

$$\left.\begin{array}{l} x_1^{(i)} \geqq 0,\ x_2^{(i)} \geqq 0, \\ l_1^{(i)} \geqq 0,\ l_2^{(i)} \geqq 0, \end{array}\right\} \quad i = 1, 2, \ldots, 4.$$

Die Struktur der Nebenbedingungen wird durch ihre Darstellung in Tabelle 6 deutlicher hervorgehoben. Daraus erkennen wir, daß die Nebenbedingungen von der Struktur (11) mit

$$D_i = \begin{pmatrix} 0 & 0 & 0 & 0 \\ 0 & 0 & 0 & 0 \\ 0 & 0 & 0 & 0 \\ 0 & 0 & 1 & 0 \\ 0 & 0 & 0 & 1 \end{pmatrix}, \quad i = 1, 2, 3,$$

Tabelle 6:

$x_1^{(1)}$	$x_2^{(1)}$	$l_1^{(1)}$	$l_2^{(1)}$	$x_1^{(2)}$	$x_2^{(2)}$	$l_1^{(2)}$	$l_2^{(2)}$	$x_1^{(3)}$	$x_2^{(3)}$	$l_1^{(3)}$	$l_2^{(3)}$	$x_1^{(4)}$	$x_2^{(4)}$	$l_1^{(4)}$	$l_2^{(4)}$	
4	3															120
2	5															182
1	2															210
1		−1														50
	1		−1													20
				4	3											120
				2	5											182
				1	2											210
		1		1		−1										30
			1		1		−1									40
								4	3							120
								2	5							182
								1	2							210
						1		1		−1						70
							1		1		−1					60
												4	3			120
												2	5			182
												1	2			210
										1		1		−1		20
											1		1		−1	10

$$B_i = \begin{pmatrix} 4 & 3 & 0 & 0 \\ 2 & 5 & 0 & 0 \\ 1 & 2 & 0 & 0 \\ 1 & 0 & -1 & 0 \\ 0 & 1 & 0 & -1 \end{pmatrix}, \quad i = 1, 2, 3, 4$$

sind.

Lineare Optimierungsaufgaben mit Treppenstruktur besitzen vielfach die sich in diesem Beispiel zeigende Eigenschaft, daß die Matrizen B_i, $i = 1, 2, \ldots, k$ sämtlich gleich sind und häufig dasselbe auch für die Matrizen D_i, $i = 1, 2, \ldots, k - 1$ gilt. Daraus lassen sich rechentechnische Vorteile ableiten.

Neben den blockangularen Strukturen und Treppenstrukturen werden bisweilen auch lineare Optimierungsaufgaben mit *blocktriangularer Struktur* untersucht. Die Struktur derartiger Blockaufgaben ist aus Abb. 5 ersichtlich. Wir verzichten jedoch auf eine sorgfältige mathematische Erklärung, da wir Aufgaben mit blocktriangularer Struktur nicht weiter verfolgen werden.

Die Blockmatrizen B_i in den Nebenbedingungen (3) blockangularer Aufgaben oder die Matrizen B_i, D_i bei Aufgaben mit Treppenstruktur können sich ihrerseits wieder aus Blockmatrizen zusammensetzen, die eine nochmalige Dekomposition sinnvoll erscheinen lassen. Wir sprechen dann von *zweifacher Dekomposition*. Prinzipiell kann dieses Zerlegungsprinzip fortgesetzt werden, so daß allgemein eine *mehrfache Dekomposition* möglich ist. Die mehrfache Dekomposition gestattet eine weitere Vereinfachung des Lösungsprozesses bei vielen Aufgaben mit Blockstruktur.

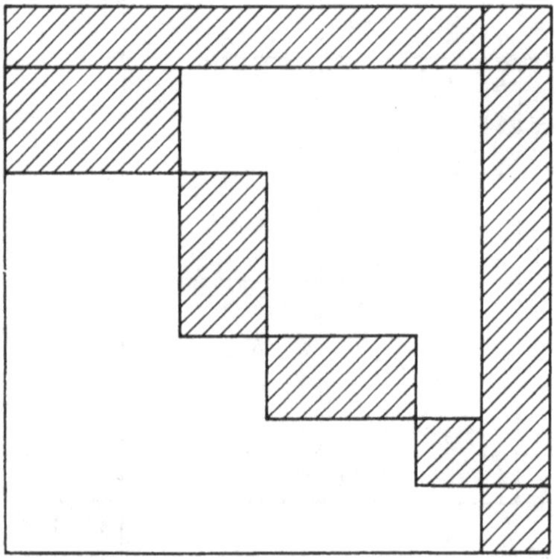

Abb. 5

So kann man z. B. die Matrizen B_i unseres obigen Beispiels in

$$B_i = \begin{pmatrix} \tilde{B}_i & 0 \\ E & -E \end{pmatrix} \quad \text{mit} \quad \tilde{B}_i = \begin{pmatrix} 4 & 3 \\ 2 & 5 \\ 1 & 2 \end{pmatrix}$$

zerlegen (E ist eine Einheitsmatrix der Ordnung 2) und dadurch die spezielle Struktur der Aufgabe weiter zergliedern. Eine entsprechende Dekomposition ist für die Matrizen D_i möglich.

Das Vorgehen bei der mehrfachen Dekomposition ist in [38] sehr ausführlich untersucht und systematisiert worden (beachte auch [9]).

1.5. Klassifikation der Lösungsmethoden. Die bis heute entwickelten Lösungsmethoden beziehen sich im allgemeinen auf spezielle Blockstrukturen, unter denen vornehmlich blockangulare Strukturen und Treppenstrukturen zu nennen sind. Beliebige Blockstrukturen werden z. B. in [3], [47] und [36] untersucht. Wir beschäftigen uns nur mit Lösungsverfahren für spezielle Blockaufgaben, jedoch haben wir bereits in Bd. 1 bei Aufgaben der linearen Algebra erkannt, daß auch eine allgemeine Blockstruktur mit Vorteil beim Lösungsprozeß ausgenutzt werden kann.

Unter den Lösungsverfahren für spezielle Blockaufgaben gibt es zwei grundlegende Verfahernsgruppen:

1. Die Dekompositionsverfahren,
2. Die direkten Verfahren.

Bei den *Dekompositionsverfahren* wird die Aufgabe in eine Anzahl von Teilproblemen zerlegt, die durch ein Hauptprogramm miteinander verbunden sind (vergleiche 1.3). Jeder Dekompositionsschritt wird in folgende Teilschritte zerlegt:

1. Lösung des Hauptprogrammes.
2. Korrektur der Teilprobleme auf Grund der neuen Informationen aus dem Hauptprogramm.
3. Lösung der Teilprobleme.
4. Korrektur des Hauptproblems auf Grund der neuen Informationen aus den Teilproblemen.

Dieses Dekompositionsprinzip wurde von Dantzig und Wolfe [16], [17] entwickelt. Dabei ist es für die erfolgreiche Anwendung der Dekompositionsverfahren wesentlich, die Ausgangsaufgabe in eine äquivalente Aufgabe zu transformieren.

Die einzelnen Dekompositionsverfahren unterscheiden sich hauptsächlich in der Art der Transformation der Ausgangsaufgabe und in den verwendeten Methoden der linearen Optimierung zur Lösung des Hauptproblems und der Teilprobleme. Wir werden uns hier nur auf solche Verfahren beziehen, die wir in den Kapiteln III und IV besprochen haben. Prinzipiell kann aber jede Lösungsmethode der linearen Optimierung zur Anwendung kommen. Einen guten Überblick über die bisher entwickelten Dekompositionsmethoden geben Künzi und Tan [51].

Bei den *direkten Verfahren* werden die Lösungsmethoden der linearen Optimierung den speziellen Strukturen so gut angepaßt, daß keine Zerlegung erforderlich ist und sich die Aufgaben als Ganzes effektiv berechnen lassen. Dieses Vorgehen wurde von Müller-Merbach [59] entwickelt und von ihm als *direkte Dekomposition* bezeichnet. Obwohl dieser Name dem eigentlichen Lösungsgedanken direkt widerspricht, wurde er gewählt, um anzudeuten, daß die Methoden zur Lösung der gleichen Aufgaben wie die Dekompositionsverfahren herangezogen werden können.

Gegenwärtig wird sehr intensiv sowohl an der Verbesserung der Dekompositionsverfahren als auch der direkten Verfahren gearbeitet, um zu noch leistungsfähigeren Methoden für große Optimierungsaufgaben mit Blockstruktur zu gelangen. Vornehmlich in den USA werden die direkten Verfahren unter dem Namen „*generalized Upper-Bounding-Technique*" weiterentwickelt. Man kann nämlich zeigen, daß das von Müller-Merbach beschrittene Vorgehen eine Verallgemeinerung der in Kapitel V untersuchten Methoden für Aufgaben mit oberen Schranken für die Variablen ist. Derartige Methoden werden auch „*Upper-Bounding-Technique*" genannt. Dagegen wird vornehmlich in den sozialistischen Ländern, insbesondere in der Sowjetunion, an einer weiteren Verbesserung der Dekompositionsmethoden gearbeitet, da sie gleichzeitig dem ökonomischen Planungsprinzip mehrerer Ebenen entsprechen, dem im Sozialismus eine wesentlich größere Bedeutung als im Kapitalismus zukommt.

§ 2. Das Dekompositionsverfahren von Dantzig und Wolfe

Wir haben das allgemeine Vorgehen der Dekompositionsverfahren bereits in § 1 erläutert, so daß wir gleich zur Beschreibung der einzelnen Teilschritte übergehen können. Dabei beziehen wir uns zunächst auf blockangulare Strukturen und auf das Dekompositionsverfahren von DANTZIG und WOLFE.

2.1. Die transformierte Ausgangsaufgabe. Vorgelegt sei die lineare Optimierungsaufgabe (1)—(4). Wir betrachten die Mengen der zulässigen Lösungen der Teilprobleme, für die wir mit der Bezeichnungsweise von II.1.3

$$M_i = \{x_i : B_i x_i = b_i, x_i \geqq 0\}, \qquad i = 1, 2, \ldots, k \tag{13}$$

schreiben können. Zunächst wollen wir annehmen, daß sämtliche Mengen M_i beschränkt sind. Dann läßt sich nach Satz 42 von Kap. I jeder Punkt der Menge M_i als konvexe Linearkombination der Eckpunkte von M_i darstellen. Bezeichnen wir mit

$$x_{i1}, x_{i2}, \ldots, x_{iN_i} \tag{14}$$

die den Eckpunkten der Menge M_i entsprechenden Vektoren, gilt für jedes $x_i \in M_i$

$$x_i = \sum_{j=1}^{N_i} \alpha_{ij} x_{ij}, \quad \sum_{j=1}^{N_i} \alpha_{ij} = 1, \alpha_{ij} \geqq 0. \tag{15}$$

DANTZIG und WOLFE fassen (15) als *Transformationsgleichung* auf, welche die Variablen x in die Variablen α überführt. Dann geht mit den Bezeichnungen

$$\left.\begin{aligned} p_{ij} &= A_i x_{ij}, \\ c_{ij} &= c_i' x_{ij}, \end{aligned} \quad i = 1, 2, \ldots, k;\ j = 1, 2, \ldots, N_i \right\} \tag{16}$$

(p_{ij} ist ein m-dimensionaler Vektor und c_{ij} ein Skalar) die lineare Optimierungsaufgabe (1)—(4) in

$$\left.\begin{aligned} Z = \sum_{i=1}^{k} \sum_{j=1}^{N_i} c_{ij} \alpha_{ij} \quad \max. \\ \sum_{i=1}^{k} \sum_{j=1}^{N_i} p_{ij} \alpha_{ij} = b \\ \sum_{j=1}^{N_i} \alpha_{ij} = 1, \ i = 1, 2, \ldots, k \\ \alpha_{ij} \geqq 0, \ i = 1, 2, \ldots, k; j = 1, 2, \ldots, N_i \end{aligned}\right\} \tag{17}$$

über (die Nebenbedingungen (3) sind infolge der Transformationsgleichung (15) automatisch erfüllt). (17) heißt die transformierte Ausgangsaufgabe mit den Variablen α_{ij}, Ihre Struktur ist aus Abb. 6 ersichtlich. Dabei wurde versucht, deutlich zu machen, bei welchen Größen es sich um Skalare und bei welchen um Vektoren handelt. Wir erinnern daran, daß N_i die Zahl der Eckpunkte der Menge M_i ist.

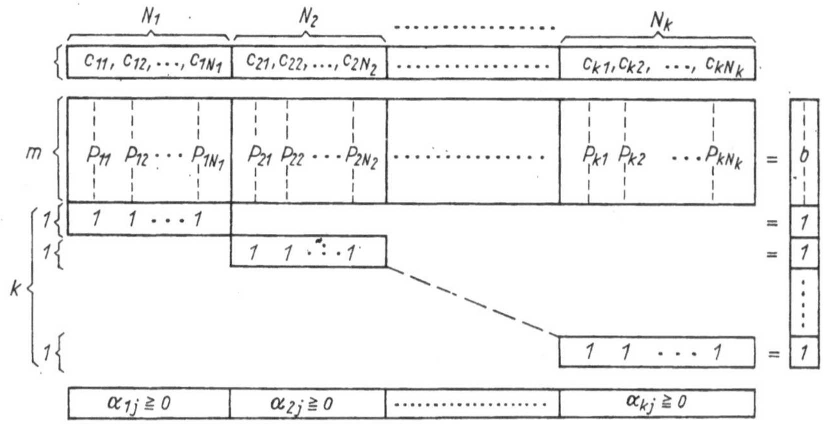

Abb. 6

Satz 1: *Bestimmen die α_{ij} eine optimale Lösung der transformierten Ausgangsaufgabe* (17), *so bilden die Vektoren*

$$x_i = \sum_{j=1}^{N_i} x_{ij} \alpha_{ij}, \qquad i = 1, 2, \ldots, k$$

eine optimale Lösung der Aufgabe (1)—(4). *Die optimalen Werte der Zielfunktionen beider Aufgaben sind gleich.*

Auf Grund dieses Satzes können wir die Lösung der ursprünglichen Aufgabe (1)—(4) über die Lösung der transformierten Aufgabe (17) ermitteln. Wir übergehen den Beweis, den man z. B. in [53], [28] nachlesen kann.

Die transformierte Ausgangsaufgabe wird durch die Eckpunkte der Mengen M_i mittels der Transformation (15) erzeugt. Dantzig nennt (17) das *vollständige Hauptprogramm.*

Es erhebt sich jetzt die Frage, welchen Vorteil wir aus der transformierten Ausgangsaufgabe ziehen können. Das ursprüngliche Problem (1)—(4) besaß

$$m + \sum_{i=1}^{k} m_i \text{ Nebenbedingungen und } \sum_{i=1}^{k} n_i \text{ Variablen.}$$

Die transformierte Aufgabe (17) hat

$$m + k \text{ Nebenbedingungen und } \sum_{i=1}^{k} N_i \text{ Variablen.}$$

Ist also die Anzahl der Sektorbedingungen relativ groß, so enthält die transformierte Aufgabe wesentlich weniger Nebenbedingungen. Dagegen wird die Zahl der Variablen in (17) außerordentlich hoch sein. Außerdem ist es faktisch unmöglich, sämtliche Eckpunkte der Mengen M_i zu kennen. Nun sieht man aber leicht, daß wir die gesamte Matrix der Nebenbedingungen und sämtliche Koeffizienten der Zielfunktion von (17) nicht benötigen. Vielmehr werden wir von einem *reduzierten* oder *beschränkten Hauptproblem* ausgehen, das sich aus (17) durch Streichen einer Anzahl von Spalten ergibt. Als Lösungsmethode bietet sich dann die *revidierte Simplexmethode* an.

2.2. Theorie des Dekompositionsverfahrens. Wir setzen die Kenntnis einer zulässigen Basislösung der Aufgabe (17) als bekannt voraus. Eine zulässige Basislösung besitzt $m + k$ Basisvariablen. Streichen wir in (17) die nicht zu den Basisvariablen gehörigen Spalten, haben wir das der betrachteten zulässigen Basislösung entsprechende *reduzierte Hauptproblem* gefunden.

Im Zusammenhang mit der Beschreibung der revidierten Simplexmethode in IV. 4.1 wurde der Vektor der Simplexmultiplikatoren λ eingeführt, der für die Aufgabe (17) $m + k$ Komponenten besitzt. Es ist zweckmäßig, die ersten m Komponenten zu einem Vektor $\bar{\lambda}$ und die weiteren k Komponenten zu $\bar{\bar{\lambda}}$ zusammenzufassen

$$\lambda = \begin{pmatrix} \bar{\lambda} \\ \bar{\bar{\lambda}} \end{pmatrix}.$$

Ein Vektor der Nebenbedingungen von (17) besitzt die Gestalt (vgl. mit Abb. 6)

$$\begin{pmatrix} p_{ij} \\ e_i \end{pmatrix}.$$

Seine ersten m Komponenten sind durch den Vektor p_{ij} bestimmt. e_i bezeichnet einen k-dimensionalen Einheitsvektor.

Das Optimalitätskriterium der revidierten Simplexmethode (Satz 6 von Kap. IV) verlangt für die Aufgabe (17), daß

$$(\bar{\lambda}', \bar{\bar{\lambda}}') \cdot \begin{pmatrix} p_{ij} \\ e_i \end{pmatrix} - c_{ij} \geqq 0 \quad \text{für alle} \quad i, j$$

gilt. Bezeichnen wir die i-te Komponente des Vektors $\bar{\bar{\lambda}}$ mit $\bar{\bar{\lambda}}_i$, folgt daraus

$$\bar{\lambda}' p_{ij} + \bar{\bar{\lambda}}_i - c_{ij} \geqq 0 \quad \text{für alle} \quad i, j$$

und mit (16)

$$\bar{\lambda}' A_i x_{ij} + \bar{\bar{\lambda}}_i - c_i' x_{ij} \geqq 0 \quad \text{für alle} \quad i, j;$$

$$(\bar{\lambda}' A_i - c_i') x_{ij} + \bar{\bar{\lambda}}_i \geqq 0 \quad \text{für alle} \quad i, j. \tag{18}$$

Falls keine Optimalität vorliegt, erfolgt die Auswahl der neuen Basisvariablen durch die kleinste negative Zahl

$$\min_{i,j} \{(\bar{\lambda}' A_i - c_i') x_{ij} + \bar{\bar{\lambda}}_i\}$$

oder durch die größte positive Zahl

$$\max_i \max_j \{(c_i' - \bar{\lambda}' A_i) x_{ij} - \bar{\bar{\lambda}}_i\}. \tag{19}$$

Nun ist aber weder der Optimalitätstest (18) noch die Berechnung von (19) ausführbar, da wir das vollständige Hauptproblem nicht kennen und folglich sich die Ausdrücke nicht für alle i und j bestimmen lassen. Man kann aber folgendes Vorgehen beschreiten: Es werden die optimalen Lösungen x_i^* der k *Unterprobleme*

$$\left.\begin{aligned} Z^{(i)} = (c_i' - \bar{\lambda}' A_i) x_i \quad \max. \\ B_i x_i = b_i \\ x_i \geqq 0 \end{aligned}\right\} \tag{20}$$

berechnet. Das bewirkt, daß wir in (19) die Maximierung bezüglich j (bezüglich aller Eckpunkte des jeweiligen sektoriellen Problems) vorgenommen haben. Dann bildet man

$$\gamma = \max_i \{(c_i' - \bar{\lambda}' A_i) x_i^* - \bar{\bar{\lambda}}_i\} = \max_i \{Z_{\max}^{(i)} - \bar{\bar{\lambda}}_i\} = \max_i \gamma_i .$$

Für $\gamma \leqq 0$ ist Optimalität erreicht. Im Falle $\gamma > 0$ bestimmen wir das Unterproblem l, welches das Maximum bestimmt,

$$\gamma = Z_{\max}^{(l)} - \bar{\bar{\lambda}}_l = \gamma_l ,$$

und führen den Vektor

$$\begin{pmatrix} A_l x_l^* \\ e_l \end{pmatrix} \tag{21}$$

in die Basis ein. Die Berechnung der neuen Simplexmultiplikatoren erfolgt dann nach den Regeln der revidierten Simplexmethode.

Die Endlichkeit des Lösungsprozesses ergibt sich bei nichtausgearteten Aufgaben aus der Endlichkeit des Simplexverfahrens, da sich bei jedem Dekompositionsschritt der Wert der Zielfunktion vergrößert und folglich keine Basis wiederholt werden kann. Der Fall der Ausartung wird wie bei der Simplexmethode behandelt.

Bisher haben wir bei unseren Betrachtungen vorausgesetzt, daß die sektoriellen Teilprobleme beschränkt sind. Vielfach wird man diese Forderung aus ökonomischer Sicht erheben und den Lösungsprozeß abbrechen, falls sich ein Unterproblem (20) als unlösbar erweist. Andererseits braucht aber eine Optimierungsaufgabe mit blockangularer Struktur nichts mit dem ökonomischen Grundmodell von 1.3 zu tun zu haben, so daß ein Abbruch des Lösungsprozesses nicht begründet ist. Denn auch bei einer beschränkten Menge der zulässigen Lösungen des Hauptproblems kann es Unterprobleme mit unbeschränkter Menge der zulässigen Lösungen geben. In diesem Falle kann sich $\gamma = \infty$ ergeben. Die Gesamtheit der zulässigen Lösungen eines solchen Unterproblems stellt sich dann nicht durch (15), sondern nach Satz 43 von Kap. II als Summe einer konvexen Linearkombination der Eckpunkte und einer nichtnegativen Linearkombination der Richtungsvektoren der unbegrenzten eindimensionalen Kanten dar. Bezeichnet y_l einen Richtungsvektor einer unbegrenzten eindimensionalen Kante, auf der die Zielfunktion des l-ten Unterproblems beliebig stark anwächst, so haben wir an Stelle von (21) den Vektor

$$\begin{pmatrix} A_l \, y_l \\ 0 \end{pmatrix}$$

in die Basis einzuführen, dessen letzte k Komponenten gleich Null sind. Dadurch wird die entsprechende α-Größe im Hauptproblem (17) nicht in die Bedingung

$$\sum_{j=1}^{N_l} \alpha_{lj} = 1$$

einbezogen und nur der Nichtnegativitätsbedingung unterworfen. Weitere Veränderungen im Ablauf des Dekompositionsverfahrens ergeben sich nicht. Wir werden diesen Fall jedoch bei unseren weiteren Betrachtungen ausschließen und gegebenenfalls den Rechenprozeß abbrechen.

Abschließend wollen wir uns noch mit der Bestimmung einer ersten zulässigen Basislösung für das Hauptproblem beschäftigen. Grundsätzlich ist es möglich, entsprechend dem Vorgehen der Methoden zur Bestimmung einer ersten zulässigen Basislösung von III.4 mit einer künstlichen Basis zu beginnen. Bisweilen kann eine erste zulässige Basislösung aber einfacher ermittelt werden. Dazu setzen wir die Kenntnis einer zulässigen Basislösung x_{i1} sämtlicher Mengen M_i von (13) voraus. Weiterhin mögen die zentralen Nebenbedingungen (2) vor der Überführung auf die Normalform die Gestalt

$$A_1^* x_1 + A_2^* x_2 + \cdots + A_k^* x_k \leqq b$$

mit $b \geqq 0$ besitzen, die mit dem Vektor der Schlupfvariablen $\bar{x}$ in

$$A_1^* x_1 + A_2^* x_2 + \cdots + A_k^* x_k + \bar{x} = b$$

übergehen. Natürlich kann man die Matrizen A_i^* und Vektoren x_i geeignet erweitern, um auf die Form (2) zu kommen. Aber die Komponenten von $\bar{x}$ treten in den sektoriellen Nebenbedingungen (3) nicht auf, so daß die zulässigen Basislösungen der sektoriellen Teilprobleme von der Wahl dieser Komponenten unabhängig wären. Wir bilden daher

$$\bar{x} = b - A_1^* x_{11} - A_2^* x_{21} - \cdots - A_k^* x_{k1}, \tag{22}$$

indem wir die zulässigen Basislösungen der sektoriellen Teilprobleme einsetzen. Zu den x_{i1} berechnen wir die zugehörigen Vektoren p_{i1} und Skalare c_{i1} und wählen $\alpha_{i1} = 1$, $\alpha_{ij} = 0$ für $j \neq 1$. Dann sind die Vorzeichenbedingungen und die letzten k Nebenbedingungen von (17) erfüllt. Die ersten m Nebenbedingungen werden durch (22) befriedigt. Wir haben so eine Ausgangsbasis gefunden; denn die $m + k$ Vektoren der Nebenbedingungen müssen linear unabhängig sein (zu den Schlupfvariablen von (22) gehören Vektoren der Nebenbedingungen, deren m erste Komponenten den m-dimensionalen Einheitsvektoren entsprechen und deren k letzte Komponenten gleich Null sind; zu den Variablen α_{i1} gehören Vektoren der Nebenbedingungen, deren letzte k Komponenten den k-dimensionalen Einheitsvektoren entsprechen).

2.3. Beschreibung des Lösungsalgorithmus. Zur Lösung der reduzierten Hauptprobleme verwenden wir im wesentlichen die Grundtableaus der revidierten Simplexmethode von IV.4.3. Jedoch verzichten wir auf das Hilfstableau, was aber keineswegs bedeutet, daß eine Speicherung der Ausgangsdaten nicht mehr erforderlich ist. Die Beschriftung der Spalte x_k des Grundtableaus erfolgt in Analogie zu Rechenschema 15 von Kap. IV. Allerdings darf k nicht mit der Zahl der Unterprobleme und x_k nicht mit einem Vektor des k-ten Unterproblems identifiziert werden. x_k symbolisiert lediglich die entsprechende Spalte des revidierten Simplextableaus. In der λ-Zeile der Pfeilspalte wird die Zahl $-\gamma$ eingetragen. Außerdem ergänzen wir das Rechenschema um k Zeilen für die modifizierten Zielfunktionskoeffizienten der Unterprobleme (Rechenschema 1). Dabei wird in den Zeilen $Z^{(i)}$ nur eine der Zahl der Variablen des i-ten Unterproblems entsprechende Anzahl von Spalten ausgefüllt. In der Spalte 0 dieser Zeilen werden die zur Berechnung von γ benötigten Zahlen γ_i eingetragen. In der λ-Zeile ist durch die gestrichelte Linie die Aufspaltung des Vektors λ in $\bar{\lambda}$ und $\bar{\bar{\lambda}}$ angedeutet. Die weiteren Unterschiede zu Rechenschema 15 von Kap. IV ergeben sich aus der Tatsache, daß die Basis des Hauptproblems von der Ordnung $m + k$ ist, die Variablen zweifach indizierte α-Größen sind und damit auch die Größen in der Spalte c_B zwei Indizes tragen. Schließlich benötigen wir Rechenschemata für die k Unterprobleme.

Der vorbereitende Schritt stimmt mit dem der revidierten Simplexmethode überein. Es sind aber zusätzlich die Transformationen (16) auszuführen.
Lösungsalgorithmus:

Teilschritt 1: Eintragen in das Ausgangsgrundtableau des reduzierten Hauptproblems.
(Entsprechend Teilschritt 2 der revidierten Simplexmethode von IV.4.4).

Teilschritt 2: Berechnung der Simplexmultiplikatoren.
(Entsprechend Teilschritt 3 von IV.4.4).

Teilschritt 3: Berechnung der modifizierten Zielfunktionen der Unterprobleme. Die ersten m Komponenten der λ-Zeile des Grundtableaus bestimmen einen Zeilenvektor $\bar{\lambda}'$, der von links mit den Blockmatrizen A_i der zentralen Nebenbedingungen zu multiplizieren ist. Der dadurch erhaltene Zeilenvektor ist vom Vektor c_i' der Koeffizienten der Zielfunktion der sektoriellen Aufgaben zu subtrahieren ($Z^{(i)} = (c_i' - \bar{\lambda}' A_i) x_i$). Die modifizierten Zielfunktionskoeffizienten sind in die Zeilen $Z^{(i)}$ des Grundtableaus einzutragen.

Teilschritt 4: Lösung sämtlicher Unterprobleme mit den modifizierten Zielfunktionen.
Erweist sich ein Unterproblem als unlösbar, wird der Lösungsprozeß abgebrochen (**Stop I**).

Rechenschema 1:

c_B	BV	1	2	...	m	$m+1$	...	$m+k$	0	x_k	↑	Q	−↑
$c_{i_1j_1}$	$\alpha_{i_1j_1}$	e_{11}	e_{12}	...	e_{1m}	$e_{1,m+1}$	...	$e_{1,m+k}$	e_{10}				
$c_{i_2j_2}$	$\alpha_{i_2j_2}$	e_{21}	e_{22}	...	e_{2m}	$e_{2,m+1}$	...	$e_{2,m+k}$	e_{20}				
⋮	...	....	....	....	....	....	....	....	⋮				
$c_{i_{m+k}j_{m+k}}$	$\alpha_{i_{m+k}j_{m+k}}$	$e_{m+k,1}$	$e_{m+k,2}$	...	$e_{m+k,m}$	$e_{m+k,m+1}$	...	$e_{m+k,m+k}$	$e_{m+k,0}$				
	λ	$e_{m+k+1,1}$	$e_{m+k+1,2}$	...	$e_{m+k+1,m}$	$e_{m+k+1,m+1}$	...	$e_{m+k+1,m+k}$	$e_{m+k+1,0}$	*	$-\gamma$	*	γ
	$Z^{(1)}$								γ_1				
	$Z^{(2)}$								γ_2				
	⋮								⋮				
	$Z^{(k)}$								γ_k				

Teilschritt 5: Berechnung von γ.
Von den optimalen Werten $Z_{\max}^{(i)}$ der Zielfunktionen der Unterprobleme sind die Zahlen $\bar{\bar{\lambda}}_i$ (sie stehen in der $(m + 1)$-ten Spalte der λ-Zeile) zu subtrahieren und die Ergebnisse in die Spalte 0 der Zeilen $Z^{(i)}$ einzutragen.
Die maximale Zahl von γ_i bestimmt γ, dessen negativer Wert in der λ-Zeile der Pfeilspalte vermerkt wird.

Entscheidung 1: $\gamma > 0$?

nein ⟶ **Stop II:** Optimallösung erreicht.
Die optimale Lösung der linearen Optimierungsaufgabe wird entsprechend Satz 1 berechnet. Der optimale Wert der Zielfunktion kann der Spalte 0 der λ-Zeile entnommen werden.

ja ↓

Teilschritt 6: Berechnung der Spalte x_k.
Bestimmt das l-te Unterproblem den maximalen Wert der Zahlen γ_i, so ist der Vektor (21) (Zeilen $1, 2, \ldots, m + k$) in die Spalte x_k einzutragen.

Teilschritt 7: Lösung des reduzierten Hauptproblems.
Der Lösungsprozeß der revidierten Simplexmethode ist für das reduzierte Hauptproblem fortzusetzen (Teilschritte 8 bis 14 von IV.4.4). Gegebenenfalls muß der Lösungsprozeß infolge der Unlösbarkeit der Aufgabe (**Stop III**) abgebrochen werden. Als Eingangsvariable ist eine α-Größe anzusehen, welche die Indizierung der optimalen Lösung des l-ten Unterproblems trägt. In Teilschritt 8 von IV.4.4 entfällt die Eintragung in die λ-Zeile der Pfeilspalte.

Es folgt Teilschritt 3.

Der Lösungsprozeß ist im Strukturdiagramm von Abb. 7 veranschaulicht.

2.4. Ein numerisches Beispiel. Vorgelegt sei die lineare Optimierungsaufgabe (5)—(9) von 1.2, für die wir

$$\begin{array}{l}
Z = 4x_1 + 3x_2 + 5x_3 + 2x_4 \quad \max. \\
x_1 + 2x_2 + x_3 + 3x_4 + x_5 = 18 \\
2x_1 - x_2 + 2x_4 + x_6 = 14 \\
4x_1 + 6x_2 \leqq 24 \\
3x_1 + 3x_2 \leqq 15 \\
3x_3 + 6x_4 \leqq 18 \\
x_3 + 4x_4 \leqq 8 \\
x_i \geqq 0, \; i = 1, 2, \ldots, 6
\end{array}$$

schreiben. Dabei verzichten wir auf die Einführung von Schlupfvariablen in den beiden sektoriellen Teilproblemen, da wir sie leicht graphisch lösen können. Das Restriktionssystem des ersten Unterproblems ist durch

$$\left.\begin{array}{r}
4x_1 + 6x_2 \leqq 24 \\
3x_1 + 3x_2 \leqq 15 \\
x_1, x_2 \geqq 0
\end{array}\right\} \qquad (23)$$

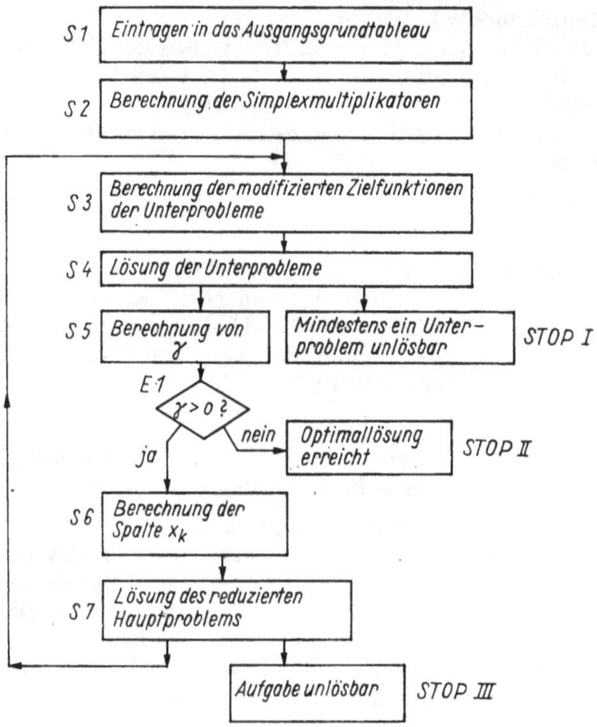
S 1
Eintragen in das Ausgangsgrundtableau
S 2
Berechnung der Simplexmultiplikatoren
S 3
Berechnung der modifizierten Zielfunktionen der Unterprobleme
S 4
Lösung der Unterprobleme
S 5
Berechnung von γ
Mindestens ein Unterproblem unlösbar
STOP I
E 1
γ > 0 ?
nein
Optimallösung erreicht
STOP II
ja
S 6
Berechnung der Spalte x_k
S 7
Lösung des reduzierten Hauptproblems
Aufgabe unlösbar
STOP III

Abb. 7

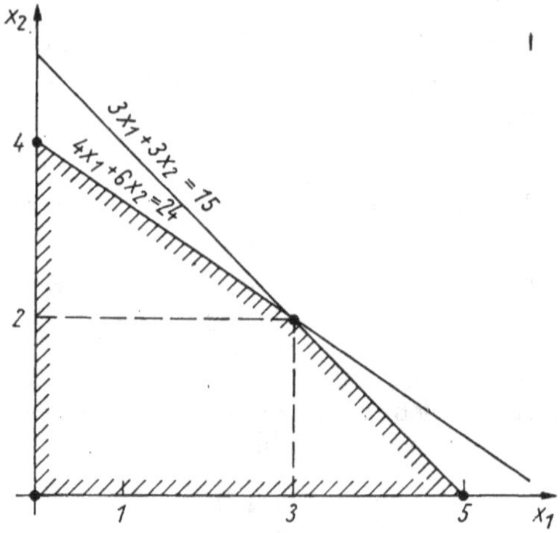
x_2
$3x_1 + 3x_2 = 15$
$4x_1 + 6x_2 = 24$
4
2
1
3
5
x_1

Abb. 8

gegeben und die Menge der zulässigen Lösungen in Abb. 8 veranschaulicht. Die Restriktionen des zweiten Unterproblems sind

$$\left.\begin{aligned} 3x_3 + 6x_4 &\leqq 18 \\ x_3 + 4x_4 &\leqq 8 \\ x_3, x_4 &\geqq 0. \end{aligned}\right\} \qquad (24)$$

Abb. 9 veranschaulicht die Menge der zulässigen Lösungen.

Zulässige Basislösungen von (23) und (24) sind

$$x_{11} = \begin{pmatrix} 0 \\ 0 \end{pmatrix}, \quad x_{21} = \begin{pmatrix} 0 \\ 0 \end{pmatrix}.$$

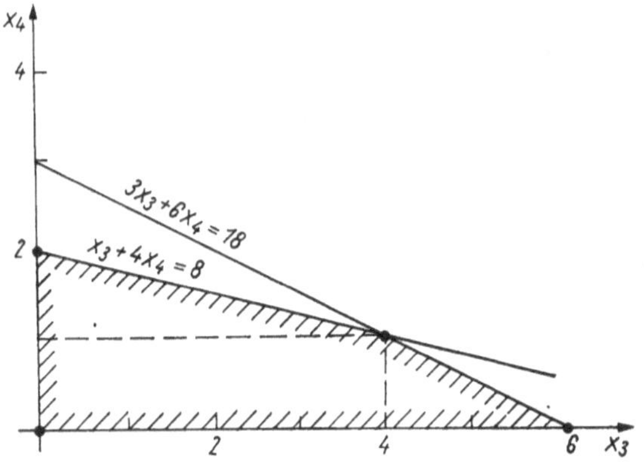

Abb. 9

Entsprechend der Bemerkung in 2.2 wählen wir daher

$$x_5 = 18, \; x_6 = 14$$

und verzichten auf die Transformation dieser x-Größen. Wir haben damit eine geeignete Ausgangsbasis mit den Basisvariablen x_5, x_6, α_{11}, α_{21} gefunden. Wegen (16) folgt

$$p_{11} = A_1 x_{11} = \begin{pmatrix} 0 \\ 0 \end{pmatrix}, \quad p_{21} = A_2 x_{21} = \begin{pmatrix} 0 \\ 0 \end{pmatrix},$$

$$c_{11} = c_1' x_{11} = 0, \quad c_{21} = c_2' x_{21} = 0.$$

Die Koeffizienten der Zielfunktion von x_5 und x_6 sind Null. Die Eintragung in das Ausgangsgrundtableau (Rechenschema 2) ist damit hinreichend begründet. Zwangsläufig müssen die Elemente der zugehörigen λ-Zeile (Spalten 1, 2, 3, 4, 0) gleich Null sein.

Für die weiteren Berechnungen vermerken wir, daß

$$A_1 = \begin{pmatrix} 1 & 2 \\ 2 & -1 \end{pmatrix}, \quad A_2 = \begin{pmatrix} 1 & 3 \\ 0 & 2 \end{pmatrix}$$

Rechenschema 2:

	c_B	BV	1	2	3	4	0	x_k	↑	Q	$-$↑
	0	x_5	1	0	0	0	18	6	6	3	-6
	0	x_6	0	1	0	0	14	0	0		0
	0	α_{11}	0	0	1	0	1	0	0		0
	0	α_{21}	0	0	0	1	1	1	1	1	
		λ	0	0	0	0	0	*	-30	*	30
		$Z^{(1)}$	4	3			20				
		$Z^{(2)}$	5	2			30				
		x_5	1	0	0	-6	12	5	5	$\frac{12}{5}$	-5
		x_6	0	1	0	0	14	10	10	$\frac{7}{5}$	-10
←		α_{11}	0	0	1	0	1	1	1	1	
→		α_{22}	0	0	0	1	1	0	0		0
		λ	0	0	0	30	30	*	-20	*	20
		$Z^{(1)}$	4	3			20				
		$Z^{(2)}$	5	2			0				
		x_5	1	0	-5	-6	7				
		x_6	0	1	-10	0	4				
→		α_{13}	0	0	1	0	1				
		α_{22}	0	0	0	1	1				
		λ	0	0	20	30	50	*	0	*	
		$Z^{(1)}$	4	3			0				
		$Z^{(2)}$	5	2			0				

gilt. Es gibt zwei zentrale Nebenbedingungen $(m = 2)$ und zwei Unterprobleme $(k = 2)$. Weiterhin ist

$$c_1' = (4, 3), \quad c_2' = (5, 2).$$

Dem ersten Tableau entnehmen wir $\bar{\lambda}' = (0, 0)$, so daß in den Zeilen $Z^{(i)}$ die Komponenten der Vektoren c_i' einzutragen sind.

Die Lösung des Unterproblems (23) bzw. (24) mit der Zielfunktion

$$Z^{(1)} = 4x_1 + 3x_2 \quad \text{bzw.} \quad Z^{(2)} = 5x_3 + 2x_4$$

liefert

$$\left.\begin{aligned} x_1 &= 5,\ x_2 = 0 \quad \text{bzw.} & x_3 &= 6,\ x_4 = 0 \\ Z_{\max}^{(1)} &= 20 & Z_{\max}^{(2)} &= 30. \end{aligned}\right\} \tag{25}$$

Wir schreiben

$$x_{12} = \begin{pmatrix} 5 \\ 0 \end{pmatrix}, \qquad x_{22} = \begin{pmatrix} 6 \\ 0 \end{pmatrix}.$$

Wegen $\bar{\bar{\lambda}}' = (0, 0)$ folgt $\gamma_i = Z_{\max}^{(i)}$ und $\gamma = 30$. Da der maximale Wert der γ_i durch das zweite Unterproblem bestimmt wird, ist die zu x_{22} gehörige Variable α_{22} die Eingangsvariable.

Die Spalte x_k ergibt sich durch

$$A_2 x_{22} = \begin{pmatrix} 1 & 3 \\ 0 & 2 \end{pmatrix} \begin{pmatrix} 6 \\ 0 \end{pmatrix} = \begin{pmatrix} 6 \\ 0 \end{pmatrix}, \quad e_2 = \begin{pmatrix} 0 \\ 1 \end{pmatrix}.$$

Der weitere Rechenprozeß entspricht dem üblichen Vorgehen der revidierten Simplexmethode. Wir finden die Ausgangsvariable α_{21}.

Im zweiten Tableau ist $\bar{\lambda}' = (0, 0)$, $\bar{\bar{\lambda}}' = (0, 30)$. Wir berechnen

$$c_1' - \bar{\lambda}' A_1 = (4, 3), \; c_2' - \bar{\lambda}' A_2 = (5, 2).$$

Da die Zielfunktionen nicht modifiziert wurden, sind die Lösungen der Unterprobleme wieder durch (25) gegeben. Wir schreiben

$$x_{13} = \begin{pmatrix} 5 \\ 0 \end{pmatrix}, \qquad x_{23} = \begin{pmatrix} 6 \\ 0 \end{pmatrix}.$$

Es gilt

$$\begin{aligned} \gamma_1 &= Z_{\max}^{(1)} - \bar{\bar{\lambda}}_1 = 20 - 0 = 20, \\ \gamma_2 &= Z_{\max}^{(2)} - \bar{\bar{\lambda}}_2 = 30 - 30 = 0, \\ \gamma &= \max(\gamma_1, \gamma_2) = 20. \end{aligned}$$

α_{13} ist die Eingangsvariable. Die Spalte x_k ist durch

$$A_1 x_{13} = \begin{pmatrix} 1 & 2 \\ 2 & -1 \end{pmatrix} \begin{pmatrix} 5 \\ 0 \end{pmatrix} = \begin{pmatrix} 5 \\ 10 \end{pmatrix}, \qquad e_1 = \begin{pmatrix} 1 \\ 0 \end{pmatrix}$$

bestimmt.

Im letzten Tableau ergibt sich wegen $\bar{\lambda}' = (0, 0)$ wiederum keine Modifikation der Zielfunktionskoeffizienten, so daß die Lösung der Unterprobleme durch (25) bestimmt ist. Jedoch finden wir mit $\bar{\bar{\lambda}}' = (20, 30)$

$$\begin{aligned} \gamma_1 &= Z_{\max}^{(1)} - \bar{\bar{\lambda}}_1 = 20 - 20 = 0, \\ \gamma_2 &= Z_{\max}^{(2)} - \bar{\bar{\lambda}}_2 = 30 - 30 = 0, \\ \gamma &= 0. \end{aligned}$$

Die optimale Lösung ist damit erreicht. Der optimale Wert der Zielfunktion der vorgelegten linearen Optimierungsaufgabe kann dem letzten Tableau entnommen werden

$$Z_{\max} = 50.$$

Für die optimale Lösung ergibt sich

$$\begin{pmatrix} x_1 \\ x_2 \end{pmatrix} = \alpha_{13} x_{13} = 1 \cdot \begin{pmatrix} 5 \\ 0 \end{pmatrix}, \qquad \begin{array}{l} x_1 = 5, \\ x_2 = 0, \end{array}$$

$$\begin{pmatrix} x_3 \\ x_4 \end{pmatrix} = \alpha_{22} x_{22} = 1 \cdot \begin{pmatrix} 6 \\ 0 \end{pmatrix}, \qquad \begin{array}{l} x_3 = 6, \\ x_4 = 0 \end{array}$$

und $x_5 = 7$, $x_6 = 4$.

2.5. Ergänzende Bemerkungen. Wir haben das Dekompositionsverfahren von Dantzig und Wolfe für Aufgaben mit blockangularer Struktur beschrieben und uns dabei auf die revidierte Simplexmethode bezogen. Die Verwendung der revidierten Simplexmethode als Lösungsverfahren erschien infolge der Gestalt des transformierten Hauptproblems (sehr viele Variablen, wenig Gleichungen) besonders ratsam. Ohne Schwierigkeiten wäre es jedoch möglich, die *Produktform der revidierten Simplexmethode* als Lösungsalgorithmus zu verwenden.

Die Vorteile des Dekompositionsverfahrens hinsichtlich der Einsparung an Speicherkapazität sind im allgemeinen erheblich. Es darf aber keineswegs geschlußfolgert werden, daß auch grundsätzlich eine Reduktion der Rechenzeit eintritt (vgl. etwa [66]). Vielmehr erfordert das Dekompositionsverfahren bisweilen auch eine beachtliche Erhöhung der Rechenzeit. Bei praktischen Aufgaben wird der hauptsächliche *Rechenaufwand* im allgemeinen durch die ständige Lösung der Unterprobleme verursacht. Daher wird man bei der Lösung der Unterprobleme von der optimalen Lösung im vorhergehenden Dekompositionsschritt ausgehen. Das erfordert allerdings meist eine Umrechnung der modifizierten Zielfunktionen auf diese Startvektoren. Andererseits ist man dann aber weitgehend sicher, daß nur wenige Schritte zur Lösung eines Unterproblems notwendig sein werden. Welcher Lösungsalgorithmus bei den Unterproblemen verwendet wird, schreibt das Dekompositionsverfahren nicht vor. Vielfach bezieht man sich bei der Lösung der Unterprobleme auf die gewöhnliche Simplexmethode.

Die Lösung von *linearen Optimierungsaufgaben mit Treppenstruktur* beruht auf dem Gedanken der *mehrfachen Dekomposition*. Wir wollen das Vorgehen für das System der Nebenbedingungen ($k = 4$ in (11))

$$\left.\begin{array}{llll} B_1 x_1 & & & = b_1 \\ D_1 x_1 + B_2 x_2 & & & = b_2 \\ & D_2 x_2 + B_3 x_3 & & = b_3 \\ & & D_3 x_3 + B_4 x_4 & = b_4 \end{array}\right\} \qquad (26)$$

skizzieren, ohne auf die Gestaltung des Algorithmus einzugehen (siehe auch [16],

[15], [9]). Dazu konstruieren wir ein Problem, das aus jeder zweiten Stufe besteht,

$$\left.\begin{aligned} D_1 x_1 + B_2 x_2 \qquad\qquad &= b_2 \\ D_3 x_3 + B_4 x_4 &= b_4 \end{aligned}\right\} \tag{27}$$

und fassen die übrigen Stufen als Unterprobleme

$$B_1 x_1 = b_1 \tag{28}$$

$$D_2 x_2 + B_2 x_3 = b_3 \tag{29}$$

auf. (28), (29) spielen die Rolle unabhängiger Teile, während (27) die verbindenden Nebenbedingungen beschreibt. Bezeichnen wir die Eckpunkte von (28) mit x_{1j}, $j = 1, 2, \ldots, N_1$ und von (29) mit (x_{2j}, x_{3j}), $j = 1, 2, \ldots, N_2$, können wir analog zu 2.1 die Transformation (die Beschränktheit der Mengen der zulässigen Lösungen von (28) und (29) wird vorausgesetzt)

$$x_1 = \sum_{j=1}^{N_1} \alpha_{1j} x_{1j}, \quad \sum_{j=1}^{N_1} \alpha_{1j} = 1, \; \alpha_{1j} \geqq 0$$

$$\begin{pmatrix} x_2 \\ x_3 \end{pmatrix} = \sum_{j=1}^{N_2} \alpha_{2j} \begin{pmatrix} x_{2j} \\ x_{3j} \end{pmatrix}, \quad \sum_{j=1}^{N_2} \alpha_{2j} = 1, \; \alpha_{2j} \geqq 0$$

vornehmen und erhalten mit

$$p_{1j} = D_1 x_{1j}, \; j = 1, 2, \ldots, N_1$$

$$p_{2j} = B_2 x_{2j}, \; p_{3j} = D_3 x_{3j}, \; j = 1, 2, \ldots, N_2$$

aus (27) die Nebenbedingungen des transformierten Hauptproblems

$$\left.\begin{aligned} \sum_{j=1}^{N_1} p_{1j}\alpha_{1j} + \sum_{j=1}^{N_2} p_{2j}\alpha_{2j} \qquad\qquad &= b_2 \\ \sum_{j=1}^{N_1} \alpha_{1j} \qquad\qquad\qquad\qquad &= 1 \\ \sum_{j=1}^{N_2} p_{3j}\alpha_{2j} + B_4 x_4 &= b_4 \\ \sum_{j=1}^{N_2} \alpha_{2j} \qquad\qquad &= 1. \end{aligned}\right\} \tag{30}$$

Im Prinzip läßt sich auf (30) das übliche Vorgehen des Dekompositionsverfahrens anwenden. Man geht von einer Basismenge aus, welche neben den Größen α_{1j}, α_{2j} Komponenten des Vektors x_4 enthalten kann, berechnet die Simplexmultiplikatoren und modifizierten Zielfunktionen der Unterprobleme (28), (29) und fügt nach Lösung dieser Unterprobleme dem Simplextableau des Hauptproblems eine Spalte hinzu. Es ist aber sofort zu erkennen, daß das transformierte Hauptproblem (30) selbst Treppenstruktur besitzt. Daher erscheint eine nochmalige Dekomposition sinnvoll. Dantzig und Wolfe nennen (30) das *Hauptproblem des ersten Stockes.*

Bei der erneuten Dekomposition betrachten wir

$$\sum_{j=1}^{N_2} p_{3j}\alpha_{2j} + B_4 x_4 = b_4 \tag{31}$$

als die Nebenbedingungen des Hauptproblems und

$$\left.\begin{aligned} \sum_{j=1}^{N_1} p_{1j}\alpha_{1j} + \sum_{j=1}^{N_2} p_{2j}\alpha_{2j} &= b_2 \\ \sum_{j=1}^{N_1} \alpha_{1j} \qquad\qquad &= 1 \\ \sum_{j=1}^{N_2} \alpha_{2j} &= 1 \end{aligned}\right\} \tag{32}$$

als Nebenbedingungen des dritten Unterproblems mit den Eckpunkten

$$(\alpha_{1jr}, \alpha_{2jr}),\ r = 1, 2, \ldots, N_3.$$

Schreiben wir

$$p_{4r} = \sum_{j=1}^{N_2} p_{3j}\alpha_{2jr},\ r = 1, 2, \ldots, N_3,$$

$$\alpha_{2j} = \sum_{r=1}^{N_3} \alpha_{3r}\alpha_{2jr},\ j = 1, 2, \ldots, N_2,\ \sum_{r=1}^{N_3} \alpha_{3r} = 1,\ \alpha_{3r} \geqq 0,$$

geht (31) in das *Hauptproblem des zweiten Stockes*

$$\left.\begin{aligned} \sum_{r=1}^{N_3} p_{4r}\alpha_{3r} + B_4 x_4 &= b_4 \\ \sum_{r=1}^{N_3} \alpha_{3r} \qquad &= 1 \end{aligned}\right\} \tag{33}$$

über.

Damit ist das vierstufige Problem in vier Teilprobleme, ein Hauptproblem (33) und drei Unterprobleme (28), (29), (32) zerlegt worden. Jedem Teilproblem entspricht eine Stufe. Das hier erläuterte Vorgehen kann auch bei k Stufen angewandt werden (Zerlegung in k Teilprobleme).

So bestechend auch der Gedanke der mehrfachen Dekomposition bei Aufgaben mit Treppenstruktur ist, bleibt doch zu berücksichtigen, daß man immer wieder zwischen den Stufen hin- und herspringen muß, was den algorithmischen Ablauf etwas kompliziert.

Ein leistungsfähiger Lösungsalgorithmus für zweifache Dekomposition bei Aufgaben mit blockangularer Struktur wird in [38] angegeben.

§ 3. Weitere Dekompositionsverfahren

Das große praktische Interesse, das der Dekomposition bei der Lösung großer linearer Optimierungsaufgaben entgegengebracht wird, hat zur Angabe zahlreicher Modifikationen und Erweiterungen des in § 2 beschriebenen Dekompositionsverfahrens von Dantzig und Wolfe geführt. Es ist nicht unsere Absicht, auf alle diese Verfahren näher einzugehen (einen guten Überblick findet man in [51]). Vielmehr wollen wir unsere bisherigen Betrachtungen lediglich durch einige Hinweise auf weitere Lösungsmethoden abrunden.

Zunächst liegt es nahe, die *revidierte duale Simplexmethode* zur Lösung des Hauptproblems von § 2 heranzuziehen, um die gegebenenfalls bestehenden Vorteile eines dualen Vorgehens auch bei der Dekomposition ausnutzen zu können. Dieser Gedanke ist Ausgangspunkt der Untersuchungen von Abadie und Williams [1]. Das Optimalitätskriterium der revidierten dualen Simplexmethode führt aber zu gebrochen linearen Zielfunktionen für die Unterprobleme und damit zu hyperbolischen Optimierungsaufgaben für die Unterprobleme. Da solche Aufgaben sich auf die Lösung linearer Optimierungsaufgaben zurückführen lassen, bedeutet das keine grundsätzliche Komplikation des Vorgehens. Ansonsten ergeben sich keine wesentlichen Veränderungen gegenüber dem Verfahren von Dantzig und Wolfe.

Als eine Modifikation des Verfahrens von Dantzig und Wolfe ist die *Methode von* Benders [10] anzusehen. Dabei gibt Benders zwei Varianten an, indem er einmal vom Hauptproblem (17) selbst und einmal vom dualen Hauptproblem ausgeht. Wir wollen uns hier auf die Betrachtung der zweiten Variante beschränken.

Das zu (17) duale Hauptproblem lautet nach den Betrachtungen zur Dualitätstheorie in II.4.1

$$\left.\begin{aligned} &\hat{\mathfrak{Z}} = b'\hat{\mathfrak{u}} + \sum_{i=1}^{k} \hat{\mathfrak{u}}_{m+i} \quad \min. \\ &p'_{ij}\hat{\mathfrak{u}} + \hat{\mathfrak{u}}_{m+i} \geqq c_{ij}, \ i = 1, 2, \ldots, k; \quad j = 1, 2, \ldots, N_i. \end{aligned}\right\} \tag{34}$$

Dabei sind die Komponenten $\hat{\mathfrak{u}}_1, \hat{\mathfrak{u}}_2, \ldots, \hat{\mathfrak{u}}_m$ des Vektors $\hat{\mathfrak{u}}$ und $\hat{\mathfrak{u}}_{m+1}, \hat{\mathfrak{u}}_{m+2}, \ldots, \hat{\mathfrak{u}}_{m+k}$ die Dualvariablen. Das duale Hauptproblem (34) besitzt nur $m + k$ Variablen, dafür aber im allgemeinen eine außerordentlich große Zahl von Nebenbedingungen. Daher ist es faktisch ausgeschlossen, sämtliche Nebenbedingungen in den Lösungsprozeß einzubeziehen. In jedem Dekompositionsschritt wird über die Lösung der Unterprobleme (20) entschieden, welche Nebenbedingung neu aufzunehmen ist, die durch die Berechnung des entsprechenden Vektors p_{ij} und der Zahl c_{ij} erzeugt wird. Ein solches Vorgehen macht es möglich, auch eine andere Simplextechnik als die der revidierten zur Lösung des Hauptproblems heranzuziehen.

Eine andere sehr interessante und leistungsfähige Dekompositionsmethode ist von Rosen [72] entwickelt worden. Zur Erläuterung der Methode knüpfen wir an die Aufgabe (1)—(4) an, deren zugehöriges Dualproblem

$$\hat{\mathfrak{Z}} = b'\hat{\mathfrak{x}} + b'_1\hat{\mathfrak{x}}_1 + b'_2\hat{\mathfrak{x}}_2 + \cdots + b'_k\hat{\mathfrak{x}}_k \quad \min. \tag{35}$$

$$A'_i\hat{\mathfrak{x}} + B'_i\hat{\mathfrak{x}}_i \geqq c_i, \ i = 1, 2, \cdots, k \tag{36}$$

ist. Wir konstruieren eine Folge dual zulässiger Lösungen $(\hat{\mathfrak{x}}, \hat{\mathfrak{x}}_1, \hat{\mathfrak{x}}_2, \ldots, \hat{\mathfrak{x}}_k)$. Bei bekanntem $\hat{\mathfrak{x}}$ zerfällt (36) in k *Unterprobleme*

$$\left.\begin{aligned} &\hat{\mathfrak{Z}}^{(i)} = b'_i\hat{\mathfrak{x}}_i \quad \min. \\ &B'_i\hat{\mathfrak{x}}_i \geqq c_i - A'_i\hat{\mathfrak{x}}, \ i = 1, 2, \ldots, k. \end{aligned}\right\} \tag{37}$$

Bisweilen ist es günstiger, die zu (37) dualen Unterprobleme

$$\left.\begin{aligned} Z^{(i)} &= (c_i' - \hat{x}' A_i)\, x_i \quad \max. \\ B_i x_i &= b_i \\ x_i &\geqq 0 \end{aligned}\right\} \tag{38}$$

zu lösen, die mit den Unterproblemen (20) von DANTZIG und WOLFE zusammenfallen.

Wir bezeichnen mit $\hat{x}_i^*$ die optimalen Lösungen von (37) und mit x_i^* die optimalen Lösungen von (38). Die x_i^* bestimmen bereits die gesuchte optimale Lösung, falls sie der Nebenbedingung (2)

$$\sum_{i=1}^{k} A_i x_i^* = b$$

genügen. In jedem Unterproblem werden Basisänderungen vorgesehen. Dazu teilen wir, wie in III.2.1, die Matrix B_i in die Basismatrix B_{Bi} und die Nichtbasismatrix B_{Ni} auf. Ebenso wird jedes x_i in x_{Bi} und x_{Ni}, jedes c_i in c_{Bi}, c_{Ni} und jedes A_i in A_{Bi}, A_{Ni} aufgeteilt. Dann gilt (Gleichung (17) von Kap. III)

$$x_{Bi} = x_{Bi}^* - B_{Bi}^{-1} B_{Ni} x_{Ni}. \tag{39}$$

Setzen wir (39) in (1)—(4) ein, ergibt sich

$$\begin{aligned} Z = \sum_{i=1}^{k} \{c_{Bi}'(x_{Bi}^* - B_{Bi}^{-1} B_{Ni} x_{Ni}) + c_{Ni}' x_{Ni}\} \quad \max. \\ \sum_{i=1}^{k} \{A_{Bi}(x_{Bi}^* - B_{Bi}^{-1} B_{Ni} x_{Ni}) + A_{Ni} x_{Ni}\} = b \\ B_{Bi}(x_{Bi}^* - B_{Bi}^{-1} B_{Ni} x_{Ni}) + B_{Ni} x_{Ni} = b_i,\ i = 1, 2, \ldots, k \\ x_{Ni} \geqq 0. \end{aligned}$$

Die optimale Lösung x_i^* genügt der Gleichung

$$B_{Bi} x_{Bi}^* = b_i,\ i = 1, 2, \ldots, k,$$

so daß die k sektoriellen Nebenbedingungen überflüssig werden und sich das Problem auf

$$\left.\begin{aligned} Z = \sum_{i=1}^{k} c_{Bi}^* x_{Bi}^* + \sum_{i=1}^{k} (c_{Ni}' - c_{Bi}' B_{Bi}^{-1} B_{Ni}) x_{Ni} \quad \max. \\ \sum_{i=1}^{k} (A_{Ni} - A_{Bi} B_{Bi}^{-1} B_{Ni}) x_{Ni} = b - \sum_{i=1}^{k} a_{Bi} x_{Bi}^* \\ x_{Ni} \geqq 0 \end{aligned}\right\} \tag{40}$$

reduziert. Das ist eine lineare Optimierungsaufgabe mit m Nebenbedingungen für die Variablen x_{Ni}. Für das zugehörige Dualproblem können wir

$$\left.\begin{aligned} \hat{Z} = \sum_{i=1}^{k} c'_{Bi} x^*_{Bi} + \hat{\mathfrak{x}}' \left(b - \sum_{i=1}^{k} A_{Bi} x^*_{Bi}\right) \quad \min. \\ \hat{\mathfrak{x}}' (A_{Ni} - A_{Bi} B_{Bi}^{-1} B_{Ni}) \geqq c'_{Ni} - c'_{Bi} B_{Bi}^{-1} B_{Ni} \end{aligned}\right\} \tag{41}$$

schreiben. (40) und (41) werden *Kopplungsproblem* oder *beschränktes Hauptproblem* genannt. Ihre optimalen Lösungen bezeichnen wir mit x^*_{Ni} bzw. $\hat{\mathfrak{x}}^*$. Die übrigen Variablen, die den Komponenten der Vektoren x_{Bi} und $\hat{\mathfrak{x}}_i$ entsprechen, ergeben sich zu

$$\left.\begin{aligned} \bar{x}_{Bi} = x^*_{Bi} - B_{Bi}^{-1} B_{Ni} x^*_{Ni}, \\ i = 1, 2, \ldots, k. \\ \bar{\mathfrak{x}}'_i = (c'_{Bi} - \hat{\mathfrak{x}}^{*\prime} A_{Bi}) B_{Bi}^{-1}, \end{aligned}\right\} \tag{42}$$

Dann sind $\hat{\mathfrak{x}}^*$, $\bar{\mathfrak{x}}_i$, $i = 1, 2, \ldots, k$ zulässige Lösungen von (36), und $\bar{x}_{Bi}$, x^*_{Ni} genügt den Nebenbedingungen (2), (3). Daraus leitet ROSEN das *Optimalitätskriterium*

$$\bar{x}_{Bi} \geqq 0 \quad \text{für} \quad i = 1, 2, \ldots, k \tag{43}$$

her. Weiter gilt nach ROSEN:

1. Ersetzt man in den Unterproblemen (38) das $\hat{\mathfrak{x}}$ des vorhergehenden Schrittes durch das neue $\bar{\mathfrak{x}}$, bleibt x^*_i eine optimale Lösung.

2. Ist das Optimalitätskriterium nicht erfüllt, kann man eine sogenannte *Alternativ-Basislösung* $\bar{x}^*_i$ finden, die ebenfalls optimal und durch

$$\begin{aligned} Z^{(i)} = (c'_i - \hat{\mathfrak{x}}^{*\prime} A_i)\, x^*_i = (c'_i - \hat{\mathfrak{x}}^{*\prime} A_i) \bar{x}^*_i \quad \max. \\ B_i \bar{x}^*_i = b_i \\ \bar{x}^*_i \geqq 0 \end{aligned}$$

bestimmt ist. Damit können wir in jedem Unterproblem eine Basisänderung vornehmen, ohne die Optimalität des Unterproblems zu verletzen.

Der Algorithmus des Verfahrens von ROSEN, dessen Endlichkeit nachgewiesen werden kann, läßt sich damit wie folgt skizzieren:

1. Bekannt sei eine zulässige Lösung der dualen Aufgabe (35), (36), insbesondere der darin enthaltene Vektor $\hat{\mathfrak{x}}$.

2. In einem Anfangsschritt werden die Unterprobleme (37) bzw. (38) mit dem bekannten $\hat{\mathfrak{x}}$ gelöst. Die optimalen Lösungen sind $\hat{\mathfrak{x}}^*_i$ bzw. x^*_i. Ist die Menge der zulässigen Lösungen eines Unterproblems (38) leer, besitzt auch das Ausgangsproblem keine zulässige Lösung. Die Existenz zulässiger Lösungen von (37) ist durch die unter 1. gemachte Voraussetzung gesichert. Die Lösung ist optimal, wenn die x^*_i auch den Nebenbedingungen (2) genügen.

3. Bildung der Kopplungsprobleme (40), (41) und Berechnung ihrer optimalen Lösungen x^*_{Ni} und $\hat{x}^*$. Hat (41) eine unbeschränkte Lösung, gilt das gleiche von (35), (36).
4. Berechnung der neuen Vektoren (42) und Prüfung auf Optimalität.
5. Ist das Optimalitätskriterium (43) für ein i nicht erfüllt, wird eine Alternativ-Basislösung $\bar{x}^i_*$ bestimmt. Sind die Nebenbedingungen (2) noch nicht erfüllt, wird der Lösungsprozeß unter 3. für die neuen Vektoren fortgesetzt.

Das Verfahren von Rosen besitzt eine Reihe numerischer Vorteile. Insbesondere zeichnet es sich durch sehr geringe Anforderungen an den Startvektor aus. Die benötigten inversen Basismatrizen können bei Verwendung z. B. der revidierten Simplexmethode dem Simplextableau entnommen werden. Andererseits hat es nicht diese einfache und einheitliche Organisation wie das Verfahren von Dantzig und Wolfe!

Beispiel: Vorgelegt sei die lineare Optimierungsaufgabe

$$Z = x_1 + 8x_2 + \frac{1}{2}x_3 + \frac{3}{2}x_4 \quad \max.$$

$$\begin{array}{rcl}
x_1 + 4x_2 + \frac{7}{2}x_3 + \frac{1}{2}x_4 + x_5 & = & 1 \\
2x_1 + 3x_2 + x_6 & = & 6 \\
5x_1 + x_2 + x_7 & = & 5 \\
3x_3 - x_4 + x_8 & = & 12 \\
-3x_3 + x_4 + x_9 & = & 0 \\
x_3 + x_{10} & = & 4
\end{array}$$

$$x_i \geqq 0, \; i = 1, 2, \ldots, 10,$$

deren zugehöriges Dualproblem

$$\hat{Z} = \hat{x}_1 + 6\hat{x}_2 + 5\hat{x}_3 + 12\hat{x}_4 + 4\hat{x}_6 \quad \min.$$

$$\begin{array}{rcl}
\hat{x}_1 + 2\hat{x}_2 + 5\hat{x}_3 & \geqq & 1 \\
4\hat{x}_1 + 3\hat{x}_2 + \hat{x}_3 & \geqq & 8 \\
\frac{7}{2}\hat{x}_1 + 3\hat{x}_4 - 3\hat{x}_5 + \hat{x}_6 & \geqq & \frac{1}{2} \\
\frac{1}{2}\hat{x}_1 - \hat{x}_4 + \hat{x}_5 & \geqq & \frac{3}{2}
\end{array}$$

$$\hat{x}_i \geqq 0, \; i = 1, 2, \ldots, 6$$

lautet. Man beachte, daß wir in der Bezeichnungsweise nicht zwischen den Komponenten x_i bzw. $\hat{x}_i$ der vorgelegten Aufgabe und den Vektoren x_i bzw. $\hat{x}_i$ der Blockstrukturen unterscheiden. Es gilt

$$x_1' = (x_1, x_2, x_5, x_6, x_7),\quad x_2' = (x_3, x_4, x_8, x_9, x_{10}),$$

$$A_1 = (1, 4, 1, 0, 0),\qquad A_2 = \left(\frac{7}{2}, \frac{1}{2}, 0, 0, 0\right),$$

$$c_1' = (1, 8, 0, 0, 0),\qquad c_2' = \left(\frac{1}{2}, \frac{3}{2}, 0, 0, 0\right),$$

$$B_1 = \begin{pmatrix} 2 & 3 & 0 & 1 & 0 \\ 5 & 1 & 0 & 0 & 1 \end{pmatrix},\qquad B_2 = \begin{pmatrix} -3 & -1 & 1 & 0 & 0 \\ -3 & 1 & 0 & 1 & 0 \\ 1 & 0 & 0 & 0 & 1 \end{pmatrix},$$

$$b = (1),\quad b_1' = (6, 5),\qquad b_2' = (12, 0, 4),$$

$$\hat{x} = (\hat{x}_1),\quad \hat{x}_1 = (\hat{x}_2, \hat{x}_3),\qquad \hat{x}_2 = (\hat{x}_4, \hat{x}_5, \hat{x}_6).$$

Wir können vom Startvektor $\hat{x} = (\hat{x}_1) = (0)$ ausgehen, da sich die Nebenbedingungen des Dualproblems offenbar durch geeignete Wahl von $\hat{x}_2, \hat{x}_3, \ldots, \hat{x}_6$ erfüllen lassen.

Anfangsschritt: Wir haben die beiden (wir wählen die primalen) Unterprobleme (38)

$$\begin{aligned} Z^{(1)} &= x_1 + 8x_2 \quad \max. \\ 2x_1 + 3x_2 + x_6 &= 6 \\ 5x_1 + x_2 + x_7 &= 5 \\ x_i \geqq 0,\ i &= 1, 2, 5, 6, 7 \end{aligned}$$

und

$$\begin{aligned} Z^{(2)} &= \frac{1}{2}x_3 + \frac{3}{2}x_4 \quad \max. \\ 3x_3 - x_4 + x_8 &= 12 \\ -3x_3 + x_4 + x_9 &= 0 \\ x_3 + x_{10} &= 4 \\ x_i \geqq 0,\ i &= 3, 4, 8, 9, 10 \end{aligned}$$

zu lösen. Nach kurzer Rechnung findet man

$$x_1 = 0,\ x_2 = 2,\ x_5 = x_6 = 0,\ x_7 = 3,\ Z^{(1)}_{\max} = 16$$

und

$$x_3 = 4,\ x_4 = 12,\ x_8 = 12,\ x_9 = x_{10} = 0,\ Z^{(2)}_{\max} = 20.$$

Es gilt

$$x_{B1} = \begin{pmatrix} x_2 \\ x_7 \end{pmatrix}, \quad x^*_{B1} = \begin{pmatrix} 2 \\ 3 \end{pmatrix}, \quad x_{N1} = \begin{pmatrix} x_1 \\ x_5 \\ x_6 \end{pmatrix}, \quad B_{B1} = \begin{pmatrix} 3 & 0 \\ 1 & 1 \end{pmatrix}, \quad B_{N1} = \begin{pmatrix} 2 & 0 & 1 \\ 5 & 0 & 0 \end{pmatrix},$$

$$A_{B1} = (4, 0), A_{N1} = (1, 1, 0), B_{Bi}^{-1} = \begin{pmatrix} \frac{1}{3} & 0 \\ -\frac{1}{3} & 1 \end{pmatrix},$$

$$c'_{B1} = (8, 0), c'_{N1} = (1, 0, 0)$$

und

$$x_{B2} = \begin{pmatrix} x_3 \\ x_4 \\ x_8 \end{pmatrix}, \quad x^*_{B2} = \begin{pmatrix} 4 \\ 12 \\ 12 \end{pmatrix}, \quad x_{N2} = \begin{pmatrix} x_9 \\ x_{10} \end{pmatrix}, \quad B_{B2} = \begin{pmatrix} 3 & -1 & 1 \\ -3 & 1 & 0 \\ 1 & 0 & 0 \end{pmatrix}, \quad B_{N2} = \begin{pmatrix} 0 & 0 \\ 1 & 0 \\ 0 & 1 \end{pmatrix}.$$

$$A_{B2} = \left(\frac{7}{2}, \frac{1}{2}, 0\right), \quad A_{N2} = (0, 0), B_{B2}^{-1} = \begin{pmatrix} 0 & 0 & 1 \\ 0 & 1 & 3 \\ 1 & 1 & 0 \end{pmatrix},$$

$$c'_{B2} = \left(\frac{1}{2}, \frac{3}{2}, 0\right), c'_{N2} = (0, 0).$$

Die gemeinsame Nebenbedingung ist wegen

$$x_1 + 4x_2 + \frac{7}{2} x_3 + \frac{1}{2} x_4 + x_5 = 0 + 4 \cdot 2 + \frac{7}{2} \cdot 4 + \frac{1}{2} \cdot 12 + 0 = 28 > 1$$

nicht erfüllt.

1. Dekompositionsschritt:

a) Berechnung des primalen Kopplungsproblems (40):

$$Z = 16 + \{(1, 0, 0) - (8, 0) B_{B1}^{-1} B_{N1}\} \begin{pmatrix} x_1 \\ x_5 \\ x_6 \end{pmatrix}$$

$$+ 20 + \left\{(0, 0) - \left(\frac{1}{2}, \frac{3}{2}, 0\right) B_{B2}^{-1} B_{N2}\right\} \begin{pmatrix} x_9 \\ x_{10} \end{pmatrix},$$

$$Z = 36 - \frac{13}{3} x_1 - \frac{8}{3} x_6 - \frac{3}{2} x_9 - 5x_{10}. \tag{43}$$

$$\{(1, 1, 0) - (4, 0)\, B_{B1}^{-1}\, B_{N1}\} \begin{pmatrix} x_1 \\ x_5 \\ x_6 \end{pmatrix} + \left\{(0, 0) - \left(\frac{7}{2}, \frac{1}{2}, 0\right) B_{B2}^{-1}\, B_{N2}\right\} \begin{pmatrix} x_9 \\ x_{10} \end{pmatrix}$$

$$= 1 - (4, 0) \begin{pmatrix} 2 \\ 3 \end{pmatrix} - \left(\frac{7}{2}, \frac{1}{2}, 0\right) \begin{pmatrix} 4 \\ 12 \\ 12 \end{pmatrix},$$

$$-\frac{5}{3}\, x_1 - \frac{4}{3}\, x_6 - \frac{1}{2}\, x_9 - 5x_{10} = -27. \tag{44}$$

Es ist also das Maximum der Zielfunktion (43) unter der Nebenbedingung (44) und den Nichtnegativitätsbedingungen

$$x_i \geqq 0,\ i = 1, 5, 6, 9, 10$$

zu ermitteln. Als optimale Lösung bestätigt man leicht

$$x_1 = x_5 = x_6 = x_9 = 0,\ x_{10} = \frac{27}{5},\ Z_{\max} = 27.$$

Folglich ist

$$x_{N1}^* = \begin{pmatrix} 0 \\ 0 \\ 0 \end{pmatrix}, \quad x_{N2}^* = \begin{pmatrix} 0 \\ \frac{27}{5} \end{pmatrix}.$$

b) Berechnung der neuen Vektoren $\tilde{x}_{Bi}$ und Optimalitätstest:

$$\tilde{x}_{B1} = \begin{pmatrix} 2 \\ 3 \end{pmatrix} - B_{B1}^{-1}\, B_{N1} \begin{pmatrix} 0 \\ 0 \\ 0 \end{pmatrix} = \begin{pmatrix} 2 \\ 3 \end{pmatrix},$$

$$\tilde{x}_{B2} = \begin{pmatrix} 4 \\ 12 \\ 12 \end{pmatrix} - B_{B2}^{-1}\, B_{N2} \begin{pmatrix} 0 \\ \frac{27}{5} \end{pmatrix} = \begin{pmatrix} -\frac{7}{5} \\ -\frac{21}{5} \\ 12 \end{pmatrix}.$$

Es gilt $\tilde{x}_{B1} \geqq 0$, aber nicht $\tilde{x}_{B2} \geqq 0$. Bevor wir die Alternativ-Basislösung für das zweite Unterproblem bestimmen können, muß das duale Kopplungsproblem gelöst werden.

c) Duales Kopplungsproblem (41):

$$\hat{Z} = 36 - 27\hat{x} \quad \min.$$
$$-\frac{5}{3}\hat{x} \geqq -\frac{13}{3}$$
$$-\frac{4}{3}\hat{x} \geqq -\frac{8}{3}$$
$$-\frac{1}{2}\hat{x} \geqq -\frac{3}{2}$$
$$-5\hat{x} \geqq -5.$$

Die optimale Lösung ist sofort durch

$$\hat{x}^* = 1, \hat{Z}_{\min} = 9$$

anzugeben.

d) Bestimmung der Alternativ-Basislösung für das zweite Unterproblem ($i = 2$): Die neue Zielfunktion ist

$$Z^{(2)} = \left\{\left(\frac{1}{2}, \frac{3}{2}, 0, 0, 0\right) - 1\cdot\left(\frac{7}{2}, \frac{1}{2}, 0, 0, 0\right)\right\} x_2$$
$$= -3x_3 + x_4.$$

An den Nebenbedingungen des zweiten Unterproblems ergeben sich keine Änderungen. Die optimale Lösung ist (x_4, x_8, x_{10} Basisvariablen)

$$x_3 = x_4 = 0, \ x_8 = 12, x_9 = 0, \ x_{10} = 4, Z^{(2)}_{\max} = 0.$$

Für das $\bar{x}_2^*$ der Theorie schreiben wir wieder x_2^* als neue optimale Lösung des zweiten Unterproblems. Es gilt

$$x_{B2} = \begin{pmatrix} x_4 \\ x_8 \\ x_{10} \end{pmatrix}, \quad x_{B2}^* = \begin{pmatrix} 0 \\ 12 \\ 4 \end{pmatrix}, \quad x_{N2} = \begin{pmatrix} x_3 \\ x_9 \end{pmatrix}, \quad B_{B2} = \begin{pmatrix} -1 & 1 & 0 \\ 1 & 0 & 0 \\ 0 & 0 & 1 \end{pmatrix}, \quad B_{N2} = \begin{pmatrix} 3 & 0 \\ -3 & 1 \\ 1 & 0 \end{pmatrix},$$

$$A_{B2} = \left(\frac{1}{2}, 0, 0\right), \quad A_{N2} = \left(\frac{7}{2}, 0\right), \quad B_{B2}^{-1} = \begin{pmatrix} 0 & 1 & 0 \\ 1 & 1 & 0 \\ 0 & 0 & 1 \end{pmatrix},$$

$$c'_{B2} = \left(\frac{3}{2}, 0, 0\right), \quad c'_{N2} = \left(\frac{1}{2}, 0\right).$$

Die gemeinsame Nebenbedingung ist wegen

$$x_1 + 4x_2 + \frac{7}{2}x_3 + \frac{1}{2}x_4 + x_5 = 0 + 4\cdot 2 + \frac{7}{2}\cdot 0 + \frac{1}{2}\cdot 0 + 0 = 8 > 1$$

nicht erfüllt.

2. Dekompositionsschritt:

a) Berechnung des Kopplungsproblems (40): Gegenüber dem 1. Dekompositionsschritt ergeben sich keine Änderungen in den Anteilen des ersten Unterproblems

$$Z = 16 + \{(1, 0, 0) - (8, 0)\, B_{B1}^{-1}\, B_{N1}\} \begin{pmatrix} x_1 \\ x_5 \\ x_6 \end{pmatrix}$$

$$+ \left\{\left(\frac{1}{2}, 0\right) - \left(\frac{3}{2}, 0, 0\right) B_{B2}^{-1}\, B_{N2}\right\} \begin{pmatrix} x_3 \\ x_9 \end{pmatrix},$$

$$Z = 16 - \frac{13}{3}\, x_1 - \frac{8}{3}\, x_6 + 5x_3 - \frac{3}{2}\, x_9. \tag{45}$$

$$\{(1, 1, 0) - (4, 0)\, B_{B1}^{-1}\, B_{N1}\} \begin{pmatrix} x_1 \\ x_5 \\ x_6 \end{pmatrix} + \left\{\left(\frac{7}{2}, 0\right) - \left(\frac{1}{2}, 0, 0\right) B_{B2}^{-1}\, B_{N2}\right\} \begin{pmatrix} x_3 \\ x_9 \end{pmatrix}$$

$$= 1 - (4, 0) \begin{pmatrix} 2 \\ 3 \end{pmatrix} - \left(\frac{1}{2}, 0, 0\right) \begin{pmatrix} 0 \\ 12 \\ 4 \end{pmatrix},$$

$$-\frac{5}{3}\, x_1 - \frac{4}{3}\, x_6 + 5x_3 - \frac{1}{2}\, x_9 = -7. \tag{46}$$

$$x_i \geqq 0, \; i = 1, 3, 5, 6, 9. \tag{47}$$

Das Kopplungsproblem (45)—(47) besitzt die optimale Lösung

$$x_1 = x_3 = x_5 = 0, \; x_6 = \frac{21}{4}, \; x_9 = 0, \; Z_{\max} = 2.$$

Es ist

$$x_{N1}^* = \begin{pmatrix} 0 \\ 0 \\ \frac{21}{4} \end{pmatrix}, \; x_{N2}^* = \begin{pmatrix} 0 \\ 0 \end{pmatrix}.$$

b) Berechnung der neuen Vektoren $\tilde{x}_{Bi}$ und Optimalitätstest:

$$\tilde{x}_{B1} = \begin{pmatrix} 2 \\ 3 \end{pmatrix} - B_{B1}^{-1}\, B_{N1} \begin{pmatrix} 0 \\ 0 \\ \frac{21}{4} \end{pmatrix} = \begin{pmatrix} \frac{1}{4} \\ \frac{19}{4} \end{pmatrix} \geqq 0,$$

$$\tilde{x}_{B2} = \begin{pmatrix} 0 \\ 12 \\ 4 \end{pmatrix} - B_{B2}^{-1}\, B_{N2} \begin{pmatrix} 0 \\ 0 \end{pmatrix} = \begin{pmatrix} 0 \\ 12 \\ 4 \end{pmatrix} \geqq 0.$$

Die Optimalitätsbedingung ist erfüllt und

$$x_1 = 0,\ x_2 = \frac{1}{4},\ x_3 = x_4 = x_5 = 0,\ x_6 = \frac{21}{4},\ x_7 = \frac{19}{4},\ x_8 = 12,\ x_9 = 0,\ x_{10} = 4,$$

$$Z_{\max} = 2$$

die gesuchte Lösung der vorgelegten Aufgabe.

Mit dem Verfahren von ROSEN haben wir eine etwas anders geartete Dekompositionsmethode kennengelernt. Eine gewisse Ähnlichkeit besitzt das *Verfahren von* BEALE [8]. Das bezieht sich sowohl auf den Gedanken, gewisse Variablen, die in allen Nebenbedingungen auftreten können (bei ROSEN waren es die Variablen $\hat{x}$ des Dualproblems), als Parameter aufzufassen, als auch auf Gemeinsamkeiten bei einer geometrischen Interpretation (vgl. dazu [78]). Trotzdem muß gesagt werden, daß das Verfahren von BEALE keine Dekompositionsmethode ist, sondern in die Gruppe der direkten Verfahren einzuordnen ist.

Abschließend sei noch bemerkt, daß von TAN [78] und BALAS [6] zwei Dekompositionsverfahren entwickelt wurden, die im wesentlichen auf dem in IV.7 skizzierten *primal-dualen Algorithmus* beruhen.

§ 4. Das direkte Verfahren von Müller-Merbach

Der Lösungsgedanke der direkten Verfahren wurde bereits in 1.5 angedeutet. Wir beziehen uns hier auf die Methode von MÜLLER-MERBACH [59], die von einer anderen Organisation des gewöhnlichen Simplexverfahrens ausgeht. Jedoch kann jederzeit auch eine revidierte Simplextechnik herangezogen werden.

4.1. Theorie des Verfahrens. Das direkte Verfahren von MÜLLER-MERBACH kann man als *Blockaustauschverfahren* bezeichnen, da gleichzeitig mehrere Basisvariablen gegen eine entsprechende Zahl von Nichtbasisvariablen ausgetauscht werden. Einem solchen Gedanken sind wir bereits in IV. 2 begegnet, jedoch haben wir jetzt eine Organisation des Rechenprozesses zu betrachten, die sich auf die spezielle Blockstruktur der Aufgabe bezieht.

Um die Grundformeln des Verfahrens herzuleiten, sehen wir zunächst von der Blockstruktur ab und untersuchen die lineare Optimierungsaufgabe

$$\max\{c'x \mid Ax = b,\ x \geqq 0\}.$$

Die Matrix der Nebenbedingungen A möge nach p Simplexschritten in $A^{(p)}$ übergehen ($p \leqq m$). Dabei nehmen wir zur Vereinfachung der Darstellungsweise an, daß im i-ten Schritt ($i \leqq p$) die i-te Zeile zur Hauptzeile und die i-te Spalte zur Pfeilspalte gemacht wird (das kann durch Vertauschen von Zeilen und Spalten in jedem Schritt erfüllt werden). Teilen wir A in der folgenden Art in Untermatrizen auf

$$A = \begin{pmatrix} A_{pp} & A_{pj} \\ A_{ip} & A_{ij} \end{pmatrix}$$

(p Index der ersten p Zeilen bzw. Spalten, j Index der restlichen Spalten, i Index der restlichen Zeilen) und nehmen wir eine entsprechende Aufteilung für die

Matrix $A^{(p)}$ vor, so ergibt sich aus den Beziehungen der Simplextransformation die Gleichung

$$A^{(p)} = \begin{pmatrix} A_{pp}^{(p)} & A_{pj}^{(p)} \\ A_{ip}^{(p)} & A_{ij}^{(p)} \end{pmatrix} = \begin{pmatrix} A_{pp}^{-1} & A_{pp}^{-1}A_{pj} \\ -A_{ip}A_{pp}^{-1} & A_{ij} - A_{ip}A_{pp}^{-1}A_{pj} \end{pmatrix}. \tag{48}$$

Wir fassen die Gleichung (48) nun so auf, daß nicht p Einzelschritte ausgeführt werden, sondern ein Blockschritt vorgenommen wird.

Wir gehen zu unserer blockangularen Aufgabe (1)—(4) über, die wir in der Form

$$\left.\begin{aligned} Z = c_1'x_1 + c_2'x_2 + \cdots + c_k'x_k \quad \max. \\ A_{01}x_1 + A_{02}x_2 + \cdots + A_{0k}x_k = b \\ B_{ii}x_i = b_i, \quad i = 1, 2, \ldots, k \\ x_i \geqq 0, \quad i = 1, 2, \ldots, k \end{aligned}\right\} \tag{49}$$

schreiben. Dabei haben wir mit Rücksicht auf die Darstellung des Verfahrens Doppelindizes verwendet.

Liegen die ersten p Hauptzeilen und Pfeilspalten in einem bestimmten Block A_{0j} und kennzeichnen wir die Pfeilspalten durch den Index j', die Hauptzeilen durch $0'$, gilt $A_{pp} = A_{0'j'}$, so daß aus (48)

$$\begin{aligned} B_{ji}^{(p)} &= -B_{jj'}A_{0'j'}^{-1}A_{0'i}^{-1}, \quad (i \neq j), \\ B_{jj'}^{(p)} &= -B_{jj'}A_{0'j'}^{-1}, \\ A_{0'i}^{(p)} &= A_{0'j'}^{-1}A_{0'i}, \quad (i \neq j), \\ A_{0'j'}^{(p)} &= A_{0'j'}^{-1} \end{aligned}$$

folgt. Setzen wir die letzten drei Gleichungen in die erste ein, ergibt sich die Grundformel des Verfahrens von MÜLLER-MERBACH

$$B_{ji}^{(p)} = B_{jj'}^{(p)}(A_{0'j'}^{(p)})^{-1}A_{0'i}^{(p)}. \tag{50}$$

Die Berechnung von $B_{23}^{(p)}$ nach (50) für $k = 3$

$$B_{23}^{(p)} = B_{22'}^{(p)}A_{0'2'}^{(p)}A_{0'3}^{(p)}$$

ist entsprechend (51) in Abb. 10 veranschaulicht. Vom Block $A_{02}^{(p)}$ und $A_{03}^{(p)}$ werden nur die p Hauptzeilen und von $A_{02}^{(p)}$ und $B_{22}^{(p)}$ nur die p Pfeilspalten benötigt.

Beim Verfahren von MÜLLER-MERBACH werden die Pivotelemente (sie stehen bekanntlich im Schnittpunkt der Hauptzeile und Pfeilspalte) stets in den Blöcken A_{0i} und B_{ii} gewählt, also niemals in einem Block B_{ij} mit $i \neq j$. Das wird durch Vertauschen von Zeilen und Spalten „blockfremder" Variablen mit „blockeigenen" Variablen erreicht. MÜLLER-MERBACH hat gezeigt, daß die Grundformel (50) auch gilt, wenn die p Pivotelemente nicht sämtlich in Block A_{0j} liegen. Allerdings beziehen sich die Indizes $0'$ und j' dann auch nur auf die in A_{0j} liegenden Pivotelemente. Weiterhin muß gesichert werden, daß

1. die Basisvariablen von B_{ii} ursprünglich Variablen dieses Blockes waren,
2. die Nichtbasisvariablen von B_{ii} ursprünglich Variablen dieses Blockes oder Basisvariablen von A_{0i} waren.

Als nachteilig fällt auf, daß die Inverse der Matrix $A_{0'j'}$ benötigt wird. Sollte sie sich als singulär erweisen, muß man den vorhergehenden Schritt rückgängig machen und eine andere Pfeilspalte wählen (vgl. [66]). Allerdings hat MÜLLER-MERBACH in [60] eine Variante seines Verfahrens angegeben, bei der man diese Inversionen umgeht.

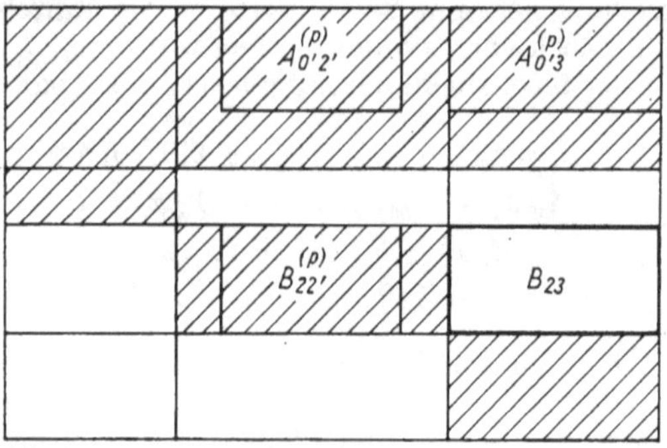

Abb. 10

Der Vorteil des Verfahrens von MÜLLER-MERBACH für Aufgaben mit blockangularer Struktur ist gegenüber dem gewöhnlichen Simplexverfahren darin zu erblicken, daß in den ursprünglichen Nullblöcken B_{ij} $(i \neq j)$ nur die Koeffizienten der Pfeilspalte und/oder Hauptzeile berechnet werden. Bei der gewöhnlichen Simplexmethode werden dagegen diese Blöcke B_{ij} im Laufe des Rechenprozesses durch von Null verschiedene Elemente besetzt, wodurch sich größere Speicheranforderungen und Rechenzeiten ergeben.

Hinsichtlich des Vorgehens bei Ausartung der Aufgabe sind keine Änderungen gegenüber der gewöhnlichen Simplexmethode erforderlich.

4.2. Der Lösungsalgorithmus. Ohne den Lösungsalgorithmus in aller Ausführlichkeit zu beschreiben, wollen wir seine Grundzüge kurz skizzieren (vgl. [59]):

1. Bekannt sei eine zulässige Basislösung der vorgelegten Aufgabe, deren Basis aus Einheitsvektoren gebildet wird. Gegebenenfalls sind künstliche Variablen einzuführen.
2. Die Auswahl der Pfeilspalte erfolgt wie beim gewöhnlichen Simplexverfahren.
3. Berechnung der in den ursprünglichen Nullblöcken stehenden Elemente der Pfeilspalte nach der Grundformel (50) (entfällt beim Anfangsschritt).
4. Bestimmung der Hauptzeile wie beim gewöhnlichen Simplexverfahren.
5. Liegt die Hauptzeile nicht im Hauptblock der Matrizen A, sind die fehlenden Elemente der Hauptzeile mittels (50) zu berechnen (entfällt beim Anfangsschritt).
6. Liegt die Hauptzeile im Hauptblock der Matrizen A oder gehörte die Eingangsvariable ursprünglich dem Block B_{ii} an, in dem das Pivotelement steht, werden keine Zeilen vertauscht (das ist im Anfangsschritt grundsätzlich erfüllt).
7. Gehörte die Eingangsvariable ursprünglich einem anderen Block an, wird die Hauptzeile mit einer beliebigen Zeile des Hauptblockes vertauscht, deren Basisvariable ursprünglich dem Block zugeordnet war, in dem die Hauptzeile liegt.

8. Gehörte die Ausgangsvariable ursprünglich einem anderen Block an (entfällt beim Anfangsschritt), muß die Pfeilspalte mit einer beliebigen Spalte des der Ausgangsvariablen entsprechenden Blockes ausgetauscht werden, deren Nichtbasisvariable eine ursprüngliche Basisvariable des Hauptblockes war. Die fehlenden Elemente der auszutauschenden Spalte sind mittels (50) zu berechnen.
9. Die Simplextransformation ist wie beim gewöhnlichen Simplexverfahren durchzuführen, jedoch werden die ursprünglichen Nullblöcke nicht berechnet.

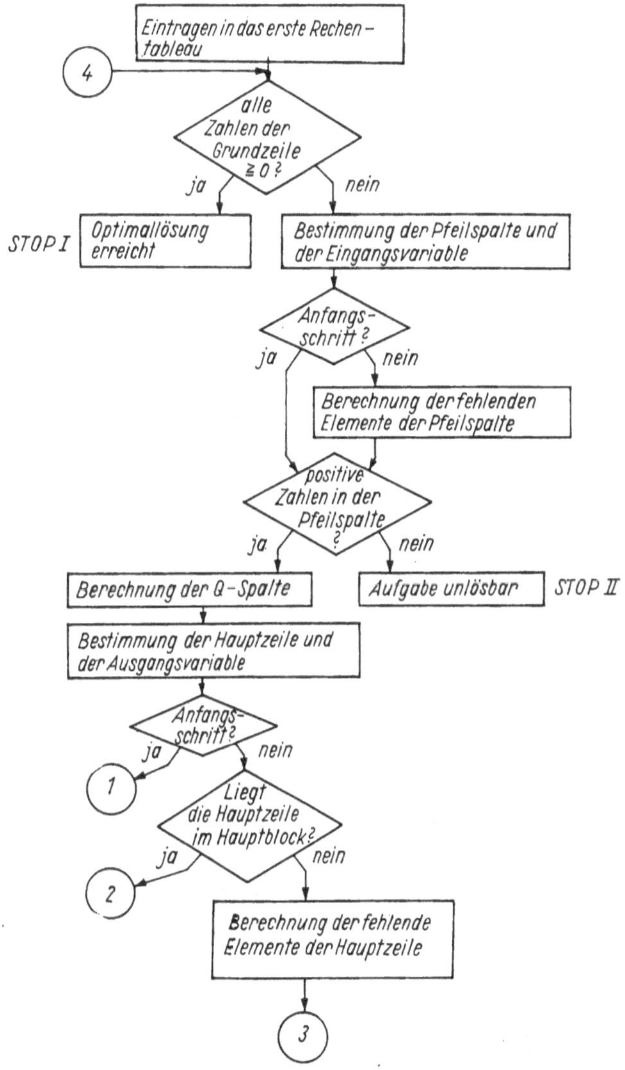

Abb. 11a

In Abb. 11 ist der Algorithmus des Verfahrens von MÜLLER-MERBACH bei Verwendung des Algorithmus des verkürzten Simplextableaus von III.3.7 in einem Strukturdiagramm festgehalten.

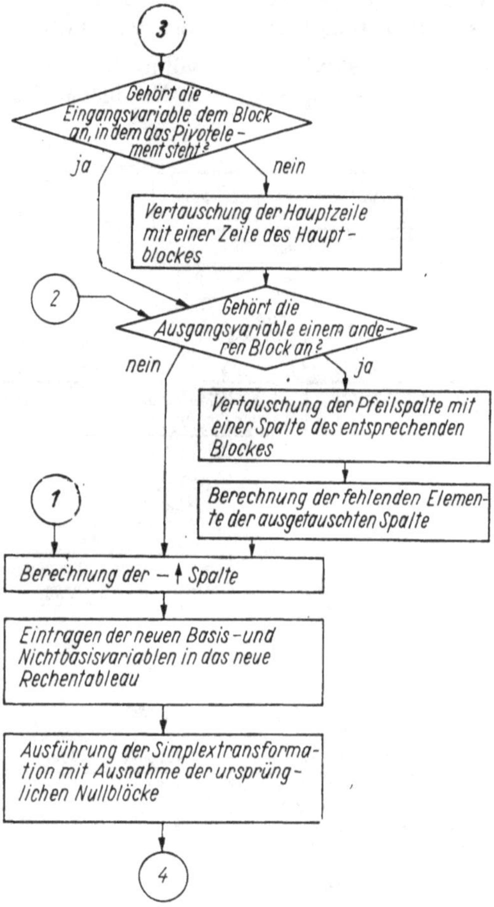

Abb. 11 b

Beispiel: Wir wollen das Vorgehen des Verfahrens von MÜLLER-MERBACH für die lineare Optimierungsaufgabe

$$Z = 8x_{11} + 3x_{12} + 8x_{21} + 6x_{22} \quad \max.$$

$$\begin{aligned}
4x_{11} + 3x_{12} + x_{21} + 3x_{22} + x_{01} &= 16\\
4x_{11} - x_{12} + 3x_{21} + x_{02} &= 12\\
x_{11} + 2x_{12} + x_{13} &= 8\\
3x_{11} + x_{12} + x_{14} &= 10\\
2x_{21} + 3x_{22} + x_{23} &= 9\\
4x_{21} + x_{22} + x_{24} &= 12
\end{aligned}$$

$$x_{ij} \geqq 0$$

illustrieren, die auch MÜLLER-MERBACH in [59] als Demonstrationsbeispiel wählt. Dabei werden für die Variablen Doppelindizes eingeführt. Die Schlupfvariablen seien die Basisvariablen des Startvektors.

1. Simplexschritt: In das Ausgangstableau von Rechenschema 3 werden die Daten in der üblichen Weise eingetragen. Die einzelnen Blöcke sind durch Unterteilung hervorgehoben. Die Nullblöcke werden mit Ausnahme der Pfeilspalte und Hauptzeile nicht ausgefüllt.

Wir machen die erste Spalte zur Pfeilspalte. Die in der fünften und sechsten Zeile der Pfeilspalte stehenden Zahlen brauchen nicht berechnet zu werden, da sie im Anfangsschritt gleich Null sind.

Der weitere Rechenprozeß bedarf keiner Interpretation. Die Hauptzeile liegt im Hauptblock. Die Simplextransformation wird nicht für die Elemente der Nullblöcke durchgeführt.

2. Simplexschritt: Die vierte Spalte wird zur Pfeilspalte. Wir benötigen aber noch die Elemente der dritten und vierten Zeile der Pfeilspalte. Dazu haben wir die Grundformel (50) heranzuziehen. Bisher hat im Hauptblock ein Pivotelement in der zweiten Zeile und ersten Spalte gelegen (0′ symbolisiert also die zweite Zeile und j' die erste Spalte). Folglich gilt

$$B_{12}^{(1)} = B_{11'}^{(1)} (A_{0'1'}^{(1)})^{-1} A_{0'2}^{(1)}$$

$$= \begin{pmatrix} -\frac{1}{4} \\ -\frac{3}{4} \end{pmatrix} \left(\frac{1}{4}\right)^{-1} (3, 0) = \begin{pmatrix} -\frac{1}{4} \\ -\frac{3}{4} \end{pmatrix} 4\,(3, 0) = \begin{pmatrix} -3 & 0 \\ -9 & 0 \end{pmatrix}.$$

Dabei hätten wir natürlich auf die Berechnung der ersten Spalte der Matrix $B_{12}^{(1)}$ verzichten können. Die Pfeilspalte des zweiten Tableaus ist durch die zweite Spalte dieser Matrix (durch die Zahlen 0, 0) zu ergänzen.

Die Hauptzeile liegt wieder im Hauptblock, so daß alle zur Simplextransformation benötigten Zahlen der Hauptzeile bekannt sind und eine Zeilenvertauschung entfällt. Die Ausgangsvariable ist die Schlupfvariable x_{01} des Hauptblockes, womit auch eine Spaltenvertauschung nicht erforderlich ist.

Die weiteren Rechnungen des Simplexschrittes enthalten keine Besonderheiten.

3. Simplexschritt: Wir berechnen zunächst die fehlenden Elemente der Pfeilspalte. Im Block A_{01} hat nur ein Pivotelement in der zweiten Zeile und ersten Spalte gelegen (man beachte, daß das Pivotelement des zweiten Simplexschrittes im Block A_{02} lag). Daher gilt wie beim zweiten Simplexschritt

$$B_{12}^{(2)} = B_{11'}^{(2)} (A_{0'1'}^{(2)})^{-1} A_{0'2}^{(2)}$$

$$= \begin{pmatrix} -\frac{1}{4} \\ -\frac{3}{4} \end{pmatrix} \left(\frac{1}{4}\right)^{-1} \left(\frac{3}{4}, 0\right) = \begin{pmatrix} -\frac{3}{4} & 0 \\ -\frac{9}{4} & 0 \end{pmatrix}.$$

Benötigt wird nur die erste Spalte dieser Matrix, welche die fehlenden Elemente der Pfeilspalte liefert.

Rechenschema 3:

	BV	x_{11}	x_{12}	x_{21}	x_{22}	x_0	Q	$-\uparrow$
	x_{01}	4	3	1	3	16	4	−4
←	x_{02}	$\textcircled{4}$	−1	3	0	12	3	
	x_{13}	1	2			8	8	−1
	x_{14}	3	1			10	$\frac{10}{3}$	−3
	x_{23}	0		2	3	9		0
	x_{24}	0		4	1	12		0
	*	−8↑	−3	−8	−6	0	*	8

		x_{02}	x_{12}	x_{21}	x_{22}	x_0	Q	$-\uparrow$
←	x_{01}	−1	4	−2	$\textcircled{3}$	4	$\frac{4}{3}$	
→	x_{11}	$\frac{1}{4}$	$-\frac{1}{4}$	$\frac{3}{4}$	0	3		0
	x_{13}	$-\frac{1}{4}$	$\frac{9}{4}$		0	5		0
	x_{14}	$-\frac{3}{4}$	$\frac{7}{4}$		0	1		0
	x_{23}			2	3	9	3	−3
	x_{24}			4	1	12	12	−1
	*	2	−5	−2	−6↑	24	*	6

Rechenschema 3 (Fortsetzung):

	BV	x_{02}	x_{12}	x_{21}	x_{01}	x_0	Q	$-\uparrow$
→	x_{22}	$-\frac{1}{3}$	$\frac{4}{3}$	$-\frac{2}{3}$	$\frac{1}{3}$	$\frac{4}{3}$		$\frac{2}{3}$
	x_{11}	$\frac{1}{4}$	$-\frac{1}{4}$	$\frac{3}{4}$	0	3	4	$-\frac{3}{4}$
	x_{13}	$-\frac{1}{4}$	$\frac{9}{4}$	$-\frac{3}{4}$		5		$\frac{3}{4}$
	x_{14}	$-\frac{3}{4}$	$\frac{7}{4}$	$-\frac{9}{4}$		1		$\frac{9}{4}$
←	x_{23}	1	-4	$\circled{4}$	-1	5	$\frac{5}{4}$	
	x_{24}			$\frac{14}{3}$	$-\frac{1}{3}$	$\frac{32}{3}$	$\frac{16}{7}$	$-\frac{14}{3}$
	*	0	3	$-6\uparrow$	2	32	*	6
		x_{02}	x_{12}	x_{23}	x_{01}	x_0	Q	$-\uparrow$
	x_{22}	$-\frac{1}{6}$	$\frac{2}{3}$	$\frac{1}{6}$	$\frac{1}{6}$	$\frac{13}{6}$	$\frac{13}{4}$	
	x_{11}	$\frac{1}{16}$	$\frac{1}{2}$	$-\frac{3}{16}$	$\frac{3}{16}$	$\frac{33}{16}$	$\frac{33}{8}$	
	x_{13}	$-\frac{1}{16}$	$\frac{3}{2}$			$\frac{95}{16}$	$\frac{95}{24}$	
	x_{14}	$-\frac{3}{16}$	$-\frac{1}{2}$			$\frac{61}{16}$		
→	x_{21}		-1	$\frac{1}{4}$	$-\frac{1}{4}$	$\frac{5}{4}$		
←	x_{24}	$-\frac{5}{6}$	$\circled{\frac{10}{3}}$	$-\frac{7}{6}$	$\frac{5}{6}$	$\frac{29}{6}$	$\frac{29}{20}$	
	*	$\frac{3}{2}$	$-3\uparrow$	$\frac{3}{2}$	$\frac{1}{2}$	$\frac{79}{2}$	*	

Rechenschema 3 (Fortsetzung):

	BV	x_{02}	x_{01}	x_{23}	x_{12}	x_0	Q	$-\uparrow$
←	x_{24}	$-\frac{5}{6}$	$\frac{5}{6}$	$-\frac{7}{6}$	$\boxed{\frac{10}{3}}$	$\frac{29}{6}$		
	x_{11}	$\frac{1}{16}$	$\frac{3}{16}$	$-\frac{3}{16}$	$\frac{1}{2}$	$\frac{33}{16}$		$-\frac{1}{2}$
	x_{13}	$-\frac{1}{16}$	$-\frac{3}{16}$		$\frac{3}{2}$	$\frac{95}{16}$		$-\frac{3}{2}$
	x_{14}	$-\frac{3}{16}$	$-\frac{9}{16}$		$-\frac{1}{2}$	$\frac{61}{16}$		$\frac{1}{2}$
	x_{21}			$\frac{1}{4}$	-1	$\frac{5}{4}$		1
	x_{22}			$\frac{1}{6}$	$\frac{2}{3}$	$\frac{13}{6}$		$-\frac{2}{3}$
	*	$\frac{3}{2}$	$\frac{1}{2}$	$\frac{3}{2}$	$-3\uparrow$	$\frac{79}{2}$	*	3

		x_{02}	x_{01}	x_{23}	x_{24}	x_0	Q	$-\uparrow$
→	x_{12}	$-\frac{1}{4}$	$\frac{1}{4}$	$-\frac{7}{20}$	$\frac{3}{10}$	$\frac{29}{20}$		
	x_{11}	$\frac{3}{16}$	$\frac{1}{16}$	$-\frac{1}{80}$	$-\frac{3}{20}$	$\frac{107}{80}$		
	x_{13}	$\frac{5}{16}$	$\frac{9}{16}$			$\frac{301}{80}$		
	x_{14}	$-\frac{5}{16}$	$-\frac{7}{16}$			$\frac{363}{80}$		
	x_{21}			$-\frac{1}{10}$	$\frac{3}{10}$	$\frac{27}{10}$		
	x_{22}			$\frac{2}{5}$	$-\frac{1}{5}$	$\frac{6}{5}$		
	*	$\frac{3}{4}$	$\frac{5}{4}$	$\frac{9}{20}$	$\frac{9}{10}$	$\frac{877}{20}$	*	

Die Hauptzeile ist nicht im Hauptblock enthalten, so daß die fehlenden Elemente nachträglich zu bestimmen sind. Aus (50) folgt

$$B_{21}^{(2)} = B_{22'}^{(2)} (A_{0'2'}^{(2)})^{-1} A_{0'1}^{(2)} .$$

Im Block A_{02} lag bisher ein Pivotelement in der ersten Zeile und vierten Spalte. Daher ergibt sich

$$B_{21}^{(2)} = \begin{pmatrix} -1 \\ -\frac{1}{3} \end{pmatrix} \left(\frac{1}{3}\right)^{-1} \left(-\frac{1}{3}, \frac{4}{3}\right) = \begin{pmatrix} 1 & -4 \\ \frac{1}{3} & -\frac{4}{3} \end{pmatrix}.$$

Zu berechnen hätten wir nur die erste Zeile gehabt, durch die wir die Hauptzeile ergänzen müssen.

Die Eingangsvariable x_{21} gehört zum zweiten Block, in dem das Pivotelement steht. Eine Zeilenvertauschung ist nicht erforderlich.

Die Ausgangsvariable x_{23} gehört ebenfalls dem zweiten Block an, so daß auch eine Spaltenvertauschung nicht vorgenommen wird.

Bei der weiteren Berechnung ist zu beachten, daß wir die Hilfsrechenzeile im vierten Tableau nicht vollständig notiert haben, um unser allgemeines Prinzip nicht zu durchbrechen. In der ersten und zweiten Spalte hätten wir die Zahlen $\frac{1}{4}$ und -1 zu ergänzen.

4. Simplexschritt: Berechnung der fehlenden Elemente der Pfeilspalte:

$$B_{21}^{(3)} = B_{22'}^{(3)} (A_{0'2'}^{(3)})^{-1} A_{0'1}^{(3)}$$

$$= \begin{pmatrix} -\frac{1}{4} \\ \frac{5}{6} \end{pmatrix} \left(\frac{1}{6}\right)^{-1} \left(-\frac{1}{6}, \frac{2}{3}\right) = \begin{pmatrix} \frac{1}{4} & -1 \\ -\frac{5}{6} & \frac{10}{3} \end{pmatrix}.$$

Das fehlende Element der Hauptzeile kann der obigen Beziehung entnommen werden, da wir zum besseren Verständnis die gesamte Matrix $B_{21}^{(3)}$ angegeben haben.

Die Eingangsvariable x_{12} liegt nicht im Block B_{21}, in dem das Pivotelement steht. Also ist die Hauptzeile gegen eine Zeile des Hauptblockes auszutauschen, deren Basisvariable zum zweiten Block gehört. Der Hauptblock enthält zwei Zeilen mit den Basisvariablen x_{22} und x_{11}. Aber nur x_{22} ist dem zweiten Block zugeordnet, so daß die erste Zeile gegen die sechste zu vertauschen ist.

Die Ausgangsvariable x_{24} ist nicht dem Block A_{01} zugeordnet. Daher muß die Pfeilspalte gegen die Spalte x_{23} oder x_{01} ausgetauscht werden. Aber nur x_{01} ist eine ursprüngliche Basisvariable des Hauptblockes, so daß die Pfeilspalte mit der vierten Spalte zu vertauschen ist.

Das Ergebnis dieser Zeilen- und Spaltenvertauschung ist im fünften Tableau von Rechenschema 3 festgehalten.

Infolge der Spaltenvertauschung fehlen uns die Elemente der zweiten Spalte im Block B_{11}. Daher berechnen wir

$$B_{11}^{(3)} = B_{11'}^{(3)} (A_{0'1'}^{(3)})^{-1} A_{0'1}^{(3)}$$

$$= \begin{pmatrix} -\frac{1}{16} \\ -\frac{3}{16} \end{pmatrix} \left(\frac{1}{16}\right)^{-1} \left(\frac{1}{16}, \frac{3}{16}\right) = \begin{pmatrix} -\frac{1}{16} & -\frac{3}{16} \\ -\frac{3}{16} & -\frac{9}{16} \end{pmatrix}.$$

Die zweite Spalte dieser Matrix liefert uns die gesuchten Elemente.

Beim letzten Tableau ist die Optimalitätsbedingung erfüllt, und wir erhalten die optimale Lösung

$$x_{11} = \frac{107}{80}, x_{12} = \frac{29}{20}, x_{13} = \frac{301}{80}, x_{14} = \frac{363}{80},$$

$$x_{21} = \frac{27}{10}, x_{22} = \frac{6}{5}, x_{23} = x_{24} = 0,$$

$$x_{01} = x_{02} = 0$$

mit dem maximalen Wert

$$Z = \frac{877}{20}$$

für die Zielfunktion.

Das betrachtete Demonstrationsbeispiel ist natürlich nur in der Lage, das Vorgehen des Verfahrens von Müller-Merbach zu veranschaulichen, ohne daß sich in diesem Beispiel wesentliche numerische Vorteile erzielen lassen. Das kann aber bei Aufgaben dieser Größenordnung nicht erwartet werden. Numerische Erfahrungen werden in [66], [60] mitgeteilt. Danach konnte bei Testrechnungen die Rechenzeit im Vergleich zur gewöhnlichen Simplexmethode um über 50% reduziert werden. Gegenüber dem Dekompositionsverfahren von Dantzig und Wolfe wurden meist auch erheblich kürzere Rechenzeiten ermittelt. Andererseits ist der programmiertechnische Aufwand des Verfahrens von Müller-Merbach nicht zu unterschätzen.

§ 5. Weitere Lösungsverfahren

Wir haben bereits in 1.5 bemerkt, daß gegenwärtig sehr intensiv an einer Weiterentwicklung der direkten Verfahren unter dem Namen „generalized Upper-Bounding-Technique“ gearbeitet wird. So kann man sich in [44] über ein Verfahren von Dantzig und Slyke für blockangulare Aufgaben informieren. Eine Erweiterung dieses Verfahrens geht auf Sakarovitsch und Saigal [74] zurück, die von der Voraussetzung ausgehen, daß die Zahl der Blöcke groß gegen die Zahl der zentralen Restriktionen ist. Wir wollen auf derartige Lösungsgedanken hier nicht eingehen.

Ein anderes direktes Verfahren wurde von Bennet [11] für blockangulare und von Heesterman [34] für blocktriangulare Aufgaben entwickelt. Erwähnt sei weiterhin ein direktes Verfahren von HEESTERMAN und SANDEE [35] für sogenannte verkettete Aufgaben, bei denen die Nichtnullblöcke entlang der Hauptdiagonale und unmittelbar darunter angeordnet sind.

Neben den Dekompositionsmethoden und direkten Verfahren gibt es Lösungsansätze, die sich auf eine Kombination verschiedener Lösungsalgorithmen beziehen. Der Grund dafür ist in der Tatsache zu erblicken, daß z. B. die Dekompositionsverfahren im allgemeinen zwar einen geringen Speicherbedarf und einen geringen programmiertechnischen Aufwand erfordern, die Annäherung an das Optimum jedoch häufig recht langsam ist. Um einem solchen Nachteil entgegenzuwirken, kann man

1. eine Kombination des primalen und dualen Vorgehens im Sinne von IV.3.6 durchführen und so das Optimum von zwei Seiten einschließen, um das Verfahren bei Vorliegen einer ausreichenden Genauigkeit abzubrechen,
2. in der Anfangsphase ein Gradientenverfahren benutzen und erst später zu einem Dekompositionsverfahren übergehen.

Der erste Lösungsgedanke liegt z. B. dem Verfahren von KRONSJÖ [47] zugrunde, während der zweite gegenwärtig sehr intensiv von sowjetischen Autoren weiterentwickelt wird. Die *Gradientenverfahren* besitzen nämlich die Eigenschaft, daß sie in der Anfangsphase meist recht schnell konvergieren und sich erst mit Fortsetzung des Lösungsprozesses eine schleichende Konvergenz einstellt. Hinzu kommen die im allgemeinen geringen Anforderungen an den Startvektor eines Gradientenverfahrens (z. B. nur eine zulässige Lösung), welche es gestatten, bei der Wahl dieses Vektors die praktischen Erfahrungen der Planungsspezialisten einzubeziehen. Als nachteilig muß jedoch bemerkt werden, daß die Gradientenverfahren im allgemeinen keine monotone Annäherung an das Optimum liefern. Der Übergang von einem Gradientenverfahren nach der Anfangsphase zu einem Dekompositionsverfahren bringt eine grundsätzliche und wohl die wesentlichste Schwierigkeit mit sich. Die meisten Dekompositionsverfahren benötigen eine Basislösung als Startvektor. Am wendigsten ist in dieser Hinsicht der primal-duale Algorithmus, der mit einer zulässigen Lösung des Dualproblems auskommt. Aber diese Anforderungen der Dekompositionsverfahren werden durch den Näherungsvektor, den das Gradientenverfahren geliefert hat, im allgemeinen nicht erfüllt. Daher benötigt man ein *Verbindungsprogramm*, also faktisch ein drittes Verfahren, das den Übergang vom Gradientenverfahren zur Dekompositionsmethode ermöglicht (vgl. [80], [27], [29]). Derartige Methoden stehen uns jedoch bis heute nur in beschränktem Umfang zur Verfügung.

Natürlich kann man versuchen, die Gradientenverfahren auf eine spezielle Blockstruktur so zuzuschneiden, daß ihre alleinige Verwendung im Lösungsprozeß möglich erscheint. Damit hat sich vornehmlich ZOUTENDIJK [87] beschäftigt.

Abschließend wollen wir noch auf die Methode von LIPTAK [42], [43], [57] verweisen, die sich spieltheoretischer Gedankengänge bedient. Da wir spieltheoretische Betrachtungen in diesem Buch nicht durchführen, können wir auf die Methode auch nicht näher eingehen. Andererseits ist aber die Methode von LIPTAK gerade im Zusammenhang mit der Zweiebenenplanung sehr instruktiv.

Die Verwendung *spieltheoretischer Lösungsverfahren* begründet sich in der Tatsache, daß man einem strategischen Spiel unter bestimmten Voraussetzungen eine lineare Optimierungsaufgabe und umgekehrt zuordnen kann. Nun betrachtet man die Zentrale und die Sektoren (vgl. 1.3) als spieltheoretische Kontrahenten. Die Zentrale besitzt einen großen Überblick, hat jedoch keine Detailkenntnisse der sektoriellen Probleme. Die Sektoren verfügen dagegen über diese Detailkenntnisse, ihnen fehlt aber der Überblick über die allgemeinen Zusammenhänge. Wie bei einem strategischen Spiel hängt die entstehende Situation (der Ausgang des Spieles) von den Handlungen (Zügen) der Partner ab. Unterstellt man, daß die Partner (Spieler) die für sie sicherste Strategie (Minimaxstrategie) suchen, kann man die sogenannte *Methode des fiktiven Durchspielens* von Brown und Robinson (vgl. etwa [22]) heranziehen. Die Zentrale macht einen „Zug", indem sie gewisse Richtzahlen den Sektoren mitteilt. Dann machen die Sektoren einen Zug, indem sie ihrerseits der Zentrale gewisse Informationen übermitteln. Dieses Spiel wird fortgesetzt, bis die Lösung des Spieles (die optimale Lösung) gefunden ist.

In der praktischen Anwendung erweist sich die Methode von Liptak gegenüber anderen Lösungsverfahren nicht als leistungsfähiger. In der Sowjetunion sind daher Untersuchungen durchgeführt worden, um die Annäherung an das Optimum zu beschleunigen (vgl. etwa [29], [80]).

Mit diesen Bemerkungen wollen wir unsere Betrachtungen zur Lösung linearer Optimierungsaufgaben mit Blockstruktur abschließen. Zwar steht uns eine Vielzahl von Lösungsverfahren zur Verfügung, infolge der eminenten Dimension praktischer Aufgaben und ihrer ökonomischen Bedeutung liegt für ihre Weiterentwicklung jedoch ein aktuelles Bedürfnis vor.

KAPITEL VII

LINEARE OPTIMIERUNGSAUFGABEN DES TRANSPORTTYPS

Wir haben bereits einleitend zu Kapitel V bemerkt, daß eine Reihe mathematisch-ökonomischer Modelle durch lineare Optimierungsaufgaben einfacher Struktur beschrieben werden. Es ist nicht unser Ziel, derartige Problemstellungen möglichst umfassend zu behandeln. Vielmehr beschränken wir uns darauf, lineare Optimierungsaufgaben des Transporttyps zu untersuchen, ohne sämtliche Transportmodelle in unsere Betrachtungen einzubeziehen. Hauptsächlich werden wir uns mit dem sogenannten klassischen Transportproblem beschäftigen.

Im Vergleich zu den beiden vorangehenden Kapiteln tritt uns eine neue Problemsituation entgegen. Bisher waren spezielle Strukturen mit einer gewissen Komplikation der Aufgabenstellung verbunden. So haben wir im vorigen Kapitel spezielle Blockstrukturen ausgenutzt, um auch bei Aufgaben großer Dimension zu leistungsfähigen Lösungsalgorithmen zu gelangen. In Kapitel V waren es zusätzliche Einschränkungen für die Variablen, die eine spezielle Struktur begründeten. Bei den linearen Optimierungsaufgaben des Transporttyps haben wir es dagegen mit einer mathematischen Vereinfachung der Aufgabenstellung zu tun. Die spezielle Struktur ermöglicht eine effektivere Gestaltung der allgemeinen Lösungsverfahren der linearen Optimierung. Daher wollen wir die Zielstellung dieses Kapitels darin erblicken, zu zeigen, wie sich die Aussagen über das Problem infolge der speziellen Struktur konkretisieren und die Lösungsverfahren vereinfachen.

Transportprobleme besitzen große praktische Bedeutung und sind umfassend untersucht worden. Die erste mathematisch strenge Formulierung des Transportproblems wurde von Hitchcock angegeben. In der Transportoptimierung bedient man sich vielfältiger Bezeichnungsweisen, die sich auf Transportbegriffe beziehen. Das erleichtert das Verständnis, bedeutet jedoch keineswegs, daß jede Transportaufgabe etwas mit dem ökonomischen Problem des Transportes zu tun haben muß. Vielmehr kennzeichnen wir mit dem Namen „Transportproblem“ lediglich spezielle Typen linearer Optimierungsaufgaben.

Zunächst wird in § 1 das klassische Transportproblem erklärt. Die §§ 2 und 3 bringen die Theorie der Transportoptimierung, und die §§ 4 und 5 sind den numerischen Algorithmen gewidmet. Einige Ergänzungen sind in § 6 zu finden, während der letzte Paragraph einen Ausblick auf weitere Transportmodelle bringt.

§ 1. Problemstellung der Transportoptimierung

Zur Erklärung des klassischen Transportproblems betrachten wir das folgende Grundmodell: Gegeben sind m verschiedene *Versandorte* $A_1, A_2, \ldots, A_m$, in denen die *Versandmengen* a_i, $i = 1, 2, \ldots, m$ eines homogenen Produktes zur Verfügung stehen. In n verschiedenen *Empfangsorten* $B_1, B_2, \ldots, B_n$ werden die *Bedarfsmengen* b_j, $j = 1, 2, \ldots, n$ benötigt. Wir setzen voraus, daß von jedem Versandort ein Transport des Produktes zu jedem Empfangsort möglich ist. Weiterhin seien die *Transportkosten* c_{ij} gegeben, die beim Transport einer Einheit des Produktes vom Versandort A_i zum Empfangsort B_j entstehen.

Die Daten des Transportproblems sind in der *Transportkostentabelle* (Tabelle 1) zusammengestellt.

Das Ziel der Transportoptimierung ist die Aufstellung eines *Transportplanes*, der

1. den Bedarf der Empfangsorte vollständig befriedigt,
2. die Kapazität der Versandorte vollständig ausschöpft,
3. die gesamten Transportkosten bei nichtnegativen Transportmengen zu einem Minimum macht.

Tabelle 1:

		Empfangsorte					
		B_1	B_2	$\ldots$	B_n		
	A_1	c_{11}	c_{12}	$\ldots$	c_{1n}	a_1	
Versand-	A_2	c_{21}	c_{22}	$\ldots$	c_{2n}	a_2	Versand-
orte	$\vdots$	$\ldots$	$\ldots$	$\ldots$	$\ldots$	$\vdots$	mengen
	A_m	c_{m1}	c_{m2}	$\ldots$	c_{mn}	a_m	
		b_1	b_2	$\ldots$	b_m		
		Bedarfsmengen					

Weiterhin verabreden wir, daß die Gesamtkapazität der Versandorte gleich dem Gesamtbedarf der Empfangsorte ist

$$\sum_{i=1}^{m} a_i = \sum_{j=1}^{n} b_j . \tag{1}$$

Welche ökonomische und mathematische Problematik sich hinter dieser Voraussetzung verbirgt, soll uns hier noch nicht interessieren.

Wir bezeichnen mit x_{ij} die *Transportmengen* des Produktes, die vom Versandort A_i zum Empfangsort B_j geliefert werden. Schreiben wir in Tabelle 1 an Stelle der Transportkosten c_{ij} die Transportmengen x_{ij}, sprechen wir von einer *Transportmengentabelle*.

In Abb. 1 ist das Transportproblem graphisch veranschaulicht. Dabei haben wir drei Versandorte und vier Empfangsorte angenommen. Die graphische Darstellung enthält die Transportmengen x_{ij}, die Versandmengen a_i und die Bedarfsmengen b_j. Jeder Versandort ist mit jedem Empfangsort durch eine gerichtete Strecke (Zuordnung) verbunden, die andeuten soll, daß der Transport lediglich in einer

Richtung möglich ist. Bei einem Zahlenbeispiel werden wir in dem *graphischen Transportplan* keine Zuordnungslinie einzeichnen, falls von einem Versandort zu einem Empfangsort kein Transport (die Transportmenge Null) vorgesehen ist.

Den von einem Versandort A_i ausgehenden Transport können wir wie in Abb. 2 veranschaulichen. Dabei haben wir wieder vier Empfangsorte angenommen. Ebenso lassen sich die Lieferungen an einen Empfangsort B_j entsprechend Abb. 3 graphisch darstellen.

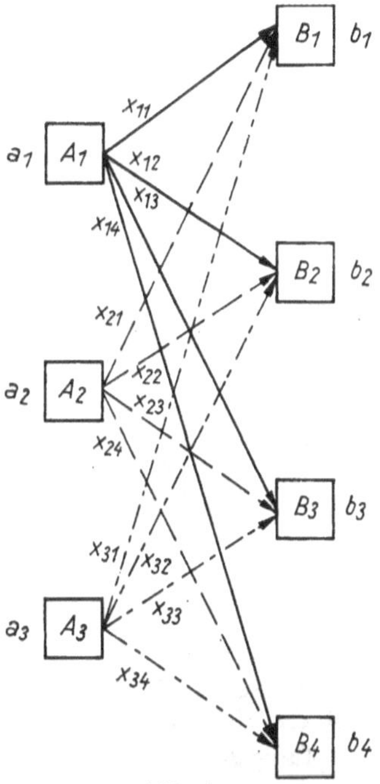

Abb. 1

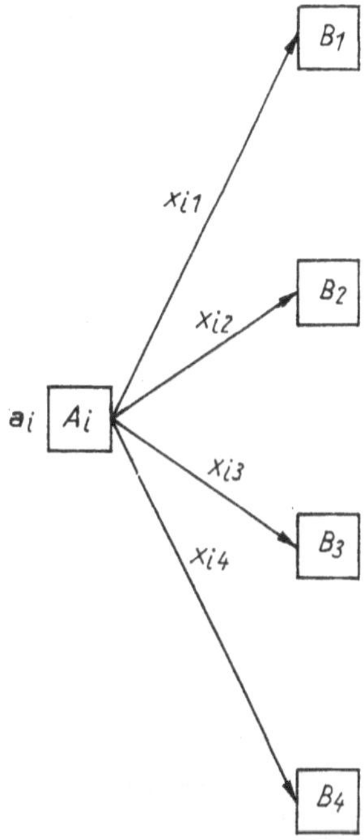

Abb. 2

Unsere Aufgabe besteht nun darin, unter der Vielzahl der Transportmöglichkeiten einen Transportplan zu suchen, der die gesamten Transportkosten zu einem Minimum macht.

Das mathematische Modell des formulierten Transportproblems (auch *klassisches* oder *geschlossenes Transportproblem* genannt) ist in der folgenden Definition angeführt.

Definition: *Beim klassischen Transportproblem ist das Minimum der Zielfunktion*

$$Z = \sum_{i=1}^{m} \sum_{j=1}^{n} c_{ij} x_{ij} \tag{2}$$

unter den Nebenbedingungen

$$\sum_{j=1}^{n} x_{ij} = a_i, \quad i = 1, 2, \ldots, m, \tag{3}$$

$$\sum_{i=1}^{m} x_{ij} = b_j, \quad j = 1, 2, \ldots, n \tag{4}$$

und Nichtnegativitätsbedingungen

$$x_{ij} \geqq 0, \quad i = 1, 2, \ldots, m; \quad j = 1, 2, \ldots, n \tag{5}$$

zu bestimmen, wobei die Gleichgewichtsbedingung (1) *erfüllt sein muß.*

Die Zielfunktion (2) gibt die Gesamtkosten für den Transport von allen Versandorten zu allen Empfangsorten an (die Kosten für den Transport von x_{ij} Mengeneinheiten des Produktes vom i-ten Versandort A_i zum j-ten Empfangsort B_j sind gleich $c_{ij}x_{ij}$).

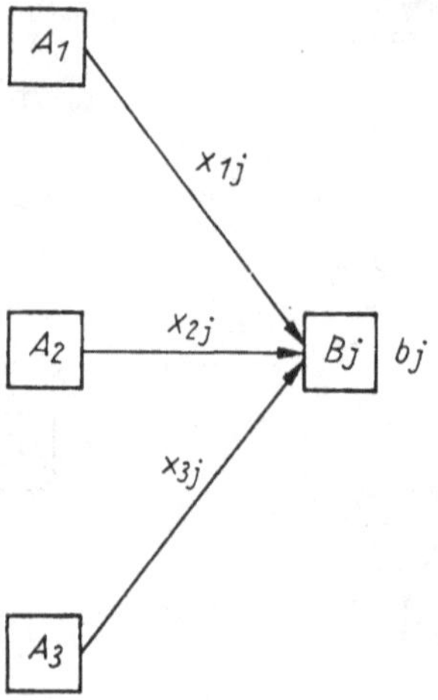

Abb. 3

Die Nebenbedingungen (3) sichern den vollständigen Abtransport des Produktes aus allen Versandorten ($x_{i1} + x_{i2} + \cdots + x_{in}$ ist die gesamte Transportmenge, die von A_i an die Empfangsorte geliefert wird). Die Gleichungen (4) garantieren die vollständige Befriedigung des Bedarfs aller Empfangsorte ($x_{1j} + x_{2j} + \cdots + x_{mj}$ ist gleich der Gesamtmenge des Produktes, die der Empfangsort B_j von allen Versandorten erhält).

Die Nichtnegativitätsbedingungen (5) bringen zum Ausdruck, daß ein Rücktransport von den Empfangsorten zu den Versandorten ausgeschlossen ist.

Damit die Nebenbedingungen (3), (4) erfüllt sind, muß in jeder Transportmengentabelle die Summe der Transportmengen jeder Zeile gleich den jeweiligen Versandmengen und die Summe der Transportmengen jeder Spalte gleich den jeweiligen Bedarfsmengen sein.

Bei unseren weiteren Betrachtungen wollen wir grundsätzlich voraussetzen, daß

$$\left.\begin{aligned} a_i > 0, \quad i = 1, 2, \ldots, m, \\ b_j > 0, \quad j = 1, 2, \ldots, n \end{aligned}\right\} \tag{6}$$

gilt. Soll nämlich das Transportproblem überhaupt eine zulässige Lösung besitzen, folgt die Nichtnegativität der a_i und b_j aus den Nichtnegativitätsbedingungen (5) und den Nebenbedingungen (3) bzw. (4). Ist $a_i = 0$, ergibt sich aus (3), (5)

$$x_{i1} = x_{i2} = \cdots = x_{in} = 0,$$

so daß wir den Versandort A_i in der Transportaufgabe streichen können. Ebenso läßt sich begründen, daß ein Empfangsort B_j, der keinen Bedarf hat ($b_j = 0$), von den Betrachtungen ausgeschlossen werden kann.

Das klassische Transportproblem (2)—(5) stellt eine spezielle lineare Optimierungsaufgabe dar, bei der wir mit Rücksicht auf die Beschreibung des Problems Doppelindizes verwendet haben. So lassen sich z. B. die Nebenbedingungen eines Transportproblems mit $m = 3$ und $n = 4$ in der Form

$$\begin{array}{llllllllllll l}
x_{11} + x_{12} + x_{13} + x_{14} & & & & & & & & & & & & = a_1 \\
& & & & x_{21} + x_{22} + x_{23} + x_{24} & & & & & & & & = a_2 \\
& & & & & & & & x_{31} + x_{32} + x_{33} + x_{34} & & & & = a_3 \\
x_{11} & & & & + x_{21} & & & & + x_{31} & & & & = b_1 \\
& x_{12} & & & & + x_{22} & & & & + x_{32} & & & = b_2 \\
& & x_{13} & & & & + x_{23} & & & & + x_{33} & & = b_3 \\
& & & x_{14} & & & & + x_{24} & & & & + x_{34} & = b_4
\end{array}$$

schreiben, und die Matrix der Nebenbedingungen besitzt die Gestalt

$$A = \left(\begin{array}{cccc|cccc|cccc}
1 & 1 & 1 & 1 & 0 & 0 & 0 & 0 & 0 & 0 & 0 & 0 \\
0 & 0 & 0 & 0 & 1 & 1 & 1 & 1 & 0 & 0 & 0 & 0 \\
0 & 0 & 0 & 0 & 0 & 0 & 0 & 0 & 1 & 1 & 1 & 1 \\
\hline
1 & 0 & 0 & 0 & 1 & 0 & 0 & 0 & 1 & 0 & 0 & 0 \\
0 & 1 & 0 & 0 & 0 & 1 & 0 & 0 & 0 & 1 & 0 & 0 \\
0 & 0 & 1 & 0 & 0 & 0 & 1 & 0 & 0 & 0 & 1 & 0 \\
0 & 0 & 0 & 1 & 0 & 0 & 0 & 1 & 0 & 0 & 0 & 1
\end{array}\right).$$

Die lineare Optimierungsaufgabe (2)—(5) liegt, abgesehen von der Tatsache, daß wir das Minimum der Zielfunktion suchen, bereits in der ersten Normalform vor. Sie besitzt $m + n$ Nebenbedingungen und $m \cdot n$ Variablen. Die Matrix der Nebenbedingungen können wir in der Form

$$A = \left(\begin{array}{c|c|c|c}
e' & 0' & & 0' \\
0' & e' & & 0' \\
\vdots & \vdots & \cdots & \vdots \\
0' & 0' & & e' \\
\hline
E & E & \cdots & E
\end{array}\right)$$

darstellen, worin sich auch die spezielle Struktur ausdrückt. e' bezeichnet einen n-dimensionalen Zeilenvektor, dessen sämtliche Komponenten gleich 1 sind; $0'$ ist ein n-dimensionaler Nullvektor (Zeilenvektor) und E eine Einheitsmatrix der Ordnung n.

Bezeichnen wir die Vektoren der Nebenbedingungen des Transportproblems mit a_{ij}, gilt

$$A = (a_{11}, a_{12}, \ldots, a_{1n}; a_{21}, a_{22}, \ldots, a_{2n}; \ldots; a_{m1}, a_{m2}, \ldots, a_{mn})$$

und

$$a_{ij} = \begin{pmatrix} 0\\ \vdots\\ 0\\ 1\\ 0\\ \vdots\\ 0\\ 1\\ 0\\ \vdots\\ 0\end{pmatrix} \begin{matrix} \\ i \\ \\ \\ \\ m+j \\ \\ \\ \\ m+n \\ \\ \end{matrix} . \tag{7}$$

Die i-te und $(m + j)$-te Komponente von a_{ij} ist gleich Eins, alle übrigen Komponenten sind gleich Null. Folglich besitzen die Vektoren der Nebenbedingungen des Transportproblems eine außerordentlich einfache Gestalt. Darin liegt begründet, daß wir spezielle Eigenschaften für das Transportproblem herleiten und einfache Lösungsmethoden entwickeln können.

Mit dem Beschränkungsvektor

$$b' = (a_1, a_2, \ldots, a_m; b_1, b_2, \ldots, b_n)$$

lassen sich die Nebenbedingungen (3), (4) des Transportproblems vektoriell durch die Gleichung

$$\sum_{i=1}^{m} \sum_{j=1}^{n} x_{ij} a_{ij} = b \tag{8}$$

ausdrücken.

Infolge der doppelten Indizierung der Variablen x_{ij} des Transportproblems schreibt man eine zulässige Lösung der Aufgabe vielfach in Form einer Matrix $X = (x_{ij})$ mit m Zeilen und n Spalten. X heißt dann auch *Transportmengenmatrix*. Ebenso kann man die Zahlen c_{ij} als Elemente einer Matrix $C = (c_{ij})$ vom Typ (m, n) auffassen und C die *Transportkostenmatrix* nennen.

§ 2. Eigenschaften des Transportproblems

In § 1 ist uns die Gleichgewichtsbedingung (1) entgegengetreten, deren Rolle bei der Transportoptimierung wir bis jetzt nicht beurteilen konnten. Um darauf eine Antwort zu finden, nehmen wir an, daß für die Transportaufgabe (2)—(5) die Gleichgewichtsbedingung nicht gefordert wird. Dann gilt der folgende

Satz 1: *Für die Lösbarkeit der Transportaufgabe* (2)—(5) *ist notwendig und hinreichend, daß die Gleichgewichtsbedingung* (1) *erfüllt ist.*

Wir wollen den Beweis dieses Satzes hier nicht führen, sondern verweisen dazu etwa auf [40]. Da in der Definition des klassischen Transportproblems die Gültigkeit der Gleichgewichtsbedingung grundsätzlich angenommen wurde, können wir dem obigen Satz unmittelbar die folgende Aussage entnehmen.

Satz 2: *Das klassische Transportproblem besitzt mindestens eine optimale Lösung.*

Man beachte jedoch, daß dieser Satz nur richtig ist, wenn wir die grundsätzlich erhobene Voraussetzung (6) fordern. Damit haben wir eine erste Verschärfung der allgemeinen Aussagen der Theorie der linearen Optimierung für die spezielle lineare Optimierungsaufgabe (2)—(5) gefunden. Die Gültigkeit von Satz 2 ist leicht einzusehen, wenn man beachtet, daß wegen (3), (5) die Variablen den Ungleichungen

$$0 \leqq x_{ij} \leqq a_i$$

genügen müssen, welche die Beschränktheit des Bereiches der zulässigen Lösungen sichern. Gelingt es uns, noch zu zeigen, daß das klassische Transportproblem stets eine zulässige Lösung besitzt (das werden wir bei der Konstruktion einer ersten zulässigen Basislösung untersuchen), folgt die Lösbarkeit der Aufgabe aus der allgemeinen Theorie der linearen Optimierung.

Satz 3: *Jede der* $m + n$ *Gleichungen* (3), (4) *ist von den übrigen* $m + n - 1$ *Gleichungen linear abhängig. Die Zahl der linear unabhängigen Gleichungen des Systems* (3), (4) *ist genau gleich* $m + n - 1$.

Zum Beweis des Satzes verweisen wir wieder auf [40]. Satz 3 vermittelt uns eine grundlegende Aussage über die Nebenbedingungen der Transportaufgabe. Damit könnte eine Nebenbedingung des Systems (3), (4) weggelassen werden. Trotzdem führt man das System (3), (4) im allgemeinen vollständig auf, weil sich die Beschreibung und Lösung des Transportproblems dadurch etwas einheitlicher gestaltet.

Auch für die Transportoptimierung ist die Kenntnis der *dualen Transportaufgabe* von Bedeutung, bei der das Maximum der Zielfunktion

$$\hat{Z} = \sum_{i=1}^{m} a_i u_i + \sum_{j=1}^{n} b_j v_j \tag{9}$$

zu bestimmen ist, wobei die Variablen $u_1, u_2, \ldots, u_m, v_1, v_2, \ldots, v_n$ den Nebenbedingungen (beachte II.4.1)

$$u_i + v_j \leqq c_{ij}, \quad i = 1, 2, \ldots, m; j = 1, 2, \ldots, n \tag{10}$$

genügen müssen.

Jedem Versandort A_i wird damit eine Dualvariable u_i und jedem Empfangsort B_j eine Dualvariable v_j zugeordnet. Diese Variablen werden bei der Prüfung einer zulässigen Basislösung der Transportaufgabe auf Optimalität herangezogen. Der Dualitätstheorie von II.4 können zusammen mit Satz 2 die folgenden Sätze entnommen werden.

Satz 4: *Für jede zulässige Lösung* (x_{ij}) *der primalen Aufgabe* (2)—(5) *und jede zulässige Lösung* (u_i, v_j) *der dualen Aufgabe* (9), (10) *gilt*

$$\sum_{i=1}^{m} \sum_{j=1}^{n} c_{ij} x_{ij} \geqq \sum_{i=1}^{m} a_i u_i + \sum_{j=1}^{n} b_j v_j .$$

Satz 5: *Die duale Transportaufgabe* (9), (10) *ist stets lösbar.*

Satz 6: *Ist* (x_{ij}) *eine optimale Lösung der primalen Aufgabe* (2)—(5) *und* (u_i, v_j) *eine optimale Lösung von* (9), (10), *gilt*

$$\sum_{i=1}^{m}\sum_{j=1}^{n} c_{ij}x_{ij} = \sum_{i=1}^{m} a_i u_i + \sum_{j=1}^{n} b_j v_j .$$

§ 3. Zulässige Basislösungen des Transportproblems

Um zu speziellen Lösungsverfahren für das klassische Transportproblem zu gelangen, benötigen wir eine genaue Kenntnis der speziellen Eigenschaften zulässiger Basislösungen der Transportaufgabe.

3.1. Grundlegende Begriffe und Sätze. Für die zulässigen Basislösungen des Transportproblems können wir wegen Satz 3 die in den folgenden Sätzen enthaltenen Aussagen herleiten.

Satz 7: *Jede zulässige Basislösung des klassischen Transportproblems besitzt höchstens* $m + n - 1$ *positive Komponenten.*

Satz 8: *Die Basis einer zulässigen Basislösung des klassischen Transportproblems enthält* $m + n - 1$ *linear unabhängige Vektoren der Nebenbedingungen.*

Satz 9: *Eine nichtausgeartete zulässige Basislösung des klassischen Transportproblems besitzt genau* $m + n - 1$ *positive Komponenten. Bei einer ausgearteten zulässigen Basislösung ist die Zahl der positiven Komponenten kleiner als* $m + n - 1$.

Mit Rücksicht auf unsere weiteren Betrachtungen führen wir einige Begriffsbildungen ein, die wir zunächst erläutern wollen.

Definition: *Eine Folge von Transportzuordnungen*

$$\overrightarrow{A_{i_1}B_{j_1}},\ \overrightarrow{A_{i_2}B_{j_1}},\ \overrightarrow{A_{i_2}B_{j_2}},\ \ldots,\ \overrightarrow{A_{i_{s-1}}B_{j_{s-1}}}\ \overrightarrow{A_{i_s}B_{j_{s-1}}},\ \overrightarrow{A_{i_s}B_{j_s}} \tag{11}$$

heißt ein Transportweg (*oder eine Transportkette*), *der die Orte* A_{i_1} *und* B_{j_s} *verbindet.*

Für die Folge der Transportzuordnungen (11) ist charakteristisch, daß jeweils zwei benachbarte Transportzuordnungen entweder in einem Ort beginnen oder in einem Ort enden. Der *Transportweg* (11) realisiert den Transport von A_{i_1} nach B_{j_s} durch Berührung der Orte $B_{j_1}, A_{i_2}, B_{j_2}, \ldots, A_{i_{s-1}}, B_{j_{s-1}}, A_{i_s}$. Durch (11) werden s Versandorte und s Empfangsorte verbunden. Die Zahl der *Transportzuordnungen* des Transportweges (11) beträgt $2s - 1$. Wir heben hervor, daß bei Ausführung dieses Transportprozesses ein Teil der Transportzuordnungen in entgegengesetzter Richtung (vom Empfangsort zum Versandort) durchlaufen wird (z. B. die Transportzuordnung $\overrightarrow{A_{i_2}B_{j_1}}$).

Bei Verwendung einer Transportkostentabelle mit vier Versandorten und fünf Empfangsorten ist in Tabelle 2 ein Transportweg veranschaulicht, der aus den

Transportzuordnungen

$$\overrightarrow{A_1B_3},\ \overrightarrow{A_2B_3},\ \overrightarrow{A_2B_4},\ \overrightarrow{A_4B_4},\ \overrightarrow{A_4B_5} \tag{12}$$

gebildet wird und die Orte A_1 und B_5 verbindet.

Tabelle 2:

	B_1	B_2	B_3	B_4	B_5	
A_1	c_{11}		c_{13}			a_1
A_2			c_{23}	c_{24}		a_2
A_3						a_3
A_4				c_{44}	c_{45}	a_4
	b_1	b_2	b_3	b_4	b_5	

Definition: *Fügen wir zum Transportweg* (11) *noch die Transportzuordnung* $\overrightarrow{A_{i_1}B_{j_s}}$ *hinzu, erhalten wir einen geschlossenen Transportweg.*

Bei einem *geschlossenen Transportweg* führt der Transport wieder zum gleichen Ort zurück. Dabei werden $2s$ Transportzuordnungen durchlaufen.

In Tabelle 3 ist ein geschlossener Transportweg vom Ort A_3 veranschaulicht, der durch die Transportzuordnungen

$$\overrightarrow{A_3B_5},\ \overrightarrow{A_1B_5},\ \overrightarrow{A_1B_3},\ \overrightarrow{A_4B_3},\ \overrightarrow{A_4B_1},\ \overrightarrow{B_1A_3}$$

gebildet wird.

Tabelle 3:

	B^{I}	B_2	B_3	B_4	B_5	
A_1			c_{13}		c_{15}	a_1
A_2						a_2
A_3	c_{31}				c_{35}	a_3
A_4	c_{41}		c_{43}			a_4
	b_1	b_2	b_3	b_4	b_5	

Die Bedeutung des Transportweges für die Untersuchung zulässiger Basislösungen der Transportaufgabe wird durch die folgenden Betrachtungen verständlich. Dazu ordnen wir jeder Transportzuordnung $\overrightarrow{A_iB_j}$ den Vektor der Nebenbedingungen a_{ij} zu. Zum Beweis der Sätze verweisen wir auf [40].

Satz 10: *Ein System von Vektoren der Nebenbedingungen ist dann und nur dann linear unabhängig, wenn sich aus den Transportzuordnungen, die den Vektoren der Nebenbedingungen entsprechen, kein geschlossener Transportweg bilden läßt.*

Definition: *Eine Transportzuordnung* $\overrightarrow{A_i B_j}$ *heißt eine Hauptzuordnung einer zulässigen Lösung* (x_{ij}), *wenn auf Grund des Transportplanes für* $\overrightarrow{A_i B_j}$ *eine positive Transportmenge* $(x_{ij} > 0)$ *vorgesehen ist.*

Satz 11: *Eine zulässige Lösung der Transportaufgabe ist eine zulässige Basislösung, wenn sich aus den Hauptzuordnungen kein geschlossener Transportweg bilden läßt.*

Zusammen mit Satz 7 können wir dann sagen, daß ein aus den *Hauptzuordnungen* einer zulässigen Basislösung gebildeter Transportweg höchstens $m + n - 1$ Transportzuordnungen enthält.

Die Tatsache, daß wir jedem Vektor der Nebenbedingungen eine Transportzuordnung zuordnen können, ermöglicht es, die Simplextechnik bei der Lösung von Transportaufgaben zu vereinfachen.

Beispiel: In Tabelle 4 ist eine Transportmengentabelle mit den positiven Transportmengen

$$x_{11} = 2,\ x_{12} = 1,\ x_{22} = 2,\ x_{23} = 2,\ x_{33} = 2,\ x_{34} = 1,\ x_{35} = 2,\ x_{45} = 6 \quad (13)$$

Tabelle 4:

	B_1	B_2	B_3	B_4	B_5	
A_1	2	1				3
A_2		2	2			4
A_3			2	1	2	5
A_4					6	6
	2	3	4	1	8	

angegeben. Die Stellen der Transportmengentabelle, denen die Transportmenge Null entsprechen, sind nicht ausgefüllt. Man bestätigt sofort, daß der Transportplan zulässig ist (die Zeilensummen sind gleich den Versandmengen und die Spaltensummen gleich den Bedarfsmengen). Den positiven Transportmengen (13) entsprechen die Hauptzuordnungen

$$\overrightarrow{A_1B_1},\ \overrightarrow{A_1B_2},\ \overrightarrow{A_2B_2},\ \overrightarrow{A_2B_3},\ \overrightarrow{A_3B_3},\ \overrightarrow{A_3B_4},\ \overrightarrow{A_3B_5},\ \overrightarrow{A_4B_5}.$$

Aus diesen Hauptzuordnungen kann man die verschiedensten Transportwege bestimmen. So ist z. B. in Tabelle 4 der Transportweg

$$\overrightarrow{A_1B_2},\ \overrightarrow{A_2B_2},\ \overrightarrow{A_2B_3},\ \overrightarrow{A_3B_3},\ \overrightarrow{A_3B_5},\ \overrightarrow{A_4B_5}$$

eingezeichnet. Es ist aber unmöglich, einen geschlossenen Transportweg aus den

Hauptzuordnungen zu konstruieren. Daher bestimmt der Transportplan eine zulässige Basislösung.

Dagegen enthält Tabelle 5 einen zulässigen Transportplan mit den Hauptzuordnungen

$$\overrightarrow{A_1B_2},\ \overrightarrow{A_2B_1},\ \overrightarrow{A_2B_4},\ \overrightarrow{A_2B_5},\ \overrightarrow{A_3B_3},\ \overrightarrow{A_3B_5},\ \overrightarrow{A_4B_3},\ \overrightarrow{A_4B_5},$$

aus denen man sofort den in Tabelle 5 eingezeichneten geschlossenen Transportweg

$$\overrightarrow{A_3B_3},\ \overrightarrow{A_4B_3},\ \overrightarrow{A_4B_5},\ \overrightarrow{A_3B_5}$$

konstruieren kann. Der Transportplan stellt keine zulässige Basislösung dar.

Tabelle 5:

	B_1	B_2	B_3	B_4	B_5	
A_1		3				3
A_2	2			1	1	4
A_3			2		3	5
A_4			2		4	6
	2	3	4	1	8	

3.2. Entwicklung nach den Basisvektoren. Für unsere weiteren Betrachtungen benötigen wir die Entwicklung von Vektoren der Nebenbedingungen nach den Basisvektoren einer zulässigen Basislösung. Dabei beschränken wir uns wieder auf eine Formulierung und Interpretation der Sätze.

Satz 12: *Jeder Vektor der Nebenbedingungen a_{ij} kann als Linearkombination der Basisvektoren einer zulässigen Basislösung dargestellt werden. Dazu bildet man aus den Transportzuordnungen, die den Basisvektoren entsprechen, einen Transportweg, der die Orte A_i und B_j verbindet. Besitzt der Transportweg die Gestalt*

$$\overrightarrow{A_iB_{j_1}},\ \overrightarrow{A_{i_1}B_{j_1}},\ \overrightarrow{A_{i_1}B_{j_2}},\ \ldots,\ \overrightarrow{A_{i_{s-1}}B_{j_s}},\ \overrightarrow{A_{i_s}B_{j_s}},\ \overrightarrow{A_{i_s}B_j}, \tag{14}$$

so gilt

$$a_{ij} = a_{ij_1} - a_{i_1j_1} + a_{i_1j_2} - + \cdots + a_{i_{s-1}j_s} - a_{i_sj_s} + a_{i_sj}. \tag{15}$$

Beispiel: Wir betrachten die in Tabelle 4 enthaltene zulässige Basislösung und wollen den Vektor der Nebenbedingungen a_{31} durch die Basisvektoren darstellen. Die a_{31} entsprechende Stelle ist in Tabelle 6 durch einen Stern gekennzeichnet. Wir können den in Tabelle 6 eingezeichneten Transportweg

$$\overrightarrow{A_3B_3},\ \overrightarrow{A_2B_3},\ \overrightarrow{A_2B_2},\ \overrightarrow{A_1B_2},\ \overrightarrow{A_1B_1}$$

bilden, so daß sich wegen (15)

$$a_{31} = a_{33} - a_{23} + a_{22} - a_{12} + a_{11} \tag{16}$$

Tabelle 6:

	B_1	B_2	B_3	B_4	B_5	
A_1	2	1				3
A_2		2	2			4
A_3	*		2	1	2	5
A_4					6	6
	2	3	4	1	8	

ergibt. Dieses Ergebnis läßt sich durch Einsetzen der Vektoren der Nebenbedingungen, deren Gestalt durch (7) festgelegt ist, in (16) verifizieren:

$$\begin{pmatrix}0\\0\\1\\0\\1\\0\\0\\0\\0\end{pmatrix} = \begin{pmatrix}0\\0\\1\\0\\0\\0\\1\\0\\0\end{pmatrix} - \begin{pmatrix}0\\1\\0\\0\\0\\0\\1\\0\\0\end{pmatrix} + \begin{pmatrix}0\\1\\0\\0\\0\\1\\0\\0\\0\end{pmatrix} - \begin{pmatrix}1\\0\\0\\0\\0\\1\\0\\0\\0\end{pmatrix} + \begin{pmatrix}1\\0\\0\\0\\1\\0\\0\\0\\0\end{pmatrix}.$$

Wir erkennen, daß durch Hinzufügen der Transportzuordnung $\overrightarrow{A_i B_j}$ in (14) ein geschlossener Transportweg entsteht. Daher kann man die Aufgabe der Darstellung eines Vektors der Nebenbedingungen durch die Basisvektoren auch auf die Konstruktion eines geschlossenen Transportweges zurückführen, der sich in der Stelle (i, j) schließt. In Tabelle 6 ist die Transportzuordnung $\overrightarrow{A_3 B_1}$ gestrichelt eingezeichnet und so der geschlossene Transportweg verdeutlicht. Einer solchen Betrachtungsweise entspricht, daß wir für (15) auch

$$a_{ij_1} - a_{i_1 j_1} + a_{i_1 j_2} - + \cdots + a_{i_{s-1} j_s} - a_{i_s j_s} + a_{i_s j} - a_{ij} = 0$$

schreiben können.

Die durchgeführten Betrachtungen sind für den Lösungsprozeß von Transportaufgaben von grundsätzlicher Bedeutung. Wollen wir nämlich eine verbesserte zulässige Basislösung konstruieren, haben wir eine Nichtbasisvariable x_{ij} in die Basis einzuführen (eine solche Stelle ist in Tabelle 6 durch den Stern gekennzeichnet). In der Transportmengentabelle sind nur die Stellen ausgefüllt, denen

Basisvariablen entsprechen. Wir werden später sehen, daß die Bestimmung einer neuen zulässigen Basislösung auf die Konstruktion eines geschlossenen Transportweges zurückgeführt werden kann, der sich an der Stelle der Nichtbasisvariablen schließt. Daher legt man den Transportweg (14) auch vielfach durch die Folge der Basisvariablen

$$x_{ij_1},\ x_{i_1j_1},\ x_{i_1j_2},\ \ldots,\ x_{i_{s-1}j_s},\ x_{i_sj_s},\ x_{i_sj}$$

fest. So ist der in Tabelle 6 eingezeichnete Transportweg durch die Folge

$$x_{33},\ x_{23},\ x_{22},\ x_{12},\ x_{11}$$

bestimmt. In Verschärfung von Satz 12 können wir dann sagen:

Satz 13: *Eine aus den Basisvariablen einer zulässigen Basislösung und einer beliebigen Nichtbasisvariablen x_{ij} gebildete Menge bestimmt genau einen geschlossenen Transportweg, der die durch die Nichtbasisvariable festgelegte Stelle enthält.*

3.3. Ergänzungen. Entsprechend der allgemeinen Theorie der linearen Optimierung nennen wir eine Transportaufgabe *nichtausgeartet*, wenn sie keine nichtausgeartete zulässige Basislösung besitzt. Bei Transportaufgaben läßt sich einfach entscheiden, ob die Aufgabe ausgeartet oder nichtausgeartet ist. Darüber gibt der folgende Satz Auskunft (zum Beweis verweisen wir, wie üblich, auf [40]).

Satz 14: *Das klassische Transportproblem ist dann und nur dann nichtausgeartet, wenn unter den Versandorten keine echte Teilgruppe existiert, deren Gesamtkapazität gleich dem Gesamtbedarf einer Teilgruppe von Empfangsorten ist.*

Die Aussage von Satz 14 können wir folgendermaßen ausdrücken: Notwendig und hinreichend für die Nichtausartung einer Transportaufgabe ist, daß für zwei beliebige Indexsysteme

$$\{i_1, i_2, \ldots, i_t\} \subset \{1, 2, \ldots, m\},\ t < m,$$
$$\{j_1, j_2, \ldots, j_s\} \subset \{1, 2, \ldots, n\},\ s < n$$

stets die Ungleichung

$$\sum_{r=1}^{t} a_{i_r} \neq \sum_{r=1}^{s} b_{j_r}$$

besteht.

So muß z. B. die durch Tabelle 4 erklärte Transportaufgabe (man beachte, daß wir zur Entscheidung über Ausartung nicht die Zielfunktion benötigen) ausgeartet sein, da $a_1 = b_2 = 3$ gilt. Man findet aber auch eine Reihe weiterer Beziehungen, welche die Ausartung begründen, z. B.

$$a_1 + a_3 + a_4 = b_1 + b_2 + b_4 + b_5 = 14.$$

Satz 15: *Jede Transportmenge x_{ij} einer zulässigen Basislösung ist eine Linearkombination der Versandmengen $a_1, a_2, \ldots, a_m$ und der Bedarfsmengen $b_1, b_2, \ldots, b_n$ mit den Koeffizienten 0, 1 oder -1.*

Dieser Satz läßt eine außerordentlich wichtige Folgerung über die *Ganzzahligkeit* zu.

Satz 16: *Sind die Versandmengen $a_1, a_2, \ldots, a_m$ und die Bedarfsmengen $b_1, b_2, \ldots, b_m$ ganzzahlig, so müssen auch sämtliche Transportmengen einer beliebigen zulässigen Basislösung ganzzahlig sein.*

Berücksichtigen wir weiterhin, daß nach der allgemeinen Theorie der linearen Optimierung jede lösbare lineare Optimierungsaufgabe eine optimale zulässige Basislösung besitzt, können wir die Aussage des folgenden Satzes gewinnen.

Satz 17: *Sind die Versandmengen und Bedarfsmengen ganzzahlig, gibt es unter den optimalen Lösungen wenigstens eine ganzzahlige optimale Lösung.*

Dieser Satz besagt keineswegs, daß jede optimale Lösung einer Transportaufgabe unter den gemachten Voraussetzungen ganzzahlig ist. Vielmehr kann es auch nichtganzzahlige optimale Lösungen geben, wenn die Aufgabe nicht eindeutig lösbar ist, da sich nach der allgemeinen Theorie der linearen Optimierung jede optimale Lösung als konvexe Linearkombination der optimalen zulässigen Basislösungen darstellen läßt.

Wir werden uns erst in Kap. X mit der Ganzzahligkeit bei allgemeinen linearen Optimierungsaufgaben beschäftigen. Dort werden wir erkennen, welche erheblichen Komplikationen durch die Ganzzahligkeitsforderung entstehen. Bei Transportaufgaben haben wir dagegen infolge der speziellen Struktur ein einfaches Ergebnis herleiten können. Sind nur ganzzahlige Werte für die Variablen aus der Sicht des praktischen Problems vertretbar (nicht jedes Produkt läßt sich beliebig zerlegen), werden im allgemeinen auch die Versand- und Bedarfsmengen ganzzahlig vorgegeben sein. Dann ergibt sich aber die gesuchte Ganzzahligkeit der Optimallösung automatisch aus dem Simplexprozeß, ohne daß wir zusätzliche Rechnungen ausführen müssen.

§ 4. Methoden zur Bestimmung einer zulässigen Basislösung

Bei einer allgemeinen linearen Optimierungsaufgabe kann die Bestimmung einer ersten zulässigen Basislösung den Lösungsprozeß zum Teil erheblich komplizieren. Völlig anders verhält es sich bei den Transportaufgaben, für die die Konstruktion einer zulässigen Basislösung mühelos möglich ist. Es gibt eine Vielzahl von Methoden zur Konstruktion einer zulässigen Basislösung, von denen die meisten auf dem sogenannten Streichungsverfahren basieren, mit dem wir uns zunächst beschäftigen wollen.

4.1. Das Streichungsverfahren. Wir wählen ein beliebiges Feld (i, j) der Transportmengentabelle aus und erteilen der zugehörigen Variable x_{ij} den größtmöglichen Wert, der auf Grund der Nebenbedingungen (3), (4) zulässig ist. Der Versandort A_i besitzt die Kapazität a_i und der Empfangsort B_j den Bedarf b_j. Folglich darf x_{ij} höchstens gleich min (a_i, b_j) sein:

$$x_{ij} = \min (a_i, b_j). \tag{17}$$

Jetzt haben wir drei Fälle zu unterscheiden:

1. Fall: $a_i < b_j$.

In diesem Falle ist wegen (17)

$$x_{ij} = a_i ,$$

und die gesamte Kapazität des Versandortes A_i wird nach B_j geliefert. Daher muß

$$x_{ir} = 0 \quad \text{für} \quad r = 1, 2, \ldots, n; r \neq j$$

gelten. Entsprechend unserem früheren Vorgehen tragen wir jedoch diese Nullen nicht in die Transportmengentabelle ein. Die i-te Zeile der Transportmengentabelle ist damit bestimmt und kann gestrichen werden. Der Empfangsort b_j hat einen Restbedarf von $b_j - a_i$. In der Transportmengentabelle ist b_j durch $b_j - a_i$ zu ersetzen.

2. Fall: $a_i > b_j$.

Es ist $x_{ij} = b_j$ und der Bedarf von B_j befriedigt. Also muß

$$x_{rj} = 0 \quad \text{für} \quad r = 1, 2, \ldots, m; r \neq i$$

sein. Wieder wird darauf verzichtet, diese Nullen in die Transportmengentabelle einzusetzen. Wir streichen die j-te Spalte der Transportmengentabelle und ersetzen a_i durch die Restkapazität $a_i - b_j$.

3. Fall: $a_i = b_j$.

Es gilt $x_{ij} = a_i = b_j$, so daß sowohl die Kapazität des Versandortes A_i vollständig ausgeschöpft als auch der Bedarf des Empfangsortes B_j vollständig befriedigt ist. Folglich gilt

$$x_{ir} = 0 \quad \text{für} \quad r = 1, 2, \ldots, n; r \neq j;$$

$$x_{rj} = 0 \quad \text{für} \quad r = 1, 2, \ldots, m; r \neq i.$$

Wir verzichten jedoch auf die Übernahme dieser Nullen in die Transportmengentabelle.

Fall 3a: Die Transportmengentabelle enthält genau eine ungestrichene Zeile und Spalte.

Dieser Fall kann nur eintreten, wenn der Rechenprozeß beendet ist.

Fall 3b: Die Transportmengentabelle enthält mehr als zwei ungestrichene Reihen (Zeilen und Spalten).

Unter den ungestrichenen Reihen muß sich zwangsläufig sowohl eine Zeile als auch eine Spalte befinden.

Gibt es mehr als eine ungestrichene Zeile, wird die Zeile i gestrichen und b_j durch $b_j - a_i = 0$ ersetzt.

Gibt es nur eine ungestrichene Zeile, wird die Spalte j gestrichen und a_i durch $a_i - b_j = 0$ ersetzt.

In den Fällen 1, 2 und 3b kann der Rechenprozeß mit der reduzierten Transportmengentabelle fortgesetzt werden. Dabei sind die Versand- und Bedarfsmengen gegebenenfalls durch die Restkapazitäten bzw. Restbedarfsmengen ersetzt worden.

Der algorithmische Ablauf ist aus Abb. 4 deutlich ersichtlich, so daß wir auf eine ausführliche Beschreibung der einzelnen Teilschritte und Entscheidungen verzichten können.

Bis jetzt haben wir noch nicht gesichert, daß uns das Streichungsverfahren zu einer zulässigen Basislösung geführt hat. Das ist Inhalt des folgendes Satzes.

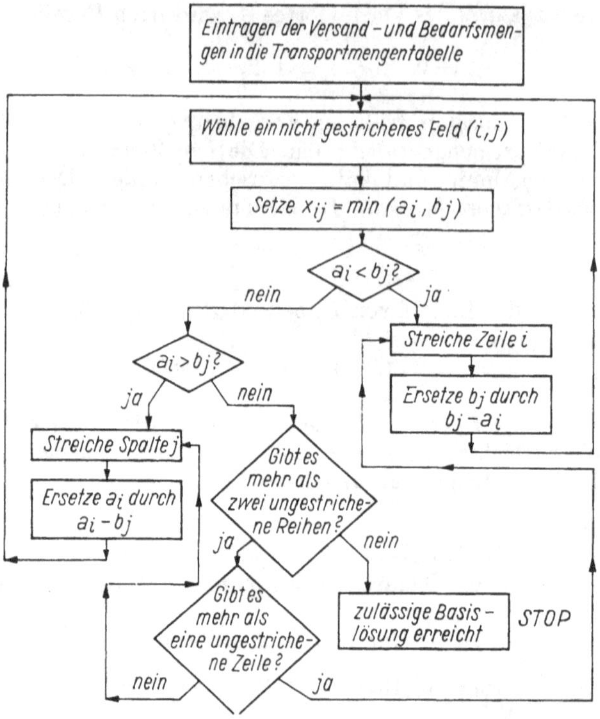

Abb. 4

Satz 18: *Durch das Streichungsverfahren wird eine zulässige Basislösung konstruiert.*

Wir wollen den Beweis des Satzes nicht vollständig führen. Man erkennt aber sofort, daß sich durch das Streichungsverfahren eine zulässige Lösung ergibt. Denn wir haben nichtnegative Transportmengen bestimmt und stets die Zeilen- und Spaltensummenbedingung erfüllt. Bis zum Eintreten des Falles 3b werden in jedem Schritt genau eine Reihe (Zeile oder Spalte) gestrichen und eine Variable durch (17) ermittelt. Da wir $m + n$ Reihen haben, sind das $m + n - 2$ Schritte. Beim letzten Schritt sind noch zwei Reihen übrig; infolge der Gleichgewichtsbedingung werden durch die Wahl (17) die Zeilen- und Spaltensummenbedingung dieser beiden Reihen gleichzeitig erfüllt. Wir haben damit in die Transportmengentabelle $m + n - 1$ Werte eingetragen. Zu zeigen bliebe also, daß sich aus den entsprechenden $m + n - 1$ Transportzuordnungen kein geschlossener Transportweg bilden läßt. Diesen Nachweis wollen wir jedoch übergehen.

Alle Methoden zur Bestimmung einer zulässigen Basislösung, die auf dem Streichungsverfahren basieren, unterscheiden sich nur in der Vorschrift für die Auswahl der Stelle (i, j).

Beispiel: Wir betrachten ein Transportproblem mit drei Versandorten und vier Empfangsorten. Die Versand- und Bedarfsmengen können der Tabelle 7 entnommen werden. Man bestätigt die Gültigkeit der Gleichgewichtsbedingung. Die

Auswahl der Stelle (i, j) erfolgt völlig willkürlich unter den nichtgestrichenen Feldern. Falls reduzierte Kapazitäten auftreten, werden sie rechts neben dem eigentlichen Transportmengentableau vermerkt. Ebenso stehen reduzierte Bedarfsmengen unter den gegebenen Bedarfsmengen der Transportaufgabe. Auf die Angabe der Transportkosten verzichten wir, da sie das Streichungsverfahren nicht benötigt.

In Tabelle 7 werden zu Beginn des Rechenprozesses die Versand- und Bedarfsmengen eingetragen.

1. Schritt: Wir wählen $(i, j) = (2, 1)$. Dann ist $a_2 = 3, b_1 = 1$ und

$$x_{21} = \min(3, 1) = 1.$$

Die erste Spalte wird gestrichen (Fall 2); denn die Spaltensumme ist erfüllt, und in A_2 verbleibt die Restkapazität 2.

2. Schritt: Da die erste Spalte gestrichen ist, können wir das Feld (i, j) noch in der zweiten, dritten und vierten Spalte wählen. Wir setzen $(i, j) = (3, 4)$. Es folgt $x_{34} = \min(5, 4) = 4$. Die vierte Spalte ist zu streichen und für A_3 die Restkapazität 1 einzutragen.

3. Schritt: Wir können (i, j) noch in der zweiten und dritten Spalte wählen: $(i, j) = (1, 2)$. Damit ist $x_{12} = \min(2, 3) = 2$, die erste Zeile zu streichen und für B_2 der Restbedarf 1 einzutragen.

4. Schritt: (i, j) kann noch in der zweiten und dritten Zeile und Spalte gewählt werden: $(i, j) = (3, 2)$. Wegen $x_{32} = \min(1, 1) = 1$ (beachte die Restmengen von A_3 und B_2) liegt der Fall 3b vor. Da noch zwei ungestrichene Zeilen vorhanden sind, wird die dritte Zeile gestrichen und für B_2 der Restbedarf Null eingetragen.

Tabelle 7:

	B_1	B_2	B_3	B_4			
A_1		2			2		
A_2	1	0	2		3	2	0
A_3		1		4	5	1	
	1	3	2	4			
		1					
		0					

5. Schritt: Wir können noch $(i, j) = (2, 2)$ und $(i, j) = (2, 3)$ wählen und entscheiden uns für $(i, j) = (2, 3)$. Es ist $x_{23} = \min(2, 2) = 2$. Da drei Reihen ungestrichen sind (die zweite Zeile und die zweite und dritte Spalte), liegt wieder Fall 3b vor. Jedoch ist nur noch eine Zeile ungestrichen, so daß wir die dritte Spalte zu streichen und für A_2 die Restkapazität 0 zu schreiben haben.

6. Schritt: Es bleibt nur die Wahl $(i, j) = (2, 2)$ übrig, bei der wir $x_{22} = \min(0, 0) = 0$ finden. Da jetzt der Fall $3a$ vorliegt (die zweite Zeile und Spalte ist nichtgestrichen), ist der Rechenprozeß beendet. Wir haben die zulässige Basislösung mit den Basisvariablen

$$x_{12} = 2,\ x_{21} = 1,\ x_{22} = 0,\ x_{23} = 2,\ x_{32} = 1,\ x_{34} = 4$$

ermittelt. Alle übrigen Variablen sind gleich Null.

4.2. Die Nordwest-Eckenregel. Bei der Nordwest-Eckenregel wird in jedem Schritt stets das Feld in der linken oberen Ecke gewählt. Man beginnt also mit x_{11}. Im zweiten Schritt wird x_{12} oder x_{21} belegt, je nachdem, ob die erste Spalte oder erste Zeile gestrichen ist. Das Feld (m, n) wird zuletzt besetzt. Die Auswahl des Feldes (i, j) in der linken oberen Ecke hat zu der Bezeichnung „Nordwest-Eckenregel" geführt, da ihr die Himmelsrichtung „Nordwest" entspricht.

Beispiel: Für die Aufgabe von 4.1. wollen wir eine zulässige Basislösung nach der Nordwest-Eckenregel bestimmen (Tabelle 8).

Tabelle 8:

	B_1	B_2	B_3	B_4		
A_1	1	1			2	1
A_2		2	1		3	1
A_3			1	4	5	4
	1	3	2	4		
		2	1			

1. Schritt: $x_{11} = \min(1, 2) = 1$. Die erste Spalte ist zu streichen. Restkapazität 1 für A_1.

2. Schritt: $x_{12} = \min(1, 3) = 1$. Erste Zeile streichen. Restbedarf 2 für B_2.

3. Schritt: $x_{22} = \min(3, 2) = 2$. Zweite Spalte streichen. Restkapazität 1 für A_2.

4. Schritt: $x_{23} = \min(1, 2) = 1$. Zweite Zeile streichen. Restbedarf 1 für B_3.

5. Schritt: $x_{33} = \min(5, 1) = 1$. Dritte Spalte streichen. Restkapazität 4 für A_3.

6. Schritt: $x_{34} = \min(4, 4) = 4$. Es liegt nur noch eine ungestrichene Zeile und Spalte vor (Fall 3a). Der Rechenprozeß ist beendet und die zulässige Basislösung mit den Basisvariablen

$$x_{11} = 1,\ x_{12} = 1,\ x_{22} = 2,\ x_{23} = 1,\ x_{33} = 1,\ x_{34} = 4$$

gefunden.

4.3. Die aufsteigende Indexmethode. Das Streichungsverfahren und die Nordwest-Eckenregel konstruieren eine zulässige Basislösung ohne Bezugnahme auf die Transportkosten. Das kann dazu führen, daß Transportzuordnungen ausgewählt werden, die mit entsprechend hohen Transportkosten verbunden sind, so daß die ermittelte zulässige Basislösung einen relativ großen Wert für die Zielfunktion besitzt. Dieser Nachteil tritt bei den jetzt zu besprechenden Methoden nicht auf. Jedoch kann keine mathematisch gesicherte Aussage angegeben werden, welche der verschiedenen Auswahlregeln am vorteilhaftesten ist.

Bei der aufsteigenden Indexmethode wird immer das Feld (i, j) ausgewählt, das mit den geringsten Transportkosten verbunden ist. Gibt es mehrere solcher Felder, wird eins willkürlich gewählt.

Beispiel: In Tabelle 9 ist die Transportkostentabelle der vorgelegten Transportaufgabe angeführt. Tabelle 10 gehört zum Lösungsprozeß der aufsteigenden Indexmethode.

Tabelle 9:

	B_1	B_2	B_3	B_4	
A_1	1	1	2	3	2
A_2	4	3	2	1	3
A_3	4	6	3	2	5
	1	3	2	4	

Tabelle 10:

	B_1	B_2	B_3	B_4			
A_1	1	1			2	1	
A_2				3	3		
A_3		2	2	1	5	4	2
	1	3	2	4			
		2		1			

1. Schritt: Die niedrigsten Transportkosten treten in den Feldern (1, 1), (1, 2), (2, 4) auf. Wir wählen $(i, j) = (1, 1)$, $x_{11} = \min(2, 1) = 1$. Erste Spalte streichen. Restkapazität für A_1 gleich 1.

2. Schritt: Im Resttableau treten die niedrigsten Transportkosten in den Feldern (1, 2), (2, 4) auf. Für $(i, j) = (1, 2)$ ist $x_{12} = \min(1, 3) = 1$. Streichen der ersten Zeile. Restbedarf 2 für B_2.

3. Schritt: $(i, j) = (2, 4)$, $x_{24} = \min (3, 4) = 3$. Streichen der zweiten Zeile. Restbedarf 1 für B_4.

4. Schritt: Ungestrichen ist noch die dritte Zeile (außer der ersten Spalte). Die geringsten Transportkosten liegen für $(i, j) = (3, 4)$ vor. $x_{34} = \min (5, 1) = 1$. Streichen der vierten Spalte. Restkapazität 4 für A_3.

5. Schritt: Wir können noch $(i, j) = (3, 2)$ und $(i, j) = (3, 3)$ wählen. Die geringsten Transportkosten liegen für $(i, j) = (3, 3)$ vor. $x_{33} = \min (4, 2) = 2$. Streichen der dritten Spalte. Restkapazität 2 für A_3.

6. Schritt: $x_{32} = \min (2, 2) = 2$. Wir haben eine zulässige Basislösung mit den Basisvariablen

$$x_{11} = 1, x_{12} = 1, x_{24} = 3, x_{32} = 2, x_{33} = 2, x_{34} = 1$$

gefunden. Der zugehörige Wert der Zielfunktion ist:

$$Z = 1 \cdot 1 + 1 \cdot 1 + 1 \cdot 3 + 6 \cdot 2 + 3 \cdot 2 + 2 \cdot 1 = 25.$$

Zum Vergleich geben wir die Werte der Zielfunktion für die zulässigen Basislösungen an, die durch das Streichungsverfahren und die Nordwest-Eckenregel ermittelt wurden.

Streichungsverfahren:

$$Z = 1 \cdot 2 + 4 \cdot 1 + 3 \cdot 0 + 2 \cdot 2 + 6 \cdot 1 + 2 \cdot 4 = 24.$$

Nordwest-Eckenregel:

$$Z = 1 \cdot 1 + 1 \cdot 1 + 3 \cdot 2 + 2 \cdot 1 + 3 \cdot 1 + 2 \cdot 4 = 21.$$

Man hüte sich jedoch davor, aus diesem Vergleich allgemeine Rückschlüsse auf die Leistungsfähigkeit der einzelnen Verfahren zu ziehen.

Die Bezeichnung „aufsteigende Indexmethode“ wurde gewählt, weil immer das Feld mit den geringsten Transportkosten gesucht wird, das wir dann auf Grund des allgemeinen Vorgehens des Streichungsverfahrens maximal belegen. Bei der *absteigenden Indexmethode* wird das Feld mit den größten Transportkosten minimal belegt. Diese Methode ordnet sich nicht dem allgemeinen Vorgehen des Streichungsverfahrens unter, ist in der Handhabung aufwendiger, liefert aber vielfach eine bessere zulässige Basislösung als die aufsteigende Indexmethode.

4.4. Die Vogelsche Approximationsmethode. Bei dieser Methode versucht man, nicht nur die Felder mit den geringsten Kosten maximal zu belegen, sondern gleichzeitig zu berücksichtigen, daß auch solche Felder belegt werden, die durch eine Nichtbelegung zu einer schlechten Kostenentwicklung führen würden. Das tritt ein, wenn die in der gleichen Zeile oder Spalte stehenden Kostenkoeffizienten wesentliche Differenzen aufweisen.

Das Vorgehen der VOGELschen Approximationsmethode bei der Auswahl des zu belegenden Feldes (i, j) kann daher wie folgt beschrieben werden:

1. Berechnung der Differenzen zwischen den beiden niedrigsten Transportkostensätzen für sämtliche Reihen (Zeilen und Spalten).

2. Ermittlung der Reihe, in der die größte Differenz auftritt.
3. In der ausgewählten Reihe ist das Feld mit den geringsten Transportkosten zu besetzen.

Bei nicht eindeutiger Bestimmbarkeit der Reihe in 2. und des Elementes in 3. erfolgt eine willkürliche Auswahl.

Die VOGELsche Approximationsmethode liefert meist eine sehr gute zulässige Basislösung. Jedoch ist sie auch von allen bisher besprochenen Methoden am aufwendigsten.

Die übliche Rechentabelle des Streichungsverfahrens ist um $m + n - 3$ Spalten und Zeilen für die in jedem Schritt zu berechnenden Differenzen zu ergänzen (in den letzten beiden Schritten entfällt diese Berechnung zwangsläufig). Erst hinter diesen Differenzen notieren wir die Restkapazitäten bzw. den Restbedarf.

Beispiel: Die durch Tabelle 9 gegebene Transportaufgabe soll der VOGELschen Approximationsmethode unterworfen werden (Tabelle 11).

Tabelle 11:

	B_1	B_2	B_3	B_4						
A_1	1	1			2	0	1			1
A_2		2	1		3	1	1	1	1	1
A_3			1	4	5	1	1	1	1	1
	1	3	2	4						
	3	2	0	1						
		2	0	1						
		3	1	1						
			1	1						
		2	1							

1. Schritt: Berechnung der Differenzen:

$$c_{11} - c_{12} = 1 - 1 = 0, \quad c_{31} - c_{11} = c_{32} - c_{11} = 4 - 1 = 3,$$
$$c_{23} - c_{24} = 2 - 1 = 1, \quad c_{22} - c_{12} = 3 - 1 = 2,$$
$$c_{33} - c_{34} = 3 - 2 = 1, \quad c_{23} - c_{13} = 2 - 2 = 0,$$
$$c_{34} - c_{24} = 2 - 1 = 1.$$

Die größte Differenz steht in der ersten Spalte ($j = 1$). In der ersten Spalte besitzt das Element x_{11} den kleinsten Kostenkoeffizienten: $(i, j) = (1, 1), x_{11} = \min(2, 1) = 1$. Streichen der ersten Spalte. Restkapazität 1 für A_1.

2. Schritt: Berechnung der Differenzen für die reduzierte Tabelle:

$$c_{13} - c_{12} = 2 - 1 = 1,$$
$$c_{23} - c_{24} = 2 - 1 = 1,$$
$$c_{33} - c_{34} = 3 - 2 = 1.$$

Die Differenzen der zweiten, dritten und vierten Spalte können natürlich aus dem ersten Schritt übernommen werden. Die größte Differenz steht in der zweiten Spalte ($j = 2$). Das Element mit dem geringsten Kostenkoeffizienten in der zweiten Spalte ist x_{12}. Es gilt $x_{12} = \min(1, 3) = 1$. Streichen der ersten Zeile. Restbedarf 2 für B_2.

3. Schritt: Berechnung der Spaltendifferenzen:

$$c_{32} - c_{22} = 6 - 3 = 3, c_{33} - c_{23} = 3 - 2 = 1, c_{34} - c_{24} = 2 - 1 = 1.$$

Es folgt $j = 2$. $x_{22} = \min(3, 2) = 2$. Streichen der zweiten Spalte. Restkapazität 1 für A_2.

4. Schritt: Berechnung der Zeilendifferenzen:

$$c_{23} - c_{24} = 2 - 1 = 1, c_{33} - c_{34} = 3 - 2 = 1.$$

Alle Differenzen sind gleich groß. Wir wählen willkürlich $(i, j) = (2, 3)$, $x_{23} = \min(1, 2) = 1$. Streichen der zweiten Zeile. Restbedarf 1 für B_3.

5. Schritt: Es ist nur noch die Wahl $(i, j) = (3, 3)$ und $(i, j) = (3, 4)$ möglich. Den geringsten Kostenkoeffizienten besitzt x_{34}. Damit ergibt sich $x_{34} = \min(5, 4) = 4$. Streichen der vierten Spalte. Restkapazität 1 für A_3.

6. Schritt: $x_{33} = \min(1, 1) = 1$.

Damit haben wir die zulässige Basislösung gefunden, die uns bereits die Nordwest-Eckenregel geliefert hat.

§ 5. Die modifizierte Distributionsmethode

Unter den bekannten Lösungsverfahren für das klassische Transportproblem betrachten wir nur die modifizierte Distributionsmethode. Dieses Verfahren knüpft an den Lösungsweg der gewöhnlichen Simplexmethode an. Allerdings werden wir die modifizierte Distributionsmethode weitgehend unabhängig von unseren Untersuchungen zur Simplexmethode beschreiben. Die modifizierte Distributionsmethode wird gelegentlich auch Modi-*Methode* oder *u, v-Methode* genannt, wobei die letzte Bezeichnung aus der Beschreibung des Verfahrens verständlich wird.

Eine gewisse Übersicht über die bekannten Lösungsverfahren der Transportoptimierung und eine Klassifikation dieser Verfahren findet man in [40]. Erwähnt sei hier nur noch die *Potentialmethode*, die sich des Vorgehens der revidierten Simplexverfahren bedient, und die *ungarische Methode*. Auf eine Darlegung dieser Lösungsverfahren wollen wir jedoch verzichten, da wir die Transportoptimierung nicht als Schwerpunkt unserer Betrachtungen ansehen.

5.1. Optimalitätsprüfung. Bei der gewöhnlichen Simplexmethode haben wir den Optimalitätstest mittels der Zahlen in der Grundzeile durchgeführt, die ihrerseits mit der dualen Aufgabe im Zusammenhang standen. Bereits in § 2 haben wir die duale Transportaufgabe (9), (10) angegeben und drei Dualitätssätze formuliert, aus denen man das gesuchte Optimalitätskriterium herleiten kann.

Satz 19: *Eine zulässige Basislösung des klassischen Transportproblems ist dann und nur dann optimal, wenn die Bedingungen*

$$u_i + v_j \leqq c_{ij} \quad \textit{für} \quad i = 1, 2, \ldots, m; \, j = 1, 2, \ldots, n, \tag{18}$$

$$u_i + v_j = c_{ij} \quad \textit{für alle } i, j, \textit{ für die } x_{ij} \textit{ Basisvariable ist}, \tag{19}$$

bestehen.

Um dieses Optimalitätskriterium anwenden zu können, benötigen wir die Kenntnis der Zahlen $u_1, u_2, \ldots, u_m, v_1, v_2, \ldots, v_n$, zu deren Berechnung uns die Gleichungen (19) zur Verfügung stehen. Jedoch ist es nicht selbstverständlich, daß durch (19) stets die gesuchten Zahlen ermittelt werden können. Wir formulieren daher die Möglichkeit ihrer Berechnung in einem Satz.

Satz 20: *Für jede zulässige Basislösung des klassischen Transportproblems lassen sich Zahlen* $u_i, i = 1, 2, \ldots, m$ *und* $v_j, j = 1, 2, \ldots, n$ *mittels* (19) *berechnen.*

Wir wollen uns der praktischen Bestimmung dieser Zahlen u_i und v_j zuwenden. Zunächst bemerken wir, daß in (19) auch tatsächlich sämtliche Variablen $u_1, u_2, \ldots, u_m; v_1, v_2, \ldots, v_n$ auftreten. Denn man kann zeigen, daß jede Zeile und Spalte der Transportmengentabelle wenigstens eine Basisvariable enthalten muß. Weiterhin gibt es genau $m + n - 1$ Basisvariablen. Wir können daher (19) als System von $m + n - 1$ Gleichungen für $m + n$ Variablen auffassen, so daß die beliebige Wahl einer Variablen möglich ist. Man kann nachweisen, daß es völlig gleichgültig ist, welche Variable man vorgibt und welchen Wert man für die Variable wählt. Es ist üblich,

$$u_1 = 0 \tag{20}$$

zu wählen.

Der praktische Rechenprozeß zur Bestimmung der u_i und v_j basiert wieder auf einem Streichungsprozeß. Dazu legen wir uns ein Rechenschema an, das wie die Transportmengentabelle aufgebaut ist. In die Spalte der Versandmengen werden jedoch die Zahlen $u_1, u_2, \ldots, u_m$ und in die Zeile der Bedarfsmengen die Zahlen $v_1, v_2, \ldots, v_n$ nach ihrer Berechnung eingetragen. Außerdem werden in den entsprechenden Feldern die Werte der Basisvariablen der betrachteten zulässigen Basislösung notiert. Vor Beginn des Rechenprozesses wird $u_1 = 0$ in die erste Zeile der u-Spalte eingesetzt.

Wir bemerken, daß es beim maschinellen Rechnen günstiger sein kann, an Stelle der Werte der Basisvariablen die zugehörigen Kostenkoeffizienten zu speichern, die in das Gleichungssystem (19) eingehen. Dann können die Transportkostentabelle und die zulässige Basislösung im Externspeicher verbleiben. Wir werden diesen Weg aber nicht beschreiten und dafür den Vorteil eines für uns einheitlicher gestalteten Lösungsprozesses haben.

Wir suchen in der ersten Zeile alle Spalten j, in denen der Wert einer Basisvariablen x_{1j} eingetragen ist, und berechnen die zugehörigen

$$v_j = c_{1j} - u_1 = c_{1j}.$$

Die erste Zeile und alle diese Spalten j, in denen kein weiterer Wert einer Basisvariablen steht, können dann gestrichen werden. Es läßt sich zeigen, daß wenigstens eine Spalte mit bekanntem v_j ungestrichen bleiben muß. Dann suchen wir für eine Spalte mit bekanntem v_j die Zeilen i, in denen der Wert einer Basisvariablen x_{ij} eingetragen ist, und berechnen die zugehörigen

$$u_i = c_{ij} - v_j .$$

Danach können diese Spalte sowie all die Zeilen i, in denen kein weiterer Wert einer Basisvariablen steht, gestrichen werden. Gibt es keine Spalten mit bekanntem v_j mehr, sucht man ungestrichene Zeilen mit bekanntem u_i und setzt den Lösungsprozeß fort.

Der Berechnungsprozeß der u_i und v_j wird durch das Strukturdiagramm von Abb. 5 veranschaulicht.

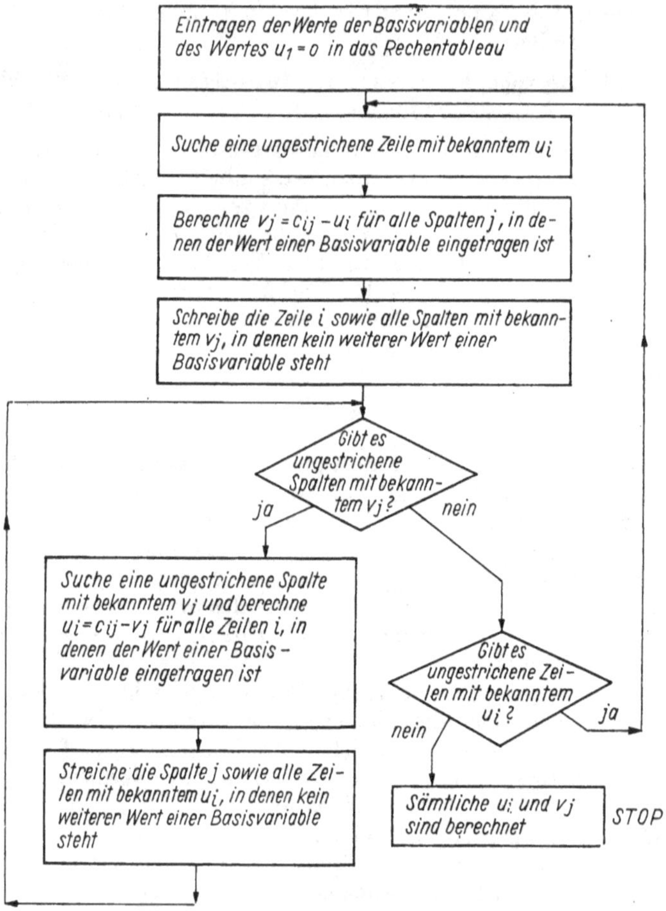

Abb. 5

Beispiel: Wir betrachten die durch die Nordwest-Eckenregel ermittelte zulässige Basislösung (Tabelle 8) für die durch Tabelle 9 erklärte Transportaufgabe. Die Berechnung der u_i und v_j ist in Rechenschema 1 angeführt. Die benötigten c_{ij} können der Tabelle 9 entnommen werden. Zunächst werden die zulässige Basislösung und $u_1 = 0$ eingetragen.

1. Schritt: In der ersten Zeile stehen die Werte der Basisvariablen x_{11} und x_{12}. Wir berechnen daher

$$v_1 = c_{11} - u_1 = 1 - 0 = 1,$$
$$v_2 = c_{12} - u_1 = 1 - 0 = 1.$$

Wir streichen die erste Zeile und Spalte (die zweite Spalte darf nicht gestrichen werden, da in ihr noch der Wert der Basisvariablen x_{22} steht).

2. Schritt: Für die zweite Spalte ist $v_2 = 1$ bekannt. Wir berechnen

$$u_2 = c_{22} - v_2 = 3 - 1 = 2.$$

Die zweite Spalte wird gestrichen.

3. Schritt: $v_3 = c_{23} - u_2 = 2 - 2 = 0$. Streiche die zweite Zeile!

4. Schritt: $u_3 = c_{33} - v_3 = 3 - 0 = 3$. Streiche die dritte Spalte!

5. Schritt: $v_4 = c_{34} - u_3 = 2 - 3 = -1$. Nach Streichung der dritten Zeile und vierten Spalte sind alle Reihen gestrichen, und der Rechenprozeß ist beendet.

Rechenschema 1:

	B_1	B_2	B_3	B_4	
A_1	1	1			0
A_2		2	1		2
A_3			1	4	3
	1	1	0	−1	

Da die Bedingung (19) von Satz 19 für alle *Basisfelder* (i, j) infolge der Berechnungsvorschrift für die u_i und v_j erfüllt ist, brauchen wir bei der Optimalitätsprüfung nur noch die Gültigkeit der Ungleichung (18) für die *Nichtbasisfelder* zu untersuchen. Wir berechnen daher für alle Nichtbasisfelder

$$c'_{ij} = c_{ij} - u_i - v_j, \tag{21}$$

so daß wir den Satz 19 auch wie folgt formulieren können:

Satz 21: *Eine zulässige Basislösung des klassischen Transportproblems ist dann und nur dann optimal, wenn für alle Nichtbasisfelder die Ungleichung*

$$c'_{ij} \geqq 0 \tag{22}$$

erfüllt ist. Dabei sind die c'_{ij} durch (21) *erklärt.*

Ist die Optimalitätsbedingung (22) nicht erfüllt, muß die zulässige Basislösung verbessert werden. Damit beschäftigen wir uns in 5.2.

Der Lösungsprozeß der Transportaufgabe läßt sich durch das Strukturdiagramm von Abb. 6 veranschaulichen. Die Berechnung der ersten zulässigen Basislösung ist ausführlicher in Abb. 4 und die Berechnung der u_i und v_j in Abb. 5 dargestellt. Die Ermittlung einer neuen zulässigen Basislösung wird in 5.2 durch das Strukturdiagramm von Abb. 7 näher erläutert.

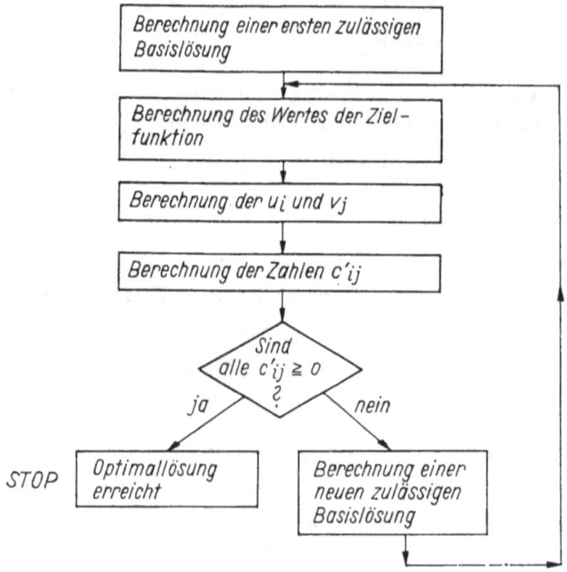

Abb. 6

Da die Optimalitätsprüfung nur für die Nichtbasisfelder erfolgt, können wir das Rechenschema zur Ermittlung der u_i und v_j verwenden. In diesem Rechenschema sind nämlich die Nichtbasisfelder noch frei, in die wir die c'_{ij} eintragen. Um jedoch die c'_{ij} von den Werten der Basisvariablen zu unterscheiden, werden die letzteren umkreist.

In Rechenschema 2 haben wir das Ergebnis der Eintragung der c'_{ij} für das betrachtete Beispiel festgehalten.

Rechenschema 2:

	B_1	B_2	B_3	B_4	
A_1	(1)	(1)	2	4	0
A_2	1	(2)	(1)	0	2
A_3	0	2	(1)	(4)	3
	1	1	0	−1	

Die Optimalitätsbedingung ist für alle Nichtbasisfelder erfüllt, so daß die vorgelegte zulässige Basislösung optimal sein muß.

5.2. Verbesserung einer zulässigen Basislösung. Erweist sich die zulässige Basislösung als nicht optimal, müssen wir eine verbesserte zulässige Basislösung konstruieren. Dann existiert wenigstens ein Nichtbasisfeld (k, l), für das

$$c'_{kl} < 0$$

gilt. Wie bei der Simplexmethode üblich, nehmen wir einen Austausch zwischen einer Basisvariablen und Nichtbasisvariablen vor. Wir machen die Nichtbasisvariable x_{kl} zur neuen Basisvariablen, für die die Optimalitätsbedingung besonders stark verletzt wird

$$c'_{kl} = \min_{\substack{i,j \\ c'_{ij} < 0}} c'_{ij}.$$

Gibt es mehrere solcher Nichtbasisfelder, kann eins beliebig gewählt werden.

Ausgehend von dem Nichtbasisfeld (k, l) bilden wir einen geschlossenen Transportweg, der nach Satz 13 stets existiert. Längs dieses Transportweges nehmen wir eine Umverteilung der Transportmengen vor. Dazu setzen wir $x_{kl} = d$ und subtrahieren und addieren abwechselnd d von bzw. zu den Werten der Basisvariablen, die auf dem geschlossenen Transportweg liegen (die Zeilen- und Spaltensummenbedingungen müssen ja erfüllt bleiben). d können wir nur so groß wählen, daß die auf dem geschlossenen Transportweg liegenden Variablen nichtnegativ bleiben:

$$d = \min x_{ij} \quad \text{für alle Felder } (i, j), \text{ für die } x_{ij} - d \text{ zu bilden ist.}$$

Durch diese Wahl von d nimmt wenigstens eine (im nichtausgearteten Fall genau eine) Basisvariable den Wert Null an. Eine dieser Basisvariablen mit dem Wert Null wird als neue Nichtbasisvariable gewählt. Der Wert Z_1 der Zielfunktion für die neue zulässige Basislösung berechnet sich durch

$$Z_1 = Z_0 + c'_{kl} d,$$

wobei Z_0 den Wert der Zielfunktion für die ursprüngliche zulässige Basislösung bezeichnet.

Beispiel: Wir betrachten die durch Tabelle 9 gegebene Transportaufgabe und die durch die aufsteigende Indexmethode berechnete zulässige Basislösung (Tabelle 10). Das erste Tableau von Rechenschema 3 enthält neben dieser zulässigen Basislösung die zugehörigen Zahlen u_i und v_j sowie die zum Optimalitätstest erforderlichen Zahlen. Wir geben nur die Reihenfolge der Berechnung der u_i und v_j an:

$$u_1 = 0 \to v_1 \to v_2 \to u_3 \to v_3 \to v_4 \to u_2.$$

Die Optimalitätsbedingung wird am stärksten in den Feldern (2, 2) und (3, 1) verletzt. Wir wählen willkürlich $(k, l) = (3, 1)$ und setzen dort einen Stern. Von diesem Feld ausgehend können wir den geschlossenen Transportweg durch die Folge

$$x_{32}, x_{12}, x_{11}, x_{31}$$

Rechenschema 3:

	B_1	B_2	B_3	B_4	
A_1	1	1	4	6	0
A_2	−1	−2	0	3	4
A_3	−2*	2	2	1	5
	1	1	−2	−3	

A_1		2			
A_2				3	
A_3	1	1	2	1	

festlegen (beachte 3.2). Der Umverteilungsprozeß längs dieses geschlossenen Transportweges ist in der Transportmengentabelle (Tabelle 12) nochmals veranschaulicht. Es ist $d = 1$, so daß sich die im zweiten Tableau von Rechenschema 3 angegebene zulässige Basislösung ergibt (x_{11} neue Nichtbasisvariable). Die außerhalb des geschlossenen Transportweges liegenden Werte der Basisvariablen werden nicht verändert. Der Umverteilungsprozeß kann natürlich in Rechenschema 3 selbst vorgenommen werden. Tabelle 12 dient nur der Erläuterung des Vorgehens. Wegen $Z_0 = 25$ ist der neue Wert der Zielfunktion $Z_1 = 25 + (-2) \cdot 1 = 23$.

Tabelle 12:

	B_1	B_2	B_3	B_4	
A_1	$1-d$	$1+d$			2
A_2				3	3
A_3	d	$2-d$	2	1	5
	1	3	2	4	

Wir haben uns noch mit der Frage zu beschäftigen, wie wir algorithmisch den geschlossenen Transportweg finden können. Dazu nehmen wir wieder einen Streichungsprozeß vor. Zusammen mit der Eintragung $x_{kl} = d$ enthält jedes Rechentableau genau $m + n$ Variableneintragungen. Da der Umverteilungsprozeß nur über Reihen erfolgen kann, die wenigstens zwei Variableneintragungen enthalten, streichen wir jede Reihe mit nur einer Variableneintragung. Wenn nach dieser Streichung neue Reihen mit einer Variableneintragung entstanden sind, werden auch diese gestrichen. Dieser Streichungsprozeß wird so lange fortgesetzt, bis jede ungestrichene Reihe mindestens zwei ungestrichene Variableneintragungen enthält. Man kann zeigen, daß

1. mindestens zwei ungestrichene Zeilen und zwei ungestrichene Spalten übrig bleiben müssen,
2. jede ungestrichene Reihe genau zwei ungestrichene Variableneintragungen enthält,
3. das Nichtbasisfeld (k, l) ungestrichen bleibt.

Die ungestrichenen Reihen enthalten die Basisvariablen des gesuchten geschlossenen Transportweges.

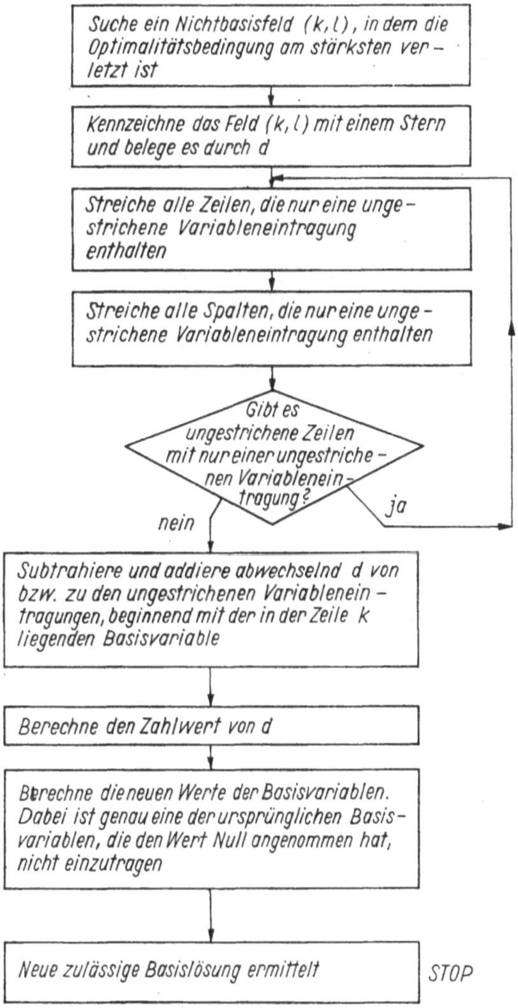

Abb. 7

Beispiel: Für das im ersten Tableau von Rechenschema 3 enthaltene Beispiel würde der Streichungsprozeß folgendermaßen ablaufen:

1. Schritt: Streiche die zweite Zeile und dritte Spalte, da sie nur eine Variableneintragung enthalten (die erste Spalte darf nicht gestrichen werden, da auch das mit einem Stern gekennzeichnete Feld als Variableneintragung zu zählen ist)!

2. Schritt: Streiche die vierte Spalte (die Variableneintragung in der zweiten Zeile ist gestrichen)!

Wir haben den geschlossenen Transportweg gefunden, der in der ersten und dritten Zeile sowie in der ersten und zweiten Spalte liegt.

Der Umverteilungsprozeß selbst läßt sich sehr einfach ausführen. Wir belegen das Feld (k, l) mit der Zahl d. Dann gibt es in der Zeile k noch genau eine Eintragung, von der d zu subtrahieren ist. In der Spalte dieser Variableneintragung muß es genau eine weitere Eintragung geben, zu der d zu addieren ist. Dieser Umverteilungsprozeß ist beendet, wenn wir von der Variableneintragung in der Spalte l die Zahl d subtrahiert haben.

Der Konstruktionsprozeß einer neuen zulässigen Basislösung ist in Abb. 7 veranschaulicht.

Da der Lösungsweg der durch Tabelle 9 gegebenen Transportaufgabe durch unsere Betrachtungen etwas zerfallcn ist, stellen wir ihn nochmals zusammen. Tabelle 13 enthält im oberen Tableau die Transportkostentabelle und im unteren Tableau die Berechnung einer ersten zulässigen Basislösung nach der aufsteigenden

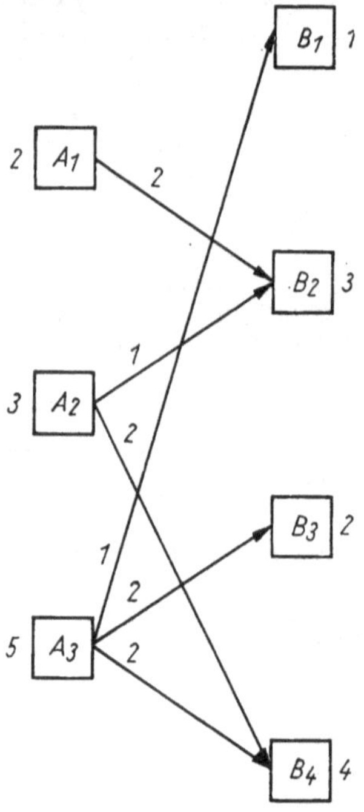

Abb. 8

Tabelle 13:

	B_1	B_2	B_3	B_4			
A_1	1	1	2	3	2		
A_2	4	3	2	1	3		
A_3	4	6	3	2	5		
	1	3	2	4	·		
A_1	1	1			2	1	
A_2				3	3		
A_3		2	2	1	5	4	2
	1	3	2	4			
		2		1			

Rechenschema 4:

	B_1	B_2	B_3	B_4	
A_1	(1)	(1)	4	6	0
A_2	−1	−2	0	(3)	4
A_3	−2*	(2)	(2)	(1)	5
	1	1	−2	−3	
A_1	2	(2)	4	6	0
A_2	1	−2*	0	(3)	4
A_3	(1)	(1)	(2)	(1)	5
	−1	1	−2	−3	
A_1	0	(2)	2	4	0
A_2	1	(1)	0	(2)	2
A_3	(1)	2	(2)	(2)	3
	1	1	0	−1	

Indexmethode. In Rechenschema 4 ist der Lösungsprozeß der modifizierten Distributionsmethode festgehalten. Dem dritten Tableau können wir eine optimale zulässige Basislösung mit den Basisvariablen

$$x_{12} = 2,\ x_{22} = 1,\ x_{24} = 2,\ x_{31} = 1,\ x_{33} = 2,\ x_{34} = 2$$

entnehmen. Der optimale Transportplan ist entsprechend § 1 in Abb. 8 graphisch dargestellt.

Bemerkung: Fällt der Optimalitätstest positiv aus, gibt es aber im optimalen Tableau Zahlen $c'_{kl} = 0$, weist das auf die Existenz *weiterer optimaler zulässiger Basislösungen* hin. Dann können wir den Rechenprozeß fortsetzen, indem wir ein solches Feld mit einem Stern kennzeichnen. Wir erhalten dadurch eine neue optimale zulässige Basislösung, ohne daß sich natürlich der Wert der Zielfunktion verändern kann. So ist das letzte Tableau von Rechenschema 4 optimal. Es liegen aber zwei Nichtbasisfelder (1, 1) und (2, 3) vor, die eine Null enthalten. Daher müssen weitere optimale zulässige Basislösungen existieren, von denen wir eine bereits in Rechenschema 2 ermittelt haben.

Die numerischen Algorithmen wurden so beschrieben, daß sie auch bei *ausgearteten Aufgaben* anwendbar sind. Die Ausartung zeigt sich im Auftreten von Basisfeldern mit dem Wert Null und in der nichteindeutigen Bestimmbarkeit des neuen Nichtbasisfeldes. Zur Verhinderung von Zyklen kann man das bekannte Vorgehen anwenden. Für stark ausgeartete Aufgaben, zu denen das sogenannte *Zuordnungsproblem* gehört, das wiederum ein Spezialfall des Transportproblems ist, sind spezielle Lösungsverfahren entwickelt worden.

§ 6. Ergänzungen

Wir wollen in diesem Paragraphen noch einige Ergänzungen unserer bisherigen Betrachtungen zum klassischen Transportproblem angeben.

6.1. Reduktion der Kostenmatrix. Vielfach ist es günstig, vor der eigentlichen Transportoptimierung eine Reduktion der Kostenmatrix vorzunehmen. Diese Reduktion stützt sich auf den folgenden Satz, dessen einfachen Beweis wir jedoch übergehen.

Satz 22: *Die optimalen Lösungen des klassischen Transportproblems bleiben unverändert, wenn von sämtlichen Elementen irgendeiner Zeile oder Spalte der Kostenmatrix eine beliebige Zahl q subtrahiert wird. Der optimale Wert der Zielfunktion vermindert sich dadurch um das Produkt aus der Zahl q und der jeweiligen Versand- oder Bedarfsmenge.*

Auf Grund dieses Satzes kann die Kostenmatrix so umgeformt werden, daß in jeder Zeile und Spalte die Null als kleinstes Kostenelement erscheint. Dazu wird zunächst in jeder Spalte (man kann natürlich auch von den Zeilen ausgehen) das minimale Element bestimmt und von den Elementen der betreffenden Spalte subtrahiert. Daran schließt sich das gleiche Vorgehen für die Zeilen an.

Beispiel: Wir betrachten die Transportkostentabelle einer Transportaufgabe, die in Tabelle 14 angegeben ist. Die Spaltenminima sind 12, 14, 10, 8, 6.

Subtrahieren wir von den Elementen der jeweiligen Spalten ihre Spaltenminima, erhalten wir die Tabelle 15. Jetzt können wir die Zeilenminima 2, 0, 0 ermitteln. Das führt uns zu der Tabelle 16, die wiederum ein klassisches Transportproblem erklärt. Jedoch haben sich die Transportkosten um die Summe

$$(12 \cdot 20 + 14 \cdot 30 + 10 \cdot 40 + 8 \cdot 10 + 6 \cdot 20) + (2 \cdot 40 + 0 \cdot 50 + 0 \cdot 30)$$

reduziert.

Tabelle 14:

	B_1	B_2	B_3	B_4	B_5	
A_1	20	30	17	10	8	40
A_2	12	14	20	8	6	50
A_3	18	26	10	12	10	30
	20	30	40	10	20	

Tabelle 15:

	B_1	B_2	B_3	B_4	B_5	
A_1	8	16	7	2	2	40
A_2	0	0	10	0	0	50
A_3	6	12	0	4	4	30
	20	30	40	10	20	

Tabelle 16:

	B_1	B_2	B_3	B_4	B_5	
A_1	6	14	5	0	0	40
A_2	0	0	10	0	0	50
A_3	6	12	0	4	4	30
	20	30	40	10	20	

6.2. Genauigkeit des Lösungsprozesses. Betrachten wir den beschriebenen Lösungsprozeß von Transportaufgaben unter dem Gesichtspunkt des auftretenden Genauigkeitsverlustes, sind einige interessante Schlußfolgerungen möglich. Dazu sehen wir die Ausgangsdaten als fehlerfrei an und setzen voraus, daß sie ohne Genauigkeitsverlust in den Rechenautomat eingegeben werden können.

Zunächst überzeugt man sich leicht, daß der beschriebene Lösungsprozeß, abgesehen von der Berechnung des Wertes der Zielfunktion, keine Multiplikationen und Divisionen erforderlich macht. Damit entfällt eine wesentliche Quelle für auftretende Genauigkeitsverluste im Lösungsprozeß. Man darf aber nicht von der Erwartung ausgehen, daß ein Rechenautomat grundsätzlich jede Addition und Subtraktion genau ausführen kann. Zwar ist das bei Festkommarechnung gewährleistet, falls keine Überschreitung der zulässigen Höchstgrenze auftritt. Dagegen können sich bei beweglichem Komma Genauigkeitsverluste ergeben, wenn die zu addierenden oder subtrahierenden Zahlen von unterschiedlicher Größenordnung sind. Die Belegung der Basisfelder erfolgt durch Versand- und Bedarfsmengen bzw. entsprechende Restgrößen, die bei praktischen Aufgaben meist keine extrem großen Schwankungen in der Größenordnung besitzen. Die Zahlen u_i und v_j lassen sich in ihrer Größenordnung schwer eingrenzen, da sie positiv oder auch negativ sein können. Sie werden aber nur zum Optimalitätstest und zur Auswahl des neuen Basisfeldes benötigt. Außerdem tritt bei ihrer Ermittlung keine Fehlerfortpflanzung ein, da sie nicht rekursiv, sondern in jedem Schritt, anknüpfend an die Ausgangsdaten, neu berechnet werden.

Zusammenfassend kann daher gesagt werden, daß der Lösungsprozeß von Transportaufgaben durch den entwickelten Transportalgorithmus im Vergleich zur Verwendung einer allgemeinen Lösungsmethode der linearen Optimierung nicht nur wesentliche Reduktionen der erforderlichen Speicherkapazität, der Rechenzeit usw. bewirkt, sondern auch eine beachtliche Verbesserung der numerischen Qualität des Lösungsverfahrens erzielt wird.

6.3. Dekomposition. Trotz der relativ starken Vereinfachung, die sich durch die Verwendung von Transportalgorithmen ergibt, kann sich auch bei Transportaufgaben eine Dekomposition erforderlich machen. So wurde von WILLIAMS [85] das bekannte Dekompositionsverfahren von DANTZIG und WOLFE auf Transportaufgaben spezialisiert. Wir wollen den Grundgedanken dieses Vorgehens kurz skizzieren. Dabei wird n sehr groß gegenüber m vorausgesetzt.

Man faßt die Nebenbedingungen (3)

$$\sum_{j=1}^{n} x_{ij} = a_i, \; i = 1, 2, \ldots, m$$

als verbindende Restriktionen auf. Sind $X_k = (x_{ij}^{(k)})$ die Eckpunkte des Teilproblems

$$\sum_{i=1}^{m} x_{ij} = b_j, \; j = 1, 2, \ldots, n$$

$$x_{ij} \geqq 0, \; i = 1, 2, \ldots, m; \; j = 1, 2, \ldots, n,$$

lautet mit

$$Z^{(k)} = \sum_{i=1}^{m} \sum_{j=1}^{n} c_{ij} x_{ij}^{(k)},$$

$$a_i^{(k)} = \sum_{j=1}^{n} x_{ij}^{(k)}, \; i = 1, 2, \ldots, m$$

das zugehörige Hauptproblem (beachte VI.2.1)

$$Z = \sum_k Z^{(k)} \alpha_k \quad \min.$$

$$\sum_k a_i^{(k)} \alpha_k = a_i, \; i = 1, 2, \ldots, m$$

$$\alpha_k \geqq 0 \text{ für alle } k.$$

Dabei kann man leicht nachprüfen, daß die Normierungsbedingung für die α_k in dieser Formulierung implizit bereits enthalten ist.

Bezeichnen wir die Simplexmultiplikatoren des Hauptproblems im Zusammenhang mit der Transportaufgabe mit u_i, reduziert sich die Lösung des Unterproblems auf die Ermittlung eines k für alle $j = 1, 2, \ldots, n$, für das

$$c_{kj} - u_k = \min_i (c_{ij} - u_i)$$

gilt, und auf die Berechnung der Lösung $\tilde{X}^{(k)} = (\tilde{x}_{ij}^{(k)})$ des Unterproblems durch

$$\tilde{x}_{ij}^{(k)} = \begin{cases} b_j & \text{für } i = k \\ 0 & \text{für } i \neq k, \end{cases} \quad j = 1, 2, \ldots, n,$$

die in die Basis des Hauptproblems eingeht.

Das Vorgehen von Williams hat Hirche [37] in verschiedener Hinsicht verbessert. Von Grigoriadis und Walker [31] wurde die Dekompositionsmethode von Rosen auf Transportaufgaben leistungsfähig spezialisiert.

§ 7. Weitere Transportmodelle

Zum Abschluß dieses Kapitels wollen wir noch einen Einblick in weitere praktisch wichtige Transportmodelle geben.

7.1. Offene Transportprobleme. Bisher haben wir das Transportproblem unter der Voraussetzung betrachtet, daß die Gleichgewichtsbedingung (1) erfüllt ist. Bei den offenen Transportproblemen befreien wir uns von dieser einschränkenden Annahme, weshalb man auch vielfach von *Transportproblemen mit gestörtem Gleichgewicht* spricht. Dazu haben wir zu unterscheiden, ob der Gesamtbedarf größer oder kleiner als die Gesamtkapazität ist.

a) Die Gesamtkapazität der Versandorte ist größer als der Gesamtbedarf der Empfangsorte:

$$\sum_{i=1}^{m} a_i > \sum_{j=1}^{n} b_j. \tag{23}$$

Das zugehörige Transportmodell kann dann wie folgt formuliert werden:

$$Z = \sum_{i=1}^{m} \sum_{j=1}^{n} c_{ij} x_{ij} \quad \min. \tag{24}$$

$$\sum_{j=1}^{n} x_{ij} \leqq a_i, \; i = 1, 2, \ldots, m \tag{25}$$

$$\sum_{i=1}^{m} x_{ij} = b_j, \; j = 1, 2, \ldots, n \tag{26}$$

$$x_{ij} \geqq 0, \; i = 1, 2, \ldots, m; j = 1, 2, \ldots, n. \tag{27}$$

Gegenüber dem klassischen Transportproblem (2)—(5) drückt das Ungleichungssystem (25) aus, daß von jedem Versandort nicht mehr abtransportiert werden kann, als zur Verfügung steht (jedoch läßt sich die Gleichheit infolge der größeren Gesamtkapazität nicht fordern).

Das offene Transportproblem (24)—(27) wird durch Einführung eines *fiktiven* (gedachten) *Empfangsortes* B_{n+1} mit dem Bedarf

$$b_{n+1} = \sum_{i=1}^{m} a_i - \sum_{j=1}^{n} b_j \tag{28}$$

in ein klassisches Transportproblem überführt. Ein Transport $x_{i,n+1}$ ($i = 1, 2, \ldots, m$) zum fiktiven Empfangsort kann als Lagermenge interpretiert werden, die im Versandort A_i verbleibt. Ist es nicht wesentlich, in welchem Versandort ein Lagerbestand entsteht, sind alle Transportkosten $c_{i,n+1}$ als gleich anzusetzen. Am zweckmäßigsten ist es,

$$c_{i,n+1} = 0, \; i = 1, 2, \ldots, m$$

zu wählen, da der entsprechende Transport nicht ausgeführt wird und folglich keine Transportkosten verursacht. Die zugehörige Transportkostentabelle ist in Tabelle 17 angeführt.

Tabelle 17:

	B_1	B_2	$\ldots$	B_n	B_{n+1}	
A_1	c_{11}	c_{12}	$\ldots$	c_{1n}	0	a_1
A_2	c_{21}	c_{22}	$\ldots$	c_{2n}	0	a_2
$\vdots$	$\ldots$	$\ldots$	$\ldots$	$\ldots$	$\vdots$	$\vdots$
A_m	c_{m1}	c_{m2}	$\ldots$	c_{mn}	0	a_m
	b_1	b_2	$\ldots$	b_n	$\sum_{i=1}^{m} a_i - \sum_{j=1}^{n} b_j$	

b) Der Gesamtbedarf ist größer als die Gesamtkapazität:

$$\sum_{i=1}^{m} a_i < \sum_{j=1}^{n} b_j. \tag{29}$$

In diesem Falle ist eine vollständige Befriedigung des Bedarfs aller Empfangsorte nicht möglich. Wieder kann eine Überführung auf das klassische Transportproblem durch Einführung eines *fiktiven Versandortes* A_{m+1} mit der Kapazität

$$a_{m+1} = \sum_{j=1}^{n} b_j - \sum_{i=1}^{m} a_i$$

erfolgen. Lieferungen $x_{m+1,j}$ $(j = 1, 2, \ldots, n)$ von diesem Versandort können als nichterfüllte Aufträge im Empfangsort B_j interpretiert werden. Ist es uns gleich, in welchem Empfangsort ein nichtbefriedigter Bedarf entsteht, können wir

$$c_{m+1,j} = 0, \; j = 1, 2, \ldots, n$$

setzen.

Die ökonomische Problematik im Falle (29) ist jedoch komplizierter, da es vom Umfang der Nichtbefriedigung des Bedarfes in den einzelnen Empfangsorten abhängen wird, inwieweit man einen optimalen Transportplan als real ansehen kann. Um dieser Schwierigkeit entgegenzuwirken, kann man an Stelle der Zielfunktion (24) die Zielfunktion

$$Z = \sum_{i=1}^{m} \sum_{j=1}^{n} c_{ij} x_{ij} + \sum_{j=1}^{n} r_j x_{m+1,j}$$

betrachten, bei der r_j den Verlust bewertet, der infolge der Nichtbefriedigung des Bedarfes in B_j entsteht. Die zugehörige Transportkostentabelle ist dann in Tabelle 18 zu finden. Bei der Ermittlung der tatsächlichen Kosten für den Transport ist natürlich von der Zielfunktion (24) auszugehen. Die Einheitstransportkosten von Tabelle 18 sichern also nur, daß der optimale Transportplan die gewünschten Eigenschaften besitzt.

Tabelle 18:

	B_1	B_2	$\ldots$	B_n	
A_1	c_{11}	c_{12}	$\ldots$	c_{1n}	a_1
A_2	c_{21}	c_{22}	$\ldots$	c_{2n}	a_2
$\vdots$	$\ldots$	$\ldots$	$\ldots$	$\ldots$	$\vdots$
A_m	c_{m1}	c_{m2}	$\ldots$	c_{mn}	a_m
A_{m+1}	r_1	r_2	$\ldots$	r_n	$\sum_{j=1}^{n} b_j - \sum_{i=1}^{m} a_i$
	b_1	b_2	$\ldots$	b_n	

Eine andere Möglichkeit, dieser Schwierigkeit gerecht zu werden, besteht darin, daß wir jedem Empfangsort B_j zwei Empfangsorte $B_j^{(1)}$ und $B_j^{(2)}$ mit dem Bedarf $b_j^{(1)}$ und $b_j^{(2)}$ ($b_j = b_j^{(1)} + b_j^{(2)}$) zuordnen. $b_j^{(1)}$ gibt den Bedarf von B_j an, der durch den Transportplan unbedingt befriedigt werden muß. Natürlich ist dieses Vorgehen nur sinnvoll, wenn

$$\sum_{i=1}^{m} a_i \geqq \sum_{j=1}^{n} b_j^{(1)}$$

gilt. Wir setzen

$$c_{ij}^{(1)} = c_{ij}^{(2)} = c_{ij}$$

und teilen entsprechend die Transportmengen x_{ij} in $x_{ij}^{(1)}$ und $x_{ij}^{(2)}$ ($x_{ij} = x_{ij}^{(1)} + x_{ij}^{(2)}$) auf. Um den Mindestbedarf $b_j^{(1)}$ aller Empfangsorte zu sichern, dürfen im

Tabelle 19:

	$B_1^{(1)}$	$B_1^{(2)}$	$B_2^{(1)}$	$B_2^{(2)}$	$\ldots$	$B_n^{(1)}$	$B_n^{(2)}$	
A_1	c_{11}	c_{11}	c_{12}	c_{12}	$\ldots$	c_{1n}	c_{1n}	a_1
A_2	c_{21}	c_{21}	c_{22}	c_{22}	$\ldots$	c_{2n}	c_{2n}	a_2
$\vdots$	$\ldots$	$\ldots$	$\ldots$	$\ldots$	$\ldots$	$\ldots$	$\ldots$	$\vdots$
A_m	c_{m1}	c_{m1}	c_{m2}	c_{m2}	$\ldots$	c_{mn}	c_{mn}	a_m
A_{m+1}	M	0	M	0	$\ldots$	M	0	$\sum_{j=1}^{n} b_j - \sum_{i=1}^{m} a_i$
	$b_1^{(1)}$	$b_1^{(2)}$	$b_2^{(1)}$	$b_2^{(2)}$	$\ldots$	$b_n^{(1)}$	$b_n^{(2)}$	

optimalen Transportplan keine Lieferungen vom fiktiven Versandort A_{m+1} zu den Orten $B_j^{(1)}$, $j = 1, 2, \ldots, n$ ausgehen. Das wird erreicht, indem wir

$$c_{m+1,j}^{(1)} = M, \quad j = 1, 2, \ldots, n$$

wählen und M als ein Symbol ansehen, das größer als jede im Lösungsprozeß auftretende Zahl ist. Diese Wahl der Transportkosten garantiert, daß beim optimalen Transportplan

$$x_{m+1,j}^{(1)} = 0, \quad j = 1, 2, \ldots, n$$

ist. Für die übrigen Transportkosten $c_{m+1,j}^{(2)}$ können wir wieder

$$c_{m+1,j}^{(2)} = 0, \quad j = 1, 2, \ldots, n$$

setzen. Die zugehörige Transportkostentabelle ist in Tabelle 19 angeführt.

Durch das beschrittene Vorgehen kann auch im Falle (23) die Tatsache berücksichtigt werden, daß gegebenenfalls in einigen Versandorten keine Lagerkapazität für das Produkt zur Verfügung steht. Dann ist zu sichern, daß im optimalen Transportplan von diesen Versandorten keine Lieferungen zum fiktiven Empfangsort erfolgen. Natürlich muß die Lagerkapazität der übrigen Versandorte ausreichen, um die Fehlbedarfsmengen aufzunehmen. Wir setzen daher die Einheitstransportkosten von einem Versandort ohne Lagerkapazität zum fiktiven Empfangsort gleich M. Tabelle 20 enthält die Transportkostentabelle für ein offenes Transportproblem unter der Annahme (23), bei dem im Versandort A_1 keine Lagerkapazität vorhanden ist.

Tabelle 20:

	B_1	B_2	$\dots$	B_n	B_{n+1}	
A_1	c_{11}	c_{12}	$\dots$	c_{1n}	M	a_1
A_2	c_{21}	c_{22}	$\dots$	c_{2n}	0	a_2
$\vdots$	$\dots$	$\dots$	$\dots$	$\dots$	$\vdots$	$\vdots$
A_m	c_{m1}	c_{m2}	$\dots$	c_{mn}	0	a_m
	b_1	b_2	$\dots$	b_n	$\sum_{i=1}^{m} a_i - \sum_{j=1}^{n} b_j$	

7.2. Transportprobleme mit verbotenen Wegen. Bisher sind wir von der Annahme ausgegangen, daß ein Transport von jedem Versandort zu jedem Empfangsort möglich ist. Diese Forderung wird jedoch vielfach nicht erfüllt sein, weshalb wir von Transportproblemen mit verbotenen Wegen sprechen.

Zur Aufstellung des Transportmodells führen wir folgende Bezeichnungen ein:

I_i' — Menge der Indizes der Empfangsorte B_j, zu denen ein Transport vom Versandort A_i möglich ist.

I_j'' — Menge der Indizes der Versandorte A_i, die den Empfangsort B_j beliefern können.

I — Menge der Indexpaare (i, j), für die eine Transportverbindung von A_i nach B_j möglich ist.

Dann gelangen wir analog zu (2)—(5) zu folgender Formulierung des Transportmodells:

$$Z = \sum_{(i,j) \in I} \sum c_{ij} x_{ij} \quad \text{min}.$$

$$\sum_{j \in I_i'} x_{ij} = a_i, \; i = 1, 2, \dots, m$$

$$\sum_{i \in I_j''} x_{ij} = b_j, \; j = 1, 2, \dots, n$$

$$x_{ij} \geqq 0, \; (i, j) \in I.$$

Die Aufgabe unterscheidet sich vom klassischen Transportproblem dadurch, daß wir die Variablen x_{ij}, die verbotenen Transportwegen entsprechen, von vornherein gleich Null setzen

$$x_{ij} = 0 \quad \text{für} \quad (i, j) \notin I. \tag{30}$$

Um numerisch diese Zusatzbedingung (30) für den optimalen Transportplan zu sichern, können wir in der Transportkostentabelle

$$c_{ij} = M \quad \text{für} \quad (i, j) \notin I \tag{31}$$

setzen.

Bemerkung: Es ist einleuchtend, daß ein Transportproblem mit verbotenen Wegen nicht grundsätzlich lösbar sein muß. Lassen wir z. B. zu einem Empfangsort nur so viele Transportverbindungen zu, daß die Kapazität der Versandorte nicht ausreicht, um den Bedarf zu decken, ist das Problem unlösbar. Führen wir den Lösungsprozeß durch (31) auf den des klassischen Transportproblems zurück, zeigt sich die Unlösbarkeit beim optimalen Transportplan im Auftreten positiver Transportmengen $x_{ij} > 0$ für $(i, j) \notin I$.

7.3. Transportproblem mit Kapazitätsbeschränkungen. Nicht immer werden die Transportmöglichkeiten der einzelnen Transportverbindungen unbeschränkt sein. Dann sind die zulässigen Transportmengen durch obere Schranken eingegrenzt, die nicht überschritten werden dürfen. Diese Schranken d_{ij} heißen die *Durchlaßfähigkeit* oder *Kapazitätsbeschränkung* der Transportzuordnung $\overrightarrow{A_i B_j}$. Daher ist das Transportmodell (2)—(5) durch die Zusatzbedingung

$$x_{ij} \leqq d_{ij} \tag{32}$$

zu ergänzen.

Transportprobleme mit Kapazitätsbeschränkungen sind nicht immer lösbar, da die Summe der Kapazitäten der einzelnen Transportzuordnungen nicht ausreichen kann, um die gesamte Warenmenge abzutransportieren. Vielmehr müssen zu ihrer Lösbarkeit die Bedingungen

$$\sum_{j=1}^{n} d_{ij} \geqq a_i, \quad i = 1, 2, \ldots, m, \tag{33}$$

$$\sum_{i=1}^{m} d_{ij} \geqq b_j, \quad j = 1, 2, \ldots, n \tag{34}$$

erfüllt sein. (33) besagt, daß die gesamte Kapazität der von A_i ausgehenden Transportzuordnungen nicht kleiner als die Versandmenge von A_i ist. Ebenso beinhaltet (34), daß die gesamte Kapazität der in B_j endenden Transportzuordnungen nicht kleiner als der Bedarf von B_j ist.

Bei den Transportproblemen mit Kapazitätsbeschränkungen sind, wie bei den Betrachtungen in Kapitel V, obere Schranken für die Variablen gegeben. Es gibt auch in der Transportoptimierung spezielle Verfahren, die die Zusatzbedingung (32) ohne eine wesentliche Vergrößerung des numerischen Aufwandes berücksichtigen. Wir gehen darauf nicht ein, sondern verweisen etwa auf [40].

7.4. Mehrstufige und verallgemeinerte Transportprobleme. Aus der Vielzahl der heute bekannten Transportmodelle wollen wir nur noch einige herausgreifen und in ihrer Zielstellung umreißen. Bei den *mehrdimensionalen* oder *mehrstufigen Transportproblemen* wird berücksichtigt, daß für ein Produkt häufig eine Zwischenlagerung (oder Weiterverarbeitung) in verschiedenen Lagerorten notwendig ist. In erster Näherung kann man natürlich den Transport von den Versandorten zu den Lagerorten unabhängig vom Transport von den Lagerorten zu den Empfangsorten ansehen und zwei Transportmodelle aufstellen. Durch ein mehrstufiges (bei dieser Betrachtungsweise zweistufiges) Transportmodell werden die beiden Transportstufen jedoch gemeinsam optimiert. Bei den *Transportproblemen für inhomogene Produkte* wird der gleichzeitige Transport mehrerer Produkte in einem Modell erfaßt. So ist es z. B. denkbar, daß Kohle, Holz und Düngemittel gemeinsam transportiert werden und nicht getrennte Transportpläne für diese Produkte aufgestellt werden. Wichtige Verallgemeinerungen des Transportproblems sind die *Verteilungsaufgaben*, die vielfach auch *verallgemeinerte Transportprobleme* genannt werden. Sie werden durch das Problem

$$Z = \sum_{i=1}^{m} \sum_{j=1}^{n} c_{ij} x_{ij} \min. \tag{35}$$

$$\sum_{j=1}^{n} x_{ij} \leqq a_i, \quad i = 1, 2, \ldots, m \tag{36}$$

$$\sum_{i=1}^{m} \lambda_{ij} x_{ij} = b_j, \quad j = 1, 2, \ldots, n \tag{37}$$

$$x_{ij} \geqq 0, \; i = 1, 2, \ldots, m; \; j = 1, 2, \ldots, n \tag{38}$$

beschrieben. Wesentlich ist, daß in den Nebenbedingungen (37) allgemeine Koeffizienten λ_{ij} auftreten. Vielfach werden auch Verteilungsaufgaben betrachtet, bei denen an die Stelle der Ungleichungen (36) die Gleichungen

$$\sum_{j=1}^{n} x_{ij} = a_i, \; i = 1, 2, \ldots, m$$

treten. Bei *Verteilungsaufgaben mit gemischten Nebenbedingungen* besteht ein Teil der Nebenbedingungen (36) und (37) aus Gleichungen und ein anderer Teil aus Ungleichungen. In all diesen Fällen ist es wesentlich günstiger, die spezielle Struktur der Aufgaben zur Angabe spezieller Lösungsalgorithmen auszunutzen, als den Lösungsprozeß nach den allgemeinen Methoden der linearen Optimierung zu organisieren.

Wir haben erkannt, von welcher Tragweite spezielle Strukturen linearer Optimierungsaufgaben für die Gestaltung eines geeigneten Lösungsprozesses sind. Gleichzeitig schließen wir damit die Untersuchungen ab, die sich mit der Berücksichtigung zusätzlicher struktureller Informationen beschäftigen.

KAPITEL VIII

ÄNDERUNG LINEARER OPTIMIERUNGSMODELLE

Bereits in Band 1 haben wir uns ausführlich mit der nachträglichen Änderung der Daten bei Aufgaben der linearen Algebra beschäftigt. Die Lösung des ursprünglichen Problems diente uns als zusätzliche Information, mit deren Hilfe eine vereinfachte Berechnung der nachträglich geänderten Aufgabenstellung angestrebt wurde. Die praktische Bedeutung einer solchen Problemstellung ist auch bei linearen Optimierungsmodellen sofort ersichtlich. Die Leistungsfähigkeit und auch der Anwendungsbereich derartiger Modelle hängen wesentlich davon ab, in welchem Maße eine hinreichend genaue Übereinstimmung zwischen Modell und der sich ändernden Realität gewährleistet werden kann. Das erfordert nicht nur die ständige Anpassung des Modells an die sich verändernden Bedingungen, sondern auch eine rationelle Berechnung der neuen Lösung. Die Ursachen für das Auftreten von Änderungen sind außerordentlich vielfältig. Das können unvorhersehbare Änderungen oder Störungen im modellierten Prozeßablauf sowie geplante Änderungen durch Investitionen, Rationalisierung usw. oder Änderungen, die sich infolge der Betrachtung unterschiedlicher Planperioden ergeben, sein. Aber auch Variantenrechnungen für verschiedene Datengruppen oder gewisse im Modellierungsprozeß selbst vorzunehmende Veränderungen führen mathematisch zu der umrissenen Problematik. Numerische Algorithmen für diese Aufgabenstellung werden wir in § 1 und § 2 behandeln. Allerdings kann schon einleitend gesagt werden, daß wir nicht so eindeutige Aussagen hinsichtlich der Effektivität der Verfahren wie in Band 1 erzielen werden. Der erforderliche Rechenaufwand läßt sich in der linearen Optimierung nicht im voraus abschätzen, da die Zahl der auszuführenden Simplexschritte nicht bekannt ist. Man muß folglich damit rechnen, daß gegebenenfalls eine Neuberechnung des geänderten Optimierungsproblems günstiger als die Verwendung der alten Optimallösung durch die Änderungsverfahren ist. Derartige Fälle bilden jedoch bei praktischen Aufgaben eine Ausnahme und schränken keineswegs die Bedeutung der zu entwickelnden Methoden ein.

Neben der Problematik der nachträglichen Änderung der Daten linearer Optimierungsaufgaben werden wir in diesem Kapitel noch andere Fragen berühren. So behandeln wir in § 3 Modellerweiterungen oder -reduktionen durch Hinzufügen oder Streichen von Nebenbedingungen und Variablen. In § 4 wird untersucht, wie stark sich gewisse Daten ändern dürfen, ohne daß die Basis der Optimallösung die Eigenschaft der Optimalität verliert.

§ 1. Nachträgliche Änderung der Daten

1.1. Problemstellung. Gegeben ist eine lineare Optimierungsaufgabe, die in der ersten Normalform vorliegen möge

$$\left.\begin{array}{l} Z = c_1 x_1 + c_2 x_2 + \cdots + c_n x_n \max. \\ a_{11} x_1 + a_{12} x_2 + \cdots + a_{1n} x_n = b_1 \\ a_{21} x_1 + a_{22} x_2 + \cdots + a_{2n} x_n = b_2 \\ \cdots\cdots\cdots\cdots\cdots\cdots\cdots\cdots \\ a_{m1} x_1 + a_{m2} x_2 + \cdots + a_{mn} x_n = b_m \\ x_i \geqq 0, \ i = 1, 2, \ldots, n. \end{array}\right\} \tag{1}$$

Bekannt sei weiterhin eine optimale Lösung x^* dieser Aufgabe. Die Anwendung der Änderungsverfahren setzt im allgemeinen weitere Informationen über das Problem (1) voraus, etwa die Inverse der optimalen Basismatrix oder das optimale Simplextableau usw. Stehen diese Angaben nicht mehr zur Verfügung, lassen sie sich jederzeit nachträglich erzeugen. So findet man z. B. das optimale Simplextableau der gewöhnlichen Simplexmethode, indem der vorbereitende Schritt für die bekannte Optimallösung x^* ausgeführt wird.

Infolge nachträglicher Änderungen werden wir vor die Aufgabe gestellt, das lineare Optimierungsproblem

$$\left.\begin{array}{l} \tilde{Z} = \tilde{c}_1 x_1 + \tilde{c}_2 x_2 + \cdots + \tilde{c}_n x_n \max. \\ \tilde{a}_{11} x_1 + \tilde{a}_{12} x_2 + \cdots + \tilde{a}_{1n} x_n = \tilde{b}_1 \\ \tilde{a}_{21} x_1 + \tilde{a}_{22} x_2 + \cdots + \tilde{a}_{2n} x_n = \tilde{b}_2 \\ \cdots\cdots\cdots\cdots\cdots\cdots\cdots\cdots \\ \tilde{a}_{m1} x_1 + \tilde{a}_{m2} x_2 + \cdots + \tilde{a}_{mn} x_n = \tilde{b}_m \\ x_i \geqq 0, \ i = 1, 2, \ldots, n \end{array}\right\} \tag{2}$$

zu lösen. Dabei sind sämtliche Daten des Problems (2) zahlenmäßig vorgegeben.

In dieser Allgemeinheit ist die Anwendung von Abänderungsverfahren, die auf der Kenntnis der Optimallösung x^* von (1) aufbauen, wenig sinnvoll. Dagegen liegen Bedingungen für die Verwendung von x^* als zusätzliche Information vor, wenn

1. die Daten der linearen Optimierungsaufgabe (2) sich nur geringfügig von denen der Aufgabe (1) unterscheiden,
2. nur gewisse Datengruppen in (2) sich gegenüber (1) unterscheiden.

Der erste Problemkreis gehört zum Anwendungsbereich der Gradientenverfahren, die wir in diesem Band nicht behandelt haben. Daher wollen wir ihn nicht weiter verfolgen und uns ausschließlich mit der Änderung gewisser Datengruppen beschäftigen. Wir befassen uns im folgenden mit verschiedenen Änderungsfällen, deren Lösung im wesentlichen durch die Anwendung der bekannten Grundalgorithmen erfolgt. Dabei werden wir uns hauptsächlich auf die revidierten Simplexverfahren beziehen, die sich in der Art des Basiswechsels und der Kenntnis der inversen Basismatrix nach jedem Schritt der Änderungsproblematik besonders gut anpassen. Jedoch drückt diese Bevorzugung der revidierten Simplexverfahren nicht aus, daß die anderen Grundalgorithmen nicht so leistungsfähig zur Lösung verschiedener Änderungsfälle herangezogen werden können. Weiterhin ist es grundsätzlich möglich, durch schrittweise Anwendung der zu entwickelnden Vorgehen verschiedenartige Änderungsfälle hintereinander zu erfassen.

1.2. Änderung der Zielfunktion. Die nachträgliche Änderung der Koeffizienten der Zielfunktion kann mit Recht als ein klassischer Änderungsfall bezeichnet werden, der sich numerisch in einfachster Weise realisieren läßt. Drücken wir das Problem (1) in der Form

$$\max \{c'x \mid Ax = b,\ x \geqq 0\} \tag{3}$$

aus, können wir für die zu untersuchende Aufgabe

$$\max \{\tilde{c}'x \mid Ax = b,\ x \geqq 0\} \tag{4}$$

schreiben. Die linearen Optimierungsprobleme (3) und (4) unterscheiden sich nur in der Zielfunktion, so daß die Menge der zulässigen Lösungen für beide Aufgaben gleich ist. Die optimale zulässige Basislösung x^* von (3) ist damit auch eine zulässige Basislösung von (4). Wir können also x^* als Startvektor für den Lösungsprozeß der Aufgabe (4) verwenden. Die weiteren dazu erforderlichen Informationen werden im vorbereitenden Schritt gewonnen. Ist das optimale Tableau der Aufgabe (3) bekannt, kann auf den vorbereitenden Schritt weitgehend verzichtet werden. Jedoch müssen die von der neuen Zielfunktion beeinflußten Größen geeignet verändert werden.

Beispiel: In IV.4.5. wurde die lineare Optimierungsaufgabe

$$\left.\begin{aligned} Z = 4x_1 + 3x_2 \quad \max. \\ x_1 + x_2 + x_3 \qquad\qquad &= 7 \\ 3x_1 + 2x_2 \qquad + x_4 \qquad &= 18 \\ x_1 + 3x_2 \qquad\qquad + x_5 &= 15 \\ x_i \geqq 0,\ i = 1, 2, \ldots, 5 \end{aligned}\right\} \tag{5}$$

nach der revidierten Simplexmethode gelöst und die optimale Lösung

$$x_1 = 4,\ x_2 = 3,\ x_3 = 0,\ x_4 = 0,\ x_5 = 2$$

ermittelt. Die Basisvariablen der optimalen zulässigen Basislösung sind x_1, x_2 und x_5.

Wir haben jetzt eine lineare Optimierungsaufgabe mit denselben Nebenbedingungen, aber der Zielfunktion

$$\tilde{Z} = 2x_1 + 5x_2 \quad \max. \tag{6}$$

zu betrachten. Das Hilfstableau der reviderten Simplexmethode ist in Rechenschema 1 zu finden. Es unterscheidet sich vom oberen Teil des Hilfstableaus der Aufgabe (5) (Rechenschema 16 von IV.4.5) nur in der Zeile 4 (neue Zielfunktion).

Die optimale Basismatrix A_B von (5) wird durch die Vektoren der Nebenbedingungen a_1, a_2, a_5 aufgebaut, die zu den Basisvariablen der Optimallösung gehören

$$A_B = \begin{pmatrix} 1 & 1 & 0 \\ 3 & 2 & 0 \\ 1 & 3 & 1 \end{pmatrix}.$$

Die zugehörige inverse Basismatrix

$$A_B^{-1} = \begin{pmatrix} -2 & 1 & 0 \\ 3 & -1 & 0 \\ -7 & 2 & 1 \end{pmatrix} \tag{7}$$

kann nach den Methoden der linearen Algebra berechnet oder, falls vorhanden, dem optimalen Grundtableau der Aufgabe (5) (Rechenschema 17 von IV.4.5) entnommen werden. Man beachte, daß im optimalen Grundtableau der Aufgabe (5) die erste und zweite Zeile vertauscht sind, da dort die Basisvariablen in der Reihenfolge x_2, x_1, x_5 angeordnet wurden.

Rechenschema 1:

	x_1	x_2	x_3	x_4	x_5	x_0
1	1	1	1	0	0	7
2	3	2	0	1	0	18
3	1	3	0	0	1	15
4	2	5	0	0	0	*
Δ	$\underline{0}$	$\underline{0}$	11	$-3\uparrow$	$\underline{0}$	
Δ'	$\underline{0}$	$\underline{0}$	$\frac{1}{2}$	$\underline{0}$	$\frac{3}{2}$	

Die Basisvariablen, die inverse Basismatrix und die Werte der Basisvariablen können in das Ausgangsgrundtableau von Rechenschema 2 eingetragen werden. Der Vektor c_B wird der Zeile 4 von Rechenschema 1 entnommen. Der zum Startvektor gehörige Wert der neuen Zielfunktion (6) ist

$$\tilde{Z} = 2 \cdot 4 + 5 \cdot 3 = 23.$$

Der Lösungsprozeß der revidierten Simplexmethode kann mit der Berechnung der Simplexmultiplikatoren und Δ-Zeile fortgesetzt werden (beachte IV.4.4). Wir erkennen, daß die Optimalitätsbedingung in der Δ-Zeile nicht erfüllt und folglich ein Simplexschritt anzuschließen ist. Die Δ'-Zeile ist optimal, womit wir die optimale Lösung

$$x_1 = 3,\ x_2 = 4,\ x_3 = 0,\ x_4 = 1,\ x_5 = 0$$

Rechenschema 2:

	c_B	BV	1	2	3	0	x_k	↑	Q	−↑
	2	x_1	−2	1	0	4	0	1	4	−1
	5	x_2	3	−1	0	3	1	−1		1
←	0	x_5	−7	2	1	2	0	(2)	1	
		λ	11	−3	0	23	*	−3	*	3
		x_1	$-\frac{3}{2}$	0	$-\frac{1}{2}$	3				
		x_2	$-\frac{1}{2}$	0	$\frac{1}{2}$	4				
→		x_4	$-\frac{7}{2}$	1	$\frac{1}{2}$	1				
		λ	$\frac{1}{2}$	0	$\frac{3}{2}$	26	*		*	

mit dem optimalen Wert $\tilde{Z} = 26$ für die abgeänderte Optimierungsaufgabe gefunden haben.

1.3. Änderung des Beschränkungsvektors. Ein weiterer schon als klassisch anzusehender Änderungsfall liegt vor, wenn sich die neue lineare Optimierungsaufgabe von (3) nur im Beschränkungsvektor unterscheidet

$$\max\{c'x \mid Ax = \tilde{b}, x \geqq 0\}. \tag{8}$$

Dieses Problem ist von großem praktischen Interesse; denn Änderungen in der Kapazität der Einsatzgrößen, geplante Variantenrechnungen bezüglich der Kapazität der Einsatzgrößen usw. treten vielfältig auf.

Da die Matrix der Nebenbedingungen bei beiden Aufgaben (3) und (8) gleich ist, bilden die zu den Basisvariablen der optimalen zulässigen Basislösung x^* von (3) gehörigen Vektoren der Nebenbedingungen auch eine Basis einer Basislösung von (8), die jedoch im allgemeinen nicht zulässig sein wird. Die zugehörigen Werte der Basisvariablen dieser Basislösung von (8) errechnen sich aus $x_B = A_B^{-1}\tilde{b}$. Bei diesem Änderungsfall bleiben aber die λ-Zeile des optimalen Tableaus der Aufgabe (3) wegen $\lambda' = c'_B A_B^{-1}$ (beachte IV.4) sowie die letzte Δ-Zeile wegen $\Delta_j = \lambda' a_j - c_j$ unverändert. Folglich ist die Basislösung der Aufgabe (8) mit den Basisvariablen $x_B = A_B^{-1}\tilde{b}$ dual zulässig, so daß sich ein dualer Simplexprozeß anbietet.

Beispiel: Wir betrachten wieder die lineare Optimierungsaufgabe (5) und das abgeänderte Problem mit dem Beschränkungsvektor

$$\tilde{b}' = (6, 21, 12).$$

Die inverse Basismatrix ist durch (7) gegeben, so daß sich die dual zulässige Basislösung des abgeänderten Problems durch

$$\begin{pmatrix} x_1 \\ x_2 \\ x_5 \end{pmatrix} = A_B^{-1}\tilde{b} = \begin{pmatrix} -2 & 1 & 0 \\ 3 & -1 & 0 \\ -7 & 2 & 1 \end{pmatrix} \begin{pmatrix} 6 \\ 21 \\ 12 \end{pmatrix} = \begin{pmatrix} 9 \\ -3 \\ 12 \end{pmatrix},$$

$$x_1 = 9,\ x_2 = -3,\ x_3 = x_4 = 0,\ x_5 = 12$$

ergibt. Das Hilfstableau ist in Rechenschema 3 und die Grundtableaus sind in Rechenschema 4 angegeben.

Rechenschema 3:

	x_1	x_2	x_3	x_4	x_5	x_0
1	1	1	1	0	0	6
2	3	2	0	1	0	21
3	1	3	0	0	1	12
4	4	3	0	0	0	*
Δ	$\underline{0}$	$\underline{0}$	1	1	$\underline{0}$	
↑	0	1	3	−1	0	
Q				−1↑		
Δ	$\underline{0}$	1	4	$\underline{0}$	$\underline{0}$	
↑						
Q						

Rechenschema 4:

	c_B	BV	1	2	3	0	x_k	↑	−↑
	4	x_1	−2	1	0	9	0	1	−1
←	3	x_2	3	−1	0	−3↑	1	(−1)	
	0	x_5	−7	2	1	12	0	2	−2
		λ	1	1	0	27	*	1	−1
		x_1	1	0	0	6			
→		x_4	−3	1	0	3			
		x_5	−1	0	1	6			
		λ	*	*	*	24	*		

Die inverse Basismatrix und die Werte der Basisvariablen können in das erste Tableau von Rechenschema 4 eingetragen werden. Die Simplexmultiplikatoren werden entweder mittels $\lambda' = c'_B A_B^{-1}$ berechnet (in Rechenschema 4 ausgeführt) oder brauchen nicht angegeben zu werden, wenn das optimale Tableau der ursprünglichen Aufgabe vorliegt. Die Δ-Zeile wird entsprechend $\Delta_j = \Delta' a_j - c_j$ berechnet oder dem optimalen Tableau entnommen. Der Wert der Zielfunktion ist $Z = 4 \cdot 9 + 3(-3) = 27$.

Da die Basislösung nicht primal zulässig ist (x_2 negativ), muß ein dualer Simplexschritt ausgeführt werden (beachte IV.5). Die Basislösung des zweiten Tableaus von Rechenschema 4 ist primal zulässig. Wir haben die optimale Lösung

$$x_1 = 6,\ x_2 = x_3 = 0,\ x_4 = 3,\ x_5 = 6$$

mit dem Optimalwert $Z = 24$ gefunden.

1.4. Änderung von Nichtbasisspalten der erweiterten Matrix der Nebenbedingungen. Wir beschäftigen uns jetzt mit dem Fall, daß Änderungen von Spalten in der Matrix der Nebenbedingungen vorgenommen werden. In der Anwendung wird eine solche Änderung meist auch mit einer Korrektur der entsprechenden Koeffizienten der Zielfunktion verbunden sein. Daher betrachten wir Änderungen der erweiterten Matrix der Nebenbedingungen, die aus der Matrix der Nebenbedingungen A durch Anfügen der Vektorzeile c' entsteht. Wir beschränken uns hier auf die Änderung einer Spalte der erweiterten Matrix der Nebenbedingungen mit dem Spaltenindex l

$$\tilde{A} = \begin{pmatrix} a_{11} & \cdots & a_{1,l-1} & \tilde{a}_{1l} & a_{1,l+1} & \cdots & a_{1n} \\ a_{21} & \cdots & a_{2,l-1} & \tilde{a}_{2l} & a_{2,l+1} & \cdots & a_{2n} \\ \cdots & \cdots & \cdots & \cdots & \cdots & \cdots & \cdots \\ a_{m1} & \cdots & a_{m,l-1} & \tilde{a}_{ml} & a_{m,l+1} & \cdots & a_{mn} \end{pmatrix},$$

$$\tilde{c}' = (c_1 \ \cdots \ c_{l-1} \ \ \tilde{c}_l \ \ c_{l+1} \ \cdots \ c_n).$$

Für die durchzuführenden Betrachtungen ist es von Wichtigkeit, zu unterscheiden, ob in der Optimallösung x^* der ursprünglichen Aufgabe die Variable x_l eine Basis- oder eine Nichtbasisvariable ist. Wir wollen zunächst den Fall untersuchen, daß x_l Nichtbasisvariable von x^* ist. Grundsätzlich bereitet es keine Schwierigkeiten, die Änderung mehrerer Nichtbasisspalten gleichzeitig zu behandeln. Wir erörtern jedoch mit Rücksicht auf eine einfache Sprechweise nur die Änderung einer einzigen Nichtbasisspalte.

Bei diesem Änderungsfall bleibt die optimale Basismatrix der Grundaufgabe (3) unverändert. Die Optimallösung x^* ist eine zulässige Basislösung der geänderten Aufgabe. Da auch am Vektor c_B keine Korrekturen vorzunehmen sind, bleiben der Wert der Zielfunktion und die Simplexmultiplikatoren ($\lambda' = c'_B A_B^{-1}$) unverändert. Die Berechnung der Simplexmultiplikatoren ist also nur erforderlich, wenn das optimale Tableau der Grundaufgabe (3) nicht vorliegt. Folglich tritt gegenüber der optimalen Δ-Zeile nur eine Änderung der Zahl Δ_l auf. Daran ist ein Rechenprozeß einer primalen Simplexmethode anzuschließen.

Beispiel: Wir betrachten wieder die lineare Optimierungsaufgabe (5) und die abgeänderte Aufgabe

$$\tilde{Z} = 4x_1 + 3x_2 + 2x_4 \max .$$

$$\begin{aligned} x_1 + x_2 + x_3 + 2x_4 &= 7 \\ 3x_1 + 2x_2 - x_4 &= 18 \\ x_1 + 3x_2 + 3x_4 + x_5 &= 15 \\ x_i \geqq 0, \ i = 1, 2, \ldots, 5 . \end{aligned}$$

Die Abänderung wirkt sich nur auf die Koeffizienten von x_4 aus. x_4 ist aber Nichtbasisvariable in der Optimallösung von (5).

Rechenschema 5:

	x_1	x_2	x_3	x_4	x_5	x_0
1	1	1	1	2	0	7
2	3	2	0	−1	0	18
3	1	3	0	3	1	15
4	4	3	0	2	0	*
Δ	$\underline{0}$	$\underline{0}$	1	−1↑	$\underline{0}$	
Δ'	$\underline{0}$	$\frac{1}{7}$	$\frac{10}{7}$	$\underline{0}$	$\underline{0}$	

In Rechenschema 5 ist das Hilfstableau und in Rechenschema 6 sind die Grundtableaus angegeben. Wir nehmen an, daß das optimale Tableau der Grundaufgabe (5) vorliegt (Rechenschema 17 von IV.4.5). Dieses Tableau kann ohne Änderung in das Ausgangstableau von Rechenschema 6 übertragen werden. In den Zeilen 1, 2, 3, 4, Δ des Hilfstableaus ergeben sich gegenüber dem Hilfstableau der Aufgabe (5) (Rechenschema 16 von IV.4.5) nur Änderungen in der Spalte x_4. Die Zahl $\Delta_4 = -1$ errechnet sich nach dem üblichen Vorgehen der revidierten Simplexmethode.

Da die Optimalitätsbedingung nicht erfüllt ist, haben wir einen Simplexschritt anzuschließen, der uns zu der optimalen Lösung

$$x_1 = \frac{43}{7}, \ x_2 = x_3 = 0, \ x_4 = \frac{3}{7}, \ x_5 = \frac{53}{7}$$

mit dem optimalen Wert

$$\tilde{Z} = \frac{178}{7}$$

für die Zielfunktion des abgeänderten Problems führt.

Rechenschema 6:

	BV	1	2	3	0	x_k	↑	Q	−↑
←	x_2	3	−1	0	3	2	(7)	$\frac{3}{7}$	
	x_1	−2	1	0	4	−1	−5		5
	x_5	−7	2	1	2	3	−13		13
	λ	1	1	0	25	*	−1	*	1
→	x_4	$\frac{3}{7}$	$-\frac{1}{7}$	0	$\frac{3}{7}$				
	x_1	$\frac{1}{7}$	$\frac{2}{7}$	0	$\frac{43}{7}$				
	x_5	$-\frac{10}{7}$	$\frac{1}{7}$	1	$\frac{53}{7}$				
	λ	$\frac{10}{7}$	$\frac{6}{7}$	0	$\frac{178}{7}$	*		*	

1.5. Änderung von Basisspalten der erweiterten Matrix der Nebenbedingungen. Wesentlich mehr Komplikationen als in den bisherigen Änderungsfällen treten auf, wenn die Variable x_l eine Basisvariable der Optimallösung x^* ist. Von Shetty [76] wurde dieser Änderungsfall durch Anwendung der gewöhnlichen Simplexmethode behandelt, während von Gryck [32] die Verwendung der revidierten Simplexmethode vorgeschlagen wird.

Die Änderung der zur Basisvariablen x_l gehörigen Basisspalte bewirkt eine Änderung der Basismatrix, der Werte der Basisvariablen, des Wertes der Zielfunktion, der Simplexmultiplikatoren und der Zahlen der Δ-Zeile. Damit sind faktisch alle Zahlen des Ausgangstableaus der abgeänderten Aufgabe neu zu berechnen. Das ist nach den Formeln der revidierten Simplexmethode möglich, wenn uns die geänderte inverse Basismatrix zur Verfügung steht. Zu ihrer Ermittlung könnten wir die Änderungsmethoden der linearen Algebra von Bd. 1 heranziehen. Wir verzichten jedoch auf ein derartiges Vorgehen und stellen die benötigten Informationen durch Anwendung der revidierten Simplexmethode selbst bereit.

Zur Berechnung der geänderten inversen Basismatrix $\tilde{A}_B^{-1}$ haben wir zu unterscheiden, ob das optimale Tableau der Grundaufgabe bekannt oder nicht bekannt ist. Im letzteren Falle wird man natürlich $\tilde{A}_B^{-1}$ nach den Methoden der linearen Algebra bestimmen. Dabei setzen wir grundsätzlich voraus, daß $\tilde{A}_B^{-1}$ existiert. Ob diese Annahme erfüllt ist, kann im Ablauf der Rechenverfahren festgestellt werden. Liegt jedoch das optimale Tableau der Grundaufgabe vor, kann die Inverse $\tilde{A}_B^{-1}$ vereinfacht berechnet werden. Bereits in IV.4.2 haben wir bemerkt, daß in jedem Schritt der revidierten Simplexmethode ein Austausch einer Basisspalte gegen eine neue Basisspalte erfolgt. Daher können wir $\tilde{A}_B^{-1}$ durch Anwendung eines Schrittes der revidierten Simplexmethode ermitteln. Das werden wir mit der Berechnung der neuen Simplexmultiplikatoren, des neuen Wertes der Zielfunktion und der neuen Werte der Basisvariablen verbinden. Das führt zu folgendem Lösungsweg:

1. Das optimale Tableau der Grundaufgabe wird in das Ausgangsgrundtableau der geänderten Aufgabe übertragen.
2. Der obere Teil des Hilfstableaus (Zeilen $1, 2, \ldots, m + 1$) wird mit den geänderten Werten für die Spalte x_l eingetragen.
3. Die Zahlen der Δ-Zeile können dem Hilfstableau der Grundaufgabe (optimale Δ-Zeile) entnommen werden. Lediglich die Zahl Δ_l ist nach dem üblichen Vorgehen der revidierten Simplexmethode neu zu berechnen.
4. Unabhängig davon, ob Δ_l positiv, negativ oder Null ist, wird die Spalte x_l ausgetauscht (bei Δ_l setzen wir das Merkzeichen $\uparrow$). Dazu wird die Spalte x_l des Hilfstableaus in die Spalte x_k des Ausgangsgrundtableaus übertragen.
5. Die Berechnung der Pfeilspalte erfolgt nach den bekannten Regeln der revidierten Simplexmethode. Jedoch entfällt die Berechnung der Q-Spalte, da wir zwangsweise die Zeile x_l zur Hauptzeile machen und das in der Pfeilspalte stehende Element der Hauptzeile (auch wenn es negativ ist) mit einem Kreis markieren. Damit $\tilde{A}_B$ nichtsingulär ist, muß das mit einem Kreis markierte Element von Null verschieden sein.
6. Die weiteren Berechnungen erfolgen nach den Regeln der revidierten Simplexmethode. Im folgenden Grundtableau treten dieselben Basisvariablen auf, da wir ja faktisch x_l gegen x_l ausgetauscht haben.

Sind mehrere Basisspalten gegenüber der Grundaufgabe geändert, wird dieses Vorgehen schrittweise wiederholt. Dabei kann die Berechnung der vollständigen Δ-Zeilen, die bei der revidierten Simplexmethode recht aufwendig ist, entfallen, weil ihre Kenntnis für diesen Zwangsaustausch nicht erforderlich ist. Vielmehr benötigen wir stets nur die Zahl Δ_l der auszutauschenden Spalte. Erst wenn sämtliche Basisspalten geändert sind, muß die Δ-Zeile bekannt sein.

Im Ergebnis des beschriebenen Lösungsweges erhalten wir eine Basislösung, die eine der folgenden Eigenschaften besitzt:

1. Die Basislösung ist zulässig, und die Optimalitätsbedingung ist erfüllt. Der Lösungsprozeß ist beendet.
2. Die Basislösung ist zulässig, aber die Optimalitätsbedingung ist nicht erfüllt. Es kann der Lösungsprozeß der primalen revidierten Simplexmethode angeschlossen werden.
3. Die Basislösung ist dual zulässig. Es kann der Lösungsprozeß der dualen revidierten Simplexmethode angeschlossen werden.
4. Die Basislösung ist weder primal noch dual zulässig.

Die drei ersten Fälle bringen uns keine neuen Erkenntnisse. Im vierten Falle gibt es negative Zahlen in der Spalte 0 des Grundtableaus und in der letzten Δ-Zeile des Hilfstableaus, so daß eine Kombination des primalen und dualen Vorgehens entsprechend IV.3.7 zweckmäßig erscheint.

Beispiel: Wir betrachten die Grundaufgabe (5) und die abgeänderte Aufgabe

$$\tilde{Z} = 4x_1 + 5x_2 \quad \max.$$

$$\begin{aligned} x_1 + 2x_2 + x_3 \qquad\qquad &= 7 \\ 3x_1 + 7x_2 \qquad + x_4 \qquad &= 18 \\ x_1 + x_2 \qquad\qquad + x_5 &= 15 \\ x_i \geqq 0,\ i = 1, 2, \ldots, 5. \end{aligned}$$

Die Änderung berührt die Koeffizienten der Variablen x_2, die in der Optimallösung von (5) Basisvariable ist.

Rechenschema 7:

	x_1	x_2	x_3	x_4	x_5	x_0
1	1	2	1	0	0	7
2	3	7	0	1	0	18
3	1	1	0	0	1	15
4	4	5	0	0	0	*
Δ	0	4↑	1	1	0	
Δ'	$\underline{0}$	$\underline{0}$	13	−3↑	$\underline{0}$	
Δ''	$\underline{0}$	$\underline{0}$	1	$\underline{0}$	3	
↑	0	1	1	0	−1	
Q					−3↑	
Δ'''	$\underline{0}$	3	4	$\underline{0}$	$\underline{0}$	
↑	0	1	−3	1	0	
Q			$-\frac{4}{3}$↑			
Δ^{IV}	$\underline{0}$	$\frac{13}{3}$	$\underline{0}$	$\frac{4}{3}$	$\underline{0}$	
↑						
Q						

Wir übertragen das optimale Tableau der Grundaufgabe (5) in das Ausgangstableau der geänderten Aufgabe (Rechenschema 8). Auch die optimale Δ-Zeile der Grundaufgabe kann in das Hilfstableau (Rechenschema 7) übernommen werden; lediglich die Zahl Δ_2 ist neu zu berechnen.

Rechenschema 8:

	BV	1	2	3	0	x_k	↑	Q	−↑
←	x_2	3	−1	0	3	2	(−1)		
	x_1	−2	1	0	4	7	3		−3
	x_5	−7	2	1	2	1	1		−1
	λ	1	1	0	25	*	4	*	−4
→	x_2	−3	1	0	−3	0	1		−1
	x_1	7	−2	0	13	1	−2		2
←	x_5	−4	1	1	5	0	(1)	5	
	λ	13	−3	0	37	*	−3	*	3
←	x_2	1	0	−1	−8↑	0	(−1)		
	x_1	−1	0	2	23	0	2		−2
→	x_4	−4	1	1	5	1	1		−1
	λ	1	0	3	52	*	3	*	−3
→	x_5	−1	0	1	8	1	−1		1
	x_1	1	0	0	7	0	1		−1
←	x_4	−3	1	0	−3↑	0	(−3)		
	λ	4	0	0	28	*	4	*	−4
	x_5	0	$-\frac{1}{3}$	1	9				
	x_1	0	$\frac{1}{3}$	0	6				
→	x_3	1	$-\frac{1}{3}$	0	1				
	λ	0	$\frac{4}{3}$	0	24	*		*	

Dem geschilderten allgemeinen Vorgehen entsprechend wird die Spalte x_2 aus dem Hilfstableau in die Spalte x_k des Grundtableaus übertragen. Die Zeile x_2 wird Hauptzeile. Die Berechnung der Q-Spalte entfällt.

Die erhaltene Basislösung des zweiten Grundtableaus ist weder primal noch dual zulässig. Um zu versuchen, ein dual zulässiges Tableau zu erzeugen, führen wir einen primalen Simplexschritt aus, der zwangsweise x_4 zur Eingangsvariablen macht. Die Basislösung des dritten Tableaus ist dual zulässig, so daß der weitere Rechenprozeß nach der dualen revidierten Simplexmethode organisiert wird. Nach zwei weiteren Schritten finden wir die optimale Lösung

$$x_1 = 6,\ x_2 = 0,\ x_3 = 1,\ x_4 = 0,\ x_5 = 9$$

mit dem optimalen Wert $\tilde{Z} = 24$ für die Zielfunktion. Der Leser überzeuge sich selbst, daß es bei diesem einfachen Beispiel wesentlich einfacher gewesen wäre, die geänderte Aufgabe ohne Kenntnis der zusätzlichen Information über die Optimallösung der Grundaufgabe (5) zu lösen.

1.6. Änderung von Nebenbedingungen. Als letzten Fall wollen wir kurz die Änderung einer Nebenbedingung betrachten. Dann bleibt die Zielfunktion unverändert und für die Matrix der Nebenbedingungen sowie für den Beschränkungsvektor gilt

$$\tilde{A} = \begin{pmatrix} a_{11} & a_{12} & \cdots & a_{1n} \\ \cdots & \cdots & \cdots & \cdots \\ a_{l-1,1} & a_{l-1,2} & \cdots & a_{l-1,n} \\ \tilde{a}_{l1} & \tilde{a}_{l2} & \cdots & \tilde{a}_{ln} \\ a_{l+1,1} & a_{l+1,2} & \cdots & a_{l+1,n} \\ \cdots & \cdots & \cdots & \cdots \\ a_{m1} & a_{m2} & \cdots & a_{mn} \end{pmatrix}, \quad \tilde{b} = \begin{pmatrix} b_1 \\ \vdots \\ b_{l-1} \\ \tilde{b}_l \\ b_{l+1} \\ \vdots \\ b_m \end{pmatrix}.$$

Die Änderung wird in der l-ten Zeile angenommen. Die Änderung mehrerer Nebenbedingungen kann entsprechend behandelt werden.

Zunächst müssen wir die Inverse $\tilde{A}_B^{-1}$ bestimmen. Dazu verwenden wir die Methoden der linearen Algebra von Kap. VIII aus Bd. 1. Die neuen Werte der Basisvariablen ergeben sich durch $\tilde{A}_B^{-1}\tilde{b}$. Weiterhin ist der Wert der Zielfunktion neu zu berechnen. Die λ- und Δ-Zeile werden im Rechenprozeß der revidierten Simplexmethode ermittelt. Wir erhalten so wieder eine Basislösung, die eine der vier in 1.5 angegebenen Eigenschaften besitzt.

§ 2. Änderungen beim Transportproblem

Auch bei speziellen linearen Optimierungsaufgaben, zu denen ja bekanntlich das Transportproblem gehört, kann im Falle der Änderung der Daten meist recht wirkungsvoll das optimale Tableau der ursprünglichen Aufgabe in Verbindung mit dem verwendeten speziellen Lösungsalgorithmus herangezogen werden. Wir wollen nicht alle möglichen Änderungsfälle bei Transportaufgaben beschreiben, sondern uns auf die Betrachtung einiger Beispiele beschränken.

2.1. Änderung der Versand- und Bedarfsmengen. Wir nehmen an, daß der Bedarf eines Empfangsortes B_l um die Bedarfsmenge $b_l' > 0$ gesteigert wird. Zur Deckung dieses Bedarfs wird die Kapazität des Versandortes A_k um die zusätzlich erforderliche Bedarfsmenge erhöht.

Um die Informationen über die Optimallösung der ursprünglichen Aufgabe auszunutzen, erweitern wir die Transportkostentabelle durch einen Empfangsort B'_l mit der Bedarfsmenge b'_l. Die Einheitstransportkosten in der Spalte B'_l sind gleich denen in der Spalte B_l. In der entsprechend erweiterten Transportmengentabelle setzen wir $x_{kl'} = b'_l$. Die Werte aller übrigen Basisvariablen sind gleich denen der ursprünglichen Optimallösung. Die Zahlen u_i und v_j brauchen offensichtlich nicht neu berechnet zu werden; wir haben lediglich $v_l = v_{l'}$ zu setzen. Auch die Zahlen c'_{ij} können dem optimalen Tableau der ursprünglichen Aufgabe entnommen werden. Lediglich in der Spalte B'_l müssen die $c_{il'}$ gebildet werden (das kann man sogar weiter einschränken, indem man sie nur für die Nichtbasisfelder berechnet, denen in der Spalte B_l Basisfelder entsprechen). Jetzt kann der übliche Prozeß der Transportoptimierung fortgesetzt werden. Nach Ermittlung der Optimallösung ist es sinnvoll, die Transportmengen der Spalten B_l und B'_l zusammenzufassen.

Beispiel: Wir betrachten die in Tabelle 13 von VII.5.2 erklärte Transportaufgabe. Der optimale Transportplan ist in Rechenschema 4 von VII.5.2 zu finden. Nachträglich wird die Versand- und Bedarfsmenge von A_1 und B_2 um 2 Einheiten erhöht. Die Transportkostentabelle der abgeänderten Aufgabe ist in Tabelle 1 angeführt. Zur Lösung der abgeänderten Transportaufgabe gehen wir von der Transportkostentabelle in Tabelle 2 aus. Das optimale Tableau der ursprünglichen Aufgabe (mit Ausnahme der Spalte B'_2) kann in Rechenschema 9 übernommen werden. In der Spalte B'_2 setzen wir $x_{12'} = 2$ (mit einem Kreis eingerahmt) und $v_{2'} = v_2 = 1$. Weiterhin gilt zwangsläufig $c'_{32'} = c'_{32} = 2$. Neu zu berechnen ist also nur

$$c'_{22'} = c_{22'} - u_2 - v_{2'} = 3 - 2 - 1 = 0.$$

Tabelle 1:

	B_1	B_2	B_3	B_4	
A_1	1	1	2	3	4
A_2	4	3	2	1	3
A_3	4	6	3	2	5
	1	5	2	4	

Rechenschema 9:

	B_1	B_2	B'_2	B_3	B_4	
A_1	0	(2)	(2)	2	4	0
A_2	1	(1)	0	0	(2)	2
A_3	(1)	2	2	(2)	(2)	3
	1	1	1	0	−1	

Tabelle 2:

	B_1	B_2	B'_2	B_3	B_4	
A_1	1	1	1	2	3	4
A_2	4	3	3	2	1	3
A_3	4	6	6	3	2	5
	1	3	2	2	4	

Tabelle 3:

	B_1	B_2	B_3	B_4	
A_1		(4)			4
A_2		(1)		(2)	3
A_3	(1)		(2)	(2)	5
	1	5	2	4	

Wir erkennen die Optimalität der zulässigen Basislösung. Jetzt ziehen wir noch die Transportmengen der Spalten B_2 und B_2' zusammen und erhalten die in Tabelle 3 angeführte optimale Transportmengentabelle.

Bemerkung: Wird die Bedarfserhöhung b_l' in B_l durch Vergrößerung der Kapazität von zwei (oder mehr) Versandorten A_{k_1} und A_{k_2} um b_{l_1}' und b_{l_2}' ($b_l' = b_{l_1}' + b_{l_2}'$) gedeckt, kann man zwei zusätzliche Empfangsorte B_l' und B_l'' einführen und $x_{k_1l'} = b_{l_1}'$, $x_{k_2l''} = b_{l_2}'$ setzen. Die weiteren Betrachtungen übertragen sich automatisch. Entsprechend kann verfahren werden, wenn sich der Bedarf in mehreren Empfangsorten vergrößert.

2.2. Änderung der Zielfunktion. Ohne einen großen Aufwand kann auch bei Transportproblemen die Änderung der Koeffizienten der Zielfunktion berücksichtigt werden. Der optimale Transportplan bestimmt, wie auch aus 1.2 hervorgeht, eine zulässige Basislösung der geänderten Aufgabe. Diese zulässige Basislösung wird in das Ausgangstableau der geänderten Aufgabe übertragen. Daran schließt sich der übliche Lösungsprozeß mit der Berechnung der u_i und v_j an.

2.3. Modelländerungen. Wir gehen von der folgenden Problemstellung aus: Gegeben ist ein klassisches Transportproblem, dessen optimaler Transportplan bekannt ist. Nachträglich stellt sich heraus, daß vom Versandort A_k zum Empfangsort B_l kein Transport möglich ist. Damit liegt eine neuartige Situation vor, die bisher von uns nicht betrachtet wurde. Das geänderte Problem wird durch ein anderes Modell, nämlich ein Transportproblem mit verbotenen Wegen (beachte VII.7.2), beschrieben. Deshalb sprechen wir von einer Modelländerung.

Infolge der Gleichartigkeit des Lösungsverfahrens für beide Modelle kann leicht ein Lösungsweg unter Ausnutzung des alten optimalen Transportplanes gefunden werden. Dazu haben wir zu unterscheiden:

1. x_{kl} ist Nichtbasisvariable der Optimallösung.
2. x_{kl} ist Basisvariable der Optimallösung.

Im ersten Falle wird der optimale Transportplan durch die verbotene Transportzuordnung nicht berührt, da für $\overrightarrow{A_kB_l}$ kein Transport vorgesehen ist. Die alte Optimallösung bleibt optimal.

Im zweiten Falle setzen wir in der Transportkostentabelle entsprechend dem Vorgehen in VII.7.2

$$c_{kl} = M.$$

Die alte Optimallösung wird mit folgenden Änderungen übernommen: Wir setzen $x_{kl} = 0$ und betrachten (k, l) als Nichtbasisfeld. Dann wird ein beliebiges Nichtbasisfeld in der Spalte B_l, das natürlich von (k, l) verschieden ist, gewählt und zum Basisfeld gemacht. Wenn es ein solches Nichtbasisfeld in der Spalte B_l nicht gibt, betrachte man die Zeile A_k. Zur Erhaltung der Zeilen- und Spaltensummenbedingungen ist eine geeignete Umverteilung der Transportmengen vorzunehmen. Dabei kann es aber notwendig sein, weitere Basisfelder gegen Nichtbasisfelder auszutauschen. In der ermittelten zulässigen Basislösung ist (k, l) Nichtbasisfeld, so daß der bekannte Lösungsprozeß fortgesetzt werden kann.

Beispiel: Vorgelegt sei die durch Tabelle 1 erklärte Transportaufgabe. Der optimale Transportplan ist in Tabelle 3 angegeben. Nachträglich stellt sich heraus, daß für das Basisfeld (2, 2) kein Transport möglich ist. Die Transportkostentabelle der neuen Aufgabe ist in Tabelle 4 zu finden. Zur Konstruktion einer zulässigen Basislösung gehen wir vom optimalen Transportplan aus, wählen jedoch (2, 2) als Nichtbasisfeld. Dafür wird ein ursprüngliches Nichtbasisfeld der Spalte B_2 (hier nur das Feld (3, 2) möglich) zum Basisfeld gemacht. Nach Umverteilung der Transportmengen erhalten wir die in Rechenschema 10 angeführte zulässige Basislösung. Durch Berechnung der u_i, v_j und c'_{ij} ist die Optimalität der zulässigen Basislösung nachweisbar.

Tabelle 4:

	B_1	B_2	B_3	B_4	
A_1	1	1	2	3	4
A_2	4	M	2	1	3
A_3	4	6	3	2	5
	1	5	2	4	

Rechenschema 10:

	B_1	B_2	B_3	B_4	
A_1	2	(4)	4	6	0
A_2	1	M	0	(3)	4
A_3	(1)	(1)	(2)	(1)	5
	−1	1	−2	−3	

Eine andere Problematik, die als Modelländerung zu interpretieren ist, ergibt sich aus folgender Situation: Gegeben ist ein klassisches Transportproblem. Nachträglich stellt sich heraus, daß der Bedarf eines Empfangsortes B_l um die Bedarfsmenge $b'_l > 0$ reduziert wird, ohne daß gleichzeitig eine Senkung der Kapazität der Versandorte eintritt. Die geänderte Aufgabe wird damit durch ein offenes Transportproblem beschrieben.

Entsprechend dem Vorgehen in VII.7.1 führen wir einen fiktiven Empfangsort B_{n+1} mit dem Bedarf $b_{n+1} = b'_l$ ein. Der Bedarf des Empfangsortes B_l wird um b'_l reduziert. In der Spalte B_l des optimalen Transportplanes der ursprünglichen Aufgabe ziehen wir von dem Wert einer Basisvariablen x_{kl} die Zahl b'_l ab (gegebenenfalls muß von den Werten mehrerer Basisvariablen ein Abzug erfolgen, aber nur der Wert einer dieser Basisvariablen darf von Null verschieden bleiben, damit wir wieder eine zulässige Basislösung finden). Dafür setzen wir $x_{k,n+1} = b'_l$ (wurden die Werte mehrerer Basisvariablen verändert, sind die entsprechenden Abzüge in die Spalte B_{n+1} zu übernehmen). Die erhaltene zulässige Basislösung bildet den Ausgangspunkt für einen neuen Lösungsprozeß der Transportoptimierung.

Beispiel: Gegeben ist eine Transportaufgabe durch die Transportkostentabelle von Tabelle 1 und die zugehörige Optimallösung (Tabelle 3). Nachträglich wird der Bedarf von B_4 auf die Bedarfsmenge 1 ($b'_4 = 3$) reduziert. Wir führen einen fiktiven Empfangsort B_5 mit dem Bedarf $b_5 = 3$ ein. Die Transportkostentabelle der geänderten Aufgabe (beachte VII.7.1) ist in Tabelle 5 angeführt. Den optimalen Transportplan übernehmen wir in Rechenschema 11 mit folgenden Änderungen in der Spalte B_4:

$$x_{24} = 2 - 2 = 0 \quad (x_{24} \text{ Nichtbasisvariable})$$

$$x_{34} = 2 - 1 = 1 .$$

Tabelle 5:

	B_1	B_2	B_3	B_4	B_5	
A_1	1	1	2	3	0	4
A_2	4	3	2	1	0	3
A_3	4	6	3	2	0	5
	1	5	2	1	3	

Rechenschema 11:

	B_1	B_2	B_3	B_4	B_5	
A_1	−1	④	1	3	2	0
A_2	0	①	−1	−1*	②	2
A_3	①	3	②	①	①	2
	2	1	1	0	−2	
A_1	−1*	④	1	4	2	0
A_2	0	①	−1	①	①	2
A_3	①	3	②	1	②	2
	2	1	1	−1	−2	
A_1	①	③	1	4	2	0
A_2	1	②	−1*	①	⓪	2
A_3	1	3	②	1	③	2
	1	1	1	−1	−2	
A_1	①	③	2	4	3	0
A_2	1	②	⓪	①	1	2
A_3	0	2	②	0	③	3
	1	1	0	−1	−3	

Dafür setzen wir in der Spalte B_5:

$$x_{25} = 2, \; x_{35} = 1.$$

Die erhaltene zulässige Basislösung ist noch nicht optimal, und der Lösungsprozeß wird fortgesetzt. Gleichzeitig zeigt sich ab drittem Tableau die Ausartung der

Aufgabe. Es ergibt sich folgender optimaler Transportplan:

$$x_{11} = 1,\ x_{12} = 3,\ x_{22} = 2,\ x_{24} = 1,\ x_{33} = 2.$$

Die überschüssige Kapazität der Versandorte verbleibt in A_3 ($x_{35} = 3$).

§ 3. Modellerweiterungen und Modellreduktionen

Neben der reinen Datenänderung bei linearen Optimierungsaufgaben interessiert uns der Fall einer Modellerweiterung oder Modellreduktion durch Streichen oder Hinzufügen von Variablen und Nebenbedingungen.

3.1. Nachträgliche Hinzufügung einer Variablen. Wir betrachten wieder die lineare Optimierungsaufgabe (3)

$$\max \{c'x \mid Ax = b,\ x \geqq 0\},$$

deren Optimallösung x^* bekannt ist, und die geänderte Aufgabe

$$\max \{\tilde{c}'\tilde{x} \mid \tilde{A}\tilde{x} = b,\ \tilde{x} \geqq 0\}, \tag{9}$$

die um eine Variable x_{n+1}, einen Vektor der Nebenbedingungen a_{n+1} und einen Zielfunktionskoeffizienten c_{n+1} erweitert ist

$$\tilde{A} = (A, a_{n+1}),\quad \tilde{x}' = (x, x_{n+1}),\quad \tilde{c}' = (c, c_{n+1}).$$

Die alte Optimallösung x^* stellt zwangsläufig eine zulässige Basislösung der geänderten Aufgabe (x_{n+1} Nichtbasisvariable) dar. Daher kann das optimale Tableau unverändert in das Ausgangstableau der Aufgabe (9) übernommen werden. Lediglich im Hilfstableau ist die zusätzliche Spalte x_{n+1} aufzunehmen, a_{n+1} und c_{n+1} einzutragen sowie Δ_{n+1} neu zu berechnen.

Beispiel: Wir betrachten die lineare Optimierungsaufgabe (5) von 1.2 und die geänderte Aufgabe

$$Z = 4x_1 + 3x_2 + 2x_6 \quad \max.$$

$$\begin{aligned} x_1 + x_2 + x_3 + 3x_6 &= 7 \\ 3x_1 + 2x_2 + x_4 + x_6 &= 18 \\ x_1 + 3x_2 + x_5 + 2x_6 &= 15 \end{aligned}$$

$$x_i \geqq 0,\ i = 1, 2, \ldots, 6.$$

Das Hilfstableau der revidierten Simplexmethode für die geänderte Aufgabe ist in Rechenschema 12, und das Grundtableau ist in Rechenschema 13 angegeben. Das optimale Tableau der Grundaufgabe (Rechenschema 17 von IV.4.5) wird in Rechenschema 13 übertragen. Ebenso kann die optimale Δ-Zeile der Grundaufgabe (Rechenschema 16 von IV.4.5) in Rechenschema 12 übernommen werden. Lediglich die Zahl $\Delta_6 = 1 \cdot 3 + 1 \cdot 1 + 0 \cdot 2 - 2 = 2$ ist nach dem üblichen Vorgehen der revidierten Simplexmethode zu berechnen. Wir erkennen, daß die Optimallösung der Grundaufgabe weiterhin optimal ist, so daß sich eine Fortsetzung des Rechenprozesses nicht erforderlich macht.

Rechenschema 12:

	x_1	x_2	x_3	x_4	x_5	x_6	x_0
1	1	1	1	0	0	3	7
2	3	2	0	1	0	1	18
3	1	3	0	0	1	2	15
4	4	3	0	0	0	2	*
Δ	$\underline{0}$	$\underline{0}$	1	1	$\underline{0}$	2	

Rechenschema 13:

BV	1	2	3	0	x_k	↑	Q	−↑
x_2	3	−1	0	3				
x_2	−2	1	0	4				
x_5	−7	2	1	2				
λ	1	1	0	25	*		*	

Bemerkung: Wird die Aufgabe um mehrere Variablen erweitert, hat man lediglich im Hilfstableau eine entsprechende Zahl von Spalten zu ergänzen und die fehlenden Zahlen der Δ-Zeile zu berechnen.

3.2. Nachträgliche Streichung einer Variablen. Wird nachträglich eine Variable x_l in der linearen Optimierungsaufgabe (3) gestrichen, haben wir in A die l-te Spalte und in c, x die l-te Komponente wegzulassen. Dabei ist zu unterscheiden:

1. Die Variable x_l ist eine Nichtbasisvariable der Optimallösung x^* der ursprünglichen Aufgabe.
2. Die Variable x_l ist eine Basisvariable von x^*.

Im ersten Falle kann die Variable x_l weggelassen werden, da ihr Wert Null ist. x^* bleibt Optimallösung (nach Streichung der l-ten Komponente) auch für das geänderte Problem.

Im zweiten Falle kann man einen Zwangsaustausch zwischen x_l und irgendeiner Nichtbasisvariablen vornehmen. Es muß lediglich das Element der Pfeilspalte in der Zeile x_l von Null verschieden sein. Danach kann man die Variable x_l streichen. Der weitere Lösungsprozeß hängt dann davon ab, welche der vier in 1.5 angegebenen Eigenschaften die Basislösung besitzt.

Beispiel: In der linearen Optimierungsaufgabe (5) von 1.2 wird die zweite Spalte gestrichen, so daß wir zu dem Hilfstableau von Rechenschema 14 gelangen. x_2 ist in der Optimallösung der ursprünglichen Aufgabe Basisvariable. Daher nehmen wir einen Zwangsaustausch etwa mit der Nichtbasisvariablen x_3 vor. In das Ausgangstableau von Rechenschema 15 wird das optimale Tableau der Grundaufgabe (5) übernommen. Die Zeile x_2 wird zur Hauptzeile gemacht. Die Berechnung der Q-Spalte kann entfallen. Die erhaltene Basislösung ist primal zulässig und, wie man in der Δ'-Zeile erkennt, auch optimal. Wir haben damit die optimale Lösung

$$x_1 = 6, x_3 = 1, x_4 = 0, x_5 = 9$$

der geänderten Aufgabe mit dem optimalen Wert $\tilde{Z} = 24$ für die Zielfunktion gefunden.

Bemerkung: Beim Streichen mehrerer Variablen werden zunächst die Nichtbasisvariablen weggelassen und die verbleibenden Basisvariablen mittels einer

Rechenschema 14:

	x_1	x_3	x_4	x_5	x_0
1	1	1	0	0	7
2	3	0	1	0	18
3	1	0	0	1	15
4	4	0	0	0	*
Δ	0	1↑	1	0	
Δ'	$\underline{0}$	$\underline{0}$	$\frac{4}{3}$	$\underline{0}$	

Rechenschema 15:

	BV	1	2	3	0	x_k	↑	Q	−↑
←	x_2	3	−1	0	3	1	(3)		
	x_1	−2	1	0	4	0	−2		2
	x_5	−7	2	1	2	0	−7		7
	λ	1	1	0	25	*	1	*	−1
→	x_3	1	$-\frac{1}{3}$	0	1				
	x_1	0	$\frac{1}{3}$	0	6				
	x_5	0	$-\frac{1}{3}$	1	9				
	λ	0	$\frac{4}{3}$	0	24	*		*	

entsprechenden Zahl von Zwangsaustauschschritten durch ursprüngliche Nichtbasisvariablen ersetzt.

3.3. Nachträgliche Hinzufügung einer Nebenbedingung. Tritt zu der linearen Optimierungsaufgabe (1) eine Ungleichung

$$a_{m+1,1}x_1 + a_{m+1,2}x_2 + \cdots + a_{m+1,n}x_n \leqq b_{m+1}$$

hinzu, kann sie durch Einführung einer Schlupfvariablen x_{n+1} in die Gleichung ($x_{n+1} \geqq 0$)

$$a_{m+1,1}x_1 + a_{m+1,2}x_2 + \cdots + a_{m+1,n}x_n + x_{n+1} = b_{m+1} \tag{10}$$

umgeformt werden. Das Hinzutreten einer zusätzlichen Nebenbedingung kann den Wert der Zielfunktion nicht vergrößern, da keine Korrekturen an der Zielfunktion vorgenommen wurden.

Bei dem geänderten Problem haben wir Basismatrizen $\tilde{A}_B$ der Ordnung $m + 1$ zu betrachten. Die optimale Basismatrix A_B der ursprünglichen Aufgabe ist jedoch von der Ordnung m. Daher ergänzen wir die Basisvariablen der Optimallösung durch die Basisvariable x_{n+1}. Die zu den Basisvariablen der Optimallösung gehörigen Koeffizienten von (10) fassen wir zu einem Zeilenvektor $\tilde{a}$ zusammen. Dann gilt

$$\tilde{A}_B = \begin{pmatrix} A_B & 0 \\ \tilde{a} & 1 \end{pmatrix}.$$

0 bezeichnet einen m-dimensionalen Nullvektor. Die inverse Basismatrix kann unter Ausnutzung der Kenntnis von A_B^{-1} nach den Methoden der linearen Algebra (Formel von Frobenius-Schur von VI.1 aus Bd. 1) vereinfacht berechnet werden. Wegen

$$\tilde{A}_B^{-1} = \begin{pmatrix} A_B^{-1} & 0 \\ -\tilde{a}A_B^{-1} & 1 \end{pmatrix}$$

läuft das auf die Berechnung der $(m + 1)$-ten Zeile von $\tilde{A}_B^{-1}$ hinaus.

Die inverse Basismatrix $\tilde{A}_B^{-1}$ wird in das Ausgangstableau der neuen Aufgabe eingetragen. Mit $\tilde{b} = (b, b_{m+1})$ berechnen sich die neuen Werte der Basisvariablen aus $\tilde{A}_B^{-1}\tilde{b}$. Infolge der angegebenen Gestalt der Matrix $\tilde{A}_B^{-1}$ werden die Werte der Basisvariablen der Optimallösung nicht verändert, so daß nur der Wert der Basisvariablen x_{n+1} zu bestimmen bleibt. Da der Koeffizient von x_{n+1} in der Zielfunktion gleich Null ist, stimmen die Simplexmultiplikatoren in den Spalten $1, 2, \ldots, m$ mit denen des optimalen Simplextableaus überein. Der Simplexmultiplikator in der Spalte $m + 1$ ist gleich Null. Daraus folgt wiederum, daß die optimale Δ-Zeile in das Hilfstableau übernommen werden kann und $\Delta_{n+1} = 0$ zu ergänzen ist. Die Basislösung ist folglich dual zulässig, so daß der weitere Rechenprozeß nach der dualen Simplexmethode ausgeführt werden kann.

Beispiel: Die lineare Optimierungsaufgabe (5) von 1.2 wird durch die Nebenbedingung

$$6x_1 + 7x_2 \leqq 42$$

ergänzt, die wir durch

$$6x_1 + 7x_2 + x_6 = 42,$$
$$x_6 \geqq 0$$

ersetzen. Die Daten werden in das Hilfstableau (Rechenschema 16) eingetragen.

Rechenschema 16:

	x_1	x_2	x_3	x_4	x_5	x_6	x_0
1	1	1	1	0	0	0	7
2	3	2	0	1	0	0	18
3	1	3	0	0	1	0	15
4	6	7	0	0	0	1	42
5	4	3	0	0	0	0	*
Δ	$\underline{0}$	$\underline{0}$	1	1	$\underline{0}$	$\underline{0}$	
↑	0	0	−9	1	0	1	
Q			$-\frac{1}{9}$↑				
Δ'	$\underline{0}$	$\underline{0}$	$\underline{0}$	$\frac{10}{9}$	$\underline{0}$	$\frac{1}{9}$	
↑							
Q							

Dem optimalen Tableau der Grundaufgabe (5) (Rechenschema 17 von IV.4.5) entnehmen wir die Basisvariablen in der Reihenfolge x_2, x_1, x_5 und die inverse Basismatrix

$$A_B^{-1} = \begin{pmatrix} 3 & -1 & 0 \\ -2 & 1 & 0 \\ -7 & 2 & 1 \end{pmatrix}.$$

Die Angaben werden in das Ausgangsgrundtableau von Rechenschema 17 (Spalten BV, 1, 2, 3; Zeilen 1, 2, 3) übernommen. In der Spalte BV ist die Basisvariable x_6 zu ergänzen. Die Koeffizienten der Basisvariablen x_2, x_1, x_5 in der neuen Nebenbedingung sind 7, 6, 0, so daß $\tilde{a} = (7, 6, 0)$ gilt. Wir finden

$$-\tilde{a}A_B^{-1} = (-9, 1, 0).$$

Die Komponenten dieses Vektors werden in der Zeile x_6 des Ausgangstableaus von Rechenschema 17 vermerkt. Außerdem ist in der Spalte 4 ein Einheitsvektor mit der Zahl 1 in der Zeile x_6 einzusetzen. Die Simplexmultiplikatoren des opti-

Rechenschema 17:

	BV	1	2	3	4	0	x_k	↑	−↑
	x_2	3	−1	0	0	3	1	3	−3
	x_1	−2	1	0	0	4	0	−2	2
	x_5	−7	2	1	0	2	0	−7	7
←	x_6	−9	1	0	1	−3↑	0	(−9)	
	λ	1	1	0	0	25	*	1	−1
	x_2	0	$-\frac{2}{3}$	0	$\frac{1}{3}$	2			
	x_1	0	$\frac{7}{9}$	0	$-\frac{2}{9}$	$\frac{14}{3}$			
	x_5	0	$\frac{11}{9}$	1	$-\frac{7}{9}$	$\frac{13}{3}$			
→	x_3	1	$-\frac{1}{9}$	0	$-\frac{1}{9}$	$\frac{1}{3}$			
	λ	0	$\frac{10}{9}$	0	$\frac{1}{9}$	$\frac{74}{3}$	*		

malen Tableaus aus Rechenschema 17 von IV.4.5 werden übernommen (Spalten 1, 2, 3). Weiterhin ist $\lambda_4 = 0$. Die optimale Δ-Zeile aus Rechenschema 16 von IV. 4.5 wird in das Hilfstableau übertragen. Außerdem ist $\Delta_6 = 0$ zu ergänzen. Wir übernehmen die Werte der Basisvariablen der Optimallösung in die Spalte 0 sowie den Wert der Zielfunktion und berechnen den Wert der neuen Basisvariablen x_6

$$x_6 = (-9, 1, 0, 1)\begin{pmatrix} 7 \\ 18 \\ 15 \\ 42 \end{pmatrix} = -3.$$

Die erhaltene dual zulässige Basislösung ist nicht primal zulässig, so daß ein Lösungsprozeß der dualen revidierten Simplexmethode angeschlossen wird.

Bemerkung: Man kann das beschriebene Vorgehen völlig analog anwenden, wenn zur Grundaufgabe mehrere Nebenbedingungen hinzugefügt werden.

3.4. Nachträgliche Streichung einer Nebenbedingung. Wir wollen noch kurz auf den Fall eingehen, daß eine Modellreduktion durch Streichung einer Nebenbedingung erfolgt. Dabei nehmen wir an, daß die Nebenbedingung vor der Überführung in Normalform eine Ungleichung war und folglich eine Schlupfvariable enthält.

Mit der Streichung der Nebenbedingung müssen wir auch diese Schlupfvariable weglassen. Wir unterscheiden zwei Fälle:

1. Die Schlupfvariable der wegzulassenden Nebenbedingung ist Basisvariable der Optimallösung.
2. Die Schlupfvariable der wegzulassenden Nebenbedingung ist Nichtbasisvariable der Optimallösung.

Im ersten Falle können wir die Zeile dieser Schlupfvariablen und die entsprechende Spalte streichen. Die Optimallösung bleibt nach dieser Streichung für das reduzierte Modell optimal.

Im zweiten Falle nehmen wir einen Zwangsaustausch mit einer Basisvariablen der Optimallösung vor, so daß die betrachtete Schlupfvariable zur Basisvariablen wird. Danach können die entsprechende Zeile und Spalte gestrichen werden. Der weitere Lösungsweg hängt davon ab, welche der vier in 1.5 angeführten Eigenschaften die ermittelte Basislösung besitzt.

Auf die Betrachtung eines Beispiels verzichten wir, da der Zwangsaustausch bereits in 3.2 beschrieben wurde.

§ 4. Stabilitätsprobleme

In diesem Paragraphen untersuchen wir eine mit den bisherigen Betrachtungen zwar verwandte, aber doch neuartige Fragestellung. Es kommt uns nicht darauf an, für eine vorgegebene Änderung der Aufgabe auf einem möglichst effektiv erscheinenden Wege zur neuen Optimallösung zu gelangen. Vielmehr wollen wir wissen, wie groß die Änderung der Daten sein darf, damit die optimale Basis erhalten bleibt. Wir können folglich von der Stabilität der Optimallösung hinsichtlich der Variation der Daten sprechen. Das wird auch vielfach als *Sensibilitätsanalyse* bezeichnet. Natürlich ist nicht zu erwarten, daß sich umfassende und praxiswirksame Aussagen ergeben, wenn man sämtliche Daten oder große Datengruppen variiert. Wir werden daher nur die Stabilität hinsichtlich der Variation eines einzigen Koeffizienten, und zwar der Zielfunktion sowie des Beschränkungsvektors, betrachten und erkennen, welche wichtigen Aussagen über die Stabilität der Optimallösung allein auf Grund der Kenntnis des optimalen Simplextableaus gemacht werden können. Dabei beziehen wir uns wieder auf die gewöhnliche Simplexmethode und das optimale Simplextableau der gewöhnlichen Simplexmethode. In diesem Falle steht uns nämlich das optimale Simplextableau vollständig zur Verfügung, das uns besonders weitreichende Aussagen über die Stabilität ermöglicht. Natürlich kann man auch bei der revidierten Simplexmethode alle benötigten Angaben nachträglich erzeugen. Jedoch dürfte es numerisch nicht vertretbar sein, am Ende des Lösungsprozesses das optimale Tableau vollständig zu bestimmen. Daher muß man sich bei der Stabilitätsanalyse mittels der revidierten Simplexmethode geeignet beschränken.

4.1. Variation eines Koeffizienten der Zielfunktion. Wir haben zu untersuchen, wie stark ein Koeffizient c_l der Zielfunktion variieren darf, ohne daß sich die Optimallösung ändert. Der variierte Koeffizient wird mit $\tilde{c}_l$ bezeichnet und

$$\tilde{c}_l = c_l + \Delta c_l \tag{11}$$

gesetzt. Das *Variationsintervall* ist durch die unteren und oberen Grenzen $\tilde{c}_l^{(u)}$ und $\tilde{c}_l^{(o)}$ festgelegt:

$$\tilde{c}_l^{(u)} \leqq \tilde{c}_l \leqq \tilde{c}_l^{(o)}. \tag{12}$$

Mit $\tilde{c}_l^{(u)} = c_l + \Delta^{(u)} c_l$, $\tilde{c}_l^{(o)} = c_l + \Delta^{(o)} c_l$ können wir das Variationsintervall auch bestimmen, wenn wir die unteren und oberen Grenzen $\Delta^{(u)} c_l$ und $\Delta^{(o)} c_l$ des Intervalles

$$\Delta^{(u)} c_l \leqq \Delta c_l \leqq \Delta^{(o)} c_l \tag{13}$$

ermitteln.

Unsere Aufgabe kann damit wie folgt präzisiert werden: Es sind die untere und obere Grenze der Intervalle (12) bzw. (13) zu bestimmen, so daß die lineare Optimierungsaufgabe mit der Zielfunktion

$$\tilde{Z} = c_1 x_1 + \cdots + c_{l-1} x_{l-1} + \tilde{c}_l x_l + c_{l+1} x_{l+1} + \cdots + c_n x_n \quad \max.$$

dieselbe Optimallösung wie die Aufgabe mit der Zielfunktion

$$Z = c_1 x_1 + \cdots + c_{l-1} x_{l-1} + c_l x_l + c_{l+1} x_{l+1} + \cdots + c_n x_n \quad \max.$$

besitzt. Dabei ist das System der Nebenbedingungen und Vorzeichenbedingungen bei beiden Aufgaben gleich.

Die Variation eines Koeffizienten der Zielfunktion wirkt sich im optimalen Simplextableau nur auf die Elemente der Grundzeile aus, von denen wir nur die in Spalten von Nichtbasisvariablen stehenden Elemente zu betrachten haben, da durch sie die Entscheidung über Optimalität gefällt wird. Die Elemente der Grundzeile wurden in Kap. III mit $d_{m+1,j}$ und die Indexmenge der Nichtbasisvariablen mit I' bezeichnet. Außerdem entnehmen wir III.2.2 die Gleichungen

$$d_{m+1,j} = \sum_{i=1}^{m} c_{s_i} d_{ij} - c_j, \; j \in I' \tag{14}$$

und

$$z_j = \sum_{i=1}^{m} c_{s_i} d_{ij}, \; j \in I'. \tag{15}$$

$s_1, s_2, \ldots, s_m$ sind die Indizes der Basisvariablen der Optimallösung. Für die weiteren Betrachtungen haben wir zu unterscheiden, ob der variierte Koeffizient zu einer Basis- oder Nichtbasisvariablen gehört.

1. Fall: x_l Basisvariable.

Dann ist l in der Indexmenge der Basisvariablen enthalten, und für (14) haben wir

$$d_{m+1,j} = \sum_{i=1}^{m} c_{s_i} d_{ij} + \Delta c_l d_{lj} - c_j, \; j \in I'$$

zu schreiben, indem c_l durch $c_l + \Delta c_l$ ersetzt wird. Wegen (15) ergibt sich

$$d_{m+1,j} = z_j + \Delta c_l d_{lj} - c_j, \; j \in I',$$

so daß die Optimalitätsbedingung

$$d_{m+1,j} \geqq 0 \text{ für alle } j \in I'$$

die Ungleichung

$$z_j + \Delta c_l d_{lj} - c_j \geqq 0 \text{ für alle } j \in I' \tag{16}$$

liefert. Berücksichtigen wir noch, daß aus (14), (15)

$$d_{m+1,j} = z_j - c_j, \; j \in I' \tag{17}$$

folgt, ergibt sich für (16)

$$d_{m+1,j} + \Delta c_l d_{lj} \geqq 0 \text{ für alle } j \in I'.$$

Das führt zu den Ungleichungen

$$\Delta c_l \leqq \frac{-d_{m+1,j}}{d_{lj}} \text{ für } d_{lj} < 0,$$

$$\Delta c_l \geqq \frac{-d_{m+1,j}}{d_{lj}} \text{ für } d_{lj} > 0,$$

aus denen wir die gesuchten Grenzen

$$\Delta^{(u)} c_l = \max_{\substack{j \in I' \\ d_{lj} > 0}} \frac{-d_{m+1,j}}{d_{lj}}, \tag{18}$$

$$\Delta^{(o)} c_l = \min_{\substack{j \in I' \\ d_{lj} < 0}} \frac{-d_{m+1,j}}{d_{lj}} \tag{19}$$

finden. Gibt es keine positiven Zahlen d_{lj}, so ist $\Delta^{(u)} c_l = -\infty$ zu setzen. Ebenso ist $\Delta^{(o)} c_l = +\infty$, falls keine negativen d_{lj} existieren.

Bei dieser Variation ändert sich der Wert der Zielfunktion um

$$\Delta Z = \Delta c_l x_l,$$

so daß sich das Änderungsintervall des Wertes der Zielfunktion

$$Z_{\max} + \Delta^{(u)} c_l x_l \leqq \tilde{Z} \leqq Z_{\max} + \Delta^{(o)} c_l x_l$$

ergibt. $Z_{\max}$ bezeichnet den berechneten Optimalwert der Zielfunktion.

Die numerische Berechnung des Variationsintervalles ist damit denkbar einfach. Wir betrachten die Zeile der Basisvariablen x_l und die Grundzeile des optimalen Tableaus. Die negativen Werte der Zahlen der Grundzeile in den Spalten von Nichtbasisvariablen sind durch die jeweiligen Zahlen der Zeile x_l (falls sie von Null verschieden sind) zu dividieren. Dann haben wir das Minimum der positiven und das Maximum der negativen Quotienten zu bestimmen. Das optimale Simplextableau wird um zwei Zeilen $\Delta^{(u)} c_l$ und $\Delta^{(o)} c_l$ erweitert. In die Zeile $\Delta^{(u)} c_l$ tragen wir die negativen Quotienten und in die Zeile $\Delta^{(o)} c_l$ die positiven Quotienten ein. In der Spalte x_0 dieser Zeilen vermerken wir den jeweiligen Maximal- bzw. Minimalwert (vgl. auch das folgende Beispiel).

Bei der Stabilitätsanalyse mittels der revidierten Simplexmethode ist die Zeile der Basisvariablen x_l nachträglich zu erzeugen (die Grundzeile ist im Hilfstableau enthalten). Das kann entsprechend der Berechnung der Pfeilzeile bei der revidierten dualen Simplexmethode erfolgen, jedoch ist dadurch ein wesentlicher numerischer Zusatzaufwand erforderlich.

2. Fall: x_l Nichtbasisvariable.

Die Optimalitätsrelation

$$d_{m+1,l} \geqq 0$$

führt zusammen mit (14), (15) zu der Ungleichung

$$z_l - (c_l + \Delta c_l) \geqq 0$$

oder

$$d_{m+1,l} - \Delta c_l \geqq 0,$$

so daß wir die gesuchte Schranke

$$\Delta c_l \leqq d_{m+1,l} = \Delta^{(o)} c_l \tag{20}$$

finden. Variiert man also den Koeffizienten einer Nichtbasisvariablen, wird die Optimalität lediglich durch Überschreiten einer oberen Grenze verletzt, die durch die Zahl der Spalte x_l in der Grundzeile des optimalen Tableaus gegeben ist. Bis zu dieser Grenze ändert sich der Wert der Zielfunktion nicht.

Beispiel: Wir betrachten die lineare Optimierungsaufgabe (5) von 1.2, die in III.3.4 nach dem gewöhnlichen Simplexverfahren gelöst wurde. Dem Rechenschema 3 von III.3.4 entnehmen wir das in Rechenschema 18 angegebene optimale Tableau. Es soll der Koeffizient der Basisvariablen x_1 variiert werden. Die Nichtbasisvariablen sind x_3, x_4. Aus den Zahlen der Grundzeile und der Zeile x_1 berechnen wir in den Spalten x_3, x_4 die Quotienten

$$\frac{-1}{-2} = \frac{1}{2}, \quad \frac{-1}{1} = -1.$$

Da wir in jeder Zeile $\Delta^{(o)} c_1$, $\Delta^{(o)} c_1$ nur einen Quotienten zu stehen haben, ist der jeweilige Maximal- bzw. Minimalwert gleich diesem Quotienten. Wegen $c_1 = 4$

Rechenschema 18:

	x_1	x_2	x_3	x_4	x_5	x_0
x_2	0	1	3	-1	0	3
x_1	1	0	-2	1	0	4
x_5	0	0	-7	2	1	2
*	$\underline{0}$	$\underline{0}$	1	1	$\underline{0}$	25
$\Delta^{(u)} c_1$				-1		-1
$\Delta^{(0)} c_1$			$\frac{1}{2}$			$\frac{1}{2}$

kann daher der Koeffizient c_1 im Intervall

$$3 \leqq \tilde{c}_1 \leqq \frac{9}{2}$$

variieren, ohne daß sich die Optimallösung ändert. Für das Änderungsintervall des Wertes der Zielfunktion

$$\tilde{Z} = (4 + \Delta c_1)\, x_1 + 3x_2 \quad \max.$$

ergibt sich

$$25 + (-1) \cdot 4 \leqq \tilde{Z} \leqq 25 + \frac{1}{2} \cdot 4,$$

$$21 \leqq \tilde{Z} \leqq 27$$

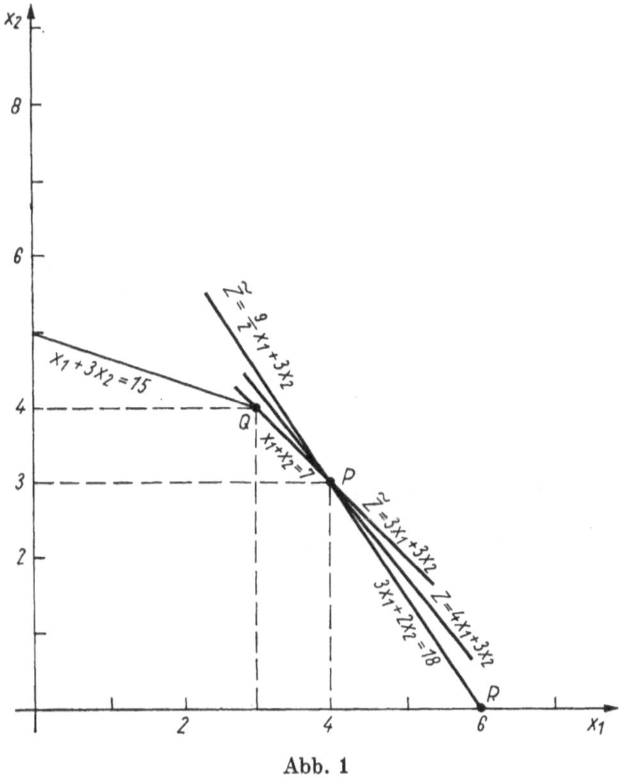

Abb. 1

Die Variation von c_1 kann als Drehung der Zielfunktionsgeraden geometrisch interpretiert werden. In Abb. 1 (vgl. mit Abb. 10 von Kap. I) sind u. a. der Bereich der zulässigen Lösungen, der Optimalpunkt P und die Zielfunktionsgerade (parallelverschoben)

$$Z = 4x_1 + 3x_2$$

eingezeichnet. Die Variation von c_1 bewirkt eine Drehung dieser Geraden um P.

Für $\bar{c}_1 = c_1 + \Delta^{(u)} c_1$ geht die Zielfunktionsgerade in

$$\tilde{Z} = 3x_1 + 3x_2$$

über und fällt (bei der Drehung) mit der Begrenzungsgeraden

$$x_1 + x_2 = 7$$

zusammen. Wird die untere Grenze $\Delta^{(u)} c_1$ unterschritten, kommt x_4 in die Basis, und der Optimalpunkt ist Q. In der ökonomischen Formulierung dieses Beispiels von I.1.2 (beachte auch I.3.1) bedeutet das, daß bei einer Unterschreitung der unteren Grenze eine volle Auslastung der Kapazität der zweiten Einsatzgröße nicht mehr lohnend ist.

Für $\bar{c}_1 = c_1 + \Delta^{(o)} c_1$ geht die Zielfunktionsgerade in

$$\tilde{Z} = \frac{9}{2} x_1 + 3x_2$$

über und ist damit parallel zur Begrenzungsgeraden

$$3x_1 + 2x_2 = 18.$$

Überschreiten wir die obere Grenze $\Delta^{(o)} c_1$, kommt x_3 in die Basis, der Optimalpunkt ist R, und eine volle Auslastung der Kapazität der ersten Einsatzgröße ist nicht mehr sinnvoll.

Wir können jetzt für jede Variable eine Stabilitätsanalyse durchführen. Das Ergebnis ist in Tabelle 6 angegeben. Dabei erfolgt die Stabilitätsanalyse für die Basisvariablen x_1, x_2, x_5 wie erläutert. Für die Nichtbasisvariablen x_3, x_4 ist die untere Grenze $-\infty$ zu setzen. Die obere Grenze ergibt sich wegen (20) durch die jeweiligen Zahlen der Grundzeile.

Ob die Variation aller Koeffizienten ökonomisch sinnvoll ist, kann nur aus der Sicht des Modells entschieden werden. Grundsätzlich gelten aber die getroffenen Aussagen nur bei Variation eines einzigen Koeffizienten.

Tabelle 6:

	$\Delta^{(u)} c_i$	$\Delta^{(o)} c_i$	Variations-intervall	Änderungsintervall des Wertes der Zielfunktion
x_1	-1	$\frac{1}{2}$	$3 \leqq \bar{c}_1 \leqq \frac{9}{2}$	$21 \leqq \tilde{Z} \leqq 27$
x_2	$-\frac{1}{3}$	1	$\frac{8}{3} \leqq \bar{c}_2 \leqq 4$	$24 \leqq \tilde{Z} \leqq 28$
x_3	$-\infty$	1	$-\infty < \bar{c}_3 \leqq 1$	$\tilde{Z} = 25$
x_4	$-\infty$	1	$-\infty < \bar{c}_4 \leqq 1$	$\tilde{Z} = 25$
x_5	$-\frac{1}{2}$	$\frac{1}{7}$	$-\frac{1}{2} \leqq \bar{c}_5 \leqq \frac{1}{7}$	$24 \leqq \tilde{Z} \leqq \frac{177}{7}$

Bezüglich der Variation einer Nichtbasisvariablen müssen wir noch eine Bemerkung machen, da sie in gewisser Hinsicht eine ökonomisch entgegengesetzte Aussage bewirkt. Wäre z. B. in unserem obigen Beispiel x_2 Nichtbasisvariable der Optimallösung, so würde die Variation von x_2 die Frage beantworten, wie stark sich der Gewinn des zweiten Erzeugnisses (beachte I.1.2) erhöhen muß, damit es in das optimale Programm aufgenommen wird.

4.2. Variation einer Komponenten des Beschränkungsvektors. Bei der Variation einer Komponente b_l des Beschränkungsvektors setzen wir

$$\bar{b}_l = b_l + \Delta b_l$$

und suchen das Variationsintervall

$$\bar{b}_l^{(u)} \leqq b_l \leqq \bar{b}_l^{(o)}$$

oder

$$\Delta^{(u)} b_l \leqq \Delta b_l \leqq \Delta^{(o)} b_l .$$

Die Variation von b_l wirkt sich nur in der Spalte x_0 des optimalen Simplextableaus aus, deren Elemente wir in Kap. III mit d_{i0} bezeichnet haben. Wir fassen nun $-\Delta b_l$ als eine zusätzliche Variable auf, deren Koeffizienten man in der zur l-ten Zeile gehörigen Schlupfvariablen ablesen kann. War die l-te Nebenbedingung ursprünglich eine Gleichung, läßt sich die zugehörige künstliche Variable an Stelle der Schlupfvariablen verwenden.

1. Fall: Die zur l-ten Zeile gehörige Schlupfvariable ist Nichtbasisvariable.

In III.2.1 haben wir die Nebenbedingungen in der Form

$$x_{s_i} = d_{i0} - \sum_{j \in I'} d_{ij} x_j, \quad i = 1, 2, \ldots, m \tag{21}$$

geschrieben. $s_1, s_2, \ldots, s_m$ sind wieder die Indizes der Basisvariablen der Optimallösung, und I' ist die Indexmenge ihrer Nichtbasisvariablen. Bezeichnen wir mit x_q, $q \in I'$ die zur l-ten Zeile gehörige Schlupfvariable und ersetzen x_q durch $-\Delta b_l$, erhalten wir aus (21) für die veränderten Werte der Basisvariablen

$$x_{s_i} = d_{i0} + d_{iq} \Delta b_l, \quad i = 1, 2, \ldots, m .$$

Durch die Variation von b_l dürfen die Werte der Basisvariablen nicht negativ werden, so daß sich die Bedingung

$$d_{i0} + d_{iq} \Delta b_l \geqq 0, \quad i = 1, 2, \ldots, m \tag{22}$$

ergibt, die zu den Ungleichungen

$$\Delta b_l \leqq \frac{-d_{i0}}{d_{iq}} \quad \text{für } d_{iq} < 0,$$

$$\Delta b_l \geqq \frac{-d_{i0}}{d_{iq}} \quad \text{für } d_{iq} > 0$$

führt. Damit erhalten wir die gesuchten Schranken

$$\Delta^{(u)} b_l = \max_{\substack{i \\ d_{iq} > 0}} \frac{-d_{i0}}{d_{iq}}, \tag{23}$$

$$\Delta^{(o)} b_l = \min_{\substack{i \\ d_{iq} < 0}} \frac{-d_{i0}}{d_{iq}}. \tag{24}$$

Wir setzen wieder $\Delta^{(u)} b_l = -\infty$ bzw. $\Delta^{(o)} b_l = +\infty$, falls es keine positiven bzw. negativen d_{iq} gibt.

Die Änderung der Werte der Basisvariablen ergibt sich aus (22) durch

$$\Delta x_{s_i} = d_{iq} \Delta b_l. \tag{25}$$

Die Nichtbasisvariablen behalten selbstverständlich den Wert Null bei. Die Änderung des Wertes der Zielfunktion ist durch

$$\Delta Z = \Delta b_l (d_{m+1,q} + c_q) \tag{26}$$

gegeben.

Zur numerischen Berechnung des Variationsintervalles haben wir die negativen Werte der Zahlen der Spalte x_0 durch die jeweiligen Zahlen der Spalte x_q (falls sie von Null verschieden sind) zu dividieren sowie das Minimum der positiven und das Maximum der negativen Quotienten zu bestimmen. Dazu wird das optimale Simplextableau um zwei Spalten $\Delta^{(u)} b_l$ und $\Delta^{(o)} b_l$ erweitert. In der Spalte $\Delta^{(u)} b_l$ tragen wir die negativen Quotienten und in die Spalte $\Delta^{(o)} b_l$ die positiven Quotienten ein. In der Grundzeile dieser Spalten vermerken wir den jeweiligen Maximal- bzw. Minimalwert.

Bei Verwendung der revidierten Simplexmethode ist die Spalte der Nichtbasisvariablen x_q nachträglich zu erzeugen.

2. Fall: Die zur l-ten Zeile gehörige Schlupfvariable ist Basisvariable.

Wir bezeichnen die Schlupfvariable mit x_{s_q}. In der Spalte von x_{s_q} des optimalen Simplextableaus steht ein Einheitsvektor, so daß es keine negativen d_{is_q} gibt und $\Delta^{(o)} b_l = +\infty$ gelten muß. Aus dem gleichen Grunde folgt aus (23)

$$\Delta^{(u)} b_l = -d_{l0}.$$

Ändert sich b_l innerhalb dieses Intervalles, ist das ohne Einfluß auf die Werte der Variablen und den Optimalwert der Zielfunktion.

Beispiel: Wir betrachten wieder die lineare Optimierungsaufgabe (5) von 1.2, deren optimales Tableau in Rechenschema 19 angeführt ist. Variiert wird die Komponente $b_1 = 7$ des Beschränkungsvektors. Zur ersten Nebenbedingung gehört die Schlupfvariable x_3. Aus den Zahlen der Spalten x_0 und x_3 berechnen wir die Quotienten

$$\frac{-3}{3} = -1, \quad \frac{-4}{-2} = 2, \quad \frac{-2}{-7} = \frac{2}{7},$$

Rechenschema 19:

	x_1	x_2	x_3	x_4	x_5	x_0	$\Delta^{(u)} b_1$	$\Delta^{(o)} b_1$
x_2	0	1	3	−1	0	3	−1	
x_1	1	0	−2	1	0	4		2
x_5	0	0	−7	2	1	2		$\frac{2}{7}$
*	$\underline{0}$	$\underline{0}$	1	1	$\underline{0}$	25	−1	$\frac{2}{7}$

so daß sich

$$\Delta^{(u)} b_1 = -1,\ \Delta^{(o)} b_1 = \min\left(2, \frac{2}{7}\right) = \frac{2}{7}$$

ergibt. b_1 kann daher im Intervall

$$6 \leqq \tilde{b}_1 \leqq \frac{51}{7}$$

variieren, ohne daß sich die optimale Basis ändert. Für die Werte der Basisvariablen finden wir aus (25)

$$d_{13} = 3,\quad d_{13}\,\Delta^{(u)} b_1 = -3,\quad d_{13}\,\Delta^{(o)} b_1 = \frac{6}{7},\quad x_2 = 3,\quad 0 \leqq x_2 \leqq \frac{27}{7},$$

$$d_{23} = -2,\quad d_{23}\,\Delta^{(u)} b_1 = 2,\quad d_{23}\,\Delta^{(o)} b_1 = -\frac{4}{7},\quad x_1 = 4,\quad \frac{24}{7} \leqq x_1 \leqq 6,$$

$$d_{33} = -7,\quad d_{33}\,\Delta^{(u)} b_1 = 7,\quad d_{33}\,\Delta^{(o)} b_1 = -2,\quad x_5 = 2,\quad 0 \leqq x_5 \leqq 9.$$

Weiterhin ist $d_{m+1,3} = 1$, $c_3 = 0$ und wegen (26) $\Delta Z = \Delta b_1$, so daß sich

$$24 \leqq Z \leqq \frac{177}{7}$$

für die Änderung des optimalen Wertes der Zielfunktion ergibt.

Die Variation von b_1 kann als Parallelverschiebung der zugehörigen Begrenzungsgeraden

$$x_1 + x_2 = 7$$

geometrisch interpretiert werden (Abb. 2). Diese Parallelverschiebung ist so lange möglich, bis ein Eckpunkt getroffen wird oder die Begrenzungsgerade den durch die restlichen Nebenbedingungen gebildeten Bereich der zulässigen Lösungen verläßt. Für $\tilde{b}_1 = b_1 + \Delta^{(o)} b_1$ geht die Begrenzungsgerade in

$$x_1 + x_2 = \frac{51}{7}$$

über, die durch den Punkt S verläuft. Für $\bar{b}_1 = b_1 + \Delta^{(u)} b_1$ erhalten wir die Gerade

$$x_1 + x_2 = 6,$$

die den Eckpunkt R trifft.

Wir könnten für alle Komponenten des Beschränkungsvektors eine Stabilitätsanalyse durchführen, jedoch verzichten wir auf die Angabe der einfach herzuleitenden Ergebnisse.

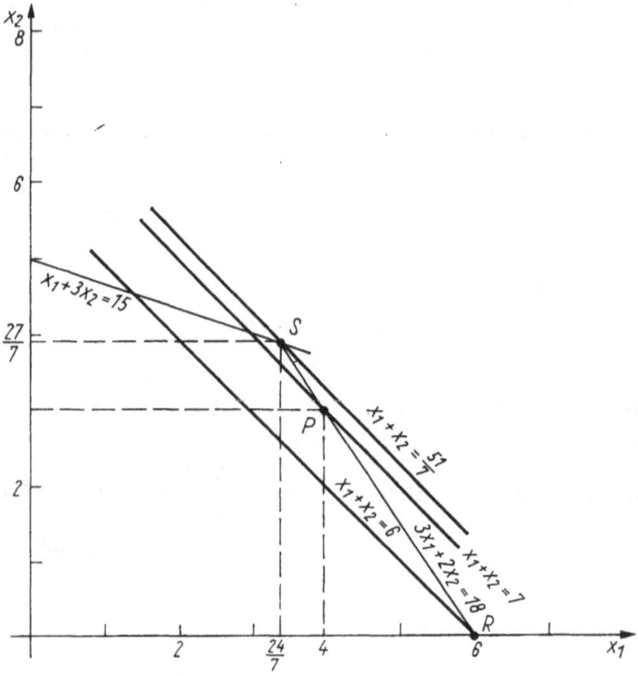

Abb. 2

Wir haben gesehen, welche wichtigen Aussagen sich durch eine Stabilitätsanalyse ohne einen wesentlichen numerischen Aufwand herleiten lassen. Daher sollte man grundsätzlich nach Berechnung der Optimallösung eine Stabilitätsanalyse anschließen, weil sie eine sichere Grundlage für die Entscheidungsfindung bietet. Auf die *Variation eines Elementes der Matrix der Nebenbedingungen* gehen wir nicht mehr ein (siehe dazu etwa [18]), die man geometrisch als Drehung der jeweiligen Begrenzungsgeraden (im zweidimensionalen Raum) interpretieren kann. Wir werden im folgenden Kapitel die hier aufgeworfenen Probleme in gewisser Hinsicht verallgemeinern, so daß sich ein enger Zusammenhang zwischen den Betrachtungen der beiden Kapitel ergibt.

PARAMETRISCHE OPTIMIERUNG

Während wir in Kapitel VIII vorgegebene Änderungen der Daten betrachtet oder nur solche Änderungen zugelassen haben, die die optimale Basis erhalten, werden wir in diesem Kapitel die Änderung der Optimallösung studieren, falls die Daten der linearen Optimierungsaufgabe Funktionen von Parametern sind. Derartige Untersuchungen bieten sich an, wenn eine eindeutige Vorgabe gewisser Daten nicht möglich ist oder nicht sinnvoll erscheint und man die Änderung der Optimallösung bei parametrischer Wahl der Daten kennenlernen möchte. Vielfach ergibt sich in der parametrischen Optimierung die einzige Möglichkeit, um zu einer begründeten Entscheidungsfindung zu kommen. So kann es z. B. unmöglich sein, die Komponenten des Beschränkungsvektors eindeutig vorzugeben, da die verfügbaren Kapazitäten nicht bekannt sind. Zur Festlegung der Verhaltensweise ist es dann wichtig, zu wissen, wie das optimale Ergebnis durch eine parametrische Änderung der Kapazitäten beeinflußt wird.

Zunächst behandeln wir in den § 1 und § 2 die klassischen Fälle der parametrischen Optimierung, in denen nur die Koeffizienten der Zielfunktion oder die Komponenten des Beschränkungsvektors linear von einem Parameter abhängen. In § 3 orientieren wir uns über die wachsenden Schwierigkeiten beim allgemeinen Problem der einparametrischen linearen Optimierung. Der § 4 bringt einen Ausblick auf weitere Problemstellungen der parametrischen Optimierung.

§ 1. Lineare Abhängigkeit der Zielfunktion von einem Parameter

1.1. Problemstellung. Bei dieser einfachen Aufgabe der parametrischen Optimierung können sämtliche Koeffizienten der Zielfunktion linear von einem Parameter t abhängen. Wir haben daher eine lineare Optimierungsaufgabe zu betrachten, bei der das Maximum der Zielfunktion

$$Z = (c_{01} + c_{11}t)x_1 + (c_{02} + c_{12}t)x_2 + \cdots + (c_{0n} + c_{1n}t)\,x_n \tag{1}$$

unter den Nebenbedingungen

$$\left.\begin{array}{l} a_{11}x_1 + a_{12}x_2 + \cdots + a_{1n}x_n = b_1 \\ a_{21}x_1 + a_{22}x_2 + \cdots + a_{2n}x_n = b_2 \\ \dots\dots\dots\dots\dots\dots\dots\dots \\ a_{m1}x_1 + a_{m2}x_2 + \cdots + a_{mn}x_n = b_m \end{array}\right\} \tag{2}$$

und Nichtnegativitätsbedingungen

$$x_i \geqq 0, \quad i = 1, 2, \ldots, n \tag{3}$$

zu bestimmen ist. Dafür schreiben wir kurz

$$\max \{(c_0' + c_1' t) x \mid A x = b, x \geqq 0\}. \tag{4}$$

Die Aufgabe (1)—(3) ist bereits in Normalform formuliert. Sie umfaßt auch den Fall, daß die Zielfunktion ein von den Variablen x_i unabhängiges Glied enthält, das von t abhängt. Dazu haben wir nur

$$c_{0n} = 0;\ a_{in} = 0,\ i = 1, 2, \ldots, m;\ x_n \doteq 1$$

zu setzen.

Der Parameter t kann beliebige reelle Werte

$$-\infty < t < +\infty \tag{5}$$

annehmen oder auf einem Strahl oder einem Abschnitt der t-Achse liegen. Vielfach wird von der Aufgabenstellung her eine *Schrankengleichung*

$$t^{(1)} \leqq t \leqq t^{(2)}$$

gegeben sein, die nur in diesem Intervall die Wahl von t sinnvoll erscheinen läßt. Jede derartige Wahl des Parameters t symbolisieren wir durch $t \in T$. Im allgemeinen werden unsere Betrachtungen auf die Parameterwahl (5) bezogen. Gegebenenfalls können die Rechnungen abgebrochen werden, wenn der Lösungsprozeß aus T herausführt.

Wir haben zu untersuchen, wie sich die Struktur der optimalen Lösung in Abhängigkeit von t ändert. Dazu sind für jeden Wert $t \in T$ die optimalen Lösungen und der optimale Wert der Zielfunktion zu ermitteln bzw. die Unlösbarkeit der Aufgabe festzustellen.

1.2. Grundlegende Aussagen. Wir setzen die Kenntnis einer zulässigen Basislösung voraus, deren Bestimmung nach den bekannten Methoden der linearen Optimierung erfolgen kann (falls eine zulässige Basislösung existiert), da die Nebenbedingungen von t nicht abhängen. In den Tableaus der gewöhnlichen Simplexmethode sind nur die Zahlen der Grundzeile lineare Funktionen des Parameters t

$$d^{(1)}_{m+1,j} + d^{(2)}_{m+1,j} t,\ t \in T,\ j \in I'. \tag{6}$$

I' bezeichnet die Indexmenge der Nichtbasisvariablen. Gegebenenfalls kann man an Stelle der einen Grundzeile zwei Zeilen einführen, von denen die eine die Zahlen $d^{(1)}_{m+1,j}$ und die andere die Koeffizienten $d^{(2)}_{m+1,j}$ enthält. Ebenso ist der Wert der Zielfunktion (wir haben ihn in Kap. III mit $d_{m+1,0}$ bezeichnet) eine lineare Funktion von t

$$d^{(1)}_{m+1,0} + d^{(2)}_{m+1,0} t. \tag{7}$$

Ist eine zulässige Basislösung für einen Wert $t = t_0$ optimal, so ist sie auch für alle Werte $t \in T$, für die

$$d^{(1)}_{m+1,j} + d^{(2)}_{m+1,j} t \geqq 0 \text{ für alle } j \in I' \tag{8}$$

gilt, optimal. Aus (8) kann das maximale Intervall

$$t_s \leqq t \leqq t_{s+1}, \tag{9}$$

in dem diese Bedingung erfüllt ist, ermittelt werden. Es gilt

$$t \geqq -\frac{d^{(1)}_{m+1,j}}{d^{(2)}_{m+1,j}} \text{ für } d^{(2)}_{m+1,j} > 0,$$

$$t \leqq -\frac{d^{(1)}_{m+1,j}}{d^{(2)}_{m+1,j}} \text{ für } d^{(2)}_{m+1,j} < 0,$$

so daß wir

$$t_s = \max_{\substack{j\in I' \\ d^{(2)}_{m+1,j}>0}} \left\{-\frac{d^{(1)}_{m+1,j}}{d^{(2)}_{m+1,j}}\right\}, \tag{10}$$

$$t_{s+1} = \min_{\substack{j\in I' \\ d^{(2)}_{m+1,j}<0}} \left\{-\frac{d^{(1)}_{m+1,j}}{d^{(2)}_{m+1,j}}\right\} \tag{11}$$

finden. Ergibt sich durch (8) keine Einschränkung der Parameterwahl nach unten (keine $d^{(2)}_{m+1,j} > 0$ vorhanden), setzen wir $t_s = -\infty$. Ebenso schreiben wir $t_{s+1} = +\infty$, falls Optimalität für alle $t \geqq t_s$ besteht.

Das endliche oder unendliche Intervall (9) heißt *charakteristischer Bereich*, die Endpunkte t_s und t_{s+1} heißen, falls sie endlich sind, *charakteristische Punkte*. Die betrachtete zulässige Basislösung ist für jeden Wert t aus dem charakteristischen Bereich optimal. Verläßt t den charakteristischen Bereich, so ändert sich die Struktur der Optimallösung, oder die Aufgabe wird unlösbar.

Nach diesen orientierenden Vorbemerkungen formulieren wir einige Sätze, deren Kenntnis für den zu beschreibenden Lösungsalgorithmus von grundsätzlicher Bedeutung ist.

Satz 1: *Die parametrische lineare Optimierungsaufgabe* (4) *besitzt höchstens endlich viele charakteristische Punkte.*

Die Aussage von Satz 1 ist fast selbstverständlich, wenn man bedenkt, daß es nur endlich viele zulässige Basislösungen gibt.

Satz 2: *Die Gesamtheit der charakteristischen Bereiche der parametrischen linearen Optimierungsaufgabe* (4) *ist zusammenhängend.*

Dieser Satz sichert uns, daß, falls wir den charakteristischen Bereich einer zulässigen Basislösung verlassen, entweder die Aufgabe für alle $t > t_{s+1}$ bzw. $t < t_s$ unlösbar wird, oder wir in den charakteristischen Bereich einer anderen zulässigen Basislösung gelangen. Folglich ist der in Abb. 1 dargestellte Fall undenkbar, bei dem zwei charakteristische Bereiche vorliegen, die Aufgabe aber für $t_{s+1} < t < t_{s+2}$ unlösbar ist.

Satz 3: *Die Menge $\tilde{T}$ aller Parameterwerte t, für welche die parametrische lineare Optimierungsaufgabe* (4) *eine optimale Lösung hat, ist entweder leer oder ein*

Intervall der Form

$$t_1 \leqq t \leqq t_q, \; -\infty < t \leqq t_q, \; t_1 \leqq t < +\infty, \; -\infty < t < +\infty.$$

Dabei kann gegebenenfalls auch $t_1 = t_q$ *sein.*

Satz 4: *In einem charakteristischen Punkt* t_s, *der zwei charakteristische Bereiche*

$$t_{s-1} \leqq t \leqq t_s, \; t_s \leqq t \leqq t_{s+1}$$

begrenzt, besitzt die parametrische lineare Optimierungsaufgabe (4) *mindestens zwei optimale zulässige Basislösungen, und zwar die Optimallösungen der beiden charakteristischen Bereiche.*

Satz 5: *Hat die parametrische lineare Optimierungsaufgabe* (4) *für einen charakteristischen Punkt* t_s *nur eine einzige optimale zulässige Basislösung, so ist sie für* $t > t_s$ *oder* $t < t_s$ *unlösbar.*

Satz 6: *Der optimale Wert der Zielfunktion der parametrischen linearen Optimierungsaufgabe* (4) *ist eine stückweise lineare und stetige Funktion von* t.

Die Gültigkeit der formulierten Sätze leuchtet ein, wenn man die zu den charakteristischen Bereichen gehörigen optimalen Tableaus betrachtet.

Abb. 1

1.3. Bestimmung einer Ausgangslösung. Das in diesem Paragraphen zu beschreibende Lösungsverfahren setzt die Kenntnis einer zulässigen Basislösung voraus, die für einen bestimmten Wert $t = t_0$ optimal ist. Diese Annahme ist aber keineswegs für jede zulässige Basislösung erfüllt (es braucht ja nur für ein $j \in I'$ zu gelten: $d^{(2)}_{m+1,j} = 0$, $d^{(1)}_{m+1,j} < 0$). Wir müssen uns daher überlegen, wie wir von einer zulässigen Basislösung zu einer solchen gelangen können, die für $t = t_0$ optimal ist.

Nehmen wir das Vorliegen einer zulässigen Basislösung an, ist der Bereich der zulässigen Lösungen nicht leer (bei einem leeren Bereich der zulässigen Lösungen ist die parametrische Optimierungsaufgabe (4) für keinen Parameterwert lösbar). Dann liegt die Vermutung nahe, daß die parametrische lineare Optimierungsaufgabe (4) bei nichtleerem Bereich der zulässigen Lösungen auch wenigstens für ein $t = t_0$ eine optimale Lösung besitzt. Diese Vermutung ist jedoch falsch. Dinkelbach [18] gibt dafür das Gegenbeispiel

$$\begin{aligned} Z = x_1 - (1 + t)\, x_2 + x_3 \quad & \max. \\ x_1 - x_2 - x_3 + x_4 \qquad & = 0 \\ x_2 - x_3 \qquad + x_5 & = 1 \\ x_i \geqq 0, \; i = 1, 2, \ldots, 5 & \end{aligned}$$

an, dessen Simplextableau in Rechenschema 1 angeführt ist. Die Spalte x_3 enthält nur negative Zahlen, so daß nach Kap. III die Zielfunktion auf der Menge der zulässigen Lösungen unbeschränkt (für jede Wahl des Parameters t) und folglich die Aufgabe unlösbar ist. Also kann eine für $t = t_0$ optimale zulässige Basislösung nicht grundsätzlich konstruiert werden.

Ist allerdings der Bereich der zulässigen Lösungen beschränkt, besitzt die parametrische Optimierungsaufgabe für jeden Wert von t eine optimale Lösung, so daß auch die Konstruktion einer für $t = t_0$ optimalen zulässigen Basislösung möglich sein muß.

Rechenschema 1:

BV	x_1	x_2	x_3	x_4	x_5	x_0	Q	$-\uparrow$
x_4	1	-1	-1	1	0	0		
x_5	0	1	-1	0	1	1		
*	-1	$1+t$	-1	0	0	0	*	

Bei einer vorgegebenen zulässigen Basislösung werden wir zunächst prüfen, ob sie für irgendeinen Parameterwert optimal ist. Wenn das nicht der Fall ist, können wir erst einmal in allen Nichtbasisspalten mit $d^{(2)}_{m+1,j} = 0$ die Optimalitätsbedingung befriedigen oder die Unlösbarkeit der Aufgabe feststellen. Bei derartigen Simplexschritten entstehen keine neuen Nichtbasisspalten, die von t abhängig sind. Wieder beginnt die Prüfung, ob Optimalität für einen Wert von t vorliegt. Wenn das nicht erfüllt ist, suchen wir nach Nichtbasisspalten mit durchweg nichtpositiven Zahlen (außer der Grundzeile), die in der Grundzeile einen von t abhängigen Ausdruck enthalten. Jede derartige Spalte liefert eine Angabe, für welche Werte von t die Aufgabe unlösbar sein muß. Zeigt sich dadurch nicht die Unlösbarkeit der Aufgabe für alle $t \in T$, kann ein Simplexschritt mit der noch möglichen Wahl von t angeschlossen werden. Durch Fortsetzung dieses Vorgehens gelangt man so nach endlich vielen Schritten zu einer für einen Parameterwert optimalen Lösung oder zur Erkenntnis der Unlösbarkeit der Aufgabe.

Wird eine lineare Optimierungsaufgabe nur dann für ein brauchbares Modell gehalten, wenn sie einen beschränkten Bereich der zulässigen Lösung besitzt, kann man zunächst die optimale Lösung der Aufgabe (4) etwa für $t = 0$ bestimmen. Diese optimale Lösung erfüllt die gemachte Voraussetzung. Existiert sie nicht, ist der Bereich der zulässigen Lösungen unbeschränkt und der Lösungsprozeß wird abgebrochen.

1.4. Ausartung. Die Ausartung linearer Optimierungsaufgaben bewirkt gewisse Komplikationen bei der theoretischen Untersuchung und bei der Gestaltung numerischer Algorithmen. Trotzdem haben wir einen praktikablen Weg auch zur Lösung ausgearteter linearer Optimierungsaufgaben gefunden. In der parametrischen Optimierung zeigt die Ausartung wesentlich größere Auswirkungen. Dabei ist der Begriff der Ausartung bei parametrischen Optimierungsaufgaben von unserer bisherigen Vorstellung etwas unterschiedlich, so daß wir zunächst drei Definitionen voranstellen (man vergleiche zu diesen Betrachtungen [25]).

Definition: *Die lineare parametrische Optimierungsaufgaben* (4) *heißt primal ausgeartet, wenn sie ein Simplextableau besitzt, in dem wenigstens eine Komponente einer zulässigen Basislösung gleich Null ist. Die Aufgabe* (4) *wird dual ausgeartet genannt, falls es in der Grundzeile eines Simplextableaus eine zu einer Nichtbasisvariablen gehörige Zahl gibt, die gleich Null ist.*

Definition: *Die lineare parametrische Optimierungsaufgabe* (4) *heißt nichtausgeartet, wenn sie weder primal noch dual ausgeartet ist. Anderenfalls wird sie ausgeartet genannt.*

Definition: *Die Menge $\tilde{T}$ aller Parameterwerte t, für welche die parametrische lineare Optimierungsaufgabe* (4) *eine optimale Lösung hat, heißt Zulässigkeitsbereich des Parameters t.*

Bei nichtausgearteten parametrischen Optimierungsaufgaben können die bisherigen Aussagen von 1.2 weiter verschärft werden.

Satz 7: *Die parametrische lineare Optimierungsaufgabe* (4) *sei nichtausgeartet und der Zulässigkeitsbereich $\tilde{T}$ möge mehr als einen Parameterwert enthalten. Ist $\tilde{T}$ ein Intervall, so zerfällt es in endlich viele Teilintervalle*

$$\tilde{T}_s = [t_s, t_{s+1}], \qquad s = 1, 2, \ldots, p-1,$$

wobei, wenn $\tilde{T}$ sich bis ins Unendliche erstreckt, noch die Intervalle

$$\tilde{T}_0 = (-\infty, t_1] \quad \text{oder} \quad \tilde{T}_p = [t_p, +\infty)$$

oder beide hinzukommen. Im Inneren jedes Teilintervalles existiert genau eine optimale Lösung. Für jeden charakteristischen Punkt t_s, der im Inneren von $\tilde{T}$ liegt, gibt es genau zwei optimale Lösungen. Ist t_s Randpunkt von $\tilde{T}$, gehört nur eine optimale Lösung zu t_s.

In Abb. 2 ist der Zulässigkeitsbereich durch das unendliche Intervall $\tilde{T} = (-\infty, t_p)$ gegeben. Die charakteristischen Punkte $t_1, t_2, \ldots, t_p$ bilden eine monotone Folge. Unter den Voraussetzungen von Satz 7 ist die Aufgabe in jedem Teilintervall eindeutig lösbar. In den charakteristischen Punkten $t_1, t_2, \ldots, t_{p-1}$ gibt es genau zwei optimale Lösungen, und zwar die des linken und rechten Teilintervalles. In t_p (Randpunkt von $\tilde{T}$) finden wir nur die optimale Lösung des Teilintervalles $\tilde{T}_{p-1}$.

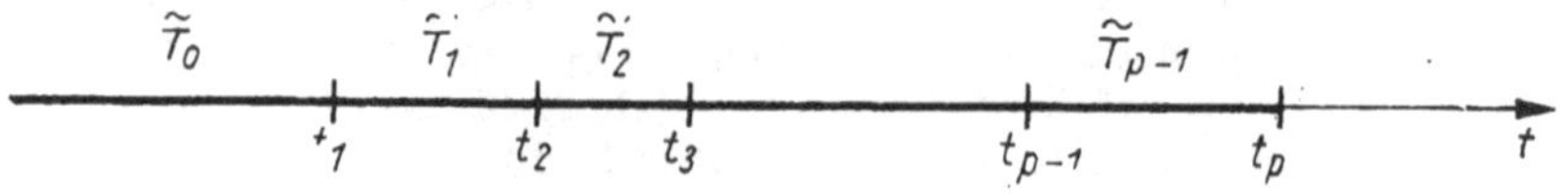

Abb. 2

Der Fall der primalen Ausartung ist für uns nicht neu. Dann können ausgeartete zulässige Basislösungen auftreten. Wegen der nichteindeutigen Bestimmbarkeit der Basis kann es unterschiedliche optimale Simplextableaus geben, zu denen aber dieselbe optimale zulässige Basislösung gehört. Daher lassen sich die Aussagen von Satz 7 auf diesen Fall übertragen.

Satzt 8: *Die Aussagen von Satz 7 bleiben bestehen, wenn die parametrische lineare Optimierungsaufgabe* (4) *primal ausgeartet ist.*

Bei dualer Ausartung gibt es mehrere optimale Lösungen, so daß sich die charakteristischen Bereiche überlappen können. Die in Satz 7 vorgenommene Aufteilung des Zulässigkeitsbereiches in Teilintervalle, bei deren Überschreiten sich die Struktur der Optimallösung ändern muß, ist nicht mehr möglich. Der zu entwickelnde Lösungsprozeß wird so gestaltet, daß wir im allgemeinen von einem charakteristischen Bereich $[t_s, t_{s+1}]$ zu einem benachbarten charakteristischen Bereich $[t_{s-1}, t_s]$ oder $[t_{s+1}, t_{s+2}]$ übergehen. Dadurch wird der Zulässigkeitsbereich $\tilde{T}$ vollständig durch Teilintervalle überdeckt. Zu jedem Teilintervall geben wir eine optimale Lösung an, und die Struktur der optimalen Lösungen ist in unterschiedlichen Teilintervallen verschieden. Aber keineswegs ermitteln wir im Falle der dualen Ausartung dadurch sämtliche charakteristischen Punkte, sämtliche charakteristischen Bereiche und sämtliche optimalen Lösungen der Aufgabe. In Abb. 3 ist ein Zulässigkeitsbereich $\tilde{T} = (-\infty, t_p]$ dargestellt, der durch die berechneten charakteristischen Bereiche $\tilde{T}_0, \tilde{T}_1, \ldots, \tilde{T}_{p-1}$ überdeckt wird. Daneben gibt es infolge der dualen Ausartung einen weiteren charakteristischen Punkt t' und zwei weitere charakteristische Bereiche $[t_{p-2}, t']$, $[t', t_{p-1}]$.

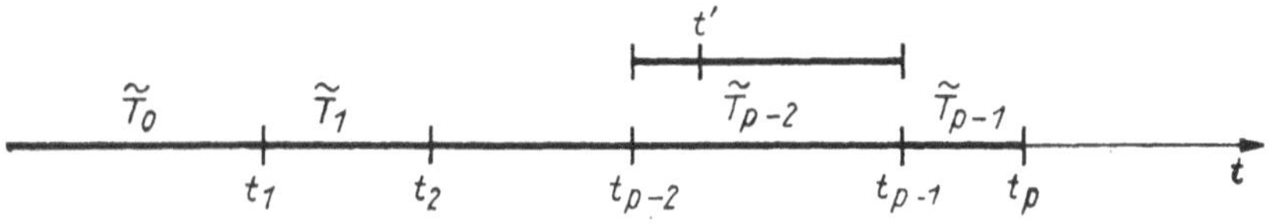

Abb. 3

1.5. Beschreibung des Lösungsalgorithmus. Wir setzen voraus, daß der Bereich der zulässigen Lösungen nichtleer und eine für $t = t_0$ optimale Lösung vorgegeben ist. Für diese Optimallösung wird der zugehörige charakteristische Bereich $t_s \leqq t \leqq t_{s+1}$ durch Anwendung der Beziehungen (10), (11) berechnet. Dazu erweitern wir das Simplextableau der Ausgangsoptimallösung um zwei Zeilen, in die wir in die jeweiligen Spalten die Quotienten von (10) bzw. (11) eintragen. In der Spalte x_0 dieser Zeilen wird t_s bzw. t_{s+1} vermerkt. Ergeben sich keine Einschränkungen für t_s bzw. t_{s+1}, setzen wir entsprechend der Bemerkung in 1.2 $t_s = -\infty$ bzw. $t_{s+1} = +\infty$.

Für $t_s = -\infty$ ist die untere Begrenzung des Zulässigkeitsbereiches bestimmt, und wir müssen uns für die Parameterwerte $t \geqq t_{s+1}$ interessieren.

Ist t_s ein endlicher Parameterwert, muß wenigstens ein Koeffizient (bei Nichtausartung genau ein Koeffizient) $d^{(1)}_{m+1,j} + d^{(2)}_{m+1,j}t$ mit $j \in I'$, $d^{(2)}_{m+1,j} > 0$ (beachte 1.2) für $t = t_s$ gleich Null werden. Indem wir Parameterwerte $t \leqq t_s$ untersuchen, betrachten wir in diesen Spalten die Optimalitätsbedingung als verletzt. Daher wird eine dieser Spalten zur Pfeilspalte gemacht (bei Nichtausartung ist die Pfeilspalte eindeutig bestimmt). Gibt es in der Pfeilspalte keine positiven Zahlen, ist die Aufgabe für $t < t_s$ unlösbar, und wir haben Parameterwerte $t \geqq t_{s+1}$ zu betrachten. Anderenfalls wird der bekannte Simplexprozeß fortgesetzt. Wir erhalten so eine neue Optimallösung, für die der neue charakteristische Punkt t_s entsprechend (10) ermittelt wird (dazu braucht das Simplextableau nur noch um eine Zeile erweitert zu werden). Nach endlich vielen Schritten finden wir $t_s = -\infty$ oder die Aussage, daß die Aufgabe für $t < t_s$ unlösbar ist.

Wir haben nun die Parameterwerte $t \geqq t_{s+1}$ zu untersuchen. Dazu müssen wir an das Tableau der Ausgangsoptimallösung anknüpfen. Für $t_{s+1} = +\infty$ ist der Lösungsprozeß beendet. Für einen endlichen Parameterwert t_{s+1} muß wieder wenigstens ein Koeffizient $d^{(1)}_{m+1,j} + d^{(2)}_{m+1,j}t$ mit $j \in I'$, $d^{(2)}_{m+1,j} < 0$ für $t = t_{s+1}$ gleich Null werden, wodurch die Pfeilspalte bestimmt ist (bei Nichtausartung wieder eindeutig). Gibt es keine positiven Zahlen in der Pfeilspalte, ist die Aufgabe für $t > t_{s+1}$ unlösbar und der Lösungsprozeß beendet. Anderenfalls wird der Simplexprozeß fortgesetzt und ein neuer charakteristischer Punkt t_{s+1} entsprechend (11) ermittelt. Nach endlich vielen Schritten erhalten wir $t_{s+1} = +\infty$ oder die Aussage, daß die Aufgabe für $t > t_{s+1}$ unlösbar ist.

Der beschriebene Lösungsalgorithmus wird durch das Strukturdiagramm von Abb. 4 weiter verdeutlicht.

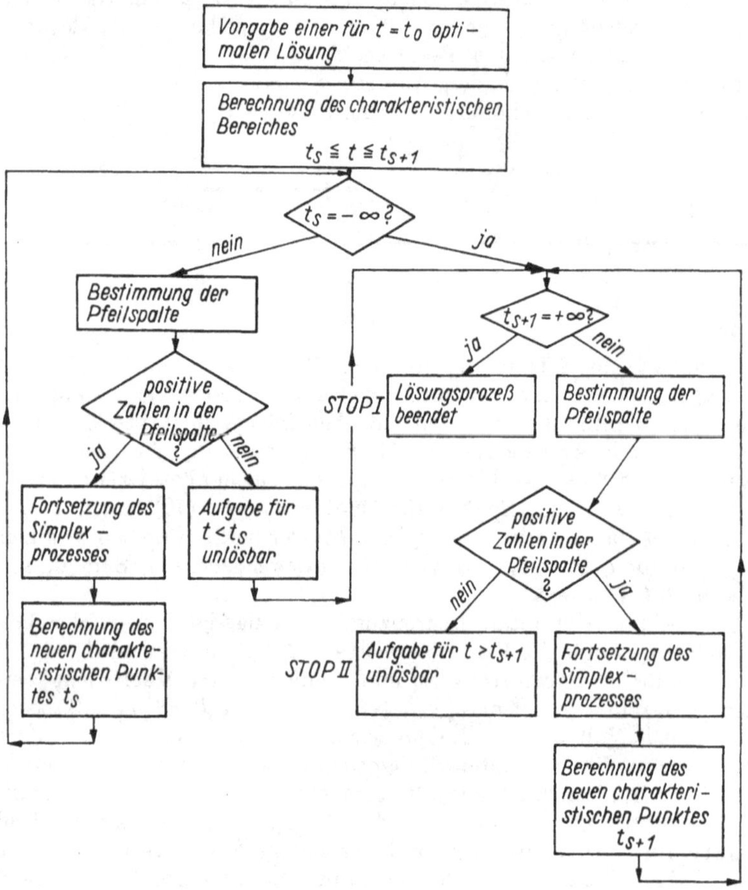

Abb. 4

1.6. Beispiel. Vorgelegt sei die parametrische lineare Optimierungsaufgabe

$$Z = (4 + 2t)x_1 + (3 - t)x_2 \quad \max.$$

$$\begin{aligned} x_1 + x_2 + x_3 &= 7 \\ 3x_1 + 2x_2 + x_4 &= 18 \\ x_1 + 3x_2 + x_5 &= 15 \end{aligned}$$

$$x_i \geqq 0, \quad i = 1, 2, \ldots, 5.$$

Rechenschema 2:

	BV	x_1	x_2	x_3	x_4	x_5	x_0	Q	$-\uparrow$
	x_3	1	1	1	0	0	7	7	-1
←	x_4	(3)	2	0	1	0	18	6	
	x_5	1	3	0	0	1	15	15	-1
	*	$-4-2t\uparrow$	$-3+t$	$\underline{0}$	$\underline{0}$	$\underline{0}$	0	*	$4+2t$
←	x_3	0	$\left(\frac{1}{3}\right)$	1	$-\frac{1}{3}$	0	1	3	
→	x_1	1	$\frac{2}{3}$	0	$\frac{1}{3}$	0	6	9	$-\frac{2}{3}$
	x_5	0	$\frac{7}{3}$	0	$-\frac{1}{3}$	1	9	$\frac{27}{7}$	$-\frac{7}{3}$
	*	$\underline{0}$	$-\frac{1}{3}+\frac{7}{3}t\uparrow$	$\underline{0}$	$\frac{4}{3}+\frac{2}{3}t$	$\underline{0}$	$24+12t$	*	$\frac{1}{3}-\frac{7}{3}t$
			$\frac{1}{7}$		-2		$\frac{1}{7}$ $+\infty$		
→	x_2	0	1	3	-1	0	3		1
	x_1	1	0	-2	1	0	4	4	-1
←	x_5	0	0	-7	(2)	1	2	1	
	*	$\underline{0}$	$\underline{0}$	$1-7t$	$1+3t\uparrow$	$\underline{0}$	$25+5t$	*	$-1-3t$
					$-\frac{1}{3}$		$-\frac{1}{3}$		
	x_2	0	1	$-\frac{1}{2}$	0	$\frac{1}{2}$	4		$\frac{1}{2}$
←	x_1	1	0	$\left(\frac{3}{2}\right)$	0	$-\frac{1}{2}$	3	2	
→	x_4	0	0	$-\frac{7}{2}$	1	$\frac{1}{2}$	1		$\frac{7}{2}$
	*	$\underline{0}$	$\underline{0}$	$\frac{9}{2}+\frac{7}{2}t\uparrow$	$\underline{0}$	$-\frac{1}{2}-\frac{3}{2}t$	$24+2t$	*	$-\frac{9}{2}-\frac{7}{2}t$
				$-\frac{9}{7}$			$-\frac{9}{7}$		

Rechenschema 2 (Fortsetzung):

	BV	x_1	x_2	x_3	x_4	x_5	x_0	Q	$-\uparrow$
	x_2	$\frac{1}{3}$	1	0	0	$\frac{1}{3}$	5		
→	x_3	$\frac{2}{3}$	0	1	0	$-\frac{1}{3}$	2		
	x_4	$\frac{7}{3}$	0	0	1	$-\frac{2}{3}$	8		
	*	$-3-\frac{7}{3}t$	$\underline{0}$	$\underline{0}$	$\underline{0}$	$1-\frac{1}{3}t$	$15-5t$	*	
							$-\infty$		

t darf beliebige reelle Werte annehmen. Eine erste zulässige Basislösung kann sofort angegeben werden und ist im ersten Tableau von Rechenschema 2 abzulesen. Diese zulässige Basislösung ist aber für keinen Wert von t optimal. Dazu müßte $-4 - 2t \geqq 0$ und $-3 + t \geqq 0$ gelten. Diese Ungleichungen führen zu den Bedingungen $t \leqq -2$ und $t \geqq 3$, die durch keinen Wert von t gemeinsam befriedigt werden. Die zulässige Basislösung erfüllt damit nicht die Voraussetzung, bezüglich eines Wertes von t optimal zu sein.

Wir führen einen gewöhnlichen Simplexschritt aus, um zu einer für $t = t_0$ optimalen zulässigen Basislösung zu gelangen. Der Wert t_0 braucht dabei nicht näher fixiert zu werden. Lediglich zur Auswahl der Pfeilspalte benötigen wir eine Vorgabe von t_0. Für $t_0 = 0$ wird die erste Spalte zur Pfeilspalte. Der weitere Rechenprozeß entspricht dem üblichen Vorgehen der gewöhnlichen Simplexmethode.

Man erkennt, daß die zulässige Basislösung des zweiten Tableaus etwa für $t = 1$ optimal ist. Damit haben wir eine zulässige Basislösung gefunden, die den Voraussetzungen unseres Lösungsverfahrens genügt. Das zweite Tableau wird um zwei Zeilen zur Ermittlung des charakteristischen Bereiches der Ausgangsoptimallösung erweitert. Da es in der Grundzeile keine negativen Koeffizienten von t gibt, sind keine Einschränkungen für die Parameterwahl nach oben zu finden. Folglich haben wir $t_{s+1} = +\infty$ zu setzen und $+\infty$ in der Spalte x_0 der zweiten Zusatzzeile zu notieren. Zur Berechnung von t_s entsprechend (10) bilden wir die Quotienten

$$-\frac{-\frac{1}{3}}{\frac{7}{3}} = \frac{1}{7}, \quad -\frac{\frac{4}{3}}{\frac{2}{3}} = -2.$$

Der maximale Quotient ist $\frac{1}{7}$. Für $t = \frac{1}{7}$ wird der Ausdruck in der Spalte x_2 der Grundzeile gleich Null, so daß diese Spalte die neue Pfeilspalte ist. Daran schließt sich ein Rechenschritt der gewöhnlichen Simplexmethode an.

Im dritten Tableau benötigen wir nur noch eine Zusatzzeile zur Berechnung von t_s nach (10). Da es in der Grundzeile lediglich einen positiven Koeffizienten von t gibt, bestimmt dieser auch das gesuchte Maximum.

Der erläuterte Rechenprozeß kann fortgesetzt werden. Im fünften Tableau gibt es keinen positiven Koeffizienten von t, so daß $t_s = -\infty$ zu setzen ist. Da für die Ausgangsoptimallösung $t_{s+1} = +\infty$ war, ist der Lösungsprozeß beendet. Wir haben für jeden Parameterwert t eine Lösung gefunden und die charakteristischen Punkte

$$t_1 = -\frac{9}{7},\ t_2 = -\frac{1}{3},\ t_3 = \frac{1}{7}$$

ermittelt. Der Zulässigkeitsbereich und die charakteristischen Bereiche sind in Abb. 5 veranschaulicht. Die Optimallösungen der einzelnen charakteristischen

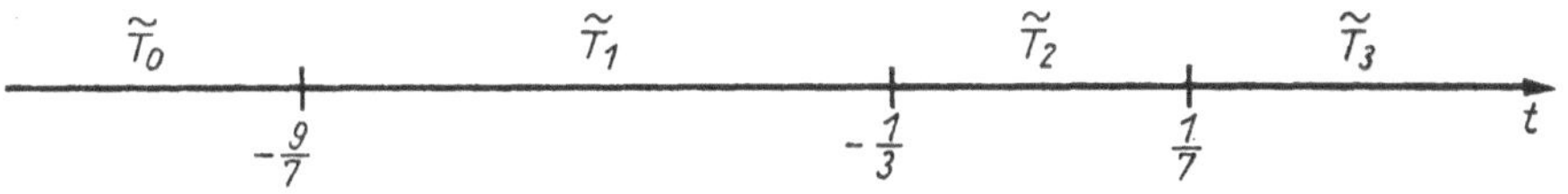

Abb. 5

Tabelle 1:

Charakteristischer Bereich	Optimallösung	Optimaler Wert der Zielfunktion
$-\infty < t \leqq -\frac{9}{7}$	$x_1 = 0,\ x_2 = 5,\ x_3 = 2,\ x_4 = 8,\ x_5 = 0$	$15 - 5t$
$-\frac{9}{7} \leqq t \leqq -\frac{1}{3}$	$x_1 = 3,\ x_2 = 4,\ x_3 = 0,\ x_4 = 1,\ x_5 = 0$	$24 + 2t$
$-\frac{1}{3} \leqq t \leqq \frac{1}{7}$	$x_1 = 4,\ x_2 = 3,\ x_3 = 0,\ x_4 = 0,\ x_5 = 2$	$25 + 5t$
$\frac{1}{7} \leqq t < +\infty$	$x_1 = 6,\ x_2 = 0,\ x_3 = 1,\ x_4 = 0,\ x_5 = 9$	$24 + 12t$

Bereiche sowie der Optimalwert der Zielfunktion sind in Tabelle 1 zusammengestellt. Die Abhängigkeit des optimalen Wertes der Zielfunktion vom Parameter t ist in Abb. 6 dargestellt. Die Werte der Modellvariablen x_1, x_2 in den charakteristischen Bereichen sind in den Abbildungen 7 und 8 graphisch veranschaulicht.

Bereits in VIII.4.1 haben wir gesehen, daß die Variation von Koeffizienten der Zielfunktion als Drehung der Zielfunktionsgeraden (im zweidimensionalen Raum) interpretiert werden kann. Das führt uns zu einer geometrischen Interpretation der betrachteten Aufgabenstellung der parametrischen Optimierung, die wir für unser Beispiel erläutern wollen. In Abb. 9 (vgl. mit Abb. 10 von Kap. I) ist der Bereich der zulässigen Lösungen wiedergegeben. Für jeden Parameterwert t_s, der einem charakteristischen Punkt entspricht, erhalten wir eine Zielfunktions-

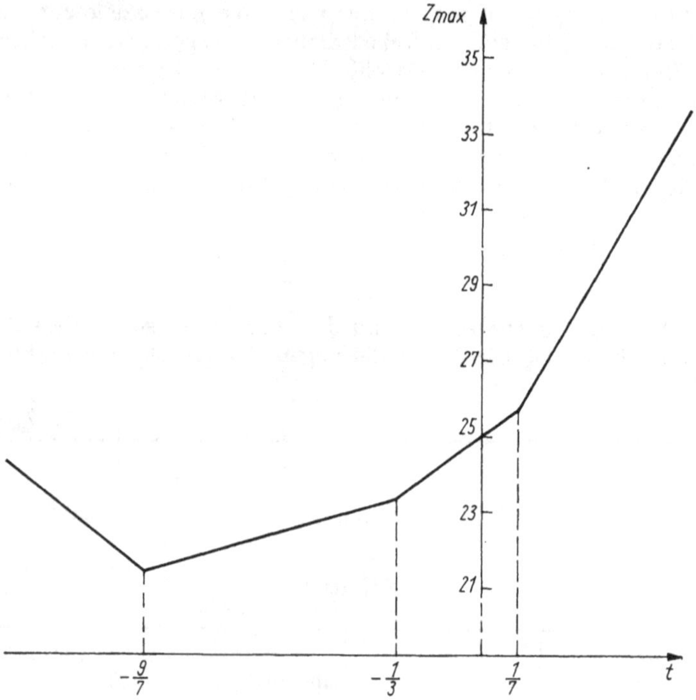

Abb. 6

gerade, die zu einer Begrenzungsgeraden parallel ist:

$$t = -\frac{9}{7}: \quad Z = \frac{10}{7} x_1 + \frac{30}{7} x_2$$

$$t = -\frac{1}{3}: \quad Z = \frac{10}{3} x_1 + \frac{10}{3} x_2$$

$$t = \frac{1}{7}: \quad Z = \frac{30}{7} x_1 + \frac{20}{7} x_2 .$$

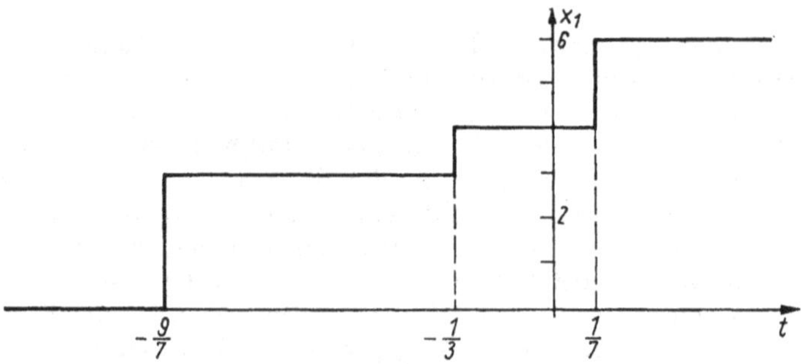

Abb. 7

Diese Geraden sind in Abb. 9 ausgezogen eingezeichnet (parallelverschoben), ebenso der Anstieg der Grenzgeraden für $t = -\infty$ und $t = +\infty$. Außerdem sind noch einige Zielfunktionsgeraden ohne Angabe des Parameterwertes gestrichelt eingezeichnet, um die „Drehung“ der Zielfunktionsgeraden besser zu verdeutlichen.

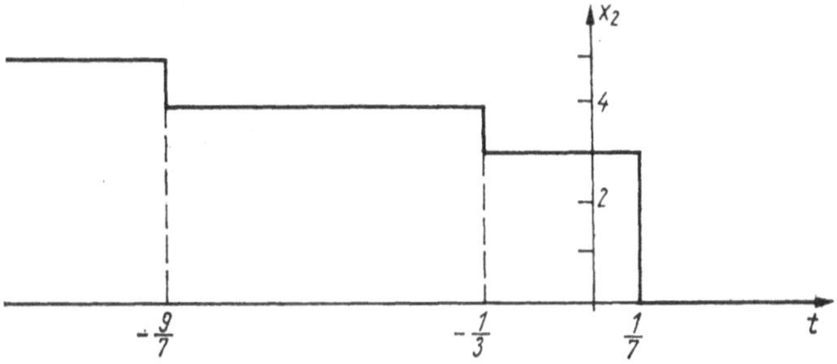

Abb. 8

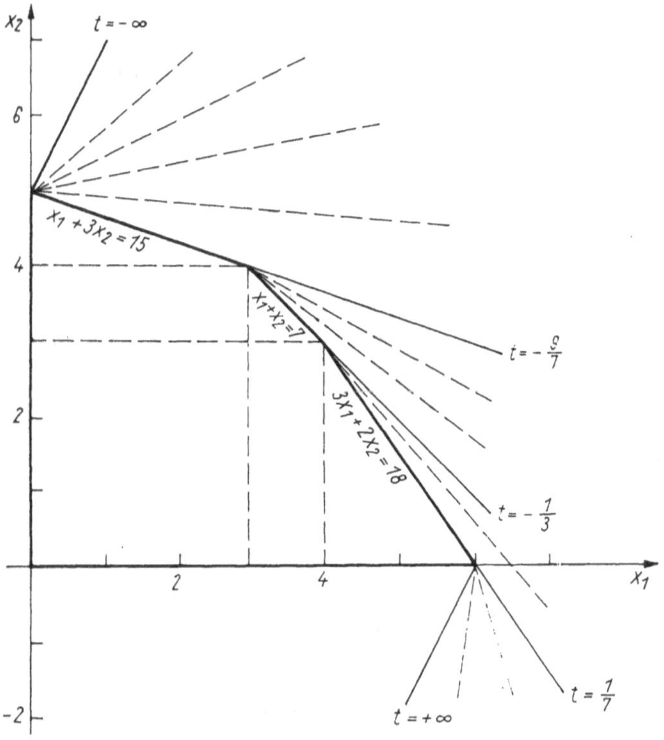

Abb. 9

1.7. Ergänzungen. Zum Abschluß unserer Betrachtungen über die Lösung der parametrischen linearen Optimierungsaufgabe (4) geben wir noch einige Ergänzungen:

1. Darf der Parameter t nicht, wie in (5), beliebige reelle Werte durchlaufen, sondern ist er etwa durch eine Schrankengleichung

$$t^{(1)} \leqq t \leqq t^{(2)}$$

eingegrenzt, treten im Lösungsalgorithmus (siehe Abb. 4) an die Stelle der Entscheidungen $t_s = -\infty$? und $t_{s+1} = +\infty$? die Entscheidungen $t_s \leqq t^{(1)}$? und $t_{s+1} \geqq t^{(2)}$?.

2. Der optimale Wert der Zielfunktion ist nach Satz 5 eine stückweise lineare und stetige Funktion von t (vgl. Abb. 6 für unser Beispiel). Bisweilen sucht man nur das Minimum dieser Funktion, das zwangsläufig mindestens in einem charakteristischen Pnukt angenommen wird $\left(\text{in unserem Beispiel für } t = -\frac{9}{7}\right)$. Es läßt sich zeigen, daß der optimale Wert der Zielfunktion auch eine konvexe Funktion von t ist (zum Begriff der konvexen Funktion sei auf Bd. 1 verwiesen). Daher braucht man den Lösungsprozeß nur in Richtung fallender Optimalwerte fortzusetzen und kann ihn abbrechen, wenn die Optimalwerte wieder anwachsen.

3. Die entwickelte Methode gestattet natürlich auch eine Stabilitätsanalyse (vgl. VIII.4.1) bezüglich eines Koeffizienten der Zielfunktion. Der Parameter t (in VIII.4.1 mit Δc_l bezeichnet) wird zu dem Koeffizienten addiert, hinsichtlich dessen die Stabilitätsuntersuchung gemacht werden soll. Bei dieser Aufgabenstellung kann angenommen werden, daß das parametrische Optimierungsproblem für $t = 0$ lösbar ist. Der Lösungsprozeß wird abgebrochen, wenn der charakteristische Bereich der Ausgangsoptimallösung ermittelt ist. Allerdings paßt sich das Vorgehen von VIII.4.1 dieser Aufgabenstellung besser an.

§ 2. Lineare Abhängigkeit des Beschränkungsvektors von einem Parameter

2.1. Problemstellung. Bei dieser Grundaufgabe der parametrischen Optimierung haben wir das Maximum der Zielfunktion

$$Z = c_1 x_1 + c_2 x_2 + \cdots + c_n x_n$$

unter den Nebenbedingungen

$$\begin{aligned} a_{11}x_1 + a_{12}x_2 + \cdots + a_{1n}x_n &= b_{01} + b_{11}t \\ a_{21}x_1 + a_{22}x_2 + \cdots + a_{2n}x_n &= b_{02} + b_{12}t \\ \cdots\cdots\cdots\cdots\cdots\cdots\cdots\cdots\cdots\cdots\cdots \\ a_{m1}x_1 + a_{m2}x_2 + \cdots + a_{mn}x_n &= b_{0m} + b_{1m}t \end{aligned}$$

und Nichtnegativitätsbedingungen

$$x_i \geqq 0, \quad i = 1, 2, \ldots, n$$

zu bestimmen. Dafür schreiben wir kurz

$$\max\{c'x \mid Ax = b_0 + b_1 t, x \geqq 0\}. \tag{12}$$

Die vorgelegte Aufgabe, bei der nur der Beschränkungsvektor von einem Parameter t abhängt, gehört zu den einfachsten und am weitesten untersuchten Problemstellungen der parametrischen Optimierung. Das Problem (12) kann durch Übergang zum Dualproblem auf die in § 1 behandelte Aufgabe überführt werden (es ist aber das Minimum der Zielfunktion zu suchen). Wir verzichten jedoch auf diesen Übergang zum Dualproblem und organisieren einen Lösungsprozeß, der auf der dualen Simplexmethode aufbaut. Infolge der engen Beziehung zwischen den beiden Aufgaben ergibt sich eine große Ähnlichkeit des Vorgehens, so daß wir uns jetzt kürzer fassen können. Hinsichtlich der Parameterwahl werden die gleichen Annahmen wie in 1.1 gemacht.

2.2. Grundlegende Aussagen. Bei der zu untersuchenden Aufgabe der parametrischen Optimierung ist der Bereich der zulässigen Lösungen vom Parameter t abhängig. Im Simplextableau können sämtliche Zahlen der Spalte x_0, also die Werte der Basisvariablen und der Wert der Zielfunktion, lineare Funktionen des Parameters t

$$d_{i0}^{(1)} + d_{i0}^{(2)} t, \quad i = 1, 2, \ldots, m + 1, \; t \in T$$

sein. Gegebenenfalls kann man an Stelle einer Spalte x_0 zwei Spalten einführen, von denen die eine die Zahlen $d_{i0}^{(1)}$ und die andere die Koeffizienten $d_{i0}^{(2)}$ enthält.

Ist eine dual zulässige Basislösung für einen Wert $t = t_0$ primal zulässig, so muß sie auch für alle $t \in T$, für die

$$d_{i0}^{(1)} + d_{i0}^{(2)} t \geqq 0 \quad \text{für alle } i = 1, 2, \ldots, m \tag{13}$$

gilt, primal zulässig sein. Das maximale Intervall, in dem (13) erfüllt ist, bezeichnen wir wieder mit

$$t_s \leqq t \leqq t_{s+1} \tag{14}$$

und nennen es charakteristischen Bereich. Die Endpunkte t_s und t_{s+1} heißen charakteristische Punkte. Die optimale Basis bleibt für jeden Wert t aus (14) optimal. Ein Überschreiten des charakteristischen Bereiches führt zu einer Änderung der optimalen Basis, oder die Aufgabe wird unlösbar.

Die charakteristischen Punkte können aus der Bedingung (13) ermittelt werden. Es ist

$$t \geqq -\frac{d_{i0}^{(1)}}{d_{i0}^{(2)}} \quad \text{für } d_{i0}^{(2)} > 0,$$

$$t \leqq -\frac{d_{i0}^{(1)}}{d_{i0}^{(2)}} \quad \text{für } d_{i0}^{(2)} < 0,$$

so daß wir mit $I = \{1, 2, \ldots, m\}$

$$t_s = \max_{\substack{i \in I \\ d_{i0}^{(2)} > 0}} \left\{ -\frac{d_{i0}^{(1)}}{d_{i0}^{(2)}} \right\}, \tag{15}$$

$$t_{s+1} = \min_{\substack{i \in I \\ d_{i0}^{(2)} < 0}} \left\{ -\frac{d_{i0}^{(1)}}{d_{i0}^{(2)}} \right\} \tag{16}$$

finden. Gibt es keine $d_{i0}^{(2)} > 0$, setzen wir wieder $t_s = -\infty$. Ebenso ist $t_{s+1} = +\infty$, wenn keine $d_{i0}^{(2)} < 0$ vorliegen.

Die Sätze 1 bis 6 von 1.2 behalten für die Aufgabe (12) Gültigkeit, wenn man sich die Optimallösungen eines charakteristischen Bereiches durch ihre optimale Basis beschrieben denkt. Der optimale Wert der Zielfunktion kann als konkave Funktion von t nachgewiesen werden.

Hinsichtlich der Ausartung gelten für die parametrische lineare Optimierungsaufgabe (12) die Aussagen von 1.4. Insbesondere bleiben auch die Sätze 7 und 8 bestehen.

Man kann zeigen, daß nur dann ein Zulässigkeitsbereich $T = (-\infty, +\infty)$ möglich ist, wenn keine Komponente des Beschränkungsvektors vom Parameter t abhängt.

2.3. Beschreibung des Lösungsalgorithmus. Wir setzen analog zu 1.5 voraus, daß der Bereich der zulässigen Lösungen für $t = t_0$ nicht leer und für $t = t_0$ eine optimale Lösung vorgegeben ist. Gerade bei Anwendungsproblemen wird meist für $t = 0$ eine Optimallösung existieren, da man durch die parametrische Optimierung die Auswirkung von Änderungen der Kapazitäten gegenüber einem bestehenden Beschränkungsvektor untersuchen will. Ist das jedoch nicht der Fall, kann man das zu 1.3 analoge Vorgehen unter Verwendung der dualen Simplexmethode beschreiten.

Für die Ausgangsoptimallösung berechnen wir zunächst den charakteristischen Bereich. Dazu wird das Simplextableau um zwei Spalten erweitert, in die wir die jeweiligen Quotienten von (15) bzw. (16) eintragen. In der Grundzeile dieser Spalten wird t_s bzw. t_{s+1} vermerkt.

Ist t_s ein endlicher Parameterwert, muß wenigstens eine Komponente $d_{i0}^{(1)} + d_{i0}^{(2)}t$, $i \in I$, $d_{i0}^{(2)} > 0$ für $t = t_s$ gleich Null werden. Für $t < t_s$ wird die primale Zulässigkeit der Basislösung in diesen Zeilen verletzt. Daher machen wir eine dieser Zeilen zur Pfeilzeile. Gibt es in der Pfeilzeile keine negativen Zahlen, ist die Aufgabe für $t < t_s$ unlösbar. Anderenfalls wird der Prozeß der dualen Simplexmethode fortgesetzt. Zur Berechnung des neuen charakteristischen Punktes t_s entsprechend (15) braucht das Simplextableau nur noch um eine Spalte erweitert zu werden.

Der in Abb. 4 veranschaulichte Ablauf des Lösungsprozesses bleibt mit folgenden Veränderungen erhalten:

1. Für Pfeilspalte ist Pfeilzeile zu schreiben.
2. Die Entscheidung über Unlösbarkeit für $t < t_s$ und $t > t_{s+1}$ erfolgt über das Vorliegen negativer Zahlen in der Pfeilzeile.
3. Der Lösungsprozeß wird mittels der dualen Simplexmethode fortgesetzt.

2.4. Beispiel. Wir betrachten die parametrische lineare Optimierungsaufgabe

$$Z = 4x_1 + 3x_2 \quad \max.$$

$$\begin{aligned} x_1 + x_2 + x_3 \qquad &= 7 + t \\ 3x_1 + 2x_2 \qquad + x_4 \quad &= 18 - t \\ x_1 + 3x_2 \qquad\qquad + x_5 &= 15 + 2t \end{aligned}$$

$$x_i \geqq 0,\ i = 1, 2, \ldots, 5$$

für beliebige Wahl des Parameters t. Ausgehend von einer ersten Basislösung bestimmen wir zunächst mittels der gewöhnlichen Simplexmethode eine dual zulässige Basislösung. Dabei wird zur Berechnung der Q-Spalte $t = 0$ angenommen.

Die Basislösung des dritten Tableaus von Rechenschema 3 ist dual zulässig und für $t = 0$ auch primal zulässig. Daher haben wir ein geeignetes Ausgangstableau für unseren Lösungsprozeß gefunden. Zur Berechnung des charakteristischen Bereiches wird das dritte Tableau um zwei Spalten erweitert. Entsprechend (15), (16) berechnen wir die Quotienten

$$-\frac{3}{4} \text{ und } -\frac{4}{-3} = \frac{4}{3}, -\frac{2}{-7} = \frac{2}{7}$$

Rechenschema 3:

	BV	x_1	x_2	x_3	x_4	x_5	x_0	Q	$-\uparrow$		
	x_3	1	1	1	0	0	$7+t$	7	-1		
←	x_4	(3)	2	0	1	0	$18-t$	6			
	x_5	1	3	0	0	1	$15+2t$	15	-1		
	*	$-4\uparrow$	-3	$\underline{0}$	$\underline{0}$	$\underline{0}$	0	*	4		
←	x_3	0	$\left(\frac{1}{3}\right)$	1	$-\frac{1}{3}$	0	$1+\frac{4}{3}t$	3			
→	x_1	1	$\frac{2}{3}$	0	$\frac{1}{3}$	0	$6-\frac{1}{3}t$	9	$-\frac{2}{3}$		
	x_5	0	$\frac{7}{3}$	0	$-\frac{1}{3}$	1	$9+\frac{7}{3}t$	$\frac{27}{7}$	$-\frac{7}{3}$		
	*	$\underline{0}$	$-\frac{1}{3}\uparrow$	$\underline{0}$	$\frac{4}{3}$	$\underline{0}$	$24-\frac{4}{3}t$	*	$\frac{1}{3}$		
⇆	x_2	0	1	3	(-1)	0	$3+4t\uparrow$	╳		$-\frac{3}{4}$	
	x_1	1	0	-2	1	0	$4-3t$	╳	-1		$\frac{4}{3}$
⇐	x_5	0	0	$((-7))$	2	1	$2-7t\Uparrow$	╳	-2		$\frac{2}{7}$
	*	$\underline{0}$	$\underline{0}$	1	1	$\underline{0}$	25	*	-1	$-\frac{3}{4}$	$\frac{2}{7}$
	Q				-1		*	*	*		
	Q			$-\frac{1}{7}$			*	*	*		

Rechenschema 3 (Fortsetzung):

	BV	x_1	x_2	x_3	x_4	x_5	x_0	Q	$-\uparrow$	
→	x_4	0	−1	−3	1	0	$-3-4t$		−3	
←	x_1	1	1	1	0	0	$7+t\uparrow$		2	−7
	x_5	0	2	−1	0	1	$8+t$			−8
	*	$\underline{0}$	1	4	$\underline{0}$	$\underline{0}$	$28+4t$	*	−1	−7
	Q						*	*	*	
	x_2	0	1	0	$-\frac{1}{7}$	$\frac{3}{7}$	$\frac{27}{7}+t$		$-\frac{3}{7}$	
←	x_1	1	0	0	$\frac{3}{7}$	$\left(-\frac{2}{7}\right)$	$\frac{24}{7}-t\uparrow$			$\frac{24}{7}$
⇒	x_3	0	0	1	$-\frac{2}{7}$	$-\frac{1}{7}$	$-\frac{2}{7}+t$		$\frac{1}{7}$	
	*	$\underline{0}$	$\underline{0}$	$\underline{0}$	$\frac{9}{7}$	$\frac{1}{7}$	$\frac{177}{7}-t$	*	$-\frac{1}{7}$	$\frac{24}{7}$
	Q					$-\frac{1}{2}$	*	*	*	
←	x_2	$\frac{3}{2}$	1	0	$\frac{1}{2}$	0	$9-\frac{1}{2}t\uparrow$			18
→	x_5	$-\frac{7}{2}$	0	0	$-\frac{3}{2}$	1	$-12+\frac{7}{2}t$			
	x_3	$-\frac{1}{2}$	0	1	$-\frac{1}{2}$	0	$-2+\frac{3}{2}t$			
	*	$\frac{1}{2}$	$\underline{0}$	$\underline{0}$	$\frac{3}{2}$	$\underline{0}$	$27-\frac{3}{2}t$	*		18
	Q						*	*	*	

und tragen sie in die Zusatzspalten ein. Der maximale Quotient der ersten Zusatzspalte ist natürlich $-\frac{3}{4}$, der minimale Quotient der zweiten Zusatzspalte $\frac{2}{7}$. Damit haben wir den charakteristischen Bereich

$$-\frac{3}{4} \leqq t \leqq \frac{2}{7}$$

der Ausgangsoptimallösung gefunden.

Für $t = -\frac{3}{4}$ wird die Zahl in der ersten Zeile der Spalte x_0 gleich Null. Daher machen wir die erste Zeile zur Pfeilzeile und schließen einen Schritt der dualen Simplexmethode an.

Im vierten Tableau benötigen wir zur Berechnung von t_s nur noch eine Zusatzspalte. Wir finden $t_s = -7$, so daß die zweite Zeile zur Pfeilzeile wird. In der Pfeilzeile gibt es aber keine negativen Zahlen. Die Aufgabe ist also für $t < -7$ unlösbar.

Den weiteren Rechenprozeß für $t \geqq t_{s+1} = \frac{2}{7}$ haben wir wieder an das Ausgangsoptimaltableau, also an das dritte Tableau, anzuschließen. Für $t = \frac{2}{7}$ ergibt sich die dritte Zeile als Pfeilzeile (zur Unterscheidung Doppelpfeil). Zur Berechnung der Pfeilspalte dient die zweite Q-Zeile des dritten Tableaus. Das entsprechende Element der Pfeilzeile wird durch einen Doppelkreis eingerahmt. Die Zahlen der $-\uparrow$ Spalte schreiben wir in das vierte Tableau. Durch einen dualen Simplexschritt ergeben sich die Zahlen des fünften Tableaus. Wir finden den neuen charakteristischen Punkt $t_{s+1} = \frac{24}{7}$ und schließen einen weiteren dualen Simplexschritt an.

Tabelle 2:

Charakteristischer Bereich	Optimallösung	Optimaler Wert der Zielfunktion
$-7 \leqq t \leqq -\frac{3}{4}$	$x_1 = 7 + t,\ x_2 = 0,\ x_3 = 0,\ x_4 = -3 - 4t,\ x_5 = 8 + t$	$28 + 4t$
$-\frac{3}{4} \leqq t \leqq \frac{2}{7}$	$x_1 = 4 - 3t,\ x_2 = 3 + 4t,\ x_3 = 0,\ x_4 = 0,\ x_5 = 2 - 7t$	25
$\frac{2}{7} \leqq t \leqq \frac{24}{7}$	$x_1 = \frac{24}{7} - t,\ x_2 = \frac{27}{7} + t,\ x_3 = -\frac{2}{7} + t,\ x_4 = 0,\ x_5 = 0$	$\frac{177}{7} - t$
$\frac{24}{7} \leqq t \leqq 18$	$x_1 = 0, x_2 = 9 - \frac{1}{2}t, x_3 = -2 + \frac{3}{2}t, x_4 = 0, x_5 = -12 + \frac{7}{2}t$	$27 - \frac{3}{2}t$

Dem sechsten Tableau entnehmen wir den neuen charakteristischen Punkt $t_{s+1} = 18$. In der Pfeilzeile (erste Zeile) gibt es jedoch keine negative Zahl. Daher ist die Aufgabe für $t > 18$ unlösbar.

Wir haben die charakteristischen Punkte

$$t_1 = -7, t_2 = -\frac{3}{4}, t_3 = \frac{2}{7}, t_4 = \frac{24}{7}, t_5 = 18$$

berechnet. Der Zulässigkeitsbereich und die charakteristischen Bereiche sind in Abb. 10 veranschaulicht. Die ermittelten Ergebnisse sind in Tabelle 2 zusammengestellt. Die Abhängigkeit des Optimalwertes der Zielfunktion von t ist in Abb. 11 dargestellt. Die Werte der Modellvariablen x_1, x_2 in den charakteristischen Bereichen sind in den Abbildungen 12 und 13 graphisch veranschaulicht.

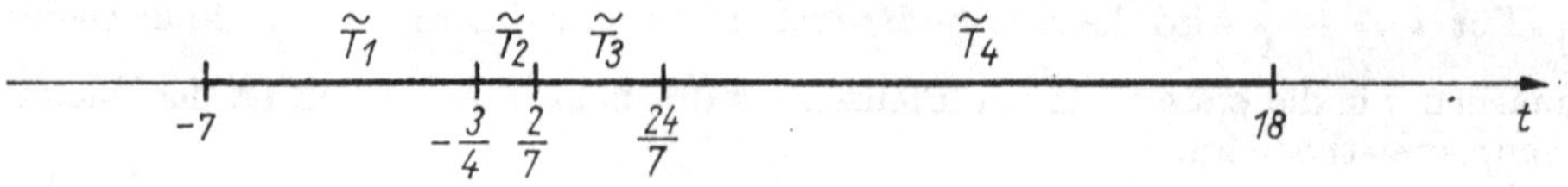

Abb. 10

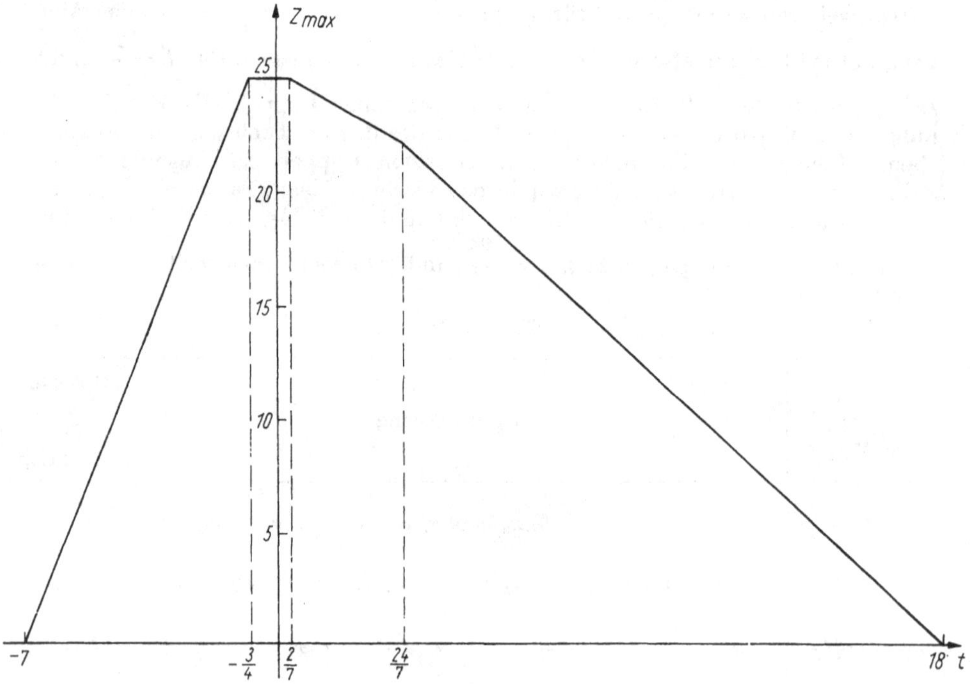

Abb. 11

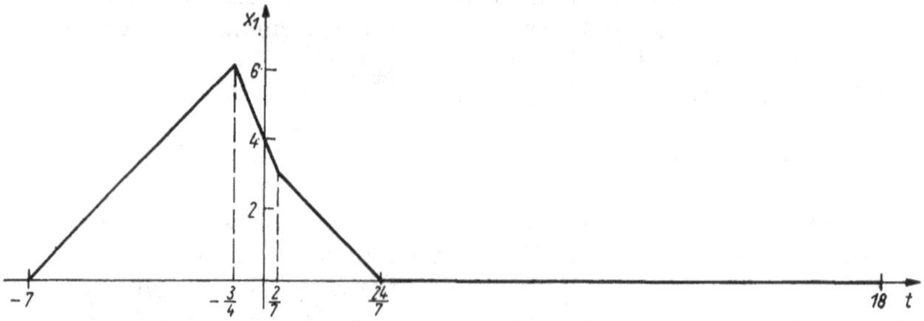

Abb. 12

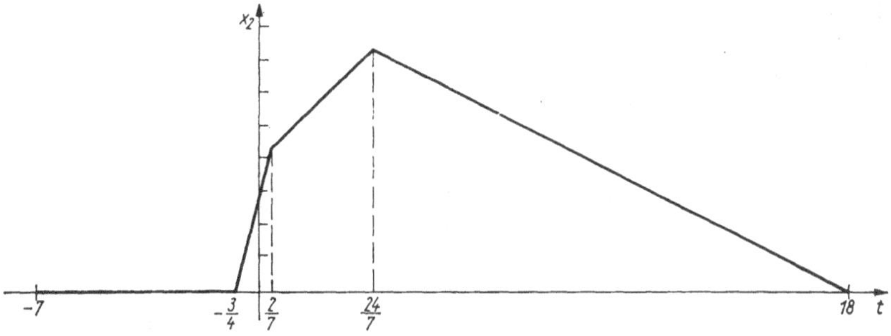

Abb. 13

§ 3. Das allgemeine Problem der einparametrischen linearen Optimierung

Mit wesentlich komplizierteren Verhältnissen haben wir es zu tun, wenn sämtliche Daten einer linearen Optimierungsaufgabe linear von einem Parameter t abhängen können. Dann ist das Maximum der Zielfunktion

$$Z = (c_{01} + c_{11}t)\,x_1 + (c_{02} + c_{12}t)x_2 + \cdots + (c_{0n} + c_{1n}t)x_n$$

unter den Nebenbedingungen

$$\begin{aligned}
(a_{11} + d_{11}t)x_1 + (a_{12} + d_{12}t)x_2 + \cdots + (a_{1n} + d_{1n}t)x_n &= b_{01} + b_{11}t \\
(a_{21} + d_{21}t)x_1 + (a_{22} + d_{22}t)x_2 + \cdots + (a_{2n} + d_{2n}t)x_n &= b_{02} + b_{12}t \\
\cdots\cdots\cdots\cdots\cdots\cdots\cdots\cdots\cdots\cdots\cdots\cdots \\
(a_{m1} + d_{m1}t)x_1 + (a_{m2} + d_{m2}t)x_2 + \cdots + (a_{mn} + d_{mn}t)x_n &= b_{0m} + b_{1m}t
\end{aligned}$$

und Nichtnegativitätsbedingungen

$$x_i \geqq 0, \quad i = 1, 2, \ldots, n$$

zu bestimmen, wofür wir kurz

$$\max\{(c_0' + c_1't)x \,|\, (A + tD)x = b_0 + b_1t,\ x \geqq 0\} \tag{17}$$

schreiben.

Für die vorgelegte parametrische Optimierungsaufgabe gibt es einen recht leistungsfähigen Lösungsalgorithmus, der sehr übersichtlich bei Dinkelbach [18] beschrieben ist (hinsichtlich maschineller Bedingungen beachte auch [62]). Von Saaty [73] wurde bereits 1959 ein Lösungsverfahren für derartige Aufgaben mit zwei Variablen und zwei Nebenbedingungen angegeben. Daran anknüpfend hat Ritter [71] ein Vorgehen entwickelt, das sich als Spezialfall eines Problems der parametrischen nichtlinearen Optimierung (quadratische Optimierung) ergibt und in seiner praktischen Anwendung nicht so übersichtlich und leistungsfähig ist.

Der Fall der linearen Abhängigkeit nur der Elemente der Matrix der Nebenbedingungen von einem Parameter führt zu keinen theoretischen und numerischen Vereinfachungen. Parametrische Optimierungsaufgaben mit einem linearen Parameter in einer oder in mehreren Spalten der Matrix der Nebenbedingungen (einschließlich der zugehörigen Zielfunktionskoeffizienten) werden u. a. in [77] und [28] untersucht. WILLNER [86] läßt beliebige Dyaden als Änderungen der Matrix der Nebenbedingungen zu. Der Vorteil dieses übersichtlichen Lösungsalgorithmus liegt in der Verwendung einer sekundären Zielfunktion, die für Parameterintervalle ohne zulässige Lösung in Kraft tritt. Dieses Vorgehen ermöglicht eine sehr genaue Festlegung der Grenzen zwischen den Bereichen mit zulässiger Lösung und denen mit Widersprüchlichkeit des Systems der Nebenbedingungen. Die Abhängigkeit sowohl der Zielfunktion als auch des Beschränkungsvektors von einem Parameter t wird in [28] betrachtet.

Wir verzichten auf die Angabe eines allgemeinen Lösungsalgorithmus für die Aufgabe (17) und beschränken uns darauf, einige Besonderheiten und Komplikationen zu beschreiben. Dazu orientieren wir uns an dem von DINKELBACH [18] angeführten Beispiel

$$
\begin{aligned}
Z &= -2x_1 + x_2 \quad \max. \\
x_1 &+ t x_2 \leqq 2 \\
x_1 &+ (1+t)\, x_2 \geqq 1 \\
&x_1, x_2 \geqq 0.
\end{aligned}
$$

Der Parameter t darf dabei das Intervall $-5 \leqq t \leqq 5$ durchlaufen. Nach Überführung in die Normalform ergibt sich

$$
\begin{aligned}
Z &= -2x_1 + x_2 \quad \max. \\
x_1 &+ t x_2 + x_3 = 2 \\
x_1 &+ (1+t)\, x_2 - x_4 + x_5 = 1 \\
&x_i \geqq 0,\ i = 1, 2, \ldots, 5.
\end{aligned}
$$

x_5 ist eine künstliche Variable. Bei Anwendung der Zweiphasenmethode von III.4 haben wir zunächst die Hilfsaufgabe mit der Zielfunktion

$$\tilde{Z} = -x_5 = -1 - (-x_1 - (1+t)\, x_2 + x_4)$$

zu betrachten, deren Daten in das Ausgangstableau von Rechenschema 4 eingetragen sind. Wir versuchen, die Aufgabe für $t = t_0 = -5$ zu lösen. Im zweiten Tableau ist die künstliche Variable x_5 nicht mehr Basisvariable und der maximale Wert der Zielfunktion $\tilde{Z}$ gleich Null. Die erste Phase ist abgeschlossen. Das Ausgangstableau für den weiteren Simplexprozeß (Tableau 3) ist fett eingerahmt. Die erhaltene zulässige Basislösung ist für $t \leqq -\frac{3}{2}$, also auch für $-5 \leqq t \leqq -\frac{3}{2} = t_1$, optimal.

Wir betrachten nun Werte $t > t_1$. In der Spalte x_2 stehen die Ausdrücke

$$d_{12} = -1,\ d_{22} = 1 + t,$$

die für $-\frac{3}{2} < t < -1$ beide negativ sind. Damit enthält die Pfeilspalte nur negative Zahlen, so daß die Aufgabe für derartige Werte von t unlösbar sein muß. Dagegen läßt sich für $t > -1$ ein Simplexschritt ausführen, der uns das vierte Tableau liefert. Dieses Tableau ist jedoch für $t > -1$ nicht optimal, und wir

Rechenschema 4:

	BV	x_1	x_2	x_3	x_4	x_5	x_0	Q	$-\uparrow$
	x_3	1	t	1	0	0	2	2	-1
←	x_5	$\boxed{1}$	$1+t$	0	-1	1	1	1	
	Z	2	-1	0	0	0	0	*	-2
	Z	$-1\uparrow$	$-1-t$	$\underline{0}$	1	$\underline{0}$	-1	*	1
	x_3	0	-1	1	1	-1	1		
→	x_1	1	$1+t$	0	-1	1	1		
	Z	0	$-3-2t$	0	2	-2	-2	*	
	Z	$\underline{0}$	0	$\underline{0}$	0	1	1	*	
	x_3	0	-1	1	1		1		1
←	x_1	1	$\boxed{1+t}$	0	-1		1	$\frac{1}{1+t}$	
	*	$\underline{0}$	$-3-2t\uparrow$	$\underline{0}$	2		-2	*	$3+2t$
←	x_3	$\frac{1}{1+t}$	0	1	$\boxed{\frac{t}{1+t}}$		$\frac{2+t}{1+t}$	$\frac{2+t}{t}$	
→	x_2	$\frac{1}{1+t}$	1	0	$\frac{-1}{1+t}$		$\frac{1}{1+t}$		$\frac{1}{1+t}$
	*	$\frac{3+2t}{1+t}$	$\underline{0}$	$\underline{0}$	$\frac{-1}{1+t}\uparrow$		$\frac{1}{1+t}$	*	$\frac{1}{1+t}$
→	x_4	$\frac{1}{t}$	0	$\frac{1+t}{t}$	1		$\frac{2+t}{t}$		
	x_2	$\frac{1}{t}$	1	$\frac{1}{t}$	0		$\frac{2}{t}$		
	*	$\frac{1+2t}{t}$	$\underline{0}$	$\frac{1}{t}$	$\underline{0}$		$\frac{2}{t}$	*	

schließen einen weiteren Simplexschritt an (x_4 Pfeilspalte). Die Pfeilspalte enthält für $t \leqq 0$ keine positiven Zahlen, so daß die Aufgabe sogar für $-\frac{3}{2} < t \leqq 0$ keine Lösung besitzen kann. Unter der Voraussetzung $t > 0$ ergibt sich das letzte Tableau, das für $t > 0$ optimal ist.

Die gelöste parametrische Optimierungsaufgabe besitzt damit für

$$-\frac{3}{2} < t \leqq 0$$

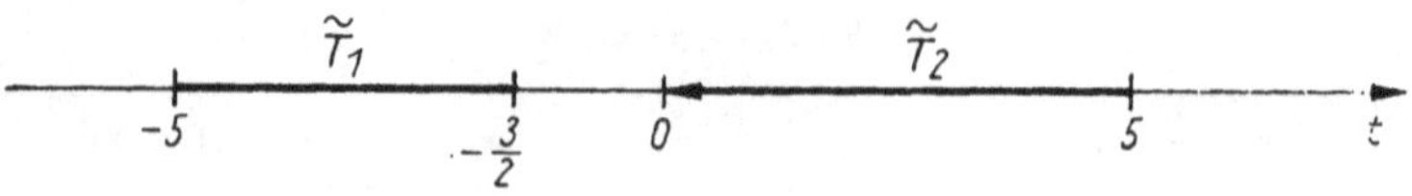

Abb. 14

keine Lösung. Die charakteristischen Bereiche sind in Abb. 14 veranschaulicht. Der bei $t = 0$ eingetragene Pfeil soll andeuten, daß dieser Wert nicht zum Zulässigkeitsbereich zu zählen ist. Die Abhängigkeit des Optimalwertes der Zielfunktion von t ist in Abb. 15 dargestellt. Die Werte der Modellvariablen werden in den Abbildungen 16 und 17 graphisch veranschaulicht. Die offensichtlich für $t = -\frac{3}{2}$ vorliegende mehrdeutige Lösbarkeit wird dabei nicht berücksichtigt.

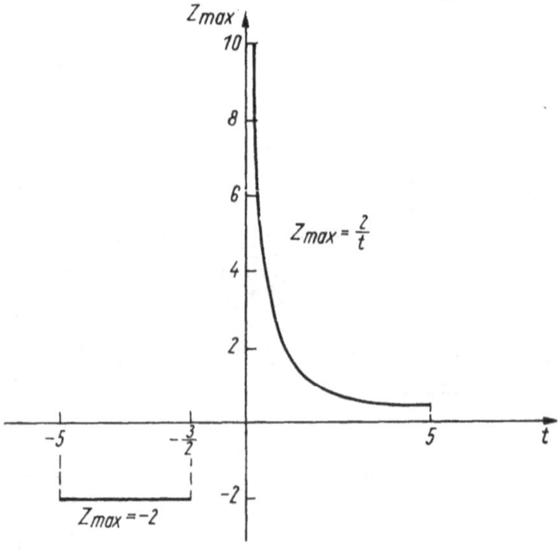

Abb.15

Diesem Beispiel lassen sich eine Reihe wichtiger Erkenntnisse entnehmen:

1. Der Zulässigkeitsbereich des Parameters t braucht nicht zusammenhängend zu sein. Jedes Lösungsverfahren für die Aufgabe (17) muß damit in der Lage sein, Intervalle, für die keine Lösung existiert, zu überspringen.
2. Die charakteristischen Bereiche brauchen keine abgeschlossenen Intervalle zu sein.

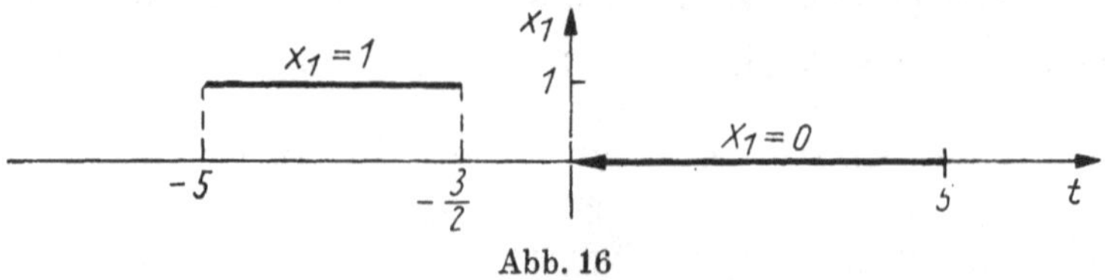

Abb. 16

3. Alle Zahlen des Simplextableaus sind rationale Funktionen des Parameters t, die natürlich auch konstant oder linear sein können. Insbesondere gilt das auch für den optimalen Wert der Zielfunktion und die Werte der optimalen zulässigen Basislösungen. Beim automatischen Rechnen treten dadurch gewisse Schwierigkeiten auf, weil Operationen mit rationalen Funktionen zu programmieren sind. Außerdem ist die Kenntnis der Nullstellen des Nennerpolynoms gewisser im Simplextableau auftretender rationaler Funktionen erforderlich.

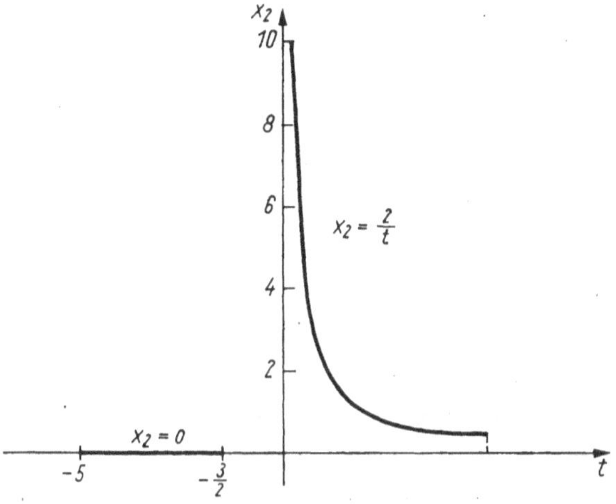

Abb. 17

4. Der optimale Wert der Zielfunktion kann als Funktion von t, wie aus 3. hervorgeht, auch nichtlineare Kurvenabschnitte enthalten. $Z_{\max}(t)$ ist weder notwendig konvex noch konkav, so daß die Suche nach einem Extremum nur durch vollständige Angabe der Funktion selbst beantwortet werden kann. Lediglich die Stetigkeit der Funktion $Z_{\max}(t)$ läßt sich allgemein nachweisen.

Diese Bemerkungen zeigen, daß das allgemeine Problem der einparametrischen linearen Optimierung wesentlich größere theoretische und vor allen Dingen auch numerische Anforderungen als die in den § 1 und § 2 behandelten Spezialfälle stellt.

§ 4. Ausblick auf weitere Problemstellungen der parametrischen Optimierung

Bisher haben wir lineare Abhängigkeiten der Daten einer linearen Optimierungsaufgabe von einem Parameter betrachtet. Das läßt Verallgemeinerungen in zwei Richtungen zu:

1. Nichtlineare Abhängigkeit der Daten von einem Parameter.
2. Abhängigkeit der Daten von mehreren Parametern.

Jedoch nehmen die Schwierigkeiten bei einer theoretischen Untersuchung derartig verallgemeinerter Problemstellungen der parametrischen Optimierung und vor allen Dingen bei einer praktikablen Anwendung außerordentlich stark zu. Daher wird man sich vielfach die Frage vorzulegen haben, ob es praktisch überhaupt sinnvoll ist, mit solchen Verallgemeinerungen zu arbeiten. Wir wollen nur als Ausblick einige weitere Problemstellungen der parametrischen Optimierung formulieren, ohne auf theoretische Aussagen oder Lösungsmöglichkeiten einzugehen.

Relativ wenige Untersuchungen beschäftigen sich mit *nichtlinearen Parameterabhängigkeiten*. So betrachtet REINSCHKE [70] die naheliegende Verallgemeinerung auf Polynomabhängigkeiten. Recht umfassende Ergebnisse werden von WEINERT [82] für die Aufgabe

$$\max \{c'(t)x \mid Ax = b,\ x \geqq 0\},$$

bei der $c(t)$ eine Vektorfunktion des Parameters t bezeichnet, hergeleitet.

In der *mehrparametrischen Optimierung* können die Daten von mehreren Parametern t_i abhängig sein. Dabei beschränken wir uns auf den Fall der linearen Abhängigkeit von zwei Parametern (lineare zweiparametrische Optimierung). Es ist augenfällig, daß bei der mehrparametrischen Optimierung die Schwierigkeiten bei der Anordnung der Lösungen zunehmen, so daß man zu geometrischen Hilfsmitteln greifen muß, die bei drei und mehr Parametern faktisch versagen.

Das allgemeine Problem der linearen zweiparametrischen Optimierung kann wie folgt formuliert werden

$$\max \{c_0' + c_1' t_1 + c_2' t_2)x \mid (A + t_1 D_1 + t_2 D_2)x = b_0 + b_1 t_1 + b_2 t_2,\ x \geqq 0\}. \quad (18)$$

Dabei unterscheiden wir zwei Fälle:

1. Die beiden Parameter t_1, t_2 können unabhängig voneinander variieren.
2. t_1 und t_2 sind abhängige Parameter.

Der zweite Fall steht in enger Beziehung zur nichtlinearen Parameterabhängigkeit.

Wir haben bereits in § 3 gesehen, welche Schwierigkeiten sich beim allgemeinen Problem der linearen einparametrischen Optimierung ergeben. Beim Problem (18) treten im Simplextableau rationale Funktionen der beiden Parameter t_1, t_2 auf. Der charakteristische Bereich wird nicht durch ein oder mehrere Intervalle, sondern durch ein Ungleichungssystem für die Parameter t_1, t_2 angegeben. Daher bedarf es erst eines rechnerischen oder zeichnerischen Nachweises, ob ein Parameterpaar (t_1, t_2) im charakteristischen Bereich liegt oder nicht. Hat man einen charakteristischen Bereich bestimmt, so wird die Suche nach weiteren charakteristischen Bereichen noch komplizierter. Es ist daher verständlich, daß bis heute weiterreichende Ergebnisse lediglich für folgende Spezialfälle von (18) erzielt wurden:

1. Nur die Zielfunktion hängt von zwei Parametern ab (siehe [18])
$$\max \{(c_0' + c_1' t_1 + c_2' t_2)x \mid Ax = b,\ x \geqq 0\}.$$
2. Nur der Beschränkungsvektor hängt von zwei Parametern ab (siehe [18])
$$\max \{c'x \mid Ax = b_0 + b_1 t_1 + b_2 t_2,\ x \geqq 0\}.$$
3. Die Zielfunktion hängt von einem Parameter t_1 und der Beschränkungsvektor von einem Parameter t_2 ab ([83], [84])
$$\max \{(c_0' + c_1 t_1)x \mid Ax = b_0 + b_2 t_2,\ x \geqq 0\}.$$

Wir haben mit der parametrischen Optimierung ein interessantes und praktisch wichtiges Teilgebiet der linearen Optimierung kennengelernt, das wesentlich dazu beiträgt, den Anwendungsbereich linearer Optimierungsmodelle zu erweitern.

GANZZAHLIGE OPTIMIERUNG

Bei der ganzzahligen Optimierung tritt uns in gewisser Hinsicht eine neuartige Aufgabenstellung entgegen. Während bisher zusätzliche Informationen unsere Betrachtungen beeinflußten, haben wir es jetzt mit zusätzlichen Anforderungen an die Optimallösung zu tun. Solche Untersuchungen wurden für Aufgaben der linearen Algebra in Bd. 1 nicht durchgeführt, obwohl zusätzliche Anforderungen an die Lösung sich nicht nur bei linearen Optimierungsproblemen ergeben. So wird die Lösung eines Verflechtungsmodells (linearen Gleichungssystems) meist nur dann ökonomisch sinnvoll sein, wenn sämtliche Komponenten des Lösungsvektors nichtnegativ sind. Ob diese Voraussetzung erfüllbar ist, hängt nicht vom Lösungsverfahren ab, da eine eindeutige Lösung eines Verflechtungsmodells keine Auswahlmöglichkeiten zuläßt. Kann die Forderung nicht durch mathematische Untersuchungen gesichert werden, zeigt erst die Lösung des Verflechtungsmodells, ob wir ein ökonomisch vertretbares Ergebnis ermittelt haben. Anders liegen in dieser Beziehung die Verhältnisse in der linearen Optimierung. Hier wählen wir unter einer Menge möglicher Varianten eine optimale aus. Soll die optimale Variante gewisse Ganzzahligkeitsforderungen erfüllen, müssen wir das Lösungsverfahren darauf ausrichten.

Es gibt zahlreiche praktische Anwendungen, die auf lineare Optimierungsaufgaben führen, bei denen verlangt wird, daß die Komponenten der optimalen Lösung gewissen Ganzzahligkeitsforderungen genügen. So können bei Problemen der Arbeitskräfteplanung oder der Maschinenbelegung nur ganze Zahlen von Arbeitern und Maschinen eingesetzt werden. Ganzzahligkeitsforderungen ergeben sich bei Investitionsproblemen, in denen nur eine ganze Anzahl von Maschinen oder Anlagen installiert werden können. Es sind heute viele praktische Anwendungen der ganzzahligen Optimierung bekannt, aber häufig reichen die zur Verfügung stehenden Rechenverfahren zu ihrer Lösung nicht aus. Das liegt sowohl an der numerischen Qualität der Lösungsverfahren als auch an dem bisweilen unvertretbaren Rechenaufwand. Diesem Umstand ist es zu verdanken, daß man sich in den letzten Jahren sehr intensiv mit der Verbesserung numerischer Verfahren der ganzzahligen Optimierung beschäftigt hat. Es muß aber auch gesagt werden, daß die Aufstellung von Modellen der ganzzahligen Optimierung jeden praktischen Sinn verliert, wenn keine Hoffnung auf ihre numerische Lösung besteht. An einer solchen Stelle zeigt sich deutlich, daß die Modellierung ökonomischer Probleme niemals losgelöst von der Frage ihrer numerischen Lösung betrachtet werden darf.

Die ganzzahlige lineare Optimierung gehört eigentlich nicht mehr zum Problemkreis der linearen Optimierung, da sich die Ganzzahligkeitsforderung nicht durch ein System linearer Gleichungen oder Ungleichungen ausdrücken läßt. Wir überschreiten also in diesem Kapitel die Zielstellung des Buches. Aber die Probleme der ganzzahligen linearen Optimierung sind so eng mit der linearen Optimierung verwandt, daß ihre Behandlung nicht aus diesem Rahmen herausgelöst werden sollte.

Im ersten Paragraphen werden wir uns zunächst mit der Zielstellung und Problematik, mit grundlegenden Definitionen und Klassifikationen beschäftigen. In § 2 wird das Vorgehen der Schnittebenenverfahren erläutert, während § 3 einen Ausblick auf Entscheidungsbaumverfahren bringt.

§ 1. Aufgabenstellung und Problematik der ganzzahligen Optimierung

1.1. Orientierung an einem Beispiel. Bevor wir uns mit dem allgemeinen Problem der ganzzahligen linearen Optimierung beschäftigen, wollen wir uns an einem Beispiel orientieren. Vorgelegt sei die lineare Optimierungsaufgabe

$$\left.\begin{aligned} Z = 2x_1 + x_2 \quad \max. \\ 9x_1 + 2x_2 \leqq 54 \\ 2x_1 + 3x_2 \leqq 18 \\ x_1 + 3x_2 \leqq 15 \\ x_1 \geqq 0,\ x_2 \geqq 0 \end{aligned}\right\} \tag{1}$$

mit der Ganzzahligkeitsforderung

$$x_1, x_2 \text{ ganzzahlig.} \tag{2}$$

Der Bereich der zulässigen Lösungen der Aufgabe (1) ohne Ganzzahligkeitsforderung ist aus Abb. 1 zu entnehmen. Die optimale Lösung wird im Punkt P mit den Koordinaten

$$x_1 = \frac{126}{23}, \quad x_2 = \frac{54}{23}$$

erreicht. Der zugehörige Optimalwert der Zielfunktion ist

$$Z_{\max} = \frac{306}{23}.$$

Die Optimallösung der Aufgabe (1) genügt nicht der Forderung (2). Als mögliche Lösungen kommen nur noch Punkte in Frage, die im Bereich der zulässigen Lösungen von (1) liegen und ganzzahlige Koordinaten besitzen. Derartige Punkte nennt man auch *zulässige Gitterpunkte*. Sie sind in Abb. 1 durch kleine Kreise hervorgehoben. Unsere Aufgabe können wir daher auch so formulieren, daß unter den zulässigen Gitterpunkten die optimalen zulässigen Gitterpunkte mit dem größten Wert für die Zielfunktion zu bestimmen sind. In unserem Beispiel liegt ein optimaler zulässiger Gitterpunkt offensichtlich in Q, dessen Koordinaten

$$x_1 = 5, x_2 = 2 \tag{3}$$

sind. (3) stellt eine optimale Lösung der ganzzahligen Optimierungsaufgabe dar. Der zugehörige Optimalwert der Zielfunktion der ganzzahligen Optimierungsaufgabe ist $Z = 12$. Dieser Optimalwert kann sich gegenüber der Aufgabe ohne Ganzzahligkeitsforderung niemals vergrößern, da die Gesamtheit der möglichen Lösungsvarianten durch (2) eingeschränkt wird.

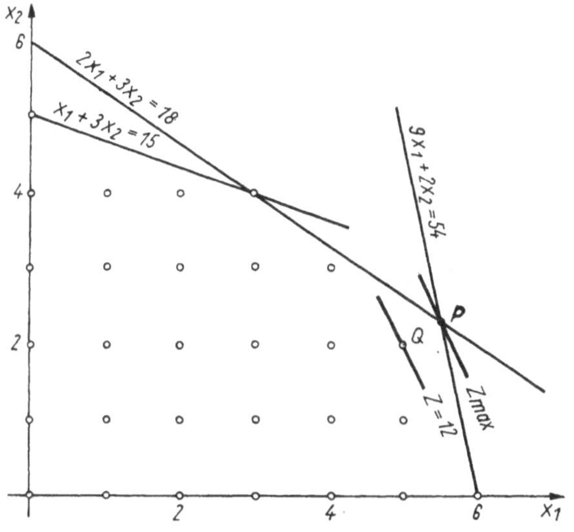

Abb. 1

Während wir bisher eine stetige Gesamtheit zulässiger Lösungen betrachteten, haben wir es jetzt mit einer diskreten Menge zulässiger Gitterpunkte zu tun. Diese Menge wird sogar meist endlich sein, wenn nämlich der Bereich der zulässigen Lösungen ohne Ganzzahligkeitsforderung beschränkt ist. Vielleicht könnte man darin sogar eine Vereinfachung unserer Aufgabenstellung erblicken, aber bei praktischen Problemen ist die Zahl der zulässigen Gitterpunkte so groß, daß sich daraus kein Gewinn erzielen läßt. Während wir bisher optimale Eckpunkte des Bereiches der zulässigen Lösungen suchten, haben wir jetzt optimale Gitterpunkte zu bestimmen, die nicht notwendig auf dem Rand des Bereiches der zulässigen Lösungen ohne Ganzzahligkeitsforderung liegen müssen.

1.2. Klassifikation von linearen Optimierungsproblemen mit Ganzzahligkeitsforderung. Die linearen Optimierungsaufgaben mit Ganzzahligkeitsforderung teilen wir in zwei Problemklassen auf:

1. Ganzzahlige lineare Optimierungsaufgaben.
2. Gemischt-ganzzahlige lineare Optimierungsaufgaben.

Definition: *Eine lineare Optimierungsaufgabe, bei der sämtliche Variablen nur ganzzahlige Werte annehmen dürfen, heißt eine ganzzahlige lineare Optimierungsaufgabe. Wird die Ganzzahligkeitsbedingung nur für einige Variablen erhoben, spricht man von gemischt-ganzzahligen linearen Optimierungsaufgaben.*

Eine *ganzzahlige lineare Optimierungsaufgabe* läßt sich in der Gestalt

$$\max\{c'x \mid Ax = b,\ x \geqq 0,\ x \text{ ganzzahlig}\} \tag{4}$$

darstellen. Dabei symbolisiert die Bezeichnung „x ganzzahlig", daß sämtliche Komponenten des Vektors x ganzzahlige Werte besitzen. Die Menge der zulässigen Lösungen der ganzzahligen linearen Optimierungsaufgabe kann in der Form (vgl. II.1.3)

$$M_g = \{x : Ax = b,\ x \geqq 0,\ x \text{ ganzzahlig}\} \tag{5}$$

geschrieben werden. Jedes Element der Menge M_g heißt eine *zulässige Lösung* oder ein *zulässiger Gitterpunkt* der ganzzahligen Optimierungsaufgabe.

Neben der Aufgabe (4) haben wir auch die lineare Optimierungsaufgabe

$$\max\{c'x \mid Ax = b,\ x \geqq 0\} \tag{6}$$

ohne Ganzzahligkeitsforderung zu betrachten, deren Menge der zulässigen Lösungen durch

$$M = \{x : Ax = b,\ x \geqq 0\} \tag{7}$$

gegeben ist.

Die *gemischt-ganzzahlige lineare Optimierungsaufgabe* drücken wir durch

$$\max\{c'x \mid Ax = b,\ x \geqq 0, \text{ gewisse } x_i \text{ ganzzahlig}\} \tag{8}$$

aus.

Dabei werden die Aufgaben (4) und (8) bereits auf die Normalform bezogen.

Ein praktisch sehr wichtiger Spezialfall der linearen Optimierungsaufgaben (4) und (8) mit Ganzzahligkeitsforderung sind die sogenannten 0-1-*Probleme.*

Definition: *Eine lineare Optimierungsaufgabe mit Ganzzahligkeitsforderung heißt ein 0-1-Problem, wenn die Variablen mit Ganzzahligkeitsbedingung nur die Werte 0 oder 1 annehmen dürfen.*

Die ganzzahlige Optimierungsaufgabe (4) ist, falls M_g eine endliche Menge darstellt (oder M beschränkt ist), ein spezielles *kombinatorisches Optimierungsproblem.*

Definition: *Gegeben sei eine endliche Menge S, und jedem Element $x \in S$ möge eine reelle Zahl $Z(x)$ zugeordnet sein. Dann hat man bei einem kombinatorischen Optimierungsproblem die optimalen Elemente $x^* \in S$ zu bestimmen, für die*

$$Z(x^*) = \max_{x \in S} Z(x)$$

gilt. Die Elemente von S heißen zulässige Lösungen des kombinatorischen Optimierungsproblems.

Zu den kombinatorischen Optimierungsproblemen gehören neben den ganzzahligen Optimierungsaufgaben mit endlicher Menge M_g solche bekannten mathematisch-ökonomischen Modelle wie das Rundfahrtproblem, das Reihenfolgeproblem, das Zuordnungsproblem usw.

Theoretisch scheint die Lösung eines kombinatorischen Optimierungsproblems keine Schwierigkeiten zu bereiten, da man für jedes $x \in S$ die Zahl $Z(x)$ berechnen und durch Vergleich die optimalen Elemente ermitteln kann. In der Praxis ist die

Zahl der Elemente von S meist so groß, daß ein solches Vorgehen undiskutabel ist. Außerdem muß man berücksichtigen, daß die Elemente von S im allgemeinen nicht explizit vorgegeben sind, sondern sich aus einem System von Bedingungen ergeben.

Vielfach bettet man die ganzzahlige Optimierung auch in die *diskrete Optimierung* ein, da die Menge M_g nur aus einer Anzahl diskreter Elemente besteht. Die diskrete Optimierung umfaßt zwangsläufig auch die kombinatorischen Optimierungsprobleme. Jedoch braucht eine diskrete Menge von zulässigen Lösungen keineswegs endlich zu sein. Außerdem ist der Begriff der diskreten Optimierung weiter als der der ganzzahligen Optimierung, da sich eine diskrete Menge zulässiger Lösungen nicht nur durch Ganzzahligkeitsforderung ergibt.

Mit der ganzzahligen Optimierung treten wir damit in einen neuen, praktisch außerordentlich wichtigen Problemkreis der mathematischen Optimierung ein. Wir wollen uns auf die Untersuchung von Aufgaben der ganzzahligen Optimierung beschränken, da sie mit unseren bisherigen Betrachtungen im engsten Zusammenhang stehen, und verweisen zu allen weiteren Fragen der diskreten Optimierung auf [41]. Eine Übersicht über parametrische diskrete Optimierungsprobleme ist in [65] zu finden.

1.3. Klassifikation der Lösungsverfahren. Die Lösungsverfahren der ganzzzahligen Optimierung können im wesentlichen in zwei Klassen eingeteilt werden:

1. Schnittebenenverfahren.
2. Entscheidungsbaumverfahren.

Daneben ist u. a. von Kreuzberger [46] der Versuch gemacht worden, ein Näherungsverfahren für ganzzahlige Optimierungsaufgaben zu entwickeln. Derartige Näherungsverfahren (siehe auch [41]), die meist nicht zur optimalen ganzzahligen Lösung führen, werden sicher in Zukunft größere Bedeutung gewinnen, da man mit ihnen die Hoffnung verbindet, auch größere Probleme einer numerischen Lösung zugänglich zu machen.

Das erste *Schnittebenenverfahren* wurde von Gomory [30] angegeben, weshalb man in der Literatur auch häufig vom *Verfahren von* Gomory spricht. Bei den Schnittebenenverfahren wird zunächst eine optimale Lösung der linearen Optimierungsaufgabe ohne Ganzzahligkeitsforderung berechnet. Ist diese Optimallösung nicht ganzzahlig, bestimmt man eine Hyperebene H_1, die den Bereich der zulässigen Lösungen M von (7) in folgender Weise schneidet:

1. Alle zulässigen Gitterpunkte liegen in einem der durch H_1 erklärten Halbräume.
2. Der bisherige Optimalpunkt liegt in dem anderen durch H_1 erklärten Halbraum.

Ergänzen wir also die lineare Optimierungsaufgabe (6) durch eine Nebenbedingung, der die begrenzende Hyperebene H_1 entspricht, erhalten wir eine neue lineare Optimierungsaufgabe (ohne Ganzzahligkeitsforderung) mit folgenden Eigenschaften:

1. Die Menge M_1 der zulässigen Lösungen der neuen Aufgabe ist eine echte Teilmenge von M ($M_1 \subset M$).
2. Alle zulässigen Gitterpunkte der ganzzahligen Optimierungsaufgabe (4) sind in M_1 enthalten ($M_g \subset M_1$).

3. Die optimalen Lösungen der ursprünglichen Aufgabe gehören nicht mehr zur Menge M_1.

Dieses Vorgehen wird in Abb. 2 im zweidimensionalen Raum veranschaulicht. Die Menge M besitzt die Eckpunkte A, B, C, P, D. Die zulässigen Gitterpunkte sind durch kleine Kreise gekennzeichnet. P sei der optimale Punkt. Durch die Gerade H_1 wird von M das schraffierte Dreieck abgeschnitten. Die Menge M_1 besitzt die Eckpunkte A, B, C, P', P'', D. Der Punkt P liegt nicht mehr in M_1, aber alle zulässigen Gitterpunkte sind in M_1 enthalten.

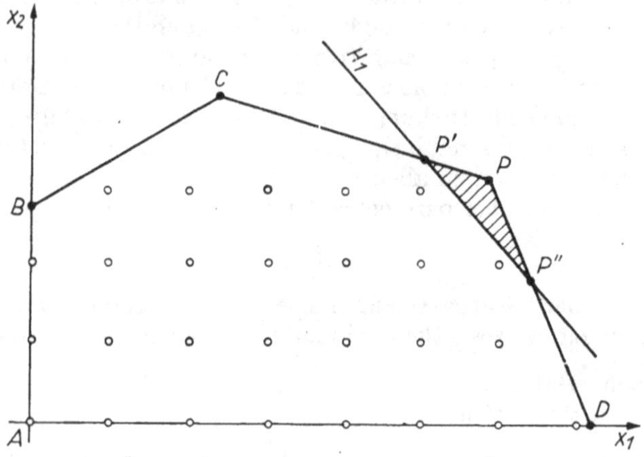

Abb. 2

Für die neue lineare Optimierungsaufgabe kann man wieder eine Optimallösung berechnen. Ist sie nicht ganzzahlig, werden in der gleichen Weise eine neue Hyperebene H_2 und eine neue Menge M_2 der zulässigen Lösungen bestimmt. Durch Fortsetzung dieses Verfahrens ergibt sich eine Folge von Mengen M_i

$$M_g \subset M_p \subset M_{p-1} \subset \cdots \subset M_2 \subset M_1$$

und eine Folge von Optimallösungen, bis eine ganzzahlige Optimallösung gefunden ist.

Die Schnittebenenverfahren führen also die Berechnung einer ganzzahligen linearen Optimierungsaufgabe auf die Ermittlung der Optimallösungen einer Folge von linearen Optimierungsaufgaben ohne Ganzzahligkeitsforderung zurück. Die einzelnen Schnittebenenverfahren unterscheiden sich nur in der Art der Bestimmung der schneidenden Hyperebenen H_i. In neuerer Zeit sind von Piehler [69] interessante Untersuchungen darüber angestellt worden, wie man durch eine Verschärfung der Schnitte zu einer Verbesserung des Lösungsweges gelangen kann.

Die Schnittebenenverfahren können auch zur Lösung gemischt-ganzzahliger Optimierungsprobleme herangezogen werden. Wir gehen darauf aber nicht ein, sondern verweisen auf [33], [15], [41].

Seit dem Jahre 1960 beschäftigen sich viele Publikationen mit der Lösung ganzzahliger Optimierungsprobleme durch *Entscheidungsbaumverfahren*, die den besonderen Reiz besitzen, sich dem diskreten Charakter der Aufgabe weitgehend anzupassen. Die erste grundlegende Arbeit geht auf LAND und DOIG [54] zurück. Zunächst berechnet man nach einem herkömmlichen Verfahren eine Lösung der linearen Optimierungsaufgabe unter Vernachlässigung der Ganzzahligkeitsforderung. Besitzt die Optimallösung eine Variable mit nichtganzzahligem Wert, für die die Ganzzahligkeitsforderung besteht, wird diese durch Einführung entsprechender Nebenbedingungen auf verschiedene ganzzahlige Werte gezwungen. Welches Vorgehen dabei im einzelnen beschritten wird, hängt von der verwendeten Methodik ab. Erwähnt sei vornehmlich die *Methodik „branch and bound"* (Verzweigung und Beschränkung), die sich, wie alle derartigen Lösungsgedanken, der Idee der *begrenzten Enumeration* bedient. Das Grundprinzip der Entscheidungsbaumverfahren und speziell des Branching and Bounding besteht in der abwechselnden Berechnung einer Lösung etwa mit Hilfe der Simplexmethode (Bounding) und der Aufteilung des durch die Begrenzung gegebenen Bereiches in disjunkte Teilbereiche (Branching). Dabei sprechen wir bewußt von Lösungsmethodiken, weil ihre Grundgedanken in verschiedener Weise zur Entwicklung numerischer Verfahren benutzt werden können. Auch das von LAND und DOIG [54] angegebene Verfahren basiert auf der Methodik branch and bound. Erwähnt sei ferner das verbesserte Verfahren von DAKIN [13]. Durch die Entscheidungsbaumverfahren wird um den nichtganzzahligen Optimalpunkt ein Gitter gelegt und durch Vergleich der Werte der Zielfunktion in den ganzzahligen Punkten des Gitters der ganzzahlige Optimalpunkt ermittelt. Die Entscheidungsbaumverfahren können sowohl zur Lösung von ganzzahligen als auch von gemischt-ganzzahligen Optimierungsproblemen herangezogen werden. Sie sind besonders dann geeignet, wenn nur für wenige Variablen die Ganzzahligkeitsforderung besteht. Je mehr Variablen der Ganzzahligkeitsforderung unterliegen, desto aufwendiger wird das Absuchen des Gitters nach ganzzahligen Lösungen.

Ein grundsätzlicher Vergleich zwischen den Schnittebenenverfahren und den Entscheidungsbaumverfahren ist nicht möglich. Beide Verfahrensgruppen erfordern im allgemeinen einen geringeren Rechenaufwand, wenn der ganzzahlige Optimalpunkt in der Nähe des nichtganzzahligen Optimalpunktes liegt.

Spezielle Verfahren sind zur Lösung von 0-1-Problemen entwickelt worden, die teilweise zu den Entscheidungsbaumverfahren gehören. Wir gehen darauf nicht näher ein, sondern verweisen u. a. auf [5], [7], [26], [56]. Durch derartige Methoden lassen sich auch umfangreichere 0-1-Probleme mit vertretbarem Rechenaufwand lösen.

1.4. Die numerische Problematik der ganzzahligen Optimierung. Zum Teil lassen sich ganzzahlige Optimierungsprobleme einfach lösen, indem man die Ganzzahligkeitsforderung ignoriert und dann die Werte der Optimallösung auf die nächsten ganzzahligen Werte rundet, die den Restriktionen genügen. Das ist ein vertretbarer Weg, wenn die Werte der Variablen hinreichend groß sind, so daß der dadurch entstehende Fehler vernachlässigt werden kann. Bei den meisten ganzzahligen Optimierungsaufgaben sind jedoch die Werte der Variablen kleiner (bisweilen sogar 0 oder 1). Dann führt ein Runden der nichtganzzahligen Werte der Optimallösung zu keinem brauchbaren Ergebnis. Grundsätzlich ist zur Rundung nichtganzzahliger Werte folgendes zu bemerken:

1. Ein Runden kann ohne Verletzung der Restriktionen überhaupt nicht mög-

lich sein. So besitzt z. B. die ganzzahlige lineare Optimierungsaufgabe

$$\begin{aligned} Z = x_1 + x_2 \quad \max. \\ -2x_1 + 25x_2 \leqq 75 \\ 8x_1 - 15x_2 \leqq 40 \\ x_1 \geqq 0, x_2 \geqq 0 \\ x_1, x_2 \text{ ganzzahlig} \end{aligned}$$

die nichtganzzahlige Optimallösung (Punkt P von Abb. 3)

$$x_1 = \frac{25}{2}, \quad x_2 = 4.$$

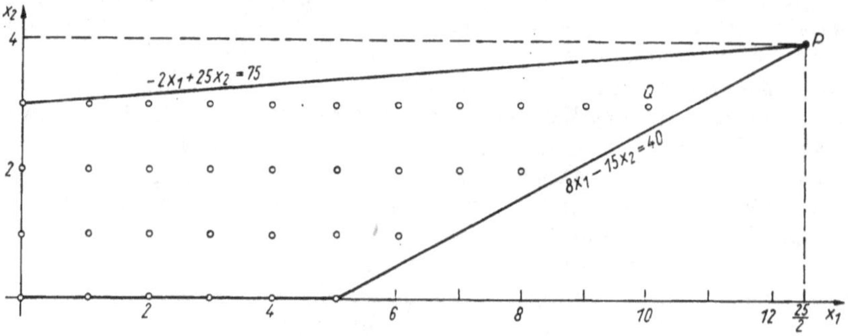

Abb. 3

Aber weder für $x_1 = 12$ noch $x_1 = 13$ erhalten wir eine zulässige Lösung. Die ganzzahlige Optimallösung ist vielmehr (Punkt Q von Abb. 3)

$$x_1 = 10, x_2 = 3.$$

2. Selbst wenn die gerundete Optimallösung zulässig ist, wird sie meist nicht die ganzzahlige Optimallösung sein. Die ganzzahlige Optimierungsaufgabe

$$\left.\begin{aligned} Z = 22x_1 + 54x_2 \quad \max. \\ 10x_1 + 26x_2 \leqq 130 \\ x_1 - \quad x_2 \leqq \quad 4 \\ x_1 \geqq 0, \quad x_2 \geqq 0 \\ x_1, x_2 \text{ ganzzahlig} \end{aligned}\right\} \tag{9}$$

hat die nichtganzzahlige Optimallösung (Punkt P von Abb. 4)

$$x_1 = \frac{13}{2}, \quad x_2 = \frac{5}{2}$$

mit dem maximalen Wert $Z_{\max} = 278$ für die Zielfunktion. Die gerundete Optimallösung (Punkt $\tilde{P}$ von Abb. 4) ist

$$x_1 = 6,\ x_2 = 2$$

mit dem gerundeten Maximalwert $\tilde{Z}_{\max} = 240$. Für die ganzzahlige Optimallösung gilt jedoch (Punkt Q von Abb. 4)

$$x_1 = 5,\ x_2 = 3$$

mit dem Optimalwert $Z_{\max} = 272$.

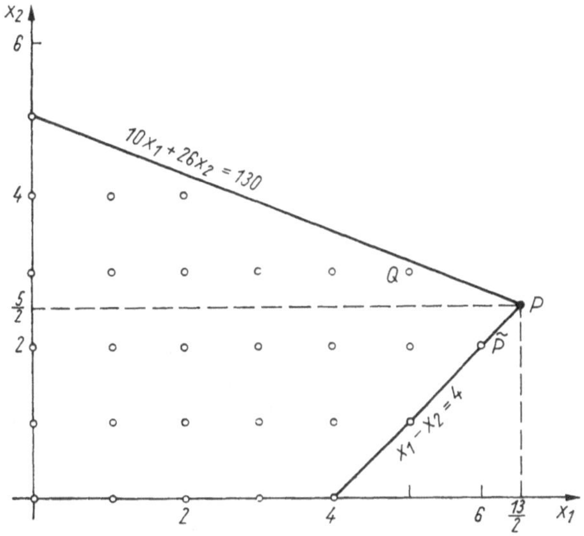

Abb. 4

Diese Bemerkungen zeigen, daß es unmöglich ist, auf spezielle Methoden der ganzzahligen linearen Optimierung zu verzichten. Aber leider sind die numerischen Erfahrungen mit den Algorithmen der ganzzahligen Optimierung bisweilen recht enttäuschend. Als Gründe dafür sind zu nennen:

1. Die durch das Anwachsen der Rundungsfehler hervorgerufene Instabilität der Verfahren.
2. Die teilweise sehr schleichende Näherung an die ganzzahlige Optimallösung.
3. Die häufig nicht ausreichende Kapazität der Rechenanlagen.

Daher muß bisweilen der Lösungsprozeß ohne Ergebnis abgebrochen werden. Somit können wir bis heute nicht behaupten, daß uns wirksame numerische Verfahren der ganzzahligen linearen Optimierung zur Verfügung stehen. Diesem Umstand und der praktischen Bedeutung ganzzahliger Optimierungsmodelle ist es zu verdanken, daß man sich gegenwärtig sehr intensiv mit derartigen Problemen befaßt.

Wir werden später im Zusammenhang mit der Darstellung der Lösungsverfahren nochmals auf numerische Schwierigkeiten und Erfahrungen zu sprechen kommen. An dieser Stelle sei nur noch auf folgendes aufmerksam gemacht:

1. Bei der Anwendung von Rechenautomaten kann die Entscheidung darüber, wann eine Zahl als ganzzahlig anzusehen ist, nur durch die Vorgabe einer Genauigkeitsschranke erfolgen. Ganzzahligkeit im strengen mathematischen Sinne ist also bei praktischen Aufgaben meist nicht erreichbar.
2. Gegebenenfalls kann zur Senkung des Rundungsfehlers die Genauigkeit einer in den Zwischenschritten ermittelten Optimallösung durch algebraische Methoden verbessert werden (beachte III.3.12).

Abschließend weisen wir darauf hin, daß für gewisse spezielle lineare Optimierungsaufgaben, zu denen das Transportproblem gehört, die Ganzzahligkeit der optimalen Lösung gesichert ist (beachte Satz 17 von Kap. VII). Daher brauchen wir die Ganzzahligkeitsforderung im Lösungsprozeß nicht zu berücksichtigen und können auf die Anwendung von Verfahren der ganzzahligen Optimierung verzichten. Obwohl derartige Probleme vielfach eigentlich Modelle der ganzzahligen Optimierung sind, werden sie meist nicht zu den Aufgaben der ganzzahligen Optimierung gezählt.

§ 2. Schnittebenenverfahren

2.1. Beschreibung des Verfahrens von Gomory. Die Grundidee des Verfahrens von Gomory wurde bereits in 1.3 dargelegt, so daß wir uns nur noch mit der Frage zu beschäftigen haben, wie eine schneidende Hyperebene geeignet bestimmt werden kann. Dabei beschränken wir uns auf die Betrachtung der ganzzahligen linearen Optimierungsaufgabe (4). Die Aufgabe (4) liegt in Normalform vor, und für die gegebenenfalls eingeführten Schlupfvariablen wird ebenfalls die Ganzzahligkeit gefordert. Ist das vom Modell her nicht vertretbar, haben wir das Problem als gemischt-ganzzahlige Optimierungsaufgabe aufzufassen. Häufig werden bei Modellen der ganzzahligen Optimierung aber die Elemente der Matrix der Nebenbedingungen und des Beschränkungsvektors ganze Zahlen sein, so daß sich aus der Ganzzahligkeit der Modellvariablen zwangsläufig die Ganzzahligkeit der Schlupfvariablen ergibt.

Bei der Beschreibung des Verfahrens von Gomory beziehen wir uns auf das gewöhnliche und duale Simplexverfahren. Es gibt aber keine grundsätzlichen Schwierigkeiten, auch die revidierten Simplexmethoden zu verwenden.

Dem optimalen Tableau der Aufgabe (4) ohne Ganzzahligkeitsforderung können wir die Nebenbedingungen in der Gestalt (beachte III.2)

$$x_{s_i} + \sum_{j \in I'} d_{ij} x_j = d_{i0}, \quad i = 1, 2, \ldots, m \tag{10}$$

entnehmen. Dabei bezeichnet I' die Indexmenge der Nichtbasisvariablen. Ist die Optimallösung nicht ganzzahlig, muß es wenigstens ein nichtganzzahliges d_{i0} geben. Jede Nebenbedingung mit nichtganzzahligem d_{i0} sowie die Zielfunktionsgleichung, falls $d_{m+1,0}$ nichtganzzahlig ist und auch die Ganzzahligkeit des Optimalwertes der Zielfunktion gefordert wird, geben uns die Möglichkeit der

Erklärung einer Schnittebene. Jedoch wird in jedem Schritt des Verfahrens von GOMORY immer nur eine Schnittebene konstruiert.

Wir betrachten eine Nebenbedingung (10) mit nichtganzzahligem d_{i0}. Die Zahlen d_{ij} und d_{i0} (i fixiert) werden in den größten ganzzahligen Teil g_{ij} bzw. g_{i0} und in den gebrochenen Anteil f_{ij} bzw. f_{i0} aufgespalten:

$$d_{ij} = g_{ij} + f_{ij},\ 0 \leqq f_{ij} < 1,\ j \in I',$$
$$d_{i0} = g_{i0} + f_{i0},\ 0 < f_{i0} < 1.$$

Dann geht die i-te Nebenbedingung (10) in

$$x_{s_i} + \sum_{j \in I'} (g_{ij} + f_{ij}) x_j = g_{i0} + f_{i0}$$

oder

$$x_{s_i} + \sum_{j \in I'} g_{ij} x_j - g_{i0} = f_{i0} - \sum_{j \in I'} f_{ij} x_j \tag{11}$$

über. Wegen $f_{ij} \geqq 0$ muß für jeden zulässigen Gitterpunkt

$$\sum_{j \in I'} f_{ij} x_j \geqq 0 \tag{12}$$

gelten. Der Ausdruck auf der linken Seite von (11) ist für jeden zulässigen Gitterpunkt eine ganze Zahl, die wegen (12) nicht größer als f_{i0} sein kann. Zusammen mit $0 < f_{i0} < 1$ führt das zu der Ungleichung

$$x_{s_i} + \sum_{j \in I'} g_{ij} x_j - g_{i0} \leqq 0,$$

aus der wegen (11)

$$f_{i0} - \sum_{j \in I'} f_{ij} x_j \leqq 0$$

oder

$$- \sum_{j \in I'} f_{ij} x_j \leqq -f_{i0} \tag{13}$$

folgt. Damit haben wir einen Halbraum gefunden, der von der gesuchten Schnittebene begrenzt wird. Durch Einführung einer Zusatzvariablen x_{n+1} geht (13) in die Gleichung

$$x_{n+1} - \sum_{j \in I'} f_{ij} x_j = -f_{i0} \tag{14}$$

über. Die Forderung $x_{n+1} \geqq 0$ definiert dann einen GOMORY-*Schnitt*, der den in 1.3 formulierten Bedingungen genügt.

Satz 1: *Die Optimallösung der linearen Optimierungsaufgabe ohne Ganzzahligkeitsforderung ist nicht im Schnitt $x_{n+1} \geqq 0$ enthalten.*

Beweis: Da x_j, $j \in I'$ die Nichtbasisvariablen der Optimallösung ohne Ganzzahligkeitsforderung sind, gilt wegen (14) für diese Optimallösung

$$x_{n+1} = -f_i < 0.$$

Satz 2: *Für jeden zulässigen Gitterpunkt ist die Zusatzvariable x_{n+1} ganzzahlig.*

Beweis: Aus (14) und (11) folgt

$$x_{n+1} = -\{f_{i0} - \sum_{j\in I'} f_{ij}x_j\}, \tag{15}$$

$$x_{n+1} = -\{x_{s_i} + \sum_{j\in I'} g_{ij}x_j - g_{i0}\}.$$

Die Ganzzahligkeit des erhaltenen Ausdruckes für jeden zulässigen Gitterpunkt haben wir bereits oben erkannt.

Satz 3: *Jeder zulässige Gitterpunkt ist im Schnitt $x_{n+1} \geqq 0$ enthalten.*

Beweis: Aus (13) und (15) ergibt sich $x_{n+1} \geqq 0$ für jeden zulässigen Gitterpunkt.

Das weitere Vorgehen des Verfahrens von Gomory läßt sich wie folgt beschreiben: Zur vorgelegten linearen Optimierungsaufgabe (ohne Ganzzahligkeitsforderung), die durch den Simplexprozeß in die Gestalt (beachte III.2)

$$Z = d_{m+1,0} - \sum_{j\in I'} d_{m+1,j}x_j$$

$$x_{s_i} + \sum_{j\in I'} d_{ij}x_j = d_{i0},\ i = 1, 2, \ldots, m$$

umgeformt wurde, ergänzen wir im Simplextableau die zusätzliche Nebenbedingung (14)

$$x_{n+1} - \sum_{j\in I'} f_{ij}x_j = -f_{i0}.$$

Wir erhalten so das Ausgangstableau einer neuen linearen Optimierungsaufgabe (ohne Ganzzahligkeitsforderung), das sich vom ursprünglichen Optimaltableau in einer zusätzlichen Zeile und damit auch zwangsläufig in einer zusätzlichen Spalte für die Basisvariable x_{n+1} unterscheidet. Das Ausgangstableau ist dual zulässig, wegen $x_{n+1} = -f_{i0} < 0$ jedoch nicht primal zulässig. Für den weiteren Lösungsprozeß bietet sich die Verwendung der dualen Simplexmethode an. Ist die erhaltene neue Optimallösung nichtganzzahlig (Lösbarkeit der Aufgabe vorausgesetzt), wird erneut ein Gomory-Schnitt konstruiert.

Bisher haben wir uns noch nicht mit der Frage beschäftigt, welche Nebenbedingung mit nichtganzzahligem d_{i0} man für die Bestimmung eines Gomory-Schnittes auswählen soll, falls es mehrere nichtganzzahlige d_{i0} gibt. Wenn man die Konvergenz des Verfahrens in endlich vielen Schritten sichern will, kann diese Auswahl nicht willkürlich erfolgen, sondern muß speziellen Regeln genügen. Diese Regeln sind jedoch in der Praxis wenig geeignet, so daß man sich meist mit der folgenden vereinfachten *Auswahlregel* begnügt:

Es wird die Nebenbedingung mit nichtganzzahligem d_{i0} (oder eine davon) zur Konstruktion eines Gomory-Schnittes ausgewählt, die den größten gebrochenen Anteil f_{i0} besitzt.

Der grobe Ablauf des unter diesen Gesichtspunkten organisierten Verfahrens von Gomory ist in Abb. 5 veranschaulicht.

Die obigen Bemerkungen zeigen, daß nicht jedes Schnittebenenverfahren, das den Bedingungen von 1.3 genügt, sich als ein endlicher Lösungsalgorithmus erweist. Wir gehen auf den Endlichkeitsbeweis des Verfahrens von GOMORY und die dazu erforderlichen Voraussetzungen nicht ein, sondern verweisen auf [33], [41].

In Ergänzung unserer Betrachtungen bemerken wir:

1. Selbst wenn die lineare Optimierungsaufgabe ohne Ganzzahligkeitsforderung eine Optimallösung besitzt, braucht es keine ganzzahlige Optimallösung zu geben.

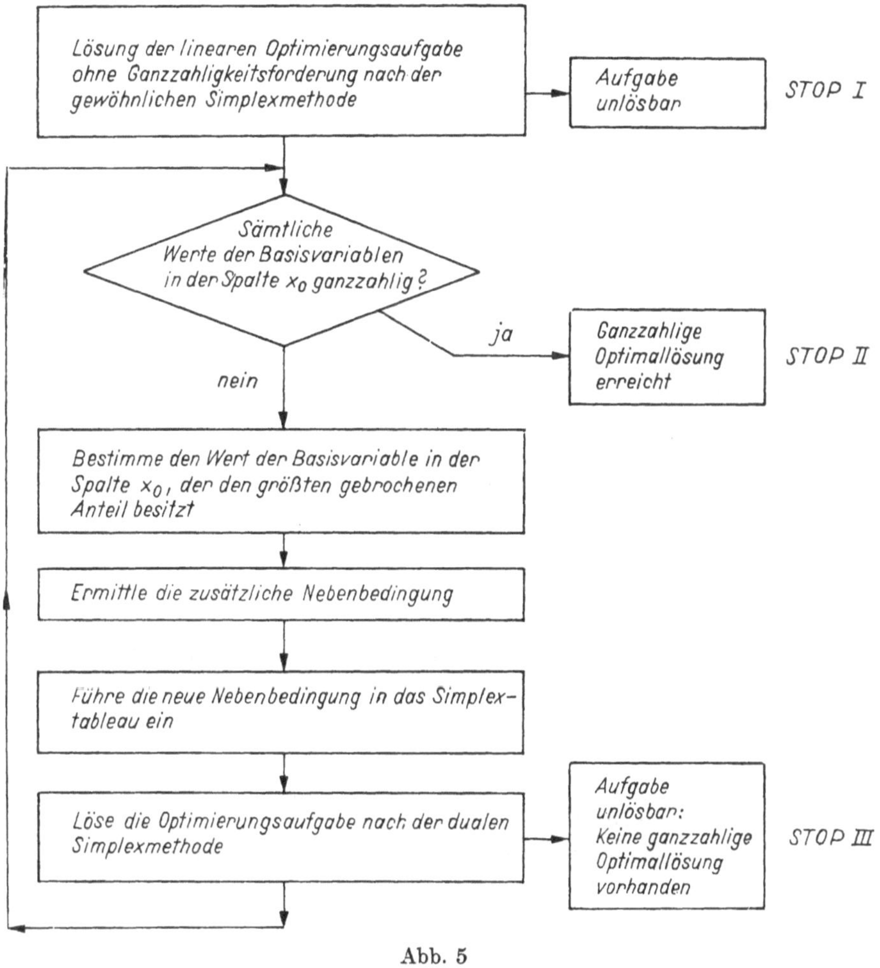

Abb. 5

2. Das Verfahren von GOMORY versagt, wenn die Zielfunktion auf dem Bereich der zulässigen Lösungen der linearen Optimierungsaufgabe ohne Ganzzahligkeitsforderung nicht beschränkt ist. Dann bricht nämlich der Lösungsprozeß ab (Stop I von Abb. 5), bevor der eigentliche Lösungsalgorithmus von GOMORY gestartet werden kann. Trotzdem ist es möglich, daß es in diesem Falle ganzzahlige Optimallösungen gibt.

2.2. Beispiel. Bevor wir einige weitere Ergänzungen zum Verfahren von Gomory erörtern, wollen wir unsere bisherigen Betrachtungen an einem numerischen Beispiel veranschaulichen. Dazu wählen wir die lineare Optimierungsaufgabe

$$\begin{aligned} Z = 4x_1 + 5x_2 + x_3 \quad \max. \\ 3x_1 + 2x_2 \qquad + x_4 \qquad = 10 \\ x_1 + 4x_2 \qquad\qquad + x_5 \quad = 11 \\ 3x_1 + 3x_2 + x_3 \qquad\qquad + x_6 = 13 \\ x_i \geqq 0,\ i = 1, 2, \ldots, 6 \\ \text{alle } x_i \text{ ganzzahlig}, \end{aligned}$$

die von Gomory selbst zur Demonstration seines Verfahrens herangezogen wurde.

Der Lösungsprozeß der linearen Optimierungsaufgabe unter Vernachlässigung der Ganzzahligkeitsforderung nach der gewöhnlichen Simplexmethode ist in Rechenschema 1 angeführt. Die erhaltene Optimallösung

$$x_1 = \frac{9}{5}, \quad x_2 = \frac{23}{10}, \quad x_3 = \frac{7}{10}, \quad x_4 = x_5 = x_6 = 0$$

mit dem Optimalwert

$$Z_{\max} = \frac{97}{5}$$

für die Zielfunktion ist nichtganzzahlig.

Für die Werte der Basisvariablen schreiben wir

$$x_1 = \frac{9}{5} = 1 + \frac{4}{5}, \quad x_2 = \frac{23}{10} = 2 + \frac{3}{10}, \quad x_3 = \frac{7}{10} = 0 + \frac{7}{10}.$$

Der größte gebrochene Anteil tritt für x_1 auf. Daher wird die erste Nebenbedingung

$$x_1 + \frac{2}{5}x_4 - \frac{1}{5}x_5 = \frac{9}{5}$$

für die Konstruktion des Gomory-Schnittes verwendet. Wir zerlegen die Koeffizienten dieser Nebenbedingung in den ganzzahligen und gebrochenen Anteil (man beachte, daß die gebrochenen Anteile nichtnegativ sein müssen)

$$\frac{2}{5} = 0 + \frac{2}{5}, \quad -\frac{1}{5} = -1 + \frac{4}{5}, \frac{9}{5} = 1 + \frac{4}{5}.$$

Mit der Zusatzvariablen x_7 lautet die neue Nebenbedingung (14)

$$x_7 - \frac{2}{5}x_4 - \frac{4}{5}x_5 = -\frac{4}{5}.$$

Ergänzen wir das optimale Tableau von Rechenschema 1 durch diese zusätzliche Nebenbedingung und eine Zusatzspalte für x_7, erhalten wir das Ausgangstableau von Rechenschema 2, in dem neben x_1, x_2, x_3 auch x_7 Basisvariable ist.

Rechenschema 1:

	BV	x_1	x_2	x_3	x_4	x_5	x_6	x_0	Q	$-\uparrow$
	x_4	3	2	0	1	0	0	10	5	-2
$\leftarrow$	x_5	1	(4)	0	0	1	0	11	$\frac{11}{4}$	
	x_6	3	3	1	0	0	1	13	$\frac{13}{3}$	-3
	*	-4	$-5\uparrow$	-1	$\underline{0}$	$\underline{0}$	$\underline{0}$	0	*	5
$\leftarrow$	x_4	($\frac{5}{2}$)	0	0	1	$-\frac{1}{2}$	0	$\frac{9}{2}$	$\frac{9}{5}$	
$\rightarrow$	x_2	$\frac{1}{4}$	1	0	0	$\frac{1}{4}$	0	$\frac{11}{4}$	11	$-\frac{1}{4}$
	x_6	$\frac{9}{4}$	0	1	0	$-\frac{3}{4}$	1	$\frac{19}{4}$	$\frac{19}{9}$	$-\frac{9}{4}$
	*	$-\frac{11}{4}\uparrow$	$\underline{0}$	-1	$\underline{0}$	$\frac{5}{4}$	$\underline{0}$	$\frac{55}{4}$	*	$\frac{11}{4}$
$\rightarrow$	x_1	1	0	0	$\frac{2}{5}$	$-\frac{1}{5}$	0	$\frac{9}{5}$		0
	x_2	0	1	0	$-\frac{1}{10}$	$\frac{3}{10}$	0	$\frac{23}{10}$		0
$\leftarrow$	x_6	0	0	(1)	$-\frac{9}{10}$	$-\frac{3}{10}$	1	$\frac{7}{10}$	$\frac{7}{10}$	
	*	$\underline{0}$	$\underline{0}$	$-1\uparrow$	$\frac{11}{10}$	$\frac{7}{10}$	$\underline{0}$	$\frac{187}{10}$	*	1
	x_1	1	0	0	$\frac{2}{5}$	$-\frac{1}{5}$	0	$\frac{9}{5}$		
	x_2	0	1	0	$-\frac{1}{10}$	$\frac{3}{10}$	0	$\frac{23}{10}$		
$\rightarrow$	x_3	0	0	1	$-\frac{9}{10}$	$-\frac{3}{10}$	1	$\frac{7}{10}$		
	*	$\underline{0}$	$\underline{0}$	$\underline{0}$	$\frac{1}{5}$	$\frac{2}{5}$	1	$\frac{97}{5}$	*	

Rechenschema 2:

BV	x_1	x_2	x_3	x_4	x_5	x_6	x_7	x_0	$-\uparrow$
x_1	1	0	0	$\frac{2}{5}$	$-\frac{1}{5}$	0	0	$\frac{9}{5}$	$-\frac{2}{5}$
x_2	0	1	0	$-\frac{1}{10}$	$\frac{3}{10}$	0	0	$\frac{23}{10}$	$\frac{1}{10}$
x_3	0	0	1	$-\frac{9}{10}$	$-\frac{3}{10}$	1	0	$\frac{7}{10}$	$\frac{9}{10}$
$\leftarrow$ x_7	0	0	0	$\boxed{-\frac{2}{5}}$	$-\frac{4}{5}$	0	1	$-\frac{4}{5}\uparrow$	
*	$\underline{0}$	$\underline{0}$	$\underline{0}$	$\frac{1}{5}$	$\frac{2}{5}$	1	$\underline{0}$	$\frac{97}{5}$	$-\frac{1}{5}$
Q				$-\frac{1}{2}$	$-\frac{1}{2}$			*	*
x_1	1	0	0	0	-1	0	1	1	
x_2	0	1	0	0	$\frac{1}{2}$	0	$-\frac{1}{4}$	$\frac{5}{2}$	
x_3	0	0	1	0	$\frac{3}{2}$	1	$-\frac{9}{4}$	$\frac{5}{2}$	
$\rightarrow$ x_4	0	0	0	1	2	0	$-\frac{5}{2}$	2	
*	$\underline{0}$	$\underline{0}$	$\underline{0}$	$\underline{0}$	0	1	$\frac{1}{2}$	19	
Q								*	*

Ein Schritt der dualen Simplexmethode führt uns in Rechenschema 2 zur neuen Optimallösung

$$x_1 = 1, \quad x_2 = \frac{5}{2}, \quad x_3 = \frac{5}{2}, \quad x_4 = 2, x_5 = x_6 = 0$$

mit dem maximalen Wert $Z_{\max} = 19$ für die Zielfunktion.

Da die erhaltene Optimallösung nichtganzzahlig ist, muß ein neuer Gomory-Schnitt konstruiert werden. Die gebrochenen Anteile der Werte von x_2 und x_3 sind gleich, so daß wir die zweite oder dritte Nebenbedingung heranziehen können. Wir entscheiden uns für die zweite Nebenbedingung

$$x_2 + \frac{1}{2} x_5 - \frac{1}{4} x_7 = \frac{5}{2}.$$

Rechenschema 3:

	BV	x_1	x_2	x_3	x_4	x_5	x_6	x_7	x_8	x_0	$-\uparrow$
	x_1	1	0	0	0	-1	0	1	0	1	1
	x_2	0	1	0	0	$\frac{1}{2}$	0	$-\frac{1}{4}$	0	$\frac{5}{2}$	$-\frac{1}{2}$
	x_3	0	0	1	0	$\frac{3}{2}$	1	$-\frac{9}{4}$	0	$\frac{5}{2}$	$-\frac{3}{2}$
	x_4	0	0	0	1	2	0	$-\frac{5}{2}$	0	2	-2
←	x_8	0	0	0	0	$\boxed{-\frac{1}{2}}$	0	$-\frac{3}{4}$	1	$-\frac{1}{2}\uparrow$	
	*	$\underline{0}$	$\underline{0}$	$\underline{0}$	$\underline{0}$	0	1	$\frac{1}{2}$	$\underline{0}$	19	0
	Q					0		$-\frac{2}{3}$		*	*
	x_1	1	0	0	0	0	0	$\frac{5}{2}$	-2	2	
	x_2	0	1	0	0	0	0	-1	1	2	
	x_3	0	0	1	0	0	1	$-\frac{9}{2}$	3	1	
	x_4	0	0	0	1	0	0	$-\frac{11}{2}$	4	0	
→	x_5	0	0	0	0	1	0	$\frac{3}{2}$	-2	1	
	*	$\underline{0}$	$\underline{0}$	$\underline{0}$	$\underline{0}$	$\underline{0}$	1	$\frac{1}{2}$	0	19	
	Q									*	*

Die Zerlegung der Koeffizienten liefert

$$\frac{1}{2} = 0 + \frac{1}{2}, \quad -\frac{1}{4} = -1 + \frac{3}{4}, \quad \frac{5}{2} = 2 + \frac{1}{2}.$$

Mit der Zusatzvariablen x_8 ergibt sich die neue Nebenbedingung

$$x_8 - \frac{1}{2}x_5 - \frac{3}{4}x_7 = -\frac{1}{2}.$$

Das optimale Tableau von Rechenschema 2 führt zusammen mit dieser Nebenbedingung zum Ausgangstableau von Rechenschema 3.

Durch einen dualen Simplexschritt in Rechenschema 3 gelangen wir zur gesuchten ganzzahligen Optimallösung

$$x_1 = x_2 = 2,\ x_3 = 1,\ x_4 = 0,\ x_5 = 1,\ x_6 = 0$$

mit dem zugehörigen Optimalwert

$$Z_{\max} = 19$$

für die Zielfunktion.

2.3. Ergänzungen. Bereits in dem einfachen Beispiel von 2.2 fällt auf, daß die Größe des Simplextableaus mit jedem Schritt zunimmt. Berücksichtigt man weiterhin, daß die Zahl der bei praktischen Aufgaben auszuführenden GOMORY-Schritte außerordentlich hoch sein kann, läßt das ein unvertretbares Anwachsen der erforderlichen Speicherkapazität des Rechenautomaten befürchten. Es ist aber nicht unbedingt notwendig, alle zusätzlichen Nebenbedingungen in der weiteren Rechnung mitzuführen. Gelangt nämlich eine Zusatzvariable wieder in die Basis, kann die entsprechende zusätzliche Nebenbedingung ersatzlos gestrichen werden, da die Zusatzvariable nur eine Hilfsvariable ist, deren Wert nicht interessiert. Man erreicht so, daß die *Zahl der zusätzlichen Nebenbedingungen* durch

$$n - m + 1$$

beschränkt ist und folglich ein Simplextableau höchstens aus $n + 1$ Zeilen für die Nebenbedingungen (m Nebenbedingungen enthält die Aufgabe selbst) zu bestehen braucht. Hat man nämlich mehr als $n - m + 1$ zusätzliche Nebenbedingungen eingeführt, muß es unter den Basisvariablen wenigstens eine Zusatzvariable geben, da die Aufgabe selbst ursprünglich nur n Variablen besaß. Durch die Streichung zusätzlicher Nebenbedingungen kann allerdings der Fall eintreten, daß eine gestrichene Nebenbedingung später nochmals benötigt wird und dann neu erzeugt werden muß. Die praktischen Erfahrungen besagen, daß es günstig ist, mit der Streichung zusätzlicher Nebenbedingungen erst dann zu beginnen, wenn es die Speicherkapazität des Rechenautomaten erfordert. Belassen wir zusätzliche Variablen in der Basis, muß für sie natürlich die Ganzzahligkeitsforderung nicht erfüllt sein. Ebenso wird eine Zeile des Simplextableaus, in deren Zeilenkopf (Spalte BV) eine Zusatzvariable steht, nicht zur Konstruktion von GOMORY-Schnitten verwendet.

So einfach das Verfahren von GOMORY in seiner praktischen Handhabung, so einfach seine Programmierung für Rechenautomaten ist, lassen die gesammelten numerischen Erfahrungen aber manche Erwartung unbefriedigt (eine ausführliche Übersicht über die Ergebnisse von Rechenexperimenten findet man in [41]). Obwohl der Algorithmus durch geeignete Maßnahmen endlich gemacht werden kann, ist die erforderliche *Anzahl von* GOMORY-*Schritten* bisweilen so groß, daß praktisch keine „Konvergenz" erreichbar ist. Allgemeine Anhaltspunkte über den erforderlichen Rechenaufwand sind bis heute nicht gefunden worden. Jedoch zeigt sich eine Tendenz der Vergrößerung der Zahl der GOMORY-Schritte, wenn

1. die ganzzahlige Optimallösung stark von der nichtganzzahligen Optimallösung abweicht,

2. die Zahl der Variablen und der Nebenbedingungen des Problems wächst,
3. der Besetzungsgrad der Matrix der Nebenbedingungen zunimmt.

Man kann nicht behaupten, daß die Schnittebenenverfahren und allgemein die Verfahren der ganzzahligen linearen Optimierung schon einen befriedigenden Leistungsstand erreicht haben. Daher ist die Anwendung derartiger Methoden meist auf Probleme mittlerer Dimension (etwa 100 Variablen und 50 bis 60 Nebenbedingungen) beschränkt.

Ein Nachteil des beschriebenen Schnittebenenverfahrens von GOMORY ist, daß es in dieser einfachen Gestalt nicht auf *gemischt-ganzzahlige lineare Optimierungsprobleme* übertragbar ist. Für derartige Aufgaben hat GOMORY einen anderen Algorithmus entwickelt, der sich von unserem bisherigen Vorgehen nur in der Art der Konstruktion der GOMORY-Schnitte unterscheidet. Eine ausführliche Darstellung des Verfahrens von GOMORY für gemischt-ganzzahlige lineare Optimierungsaufgaben findet man in [33], [41]. Andere Schnittebenenverfahren der ganzzahligen und gemischt-ganzzahligen Optimierung sind in [41] dargestellt. Es sei bemerkt, daß sich die Spezifik von 0-1-*Problemen* zur Angabe wirkungsvoller Schnittebenenverfahren für derartige Aufgaben ausnutzen läßt. Ein solches Schnittebenenverfahren wurde von FINKELSTEIN [41] entwickelt.

§ 3. Entscheidungsbaumverfahren

3.1. Beschreibung des Lösungsgedankens. Die Entscheidungsbaumverfahren machen, wie bereits in 1.3 bemerkt, im hohen Maße vom diskreten Charakter der Aufgabenstellung Gebrauch. Im folgenden geht es uns nicht um die Darlegung der numerischen Organisation verschiedener Entscheidungsbaumverfahren, sondern um eine nähere Erläuterung des Lösungsgedankens. Dabei lehnen wir uns an das Verfahren von DAKIN [13] an.

Zunächst wird die lineare Optimierungsaufgabe

$$\max\{c'x \mid Ax = b,\, x \geqq 0\}$$

unter Vernachlässigung der bestehenden Ganzzahligkeitsforderung, etwa nach der gewöhnlichen Simplexmethode, gelöst. Ist in der optimalen Lösung der Wert einer Basisvariablen x_{s_i} nicht ganzzahlig, für die aber die Ganzzahligkeit gefordert wurde,

$$x_{s_i} = d_{i0},$$

bestimmen wir die größte ganze Zahl $d_{i0}^{(u)}$, die kleiner als d_{i0} ist, und die kleinste ganze Zahl $d_{i0}^{(0)}$, die größer als d_{i0} ist. Dann werden die beiden Optimierungsaufgaben

$$\max\{c'x \mid Ax = b,\, x_{s_i} \leqq d_{i0}^{(u)},\, x \geqq 0\}, \tag{16}$$

$$\max\{c'x \mid Ax = b,\, x_{s_i} \geqq d_{i0}^{(0)},\, x \geqq 0\} \tag{17}$$

wieder unter Vernachlässigung der Ganzzahligkeitsforderung gelöst. Wenn die beiden Aufgaben keine Optimallösung besitzen, hat zwangsläufig unser Problem keine Optimallösung, die der Ganzzahligkeitsforderung genügt. Hat nur eine Aufgabe keine Optimallösung, wird das Lösungsverfahren an diesem Ast des Entscheidungsbaumes abgebrochen. Das trifft auch zu, wenn eine der Optimallösungen die Ganzzahligkeitsforderung erfüllt. Jedoch müssen wir uns in diesem Falle die

Optimallösung merken, da sie ja die gesuchte ganzzahlige Optimallösung sein kann. Befriedigen die Optimallösungen beider Aufgaben (16), (17) die Ganzzahligkeitsforderung, so muß zwangsläufig wenigstens eine davon die gesuchte Optimallösung sein.

Es bleibt noch der Fall zu betrachten, daß wenigstens eine der beiden Aufgaben (16), (17) eine Optimallösung hat, für die aber nicht die Ganzzahligkeitsforderung erfüllt ist. Dann setzen wir den Lösungsprozeß fort und nehmen wieder für eine Variable, die die gemachte Ganzzahligkeitsforderung nicht befriedigt, eine Verzweigung vor, indem wir sie durch Einführung von unteren bzw. oberen Schranken auf ganzzahlige Werte zwingen.

Genügen die Optimallösungen der beiden Aufgaben (16), (17) nicht der Ganzzahligkeitsforderung, setzen wir den beschriebenen Lösungsprozeß zunächst für die Aufgabe mit dem größeren Optimalwert der Zielfunktion fort. (Wir nehmen an, daß diese Eigenschaft etwa der Aufgabe (16) zukommt.) Ergibt sich auf diesem Ast irgendwann eine Optimallösung, die die Ganzzahligkeitsforderung erfüllt und deren Optimalwert für die Zielfunktion größer als der für die Aufgabe (17) ist, braucht der Verzweigungsprozeß für (17) nicht vorgenommen zu werden. Denn durch die Einführung der zusätzlichen Nebenbedingungen wird der Bereich der zulässigen Lösungen weiter eingeschränkt, so daß der Verzweigungsprozeß uns nur zu Optimallösungen mit noch kleinerem Wert für die Zielfunktion führen kann. Aus dem gleichen Grunde wird im Laufe des Lösungsprozesses auf eine erneute Verzweigung verzichtet, wenn wir zu einer optimalen Lösung gelangt sind, deren zugehöriger Optimalwert für die Zielfunktion kleiner als der Optimalwert einer bereits berechneten Optimallösung ist, die der Ganzzahligkeitsforderung genügt.

Das Lösungsprinzip der Entscheidungsbaumverfahren basiert also auf einer wiederholten Lösung linearer Optimierungsaufgaben und anschließender Verzweigung für eine Variable, die die geforderte Ganzzahligkeit nicht erfüllt. Dabei bricht auf einem Ast das Lösungsverfahren ab, wenn

1. die Aufgabe unlösbar wird,
2. eine Optimallösung gefunden ist, die die Ganzzahligkeitsforderung befriedigt,
3. eine Optimallösung gefunden wurde, die zwar nicht der Ganzzahligkeitsforderung genügt, deren Optimalwert für die Zielfunktion aber kleiner als der Optimalwert einer bereits berechneten Optimallösung ist, die die Ganzzahligkeitsforderung befriedigt.

Ist auf keinem Ast mehr eine Fortsetzung des Lösungsverfahrens möglich, wird der Lösungsprozeß beendet. Unter den gegebenenfalls gefundenen Optimallösungen, die die Ganzzahligkeitsforderung erfüllen, stellen die mit dem größten Wert für die Zielfunktion die gesuchten Lösungen dar.

Wir schließen noch einige Bemerkungen zur numerischen Lösung der Aufgaben (16) und (17) an. Bei der Aufgabe (16) ist für die Variable x_{s_i} eine obere Schranke und bei der Aufgabe (17) eine untere Schranke vorgegeben. Mit derartigen Problemstellungen der linearen Optimierung haben wir uns ausführlich in Kap. V beschäftigt. Zur Lösung der linearen Optimierungsaufgabe (16) kann man entweder den speziellen Algorithmus von Kap. V heranziehen oder die zusätzliche Nebenbedingung

$$x_{s_i} \leqq d_{i0}^{(u)} \tag{18}$$

in das System der Nebenbedingungen einbeziehen. Wir wollen den letzten Weg näher verfolgen, der sicher besonders dann geeignet ist, wenn nur für wenige Variablen Ganzzahligkeit gefordert wird. Durch Einführung einer Schlupfvariablen x_{n+1} geht (18) in

$$x_{s_t} + x_{n+1} = d_{i0}^{(u)} \tag{19}$$

über. Dem optimalen Simplextableau entnehmen wir die Gleichung

$$x_{s_t} + \sum_{j \in I'} d_{ij} x_j = d_{i0} \tag{20}$$

(I' Indexmenge der Nichtbasisvariablen der Optimallösung), die aus derjenigen Zeile des Optimaltableaus hervorgeht, in deren Zeilenkopf die betrachtete Basisvariable x_{s_t} steht. Aus (19), (20) folgt

$$x_{n+1} - \sum_{j \in I'} d_{ij} x_j = d_{i0}^{(u)} - d_{i0}. \tag{21}$$

Die Gleichung (21) drückt x_{n+1} durch die Nichtbasisvariablen aus. Zur Lösung der Aufgabe (16) haben wir also das Optimaltableau durch eine zusätzliche Zeile zu ergänzen, in deren Zeilenkopf x_{n+1} steht. Die Koeffizienten der Nichtbasisvariablen dieser Zusatzzeile können mit entgegengesetztem Vorzeichen aus der Zeile x_{s_t} entnommen werden. In der Spalte x_0 ist die Differenz $d_{i0}^{(u)} - d_{i0}$ einzutragen. In der Zusatzspalte x_{n+1} steht zwangsläufig ein Einheitsvektor. Das so erhaltene Ausgangstableau für die Aufgabe (16) ist dual zulässig, wegen $d_{i0}^{(u)} - d_{i0} < 0$ aber nicht primal zulässig. Daher bietet sich der Lösungsprozeß der dualen Simplexmethode an. Durch weitere Verzweigungen können sich bei diesem Vorgehen weitere Zusatzzeilen und -spalten notwendig machen. Jedoch ist ihre Zahl durch die Anzahl der Variablen beschränkt, für die Ganzzahligkeit gefordert ist.

Zur Lösung der Aufgabe (17) haben wir im Sinne des Vorgehens von Kapitel V die Transformation

$$x_{s_t} = y_{s_t} + d_{i0}^{(0)}$$

vorzunehmen. Dadurch geht (20) in

$$y_{s_t} + \sum_{j \in I'} d_{ij} x_j = d_{i0} - d_{i0}^{(0)}$$

über. Folglich erhalten wir ein Ausgangstableau der Aufgabe (17), wenn im Optimaltableau x_{s_t} durch y_{s_t} und d_{i0} durch $d_{i0} - d_{i0}^{(0)}$ ersetzt werden. Wegen $d_{i0} - d_{i0}^{(0)} < 0$ ist wieder ein dualer Lösungsprozeß sinnvoll.

Bevor wir einige Ergänzungen zum Vorgehen der Entscheidungsbaumverfahren angeben, wollen wir unsere bisherigen Gedankengänge zunächst in einem Beispiel verdeutlichen.

3.2. Beispiel. Vorgelegt sei die lineare Optimierungsaufgabe (9), deren Normalform

$$\begin{aligned} Z = 22x_1 + 54x_2 \quad & \max. \\ 10x_1 + 26x_2 + x_3 \quad\quad & = 130 \\ x_1 - \quad x_2 \quad\quad + x_4 & = \quad 4 \\ x_i \geqq 0,\ i = 1, 2, 3, 4 & \\ x_1, x_2 \text{ ganzzahlig} & \end{aligned}$$

ist. Den Lösungsprozeß der Aufgabe unter Vernachlässigung der Ganzzahligkeitsforderung enthält Rechenschema 4. In der Optimallösung erfüllt weder x_1 noch x_2 die Ganzzahligkeitsforderung. Wir entscheiden uns, x_1 auf ganzzahlige Werte zu zwingen, indem die zusätzlichen Bedingungen $x_1 \leqq 6$ bzw. $x_1 \geqq 7$ eingeführt werden (der Wert von x_1 liegt zwischen 6 und 7). Daher liefert uns die

Rechenschema 4:

	BV	x_1	x_2	x_3	x_4	x_0	*Q*	$-\uparrow$
←	x_3	10	$\textcircled{26}$	1	0	130	5	
	x_4	1	−1	0	1	4		1
	*	−22	$-54\uparrow$	$\underline{0}$	$\underline{0}$	0	*	54
→	x_2	$\frac{5}{13}$	1	$\frac{1}{26}$	0	5	13	$-\frac{5}{13}$
←	x_4	$\textcircled{\frac{18}{13}}$	0	$\frac{1}{26}$	1	9	$\frac{13}{2}$	
	*	$-\frac{16}{13}\uparrow$	$\underline{0}$	$\frac{27}{13}$	$\underline{0}$	270	*	$\frac{16}{13}$
	x_2	0	1	$\frac{1}{36}$	$-\frac{5}{18}$	$\frac{5}{2}$		
→	x_1	1	0	$\frac{1}{36}$	$\frac{13}{18}$	$\frac{13}{2}$		
	*	$\underline{0}$	$\underline{0}$	$\frac{19}{9}$	$\frac{8}{9}$	278	*	

Rechenschema 5 $(x_1 = y_1 + 7)$:

	BV	y_1	x_2	x_3	x_4	x_0	$-\uparrow$
	x_2	0	1	$\frac{1}{36}$	$-\frac{5}{18}$	$\frac{5}{2}$	
←	y_1	1	0	$\frac{1}{36}$	$\frac{13}{18}$	$-\frac{1}{2}\uparrow$	
	*	$\underline{0}$	$\underline{0}$	$\frac{19}{9}$	$\frac{8}{9}$	278	
	Q					*	*

Rechenschema 6:

	BV	x_1	x_2	x_3	x_4	x_5	x_0	$-\uparrow$
	x_2	0	1	$\frac{1}{36}$	$-\frac{5}{18}$	0	$\frac{5}{2}$	$\frac{5}{18}$
	x_1	1	0	$\frac{1}{36}$	$\frac{13}{18}$	0	$\frac{13}{2}$	$-\frac{13}{18}$
$\leftarrow$	x_5	0	0	$-\frac{1}{36}$	$\boxed{-\frac{13}{18}}$	1	$-\frac{1}{2}\uparrow$	
	*	$\underline{0}$	$\underline{0}$	$\frac{19}{9}$	$\frac{8}{9}$	$\underline{0}$	278	$-\frac{8}{9}$
	Q			-76	$-\frac{16}{13}$		*	*
	x_2	0	1	$\frac{1}{26}$	0	$-\frac{5}{13}$	$\frac{35}{13}$	
	x_1	1	0	0	0	1	6	
$\rightarrow$	x_4	0	0	$\frac{1}{26}$	1	$-\frac{18}{13}$	$\frac{9}{13}$	
	*	$\underline{0}$	$\underline{0}$	$\frac{27}{13}$	$\underline{0}$	$\frac{16}{13}$	$\frac{3606}{13}$	
	Q						*	*

Verzweigung die beiden linearen Optimierungsaufgaben

$$\left.\begin{array}{l} Z = 22x_1 + 54x_2 \quad \max. \\ 10x_1 + 26x_2 + x_3 \qquad = 130 \\ \quad x_1 - \quad x_2 \qquad + x_4 = \quad 4 \\ \qquad\qquad\qquad\quad x_1 \geqq \quad 7 \\ x_i \geqq 0,\ i = 1, 2, 3, 4 \end{array}\right\} \tag{22}$$

und

$$\left.\begin{array}{l} Z = 22x_1 + 54x_2 \quad \max. \\ 10x_1 + 26x_2 + x_3 \qquad\qquad = 130 \\ x_1 - \quad x_2 \qquad + x_4 \qquad = \quad 4 \\ x_1 \qquad\qquad\qquad + x_5 = \quad 6 \\ x_i \geqq 0,\ i = 1, 2, \ldots, 5. \end{array}\right\} \tag{23}$$

Rechenschema 7 ($x_2 = y_2 + 3$):

	BV	x_1	y_2	x_3	x_4	x_5	x_0	$-\uparrow$
←	y_2	0	1	$\frac{1}{26}$	0	$\boxed{-\frac{5}{13}}$	$-\frac{4}{13}\uparrow$	
	x_1	1	0	0	0	1	6	-1
	x_4	0	0	$\frac{1}{26}$	1	$-\frac{18}{13}$	$\frac{9}{13}$	$\frac{18}{13}$
	*	$\underline{0}$	$\underline{0}$	$\frac{27}{13}$	$\underline{0}$	$\frac{16}{13}$	$\frac{3606}{13}$	$-\frac{16}{13}$
	Q					$-\frac{16}{5}$	*	*
→	x_5	0	$-\frac{13}{5}$	$-\frac{1}{10}$	0	1	$\frac{4}{5}$	
	x_1	1	$\frac{13}{5}$	$\frac{1}{10}$	0	0	$\frac{26}{5}$	
	x_4	0	$-\frac{18}{5}$	$-\frac{1}{10}$	1	0	$\frac{9}{5}$	
	*	$\underline{0}$	$\frac{16}{5}$	$\frac{11}{5}$	$\underline{0}$	$\underline{0}$	$\frac{1382}{5}$	
	Q						*	*

Betrachten wir zunächst den Lösungsprozeß der Aufgabe (22). Die zusätzliche Nebenbedingung wird durch die Koordinatentransformation

$$x_1 = y_1 + 7$$

berücksichtigt. Diese Transformation beeinflußt im Optimaltableau von Rechenschema 4, da x_1 Basisvariable ist, nur die Zeile von x_1. Folglich können wir das Optimaltableau von Rechenschema 4 in Rechenschema 5 übernehmen, wenn wir x_1 durch y_1 ersetzen und in der zweiten Zeile der Spalte x_0 die Differenz $\frac{13}{2} - 7 = -\frac{1}{2}$ eintragen. Der anschließende Lösungsprozeß der dualen Simplexmethode muß abgebrochen werden, da sich in der Pfeilzeile keine negativen Elemente befinden. Die Aufgabe (22) besitzt keine zulässige Lösung. Zwangsläufig endet also hier der weitere Verzweigungsprozeß.

Bei der Aufgabe (23) haben wir die zusätzliche Nebenbedingung $x_1 \leqq 6$ durch Einführung einer Schlupfvariablen x_5 in $x_1 + x_5 = 6$ umgeschrieben. Das Optimaltableau von Rechenschema 4 kann zunächst in das Ausgangstableau von Rechenschema 6 übernommen werden. Das Ausgangstableau enthält aber noch

Rechenschema 8:

	BV	x_1	x_2	x_3	x_4	x_5	x_6	x_0	$-\uparrow$
	x_2	0	1	$\frac{1}{26}$	0	$-\frac{5}{13}$	0	$\frac{35}{13}$	$-\frac{1}{26}$
	x_1	1	0	0	0	1	0	6	0
	x_4	0	0	$\frac{1}{26}$	1	$-\frac{18}{13}$	0	$\frac{9}{13}$	$-\frac{1}{26}$
←	x_6	0	0	$\boxed{-\frac{1}{26}}$	0	$\frac{5}{13}$	1	$-\frac{9}{13}\uparrow$	
	*	$\underline{0}$	$\underline{0}$	$\frac{27}{13}$	$\underline{0}$	$\frac{16}{13}$	$\underline{0}$	$\frac{3606}{13}$	$-\frac{27}{13}$
	Q			-54				*	*
	x_2	0	1	0	0	0	1	2	
	x_1	1	0	0	0	1	0	6	
	x_4	0	0	0	1	-1	1	0	
→	x_3	0	0	1	0	-10	-26	18	
	*	$\underline{0}$	$\underline{0}$	$\underline{0}$	$\underline{0}$	22	54	240	
	Q							*	*

Rechenschema 9 $(x_1 = y_1 + 6,\ x_2 = y_2 + 3)$:

	BV	y_1	y_2	x_3	x_4	x_5	x_0	$-\uparrow$
	x_5	0	$-\frac{13}{5}$	$-\frac{1}{10}$	0	1	$\frac{4}{5}$	
←	y_1	1	$\frac{13}{5}$	$\frac{1}{10}$	0	0	$-\frac{4}{5}\uparrow$	
	x_4	0	$-\frac{18}{5}$	$-\frac{1}{10}$	1	0	$\frac{9}{5}$	
	*	$\underline{0}$	$\frac{16}{5}$	$\frac{11}{5}$	$\underline{0}$	$\underline{0}$	$\frac{1382}{5}$	
	Q						*	*

eine Zusatzzeile und -spalte für x_5. In der Spalte x_5 steht ein Einheitsvektor mit der 1 in der Zusatzzeile. Die Koeffizienten der Nichtbasisvariablen x_3, x_4 in der Zusatzzeile x_5 sind denen in der Zeile x_1 entgegengesetzt gleich. Die Koeffizienten der Basisvariablen x_1, x_2 sind zwangsläufig Null. In der Spalte x_0 der Zusatzzeile steht $6 - \frac{13}{2} = -\frac{1}{2}$. Damit haben wir ein dual zulässiges Ausgangstableau für die Aufgabe (23) gefunden. Ein dualer Simplexschritt führt uns zur neuen Optimallösung (wir geben nur die Werte von x_1 und x_2 an)

$$x_1 = 6, \quad x_2 = \frac{35}{13}, \quad Z = \frac{3606}{13}. \tag{24}$$

Der Lösungsprozeß wird in Abb. 6 graphisch veranschaulicht (vgl. mit Abb. 4). Dem Punkt P entspricht die Optimallösung von Rechenschema 4 und dem Punkt P_1 die Optimallösung der Aufgabe (23).

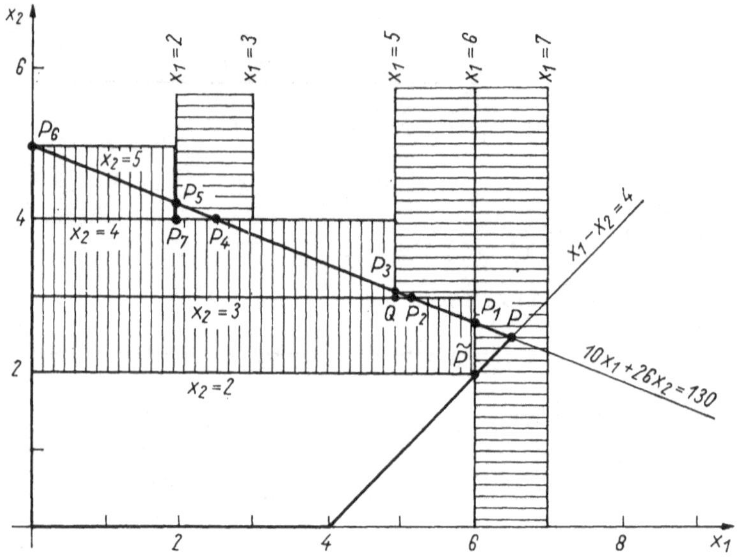

Abb. 6

In Abb. 7 ist der sich durch den Lösungsprozeß ergebende Entscheidungsbaum dargestellt.

Da die Optimallösung (24) nicht ganzzahlig ist, müssen wir eine weitere Verzweigung vornehmen und die Ungleichungen $x_2 \leqq 2$ bzw. $x_2 \geqq 3$ einführen. Für die lineare Optimierungsaufgabe (23) mit der weiteren Zusatzbedingung

$$x_2 \geqq 3$$

wird die Transformation

$$x_2 = y_2 + 3 \tag{25}$$

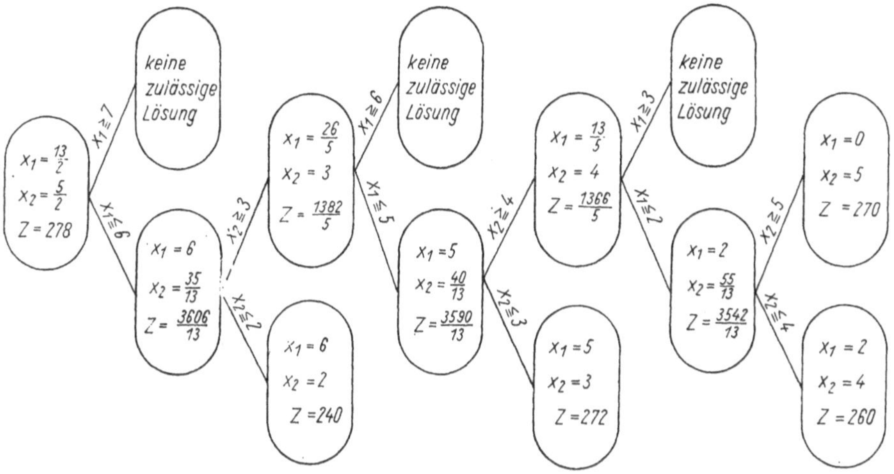

Abb. 7

Rechenschema 10 ($x_2 = y_2 + 3$):

	BV	x_1	y_2	x_3	x_4	x_5	x_0	$-\uparrow$
←	x_5	0	$\boxed{-\frac{13}{5}}$	$-\frac{1}{10}$	0	1	$-\frac{1}{5}\uparrow$	
	x_1	1	$\frac{13}{5}$	$\frac{1}{10}$	0	0	$\frac{26}{5}$	$-\frac{13}{5}$
	x_4	0	$-\frac{18}{5}$	$-\frac{1}{10}$	1	0	$\frac{9}{5}$	$\frac{18}{5}$
	*	$\underline{0}$	$\frac{16}{5}$	$\frac{11}{5}$	$\underline{0}$	$\underline{0}$	$\frac{1382}{5}$	$-\frac{16}{5}$
	Q		$-\frac{16}{13}$	-22			*	*
→	y_2	0	1	$\frac{1}{26}$	0	$-\frac{5}{13}$	$\frac{1}{13}$	
	x_1	1	0	0	0	1	5	
	x_4	0	0	$\frac{1}{26}$	1	$-\frac{18}{13}$	$\frac{27}{13}$	
	*	$\underline{0}$	$\underline{0}$	$\frac{27}{13}$	$\underline{0}$	$\frac{16}{13}$	$\frac{3590}{13}$	
	Q						*	*

Rechenschema 11 ($x_2 = y_2 + 4$):

	BV	x_1	y_2	x_3	x_4	x_5	x_0	$-\uparrow$
←	y_2	0	1	$\frac{1}{26}$	0	$-\frac{5}{13}$ (circled)	$-\frac{12}{13}\uparrow$	
	x_1	1	0	0	0	1	5	-1
	x_4	0	0	$\frac{1}{26}$	1	$-\frac{18}{13}$	$\frac{27}{13}$	$\frac{18}{13}$
	*	$\underline{0}$	$\underline{0}$	$\frac{27}{13}$	$\underline{0}$	$\frac{16}{13}$	$\frac{3590}{13}$	$-\frac{16}{13}$
	Q					$-\frac{16}{5}$	*	*
→	x_5	0	$-\frac{13}{5}$	$-\frac{1}{10}$	0	1	$\frac{12}{5}$	
	x_1	1	$\frac{13}{5}$	$\frac{1}{10}$	0	0	$\frac{13}{5}$	
	x_4	0	$-\frac{18}{5}$	$-\frac{1}{10}$	1	0	$\frac{27}{5}$	
	*	$\underline{0}$	$\frac{16}{5}$	$\frac{11}{5}$	$\underline{0}$	$\underline{0}$	$\frac{1366}{5}$	
	Q						*	*

vorgenommen. Durch das wiederholt beschriebene Vorgehen erhalten wir aus dem Optimaltableau von Rechenschema 6 das Ausgangstableau von Rechenschema 7. Nach einem dualen Simplexschritt ergibt sich die optimale Lösung ($y_2 = 0$ entspricht wegen (25) $x_2 = 3$)

$$x_1 = \frac{26}{5}, \quad x_2 = 3, \quad Z = \frac{1382}{5}, \tag{26}$$

die durch den Punkt P_2 von Abb. 6 dargestellt wird.

Ergänzen wir die Aufgabe (23) durch die Zusatzbedingung $x_2 \leqq 2$, für die wir

$$x_2 + x_6 = 2$$
$$x_6 \geqq 0$$

schreiben, haben wir das optimale Tableau von Rechenschema 6 erneut um eine Zusatzzeile und -spalte zu erweitern. Nach dem bekannten Vorgehen ergibt sich so das Ausgangstableau von Rechenschema 8. Durch einen dualen Simplexschritt gelangen wir zur Optimallösung

$$x_1 = 6, x_2 = 2, Z = 240, \tag{27}$$

Rechenschema 12 ($x_2 = y_2 + 3$):

	BV	x_1	y_2	x_3	x_4	x_5	x_6	x_0	$-\uparrow$
	y_2	0	1	$\frac{1}{26}$	0	$-\frac{5}{13}$	0	$\frac{1}{13}$	$-\frac{1}{26}$
	x_1	1	0	0	0	1	0	5	0
	x_4	0	0	$\frac{1}{26}$	1	$-\frac{18}{13}$	0	$\frac{27}{13}$	$-\frac{1}{26}$
←	x_6	0	0	$-\frac{1}{26}$	0	$\frac{5}{13}$	1	$-\frac{1}{13}\uparrow$	
	*	$\underline{0}$	$\underline{0}$	$\frac{27}{13}$	$\underline{0}$	$\frac{16}{13}$	$\underline{0}$	$\frac{3590}{13}$	$-\frac{27}{13}$
	Q			-54				*	*
	y_2	0	1	0	0	0	1	0	
	x_1	1	0	0	0	1	0	5	
	x_4	0	0	0	1	-1	1	2	
→	x_3	0	0	1	0	-10	-26	2	
	*	$\underline{0}$	$\underline{0}$	$\underline{0}$	$\underline{0}$	22	54	272	
	Q							*	*

die dem Punkt $\tilde{P}$ von Abb. 6 entspricht (vgl. mit Abb. 4). Der Verzweigungsprozeß wird an dieser Stelle abgebrochen, weil sich eine Lösung ergeben hat, die der Ganzzahligkeitsforderung genügt. Gleichzeitig stellt (27) die erste Lösung mit dieser Eigenschaft dar.

Da der optimale Wert der Zielfunktion in (26) größer als in (27) ist, muß, ausgehend von (26) und Rechenschema 7, eine weitere Verzweigung vorgenommen werden. Dazu haben wir die Aufgabe

$$\left.\begin{aligned} Z = 22x_1 + 54x_2 \quad &\max. \\ 10x_1 + 26x_2 + x_3 \qquad &= 130 \\ x_1 - \quad x_2 \qquad + x_4 &= \quad 4 \\ x_1 &\leqq 6 \\ x_2 &\geqq 3 \end{aligned}\right\} \tag{28}$$

mit der Zusatzbedingung $x_1 \geqq 6$ bzw. $x_1 \leqq 5$ zu betrachten. Wir ergänzen (28) durch $x_1 \geqq 6$, schreiben

$$x_1 = y_1 + 6$$

und erhalten aus dem optimalen Tableau von Rechenschema 7 das Tableau von Rechenschema 9. Man erkennt, daß die Aufgabe unlösbar ist.

Bei der Lösung der Aufgabe (28) unter der Zusatzbedingung $x_1 \leqq 5$ wird die in (28) enthaltene Bedingung $x_1 \leqq 6$ überflüssig. Fassen wir x_5 als Schlupf-

Rechenschema 13 $(x_1 = y_1 + 3,\ x_2 = y_2 + 4)$:

	BV	y_1	y_2	x_3	x_4	x_0	$-\uparrow$
←	y_1	1	$\frac{13}{5}$	$\frac{1}{10}$	0	$-\frac{2}{5}\uparrow$	
	x_4	0	$-\frac{18}{5}$	$-\frac{1}{10}$	1	$\frac{27}{5}$	
	*	0	$\frac{16}{5}$	$\frac{11}{5}$	0	$\frac{1366}{5}$	
	Q					*	*

Rechenschema 14 $(x_2 = y_2 + 4)$:

	BV	x_1	y_2	x_3	x_4	x_5	x_0	$-\uparrow$
←	x_5	0	$-\frac{13}{5}$	$-\frac{1}{10}$	0	1	$-\frac{3}{5}\uparrow$	
	x_1	1	$\frac{13}{5}$	$\frac{1}{10}$	0	0	$\frac{13}{5}$	$-\frac{13}{5}$
	x_4	0	$-\frac{18}{5}$	$-\frac{1}{10}$	1	0	$\frac{27}{5}$	$\frac{18}{5}$
	*	0	$\frac{16}{5}$	$\frac{11}{5}$	0	0	$\frac{1366}{5}$	$-\frac{16}{5}$
	Q		$-\frac{16}{13}$	-22			*	*
→	y_2	0	1	$\frac{1}{26}$	0	$-\frac{5}{13}$	$\frac{3}{13}$	
	x_1	1	0	0	0	1	2	
	x_4	0	0	$\frac{1}{26}$	1	$-\frac{18}{13}$	$\frac{81}{13}$	
	*	0	0	$\frac{27}{13}$	0	$\frac{16}{13}$	$\frac{3542}{13}$	
	Q						*	*

variable in der Gleichung $x_1 + x_5 = 5$ auf, ist das optimale Tableau von Rechenschema 7 nur dahingehend zu verändern, daß in der Spalte x_0 der Zeile x_5 die Differenz $5 - \frac{26}{5} = -\frac{1}{5}$ eingesetzt wird. Der Lösungsprozeß führt uns zu der Optimallösung (Punkt P_3 von Abb. 6; $x_2 = y_2 + 3$)

$$x_1 = 5, \quad x_2 = \frac{40}{13}, \quad Z = \frac{3590}{13}.$$

Der Optimalwert der Zielfunktion ist größer als der der ganzzahligen Lösung (27), so daß eine weitere Verzweigung vorzunehmen ist.

Wir untersuchen zunächst die Aufgabe mit der Zusatzbedingung $x_2 \geqq 4$. Dann ist in (28) die Bedingung $x_2 \geqq 3$ zu streichen. Wir schreiben

$$x_2 = y_2 + 4 \tag{29}$$

und haben im Optimaltableau von Rechenschema 10 nur die Zahl in der Spalte x_0 der Zeile y_2 durch $\frac{40}{13} - 4 = -\frac{12}{13}$ zu ersetzen. Der Lösungsprozeß von

Rechenschema 15 ($x_2 = y_2 + 5$):

	BV	x_1	y_2	x_3	x_4	x_5	x_0	$-\uparrow$
←	y_2	0	1	$\frac{1}{26}$	0	$\boxed{-\frac{5}{13}}$ (circled)	$-\frac{10}{13}\uparrow$	
	x_1	1	0	0	0	1	2	-1
	x_4	0	0	$\frac{1}{26}$	1	$-\frac{18}{13}$	$\frac{81}{13}$	$\frac{18}{13}$
	*	$\underline{0}$	$\underline{0}$	$\frac{27}{13}$	$\underline{0}$	$\frac{16}{13}$	$\frac{3542}{13}$	$-\frac{16}{13}$
	Q					$-\frac{16}{5}$	*	*
→	x_5	0	$-\frac{13}{5}$	$-\frac{1}{10}$	0	1	2	
	x_1	1	$\frac{13}{5}$	$\frac{1}{10}$	0	0	0	
	x_4	0	$-\frac{18}{5}$	$-\frac{1}{10}$	1	0	9	
	*	$\underline{0}$	$\frac{16}{5}$	$\frac{11}{5}$	$\underline{0}$	$\underline{0}$	270	
	Q						*	*

Rechenschema 11 liefert die Optimallösung (Punkt P_4 von Abb. 6)

$$x_1 = \frac{13}{5}, \quad x_2 = 4, \quad Z = \frac{1366}{5}. \tag{30}$$

Ergänzen wir die Zusatzbedingung $x_2 \leqq 3$, finden wir durch Einführung einer Schlupfvariablen x_6 ($x_2 + x_6 = 3$ geht wegen (25) in $y_2 + x_6 = 0$ über) aus dem optimalen Tableau von Rechenschema 10 auf dem üblichen Wege das Ausgangstableau von Rechenschema 12. Der weitere Lösungsprozeß führt uns zur Optimallösung (Punkt Q von Abb. 6; vgl. mit Abb. 4)

$$x_1 = 5, x_2 = 3, Z = 272, \tag{31}$$

die der Ganzzahligkeitsforderung genügt und deren Optimalwert für die Zielfunktion größer als der von (27) ist.

Da der optimale Wert der Zielfunktion von (30) größer als der von (31) ist, muß anknüpfend an Rechenschema 11 eine weitere Verzweigung ($x_1 \leqq 2$ bzw. $x_1 \geqq 3$) vorgenommen werden. Die zugehörigen Rechnungen sind in Rechenschema 13 und 14 zu finden. In Rechenschema 13 ($x_1 \geqq 3$) wurde die frühere

Rechenschema 16 ($x_2 = y_2 + 4$):

	BV	x_1	y_2	x_3	x_4	x_5	x_6	x_0	$-\uparrow$
	y_2	0	1	$\frac{1}{26}$	0	$-\frac{5}{13}$	0	$\frac{3}{13}$	$-\frac{1}{26}$
	x_1	1	0	0	0	1	0	2	0
	x_4	0	0	$\frac{1}{26}$	1	$-\frac{18}{13}$	0	$\frac{81}{13}$	$-\frac{1}{26}$
←	x_6	0	0	$\left(-\frac{1}{26}\right)$	0	$\frac{5}{13}$	1	$-\frac{3}{13}\uparrow$	
	*	$\underline{0}$	$\underline{0}$	$\frac{27}{13}$	$\underline{0}$	$\frac{16}{13}$	$\underline{0}$	$\frac{3542}{13}$	$-\frac{27}{13}$
	Q			-54				*	*
	y_2	0	1	0	0	0	1	0	
	x_1	1	0	0	0	1	0	2	
	x_4	0	0	0	1	-1	1	6	
→	x_3	0	0	1	0	-10	-26	6	
	*	$\underline{0}$	$\underline{0}$	$\underline{0}$	$\underline{0}$	22	54	260	
	Q							*	*

Bedingung $x_1 \leqq 5$ durch Weglassen der ersten Zeile und der Spalte x_5 des optimalen Tableaus von Rechenschema 11 beseitigt. Die erhaltene Aufgabe erweist sich jedoch als unlösbar. Dem Rechenschema 14 ($x_1 \leqq 2$) entnehmen wir die Optimallösung (Punkt P_5 von Abb. 6)

$$x_1 = 2, \quad x_2 = \frac{55}{13}, \quad Z = \frac{3542}{13}. \tag{32}$$

Der Optimalwert von (32) ist größer als der von (31), so daß erneut zu verzweigen ist ($x_2 \leqq 4$ bzw. $x_2 \geqq 5$). Rechenschema 15 ($x_2 \geqq 5$) liefert die ganzzahlige Optimallösung (Punkt P_6 von Abb. 6)

$$x_1 = 0, x_2 = 5, Z = 270$$

und Rechenschema 16 ($x_2 \leqq 4$) die Optimallösung (Punkt P_7 von Abb. 6)

$$x_1 = 2, x_2 = 4, Z = 260.$$

In beiden Fällen ist der Optimalwert der Zielfunktion kleiner als der von (31). Damit ist der Lösungsprozeß beendet und (31) stellt die gesuchte ganzzahlige Optimallösung dar.

Vielleicht wird dem Leser der Rechenaufwand ungeheuer groß erscheinen. Aber die Lösung ganzzahliger Optimierungsaufgaben ist meist recht aufwendig. Andererseits haben wir bewußt ein Beispiel gewählt, das uns durch einen längeren Rechenprozeß die Idee der Entscheidungsbaumverfahren gut verdeutlicht. Man möge aber auch bedenken, daß sich alle Anfangstableaus der Rechenschemata faktisch ohne einen wesentlichen Rechenaufwand ergaben. Tatsächlich haben wir nach Ermittlung der Optimallösung in Rechenschema 4 nur neun duale Simplexschritte ausgeführt. In der Hauptsache wurde also Schreibarbeit geleistet, die leicht einen wesentlich größeren Rechenaufwand vortäuschen kann.

3.3. Ergänzungen. Ein grundsätzlicher Effektivitätsvergleich zwischen den Schnittebenen- und Entscheidungsbaumverfahren ist nicht möglich. Während sich ganzzahlige lineare Optimierungsaufgaben mittels der Schnittebenenverfahren besser als gemischt-ganzzahlige lineare Optimierungsaufgaben lösen lassen, sind die Entscheidungsbaumverfahren besonders dann geeignet, wenn nur für wenige Variablen die Ganzzahligkeit gefordert wird. Hätten wir im obigen Beispiel lediglich für x_1 Ganzzahligkeit verlangt, wäre bereits mit Rechenschema 6 der Lösungsprozeß beendet gewesen. Überhaupt ist die Einteilung in ganzzahlige und gemischt-ganzzahlige Aufgaben für das Vorgehen der Entscheidungsbaumverfahren belanglos.

Nicht zu übersehen ist der große Speicheraufwand bei den Entscheidungsbaumverfahren. Muß doch eine Reihe optimaler Simplextableaus gespeichert werden, weil sich erst im Laufe des Lösungsprozesses zeigt, ob für sie eine weitere Verzweigung vorgenommen werden muß oder nicht. Mit einer enormen Speicherkapazität, aber meist einem geringeren Rechenaufwand ist das Verfahren von Land und Doig [54] verbunden. Daher hat es nicht an Bemühungen gefehlt, den Speicheraufwand der Entscheidungsbaumverfahren zu senken.

Ein Vorteil der Entscheidungsbaumverfahren gegenüber den Schnittebenenverfahren ist, daß die Rundungsfehler sich nicht so störend auf den Rechenablauf auswirken. Allgemein zeichnen sich die Entscheidungsbaumverfahren durch eine einfachere Arithmetik, jedoch meist eine kompliziertere Logik aus. Außerdem macht das kombinatorische Vorgehen der Entscheidungsbaumverfahren einen Endlichkeitsbeweis überflüssig.

Auch bei den Entscheidungsbaumverfahren ist es unmöglich, den erforderlichen Rechenaufwand vorher abzuschätzen. Daher ist man gezwungen, sich auf numerische Erfahrungen zu stützen. Mit Vergrößerung des Problems und der Zahl der ganzzahligen Variablen wächst der Rechenaufwand meist erheblich an, so daß ihre Anwendung auf Probleme mittlerer Dimension beschränkt bleibt. Besonders gute numerische Erfahrungen wurden bei der Lösung von 0—1-Problemen durch spezielle Entscheidungsbaumverfahren erzielt.

Einen recht umfassenden Überblick über die bisher entwickelten Entscheidungsbaumverfahren und die gesammelten numerischen Erfahrungen vermitteln Korbut und Finkelstein [41] (vgl. auch den Übersichtsartikel von Lawler und Wood [55]).

Mit diesem Hinweis beschließen wir gleichzeitig unsere Betrachtungen zu Problemstellungen der linearen Optimierung. Wir haben gesehen, daß uns eine Vielzahl von Lösungsmethoden zur Verfügung steht, die die lineare Optimierung zu einem wirkungsvollen Instrument der Anwendung der Mathematik in der Ökonomie macht.

LITERATURVERZEICHNIS

[1] ABADIE, J. M., and A. C. WILLIAMS, Dual and parametric methods in decomposition, In: GRAVES, R., and PH. WOLFE, Recent advances in mathematical programming, Mc Graw-Hill Book Company, New York—SanFrancisco—Toronto—London 1963.

[2] ACZEL, M. A., and A. H. RUSSEL, New methods of solving linear programs, Operat. Res. Quart. 8 (1957), 206—219.

[3] ADAM, D., und W. RÖHRS, Ein Algorithmus zur Dekomposition linearer Planungsprobleme, Zeitschr. für Betriebswirtschaft **37** (1967), 395—417.

[4] AZPEITIA, A. G., and D. J. DICKINSON, A decision rule in the simplex-method that avoids cycling, Num. Math. **6** (1964), 329—331.

[5] BALAS, E., An additive algorithm for solving linear programs with zero-one variables, Operations Res. **13** (1965), 517—549.

[6] BALAS, E., An infeasibility-pricing decomposition method for linear programs, Operations Res. **14** (1966), 847—873.

[7] BALAS, E., Discrete programming by the filter method, Operations Res. **15** (1967), 915—957.

[8] BEALE, E. M. L., The simplex method using pseudo-basic variables for structured linear programming problems, In: GRAVES, R., and PH. WOLFE, Recent advances in mathematical programming, Mc Graw-Hill Book Company, New York—San Francisco—Toronto —London 1963.

[9] BEER, K., R. TICHATSCHKE, B. SCHWARTZ, Mehrfache Zerlegung linearer Optimierungsaufgaben, Math. Operationsforsch. u. Statist. **2** (1971), 95—115.

[10] BENDERS, J. F., Partitioning procedures for solving mixed-variables programming problems, Num. Math. **4** (1962), 238—252.

[11] BENNET, J., An approach to some structured linear programming problems, Operations Res. **14** (1966), 636—645.

[12] COLLATZ, L., und W. WETTERLING, Optimierungsaufgaben, Springer-Verlag, Berlin—Heidelberg—New York 1966.

[13] DAKIN, R. J., A tree-search algorithm for mixed integer programming problems, The Computer Journal 8 (1963), 250—255.

[14] DANTZIG, G. B., Upper bounds, secondary constraints, and block triangularity in linear programming, Econometrica **23** (1955), 174—183.

[15] DANTZIG, G. B., Lineare Programmierung und Erweiterungen, Springer-Verlag, Berlin—Heidelberg—New York 1966.

[16] DANTZIG, G. B., and PH. WOLFE, Decomposition principle for linear programs, Operations Res. **8** (1960), 101—111.

[17] DANTZIG, G. B., and PH. WOLFE, The decomposition algorithm for linear programs, Econometrica **29** (1961), 767—778.

[18] DINKELBACH, W., Sensitivitätsanalysen und parametrische Programmierung, Springer-Verlag, Berlin—Heidelberg—New York 1969.

[19] DÜCK, W., Kybernetische Probleme in der praktischen Analysis und in der Unternehmensforschung. Mathematische und physikalisch-technische Probleme der Kybernetik, Akademie-Verlag, Berlin 1963, 104—110.

[20] DÜCK, W., Zur Verbesserung der Genauigkeit einer numerisch ermittelten optimalen Lösung, Math. u. Wirtschaft **3** (1966), 152–158.

[21] DÜCK, W., Methoden zur Berücksichtigung nachträglicher Abänderungen bereits invertierter Matrizen und deren Anwendung auf betriebs- und volkswirtschaftliche Probleme, Math. u. Wirtschaft **3** (1966), 127–151.

[22] DÜCK, W., und M. BLIEFERNICH, Operationsforschung, Mathematische Grundlagen, Methoden und Modelle, Bd. 2, VEB Deutscher Verlag der Wissenschaften, Berlin 1971.

[23] FERSCHL, F., Ein Rechenblatt für die Simplexmethode, Unternehmensforschung **5** (1961), 32–41.

[24] FRISCH, R., The multiplex method for linear programming, Memorandum Univ. Socialokøn. Inst. Oslo 1955.

[25] FUENTES-MORA, M. D., und G. WINTGEN, Ausartung bei der parametrischen Optimierung, XII. Internat. Wiss. Koll. der TH Ilmenau 1967, Heft 1 Wirtschaftsmathematik, 29–34.

[26] GLOVER, F., A multiphase-dual algorithm for the zero-one integer programming problem, Operations Res. **13** (1965), 879–919.

[27] GOL'STEIN, E. G., Metody bločnogo programmirovanija, Èkonomika i matematičeskie metody **2** (1966), 82–114.

[28] GOL'STEIN, E. G., und D. B. JUDIN, Novy enapravlenija v linejnom programmirovanii, Sovetsk. Radio, Moskva 1966.

[29] GOL'STEIN, E. G., und S. M. MOVSCHOVIČ, O nekotorych sovremennych napravlenijach v matematiceskom programmirovanii, Èkonomika i matematičeskie metody **3** (1967), 776–778.

[30] GOMORY, R. E., Outline of an algorithm for integer solutions of linear programming, Bull. Amer. Math. Soc. **64** (1958), 275–278.

[31] GRIGORIADIS, M. D., and W. F. WALKER, A treatment of transportation problems by primal partition programming, Manag. Sci. **14** (1968), 565–599.

[32] GRYCK, M., Zur Behandlung nachträglicher Änderungen bei linearen Optimierungsproblemen, Wiss. Zeitschr. Hochschule für Ökonomie Berlin **15** (1970), 309–319.

[33] HADLEY, G., Nichtlineare und dynamische Programmierung, Verlag Die Wirtschaft, Berlin 1969.

[34] HEESTERMAN, A. R. G., Special simplex algorithm for multisector problems, Num. Math. **12** (1968), 288–306.

[35] HEESTERMAN, A. R. G., and J. SANDEE, Special simplex algorithm for linked problems, Management Science **11** (1965), Ser. A. 420–428.

[36] HEINEMANN, H., Ein allgemeines Dekompositionsverfahren für lineare Optimierungsprobleme, Zeitschr. für betriebswirtschaftliche Forschung **22** (1970), 302–317.

[37] HIRCHE, J., Über zwei Modifikationen des Dekompositionsalgorithmus von WILLIAMS, Wiss. Zeitschr. Univ. Halle XIX'70M, 123–129.

[38] HOUARD, P., P. BROISE, J. SENTENAC, Decomposition des programmes mathématiques, Dunod, Paris 1968.

[39] JUDIN, D. B., und E. G. GOLSTEIN, Lineare Optimierung I, Akademie-Verlag, Berlin 1968.

[40] JUDIN, D. B., und E. G. GOLSTEIN, Lineare Optimierung II, Akademie-Verlag, Berlin 1970.

[41] KORBUT, A. A., und J. J. FINKELSTEIN, Diskrete Optimierung, Akademie-Verlag, Berlin 1971.

[42] KORNAI, J., Mathematische Methoden bei der Planung der ökonomischen Struktur, Verlag Die Wirtschaft, Berlin 1967.

[43] KORNAI, J., and T. LIPTAK, Two-level planning, Econometrica **33** (1965), 141–169.

[44] KREKÓ, B., Lehrbuch der linearen Optimierung, VEB Deutscher Verlag der Wissenschaften, Berlin 1970.

[45] KRELLE, W., und H. P. KÜNZI, Lineare Programmierung, Verlag Industrielle Organisation, Zürich 1959.

[46] KREUZBERGER, H., Ein Näherungsverfahren zur Bestimmung ganzzahliger Lösungen bei linearen Optimierungsproblemen, Ablauf- und Planungsforschung **9** (1969), 137–152.

[47] KRONSJÖ, T. O. M., Zur Verallgemeinerung der doppelten Zerlegungsmethode, Math. u. Wirtschaft **6** (1969), 150—183.
[48] KÜNZI, H. P., Die Simplexmethode zur Bestimmung einer Ausgangslösung bei bestimmten linearen Programmen, Unternehmensforschung **2** (1958), 60—69.
[49] KÜNZI, H. P., Die Duoplex-Methode, Unternehmensforschung **7** (1963), 103—116.
[50] KÜNZI, H. P., und K. KLEIBOHM, Das Triplex-Verfahren, Unternehmensforschung **12** (1968), 145—154.
[51] KÜNZI, H. P., und S. T. TAN, Lineare Optimierung großer Systeme, Springer-Verlag, Berlin—Heidelberg—New York 1966.
[52] KÜNZI, H. P., and H. G. TZSCHACH, The duoplex-algorithm, Num. Math. **7** (1965), 222—225.
[53] KÜNZI, H. P., und H. G. TZSCHACH, C. A. ZEHNDER, Numerische Methoden der mathematischen Optimierung, B. G. Teubner, Stuttgart 1966.
[54] LAND, A. H., and A. G. DOIG, An automatic method of solving discrete programming problems, Econometrica **28** (1960), 497—520.
[55] LAWLER, E. L., and D. E. WOOD, Branch and bound methods: A survey, Operations Res. **14** (1966), 699—717.
[56] LEMKE, C. E., and K. SPIELBERG, Direct search algorithms for zero-one and mixed-integer programming, Operations Res. **15** (1967), 892—914.
[57] LIPTAK, T., Two-level programming, Colloquium on Applications of Mathematics to Economics, Budapest 1963.
[58] MÜLLER-MERBACH, H., Die symmetrische revidierte Simplexmethode der linearen Planungsrechnung, Elektr. Datenverarbeitung **7** (1965), 105—113.
[59] MÜLLER-MERBACH, H., Das Verfahren der direkten Dekomposition in der linearen Planungsrechnung, Ablauf- und Planungsforschung **6** (1965), 306—322.
[60] MÜLLER-MERBACH, H., Das Prinzip der „direkten Dekomposition" in der linearen Planungsrechnung, ZAMM **46** (1966), T 102—T 104.
[61] MÜLLER-MERBACH, H., Neuere Ergebnisse des Operations-Research (Erfahrungen mit numerischen Methoden). In: Tagungsbericht des III. IKM in Weimar 1965, VEB Verlag für Bauwesen, Berlin 1966, 257—266.
[62] MÜLLER-MERBACH, H., Lineare Planungsrechnung mit parametrisch veränderten Koeffizienten der Bedienungsmatrix, Ablauf- und Planungsforschung **8** (1967), 341—354.
[63] MÜLLER-MERBACH, H., Operations Research, Verlag Vahlen, Berlin, Frankfurt 1969.
[64] MÜLLER-MERBACH, H., On round-off errors in linear programming, Springer-Verlag, Berlin—Heidelberg—New York 1970.
[65] NOLTEMEIER, H., Sensitivitätsanalyse bei diskreten linearen Optimierungsproblemen, Springer-Verlag, Berlin—Heidelberg—New York 1970.
[66] OHSE, D., Numerische Erfahrungen mit zwei Dekompositionsverfahren der linearen Planungsrechnung, Ablauf- und Planungsforschung **8** (1967), 289—301.
[67] ONIGKEIT, D., Ein lineares Programmierungsverfahren, Zeitschr. Wahrscheinlichkeitstheorie **1** (1962), 82—108.
[68] PIEHLER, J., Einführung in die lineare Optimierung, B. G. Teubner Verlagsgesellschaft, Leipzig 1966.
[69] PIEHLER, J., Über die Verschärfung von Schnitten in der Methode von GOMORY bei der rein-ganzzahligen linearen Optimierung, Math. Operationsforsch. u. Statist. **1** (1970), 207—216.
[70] REINSCHKE, K., Ein Lösungsverfahren der parametrischen linearen Optimierung, Wiss. Zeitschr. Hochschule Architektur u. Bauwesen Weimar **16** (1969), 284—286.
[71] RITTER, K., Ein Verfahren zur Lösung parameterabhängiger, nichtlinearer Maximum-Probleme, Unternehmensforschung **6** (1962), 149—166.
[72] ROSEN, J. B., Primal partition programming for block diagonal matrices, Num. Math. **6** (1964), 250—260.
[73] SAATY, T. L., Coefficient pertubation of a constrained extremum, Operations Res. **7** (1959), 284—303.

[74] SAKAROVITSCH, M., and R. SAIGAL, An extension of generalized upper bounding techniques for structured linear programs, SIAM Journal of Applied Mathematics **15** (1967), 906—914.

[75] SCHOCH, M., Eine für die numerische Rechnung günstige Modifikation des Simplexalgorithmus, EIK **3** (1967), 3—10.

[76] SHETTY, C. M., On analysis of the solution to a linear programming problem, Operat. Res. Quart. **12** (1961), 89—104.

[77] SOMMERMEIER, K., Änderungsformeln für die Simplextabelle bei linearer Abhängigkeit der Koeffizienten der Linearoptimierungsaufgabe von einem Parameter, Mitteilungen der Mathematischen Gesellschaft der DDR (1968), H. 3, 35—44.

[78] TAN, S. T., Beiträge zur Dekomposition von linearen Programmen, Unternehmensforschung **10** (1966), 168—174, 247—268.

[79] VOGEL, W., Lineares Optimieren, Akademische Verlagsgesellschaft, Leipzig 1970.

[80] VOLKONSKIJ, V. A., Optimalnoe planirovanie v uslovijach bol'shoj razmernosti, Èkonomika i matematičeskie metody **1** (1965), 195—219.

[81] WAGNER, H. M., A comparison of the orginal and revised simplex methods, Operations Res. **5** (1957), 361—369.

[82] WEINERT, H., Probleme der linearen Optimierung mit nichtlinear-einparametrischen Koeffizienten in der Zielfunktion, Math. Operationsforsch. u. Statist. **1** (1970), 21—43.

[83] WEINERT, H., Doppelt-einparametrische lineare Optimierung. I: Unabhängige Parameter, Math. Operationsforsch. u. Statist. **1** (1970), 173—197.

[84] WEINERT, H., Doppelt-einparametrische lineare Optimierung. II: Abhängige Parameter, Math. Operationsforsch. u. Statist. **2** (1971), 19—39.

[85] WILLIAMS, A. C., A treatment of transportation problems by decomposition, J. Soc. Industr. Appl. Math. **10** (1962), 35—48.

[86] WILLNER, L. B., On parametric linear programming, SIAM Journal of Applied Mathematics **15** (1967), 1253—1257.

[87] ZOUTENDIJK, G., Methods of feasible directions, A study in linear and non-linear programming, Elsevier Publ. Comp., Amsterdam—London—New York-Princeton 1960.

NAMEN- UND SACHVERZEICHNIS

ABADIE 363
Abänderungsverfahren 427
abgeschlossene Menge 39
abgeschlossener Bereich der zulässigen Lösung 18
Abschnitt 13, 14, 40, 49
Abschnittsgleichung 14
Abstand 39
Abstandsbegriff 39
absteigende Indexmethode 404
Abweichung 303
Achsenabschnitt 6
Achsenabschnittsgleichung 7
Algorithmus des verkürzten Simplextableaus 235
allgemeine Aufgabe der linearen Optimierung 2
Alternativ-Basislösung 365
Änderung beim Transportproblem 438
— der Daten 428
— — Zielfunktion 428
— des Beschränkungsvektors 430
— einer Nebenbedingung 438
— von Basisspalten 434
— — Nichtbasisspalten 432
Änderungsproblematik 427
Arbeitskräfteplanung 485
Arithmetik 518
Ast 504
Aufgabe mit Blockstruktur 325
— — gemischten Nebenbedingungen 2, 308
Auflösungskoeffizient 306
Auflösungsmultiplikatoren 306
aufsteigende Indexmethode 403
Ausartung 86, 161, 269, 463
— einer Basislösung 226, 324
Ausgang des Spiels 384
Ausgangsdaten 179
Ausgangsvariable 140, 232
ausgeartete zulässige Basislösungen 85
Außenspeicher 299
Austausch mehrerer Basisvektoren 210
Austauschschritt 176
Austauschverfahren 176
Auswahl der Nichtbasisvariablen 207
Auswahlregel 133, 207, 228, 496

BALAS 270
Basis einer Basislösung 226, 324
— — zulässigen Basislösung 81
— eines Vektorsystems 30
Basisfeld 409
Basislösung 223
Basismatrix 125
Basisvariable 82, 226
Basisvektor 30, 125
Basiswechsel 163
BEALE 306, 372
Bedarfsmenge 386
Bedarfsschwankungen 344
begrenzte Enumeration 491
benachbarte Ecke 87
— zulässige Basislösung 87
BENDERS 363
BENNET 382
Bereich der zulässigen Lösung 3
beschränkte Punktmenge 39
beschränktes Hauptproblem 350, 365
Beschränkung 491
Beschränkungsvektor 3, 67
Besetzungsgrad 337
β-Spalte 327
blockangulare Struktur 337
Blockaustauschverfahren 372
blockdiagonale Struktur 338
blockeigene Variable 373
blockfremde Variable 373
Blockoptimierung 342
Blockschritt 373
Blockstruktur 325
blocktriangulare Struktur 345

Blockverfahren 338
Brown 384

charakteristischer Bereich 461
— Punkt 461
Charnes 165
Cooper 165

Dakin 491
Dantzig 114, 165, 303, 347
Darstellungskoeffizient 127
— des Beschränkungsvektors 127
— — Vektors der Nebenbedingungen 128
Datenspeicher 254
Definitionsbereich der Zielfunktion 3
Dekompositionsprinzip 341
Dekompositionsschritt 341
Dekompositionsverfahren 336, 418
Δ-Zeile 254
Diagonalblock 337
Differentialrechnung 247
Dimension der konvexen Menge 45
— des Unterraumes 33
Dinkelbach 462, 479
direkte Dekomposition 347
direktes Verfahren 179, 347
diskrete Menge 487
— Optimierung 489
Doig 491
Drehung der Zielfunktionsgeraden 452
dreidimensionaler Raum 10
dual ausgeartet 462
— zulässiges Simplextableau 225
duale Aufgabe 99
— Simplexmethode 222
— Transportaufgabe 391
dualer Simplexprozeß 232
duales Anfangstableau 240
— Hauptproblem 363
— Paar 105
Dualität 98
Dualitätsproblem 98
Dualitätssätze 100
Dualitätstheorie 98, 168
Dualproblem 99
Dualvariable 99
Duoplex-Methode 307
Durchlaßfähigkeit 424

Ebene 10
echte konvexe Linearkombination 47
Eckpunkt 46
Egervary 303
eindimensionale Kante 55
Eingangsvariable 140, 232
einparametrische lineare Optimierung 479
Einschließung des optimalen Wertes der Zielfunktion 101
einseitige Einschränkung 310
Empfangsort 386
endliche Methode 114
Endlichkeit des primal-dualen Algorithmus 306
Entscheidungsbaum 503
Entscheidungsbaumverfahren 489
Entscheidungsfindung 459
Ergänzungsvariable 319
erste Normalform 63
— Phase 192
— zulässige Basislösung 182, 273
erweiterte Aufgabe 303
— Vektoren der Nebenbedingungen 106
euklidischer Raum 13
Externspeicher 265, 407

Festkommarechnung 418
fiktiver Empfangsort 421
— Versandort 421
Finkelstein 503, 518
Folge von linearen Optimierungsaufgaben 490
Ford 303
Formel von Frobenius Schur 446
Frisch 308
Fulkerson 303

ganzzahlige lineare Optimierung 487
Ganzzahligkeit 394
Ganzzahligkeitsforderungen 485
gemischt-ganzzahlige lineare Optimierung 487
Genauigkeitsschranke 494
Genauigkeitsverlust 179, 417
generalized Upper-Bounding-Technique 347
geometrische Interpretation 105, 304
— Interpretation der Dualität 223
geplante Änderungen 426
Gerade 5, 35
— im Raum 12
Gesamtbedarf 386
Gesamtheit der optimalen Lösungen 93
Gesamtkapazität 386
geschlossener Transportweg 393
geschlossenes Transportproblem 387
gewöhnliche Simplexmethode 114
Gleichgewichtsbedingung 388
Gleichung der Hyperebene 14

GOMORY 487, 503
— -Schritt 495
Gradientenvektor 307
Gradientenverfahren 114, 182, 307, 427
graphisches Lösungsverfahren 15
GRIGORIADIS 419
Grundtableau 254
Grundzeile 138
GRYCK 434

Halbebene 9
Halbgerade 14
Halbraum 12, 14
Hauptproblem des ersten Stockes 360
— — zweiten Stockes 362
Hauptprogramm 341
Hauptrechentableau 213
Hauptzeile 140, 232
Hauptzuordnungen 394
HEERSTERMAN 383
Hilfsaufgabe 189, 211, 241, 303
Hilfsrechentableau 214
Hilfsrechenzeile 140
Hilfstableau 254
Hilfszielfunktion 203
HIRCHE 419
HITCHCOCK 385
Höchstproduktion 312
hyperbolische Optimierungsaufgabe 363
Hyperebene 14, 35, 37

Informationsverlust 178
Instabilität 493
inverse Simplexmethode 245
Investitionsprobleme 485

Kante 54
Kantengerade 87
KANTOROWITSCH 306
Kapazitätsbeschränkung 424
kartesische Normalform 6
Kegeloberfläche 304
Kellerzeile 176
Kernspeicher 222
klassische Transportprobleme 386
Knapsack-Probleme 339
Koeffizient der Linearkombination 25
kombinatorisches Optimierungsproblem 488
Kompaktspeicher 337
konkav 483
Konstruktion einer neuen Basislösung 228
Kontrollgleichung 152, 178
Kontrollspalte 177
konvex 483
konvexe Hülle 47
— Linearkombination 40
— mehrkantige Menge 51
— — — der Nebenbedingung 51
— — — — optimalen Lösungen 94
— Menge 41
konvexer Kegel 43
— mehrkantiger Kegel 105, 304
konvexes Polyeder 51, 56
Koordinatentransformation 312
Koordinatenverschiebung 316
Kopfzeile 158, 327
Kopplungsproblem 365
KORBUT 518
Korrektur der Näherungslösung 179
korrespondierende Variable 326
KORNAI 342
KREUZBERGER 489
Kriterium für die Unlösbarkeit 130, 228
KRONSJÖ 383
KUHN 303
künstliche Variable 72
KÜNZI 347

Lagebedingung 48
Lagerbestände 342, 344
Lagerkapazität 422
Lagerkosten 344
Lagermenge 344
Lagerung 344
LAGRANGEsche Multiplikatoren 247
λ-Zeile 255, 265
LAND 491
LAWLER 518
Leitgleichung 306
Leitungsebene 342
LEMKE 226
lexikographische Methode 165
linear abhängig 25
— unabhängig 25
lineare Mannigfaltigkeit 33
— Optimierungsaufgabe spezieller Struktur 309
— zweiparametrige Optimierung 484
Linearkombination 25
LIPTAK 383
Logik 518
lösbar 3
Lösungsalgorithmus der dualen Simplexmethode 230
— — revidierten Simplexmethode 255
— — Simplexmethode 138
Lösungsmannigfaltigkeit 92

Lösungsprozeß des modifizierten Simplexalgorithmus 324

Maschinenbelegung 485
Matrix der Nebenbedingungen 3
Matrizendarstellung der Simplextransformation 288
Matrizenschreibweise der ersten Normalform 67
— für die Transformationsformeln 287
— linearer Optimierungsaufgaben 66
M-Aufgabe 70, 182, 273
mehrdeutige Optimallösung 165
mehrdimensionales Transportproblem 424
mehrfache Dekomposition 346
mehrparametrige Optimierung 484
mehrperiodisches lineares Optimierungsmodell 342
Mehrphasengradientenmethode 307
Mehrphasenmethode 200
mehrstufiges lineares Optimierungsmodell 342
— Transportproblem 424
Methode der Auflösungskoeffizienten 306
— — Auflösungsmultiplikatoren 306
— — Leitvariablen 306
— — Simplexmultiplikatoren 349
— — zufälligen Auswahl 165
— des fiktiven Durchspielens 384
— von Benders 363
— — Liptak 383
Methodik „branch and boud" 491
Mindestproduktion 310
Minimaxstrategie 384
M-Methode 182
Modelländerung 440
Modellerweiterung 443
Modellierungsprozeß 426
Modellreduktion 443
Modellvariable 60
Modifikation des primal-dualen Algorithmus 306
modifizierte Distributionsmethode 406
modifizierter Algorithmus des verkürzten Simplextableaus 335
Modi-Methode 406
Müller-Merbach 285, 305, 347
Multiplexmethode 308

Näherungsverfahren 489
n-dimensionaler euklidischer Raum 33
— Raum 13
Nebenbedingung 2
Nennerpolynom 483
Nichtausartung 86
nichtausgeartete zulässige Basislösung 86
nichtausgearteter Prozeß 230
Nichtbasisfeld 409
Nichtbasismatrix 125
Nichtbasisvariable 82, 226
Nichtbasisvektor 125
nichtlineare Parameterabhängigkeiten 484
nichtlinearer Kurvenabschnitt 483
nichtnegative Linearkombination 57
Nichtnegativitätsbedingung 2
Nichtnullblock 338
Nordwest-Eckenregel 402
Norm 13, 39
Normalenvektor 7, 10, 37, 307
— der Hyperebene 14
Nullblock 337
0-dimensionale Kante 54
0-1-Problem 488
Nullstelle 483
numerischer Algorithmus der Produktform 265

obere Halbebene 9
— Schranke 309
offenes Transportproblem 419
ökonomische Variable 60
optimale Lösung 2
— Sektorpläne 341
— zulässige Basislösung 90
optimaler Eckpunkt 90
Optimalitätskriterium 129, 248, 324, 350, 406
— des primal-dualen Algorithmus 304
Optimalitätstest 407
Optimalkriterium 228
Optimierungsaufgaben großer Dimension 336
Ordnungsprinzip 92
orthogonal 9, 11
Orthogonalität 37
— von Vektoren 13
Orthogonalitätsbedingung 7

Parallelstreifen 312
Parallelverschiebung 312, 457
Parameter 459
Parameterdarstellung der Geraden 12
parametrische diskrete Optimierung 489
— nichtlineare Optimierung 479
— Optimierung 459
— Wahl der Daten 459
Pfeilspalte 140, 232
Pfeilzeile 232

PIEHLER 490
Pivotelement 176
Pivotspalte 176, 287
Pivotwahl 176, 180
Pivotzeile 176, 287
Planperioden 426
Polynomabhängigkeiten 484
Potentialmethode 406
primal ausgeartet 463
-dual-Algorithmus 303
primale Aufgabe 98
— Simplexmethode 114, 224
Primalproblem 99
Produktform 284
— der dualen Simplexmethode 300
— — gewöhnlichen Simplexmethode 290
— — revidierten Simplexmethode 245, 263
Produktionsmenge 344
Produktionsmodelle 306

quadratische Optimierung 479
quadratisches System der Nebenbedingungen 309
Q-Spalte 139
Q-Zeile 230

Randpunkt 17, 39
Rang des Vektorsystems 29
rationale Funktion 481
r-dimensionale Karte 54
— lineare Mannigfaltigkeit 34
Rechenaufwand 154, 264, 290
Rechenautomat 264
Rechengenauigkeit 273
Rechenkontrolle 150, 176, 269
— des Austauschverfahrens 177
Rechnungsfehler 271
Rechentableau 138
reduziertes Hauptproblem 350
Reihenfolgeproblem 487
REINSCHKE 484
rekursiver Prozeß 150
relatives Optimum 122
Restbedarf 399
Restkapazität 63, 399
revidierte duale Simplexmethode 281, 363
— gewöhnliche Simplexmethode 245
— Simplexmethode 245, 350
revidierter Simplexalgorithmus 245
revidiertes Simplexverfahren 428
Richtungsfaktor 6
Richtungsvektor 8, 14
RITTER 479
ROBINSON 384
ROSEN 336, 363, 419
Rucksackproblem 339
Rundfahrtproblem 488
Rundungsfehler 179, 493, 518

SAATY 479
SAIGAL 382
SANDEL 383
Satz von der Existenz einer optimalen zulässigen Basislösung 90
— — — — — zulässigen Basislösung 85
— — — Lösbarkeit linearer Optimierungsaufgaben 97
schleichende Konvergenz 383
Schlupfvariable 63
Schnittebenenverfahren 489
Schnittwinkel 7
SCHOCH 179
Schrankengleichung 460
Schrittzahl 154
schwache Nebenbedingung 51
Sektor 341
sektorielle Einsatzgröße 341
sektorielles Teilprogramm 341
— Zielkriterium 341
selbstkorrigierendes Verhalten 150
Sensibilitätsanalyse 449
SHETTY 434
Simplex 48
Simplexmethode 114, 123
Simplexmultiplikatoren 245
Simplexschrift 139
Simplextransformation 135, 176, 229
Skalarprodukt 9, 10, 13
SLYKE 383
Spaltenkopf 232
Spaltentableau 265
Speicher 264
Speicheraufwand 517
Speicherbedarf 156
Speicherkapazität 154
Spieler 384
spieltheoretische Kontrahenten 384
— Lösungsverfahren 383
Spitze 43
Stabilität 449
— der Optimallösung 449
Stabilitätsanalyse 449, 472
Stabilitätsproblem 449
Standardmodelle 309
Startpunkt 307
Startvektor 282

steilster Anstieg 207
Stetigkeit 483
Strahl 12, 14
strategisches Spiel 383
Streichungsprozeß 407
Streichungsverfahren 398
strenge Nebenbedingung 51
Struktur des Rechenschemas 327
— konvexer mehrkantiger Mengen 56
— — Polyeder 56
Strukturdiagramm 257
— für die symmetrische revidierte Simplexmethode 295
strukturelle Probleme 309
Strukturvariable 337
Störungen 426
Störungstechnik 165
stützende Hyperebene 46
Symmetrie 309
symmetrische Dualprobleme 103
— revidierte Simplexmethode 285
System 25
—, linear abhängiges 25
—, — unabhängiges 25
— der sektoriellen Nebenbedingungen 341
— — zentralen Nebenbedingungen 341

Tan 347, 372
Teilschritt 139
Theorie der dualen Simplexmethode 227
— — Simplexmethode 123
— des Dekompositionsverfahrens 350
— — modifizierten Simplexalgorithmus 323
Transformation 105
Transformationsformeln der revidierten Simplexmethode 251
Transformationsformeln des Austauschverfahrens 176
Transformationsgleichung 106, 250, 348
Transformationsregel 137
transformierte Anfangsaufgabe 348
Transportkette 392
Transportkostenmatrix 390
Transportkostentabelle 386
Transportmenge 386
Transportmengenmatrix 390
Transportmengentabelle 386
Transportmodell 385
Transportoptimierung 385
Transportplan 387
Transportproblem 385
— für inhomogene Produkte 425
— mit gestörtem Gleichgewicht 419
Transportproblem mit Kapazitätsbeschränkungen 424
— — verbotenen Wegen 423
Transportstufen 425
Transportweg 392
Transportzuordnung 492
Treppenstruktur 342
Triplex-Methode 307

Umgebung 39
Umgebungsbegriff 39
Umspeicherzeit 265
ungarische Methode 303, 406
Unlösbarkeit einer linearen Optimierungsaufgabe 98
untere Halbebene 9
— Schranke 309
Untermenge des Vektorsystems 29
Unterproblem 351
Unterraum 33
— der Lösungen 36
unvorhersehbare Änderungen 426
Upper-Bounding-Technique 347
u,v-Methode 406

Variablengruppen 60
Variante der revidierten Simplextechnik 247, 270
— des gewöhnlichen Simplexalgorithmus 207
Variantenrechnung 426
Variationsintervall 450
Vektor 3
— der Modellvariablen 70
— — Nebenbedingung 67
— — Schlupfvariablen 70
— — Simplexmultiplikatoren 247
Vektorbasis 29
Vektoren der Nebenbedingungen 3
—, linear abhängige 28
—, — unabhängige 28, 31
Vektorsystem 29
verallgemeinertes Transportproblem 425
veränderte Auswahl der Ausgangsvariablen 235
— — — Eingangsvariablen 270, 282
Verbindungsprogramm 383
Verfahren der projizierten Gradienten 307
— von Beale 372
— — Dakin 503
— — Dantzig und Slyke 382
— — Gauss-Banachiewicz 273
— — Gomory 489

Verfahren von KRONSJÖ 383
— — LAND und DOIG 517
— — MÜLLER-MERBACH 372
— — ROSEN 336, 365
verkettete Aufgabe 383
verkürztes Simplextableau 156
Versandmenge 386
Versandort 386
Verschiebungsvektor 34
Verteilungsaufgaben 425
— mit gemischten Nebenbedingungen 425
Verzweigung 491, 504
Verzweigungsprozeß 504
VOGELsche Approximationsmethode 404
Volkswirtschaftsplanung 342
vollständiges Hauptprogramm 349
vorbereitender Schritt 123, 227

WAGNER 272
WALKER 419
WEINERT 484
Weiterverarbeitung 424
wesentliche Operation 155
WILLIAMS 363, 418
WILLNER 480
WOLFE 336
WOOD 518
Wortlänge 179

Zentrale 341
— Einsatzgröße 341
— Optimallösung 342
zentrales Zielkriterium 341
Zerlegungsprinzip 346
Zielfunktion 3
ZONTENDIJK 383
zulässige Basislösung 77
— Gitterpunkte 486
— Lösung 2
zulässiger Punkt 308
Zulässigkeit 228
Zulässigkeitsbereich 464
Zuordnungslinie 387
Zuordnungsproblem 302, 309, 415, 488
Zusatzbedingung 277, 310
zusätzliche Anforderungen 485
— Eigenschaften 309
— Einschränkungen 309
— Information 309, 426
— Nebenbedingung 496
Zusatzvariable 495
Zwangsaustausch 435
zweidimensionaler Raum 5
Zweiebenenplanung 341
zweifache Dekomposition 346
Zweiphasenmethode 188, 273, 303
zweiseitige Einschränkung 308
zweite Normalform 67
— Phase 192
Zwischenlagerung 424
Zwischenlösung 223
Zyklenbildung 235
Zyklus 163, 235

FSC
www.fsc.org
MIX
Papier | Fördert
gute Waldnutzung
FSC® C083411

Kolibri 360 GmbH
Ferdinand-Jühlke-Straße 7
99095 Erfurt, Deutschland
produktsicherheit@kolibri360.de